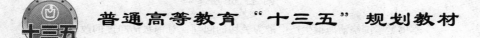
普通高等教育"十三五"规划教材

洁净钢与清洁辅助原料

主　编　王德永
副主编　屈天鹏　王慧华

北　京
冶金工业出版社
2017

内 容 提 要

本书紧紧围绕洁净钢生产中最为关切的问题,对钢水洁净度的改善方法、杂质元素的去除、夹杂物形态控制、清洁辅助原料等进行了详细阐述。全书共8章,主要内容包括洁净钢发展概述、铁水预处理与熔剂、炼钢工艺与原料、钢液脱氧技术、炉外精炼与原料、洁净钢与夹杂物控制、结晶器内钢液流动与保护渣、洁净钢与清洁耐火材料等。

本书为高等院校冶金工程专业及相关专业高年级本科生、研究生教材,也可供从事洁净钢生产与品种开发的技术人员参考。

图书在版编目(CIP)数据

洁净钢与清洁辅助原料/王德永主编 . —北京:冶金工业出版社,2017.7

普通高等教育"十三五"规划教材

ISBN 978-7-5024-7514-7

Ⅰ.①洁… Ⅱ.①王… Ⅲ.①超纯钢—炼钢—高等学校—教材 ②超纯钢—辅助材料—高等学校—教材 Ⅳ.①TF762

中国版本图书馆 CIP 数据核字 (2017) 第 114142 号

出 版 人 谭学余

地 址 北京市东城区嵩祝院北巷 39 号 邮编 100009 电话 (010)64027926

网 址 www.cnmip.com.cn 电子信箱 yjcbs@cnmip.com.cn

责任编辑 杨 敏 美术编辑 吕欣童 版式设计 孙跃红

责任校对 王永欣 责任印制 牛晓波

ISBN 978-7-5024-7514-7

冶金工业出版社出版发行;各地新华书店经销;三河市双峰印刷装订有限公司印刷

2017 年 7 月第 1 版,2017 年 7 月第 1 次印刷

787mm×1092mm 1/16;25.75 印张;621 千字;398 页

55.00 元

冶金工业出版社 投稿电话 (010)64027932 投稿信箱 tougao@cnmip.com.cn

冶金工业出版社营销中心 电话 (010)64044283 传真 (010)64027893

冶金书店 地址 北京市东四西大街 46 号(100010) 电话 (010)65289081(兼传真)

冶金工业出版社天猫旗舰店 yjgycbs.tmall.com

(本书如有印装质量问题,本社营销中心负责退换)

前　言

　　经过三十多年的持续发展，我国已经成为全球钢产量第一的钢铁大国，但仍存在低端产能过剩，高端产能不足等问题。其原因在于，我国冶金行业缺少具有国际化视野和优秀创新品质的专业技术人才，缺少引领行业的原创产品。2010年6月，教育部在天津大学召开"卓越工程师教育培养计划"启动会，联合有关部门和行业协会，共同实施"卓越工程师教育培养计划"，其目标是培养和造就一大批创新能力强、适应经济社会发展需要的高质量工程技术人才，为建设创新型国家、实现工业化和现代化奠定坚实的人力资源优势，增强我国的核心竞争力和综合国力。为了适应卓越工程师培养的要求，国内冶金高校要把握企业人才需求的动态变化，深化人才培养模式的改革，注重创新能力的培养，在教学过程中理论联系实际，不但要适应宽口径办学的方向，而且更要兼顾人才培养的专业性和前瞻性。

　　随着科学技术的发展，人类对钢铁材料的性能与质量要求越来越高，钢铁材料的发展正朝着高纯净化、高均质化、高性能化的目标迈进。为此，国内外研究学者提出了"洁净钢"的概念。提高钢的洁净度，能大幅度地提高钢材的强度、韧性和使用寿命，使产品具备更好的深冲性、拉拔性、冷变形性、低温韧性以及更好的抗疲劳、抗氢致裂纹和应力腐蚀裂纹等耐久性能。可以说，洁净钢生产技术已成为衡量一个钢铁企业竞争力的重要标志，是工艺装备、冶炼水平和管理能力的综合体现。

　　"洁净钢冶炼"作为冶金工程专业的重要选修课，是对传统冶金工程专业培养方案的一项重要改革。目前，虽然大部分高校冶金工程专业都开设了"洁净钢冶炼"课程，但缺少深入浅出的专业性教材。为此，苏州大学组织有关教师编写了本教材。本教材以洁净钢生产理论与工艺为主线，涵盖了铁水预处理、转炉炼钢、炉外精炼、钢液脱氧、非金属夹杂物控制、清洁耐火材料等内容，是一本既注重基础理论同时又兼顾生产实践的教材，可作为培养冶金专业创新型人才的重要工具，也可作为钢铁企业技术人员的参考书。

　　本书由苏州大学钢铁学院有关教师编写。具体编写分工为：第1章、第4

章、第6章、第7章由王德永编写，第2章、第3章由屈天鹏编写，第5章、第8章由王慧华编写，参加编写工作的还有田俊、苏丽娟、徐英君、徐周、陈开来等。全书由王德永教授统稿、定稿。在教材编写过程中，得到了东北大学朱英雄教授、施月循教授以及武汉科技大学李光强教授的大力支持和帮助，在此表示最诚挚的感谢。

　　本书得到了苏州大学出版经费的支持，在此表示感谢。由于教材涉及的内容较多，编者理解和认知水平有限，书中不足之处，诚望读者批评指正。

编　者

2017年2月

于苏州大学

目　　录

1 洁净钢发展概述

1.1 洁净钢基本概念

1962 年，Kiessling 在给英国钢铁学会起草的报告中，首次提出了洁净钢（Clean Steel）一词，泛指 O、S、P、N、H 以及 Sn、Pb、As、Cu、Zn 等杂质元素含量低的钢。一般认为，洁净钢是指钢中五大杂质元素 S、P、H、N、O 含量较低，并且对钢中非金属夹杂物（主要为氧化物、硫化物）进行严格控制的钢种。具体包括：钢中总氧含量低，非金属夹杂物数量少、尺寸小、分布均匀以及合适的夹杂物形状。当材料的纯净度达到一定程度时，其性能会发生某些突变，如超纯铁的耐酸侵蚀能力与金或铂的抗腐蚀能力相当，18Cr2NiMo 不锈钢中磷含量从 0.026% 降低到 0.002% 以下时，其耐硝酸腐蚀能力能提高 100 倍以上。金属材料的加工性能、疲劳性能和韧性等主要取决于材料中非金属夹杂物的性质、尺寸和数量，当非金属夹杂物的尺寸小于 $1\mu m$ 且其数量少到彼此间距大于 $10\mu m$ 时，它们不会对材料的宏观性能产生影响。

随着钢铁企业产能的提升，特别是能源、资源危机的出现，钢材的品质成为提升企业竞争力的重要手段，高附加值产品成为企业生存的关键。洁净钢不同于纯净钢，洁净钢更具有工业价值，它是针对特定的钢材和特定的服役环境来讨论的，不同钢种、不同用途的钢材洁净度要求存在差异，所以，洁净钢具有经济洁净度的概念。最新的观点是，洁净钢技术是一个钢铁企业竞争力的重要表征，是综合冶炼能力的表现，可以满足或超越用户的不同需求，因此，洁净钢更是"用户工程学"的概念。另外，在洁净钢研究过程中由于去除成本的限制，"夹杂物、残余元素无害化"概念被提出来，具有一定性能的夹杂物对钢材无害不必去除，某些微细夹杂物可以被用来强化钢的性能，残余元素可以被固化形成纳米析出物，从而达到析出强化的目的。

1.2 洁净钢生产的用户工程学

钢的洁净度研究是一项综合技术，不是单一的品种开发，而是一个企业综合冶炼技术与管理能力的集中体现。工艺参数的精确控制，包括耐火材料、炉渣、保护渣、脱氧剂、中间包流场、精炼与连铸操作参数的优化，以及洁净度控制流程的修正，是一个企业高附加值产品开发的基础。钢水洁净度没有国家标准，它是满足甚至超出用户使用预期的结果，是"用户工程学"的概念，同时，企业控制钢水洁净度也要兼顾成本，所以洁净钢必须有经济洁净度的概念。研究洁净钢首先要关注用户的使用条件，研究钢材如何满足用户的特殊要求，从而有针对性地对钢水进行洁净度控制。对于钢材的耐点蚀疲劳寿命、耐海水酸碱腐蚀性能、大线能量焊接性能、耐磨性能、低温冲击韧性、冲压成型性能、高速加工性能、涂镀性能、抗氢致裂纹性能等，不同的用户应用都有不同的具体要求。如用于高层建筑、重载桥梁、海洋设施等钢板目前硫控制在 80×10^{-4}%以下，有的企业达到了 50×10^{-4}%以下；用于轮胎的钢帘线要求钢中总氧含量小于 10×10^{-4}%，夹杂物尺寸小于 $5\mu m$；轴承钢中总氧量每降低 1×10^{-4}%，其寿命可提高 10 倍，目前轴承钢中总氧量最好水平平均为 $(4\sim6)\times10^{-4}$%，国内为 $(5\sim9)\times10^{-4}$%；用于易拉罐的镀锡板要求总氧含量小于 10×10^{-4}%，钢中 Al_2O_3 夹杂物小于 $10\mu m$；生产汽车外板，要求钢中总氧含量小于 20×10^{-4}%，且 Al_2O_3 杂物尺寸小于 $10\mu m$。合理制定不同钢种的洁净度控制规范，既能满足甚至超越用户预期性能，又防止性能的浪费，故实现经济洁净度是洁净钢用户工程学的重要目标。

1.3   高品质钢对洁净度的要求

洁净钢是大幅度提高钢材强度、韧性和使用寿命的基础，使产品具备更好的深冲性、拉拔性、冷变形性、低温韧性以及更好的抗疲劳、抗氢致裂纹和应力腐蚀裂纹等耐久性能。近些年来随着冶炼技术的进步，钢的洁净度水平不断提高，以钢中 C、P、S、N、H、O 含量为例，1980 年德国蒂森公司生产的钢，上述杂质总量可去除到 600×10^{-4}%，到 20 世纪 90 年代则可去除到 100×10^{-4}%。韩国浦项可将 P、S、O、N、H 总量去除到 80×10^{-4}%的水平。德国人预测，在今后几年中上述杂质含量可以达到以下水平：$w[C]\leqslant20\times10^{-4}$%、$w[P]\leqslant15\times10^{-4}$%、$w[S]\leqslant5\times10^{-4}$%、$w[N]\leqslant15\times10^{-4}$%、$w[T.O]\leqslant10\times10^{-4}$%、$w[H]\leqslant0.7\times10^{-4}$%，总量为 65.7×10^{-4}%。而日本人预测在 21 世纪，日本纯净钢的冶炼水平可达到：$w[C]\leqslant6\times10^{-4}$%、$w[P]\leqslant2\times10^{-4}$%、$w[S]\leqslant1\times10^{-4}$%、$w[N]\leqslant14\times10^{-4}$%、$w[T.O]\leqslant5\times10^{-4}$%、$w[H]\leqslant0.2\times10^{-4}$%，总量为 28.2×10^{-4}%。近年来，国内也开展了洁净钢冶炼技术的开发研究。如宝钢冶炼出了五大元素 P、S、O、N、H 总量小于 80×10^{-4}%的超纯净钢。本钢开发出了同一炉次中 $w[C]+w[N]+w[P]+w[S]+w[T.O]<118\times10^{-4}$%的超纯净 IF 钢，其单一元素最低含量控制为：$w[C]=12\times10^{-4}$%、$w[N]=19\times10^{-4}$%、$w[P]=26\times10^{-4}$%、$w[S]=36\times10^{-4}$%、$w[T.O]=18\times10^{-4}$%。鞍钢、武钢、马钢等企业也掌握了较好的洁净钢冶炼技术。

除了降低钢中 S、P、N、H、C、O 等杂质元素外，对夹杂物含量、尺寸、形状也有要求。如用于轮胎的钢帘线要求钢中总氧含量小于 10×10^{-4}%，夹杂物尺寸小于 $5\mu m$；优质宽厚板和管线钢连铸坯总氧量小于 20×10^{-4}%，MnS 全部转化为球形 CaS；用于易拉罐的镀锡板总氧含量小于 10×10^{-4}%，钢中夹杂物尺寸小于 $10\mu m$；生产汽车外板要求钢中总氧含量小于 20×10^{-4}%，氧化铝尺寸小于 $10\mu m$。典型钢种对洁净度的要求见表 1-1。

表 1-1   典型钢种洁净度要求

产品	钢液杂质含量	夹杂物直径极限值/μm	要求及常见缺陷
汽车板	$w[C]<30\times10^{-4}$%，$w[N]<30\times10^{-4}$%	100	超深冲、非时效性 表面线状缺陷
IF 钢	$w[C]<10\times10^{-4}$%，$w[N]<40\times10^{-4}$%，$w[T.O]<20\times10^{-4}$%		

产品	钢液杂质含量	夹杂物直径极限值/μm	要求及常见缺陷
DI 罐	$w[C]<30\times10^{-4}\%$, $w[N]<30\times10^{-4}\%$, $w[P]<70\times10^{-4}\%$, $w[T.O]<20\times10^{-4}\%$	20	飞边缺陷
合金钢棒材	$w[H]<2\times10^{-4}\%$, $w[N]<10\times10^{-4}\%$, $w[T.O]<10\times10^{-4}\%$		
高压容器合金钢	$w[P]<70\times10^{-4}\%$		
抗 HIC 钢	$w[P]<50\times10^{-4}\%$, $w[S]<10\times10^{-4}\%$		
IC 用引线框		5	冲压成型裂纹
显像管阴罩用钢		5	防止图像侵蚀缺陷
轮胎子午线	$w[H]<2\times10^{-4}\%$, $w[N]<40\times10^{-4}\%$, $w[T.O]<15\times10^{-4}\%$	20（非塑性夹杂）	冷拔断裂
滚珠轴承钢	$w[T.O]<10\times10^{-4}\%$	15	疲劳寿命
连续退火板	$w[N]<20\times10^{-4}\%$		
宽厚板	$w[H]<2\times10^{-4}\%$, $w[N]<30\times10^{-4}\%$, $w[T.O]<20\times10^{-4}\%$	13（单个）, 200（链状）	
无取向硅钢	$w[N]<30\times10^{-4}\%$		
焊接板	$w[N]<1.5\times10^{-4}\%$		
管线钢	$w[S]<30\times10^{-4}\%$, $w[N]<35\times10^{-4}\%$, $w[T.O]<30\times10^{-4}\%$, $w[N]<50\times10^{-4}\%$	100	酸性介质输送, 抗氢致裂纹
线材	$w[N]<60\times10^{-4}\%$, $w[T.O]<30\times10^{-4}\%$	20	断裂

1.3.1　总氧控制

钢中总氧量（T.O）是钢的洁净度的重要标志，这与现代钢铁工业生产流程有关，图 1-1 给出了钢铁生产流程中氧位的变化。A→B 为高炉炼铁过程，铁矿石经直接还原、间接还原、渗碳后变成铁水，其中氧含量由 30% 降低至 $2\times10^{-4}\%$ 左右。B→C 为氧气炼钢过程，铁水经吹氧脱碳成为低碳钢，但氧却由 $2\times10^{-4}\%$ 增加至 0.1%~0.52%。C→D 是钢水的精炼过程，通过沉淀脱氧、扩散脱氧等方式，氧含量降低至 0.001% 左右或更低。

对低碳钢或超低碳钢来说，金属铝是最有效的脱氧剂，故有铝镇静钢（Low carbon aluminum killed steel）的称谓。采用铝脱氧来降低钢中总氧量存在最佳区间。不同研究者的平衡试验表明，当钢中 $w[Al]=0.01\%\sim0.02\%$ 时，对应的 T.O 含量最低，达到 $(2\sim5)\times10^{-4}\%$，此后再增加铝量，T.O 不降反增，如图 1-2 所示。有关铝含量对钢中总氧含量的影响机理，目前还存在一定的争议。

在冶炼超低碳钢（$w[C]<0.0020\%$）时，为避免钢液过氧化而消耗过量金属铝形成大量簇群状、脆性的氧化铝夹杂，可采用高拉碳出钢，将钢中碳控制在 0.05%~0.06%，然后在真空精炼（RH、DH 或 VOD）中进行再处理。其原理是：在真空环境下降低 CO 分压，依靠钢中剩余的氧继续把碳降低至 0.01% 或更低，此时脱碳与脱氧同时进行，氧可以降低至 0.05% 以下。这种真空脱氧方法是生产超低碳钢的重要技术，已被国内外许多企业广泛采用。目前，降低钢中总氧含量的技术已日臻完善。经过钢包精炼，顶渣氧化性控制，长水口、浸入式水口吹氩密封，连铸坯中的 T.O 可以稳定控制在 $(10\sim20)\times10^{-4}\%$。

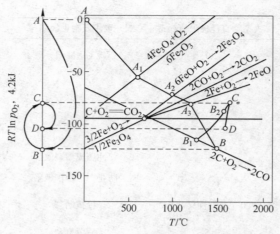

图 1-1 钢铁生产流程中氧位的变化

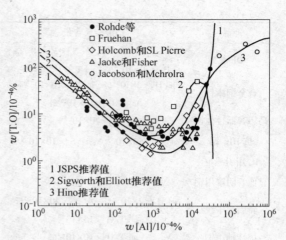

图 1-2 钢中 T. O 与铝量的关系

1.3.2 硫/磷含量控制

洁净钢中残留的硫量虽然极少，但对钢力学性能和疲劳性能的影响不容忽视。过去通过加入锰铁形成高熔点 MnS（1600℃）来消除 FeS 类低熔点共晶体。然而，MnS 一般沿轧制方向被延展成长条状，造成钢材的各向异性。

冶金生产流程中，脱磷和脱硫都是钢、渣之间的反应。长期以来，人们习惯用渣、钢间的分配比 $L_S = w(S)/w[S]$ 及 $L_P = w(P)/w[P]$ 来表征炉渣的脱硫和脱磷能力。

在脱碳转炉中，钢水和炉渣氧位较高，渣、钢间硫的分配比 L_S 较小，因此，防止回硫是洁净钢生产流程中的主要问题。最大限度地扒除 KR 脱硫渣、严格控制石灰和废钢等辅助材料中的 S 含量十分必要。对于超低硫钢还需进行深度脱硫，如 LF 造还原渣或 RH 喷粉脱硫。铁水预处理工序中，采用 KR 法脱硫可以将硫含量稳定脱至 0.0020% 以下，而在脱碳转炉中，由于石灰、脱磷剂特别是废钢等原辅料带入的硫含量会导致钢液增硫，为此，超低硫钢必须在精炼过程进行二次脱硫。图 1-3 为 LF 处理过程中炉渣组成与硫分配比的关系，可见炉渣组成对脱硫具有显著的影响。在精炼温度下，将炉渣中 CaO 含量控制在接近饱和状态，钢中 $w[Al] > 0.02\%$ 以上，此时渣钢间硫分配比 $L_S = 100 \sim 200$ 之间，可将钢中 [S] 脱至 $10 \times 10^{-4}\%$ 以下。此外，硫在钢中是强偏析元素，尽管钢中 Mn 含量较高，当硫含量降低至 $(5 \sim 8) \times 10^{-4}\%$，管线钢板坯中心还会形成若干 MnS 夹杂物。通过钙处理将钢中 $(w(T. Ca)/w[S]) \geq 2.0$，板坯中心的 MnS 夹杂物可以完全消除。

磷在钢中全部溶于铁素体中，可使铁素体的强度、硬度有所提高，但 P 也是强偏析元素，低温下能使钢的塑性、冲击韧性急剧降低，使钢变脆，这种现象称为"冷脆"。

高炉冶炼过程中，磷几乎全部进入铁水，铁水中磷含量一般在 0.07% ~ 0.15% 之间。热力学分析可知，有利于脱磷的热力学条件是低温、高氧势、高碱度渣。钢中磷的脱除有三种方式：一是铁水预处理脱硫，脱磷后 [P] 可达 0.01% ~ 0.015%；二是转炉或电炉中脱磷，在炼钢氧化脱碳过程的同时进行脱磷，终点磷含量可达 0.01% 左右，有些厂家也使用双转炉或双渣工艺脱磷，终点磷含量可降低至 0.005% 以下；三是炉外精炼脱磷，采用金属钙等还原剂或在 RH 内喷粉（CaO-CaF₂ 粉剂），将钢中磷脱除至 0.003% 以下。新日铁名古屋制铁所采用 RH-PB 喷吹工艺可将钢中磷脱除至 0.001% 以下，我国宝钢、武钢等企业，采用双渣或双联法脱磷，也能使钢中磷达到 0.002%。

首钢京唐公司开发的新一代洁净钢生产流程中 P 的控制如表 1-2 所示。在脱磷炉内将温度控制在 1300~1350℃ 范围（低于 C 与 P 选择性氧化的转折温度，1400℃），通过添加废钢和造渣剂等将炉渣碱度和氧化性控制在适宜范围（图 1-4 所示中控制 $L_P > 50$），可以在脱磷炉内实现保碳脱磷，半钢磷含量可降低至 0.03% 以下。脱碳炉内温度虽高（1650~1680℃），但因其具有很高的氧位，即使在少渣冶炼条件下仍可继续脱磷，只要将脱磷炉半钢磷含量控制在 ≤0.03%，即可保证脱碳炉终点 P 含量小于 0.006%。

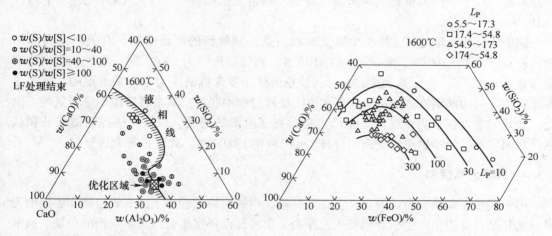

图 1-3 硫分配比与炉渣组成的关系　　图 1-4 磷分配比与炉渣组成的关系

表 1-2 新一代洁净钢生产流程中 P 的控制

过程	磷含量/%			脱磷率/%	
	铁水	半钢	液态钢	脱磷炉	脱碳炉
SRP 工艺	0.10~0.11	≤0.025	0.005	≥75	≥80
全三脱工艺	0.08~0.09	≤0.030	0.006	≥67	≥80
超低磷钢	0.08	0.008	0.002	90	≥80

1.3.3 氮/氢含量控制

当气氛压力为 100Pa（1mbar）时，氮气在钢中的溶解度为 $14×10^{-4}$%，钢中氮较难脱除，一是因为氮在钢液中扩散系数小，反应速度慢；二是在炼钢出钢到连铸过程中吸氮常常发生。因此精炼之前钢中氮尽量低，此外应尽量减少吸氮来源。

钢中氮主要通过炼钢初期 CO 沸腾排出，在转炉吹炼后期，CO 气体减少，表面气体压力大大降低，钢液将从大气中吸氮。为此，炼钢过程中通过添加白云石产生大量的 CO_2 气体，形成正压层可以阻止钢液从大气中吸氮。住友金属公司开发的 VOD-PB 法在真空下向钢水深处吹入粉状材料（铁矿粉和锰矿粉），在精炼期间生成 CO 气泡，可得 $w[N] < 20×10^{-4}$% 的钢水。德国蒂森公司提出，出钢时加入石灰石可以控制吸入空气，加高碳锰

铁，利用 CO_2 的生成去除氮。另有文献指出，脱氮与去除钢中氧和硫是相矛盾的，这是因为氧、硫是表面活性剂，会阻止氮通过钢液与大气之间的边界层，阻碍氮的脱除。一般来说，RH 为无渣操作，是不能脱硫的，必须在 RH 处理前钢水已脱硫的情况下才能达到 RH 脱氮的目的。也有研究表明：RH 处理时，初始 $w[N] > 30×10^{-4}\%$ 时，经 RH 处理后可以去除一部分 [N]；若初始 $w[N] < 30×10^{-4}\%$ 时，则 RH 处理后无效。

此外，连铸过程中吸氮也是普遍存在的。近年来，国内外从耐火材料材质，长水口、浸入式水口等紧密安装技术，各种覆盖剂的效果出发，力争减少各环节的吸氮量。Weirton 钢厂还把钢包到中间包吸氮作为洁净钢的判断标准，凡是吸氮大于 $10×10^{-4}\%$ 的任何炉次，均不能作为重要供货来源。目前，钢包到结晶器吸 [N]，国外先进水平约在 $1×10^{-4}\%$。

钢中 [H] 含量过多，易产生氢发裂和白点，导致钢的严重缺陷。有关研究得出结论：若 $w[S] < 10×10^{-4}\%$，则 $w[H] < 1×10^{-4}\%$。当气氛压力为 100Pa 时，氢气在钢中溶解度为 $0.91×10^{-4}\%$。为了达到此目标，保持钢液处于非常低的压力是非常重要的。脱氢主要靠转炉炼钢初期钢液激烈沸腾脱氢和 RH 处理过程中脱氢，其余各阶段均是增氢的。因此，脱氢的重点在于防止脱气处理后连铸过程各阶段的增氢，应该严格控制渣成分和状态。我国宝钢超纯净钢生产，钢中 [H] 可控制在 $1×10^{-4}\%$，处于世界先进行列。

1.3.4　残余元素控制

钢中残余元素没有公认的定义，主要是指在钢的冶炼过程中不能有效控制和去除的元素。尤其是在电炉生产中，废钢带入的残余元素经过循环富集会严重影响钢的质量。通常有害残余元素包括：铜 Cu、砷 As、镍 Ni、锑 Sb、铬 Cr、铋 Bi、锡 Sn、铅 Pb、钼 Mo、钴 Co 等。残余元素对钢质量和性能所造成的危害可以总结为：(1) 恶化钢坯及材的表面质量，增加热脆倾向；(2) 使低合金钢发生回火脆性；(3) 降低连铸坯的热塑性，在含氢气氛中引起应力腐蚀；(4) 严重降低耐热钢持久寿命及热塑性；(5) 恶化 IF 钢深冲性能等。

国外有关钢厂通过严格控制钢中残余铜、锡、锑和砷等元素的含量来降低或消除钢材表面网状裂纹（即热脆）。一般按照铜和锡含量近似关系（Cu+6Sn=9），并假设钢中的锑同锡为等效来进行控制，即 Cu+6×(Sn+Sb)<9/E，其中：

(1) E 为钢坯表面铜、锡、锑等的富集系数，E=（Cu、Sn、Sb 等富集后的含量）/（钢中 Cu、Sn、Sb 等的原始含量）；

(2) 钢中有残镍存在时，可用 E=（富集后的镍含量）/（钢中原始镍含量）来表示；

(3) E 值是与生产厂钢坯加热时被氧化程度有关的数值，波动在 20~50 之间，氧化程度越大，E 值越高。英国某钢厂对大量生产数据分析研究发现，钢中的残余铜、锡等按下式：Cu+6×(Sn+Sb)≤0.4% 进行控制（E 值为 20~25）时，可以有效预防网状裂纹的发生。德国曼内斯曼无缝钢管厂对钢中残余元素铜、锡等元素，按下式 Cu+6×(Sn+Sb)≤0.3% 进行控制（E 值为 30 左右）。

在冶炼含铜抗硫化氢或大气腐蚀钢材时，除要进一步提高钢材的纯净度、降低钢坯的再加热温度或缩短加热时间、降低加热炉的氧化气氛，减少在轧钢过程中钢坯被氧化的程度外，还要根据钢种和用途对残余有害元素含量进行限制。国内外对残余有害元素含量的限制标准见表 1-3。钢中残余元素的控制方法总结为以下几个方面：

（1）稀释法。这是我国电炉炼钢中普遍采用的一种处理方法。生产中常用直接还原铁（DRI）、碳化铁、高炉铁水等废钢替代品来稀释钢中残余元素含量，逐渐形成良性循环来控制钢的洁净度。

（2）废钢预处理技术。固态废钢预处理是降低或消除残余元素不利影响的有效方法之一。常用的处理技术主要包括机械挑选法、含铜废钢冷冻处理、选择性熔化、铅浴或铝浴法、电化学法、氯化法、铵盐浸出法、硫化渣法等。

（3）元素改性法。添加抑制元素（B、Ti 等）是减轻铜对钢性能不利影响较为有效的方法。它们或与铜在晶界形成合金，或增加铜在奥氏体中的溶解度，来减轻或消除铜含量超标造成的热脆性。添加稀土元素（La、Ce 等）可有效抑制 Sn、Sb 等参与元素对钢性能的不利影响。如 La、Ce 分别能有效抑制 Sn 和 Sb 的偏聚。在洁净钢中，按 La = 1.2×(2O+S)+0.5×1.2Sn+Sb+4.5P+As+0.002 向钢中加入稀土可达到提高钢的高温力学性能和抗冲击性能的双重目的。

（4）钢液脱除技术。根据残余元素在炼钢中的行为不同，Zn、Pb、Sb 等为易去除元素，Cu、Sn、Ni、Mo 等为难去除元素。熔体过滤法是利用某些陶瓷对钢液中铜元素的选择性吸附作用，借助钢液与铜的相对运动来实现钢液脱铜的目的，从而净化钢液。其主要依据是铜元素比铁元素与某些陶瓷材料具有较小的润湿角、较大的黏附功，因而在钢液与陶瓷界面处形成富铜相，达到脱铜的目的。蒸发法是利用炼钢温度下某些元素比铁具有更高的蒸气压而先于铁蒸发来达到脱除的目的。蒸发法可去除铜、锡、铅等杂质元素，但会造成锰的大量损失，且随着铜和锡等浓度的降低，会低于铁的蒸气压而造成铁的大量损失。铵盐法是基于蒸发法而研究开发的一种脱铜新技术，铵盐如氯化铵可以在瞬间生成初生态的氢和氮，并与铜生成蒸气压更高的氢化铜、氮化铜，同时氯还可以与铜生成更高蒸气压的氯化亚铜，从而加快了铜的蒸发。

表 1-3　钢中残余元素的实际含量与允许含量　　　　　　　　　　　（%）

元素	工业级钢	超纯净钢	允许含量	
			一般用途钢	深冲和特殊用途钢
Cu	0.080~0.210	0.018	0.250	0.100
Sn	0.010~0.021	0.001	0.050	0.015
Sb	0.002~0.004	0.001		0.005
As	0.010~0.030	0.002	0.045	0.010
Pb			0.0014~0.0021	
Bi			0.0001~0.00015	
Ni	<0.06			0.100

1.3.5　夹杂物控制

钢中非金属夹杂物是导致钢材制品出现各种缺陷最直接的诱因。夹杂物从来源上大致分为内生夹杂和外来夹杂两种。

内生夹杂有两类：一类是溶解于钢水中的氧与加入的脱氧剂形成的脱氧产物；另一类

是钢水凝固过程的析出物。氧化铝是最典型的脱氧产物，氧化铝夹杂物的三维形貌与氧势条件有关，见图 1-5。当氧势较低时，形成点状或棱角状氧化铝（图 1-5a 和 b），当氧势较高时，形成树枝晶状或簇群状氧化铝（图 1-5d）。钢中氧化铝易形成簇群状的原因是：夹杂物与钢液之间润湿性较差（两相间接触角为 144°），且氧化铝颗粒具有较高的界面能，容易通过碰撞、聚合形成三维簇群。有研究调查了 1t 铝镇静钢中夹杂物总数为 $10^7 \sim 10^9$ 数量级，其中，$80 \sim 130\mu m$ 约有 400 个，$130 \sim 200\mu m$ 约有 10 个，$200\mu m$ 以上不多于 1 个，其余均小于 $50\mu m$，可见钢中夹杂物以小尺寸夹杂物为主。

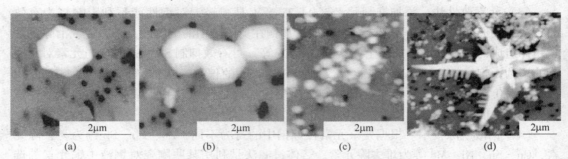

图 1-5　铝脱氧钢中的氧化铝夹杂物三维形貌

(a),(b) $400 \times 10^{-4}\%O$；(c) $600 \times 10^{-4}\%O$；(d) $780 \times 10^{-4}\%O$

钢液凝固过程产生的析出物是第二类内生夹杂物。高温钢水冷却时，钢中氧、氮、硫等元素的溶解度降低，造成氧化铝、氮化铝、氮化钛和硫化物的沉积析出。凝固过程中硫化物通常在枝晶间析出，亦经常以钢水中已存在的氧化物为核心析出。这类夹杂物尺寸较小（$<10\mu m$），分布也较为分散，对钢的性能危害较小。

外来夹杂物主要是钢水和外界（空气、卷渣及耐火材料侵蚀）之间发生的化学和机械作用的产物。外来夹杂物具有以下特征：（1）单体尺寸大。来自耐火材料侵蚀和脱落的夹杂物尺寸通常在 $50 \sim 200\mu m$ 不等，比脱氧产物的尺寸要大很多（见图 1-6）。（2）成分复杂。由于钢水、炉渣、空气以及炉衬耐火材料之间的反应造成夹杂物成分复杂，脱氧产生的 Al_2O_3 可以覆盖在这些大尺寸夹杂物表面。由于外来夹杂物尺寸大，容易吸收和捕获钢中脱氧产物，且外来夹杂物能为形成新的夹杂物提供形核核心，这些都是导致其成分复杂的重要原因。（3）形状不规则。一般来说卷渣产物为球形，其余外来夹杂物如耐火材料脱落多为带有棱角的不规则形状，对钢的性能破坏也最为严重（见图 1-7）。（4）相比于脱氧产物，外来夹杂物数量较少，且分布具有偶然性和随机性。总之，外来夹杂物与

图 1-6　大样电解提取到的钢中大颗粒夹杂物（电解）

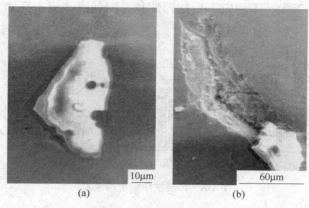

(a)　　　　　　(b)

图 1-7　耐火材料脱落形成的典型夹杂物

钢冶炼过程中的操作参数有关，通常可以通过其尺寸和化学成分判定其来源，且来源主要是二次氧化、卷渣、耐火材料的侵蚀和脱落。

　　洁净钢生产过程中，夹杂物控制的目标是实现其在钢中的无害化。生产实践中，夹杂物控制的主要方式为：（1）降低夹杂物数量，提高钢的洁净度。通过控制转炉出钢过氧化、真空碳脱氧、钢包软吹、合理控制顶渣成分、中间包/结晶器流场优化、全程保护浇注等措施，降低夹杂物的产生数量并在冶炼工序中创造夹杂物上浮去除的有利条件。（2）夹杂物变质技术。通过向钢中加入金属钙、镁、稀土等元素，改变夹杂物的化学成分和形态，使之变为对钢种不敏感的夹杂物类型，降低其对钢性能的影响。（3）充分发挥夹杂物"有益相"的作用。脱氧产物尺寸细小、分布弥散，成分稳定，可以作为钢中第二相（TiN、NbC）的形核核心，促进第二相大量析出，从而能有效钉扎奥氏体晶界，阻碍奥氏体晶粒长大，且钢中第二相在合理的冷速条件下能促进针状铁素体生成，从而提高钢的基础性能。

1.4　洁净钢生产流程

　　洁净钢生产技术涉及多个工序环节，以转炉流程为例，通常由铁水脱硫处理、顶底复吹转炉吹炼、出钢挡渣、脱氧、钢水包内炉渣改性、氩气搅拌、RH 真空处理或其他方式的炉外精炼、保护浇铸、中间包冶金、结晶器保护渣、结晶器内钢水流动控制等组成，全过程中某一个环节出现疏漏即有可能导致钢洁净度的破坏。随着炼钢技术的进步，高效低成本洁净钢生产新流程应运而生，其目的在优化洁净钢冶炼和精炼工艺，在提高钢水洁净度的前提下进一步提高生产效率，降低洁净钢制造成本。以下是传统流程和新流程的对比分析。

1.4.1　传统洁净钢生产流程

　　传统洁净钢制造流程如图 1-8 所示。主要采用"铁水脱硫预处理—传统复吹转炉冶炼—LF 炉精炼与 RH 真空精炼—全连铸"生产工艺，可以生产出高洁净度的钢水。传统洁净钢生产流程中存在着炼钢回硫、低碳脱磷、铝脱氧夹杂物控制及强还原精炼四项主要问题，这是造成洁净钢生产不稳定、冶炼周期长、能耗高、成本高和 CO_2 排放量大的重要原因。

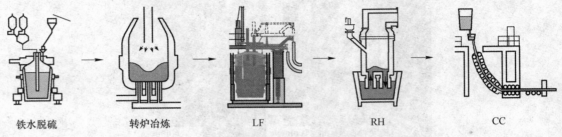

铁水脱硫　　　　　转炉冶炼　　　　　　LF　　　　　　　　RH　　　　　　　CC

图 1-8　传统洁净钢生产流程

炼钢回硫是传统洁净钢生产流程中存在的主要问题，不仅造成钢水质量波动，而且大幅度增加生产成本。炼钢回硫的主要原因如下：

(1) 铁水硫含量低，回硫严重。铁水脱硫预处理工艺具有良好的热力学条件，渣、钢间硫分配比 $L_S > 1000$，目前可以稳定生产 $w[S] \leqslant 20 \times 10^{-4}\%$ 的低硫铁水（如 KR 法）。

(2) 转炉炼钢过程中钢水氧位升高，渣、钢间硫分配比 L_S 降低到 $2 \sim 5$，钢水易被炉渣污染造成回硫。如石灰 $w[S]$ 为 0.02%、铁水 $w[S]$ 为 $20 \times 10^{-4}\%$ 时转炉冶炼终点与炉渣中石灰带入的硫平衡的钢水 $w[S]$ 为 $40 \times 10^{-4}\%$，回硫率 100%。说明生产超低硫钢用石灰的硫含量必须小于 0.01%，否则就会污染钢水，形成回硫。

炼钢回硫造成的危害主要表现为：(1) 必须大幅度降低废钢、石灰和其他原辅材料的硫含量，增加了原料供应成本；(2) 需采用钢包二次脱硫，增加了脱硫成本；(3) LF 炉脱硫生成大量氧化铝二次夹杂，难以上浮去除，造成钢液的再污染。

低碳脱磷是转炉炼钢的主要特征。为了保证脱磷，要求提高钢水氧位，势必使钢渣过氧化。随着终点碳的降低、转炉渣钢间磷的分配比提高，增加底吹强度有利于提高渣钢间磷的分配比。造成转炉低碳脱磷的技术原因是：

(1) 终点碳含量高时，氧传质决定熔池碳氧反应，熔池氧位低，难以保证脱磷所要求的氧位；

(2) 吹炼中期难形成高碱度炉渣，抑制了脱磷反应；

(3) 吹炼终点温度高，降低了渣钢间磷的分配比。

采用铝强制脱氧是传统洁净钢流程的主要方法，可以保证得到低氧钢，但也带来夹杂物控制的难题。主要问题如下：(1) 出钢消耗大量铝用于脱氧；(2) 精炼过程采用铝扩散脱氧，降低炉渣氧化性；(3) 采用高碱度、高铝钙比渣系提高炉渣吸附氧化铝夹杂的能力；(4) 为保证夹杂物充分上浮需采用长时间弱搅工艺。

为了保证钢水脱硫和控制钢中夹杂物形态，降低钢水氧位，传统洁净钢流程常采用 LF 炉进行强还原精炼，保证钢水洁净度。强还原精炼带来如下问题：(1) 需要消耗大量铝脱除钢水和炉渣中的氧；(2) 需要提高炉渣碱度为脱硫创造有利条件；(3) 为改变夹杂物形态需采用高碱度、高氧化铝渣系，增加了渣量；(4) 铝脱氧产生的大量一次和二次夹杂污染钢水，且延长精炼时间。在 LF 精炼中产生的二次夹杂对钢水造成严重污染，钢中悬浮的大量二次夹杂需要通过长时间的吹氩弱搅或在真空精炼中弱搅才能得以有效去除。

1.4.2 经济洁净钢生产流程

传统洁净钢生产流程存在着生产成本高、能耗高、CO_2 排放量大和产品质量不稳定等缺点。为改进这些缺点，日本学者提出了洁净钢"分阶段冶炼"新工艺。经过二十多年的发展与完善，形成了全新的洁净钢制造新流程，如图 1-9 所示。其特点是采用"高炉低硅冶炼和铁水脱硅预处理—全量铁水'三脱'预处理—转炉少渣冶炼—高碳出钢和 RH/KTB 热补偿—全连铸"工艺。新流程有以下技术优势：（1）减少渣量，比传统流程减少渣量 40%~60%；（2）缩短转炉冶炼周期 30%~50%；（3）减少吨钢铁耗 15~20kg；（4）减少吨钢铝耗 1.5~2kg，对不同钢种可降低铁合金消耗 3~10kg。

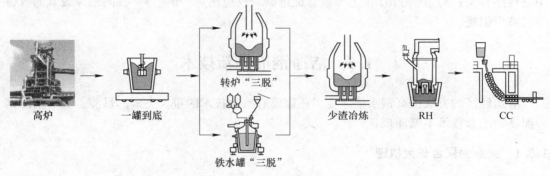

高炉　　　一罐到底　　　转炉"三脱"　　　铁水罐"三脱"　　　少渣冶炼　　　RH　　　CC

图 1-9　新一代洁净钢生产流程

新一代洁净钢生产流程包含以下三项关键技术：

（1）采用铁水"三脱"预处理工艺。推广采用铁水"三脱"预处理工艺，将钢水提纯的重点从炉外精炼转移到铁水预处理是降低洁净钢生产成本、提高生产效率的技术关键。根据热力学分析，在低温条件（1350~1380℃）下尽可能形成高碱度炉渣对脱磷有利，目前使用的双渣法和转炉双联脱磷工艺都是基于此理论开发的。此外，铁水预处理脱磷由于熔池碳含量高、半钢氧位低，对抑制炼钢回硫有利。在脱磷预处理过程中控制炉渣 $w(FeO) \leq 8\%$ 有利于迅速提高渣钢间硫的分配比。采用低氧化铁炉渣脱磷预处理工艺，控制合适的炉渣碱度（$R \geq 2.5$）和渣量（$w(S) \leq 0.06\%$）可以将渣钢间硫的分配比（L_S）提高到 20~30，从而解决了炼钢回硫的难题。

（2）少渣炼钢工艺。传统流程的造渣理念是根据铁水 Si 含量按照终渣碱度要求确定渣量，而新流程造渣理念是根据铁水 P 含量控制渣量，通过控制铁水硅含量和提高渣钢间磷的分配比实现少渣冶炼。在铁水初始磷为 0.1% 和半钢磷为 0.01% 的条件下，控制渣钢间磷分配比 $L_P = 800$，渣中 $w(P_2O_5)$ 达到 8%，要求控制初始 Si 量为 0.18%，脱磷炉总渣量仅为 26kg/t。降低脱磷炉渣量对减少石灰消耗和降低铁耗、提高钢中残锰含量具有重要的经济意义。

考虑到脱碳转炉溅渣护炉的要求，应控制脱碳转炉渣量在 20~25kg/t，石灰加入量为 10~15kg/t。转炉采用少渣冶炼可避免渣料对钢水回硫的影响，并可实现锰矿的熔融还原。这一方面有利于炉渣熔化，另一方面可节约锰铁合金消耗，对降低炼钢成本有重要意义。

（3）高碳出钢和真空碳脱氧。为避免钢渣过氧化，冶炼生产低碳钢应将转炉出钢碳稳定在 0.06%~0.08%，此时钢中溶解氧为（300~400）×10^{-4}%。高碳钢应将转炉出钢碳提高至 0.3% 以上，使钢中溶解氧控制在 100×10^{-4}% 以下。这对于减少脱氧铝耗和脱氧生成的氧化铝夹杂具有重要意义。对于需要采用真空精炼的钢种，应采用真空碳脱氧工艺，进一步降低脱氧夹杂物，提高钢水洁净度。采用真空碳脱氧具有以下优点：1）真空碳脱氧产物为 CO 气体，不会污染钢水；2）真空有利于碳氧反应，达到理想的脱氧效果；3）真空碳脱氧可大幅度降低脱氧和去除夹杂物的成本。

实现真空碳脱氧的工艺措施：1）采用沸腾出钢工艺，减少钢水增碳量，避免出钢过程中吸氮、吸氢，造成钢水污染；2）适当提高转炉终点碳，在 RH 或 VOD 真空精炼过程中进行热补偿；3）优化 RH 工艺参数，促进碳氧反应达到平衡；4）提高铝深脱氧的收得率，减少铝耗。

1.5 洁净钢冶炼新技术

应用经济的方法提高钢水洁净度，还需要有冶金技术的重大突破。目前，关于洁净钢方面新的冶金技术不断涌现。

1.5.1 夹杂物聚合长大机理

根据 Stokes 上浮理论，夹杂物尺寸越大则其上浮速率越快。为了实现夹杂物的有效去除，研究钢液中夹杂物的聚合长大行为至关重要。运用冶金学、流体力学、冶金反应工程学的理论和知识及现代数值计算理论，在利用物理模型研究气泡行为、气泡与夹杂物碰撞、本体流动对夹杂物行为影响的基础上，采用数学模拟和仿真研究精炼钢包（包括真空）、连铸中间包和结晶器内夹杂物行为以及研究气泡的尺寸、数量、运动与夹杂物行为之间的定量关系，它们在精炼钢包、连铸中间包和结晶器中的不同特点是制定夹杂物去除技术措施的基础与关键，为研发夹杂物去除新技术提供理论依据。目前，国内外研究者对夹杂物的来源、碰撞机理、运动、去除、脱氧条件对夹杂物的影响等方面的研究，取得了一批研究成果。在夹杂物碰撞机理方面，虽然对斯托克斯碰撞、布朗碰撞以及湍流碰撞的几种方式进行了描述，但对于实际精炼与连铸不同容器如钢包、中间包、结晶器内的主要碰撞方式还不能准确阐述。

此外，有研究者利用高温激光共聚焦系统（CSLM）和高温 X 射线技术对钢中夹杂物碰撞、聚合长大行为进行了原位跟踪和观察，分析了夹杂物聚合长大的驱动力（范德华力、毛细管引力等），并将夹杂物—钢液之间的润湿特征与两相间界面自由能引入夹杂物聚合长大过程的研究。图 1-10 为钢中夹杂物聚合长大的观察结果。通过上述研究，可以深入揭示引起钢中夹杂物聚合长大的影响因素，从而为制定合理的工艺参数提供理论指导。

1.5.2 夹杂物在线分析技术

要提高钢水的洁净度，就必须控制钢中的夹杂物，要控制钢中夹杂物，则首先要全面地获取夹杂物的特征信息，这些特征信息包括夹杂物数量、尺寸、形貌、成分及分布等。

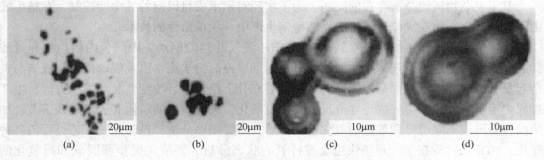

图 1-10　钢中夹杂物碰撞长大结果

(a), (b) Al_2O_3；(c), (d) SiO_2

目前，不论是精炼、连铸中间包还是铸坯或轧材，夹杂物分析都采用离线电解、显微观察、定量金相、超声检测、电子束重熔等，分析时间长、偶然性大，对夹杂物无法及时控制，容易造成质量损失。有关钢中夹杂分析方法，近年来英、法钢铁企业相继有较详细的报道，日本多家钢厂实验室通过共同试验，评价并对比了用不同方法对几种高洁净钢夹杂含量和粒度等的分析结果。表 1-4 概括列出当前实用方法的一些要点。

表 1-4　各种夹杂物分析方法要点

No.	方法	试样量/g	分析时间	优点	缺点
1	电解提取 + 化学分析（EE+CA）	40~80	5~6d	取样量大，颗粒尺寸都有代表性；含量和组分分析精度高	费时；要求试剂纯度高；部分夹杂物被溶解流失
2	定量金相（AS-PEX）	5cm×2cm，>50μm　20cm²，4000 个　302mm²，4000 个	1~10h	自动化程度高，可获得体积分数、粒度分布等定量信息	易受尘埃干扰，细小夹杂物可能从磨面脱落
3	抽取 + 激光衍射/散射（PSM）	50~100	2~3d（抽取）3~5min（测定）	粒度范围 0.1~1000μm	抽取（电解或酸溶）及除去碳化物费时且可能损失目的物
4	电解抽取 + 电镜/能谱（SE+SEM/EDS）	50~250	8~10d	取样及信息量大，适合考察聚合或外来大型夹杂	费时，不稳定夹杂物被破坏
5	电子束重熔 + 电镜/能谱（EBR+SEM/EDS）	10~200	30min+5d	快速富集夹杂物	部分夹杂物易聚合，难保持原有形状和组分
6	高频超声探测（HE-US）	由探测面与深度估计用量	3~4h	不分解试样，联合 SEM/EDS 可原位分析	仅能探测到 30μm 以上的颗粒
7	差热抽取（DTE）	0.5~1（5mm×5mm×5mm）	3~5min	快速测定氧化物含量，适合特定的夹杂物	无形态粒度信息，加热过程中导致某些夹杂物发生变化
8	单火花光谱分析（SSA）	$(1{\sim}10)×10^{-3}$（20mm²×5μm）	2~3min	快速给出氧化物化学组成、粒度分布和相对含量	样品量少，不能确切得到大型夹杂物信息，尚处于定形阶段

　　鉴于夹杂物离线分析存在的问题，为了实现对钢水成材以前的纯净度控制，在精炼或中间包进行夹杂物在线检测，将会是洁净钢生产中一项革命性的技术。

　　从转炉出钢经钢包炉脱氧吹氩、VD 或 RH 脱气并翻动钢水、中间包内用挡坝和过滤器起导流和黏附作用、连铸结晶器附加电磁制动以控制钢水流动以及喂丝或用合成渣与夹杂起复合反应等措施，都是为了使夹杂物能够充分上浮排除且改变性状。另一方面，生产过程中钢水可能接触空气或与卷渣反应而再度氧化，视其发生的阶段和脱氧剂残留及补加情况，会形成不同组分和数量的氧化物，显然，需要跟踪分析，及时反映工艺过程的各种变化。DTE 法可望在生产现场快速地进行氧的状态分析，弄清关键步骤脱氧和再氧化的后果。SSA 法则可快速获得夹杂物组成、数量、粒度等多种信息，用以考察工艺制度对夹杂物改性、形态控制和去除的影响效果。DTE 和 SSA 都是最近提出的新方法，其应用价值及所需软硬件均在研究开发之中。

1.5.3　镁处理夹杂物变性技术

　　非金属夹杂的变性处理就是向钢液喷入某些固体熔剂，即变性剂，如硅钙、稀土合金等，改变存在于钢液中的非金属夹杂物的性质，达到消除或减小它们对钢性能的不利影响，以及改善钢液的可浇注性，保证连铸工艺操作顺利进行。一是通过增加钢中有效钙含量，使大颗粒 Al_2O_3 夹杂物变性成低熔点复合夹杂物，促进夹杂物上浮，净化钢水；二是在钢水凝固过程中提前形成的高熔点 CaS，可以抑制钢水在此过程中生成 MnS 的总量和聚集程度，并把 MnS 部分或全部改性成 CaS，即形成细小、单一的 CaS 相或 CaS 与 MnS 的复合相。近年来，新日铁开发了控制钢中夹杂物的新技术，通过向钢水中添加镁和钙来控制夹杂物的成分，并细化夹杂物颗粒。采用该方法，使夹杂物的变形性能接近钢的变形性能，可提高钢的韧性和加工性能。铝作为炼钢中最常见的脱氧剂，其脱氧能力和细化晶粒的作用已为人们所共识。但铝脱氧产生大量细小、难熔的 Al_2O_3 夹杂，不易上浮排出，在浇铸时易引起水口结瘤，造成钢液连浇中断。和铝一样，在炼钢温度下，镁也能溶于钢液中，镁与氧、硫都有很强的亲和力，脱氧脱硫产物为氧化镁或镁铝尖晶石。欲将非金属夹杂物控制在塑性夹杂物成分区内，必须对夹杂物的成分进行调整控制，掌握这些成分与钢液中［Mg］、［Al］、［Ca］、［O］等元素含量之间的影响关系以及获得合理夹杂物成分所须采用的炉渣成分、精炼工艺参数等。研究人员对镁在冶炼纯净钢中的应用进行了理论探索，得出镁能够将钢水中氧含量降到很低的水平，脱氧产物镁铝尖晶石具有高度弥散的特征，且尺寸极小（见图 1-11）。此外，镁脱氧产生的 MgO 有很强的扩大 $CaO\text{-}SiO_2\text{-}Al_2O_3$ 三元系相图中低熔点区域的能力，使得由 CaO、SiO_2 和 Al_2O_3 组成的非金属夹杂物生成低熔点非结晶相的概率大大增加。

1.5.4　氮微合金化技术

　　氮对钢材的危害是：（1）加重钢材时效硬化倾向；（2）降低钢材冷加工性能；（3）使焊接热影响区脆化。所以，对一般钢种而言，钢中氮超过一定限度就认为是有害成分（高氮钢除外）。当钢中氮超过熔融条件下的平衡溶解度时，这些钢称为超高氮钢。

　　不锈钢中氮合金化的影响是双重的，氮像碳一样以间隙形式强化奥氏体，但不像碳会导致晶间碳化物析出，这是在奥氏体及双相不锈钢中应用氮作为奥氏体稳定剂的原因之

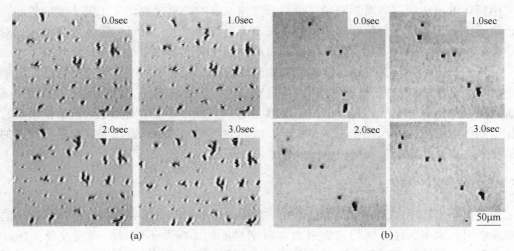

图 1-11 钢液镁处理形成的弥散分布的夹杂物（CSLM 原位观察）
（a）MgO 夹杂物；（b）尖晶石夹杂物

一。此外，氮还有其他优点，使得高氮合金的使用比其他合金更为有利，这些优点是：
（1）屈服强度、抗拉强度高和延展性好；（2）具备高强度与高断裂韧性；（3）高应变硬
化潜力；（4）阻止形成变形诱导马氏体；（5）低磁导率；（6）良好的耐腐蚀性能。

氮在提高钢的强度、断裂韧性、耐磨性、磁性及耐腐蚀性等方面具有特别的优势，含
氮钢具有极好的力学性能和耐腐蚀性能的理论基础在于氮元素加强了钢的金属键。开发新
一代氮微合金钢将成为洁净钢发展的一个重要方向，对于提高钢的强度和降低生产成本具
有重要意义。

1.5.5 无污染脱氧技术

传统的脱氧工艺是向钢液中加入各种脱氧剂进行沉淀脱氧，其最大问题是脱氧产物在
钢中生成，污染钢液，形成的非金属夹杂物严重影响钢材的质量。20 世纪 70 年代以来，
有研究者通过电解法、原电池法和脱氧体等方法将氧离子加以定向引导，使其与固体电解
质内的脱氧剂如 H_2、CO 或活泼金属反应，得到 H_2O、CO_2 或氧化物等不与金属液接触的
产物，实现了无污染脱氧的目标。

固体电解质脱氧体脱氧新方法亦属电化
学脱氧，它以氧离子传导的固体电解质和高
温电子导电材料构成脱氧体，脱氧体内装有
液态脱氧剂。当脱氧体浸入钢液后，根据电
化学原理，钢液中的氧在氧位差的推动下将
通过固体电解质进入脱氧体内，与脱氧剂反
应，使钢液脱氧，如图 1-12 所示。电极反应
式可以写成：

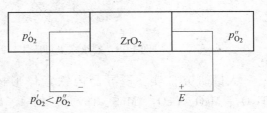

图 1-12 氧浓差电池工作原理示意图

阳极反应式：$2O^{2-} - 4e = O_2(p'_{O_2})$；阴极反应式：$O_2(p''_{O_2}) + 4e = 2O^{2-}$；
总电池反应式：$O_2(p''_{O_2}) = O_2(p'_{O_2})$；反应的吉布斯自由能：$\Delta G = RT\ln(p'_{O_2}/p''_{O_2})$

用固体电解质脱氧体对钢液脱氧是一个快速高效的脱氧过程。由于钢液温度较高，导致金属液中氧传质速度加快和固体电解质氧离子电导率增大，都可使脱氧速度增大。对金属中夹杂物的检测结果表明，脱氧体的脱氧产物和脱氧剂都不会对金属造成污染。

从当前研究结果看，理论计算和脱氧实验研究都表明用固体电解质进行熔融金属液脱氧是可行的。虽然制备定氧用氧化锆固体电解质的技术是成熟的，但如何制备满足冶炼工业脱氧用氧化锆固体电解质是当前的主要难题之一。另外氧化锆固体电解质价格昂贵，如氧化锆固体电解质为一次性使用，存在成本较高的问题。如能开发研究成功重复使用的氧化锆脱氧体或其他廉价透氧材料，则该技术工业应用前景非常光明。

1.5.6　氧化物冶金技术

为了提高钢洁净度，一直以来，研究学者采取各种措施去除夹杂物，但尺寸较小的夹杂物并未引起太多关注，因为这类夹杂物对钢性能的影响并不明显。研究发现，$1\mu m$ 左右的夹杂物在焊接冷却过程中可以诱发钢中晶内铁素体形核，细化了钢组织，显著改善了焊缝和热影响区的强度和韧性，由此诞生了一门新兴的领域"氧化物冶金"。

氧化物冶金的基本思路如下：（1）钢中铁素体晶粒粗大是其韧性不高的主要原因，细化铁素体晶粒最有效的方法是细化奥氏体晶粒；（2）利用控轧控冷技术，以及细小弥散的碳化物、氮化物在晶界沉淀析出（钉扎效应）阻止奥氏体晶粒粗化，可细化晶粒，提高钢的强度和韧性，但在焊接过程中，钢的焊接热影响区（HAZ）会发生晶粒粗化，导致韧性急剧下降；（3）若能在原奥氏体晶内产生大量晶内铁素体（Intragranular Ferrite，简称IGF），即使奥氏体晶粒粗大，也可获得晶粒细小的显微组织，这种晶内铁素体是一种大角晶界和高位错密度的针状组织，具有交互封锁作用，能有效抑制裂纹的扩展（见图1-13）；（4）无论多洁净的钢，其均有许多非金属夹杂物，在适当条件下，部分非金属夹杂物可以诱导晶内铁素体形核，细化钢的晶粒。

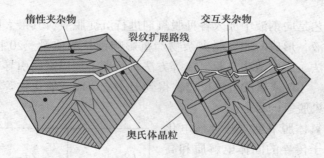

图 1-13　裂纹在上贝氏体和针状铁素体组织中的扩展示意图

大量研究证实，诱导晶内铁素体形核、长大的非金属夹杂物多为 Al_2O_3、TiO、Ti_2O_3、MgO、CeO_2、MnS、TiN 形成的氧、硫复合或氧、氮复合物。这些复合夹杂物的中心为高熔点 Al_2O_3、TiO、Ti_2O_3、CeO_2 等，表层为低熔点的 MnS 和 TiN，如图1-14所示。在这些复合夹杂物中，究竟是复合夹杂物整体共同诱导晶内铁素体形核，还是表层夹杂物如 MnS、TiN 诱导晶内铁素体形核起决定性作用，在此方面还有较大争议，有待进一步研究。

此外，非金属夹杂物能否诱导晶内铁素体形核，不仅与夹杂物成分和类型有关，还与其尺寸、分布有关。研究发现诱导晶内铁素体形核的非金属夹杂物直径在 $0.2\sim2.0\mu m$ 之

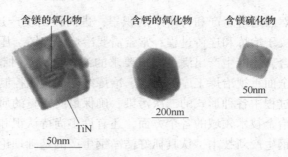

图 1-14　几种诱导晶内铁素体形核的夹杂物类型

间，且均匀分布。钢中非金属夹杂物的大小、分布主要取决于钢中氧含量。氧含量太高，夹杂物尺寸大；氧含量低，不能形成足够数量的夹杂物，均不利于晶内铁素体的形核。

　　近年来，运用氧化物冶金技术已成功开发出高强度高韧性非调质钢、低碳微合金钢、石油和天然气输送管线钢。德国蒂森公司在开发 49MnVS3 中碳非调质钢时，用 Ti、V 微合金化。一方面形成的 TiN、VN 颗粒钉扎奥氏体晶界，抑制了奥氏体晶粒长大；另一方面，TiN、VN 颗粒诱导了晶内铁素体形核，使奥氏体晶粒尺寸有效细化。在保证钢的强度达到 500~800MPa 时，其室温冲击韧性达 50J。49MnVS3 中碳非调质钢因取消了调质热处理，具有较好的节能效果，在德国、日本，80% 以上的连杆、曲轴均采用氧化物冶金型中碳非调质钢。为提高工程结构钢焊接热影响区韧性，开发了微 Ti 氧化物冶金型低碳钢，其化学成分为 $w[C] = 0.07\%$、$w[Si] = 0.24\%$、$w[Mn] = 1.52\%$、$w[Ti] = 0.012\%$。微量 Ti 能形成 Ti_2O_3、TiN 非金属夹杂物，在焊接过程中，热影响区的 Ti_2O_3、TiN 能诱发晶内铁素体形核和感生形核，确保焊接热影响区的强度和韧性不降低，转变温度可达 -50℃。

　　为了更好地发挥氧化物冶金在洁净钢生产中的作用，需要系统解决如下问题：（1）深入研究如何有效控制夹杂物类型、尺寸和分布特征，更好地发挥夹杂物诱导晶内铁素体形核的效果；（2）深入揭示晶内铁素体形核机理与晶内铁素体形核的影响因素。

1.6　洁净钢发展展望

　　目前，洁净钢在生产和技术操作上已没有理论方面的障碍。一般来讲，洁净钢生产主要有四个关键环节：精料、冶炼过程及终点的精确控制、钢水精炼、防止钢水二次污染。钢水经炉外精炼处理后，已经非常"纯净"了，钢水在浇注过程中从钢包到中间包再到结晶器的流动过程中，可能会发生与空气、包衬、水口、中包渣/结晶器渣之间的物理化学反应，生成新的夹杂物，使得炉外精炼的效果前功尽弃。连铸过程中的非稳态现象，主要发生在中间包开浇、连浇换包、拉速改变、水口结瘤等条件下，非稳态现象导致中间包和结晶器液面波动使得钢水发生二次氧化和卷渣，造成钢液严重的二次污染。生产实践证明，非稳态浇注过程中钢包—中间包—结晶器的下渣、卷渣是铸坯中外来夹杂物的重要来源，把非稳态浇注铸坯洁净度提高到稳态浇注的水平，是提高整体铸坯质量要解决的关键问题。洁净钢冶炼的另外一个技术是"氧化物冶金"，即通过控制细小、弥散的氧化物的尺寸、分布组成和数量，使之成为钢凝固后析出物的核心，从而提高钢材的性能。

　　洁净钢生产是一项系统工程，不同钢种对洁净度要求不同，生产者首先要确定用户要求产品达到的性能，然后通过生产和科研中的积累，进而提出生产过程控制目标。此外，洁净钢生产并非仅取决于冶炼和连铸过程，常常需要冶炼、连铸、压力加工，以及热处理等各道工序的正确配合，才能生产出满足用户要求的洁净钢，这种钢材才有市场竞争力。另外应从精料抓起，全面重视冶炼工序的提纯、冶炼终点的精确控制、钢水精炼的优化以及防止精炼至凝固全过程中各种形式的二次污染，确保最终钢材的质量和性能要求。

　　洁净钢生产涉及冶金技术领域的各个方面，还有许多尚待认识和亟待解决的问题，因此，要大力开发洁净钢生产新技术，认真抓好洁净钢生产的基础理论研究，全面提高自主开发和技术创新能力，尽快形成我国独有的洁净钢生产系统技术。

2 铁水预处理与熔剂

2.1 铁水预处理发展概述

铁水预处理是指高炉铁水进入炼钢流程之前预先脱除某些杂质元素的预处理过程。铁水预处理包括普通预处理和特殊预处理两类。普通预处理包括预脱硅、预脱硫和预脱磷技术，简称铁水"三脱流程"。特殊预处理是指对铁水中的特殊元素进行提纯精炼或资源综合利用，如铁水提 Nb、提 V、提 Cr 等预处理工艺。

2.1.1 铁水预处理的冶金学意义

现代钢铁流程证明，高炉炼铁—转炉炼钢的传统钢铁制造流程有诸多不合理之处，如：（1）能耗高。如硅在高炉内先还原而后在转炉中再氧化，这一过程浪费了大量能耗。研究表明，铁水中每增加 0.1%硅，高炉将多消耗热量 209200kJ/t 铁，而在转炉中，扣除炉渣热损失后，1kg 硅的有效发热量约为 6267kJ，能量利用率仅为 3%，这些热量仅能熔化废钢约 4kg。（2）不能满足现代工业对钢材质量的要求。传统的转炉炼钢工艺将脱硅、脱硫、脱磷放在同一个反应器内进行，由于热力学条件相互矛盾，很难实现有效的处理，从而限制了钢质量的提高。因此，迫切需要对传统钢铁制造流程进行改革、细分，使之更合理化、最优化。

20 世纪 80 年代，随着石油开采、汽车制造、大型建筑等用钢对钢中杂质，如硫、磷、氮、氢等元素的要求越来越苛刻，日本钢铁企业逐步形成了以铁水预处理为基础的"高炉炼铁—铁水预处理—转炉炼钢—二次精炼—连铸"的钢铁优化流程，从而率先开创了洁净钢冶炼的先河。改革传统钢铁制造流程的出路之一就是铁水预处理，即将传统钢铁制造流程中的一些任务，如脱硅、脱硫、脱磷等拿出来组成相对独立的铁水预处理工序，使其发展成为完善优化整个钢铁生产工艺流程、确保节能降耗、实现优质高效总体目标所不可缺少的独立工艺环节。

2.1.2 铁水预处理的优越性

铁水预处理技术存在如下技术优势：

（1）可满足用户对低磷、低硫或超低磷、超低硫钢的需求。如高级别管线钢要求 $w[S] \leqslant 10 \times 10^{-4}\%$，低温容器钢要求钢中 $w[P] \leqslant 50 \times 10^{-4}\%$。冶炼这些钢种，铁水预处理深脱磷、深脱硫是必不可少的。

除易切削钢之外，硫是钢中最常见的一类有害元素，其在钢中大部分以硫化物形态存在。硫化物（硫化铁或硫化锰）熔点较低，在钢的热加工过程中很容易变形，成为延伸状夹杂物，引起钢的力学性能的各向异性。除了对机械性能的影响之外，硫含量增加还对铸坯和轧材表面质量极为有害。德国蒂森公司发现钢中硫含量大于 0.02% 时板坯表面缺陷为含硫低于 0.019% 时的两倍。为了避免内部裂纹和保证表面质量，必须把钢中硫含量限制在 0.02% 之内。又比如在高寒地带使用的管线钢，为了减少氢致裂纹，并保证较高的横向延伸性和横向冲击性，必须将硫含量控制在 0.005% 以下。采用铁水预处理技术，可以很经济地实现上述要求。

磷是表面活性元素，极易在晶界或相界面偏聚，往往可以达到基体浓度的十倍或百倍，引起钢的低温脆性或回火脆性，通常称之为"冷脆"。因此，为了提高钢的寿命，降低严寒和低温侵蚀的破坏作用，在高寒地区使用的船板钢、油井管线钢等要求 $w[P] \leqslant 50 \times 10^{-4}\%$。这也促进了铁水预处理技术的发展。

（2）可降低高炉脱硫负担，放宽对原料的限制，提高产量，降低焦比。当前，炼铁高炉的单炉容积日益扩大，产量很高，降低焦比具有很大的经济价值。德国蒂森钢铁厂统计了各厂高炉渣碱度对铁水含硫量、焦比和产量的影响。在原料硫负荷 6kg/t 铁、铁水含硅量 0.60%、渣量 300kg/t 铁的条件下，若炉渣碱度降低 0.2，则铁水含硫量升高 0.025%，产量提高 6%，焦比降低 20kg/t 铁，铁水中增加的硫全部采用铁水预处理脱除。在氧气转炉炼钢过程中，使用低硫铁水可降低转炉渣碱度，节约石灰、白云石等造渣材料，提高钢水收得率的同时，减少炉渣排放，改善热平衡。

（3）炼钢采用预处理后的低硫、低磷铁水冶炼，可以获得巨大的经济效益。铁水预处理工序能提高转炉生产效率，降低转炉炼钢成本、减少能耗。由于采用低硫、低磷铁水，转炉渣量大大减少，渣中 TFe 含量降低，铁损减少，锰回收率增加，减少了锰铁的消耗。由于转炉任务大大减轻，吹炼时间减少，炉龄提高。

（4）铁水预处理脱硫、脱磷可选择更好的热力学条件，还可以借助外部搅拌措施，大大改善反应动力学条件，以较低的费用获得满意的脱硫、脱磷效果。

（5）铁水预处理是冶炼洁净钢最有效、最可靠的技术保障，已成为生产优质低硫、低磷钢必不可少的经济工序。用户对钢材质量的要求，其主要技术指标是钢材洁净度、均匀度和精度，这是稳定钢材质量的重要方面。为了满足市场需求，世界各国钢铁企业都在不遗余力地通过降低钢中杂质，特别是磷、硫和非金属夹杂物含量来提高钢材质量，而铁水预处理技术则是获得高洁净度、均匀性能和高精度钢材的基础，关键环节是选择相应的处理措施达到一定的冶金目的，保证用户的需要。

2.1.3　铁水预处理发展历程

铁水预脱硅、脱磷处理始于 1897 年，英国人赛尔（Thiel）利用一座平炉进行预处理铁水，脱硅、脱磷后在另一座平炉内炼钢，结果比两座平炉同时炼钢效率成倍提高。20 世纪初期，人们主要致力于炼钢工艺的开拓和改进，铁水预处理技术发展迟缓。直到 20 世纪 60 年代，随着炼钢工序的不断完善和制造业对钢铁产品质量的严格要求，铁水预处理技术得到了迅速发展，逐步成为钢铁冶金流程的必要环节。

铁水预脱硫已经有几十年的历史，在 1948～1955 年期间脱硫技术曾得到一定发展，但当时未能在工业上推广应用，不过这期间也积累了相当多的脱硫经验，发展了一些脱硫方法，如整体投入法、摇包法、回转炉法、机械搅拌法等。到了 1975 年前后，世界各大钢铁企业逐步发展了铁水脱硫法，并普遍建立了铁水脱硫站，一般钢种的铁水经脱硫处理可将硫含量降低至 0.02% 以下，低硫优质钢种，处理后的铁水硫含量小于 0.005%。铁水预处理"三脱"技术首先在日本得到了蓬勃发展，在北美、欧洲和苏联则以铁水预脱硫为主。脱硫方法从最早的搅拌法、镁焦法发展到喷吹法。脱硫剂从碳化钙、镁焦、苏打、石灰等，发展到以碳化钙、石灰或金属镁为主的复合脱硫剂。

1979 年，我国武钢率先从日本引进 KR 法机械搅拌脱硫装置，迄今一直在使用，并以无碳石灰脱硫剂代替了电石粉做脱硫剂。20 世纪 80 年代初期，攀钢最早进行了铁水脱硫工业试验，同期攀钢、天钢、宣钢、酒钢、鞍钢等企业先后自行设计成了铁水脱硫站。1985 年，宝钢 TDS 法脱硫站与一期工程一起投入正常生产。1988 年，太钢从日本住友金属引进的国内第一套铁水"三脱"预处理站试运营成功。1998 年和 2003 年，宝钢和太钢又分别从日本川崎制铁引进两套铁水"三脱"预处理设备。迄今为止，在产品质量竞争的形势下，国内大多数中型钢铁企业均建立了专门的铁水喷吹脱硫站，采用的铁水脱硫剂主要以石灰系、电石系为主，近年来开始广泛使用钝化镁脱硫剂。

由于传统的转炉生产流程已逐渐被现代化钢铁工艺流程所取代，且已成为国内外大型钢铁企业技术改造后的普遍模式。目前，铁水预处理已被公认为高炉—转炉—连铸工艺流程降低钢中杂质含量的最佳工艺，是改善转炉操作的重要手段。

2.1.4 铁水预处理发展趋势

随着技术的不断进步和完善，为了配合现代洁净钢冶炼流程的需要，铁水预处理技术正朝着以下方向发展：

（1）从铁水预脱硫，发展到铁水预脱硅和铁水同时脱硫脱磷。

（2）未来将以铁水罐或混铁车喷吹为主，机械搅拌法（KR）已成为预脱硫新的选择。

（3）预处理粉剂受原料价格和产品要求而波动，因此，发展高效、廉价的复合脱硫剂是今后一段时期内的努力方向。目前，铁水脱硫剂以石灰（CaO）系、电石（CaC_2）系、镁系为主导，形成了并驾齐驱的局面，而脱磷粉剂相对单一，只有石灰（CaO）系。

（4）随着钢水洁净度要求的不断提高，铁水预处理应用越来越普遍。普通钢种采用轻处理脱硫，特殊低硫钢可进行深脱硫处理。

2.2 铁水预脱硅与脱硅剂

高炉内化学反应复杂，铁氧化物被还原的同时，矿石中的脉石成分氧化硅也部分被还原进入铁液，形成含硅铁水。高硅铁水炼钢需要增加石灰用量，导致渣量提高、成本增加。因此，低硅铁水冶炼是实现经济炼钢的基础。

铁水预处理脱硅是基于铁水预脱磷技术而发展起来的。由于铁水中硅的氧势比磷的氧势低，当有氧化剂存在时，硅与氧的结合能力远远大于磷与氧的结合能力，所以硅比磷优先氧化。脱磷必须先脱硅，这已成为铁水预处理工艺的理论基础。脱磷前，必须优先将铁水中的硅氧化至远远低于高炉铁水硅含量的 0.15% 以下，这样磷才能有效脱除。因此，为了减少脱磷剂用量，提高深脱磷效果，开发了铁水预脱硅技术。

铁水预脱硅可以减少石灰用量、渣量和铁损。在铁水含磷 0.11%、含硫 0.025% 条件下，铁水中硅含量从 0.6% 降低至 0.15% 时，炼钢石灰消耗量可由 42kg/t 减少至 18kg/t，转炉渣量从 110kg/t 下降至 42kg/t，而且吹炼过程平稳，金属收得率提高 0.5%~0.7%。

此外，对于含钒和含铌等特殊铁水，预脱硅也为富集 V_2O_5 和 Nb_2O_5 等创造了条件。

2.2.1　预脱硅基本原理

铁水中的硅与氧有很强的结合能力，因此硅很容易与氧反应而被氧化脱除。常用的铁水脱硅剂均为氧化剂，主要有两种，一是气体氧化剂，如氧气、空气或 CO_2 气体；二是固体氧化剂，如烧结矿、氧化铁皮、铁矿石、锰矿粉、烧结粉尘等。

铁水预脱硅的基本反应如下：

$$[Si] + O_2(g) = SiO_2(s) \qquad \Delta G^{\ominus} = -821780 + 221.16T \quad J/mol$$

$$[Si] + 2(FeO) = SiO_2(s) + 2Fe(l) \qquad \Delta G^{\ominus} = -356020 + 130.47T \quad J/mol$$

$$[Si] + \frac{2}{3}Fe_2O_3(s) = SiO_2(s) + \frac{4}{3}Fe(l) \qquad \Delta G^{\ominus} = -287800 + 60.38T \quad J/mol$$

$$[Si] + \frac{1}{2}Fe_3O_4 = SiO_2(s) + \frac{3}{2}Fe(l) \qquad \Delta G^{\ominus} = -275860 + 156.49T \quad J/mol$$

由此可知，在标准状态下，气体脱硅剂与固体脱硅剂相比，使用气体脱硅剂反应更容易进行。由于脱硅产物为 SiO_2，故脱硅过程中加入一定量的 CaO 等碱性氧化物，降低脱硅反应产物活度，有利于脱硅反应进行。

生产实践证明，固体脱硅剂加入铁水会产生熔解热和熔化热，这部分热量远大于脱硅反应的放热量，使得脱硅过程变成了吸热反应，固体脱硅剂加入熔池会导致熔池温降。当脱硅剂用量为 0.4% 时，气固喷吹法与顶部加固体脱硅剂相比，温度变化相差近 210℃，而铁水包表面吹氧同时使用固体脱硅剂与单独使用固体脱硅剂相比，温度相差 170℃。

将脱硅反应均写成如下反应式：

$$[Si] + 2[O] = (SiO_2) \qquad \Delta G^{\ominus} = -RT\ln K_{Si} \qquad (2-1)$$

反应平衡常数为

$$K_{Si} = \frac{a_{SiO_2}}{a_{[Si]} \cdot a_{[O]}^2} = \frac{\gamma_{SiO_2} \cdot N_{SiO_2}}{f_{Si} \cdot w[Si]_\% \cdot a_{[O]}^2} \qquad (2-2)$$

则 Si 的分配系数（分配比）为

$$L_{Si} = \frac{w(Si)_\%}{w[Si]_\%} = K_{Si} \cdot \frac{f_{Si} \cdot a_{[O]}^2}{\gamma_{SiO_2}} \qquad (2-3)$$

由上述分析可知，影响脱硅反应的因素包括：（1）温度的影响。因为脱硅反应为吸热反应，因此高温有利于脱硅。实际生产过程中，按铁水温度而定。（2）炉渣碱度的影响。提高炉渣碱度，SiO_2 活度系数降低，对脱硅有利。（3）铁水中氧含量影响。铁水中氧活度越高，硅的分配比越大，有利于脱硅。（4）铁水中硅活度的影响。铁水中硅活度越大，脱硅越容易进行，能提高铁水中硅活度的元素有碳、硅、锰、磷、镍等，如图 2-1 所示。

脱硅过程中，除硅大量氧化之外，亦伴随着 C、Mn 的氧化，反应式如下：

$$[Mn] + (FeO) = (MnO) + Fe$$

$$[C] + (FeO) = Fe + CO$$

由上式分析，脱硅过程是典型的渣金界面反应，传质环节决定了脱硅反应速率。上述过程的控制步骤为：当渣中 FeO 含量大于 40% 时，铁水中硅的传质是脱硅过程的限制环节，此时碳、锰的氧化不影响硅的氧化；当渣中 FeO 含量介于 10%～40% 之间，铁水中硅的传质和渣中 FeO 的传质共同构成了脱硅过程的限制环节；当渣中 FeO 含量低于 10% 时，渣中 FeO 的传质为脱硅过程的限制环节。

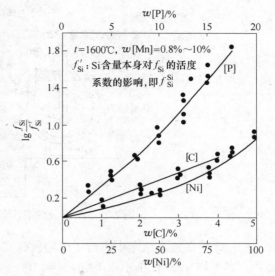

图 2-1　铁水中 [C]、[P]、[Ni] 对硅活度系数的影响

2.2.2　预脱硅主要方法

铁水预脱硅方法主要有高炉出铁沟脱硅和鱼雷罐或铁水罐喷射脱硅。

2.2.2.1　高炉出铁沟脱硅法

该过程是将脱硅剂直接加入高炉铁水沟中脱硅，脱硅剂一般是密度较大的氧化铁皮或矿石。其优点是脱硅不额外占用时间，处理方便，温降小，时间短，渣铁分离方便；缺点是用于脱硅反应的氧源利用效率低，且工作条件较差。

高炉铁水沟脱硅剂的加入方式有：

（1）自然投入法。向铁水流表面投入脱硅剂，并利用铁水沟内铁水落差进行搅拌。

（2）气体搅拌法。在自然投入法的基础上，向铁水表面吹压缩空气加强搅拌，以促进脱硅反应的进行，提高铁水脱硅效率。

（3）液面喷吹法。依靠载气将脱硅剂喷向铁水表面。

（4）铁水内喷吹法。将耐火材料喷枪浸入铁水内，利用载气向铁水中喷入脱硅剂。

试验证明，脱硅效果按自然投入法、气体搅拌法和喷吹法递增。

2.2.2.2　鱼雷罐或铁水包脱硅法

鱼雷罐或铁水包中喷射脱硅法的特点是工作条件好，可在专门的预处理站进行，处理能力大，脱硅效率高且稳定；缺点是占用时间长，铁水温降大。

日本 JFE 开发了混铁车上进行铁水预处理工艺，实现了减少铁水喷溅的目标，如图 2-2 所示。该技术可以提高铁水预处理反应效率，降低铁损。其具体方法如下：

（1）将浸入式氧枪插入铁水包内铁水中，喷吹氧气或用载气喷入固体粉剂，进行铁水脱硅或脱磷处理。采用红外摄像仪监控来自铁水包炉口的喷溅物，当检测到喷溅物中含有金属铁，降低喷吹氧枪的插入深度，或减少向铁水中喷吹的气体流量。

（2）在规定时间内，未检测到喷出物中含有金属铁时，要增加喷枪插入深度，或者增大向铁水中喷吹气体流量。浸入式喷枪的插入深度和气体流量可以自动控制。

（3）采用此方法，可以定量地控制喷溅物成分，将氧枪插入深度和气体流量调整到最佳状态，避免过吹。与传统方法相比，可以提高铁水预处理用氧气和固体粉剂的利用效率。

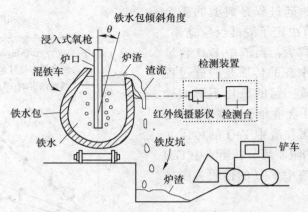

图 2-2　JFE 开发的混铁车预处理铁水方法示意图

　　Suzuki 等在鱼雷罐车中进行了喷粉脱硅实验，得到了脱硅氧的利用率与平均硅含量的关系。当平均 $w[Si]$ 小于 0.1% 时，吹 10%~40% 氧与不吹氧相比，脱硅氧的利用率差别不大。但当平均 $w[Si]$ 大于 0.1% 时，脱硅过程氧的利用率明显提高。

　　我国太钢专用预处理也采用铁水喷枪脱硅，脱硅剂的粒度为 0.147~0.370mm，处理时铁水温度为 1320℃，另加氧枪面吹（距离铁水液面 200mm 左右），防止处理过程温度下降。当气氧/固氧比在 0.3~0.5 范围内，平均脱硅量达 0.59%，处理后铁水温度基本不变，气体氧用量（标态）相当于 1.4~2.0m³/t。

　　从脱硅效率比较来看，铁水罐吹气搅拌脱硅法脱硅率约为 50%，混铁车喷吹脱硅法约为 75%，铁水罐喷吹脱硅法约为 90%，说明喷吹法脱硅优于铁水沟连续脱硅法。

2.2.3　脱硅剂种类及用量

　　铁水预脱硅的基本要求是在尽可能避免 [C] 和 [Mn] 氧化的情况下，使铁水中的 [Si] 优先脱除到所需程度。脱硅剂组成为：氧化剂、熔剂。氧化剂提供脱硅用氧源，有固体和气体两种。固体氧化剂主要为含铁氧化物，工业上常用的固体氧化剂有：铁矿粉、烧结（返）矿、轧钢铁皮、锰矿石。气体氧化剂主要有工业氧气（O_2）、空气等。熔剂的主要作用在于改善脱硅渣性能，如改善脱硅渣流动性，降低黏度，减少脱硅渣表面张力，抑制脱硅渣起泡。

　　目前，铁水预脱硅所使用的溶剂有：石灰（CaO）、萤石（CaF_2）、石灰石（$CaCO_3$）、苏打粉（Na_2CO_3）、转炉渣等一种或两种。另据新日铁室兰制铁所的经验，脱硅渣中含 3%~4% 的 B_2O_3，脱硅效果更好。常用的脱硅剂与熔剂配比见表 2-1。

表 2-1　脱硅剂与熔剂配比　　　　　　　　　　　　　　　　（%）

配比	轧钢铁皮	烧结矿粉	石灰	萤石
太钢二炼钢	90(<0.147mm)		10(<0.542mm)	
JFE 福山制铁所	70~100		0~20	0~10
日本川崎水岛厂		75	25	

　　不同脱硅方法对脱硅剂粒度有不同要求。采用铁水罐进行脱硅时，脱硅剂要求粒度较

细，约为 0.147~0.542mm，用于铁水沟脱硅处理时小于 5mm。比较表 2-1 中所列脱硅剂的脱硅能力，在相同单耗（20~25kg/t）和 [Si] 含量为 0.58%~0.90% 情况下，用于铁水沟脱硅时以轧钢铁皮能力最强，其脱硅率比烧结矿粉高 6.5% 左右。当脱硅剂单耗为 5~25kg/t 和 [Si] 含量为 0.2%~0.3% 情况下，用轧钢铁皮处理后的含硅量比烧结粉尘低 0.05%。使用不同粒度的烧结矿粉进行预脱硅试验，当脱硅剂单耗为 5~30kg/t 时，小于 1mm 的脱硅剂比小于 5mm 的脱硅剂获得的脱硅量高 0.03%~0.05%。脱硅剂中加入熔剂，如石灰、石灰石、萤石等有助于提高氧的利用效率，降低渣中氧化铁和氧化锰含量。当渣碱度（$w(CaO)/w(SiO_2)$）为 0.8~1.0 时，氧的利用效率可提高至 60%~70%。其原因是炉渣碱度提高，渣中氧化铁、氧化锰活度系数增加，二氧化硅的活度系数降低。因此，作为 CaO 来源的生石灰、转炉粉尘、预处理脱磷渣等都可以作为脱硅剂中的熔剂使用。

2.2.4 脱硅渣起泡控制

铁水预脱硅过程常存在明显的脱硅渣起泡现象。工业实践显示，铁水预脱硅过程中起泡高度约为 0.3~1.2m。脱硅渣起泡有两方面的原因：一是脱硅过程中总伴随碳的氧化反应，生成大量 CO 气体；二是脱硅渣黏度较大，气体在脱硅渣中不易逸出和释放。经粗略估算，预处理脱硅 0.15%，生成 CO 气体是铁水体积的 120 倍。因此，为了降低预脱硅炉渣发泡，脱硅过程中保碳是很重要的。可采取控制较低温度、适当提高炉渣碱度、加强搅拌和吹氮气促进气体逸出等。国内外曾就炉渣发泡问题进行过系统研究，得到气泡的破裂时间常数 τ 和起泡高度 ΔH、气泡的生成速度 Q 之间的关系：

$$\tau = \frac{\Delta H}{Q} \tag{2-4}$$

若气泡生成速度一定，起泡高度与 τ 成正比，这意味着炉渣的发泡性与气泡寿命有关。渣的表面张力越小，气泡的寿命越长。因此，可以适当增大炉渣表面张力，使炉渣"不发泡"。如加入一定量的 MnO、Al_2O_3、CaO、MgO 等，这些组元均有提高 $FeO-E_xO_y$ 渣系表面张力的作用，见图 2-3。此外，可采取中间排渣、减少渣量、增大炉渣中 FeO 含量、吹入氮气破泡、投入无水炮泥压渣和控制脱硅剂加入速度等措施减少炉渣发泡。

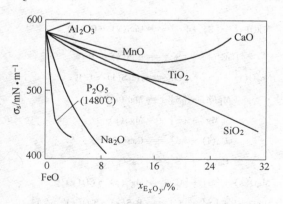

图 2-3 $FeO-E_xO_y$ 渣系的表面张力（1400℃）

2.3 铁水预脱硫及脱硫剂

铁水预脱硫是指铁水进入炼钢炉前的脱硫处理，它是铁水预处理中最先发展成熟的工艺。铁水预脱硫对于优化钢铁冶金工艺、提高钢水质量、开发优质品种、提高钢铁冶金的综合效益起着重要的作用，已发展成为钢铁冶金流程中不可或缺的工序。

铁水预处理脱硫之所以在经济上和技术上合理可行，有如下方面的原因：铁水中含有大量硅、碳、锰元素，与之平衡的氧活度极低，加入钙、镁、稀土等合金不会发生烧损，提高脱硫效果；铁水中的碳和硅能大大提高硫在铁液中的活度系数，且硫在渣、铁间的分配比较大；脱硫剂直接加入铁水，比高炉、转炉更容易提高反应物浓度。脱硫剂选择范围宽，可适应不同钢种对硫含量的要求；铁水温度较低，可在现有铁水罐、鱼雷车内进行，对处理装置的要求不高，降低了设备投资成本。

2.3.1　预脱硫基本原理

硫是一种非金属元素，在铁水预处理温度下为气态（标态下硫的沸点为445℃）。但由于硫与铁液无限互溶，因此硫能完全溶解在金属铁液中。此外，硫还能和多种金属与非金属元素形成气-液相化合物，这为开发各种脱硫方法奠定了基础。铁水预脱硫的实质是将溶解在铁液中的硫转变为在金属液中不溶解的相，并使其进入渣相或气相与金属液分离的过程。

目前，常用的铁水脱硫剂有石灰（CaO）、碳化钙（CaC_2）、苏打（Na_2CO_3）、金属镁（Mg）、金属钙（Ca）以及由它们组成的复合脱硫剂。典型脱硫剂发生的化学反应见表2-2。

表 2-2　典型脱硫剂的脱硫反应

反应式	$\Delta G^{\ominus}/J \cdot mol^{-1}$	编号	备注
$CaO(s) + [S] = CaS(s) + [O]$	$109070 - 29.27T(851 \sim 1487℃)$ $108946 - 30.10T(1487 \sim 1727℃)$	(1)	
$CaO(s) + [S] + 1/2[Si] = CaS(s) + 1/2(2CaO \cdot SiO_2)(s)$	$-251930 + 83.36T$	(2)	$w[Si] \geqslant 0.05\%$
$CaO(s) + [S] + [C] = CaS(s) + CO(g)$	$86670 - 68.96T(851 \sim 1487℃)$ $86545 - 69.80T(1487 \sim 1727℃)$	(3)	$w[Si] < 0.05\%$
$CaC_2(s) + [S] = CaS(s) + 2[C]$	$-359245 + 109.45T$	(4)	
$Na_2O(l) + [S] + [C] = Na_2S(l) + CO(g)$	$-34836 - 68.54T$	(5)	
$Mg(g) + [S] = MgS(s)$	$-427367 + 180.67T$	(6)	
$[Mg] + [S] = MgS(s)$	$-372648 + 146.29T$	(7)	
$Ca(l) + [S] = CaS(s)$	$-416600 + 80.98T(851 \sim 1487℃)$	(8)	
$Ca(g) + [S] = CaS(s)$	$-569767 + 168T(1487 \sim 1727℃)$	(9)	
$MgO(s) + [S] + [C] = MgS(s) + CO(g)$	$164675 - 67.54T$	(10)	
$BaO(s) + [S] + [C] = BaS(s) + CO(g)$	$29686 - 59.83T$	(11)	
$MnO(s) + [S] + [C] = MnS(s) + CO(g)$	$115017 - 75.91T$	(12)	

为了定量地比较各种脱硫剂的脱硫能力，可以求得各反应的平衡常数（K）进行比较。表2-3列出了1350℃下各种脱硫剂的相对脱硫能力和平衡时的硫含量。其中，将氧化钙脱硫平衡常数看成1，可得到其他脱硫剂平衡常数的相对值。

由表2-3可以看出，CaC_2、Mg、Ca和Na_2O的脱硫能力均比CaO强很多，而且前几种脱硫剂反应达到平衡时的硫含量均可以达到很低的水平。实际处理中，如果要求铁水预脱硫终点硫含量小于0.005%，可选用Mg、CaC_2以及它们组成的复合脱硫剂。选用石灰进行铁水脱硫时，理论计算可以达到 0.005% 以下，但石灰颗粒的反应受诸多因素限制，如石灰颗粒大小、活性度、熔池搅拌效果等，因此其脱硫效果大打折扣。另外，MgO 和 MnO 基本不具备脱硫能力，可以不予考虑。

表 2-3 各种脱硫剂理论脱硫能力比较（1350℃）

脱硫剂类型	反应式编号	平衡常数 K	相对大小	平衡时 $w[S]/\%$
CaO（石灰）	（1）	6.489	1	3.7×10^{-3}
CaC$_2$（电石）	（4）	6.95×10^5	1×10^5	4.9×10^{-7}
Na$_2$O（苏打）	（5）	5×10^4	7700	4.8×10^{-7}
Mg（金属镁）	（6）	2.06×10^4	3170	1.6×10^{-5}
Ca（金属钙）	（8）	1.5×10^9	2.3×10^8	2.2×10^{-8}
MgO	（10）	0.017	0.002	1.16
BaO	（11）	147.45	22.7	1.3×10^{-4}
MnO	（12）	1.833	0.282	1.1×10^{-2}

2.3.2 铁水脱硫剂种类

2.3.2.1 苏打系脱硫剂

碳酸钠，又名苏打，是最古老的炉外脱硫剂，也是一种很强的脱硫剂。碳酸钠的理论分解温度为 500℃，当加入铁水后，很快分解成 Na$_2$O，按照表 2-2 中式（5）进行脱硫反应。

苏打作为脱硫剂，尽管其脱硫能力较强，但因其价格高，Na$_2$O 易挥发（污染严重），且 Na$_2$O 对包衬耐火材料有明显的侵蚀作用，脱硫渣流动性太好而很难扒渣，基本已停止使用。目前，只有少数企业将其加入铁水沟用来处理硫含量超标的铁水。

2.3.2.2 石灰系脱硫剂

石灰是应用时间最长、价格最便宜的一种脱硫剂，一般不单独使用，通常配以一种或几种添加剂。工业上使用的添加剂有：石灰石（CaCO$_3$）、萤石（CaF$_2$）、碳粉（C）、电石（CaC$_2$）、金属铝或金属镁等。石灰脱硫反应见表 2-2 中式(1)~式(3)。

石灰的脱硫原理是固体 CaO 极快地吸收铁水中的硫，铁水中的硅和碳是极好的还原剂，吸收了反应生成的氧，脱硫产物是 CaS 和 SiO$_2$（或 CO）。石灰脱硫是吸热反应，因此高温、高碱度、低氧势均对脱硫有利。

从脱硫过程来说，CaO 粒子与铁水中的硫接触后生成 CaS 产物，CaS 大量堆积在 CaO 粒子表面形成渣壳。渣壳的存在阻碍了硫和氧的传递，脱硫过程减慢。由于上述现象，用作预脱硫的石灰必须粒度较细，或者在脱硫剂中加入一定量的助熔剂，如萤石、纯碱等，以熔化石灰颗粒表面形成的 CaS 渣壳。Fruehan 等人发现，当铁液中硅含量较高时，采用石灰预脱硫还可能在石灰表面形成很薄、很致密的 2CaO·SiO$_2$ 层，由于其熔点高，也会在很大程度上阻碍脱硫反应继续进行。为此，可以采用在石灰粉中配加少量的 CaC$_2$ 和 Al粉。当铁液中含有一定量的铝，可以与石灰表面的铝酸钙发生反应生成钙铝酸盐（3CaO·Al$_2$O$_3$ 和 12CaO·7Al$_2$O$_3$），铝酸钙具有较强的脱硫能力，可以显著提高石灰的脱硫速度和脱硫效率，如图 2-4 所示。

　　石灰基脱硫剂的发展主要是提高石灰的反应动力学特征使之达到终点硫小于 0.005% 的处理目标。宝钢曾采用单一的 CaO 除尘粉处理铁水，平均脱硫率只有 48%，CaO 的利用率仅为 8%，但随后通过在石灰中加入萤石改善了预脱硫效果，目前铁水脱硫渣配方中加入了 5%~10% 的萤石作为助熔剂。目前，几乎所有国内外采用石灰基脱硫配方的企业，均在石灰基础配方里增加了助熔剂的使用量，见表 2-4。

　　由表中可以看出，配方中普遍加入了萤石作为溶剂。有的企业预脱硫渣中还加入了 15%~30% 的 $CaCO_3$，其作用是依靠石灰石的分解，增加 CaO 的表面活性，且放出的 CO_2 气体有强烈的搅拌作用，这些发生在石灰石颗粒处，大大改善了传质条件，有利于脱硫。

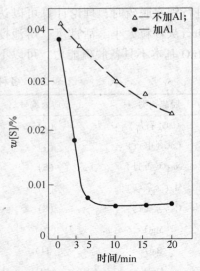

图 2-4　石灰预脱硫时加 Al 的影响
$(w(CaO)/w(SiO_2)=1.05)$

表 2-4　国内外企业采用的石灰基脱硫剂配方

企业	配方/%				初始硫 /%	终点硫 /%	脱硫率 /%	铁水量 /t	单耗 /kg·t^{-1}	送粉速度 /kg·min^{-1}	温降 /℃
	CaO	CaF$_2$	CaCO$_3$	其他							
太钢	95	5			0.034	0.007	78.75	52.2	8.65	41.0	34
酒钢	90	5		C：5	0.048	0.024	50.00	91.2	7.2	60~100	
宣钢	97	3			0.058	0.023	60.00	55.0	10.0	50~60	20~25
芬兰 Koverhar	75	10	15		0.050	0.014	72.00	50.8	7.56	32.0	39.6
美国 Aliquippa	100				0.060	0.015	75.00	155	8.2	42.4	27.8
	100			Al 0.68kg/t	0.060	0.015	75.00	155	5.4	41.9	18.9
	100			Mg 0.63kg/t	0.060	0.015	75.00	155	6.3	44.4	16.1
意大利 Taranto	75	5	20				80.4	240	4.7		
	65	5	30				87.0	240	4.9		
	65	5	27	Na$_2$CO$_3$：3			87.5	240	5.3		

　　日本 JFE 千叶制铁所使用的铁水预脱硫配方为：$w(CaO)=22\%$，$w(CaCO_3)=70\%$，$w(C)=5\%$，$w(CaF_2)=3\%$。脱硫实践证明，这种配方的脱硫剂反应速度快，对温降影响小，而且可以进行极低硫处理。该配方处理后的硫含量可稳定控制在 0.002% 以下。但是，使用石灰石作为脱硫剂组成之一，会释放出大量气体导致喷溅，需要解决好输送技术和防溅问题。

　　美国 Aliquippa 厂在石灰基脱硫剂中加入少量铝和镁，也取得了较好的脱硫效果。其最大的特点是降低了脱硫剂消耗，缩短了喷吹时间。工业实践证明，在 250t 鱼雷罐车中，脱硫剂里加入一定量的金属铝，铁水中的氧活度可从 3.4×10^{-6} 降低至 2.2×10^{-6}，这对改善脱硫热力学条件是有利的。

2.3.2.3 碳化钙基脱硫剂

碳化钙（CaC_2），又名电石，是一种炼钢用的脱氧、脱硫剂。它可以与石灰、石灰石、萤石等组成复合脱硫剂，其脱硫反应如表 2-2 中式（4）所示。

一般来说，用于铁水预脱硫的碳化钙是含 CaC_2 约 80% 的工业碳化钙，还含有 16% 的 CaO，其余为碳。CaC_2 和 CaO 一样，可以吸收钢中的硫形成 CaS 高熔点渣壳，影响进一步脱硫。因此，铁水预处理脱硫时，碳化钙需破碎至极细（0.12mm），但太细的碳化钙粉末在铁水温度下又容易烧结成块。为了解决这一问题，可以在碳化钙中混入一定量的 $CaCO_3$，目的是使其分解产生 CO_2 气体，防止碳化钙结块。

提高碳化钙脱硫效率有以下方法：（1）将碳化钙磨成较细的颗粒（<0.1mm）；（2）喷入速度要与铁水中的硫含量相适应，如果喷吹速度较快，铁水液面上会出现未反应的碳化钙颗粒；（3）考虑到 $CaCO_3$ 分解吸热，要保持铁水尽可能高的处理温度。

碳化钙作为脱硫剂的优点是：脱硫能力强，喷吹设备简单，价格相对便宜。但碳化钙也存在一定的缺点：储运碳化钙必须用特殊的方法，要在惰性气氛下运输；碳化钙用量大，储存容器需采用防爆高压容器；碳化钙预处理脱硫渣量大，铁损较高；含有未反应 CaC_2 的脱硫站遇水分解成 C_2H_2，气味难闻，弃渣困难，对环境有一定污染。

2.3.2.4 镁系脱硫剂

铁水镁脱硫技术始于 20 世纪 60 年代，由苏联乌克兰 Dnepropetrovsk 钢铁厂开发成功，其后在西方国家也陆续进行镁系脱硫的研究和实践。到了 20 世纪 90 年代，全世界采用镁系脱硫方法生产的铁水量已经达到 8000 万吨。20 世纪末期，北美和西欧用于铁水脱硫的金属镁由 1.3 万吨增加至 4 万吨，占整个金属镁消耗量的 14%。

镁是常用的铁水脱硫剂中最有效的脱硫剂之一，可将处理前的铁水含硫量允许值从 0.03% 增至 0.07%。镁和铁水中的硫能迅速反应，适于大量处理铁水。首先，镁在铁液中具有较高的溶解度，高的溶解镁能使钢中硫保持在较低水平。金属镁在铁液中的溶解反应为

$$Mg(g) = [Mg]_\% \quad \Delta G^\ominus = -136500 + 67.62T \quad J/mol$$

镁在铁水中的溶解度取决于温度（T）和气相中镁的分压（p_{Mg}）

$$\lg[Mg]_{sat,\%} = \frac{7000}{T} + \lg p_{Mg} - 5.1 \quad (2-5)$$

可见，镁的溶解度随镁蒸气分压的增大而增大，而随铁水温度升高而大幅下降。当铁水温度为 1350℃，镁蒸气分压分别为 1atm、2atm 和 5atm 时（1atm = 101325Pa），计算铁水中金属镁的溶解度分别为 0.16%、0.32% 和 0.81%。图 2-5 为镁在 Fe-C 熔体中溶解度与镁蒸气分压与铁液中碳含量的关系。与上述计算结果类似，随着镁蒸气压力增大，铁水中镁的溶解度显著增加，随着铁液中碳含量增加，镁的溶解度也呈增加趋势。由此可以推断，在铁水条件下利用金属镁预脱硫是十分有利的。

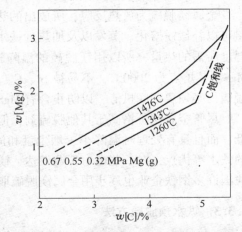

图 2-5 镁在 Fe-C 熔体中的溶解度

标态下金属镁（Mg）的熔点为651℃，沸点1120℃。在铁水处理温度下，加入铁水的金属镁首先变成蒸气，并与金属中的硫作用生成MgS。镁的平衡蒸气压为：

$$\log p_{Mg} = \frac{-6.818 \times 10^3}{T} + 6.990 \quad kPa \tag{2-6}$$

取 $T = 1673K$，计算得到镁的蒸气压为821.5kPa，约为标准大气压的8倍。铁水中如此高压力的镁蒸气使铁水产生激烈的翻腾，虽然改善了脱硫的动力学条件，但也会导致剧烈的喷溅。因此，为保证输送、贮存、操作时的安全和提高镁利用率，可将镁制成钝化镁粒、镁合金（Mg-Al 或 Mg-Fe-Si 等）或镁焦（Mag-coke），以降低镁的活性。

镁焦的制作是将预热过的焦炭投入已熔化的镁液中，使焦炭的孔隙中浸透镁，其含镁量达40%~45%。用镁焦脱硫，吨铁水用量0.63~1.35kg，脱硫率60%左右。镁焦脱硫在前苏联的钢厂中应用比较普遍。北美使用较多的是石灰-镁的混合粉剂，其中含 Mg 约为30%~50%。实践证明，在喷粉脱硫中，这种混合剂比镁焦、Mg-Al 合金和钝化镁粒的利用率高，将镁粉和白云石粉混合或将镁充填到多孔金属壳中压制成疏松圆片脱硫剂，也可避免镁蒸发导致的激烈反应。但总体来看，镁焦和镁合金制造过程较为复杂，且价格偏高，目前已经被钝化镁工艺所取代。

钝化镁粒（Coated Mg granules）是在球状镁粒表面覆盖一层占镁量5%~15%的碱金属或碱土金属的盐类。均匀覆盖的镁粒具有很好的流动性，便于风送。镁粒（含 Mg 85%~93%）脱硫在欧洲应用较多，用喷吹法脱硫，消耗量为0.6~0.7kg/t，脱硫率达90%。大量工业试验数据均证明金属镁脱硫具有良好的效果，当镁喷入量适宜，铁水中的硫可以降低至0.005%的水平，如图2-6所示。

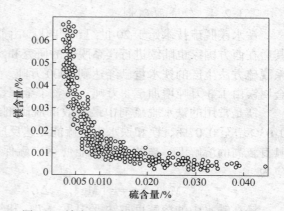

图2-6　铁水预处理采用钝化镁颗粒脱硫效果

金属镁脱硫为放热反应，所放出的热量可以补偿镁熔化、蒸发以及加热到铁水温度所需的热量，所以用镁脱硫的温降较小，一般不超过20~30℃。金属镁脱硫产物为MgS，其熔点为2000℃，不易被 Si、C、CO 等还原，但极易被氧化。因此，采用金属镁脱硫，必须要彻底扒渣，以防止含有 MgS 的脱硫渣进入氧气转炉，导致钢水回硫严重。

尽管金属镁价格高于其他脱硫剂，但因消耗量较少，因此单位铁水的脱硫成本比石灰低，而且具有处理时温降小、烟尘量和渣量少以及可以得到极低硫含量（0.003%左右）的铁水等优点，在一些电力工业发达、镁资源丰富的北美、欧洲国家等应用较多。目前，我国许多钢铁企业也逐步用金属镁脱硫取代了常规的喷吹石灰粉脱硫工艺。

2.3.3　铁水预脱硫方法

铁水预脱硫方法有很多，有倒包法、摇包法、鱼雷罐喷吹法、机械搅拌法（Rhcinstadil 法）、机械搅拌卷入法（KR）、吹气搅拌法、搅拌式连续脱硫法等。常用脱硫方法如图2-7所示。

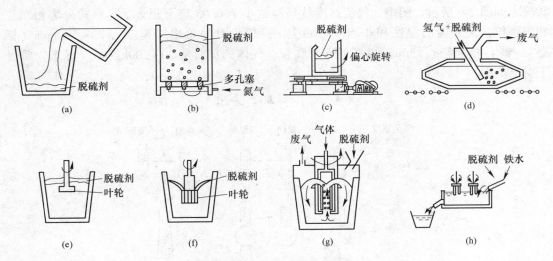

图 2-7　常用脱硫方法示意图

（a）倒包法；（b）PDS 法；（c）摇包法；（d）鱼雷罐喷粉法；（e）机械搅拌法；（f）机械搅拌卷入法；
（g）吹气环流搅拌法；（h）搅拌式连续脱硫法

近年来，炉外精炼工艺日趋完善。由于不同企业的生产条件不同，对工艺的要求也不一致，上述各种方法都在发挥着不同作用。在众多铁水脱硫工艺中，以喷吹法（以金属镁为主）和 KR 法的应用最为普遍。在此，我们将重点介绍此两类铁水预脱硫方法。

2.3.3.1　喷吹法

喷吹法出现早于机械搅拌法。喷吹法有德国 Thyssen 的斜插喷枪法和日本新日铁的顶部喷枪法。早在 1951 年，美国部分钢厂就已成功采用浸入式喷粉工艺喷吹 CaC_2 粉进行铁水脱硫，直到今天，喷吹法仍然被全世界绝大多数钢铁厂所采用。

喷吹法是将脱硫剂用载气经喷枪吹入铁水深部，使粉剂与铁水充分接触，在上浮过程中将硫去除。为了完成这一过程，要求从喷粉罐送出的气粉流均匀稳定，喷枪出口不发生堵塞，在铁水罐反应过程中不发生喷溅，最终取得较好的脱硫效果。鱼雷罐喷粉如图 2-8 所示。

工业上影响稳定喷吹的因素主要有：设备结构因素、操作参数、粉料性质等。设备结构因素包括喷粉罐及其流化器设计、喉口直径调节范围、管路直径及长度和弯头数、喷枪出口直径和数量等。喷粉罐结构大致相同，只是在流化区有差异。管道是喷吹系统的重要组成部分，管道直径要适合送粉速度范围和粉剂性质，长度要尽量短，少弯头，连接处不出现变径。SL 系统管长度一般为 15～20m，TN 系统管长小于 15m，根据现场实际条件以不超过 30m 为宜。

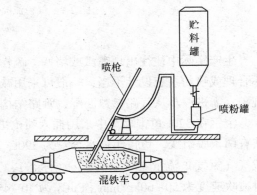

图 2-8　鱼雷罐喷粉脱硫示意图

从喷枪出口的研究可知，在一定颗粒大小和气流速度条件下，气粉流进入液体内各种状况，如图 2-9 所示。图中，气流速度从马赫数小于 0.05 直至超音速，颗粒分为粗颗粒和细颗粒，又分为润湿性和非润湿性两类。一般设计喷枪出口速度为 70~100m/s（标态），属于中等速度，80μm 以下的石灰颗粒，气体的负荷从 20~200kg/m³（标态）都处于射流范围。

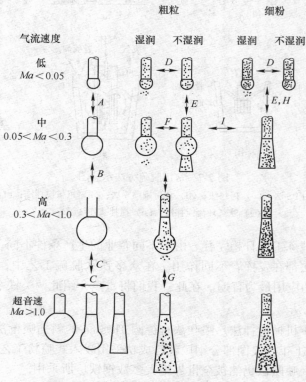

图 2-9　气粉流喷入铁液中的不同状态

Ma—马赫数

　　生产实际中往往出现喷溅或堵塞、疏松过程不稳定等现象。喷溅主要是由于设计参数不合理或喷粉系统设计不当，一般可采用减小载气量等措施。若气体流量降低，出现堵枪现象，需进一步从气路参数匹配、管路结构和尺寸方面找原因。

　　宝钢在 320t 鱼雷罐车中采用插入喷枪进行脱硫。脱硫车间位于高炉和转炉车间之间，共有两条脱硫线。鱼雷车铁水容量为 290t，送粉管直径为 65mm，喷枪出口直径为 32mm，载气（氮气）流量 430~480m³/h（标态），其中配入的 CaC_2 量越大流量越低。喷吹 CaO 时喷吹速度为 50~60kg/min，CaC_2 为 40~45kg/min。喷枪的插入深度为 1.2~1.4m，喷吹时间因硫含量要求不同和喷粉量不同而不同，时间约为 5~30min。脱硫剂单耗小于 5kg/t（其中 CaC_2 控制在小于 2.0kg/t 以下）。平均脱硫率为 73.1%，处理后硫含量可达 0.001%~0.002%，过程温降 20℃ 左右。

　　太钢第二炼钢厂铁水预处理站设在连铸跨的延长部位，有三层钢结构粉罐系统。铁水脱硫处理在 55t 专用包内进行，有运输罐车将专用包在处理工位和扒渣工位上往复运行。根据三脱的需要，顶部有三个贮粉罐，分别装有脱硅、脱磷、脱硫粉剂，下部共用一个喷粉罐。脱硫处理流程为：高炉铁水罐—兑入专用包—扒渣、测温、取样—喷入脱硫剂—扒渣、测温、取样—兑入转炉。该系统脱硫能力为 2 万吨/月，氩气流量 $1\sim1.2m^3/min$（标态），预加压力 2.9×10^5Pa，压差（罐压与助吹管气路间压差）$(0.15\sim0.2)\times10^5Pa$。喷吹速度为 $60\sim65kg/min$，喷枪插入深度 1.34m。脱硫剂组成为 95%石灰和 5%萤石，平均单耗 8.65kg/t，平均脱硫率 78.75%，处理后平均硫含量约为 0.007%，喷吹温降约为 $20\sim25℃$。

2.3.3.2 搅拌 KR 法

以 KR 为代表的机械搅拌法脱硫工艺，目前被日本、韩国等企业普遍采用。我国钢铁企业一直坚持以喷吹法脱硫为主，近年来，随着洁净钢冶炼的需要增加，KR 法铁水脱硫技术被重新审视，并被一些新建企业所采用，而且还有取代喷吹法作为铁水脱硫主导工艺的趋势。

KR 搅拌法是新日铁广畑制铁所于 1965 年开发的铁水预脱硫工艺，后被 NKK 和住友金属所采用。这种脱硫方法是以一种外衬耐火材料的搅拌器浸入铁水罐内旋转搅动铁水，使之产生漩涡，同时向漩涡区加入脱硫剂使其卷入铁水内部进行反应，从而达到铁水脱硫的目的。KR 法具有脱硫效率高、脱硫剂消耗少、铁损低等优点。

KR 法搅拌脱硫装置如图 2-10 所示。搅拌法处理铁水的最大允许数量受铁水面至罐口高度所限制，最小受搅拌器的最低插入深度限制。对于 100t 铁水罐来说，液面至罐口距离不应小于 620mm（因插入搅拌器会引起液面高度上升约 50mm，搅拌器旋转会使液面升高 300mm，铁水液面波动 100mm，预留 $150\sim180mm$ 净空高度）。KR 搅拌器一般为高铝质耐火材料，寿命 $90\sim110$ 次，每使用 $3\sim4$ 次后需要用塑性耐火材料进行局部修补。搅拌器的旋转速度一般为 $90\sim120r/min$，插入铁水的深度约为 1300mm，对 100t 铁水罐，搅动力矩约为 $820kg\cdot m$，搅动功率为 $1.0\sim1.5kW/t$。一般在搅拌器开始搅拌 $1\sim5min$ 后，开始加入脱硫剂（$CaO\text{-}CaF_2$），搅动时间约为 $13\sim15min$，总处理时间约为 40min。

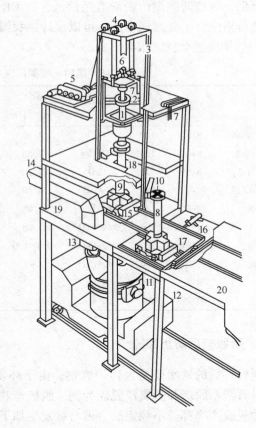

图 2-10 KR 法搅拌脱硫工艺

1—搅拌器主轴；2—搅拌器小车；3—搅拌器导轨；
4—搅拌器提升滑轮；5—搅拌器提升装置；6—液压电动机；
7—液压挠性管；8—新搅拌器；9—旧搅拌器；
10—溜槽伸缩装置；11—铁水罐；12—铁水罐车；
13—废气烟罩；14—废气烟道；15—搅拌器更换小车；
16—移动装置；17—新搅拌器更换小车；
18—更换搅拌器活动平台；19—平台；20—搅拌器修理间

　　KR 搅拌法脱硫具有如下优势：（1）铁水包内动力学条件好，脱硫剂在铁水的冲混作用下利用率更高；（2）可以采用价格相对便宜的活性石灰作为脱硫剂，处理成本低；（3）喷溅少，不存在堵枪的问题，设备及生产稳定性有保障。

　　20 世纪 70 年代末，武钢集团率先从日本引进了 KR 铁水脱硫预处理技术，其设计脱硫能力约 50 万吨/年，主要用于硅钢生产，后经技术改造与创新，使铁水脱硫生产技术水平较原设计大幅提高。2002 年，武钢二炼钢实现了入炉铁水硫含量小于 0.020% 的比例达到了 100%，超纯净钢冶炼铁水硫含量小于 0.001% 的比例达到 100%，这也体现了 KR 铁水预脱硫的技术优势。目前，已经投入使用 KR 法脱硫工艺的厂家包括武钢、宝钢、首钢（曹妃甸）、马钢、济钢、昆钢、涟钢等。

　　表 2-5 为国内一些钢厂不同铁水预处理工艺比较。可以看出，无论是喷吹法还是 KR 法均能实现铁水深脱硫的目标，处理后铁水硫含量可降低至 0.003% 以下。喷吹法的优点是温降低、处理时间短、粉剂消耗量低，而 KR 搅拌法的优势为深脱硫效果好、铁损低、脱硫剂价格便宜、处理成本低。可以预计，我国铁水预处理工序中 KR 法和喷吹法"齐头并进"的情况还会持续很久。

表 2-5　国内一些钢厂铁水预脱硫工艺比较

钢厂	工艺	铁水量 /t	脱硫剂	单耗 /kg·t^{-1}	脱硫率 /%	最低硫 /×10^{-6}	处理时间 /min	温降 /℃	铁损 /kg·t^{-1}
宝钢二炼钢	KR	100	CaO	4.69	92.50	<20.0	5.00	28.0	
宝钢不锈钢	KR	160	CaO+CaF$_2$	7.50	95.50	12.0	8.00	36.0	
济钢	KR	125	CaO	7.10	90.00	<30.0	7.50	25.0	
宝钢一炼钢	喷吹	280	CaO 基	4.30	75.00	60.0	18.4	25.0	
攀钢	喷吹	140	CaO+CaC$_2$	7.85	81.79	40.0	—	31.0	
武钢一炼钢	混合喷吹	100	Mg+CaO	1.68	87.73	—	7.00	19.0	13.27
宝钢	混合喷吹	300	Mg+CaO	0.3~1.0	79.22	21.3	<10.00	—	
本钢	混合喷吹	160	Mg+CaO	0.4~1.4	90.00	<50.0	7.55	8~14	
武钢一炼钢	喷吹	100	纯 Mg	0.33	>95.0	<10.0	5~8	8~12	7.10
首秦	喷吹	100	纯 Mg	0.28	92.30	40.0	5.90	12.6	

2.3.4　预脱硫后防止回硫

　　预处理后的铁水要兑入转炉炼钢，由于环境发生变化，因此可能导致回硫现象的发生。以石灰系脱硫和金属镁脱硫为例，脱硫产物分别为 CaS 和 MgS。而在氧化性气氛下，这两种脱硫产物都是不稳定的，可与氧发生如下反应：

$$CaS(s) + O_2(g) \Longrightarrow CaO(g) + SO_2(g)$$
$$MgS(s) + O_2(g) \Longrightarrow MgO(s) + SO_2(g)$$

反应生成的硫一部分以气相形式逸出，一部分硫将再次熔入钢中。此外，铁水预处理为低温、低氧势，而转炉吹炼为高温、高氧势环境，两种条件下硫在钢渣间的分配系数发生明显变化，后者较前者低 1~2 个数量级。若脱硫渣去除不彻底，硫将由渣相向铁相传递，从而导致增硫。由此可见，防止炼钢过程回硫必须将脱硫渣彻底扒除。

　　影响扒渣的因素取决于脱硫渣的性能和状态。石灰基脱硫渣在正常情况下是干渣，呈松散状，机械扒渣能较容易实现。美国 LTV 公司将 4% 硼砂加入电石系脱硫剂，其配方为 $w(CaC_2) = 78\%$、$w(CaO) = 18\%$，硼砂含量为 4%，结果与 100% 电石相比，渣量减少了 25%。金属镁脱硫渣量稀少，较难扒除。为此可采用钝化石灰黏渣技术使炉渣变黏，然后扒除。此外，为了实现炉渣的聚渣效果，还可以在铁水包底部安装透气砖，通过底吹惰性气体使炉渣聚集。

目前，钢铁企业还广泛使用一种聚渣剂，其主要成分是珍珠岩砂。珍珠岩砂是我国储量极为丰富的天然矿物，它是火山喷发的酸性岩浆形成的玻璃质熔岩。各地化学成分基本接近，其中 SiO_2 占主要部分为 67%~76%，Al_2O_3 为 9%~15%，还含有少量 Na_2O、K_2O、CaO、Fe_2O_3 等碱性氧化物和水分。珍珠岩比重为 2.2~2.4g/cm³，莫氏硬度为 5.5~6.0，熔化温度为 1260~1380℃，膨化温度为 1100~1250℃，导热系数为 0.041W/(m·K)。

珍珠岩砂聚渣机理是：当珍珠岩砂以粒状铺展于金属液面时，在高温作用下变为膨化珍珠岩，熔化于炉渣中使炉渣中 SiO_2 含量增加，炉渣变黏。此外，膨化珍珠岩表面的多孔可与炉渣产生毛细现象，使炉渣附着于其表面；从而起到良好的聚渣作用。

2.4　铁水预脱磷及脱磷剂

2.4.1　铁水脱磷方式分类

近年来，随着用户对高强度、高韧性、高抗应力腐蚀性等钢种需求量的不断增加和对质量要求的日益严格，世界各国都在努力降低钢中磷含量。如对低温用钢、海洋用钢、抗氢致裂纹钢和部分厚板用钢，除了要求有极低的硫含量以外，还要求钢中磷含量小于 0.01%，甚至在 0.005% 以下。此外，为了降低氧气转炉炼钢的生产成本和实现少渣炼钢，也要求铁水中的磷含量小于 0.015%。

高炉是不能脱磷的，铁矿石中的磷几乎全部进入铁水中，致使生铁中的磷有时高达 0.1%~1.0%。生铁中的磷主要是在炼钢时氧化去除的。但在还原条件下，也可以采用还原剂（如金属 Ca、CaC_2 等）进行还原脱磷。根据脱磷产物中磷存在的价位不同，可分为氧化脱磷和还原脱磷两种方法，如图 2-11 所示。反应的发生主要取决于体系的氧分压：当体系中氧分压小于 10^{-18} 时，磷在渣中稳定的存在形式为 P^{3-}（磷化物），称为还原脱磷；当体系中的氧分压大于 10^{-17} 时，磷在渣中稳定的存在形式为 PO_4^{3-}（磷酸盐），称为氧化脱磷。在实际生产中，除一些特殊钢种需还原脱磷之外大都使用氧化脱磷的方法。

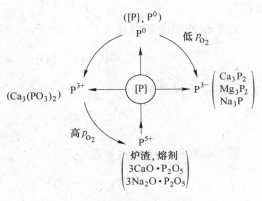

图 2-11　冶金过程中磷的迁移

2.4.2　氧化脱磷

氧化脱磷是指脱磷过程在氧化性气氛或添加氧化剂的条件下进行，溶解态的磷首先与

氧反应生成 P_2O_5，然后脱磷产物与强碱性氧化物结合成稳定的磷酸盐而进入渣相。钢铁冶金过程中大量使用石灰（CaO）作为脱磷剂，即石灰渣系。但近来由于冶炼超低磷钢以及铁合金脱磷的需要，苏打渣和氧化钡渣也相继用来做脱磷剂，脱磷的产物为相应的磷酸盐。

当发生氧化脱磷时，有以下反应：

$$\frac{1}{2}P_2(g) + \frac{3}{2}(O^{2-}) + \frac{5}{4}O_2 \Longrightarrow (PO_4^{3-}) \tag{2-7}$$

反应的平衡常数为：

$$K_P = \frac{a_{(PO_4^{3-})}}{p_{P_2}^{1/2}p_{O_2}^{5/4}a_{(O^{2-})}^{3/2}} = \frac{\gamma_{PO_4^{3-}} \cdot x(PO_4^{3-})}{p_{P_2}^{1/2}p_{O_2}^{5/4}a_{(O^{2-})}^{3/2}} \quad 或 \quad K_P^\ominus = w(PO_4^{3-})_\% \cdot \frac{\gamma_{PO_4^{3-}}}{a_{(O^{2-})}^{3/2}} \cdot \frac{1}{p_{P_2}^{1/2}p_{O_2}^{5/4}} \tag{2-8}$$

式中，$a_{(PO_4^{3-})} = \gamma_{PO_4^{3-}} \cdot x(PO_4^{3-}) = \gamma_{PO_4^{3-}} \dfrac{w(PO_4^{3-})_\%}{M_{PO_4^{3-}}\sum n_B}$；$K_P^\ominus = K_P \cdot (M_{PO_4^{3-}}\sum n_B)$；$M_{PO_4^{3-}}$ 为 PO_4^{3-} 的摩尔质量，kg/mol。

对于一定的温度及熔渣组成，上式又可以写成：

$$C_{PO_4^{3-}} = w(PO_4^{3-})_\% \cdot \frac{1}{p_{P_2}^{1/2}p_{O_2}^{5/4}} = K_P^\ominus \cdot \frac{a_{(O^{2-})}^{3/2}}{\gamma_{PO_4^{3-}}} \tag{2-9}$$

令式（2-8）中右边第 2 项和第 3 项等于 $C_{PO_4^{3-}}$，称为炉渣的磷容量或者磷酸盐容量（Phosphate capacity），它可由第 2 项中测定的 $w(PO_4^{3-})_\%$ 及 p_{P_2}、p_{O_2} 计算出，表示熔渣吸收或溶解磷化物的能力。$C_{PO_4^{3-}}$ 与温度及 $a_{(O^{2-})}$（炉渣碱度）有关，提高炉渣碱度，即增加 $a_{(O^{2-})}$ 降低 $\gamma_{PO_4^{3-}}$，则 $C_{PO_4^{3-}}$ 增加。为了获得较高的 $C_{PO_4^{3-}}$，渣中需要加入碱性强的氧化物，而且阳离子 $\dfrac{z}{r}$ 越小的氧化物，其 $C_{PO_4^{3-}}$ 越大。因此，含有 Na_2O、BaO 的渣系具有较高的磷容量。

对于铁液中的脱磷反应：

$$[P] + \frac{3}{2}(O^{2-}) + \frac{5}{2}[O] \Longrightarrow (PO_4^{3-}) \tag{2-10}$$

磷容量可以表示成

$$C'_{PO_4^{3-}} = w(PO_4^{3-})_\% \cdot \frac{1}{f_P w[P]_\% a_{[O]}^{5/2}} = K_P \cdot \frac{a_{(O^{2-})}^{3/2}}{\gamma_{PO_4^{3-}}} \tag{2-11}$$

氧和磷在铁液中的溶解反应为

$$\frac{1}{2}O_2 \Longrightarrow [O] \qquad \lg K_{[O]}^\ominus = \frac{6188}{T} + 0.151 \tag{2-12}$$

$$\frac{1}{2}P_2 \Longrightarrow [P] \qquad \lg K_{[P]}^\ominus = \frac{6381}{T} + 1.01 \tag{2-13}$$

将上式中的平衡常数带入式（2-8）可得：

$$C_{PO_4^{3-}} = w(PO_4^{3-})_\% \cdot \frac{K_{[P]}^\ominus K_{[O]}^{5/2}}{f_P w[P]_\% a_{[O]}^{5/2}} = K_{[P]}^\ominus \cdot \frac{a_{(O^{2-})}^{3/2}}{\gamma_{PO_4^{3-}}} \tag{2-14}$$

故

$$C_{PO_4^{3-}} = K_{[O]}^{5/2} K_{[P]}^\ominus C'_{PO_4^{3-}}$$

或　　$\lg C_{PO_4^{3-}} = \lg C'_{PO_4^{3-}} + \dfrac{21676}{T} + 1.3875$

$$(2-15)$$

图 2-12 所示为某些渣系的磷容量与碱性氧化物含量的关系。由图可知，含 BaO、Na$_2$O 成分的渣系磷容量均较大。

利用磷容量还可以计算磷在熔渣-金属液两相间的分配比。由于

$$w(PO_4^{3-})_\% = w(P)_\% \cdot \dfrac{M_{PO_4^{3-}}}{M_P} \quad (2-16)$$

式中　$M_{PO_4^{3-}}$，M_P——分别为 PO$_4^{3-}$ 及 P 的摩尔质量，kg/mol。

将上式带入式 (2-11)，得：

$$C'_{PO_4^{3-}} = \dfrac{w(P)_\%}{f_P w[P]_\% a_{[O]}^{5/2}} \cdot \dfrac{M_{PO_4^{3-}}}{M_P} \quad (2-17)$$

故　$L_P = \dfrac{w(P)_\%}{w[P]_\%} = C'_{PO_4^{3-}} \cdot f_P \cdot \dfrac{M_{PO_4^{3-}}}{M_P} \cdot a_{[O]}^{5/2}$

$$(2-18)$$

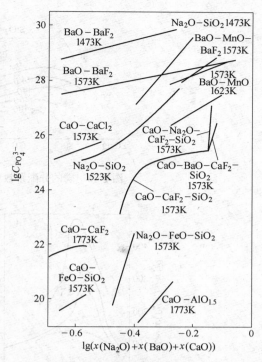

图 2-12　渣系的磷容量与碱性氧化物含量的关系

或　　$\lg L_P = \lg \dfrac{w(P)_\%}{w[P]_\%} = \lg C'_{PO_4^{3-}} + \lg f_P + \dfrac{5}{4}\lg p_{O_2} - \dfrac{6381}{T} - 1.01$　　　$(2-19)$

为了讨论铁液、炉渣成分对磷分配系数的影响，可将脱磷反应以分子理论的形式表示为：

$$2[P] + 5(FeO) + 4(CaO) \Longrightarrow (4CaO \cdot P_2O_5) + 5[Fe]$$

脱磷产物可以是 4CaO·P$_2$O$_5$（熔点 1810℃），也可以是 3CaO·P$_2$O$_5$（熔点 1710℃）。液态渣中多以 3CaO·P$_2$O$_5$ 存在，固态渣中多以 4CaO·P$_2$O$_5$ 存在。

对上述脱磷反应，平衡常数可以写成：

$$\lg K = \lg \dfrac{a_{4CaO \cdot P_2O_5}}{a_{[P]}^2 \cdot a_{(FeO)}^5 \cdot a_{CaO}^4} = \dfrac{40067}{T} - 15.06 \quad (2-20)$$

铁液中磷的活度选择 1% 极稀溶液为活度标准态，则 $a_{[P]} = f_P \cdot w[P]_\%$。渣中 4CaO·P$_2O_5$ 的浓度极低，故可以近似代之以 $x(P_2O_5)$。在假定熔渣中有 4CaO·P$_2$O$_5$、4CaO·2SiO$_2$、CaO$_{(free)}$、FeO、CaO·Fe$_2$O$_3$ 等分子存在的条件下，可计算出 $a_{(FeO)}$ 和 $a_{(CaO)}$，也可以利用渣系的等活度曲线求出。

因此，由式 (2-20) 可以计算得到磷在渣、铁间的分配系数：

$$L'_P = \dfrac{w(P_2O_5)_\%}{w[P]_\%} = K \cdot f_P \cdot a_{(FeO)}^5 \cdot a_{CaO}^4 \quad (2-21)$$

图 2-13 为由式 (2-18) 计算得到的 L_P，其中 $x(P_2O_5)$ 换算成 $w(P_2O_5)_\%$。由图可知，在特定温度下，L_P 随着炉渣中 (CaO)、(FeO) 含量的增加而增大。图 2-14 所示为实测的渣中 P$_2$O$_5$ 浓度及铁液中磷浓度表示的分配系数与脱磷的主要影响因素 (CaO) 及 (FeO) 含量的关系。

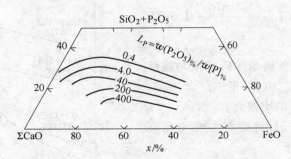

图 2-13　磷的分配系数（L_P）与熔渣组成的关系

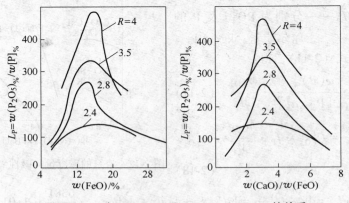

图 2-14　L_P 与 $w(FeO)$ 及 $w(CaO)/w(FeO)$ 的关系

根据前面推导出的 L_P，可得出提高脱磷反应强度的因素。

（1）高氧化铁、高碱度渣（即磷容量大）的熔渣及时形成，是加强脱磷的必要条件。它能使 [P] 强烈氧化，形成稳定的磷酸盐。随着渣中 FeO 活度的增加以及 $\gamma_{PO_4^{3-}}$ 的降低，L_P 增大。由于 Fe^{2+} 的极化力（$Z/r = 2.67$）比 Ca^{2+} 的极化力（1.89）强，它趋向于 PO_4^{3-} 周围，则能使之极化、变形、破坏，所以高温下纯氧化铁内 PO_4^{3-} 难以稳定存在。加入 CaO 及提高炉渣碱度时，引入了 Ca^{2+} 能与 PO_4^{3-} 形成弱离子对，提高 PO_4^{3-} 稳定性，降低其活度系数，而 O^{2-} 则与 Fe^{2+} 形成 $Fe^{2+} \cdot O^{2-}$ 对，提高 FeO 的活度及供给自由 O^{2-}，促进 PO_4^{3-} 形成。

Fe^{2+} 对脱磷有双重作用。一方面，伴随 O^{2-} 参加脱磷的电化学反应（吸收 PO_4^{3-} 形成时放出的电子），形成 PO_4^{3-}；另一方面，又趋向于 PO_4^{3-} 周围，降低 PO_4^{3-} 稳定性，即提高 $\gamma_{PO_4^{3-}}$。但当用 Ca^{2+} 代替部分 Fe^{2+} 时，可消除这种作用。因此，渣中 $w(CaO)/w(FeO)$ 应具有合适值，才能有较高的磷分配系数，如图 2-14 所示。一般转炉渣中 $w(FeO)$ 含量约为 14%~18%，碱度为 2.5~3.0。当 $w(CaO)/w(FeO)$ 的值很大时，$a_{(FeO)}$ 会降低，不仅 [P] 的氧化困难，而且石灰也难以熔化，不能及时形成脱磷渣；反之，$a_{(CaO)}$ 又会降低，不利于磷酸盐的稳定。

（2）由于氧化脱磷反应是强吸热反应，升高温度，不利于脱磷。但在低温下，难以及时形成脱磷渣。所以，应在有利于及时形成脱磷渣的温度下，利用其他有利于脱磷的因素（如提高 $\gamma_{PO_4^{3-}}$）来补偿高温对脱磷反应不利的影响。

（3）金属熔池中某些元素的影响。铁液中的 C、Si、S 和 Al 等能使 f_P 增加，增加 Cr、Cu、V、Nb 等则使 f_P 减小，如图 2-15 所示。但这些元素的氧化物，如 SiO_2 会降低炉渣碱度，不利于脱磷，MnO 的存在可促进化渣，有利于脱磷。

（4）渣量。增加渣量，可在磷分配比一定时降低 $w(P)_\%$，这意味着渣中 P_2O_5 的浓度降低，减少了生成物浓度，有利于脱磷反应进行，这也是炼钢采用"双渣法"的理论基础。

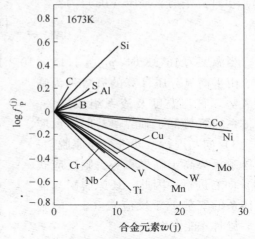

图 2-15 铁液中合金元素含量对磷活度系数的影响（1673K）

2.4.3 熔渣中磷酸盐的还原

在熔炼、脱氧、合金化过程中，能形成酸性氧化物的元素大量进入金属液及炉渣碱度降低，均能使炉渣中的磷酸盐结构破坏，（P_2O_5）发生还原，金属液中磷含量再次增加，这在冶炼过程中称为"回磷"，其反应式为：

$$2(3CaO \cdot P_2O_5) + 3(SiO_2) = 3(2CaO \cdot SiO_2) + 2(P_2O_5)$$
$$2(3CaO \cdot P_2O_5) + 5[Si] = 4[P] + 5(SiO_2) + 6(CaO)$$

此外，熔渣中（FeO）含量降低能导致回磷。钢液脱氧后，由于氧活度的降低，相应地能使与钢液接触的熔渣内（FeO）含量降低，也会发生回磷。

根据钢包内回磷熔渣的成分，可计算出钢液中因回磷增加的磷量。为了防止回磷，应尽可能不在炉内大量加入硅铁脱氧，同时也要控制下渣量，或者使进入钢包内用于保温的少量熔渣变稠，减弱对包衬的侵蚀，使 SiO_2 不要进入熔渣内。

2.4.4 还原脱磷

钢液中的 [P] 除了在氧化条件下能溶解于碱性渣中的磷酸盐外，也能在高度还原条件下形成溶解于渣中的磷化物。氧化脱磷和还原脱磷反应式如下：

$$Ca(l) + \frac{2}{3}[P] + \frac{4}{3}O_2 = \frac{1}{3}(3CaO \cdot P_2O_5) \qquad \Delta G^\ominus = -1307960 + 299.4T \quad J/mol$$

或

$$\frac{1}{2}P_2(g) + \frac{5}{4}O_2 + \frac{3}{2}(O^{2-}) = (PO_4^{3-}) \tag{1}$$

$$Ca(l) + \frac{2}{3}[P] = \frac{1}{3}(Ca_3P_2) \qquad \Delta G^\ominus = -99148 + 34.96T \quad J/mol$$

或

$$\frac{1}{2}P_2(g) + \frac{3}{2}(O^{2-}) = (P^{3-}) + \frac{3}{4}O_2 \tag{2}$$

由反应式（1）和式（2）组合可得：

$$(Ca_3P_2) + 4O_2 = (3CaO \cdot P_2O_5) \qquad \Delta G^\ominus = -3626436 + 793.32T \quad J/mol \tag{3}$$

因为缺乏磷酸根及磷化物活度数据，现取 $a_{(Ca_3P_2)} = 1$，$a_{(3CaO \cdot P_2O_5)} = 1$，则由反应式（3）可计算平衡氧分压（Pa）为：

$$\lg p_{O_2} = -\frac{47350}{T} + 10.36 \tag{2-22}$$

当温度为 1673K 时，$p_{O_2} = 1.15 \times 10^{-18}$Pa。

由平衡氧分压计算的氧势称为临界氧势。它与温度及渣系组成有关。当体系的氧势低于临界氧势时，反应式（3）向左进行，即进行还原脱磷；当体系氧势高于临界氧势，则反应式（3）向右进行。因此，还原脱磷只能在体系的氧势低于反应式（3）的临界氧势时才能发生。

利用金属钙脱磷时，[P] 含量与铁液中溶解 [Ca] 含量有明显的依存关系，如图 2-16 所示。在不同渣系组成条件下，随着溶解 [Ca] 含量的增加，铁液中与之平衡的 [P] 含量呈线性降低趋势。常用的还原脱硫剂主

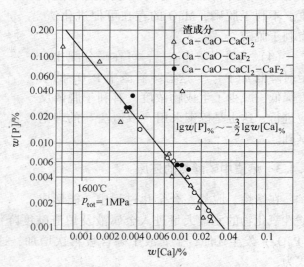

图 2-16　钢中 [Ca]、[P] 含量的关系

要是 Ca，作为钙合金的常是 CaC_2、CaSi，虽然也曾使用 Mg、Ba、RE（稀土）等元素做过试验。

CaC_2 的脱磷反应为：

$$CaC_2(s) + \frac{2}{3}[P] = \frac{1}{3}(Ca_3P_2) + 2[C] \qquad \Delta G^\ominus = 590837 - 107.82T \quad J/mol$$

反应生成的碳能影响 CaC_2 的分解效率。$w[C]$ 低于 0.5% 时，CaC_2 分解速度较快，Ca 的挥发损失比例大；$w[C]$ 高于 1.0% 时，CaC_2 的分解又较慢。分解出的碳对金属液有增碳的作用，对不锈钢的冶炼也有不利影响。

CaSi 的脱磷反应为：

$$3CaSi(s) + 2[P] = (Ca_3P_2) + 3[Si] \qquad \Delta G^\ominus = -39172 - 10.13T \quad J/mol$$

该反应分解出的 [Si] 达到最高值后基本保持不变，它能提高金属液中磷的活度，所以有利于提高还原脱磷效果。但分解出的 Ca 也可以与 [C] 结合，消耗用于脱磷的钙。

还原脱磷剂中加入 CaF_2，可以起着重要的脱磷作用。它能溶解 Ca 和 CaC_2，降低钙的蒸气压，减少钙的损失；能降低还原脱磷产物的活度，使反应更易于向右进行；还能促进 CaC_2 的分解。

还原脱磷工艺中需要特别关注炉渣处理技术。因为炉渣中的 Ca_3P_2 很容易与空气中的水汽发生反应，释放出有剧毒的气体 PH_3，反应式如下：

$$(Ca_3P_2) + 3H_2O(g) = 3(CaO) + 2PH_3(g)$$

随着废钢的循环使用，钢中的磷因无法利用氧化法有效地脱除而循环富集，从而有些不锈钢返回料的磷含量高达 0.047%~0.087%。采用电弧炉生产不锈钢工艺中，由于不锈

钢废料中含有大量易氧化元素，因此很难采用氧化脱磷工艺，因此，冶炼不锈钢、高温合金等特殊合金只能采用还原脱磷法。

SiCa-CaF$_2$法是唯一在工业规模上有少量应用的还原脱磷法，而且氧化脱除增加的硅比较容易。Ca-Al、Al-Mg还原脱磷法相对来说操作工艺简单，脱磷率略有提高，可以应用在Al、Mg作为有益元素而存在的钢种的冶炼中。

还原脱磷法虽然存在脱磷产物难以处理、易污染环境、前后工序复杂和对设备要求高等缺陷，但是由于还原脱磷法不损失昂贵的合金元素（如Cr、Mn等），脱磷率高，所以还原脱磷法可以使钢铁企业采用含磷较高、价格低廉的软铁和返回料作原料，而且大大提高合金的收得率，从而降低炼钢成本。因此，还原脱磷法具有研究意义和经济价值。

2.4.5 铁水脱磷剂种类

铁水预脱磷剂主要由氧化剂、造渣剂和助熔剂组成，其作用在于供氧将铁水中的磷氧化成P$_2$O$_5$，使之与造渣剂结合成磷酸盐固定在脱磷渣中。目前工业上应用的造渣剂有两类：一类为苏打（碳酸钠），它既能氧化磷又能生成磷酸钠留在渣中；另一类是石灰系脱磷剂，它由氧化铁或氧气将磷氧化成P$_2$O$_5$，再与石灰结合成磷酸钙。工业上使用的氧化铁有轧钢铁皮、铁矿石、烧结返矿、锰矿石等，此类脱磷剂往往需要添加助熔剂以改善脱磷渣性能，多采用萤石或氯化钙等助熔剂。

2.4.5.1 苏打脱磷剂

在不添加氧化剂时，苏打（Na$_2$CO$_3$）可直接供氧和造渣。其反应如下：

$$5Na_2CO_3 + 4[P] = 5(Na_2O) + 2(P_2O_5) + 5C$$
$$3(Na_2O) + 4(P_2O_5) = (3Na_2O \cdot P_2O_5)$$

日本住友金属的碱精炼工艺（SARP）就是典型的苏打预处理铁水工艺。1982年时，鹿岛厂的生产能力为每月3万吨，脱磷后的铁水主要用于复吹转炉冶炼含磷小于0.010%的低磷钢（如不锈钢），低磷钢的年产量在2万吨以上。

苏打脱磷有以下特点：脱磷初期，硅、钛先于磷被氧化，不吹氧时，当铁水磷降至0.02%以下，钒才被脱除，脱磷时锰不氧化，因此，脱磷初期大约只有10%的苏打用于脱磷和气化。根据苏打在渣中的收得率计算，当铁水含磷小于0.04%时，收得率显著降低，铁水含磷为0.01%~0.02%时，喷吹的苏打大约有1/3气化逸出。喷入铁水中的苏打只有20%~40%与磷反应，其余则与硅、钛、硫和钒结合。吹氧使渣中氧化铁上升，与不吹氧相比，渣中碳含量由0.3%~1.1%下降至0.1%~0.7%，使脱磷反应率提高，减少铁水温降，且不易回磷。

由图2-12可知，苏打系渣系具有极高的磷容量，脱磷能力很强，但苏打在参与脱磷的同时，也会对反应器内衬产生严重的侵蚀，虽采用Al$_2$O$_3$-SiC-C砖用于渣线仍不理想。此外，苏打价格较贵，利用率偏低，处理成本高，所以目前已很少使用，如鹿岛厂已改用专用炉脱磷。

2.4.5.2 石灰系脱磷剂

研究表明，用单一的石灰对铁水不能脱磷，脱硫率也不高。若配以氧化剂、助熔剂或吹氧气时，石灰就可表现出很高的脱磷率，同时也有一定的脱硫效果。对于石灰系脱磷剂，目前已经获得工业应用的氧化剂有氧气、铁矿石、轧钢皮、烧结返矿、锰矿石等。助熔剂可采用萤石、氯化钙、硼砂、苏打等。

石灰系预处理剂的脱磷、脱硫能力如下：当渣碱度 $w(CaO)/w(SiO_2) \geqslant 3.0$ 时，磷在渣金间的分配比 $w(P_2O_5)/w[P]$ 在 500~1500 之间，而硫在渣金间的分配比 $w(S)/w[S]$ 约为 20~60。

助熔剂的主要作用是：降低渣熔点、提高流动性、增加石灰的熔化速度。助熔剂中 CaF_2 和 $CaCl_2$ 的增加可增大渣中 FeO 的活度系数，降低 P_2O_5 活度系数，降低残留 [TFe]。另外，CaF_2 和 $CaCl_2$ 还可以参与脱磷反应：

$$3(3CaO \cdot P_2O_5) + CaF_2 \Longrightarrow 3Ca_3(PO_4) \cdot CaF_2 \qquad 氟磷灰石，熔点 1650℃$$
$$3(3CaO \cdot P_2O_5) + CaCl_2 \Longrightarrow 3Ca_3(PO_4) \cdot CaCl_2 \qquad 氯磷灰石，熔点 1530℃$$

石灰系脱磷剂中加入锰矿除了降温和改善成渣外，还可以在转炉后期利用锰矿的熔融还原减少锰合金的消耗，生产含锰 1.5% 左右的低合金钢。住友金属鹿岛厂在 250t 转炉炼钢中加入 17~20kg/t 的锰矿石，底吹 CO_2 由 $0.1m^3/(min \cdot t)$（标态）增加至 $0.2m^3/(min \cdot t)$（标态），熔化后碳降至 0.6%，锰的还原率达到 65%~75%，终点锰含量增至 0.8%。目前，结合不同的复吹转炉脱磷工艺，国内较多企业也纷纷采用锰矿熔融还原技术。

石灰脱磷剂用量较大，达到 30~60kg/t。主要原因是：（1）铁水中磷含量要比硫含量高出 1~2 个数量级；（2）脱磷需要供氧和造渣，磷氧化成 P_2O_5 后必须与 CaO 结合成磷酸盐才能完成脱磷任务；（3）硅先于磷氧化，生成的 SiO_2 降低了炉渣碱度，必须加入更多的 CaO 提高炉渣碱度，以增大磷在渣金间的分配比。

2.4.6 传统预脱磷方法

2.4.6.1 铁水包喷吹法

20 世纪 80 年代初期，部分企业采用原有脱硫设备进行铁水脱磷工业试验；1985 年，日本钢管福山制铁所将其投入生产运营。该工艺包括高炉出铁场顶喷脱硅和铁水包喷吹脱磷，脱磷装置如图 2-17 所示。

根据上述流程，高炉铁水含硅量约为 0.25%，采用投射法脱硅处理后可将硅含量降低至 0.15% 以下，然后采用吹氧法脱磷处理。该方法处理有以下优点：铁水罐混合容易，排渣性好；氧源供给可上部加轧钢皮，并配以石灰、萤石等溶剂，在强搅拌条件下加速脱磷反应；气体氧可以调节控制铁水温度；处理量与转炉匹配，使转炉也冶炼低磷（<0.010%）钢

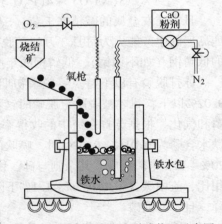

图 2-17 铁水包喷吹法脱磷装置示意图

种，减少造渣剂并用锰矿石取代锰铁冶炼高锰钢。但该流程也有一定的制约因素，如铁水包容量相对较小、吹氧喷溅严重、铁损大、铁水包净空高度大等。

2.4.6.2 鱼雷罐喷吹法

在日本各大钢铁企业，鱼雷罐车普遍作为铁水运输工具，我国宝钢借鉴日本技术，也使用鱼雷罐车运输铁水。因此，部分企业实现了工业规模的鱼雷罐铁水预脱磷处理。如前

文所述，日本住友金属鹿岛厂和新日铁君津制铁所均在鱼雷罐车内进行铁水预脱磷处理，如图 2-18 所示。

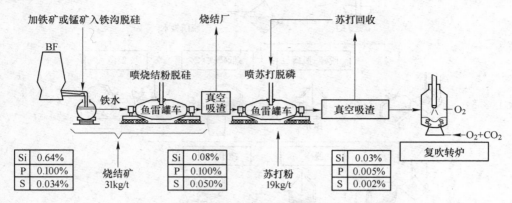

图 2-18　住友金属鹿岛厂鱼雷罐喷粉脱磷工艺流程

上述两厂的主要区别是脱磷剂不同，鹿岛厂采用苏打脱磷剂，君津厂采用轧钢皮和生石灰等。经过几年的生产实践发现，以鱼雷罐作为铁水预脱磷设备存在以下问题：鱼雷罐中存在死区，反应动力学条件不好，在相同粉剂消耗条件下，需要的载气量较大，且效果不如铁水罐；喷吹过程中罐体震动比较严重，改用倾斜喷枪或 T 形、十字形出口喷枪后有所改善；用作脱磷设备后，由于渣量大，罐口渣铁积存严重，有效容积显著降低；倒渣、出铁不方便，影响生产操作；用苏打作为脱磷剂包衬侵蚀严重，尚无经济适用的方法予以解决。因此，采用鱼雷罐喷粉脱磷技术逐渐减少。

2.4.7　专用炉脱磷方法

专用炉处理是在炼钢车间内专门用一座预处理炉进行铁水脱磷。它有两种形式：一种是专门建造一座可倾翻、扒渣、容量较大并配有防溅密封罩、喷粉处理的铁水包，如日本钢管福山厂、宝钢二炼钢和太钢二炼钢就是如此；另一种是将炼钢车间的转炉稍加改造后专用于铁水脱磷，目前，国内外不少厂都采用此方法。

2.4.7.1　ORP 法

ORP 法（Optimizing Refining Process）由新日铁率先开发成功，目前为新日铁八幡制铁所和君津制铁所采用。新日铁八幡制铁所有两个炼钢厂：第一炼钢厂两座 170t 转炉，采用传统的"三脱"工艺；第二炼钢厂两座 350t 转炉，采用新日铁名古屋制铁所发明的 LD-ORP 工艺，如图 2-19 所示。君津制铁所有两个炼钢厂，均采用 KR 法脱硫（$w[S] \leqslant$ 0.002%），第一炼钢厂有 3 座 230t 复吹转炉，第二炼钢厂有两座 300t 复吹转炉。第二炼钢厂采用 ORP 法和 MURC 法两种工艺炼钢，后者将在后文中予以介绍。

ORP 法渣量少，可生产高纯净钢。脱磷转炉弱供氧，大渣量，炉渣碱度（$w(CaO)/w(SiO_2)$）为 1.5~3.0，铁水温度控制在 1320~1350℃ 之间，纯脱磷时间约为 9~10min，冶炼周期约为 20min，废钢比通常为 9%。为了提高产量，目前废钢比已达到 11%~14%。钢水脱磷后（$w[P] \leqslant 0.020\%$）兑入脱碳转炉，总收得率大于 92%。转炉的复吹寿命约为 4000 炉。脱碳转炉强供氧，少渣量，冶炼周期为 28~30min，不需废钢。从脱磷至脱碳

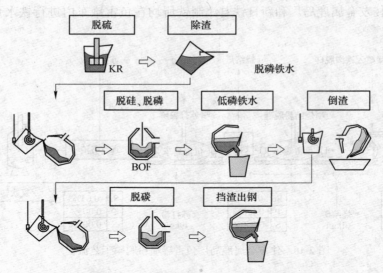

图 2-19　新日铁开发的 ORP 法脱磷工艺

结束的总冶炼周期约为 50min，与连铸机的浇铸周期 50~60min 相匹配。

2.4.7.2　NRP 法

NRP 法（New Refining Process）由日本 JFE 公司开发成功，目前由西日本福山制铁所和京滨炼钢厂所采用。福山制铁所有两个炼钢厂（第二和第三炼钢厂），该制铁所是日本粗钢产量最高的厂家（1080 万吨/年）。第二炼钢厂有 3 座 250t 顶底复吹转炉，采用传统"三脱"工艺，"三脱"处理能力达 420 万吨/年。第三炼钢厂有两座 320t 顶底复吹转炉，采用 NRP 工艺冶炼超低磷钢种，一座转炉用于脱磷，另一座用于脱碳，转炉脱磷能力为 450 万吨/年。该厂于 1999 年开始全量铁水转炉脱磷预处理。

专用脱磷转炉指标为：吹炼时间为 10min，废钢比为 7%~10%，氧气流量为 $3 \times 10^4 m^3/h$（标态），底吹气体为 $3000 m^3/h$（标态），石灰消耗为 10~15kg/t。脱碳转炉指标为：石灰消耗 5~6kg/t，复吹转炉炉龄约 7000 炉。脱碳转炉炉龄低于脱磷转炉，转炉在炉役前期用于脱碳，炉役后期用于脱磷。两厂统计的生产数据表明：铁水罐内脱磷处理周期长、产能低；NRP 技术与常规冶炼技术相比，吨钢成本约低 5 美元。

2.4.7.3　SRP 法

SRP 法（LD-New Refining Process）由日本住友金属开发成功，用于冶炼超低磷钢种，目前为鹿岛制铁所、和歌山制铁所采用。住友金属鹿岛制铁所有两个炼钢厂，第一炼钢厂装备 3 座 250t 复吹转炉，采用该公司发明的 SRP 法炼钢，第二炼钢厂两座 250t 转炉，采用常规冶炼工艺。第一炼钢厂一座转炉脱磷，另两座转炉脱碳，脱磷铁水富余 25%，运给第二炼钢厂。脱磷转炉指标为：吹炼时间为 8min，冶炼周期为 22min，废钢比为 10%（加轻质废钢），出铁温度为 1350℃，渣量为 40kg/t。脱碳转炉指标为：吹炼时间为 14min，冶炼周期为 30min，锰矿用量为 15kg/t（Mn 的回收率约为 30%~40%），脱碳炉渣量为 20kg/t。

住友金属和歌山制铁所年产粗钢 390 万吨。炼钢生产采用 SRP 法，全部铁水经转炉脱磷，该厂的生产流程见图 2-20。脱磷转炉与脱碳转炉设在不同跨间，脱磷转炉和脱碳转炉的吹炼时间为 9~12min，转炉炼钢的冶炼周期控制在 20min 以内，一个转炉炼钢车间给 3 台连铸机供钢水，是目前世界上炼钢生产节奏最快的钢厂。

　　和歌山制铁所 SRP 法的优点是：（1）可高效率、低成本、大批量生产洁净钢，显著改善 IF 钢板抗二次加工脆化和热轧钢板低温冲击韧性等性能；（2）炼铁生产可以采用较高磷含量的低价位铁矿石，铁水磷含量放宽至 0.10%~0.15%，降低了矿石采购成本；（3）炼钢时可以使用锰矿石，取代 Mn-Fe 合金；（4）炼钢渣量显著降低，脱碳炉渣可返回用于脱磷转炉；（5）脱磷炉渣不经蒸汽稳定化处理，可直接铺路；（6）加快了大型转炉的生产节奏，与高拉速连铸机相匹配；（7）生产工序紧凑。

2.4.7.4　H 炉法

　　H 炉法（H Furnace）于 1983 年由神户制钢研发并投入生产，命名为 H 炉，采用氧-石灰喷吹脱磷脱硫装置，也称 OLIPS 法。神户制钢为特钢企业，生产高碳钢比例大。由于高拉碳出钢，渣中 T. Fe 含量偏低，转炉的脱磷负荷大，故开发了铁水脱 P、脱 S 预处理用 H 炉，如图 2-21 所示。

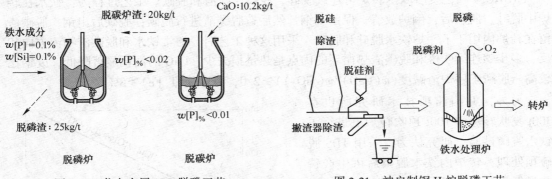

图 2-20　住友金属 SRP 脱磷工艺　　　　图 2-21　神户制钢 H 炉脱磷工艺

　　用喷吹法在高炉出铁沟对铁水进行脱 Si 处理，去除脱硅渣后，将铁水兑入 H 炉进行脱磷、脱硫处理。脱磷时喷吹石灰系渣料，同时顶吹氧气，脱磷后再喷入苏打粉系渣料脱硫。经预处理的铁水再装入转炉进行脱碳。

　　神户制钢 H 炉反应器容积为 80t，处理的铁水含［P］约 0.085%，含［S］0.04%，初始［Si］含量约 0.38%，预脱硅后［Si］含量降至 0.18%，脱硅剂消耗 30kg/t。经 H 炉处理后，铁水中［S］含量降低至 0.010%，［P］含量降低至 0.015%，消耗溶剂约 27kg/t。

　　用 H 炉进行铁水脱磷、脱硫处理具有如下特征：H 炉内空间大，进行铁水预处理时，炉内反应效率高、反应速度快，可在较短的时间内连续完成脱磷、脱硫处理；可以用块状生石灰和转炉渣代替部分脱磷渣；脱磷过程中添加部分锰矿，可提高脱磷效率，且增加了铁水中的锰含量。

2.4.7.5　MURC 法

　　MURC 法由新日铁室兰制铁所开发，新日铁室兰制铁所（两座 270t 复吹转炉）和大分制铁所（3 座 370t 复吹转炉）受设备和产品的限制，难以采用双联法工艺，为此开发了 MURC 技术。即在同一转炉进行铁水脱磷预处理和脱碳吹炼，类似传统炼钢的"双渣留渣法"，如图 2-22 所示。

兑铁水　　　吹炼一　　　中途倒渣　　　　吹炼二　　　出钢　　　溅渣

脱碳炉渣返回到脱磷

图 2-22 新日铁 MURC 脱磷工艺

冶炼前期脱磷渣一般倒出 50%，脱碳渣可直接留在炉内用于下一炉脱磷吹炼。MURC 工艺冶炼周期约为 33~35min，室兰制铁所和大分制铁所全部采用 MURC 工艺生产超低磷钢。

MURC 多功能复合吹炼转炉可连续脱硅、脱磷、除渣和脱碳。工艺过程为：铁水在转炉中脱硅、脱磷后，倒炉放渣，保留半钢；然后造脱碳渣进行脱碳；脱碳后出钢，脱碳渣留在转炉内用于下一炉铁水脱硅和脱磷。采用这种工艺时，通常铁水和脱碳渣物流方向相反，多步骤连续吹炼和脱碳渣热循环的优点是热量损失少，CaO 的消耗显著降低，废钢比较高。脱磷工序炉渣碱度（$w(CaO)/w(SiO_2)$）$\geqslant 2.0$，渣中 $w(T.Fe) \geqslant 8\%$。

另外，韩国浦项技术研究所也在 300t 复吹转炉和 100t 顶吹转炉上进行了铁水脱磷试验。研究认为，采用 TDS 脱硫预处理，转炉内铁水脱磷后可生产磷含量低于 0.004% 的超低磷钢。

2.4.8 碳、磷的选择性氧化

不同元素与氧的结合能力不同，通过温度与化学反应标准吉布斯自由能的关系，可得铁液中元素间接氧化的氧势图，如图 2-23 所示。图中每条直线表示铁液中元素与氧在标态下，氧化反应的氧势与温度的关系。利用此图可以确定标准状态下，熔池中元素氧化形成氧化物的稳定性或氧化的顺序。位置越低越稳定，而该元素越容易氧化。

碳与磷在不同温度下出现选择性氧化，其反应为：

$$2[P] + 5CO \Longrightarrow 5[C] + (P_2O_5)$$

$$\Delta G^{\ominus} = -642832 + 735.89T \quad J/mol$$

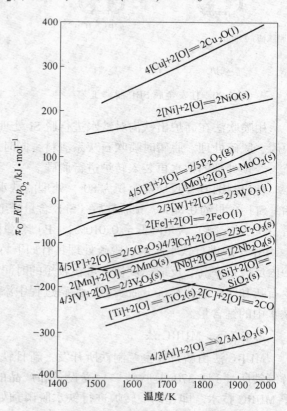

图 2-23 铁液中元素间接氧化的氧势图

反应平衡常数与各组元活度的关系为

$$\frac{w[P]^2}{w[C]^5} = K^{\ominus} \cdot \frac{a_{(P_2O_5)}}{p_{CO}^5} \tag{2-23}$$

在标准状态下，转化温度约为 1500K（1227℃）。低于此温度，[P] 先于 [C] 氧化，而高于此温度，则 [P] 的氧化受到抑制，而 [C] 大量氧化。在温度及 p_{CO} 一定情况下，使 [P] 优先于 [C] 氧化的条件是降低渣中 P_2O_5 的活度。因此，在冶炼过程中及时造好高碱度、高氧化性炉渣是 [P] 先于 [C] 或同时氧化的条件。

在脱磷过程中，复吹转炉熔池中 [P] 与 [Si]、[Mn] 以及 [C] 等同时发生氧化反应，但是 [Si]、[Mn]、[C] 等氧化反应对 [P] 的氧化反应均有不同程度的限制作用。在冶炼前期，由于温度较低，铁水中 [P] 的氧化受到 [Si]、[Mn] 氧化的限制。只有 [Si] 含量降低至小于 0.1%左右时（约在吹炼 4min），[P] 才开始大量氧化。但由于 [Si]、[Mn] 等氧化放热使熔池温度很快升高，当升高到超过 [P] 和 [C] 转化温度（1500K）以后，脱磷反应又被 [C] 的氧化反应限制。特别是当 [Si]、[Mn] 氧化结束时，熔池中 [C] 含量约为 3.0%~3.5%，是 [P] 含量的 30~35 倍。无论对氧的亲和能力，还是含量多少，[C] 元素都比 [P] 大和多。因此，在冶炼中、后期钢中 [P] 的氧化反应完全被 [C] 的氧化反应所抑制，甚至还有被还原的可能。

由上述理论分析可知，在复吹转炉传统的脱磷冶炼工艺过程中，很难把铁水中 [P] 含量脱到极低水平。只有按照元素本身主观的氧化能力大小，呈现出先、后的规律，抓住冶炼前期 [Si]、[Mn] 元素氧化完成与中期 [C] 元素氧化开始前之间契机，优化脱 [P] 各项工艺参数，使铁水中 [P] 大量的被氧化进入炉渣中，为深脱磷创造条件。在同一个冶金容器里，脱 [P] 与脱 [C] 的热力学条件是相互矛盾的，如果将二者氧化反应按照先后顺序进行，或者在不同的冶金容器进行处理，即分而炼之，排除或减少干扰脱 [P] 氧化反应的因素，就能够达到深脱磷的目的。

2.5　铁水同时脱磷脱硫

2.5.1　铁水同时脱磷脱硫原理

由脱磷、脱硫的热力学条件可知，脱磷和脱硫的主要不同在于对炉渣（或金属液）的氧化性的要求。前者要求是高氧化性，而后者要求是低氧化性。因此，一般认为，脱磷和脱硫不能同时进行。

在氧化性条件下，渣铁间磷、硫的分配比可表示为：

$$\lg L_P = \lg \frac{w(P)}{w[P]} = \lg C_P + \lg f_P + \frac{5}{2}\lg a_{[O]} \tag{2-24}$$

$$\lg L_S = \lg \frac{w(S)}{w[S]} = \lg C_S + \lg f_S - \lg a_{[O]} \tag{2-25}$$

当温度和铁水成分一定时，选择磷容量和硫容量大的渣系，就能得到较大的 L_P 和 L_S 值，实现铁水同时脱磷、脱硫。在一定渣系条件下，可以通过控制炉渣-铁水界面的氧位来调节 L_P 和 L_S 值的大小，即增大氧位能增大 L_P、减小 L_S 值，反之亦然。因此，可以根据铁水脱磷和脱硫的要求，控制合适的氧位，进而实现铁水同时脱磷和脱硫。

竹内秀次在 100t 铁水罐内用 CaO 基熔剂（载气为 O_2-N_2 混合气体）进行了铁水同时脱磷、脱硫试验，并用固体电解质测定了铁水熔池内的氧位分布，如图 2-24 所示。测定结果表明：在喷枪附近，氧位比较高，$P_{O_2} = 10^{-12} \sim 10^{-11}$，进行着氧化脱磷反应；在铁水罐壁和顶渣与铁水界面，氧位较低，$P_{O_2} \leqslant 10^{-13}$，进行着还原脱硫反应。因此，喷吹处理工艺是在实现了熔池的氧位再分布后，才达到了同时脱磷、脱硫的目标，即"同时不同位"。

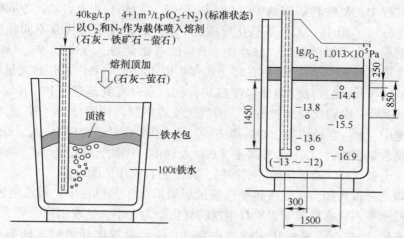

图 2-24　喷吹 CaO 同时脱磷脱硫铁水罐内氧势分布

进一步研究表明：用 O_2-N_2 作载气喷吹 CaO 系溶剂，或用 N_2 喷吹固体氧化剂与 CaO 系熔剂并顶吹气体 O_2，脱磷主要是在喷枪火点附近的高氧位区和上浮的强氧化性渣滴与铁水之间的瞬时接触反应（transitory reaction），脱硫则主要是还原性顶渣与铁水之间的持久接触反应（permanent reaction），上浮的 CaO 颗粒也参与了部分脱硫反应。

2.5.2　分期脱磷脱硫

由于热力学条件相悖，在同一个反应容器内要保证 90% 以上的脱磷率，脱硫率很难提高，一般为 40%~60%，而且因操作因素等变化，脱硫率很不稳定。分期处理是在脱磷的同时提高脱硫率最有效的方法。分期脱磷脱硫有两种方法：一种是先脱硫后脱磷；另一种是先脱磷后脱硫，如图 2-25 和图 2-26 所示。

图 2-25 为神户制钢 80t 专用炉同时脱磷、脱硫过程中各元素含量的变化规律，具体工艺流程见 2.4.7 节。采用先脱磷后脱硫的方法，脱磷期喷吹 32kg/t 脱磷剂，顶吹氧，吹氧流量为 3~10m^3/t（标态），脱磷剂组成（质量分数）为 43% 的 CaO、43% 的轧钢皮和 14% 的 CaF_2，喷吹 9min 结束；脱硫期停止吹氧，喷吹苏打粉（Na_2CO_3）6~7min，喷吹量为 5.6kg/t。结果表明，喷吹苏打粉后，脱除大部分硫的同时还能进一步脱磷。处理后，钢中 ［P］、［S］含量均可以降低至 0.01% 的水平。

图 2-26 为神户制钢加古川制铁所鱼雷罐内同时脱磷、脱硫过程中各元素含量的变化情况。加古川制铁所装备有 300t 的鱼雷罐车，同时脱磷、脱硫工艺在鱼雷罐中进行。脱

磷期间喷吹复合脱磷剂，同时顶吹氧气。氧气流量为 $4\sim6m^3/t$（标态），脱磷剂消耗 32kg/t，脱磷剂组成（质量分数）为 30%~50% 的 CaO、40%~60% 的轧钢皮和 5%~15% 的 CaF_2。脱硫前停止吹氧，喷吹组成为 CaC_2 和 CaO 的复合脱硫剂，喷吹量约为 1.8~2.0kg/t。结果显示，鱼雷罐喷粉同时脱磷、脱硫能去除一部分硫，但有轻度"回磷"的趋势。

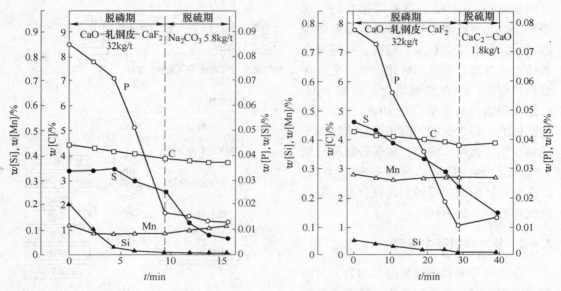

图 2-25 专用炉同时脱磷、脱硫铁水成分变化　　图 2-26 鱼雷罐车内同时脱磷、脱硫铁水成分变化

研究和生产试验表明，要达到深度脱磷和同时脱磷、脱硫效果，要控制好以下过程：（1）脱磷剂既要有强的脱磷能力，又要有较强的脱硫能力，可考虑在石灰系脱磷剂中配入一定量的苏打。（2）保持高的脱磷率和脱硫率，必须有适宜的供氧制度和合理的喷吹参数。供氧过大、喷吹过快将导致脱碳速度加快，导致铁水喷溅严重；供氧太低则使铁水温降大，达不到脱磷效果。（3）脱磷同时保持高的脱硫率要求终渣终 FeO 含量尽可能低。一方面要求有适宜的供氧强度，另一方面可通过后期停吹 O_2 补吹 N_2 搅拌或进行分期处理来达到。在脱磷处理终点，提升顶吹氧枪，但不提升喷枪，利用喷粉枪空吹 N_2 搅拌约 5min，以继续降低渣中 FeO。加古川制铁所生产经验表明，当脱磷后半期停止吹氧后，脱磷渣中 $w(T.Fe)$ 可维持在 3%~7%。

2.6 特殊铁水预处理及相关材料

2.6.1 铁水预处理提钒

我国钒钛磁铁矿床分布广泛，储量丰富，储量和开采量居全国铁矿的第三位，已探明储量 98.3 亿吨，远景储量达 300 亿吨以上，主要分布在四川攀西（攀枝花-西昌）地区、河北承德地区、陕西汉中地区、湖北郧阳和襄阳地区、广东兴宁、山西代县等地区。其中，攀西（攀枝花-西昌）地区是我国钒钛磁铁矿的主要成矿带，也是世界上同类矿床的重要产区之一，南北长约 300km，已探明大型、特大型矿床 7 处，中型矿床 6 处。钒矿资源较多，总保有储量 V_2O_5 2596 万吨，居世界第 3 位。

采用钒钛磁铁矿进行高炉冶炼，高炉内钒可还原 70%~75%，高炉铁水中含钒可达 0.40%~0.60%。钒是很重要的工业原料，对含钒铁水进行特殊处理以有效提取钒元素具有重大意义。目前，我国对含钒铁水的处理普遍采用氧化提钒工艺。在炼钢过程中，钒在初期氧化，形成 V_2O_3 后进入炉渣，其含量可到 10%~30%，即为富钒渣。将含钒的炉渣用苏打焙烧，变成钒酸钠，再用水浸出，加酸分解可得到 V_2O_5 沉淀物。最后，再以石灰作溶剂，以硅铁作还原剂，可得到钒铁合金，提钒全流程如图 2-27 所示。

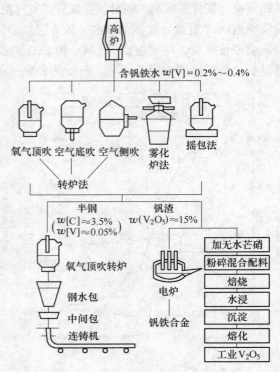

图 2-27　铁水预处理提钒流程图

2.6.2　铁水提钒基本原理

由于钒与氧具有较强的亲和力，当向铁水中吹氧时，钒优先氧化。钒有 5 种氧化物，分别为 V_2O、VO、V_2O_3、V_2O_4 和 V_2O_5。从含钒炉渣的岩相分析可知，采用吹氧提钒工艺，进入炉渣中的氧化物是 V_2O_3。因此，$[V]$ 的氧化反应为：

$$2[V] + 3(FeO) \Longrightarrow (V_2O_3) + 3[Fe] \quad \Delta G^{\ominus} = -905420 + 275.1T \quad J/mol$$

为此，可计算钒在渣铁间的分配系数：

$$L_V = \frac{a_{(V_2O_3)}}{w[V]_\%^2} = K^{\ominus} a_{(FeO)}^3 f_V^2 \tag{2-26}$$

熔池温度低及供氧量大，可加快钒的氧化，因此提高了 FeO 的活度及降低了 $\gamma_{V_2O_3}$（V_2O_3 能与 FeO 形成 $FeO \cdot V_2O_3$）。此外，加入少量 CaO 也能降低 $\gamma_{V_2O_3}$。但钒酸钙的形成却不利于下一步从钒渣中提取 V_2O_3，因为其水溶性较低的原因。

在吹氧提钒过程中，为了获得钒含量高的钒渣及 $w[C] = 2\%~3\%$ 的半钢，铁水提钒工艺必须要考虑"提钒保碳"的问题。根据选择性氧化原理，为了"提钒保碳"，可通过控制反应温度来实现。假定 V 的氧化产物为 V_2O_3，铁水中 $[V]$、$[C]$ 的选择性氧化反应为：

$$\frac{2}{3}[V] + CO \Longrightarrow \frac{1}{3}(V_2O_3) + [C] \quad \Delta G^{\ominus} = -218013 + 135.22T \quad J/mol$$

所以为使 $[V]$ 大量氧化，存在一个保证钒先于碳氧化的温度上限，可由下列等温方程求出：

$$\Delta G^{\ominus} = -218013 + \left(135.22 + 19.147 \frac{a_{(V_2O_3)}^{1/3} a_{[C]}}{a_{[V]}^{2/3} p_{CO}}\right)T \tag{2-27}$$

当反应达到平衡时，$\Delta G^{\ominus} = 0$，则可计算出上述反应进行的最低温度为1340℃。低于此温度，［V］先于［C］氧化，而高于此温度，［V］的氧化受到抑制，而［C］开始大量氧化。因此，只要将铁水温度控制在低于1340℃以下，就能达到"提钒保碳"的目的。

2.6.3　铁水提钒的方法

在铁水提钒方面做了大量研究，目前已经开发出的方法有摇包法、转炉法、雾化法、槽式炉法，德国、南非主要采用转炉法和摇包法，我国主要采用转炉法和雾化法。

2.6.3.1　雾化提钒

雾化提钒工艺是我国自行研制的一种提钒方法，攀钢1978～1995年采用此技术从铁水中吹炼钒渣。铁水经中间包，以一定流股经雾化器流入雾化室，与此同时，经水冷雾化器供给一定压力和流量的压缩空气或富氧空气，在雾化室中铁水流股与高速的空气流股相遇而被粉碎或雾化成小于2mm的细小铁珠，它们与氧接触面积大，加快了铁水中 V、Si、C 等元素的氧化。随后铁水经出钢槽流入半钢罐，钒渣漂浮于半钢表面形成渣层，最后将半钢与钒渣分离，从而获得钒渣和半钢。雾化提钒工艺流程如图 2-28 所示。

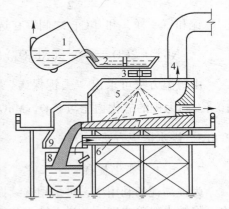

图 2-28　雾化提钒工艺流程
1—铁水罐；2—中间包；3—雾化器；4—烟道；
5—雾化室；6—副烟道；7—出钢槽；
8—半钢槽；9—烟罩

雾化提钒法的特点：雾化提钒反应的动力学条件好，有利于氧化反应进行；铁水被压缩空气雾化，温降大，因此雾化提钒不必加冷却剂，有时还要加硅铁氧化提温和改善流动性；中间包撇渣效果好，同时不加冷却剂，钒渣质量好；工艺简单，设备投资省、炉龄高、提钒作业率高，可连续化生产；半钢温度低，渣铁分离效果差，钒渣中夹杂金属铁高。

2.6.3.2　顶底复吹转炉提钒

转炉提钒是使用较为广泛的一种铁水提钒方法。1400℃的铁水在转炉内经吹氧处理，使钒选择性氧化进入炉渣，半钢用于炼钢，钒渣用于水法提钒。转炉提钒有空气侧吹转炉提钒、氧气顶吹转炉提钒和复吹转炉提钒等几种。前两者发展较早，但限于动力学条件较差，故逐渐被复吹转炉提钒工艺取代。

由前文理论分析可知，转炉提钒过程中为了控制反应温度低于"提钒保碳"的临界温度，在兑入铁水后要加入一定数量的冷却剂，冷却剂可以使用生铁块，也可以使用矿石或球团矿。此外，为了提高提钒效率，我国一些企业（如承钢）还采用了转炉双联技术用于提钒炼钢，即第一座转炉用于提钒，第二座转炉用于脱碳炼钢，提钒转炉吹炼结束后，将钒渣与半钢分离，半钢兑入脱碳转炉继续炼钢。采用转炉双联提钒工艺，有效地解决了提钒过程中碳大量氧化带来的温度升高问题，使得提钒转炉吹炼更为平稳，钒的回收率更高。

2.6.4　铁水预处理提铌

我国内蒙古地区的白云鄂博矿属典型的稀土铌铁矿，富含稀土元素和铌，其中 Nb_2O_5

含量约占 0.1%。高炉冶炼这类矿石时，稀土氧化物很难被还原，而铌的氧化物则容易被还原进入金属液，铁水中铌含量可达 0.05%~0.12%，铌的回收率约为 80%。

炼钢过程中，铌很容易被氧化，进入初期渣中，可将这种初期渣扒除，再经一系列富集处理，将铌含量极高的炉渣在电炉内用碳还原，炼得铌铁。

铌有 3 种氧化物，分别为 NbO、Nb_2O_4 和 Nb_2O_5。在炼钢温度下，铌的氧化产物为 Nb_2O_4，反应式如下：

$$[Nb] + O_2 == \frac{1}{2} Nb_2O_4(s) \qquad \Delta G^\ominus = -80240 + 220.83T \quad J/mol$$

铌和钒一样，和 [C] 之间存在选择性氧化的问题，反应如下：

$$[Nb] + 2CO == \frac{1}{2}(Nb_2O_4) + 2[C] \qquad \Delta G^\ominus = -525092 + 305T \quad J/mol$$

由等温方程可求出"去铌保碳"的温度上限，一般不超过 1400℃。$\gamma_{Nb_2O_4} \approx 10^{-10} \sim 10^{-9}$，因为铌的氧化物能与 FeO、MnO 等结合成稳定的化合物。

2.6.5　铁水提铌方法

2.6.5.1　雾化提铌

为提高铌的利用率，可采用连续提铌法，即雾化处理。富氧量高的空气从喷雾器中射出，将铁水粉碎成细滴，增大铁水和氧的接触面积，创造良好的动力学条件。铌的氧化率可达 80%~90%。

2.6.5.2　分段底吹提铌

分段底吹提铌是在 20 世纪 80 年代由中、日合作研究开发成功的提铌工艺，其试验装置如图 2-29 所示。铁水由低频感应炉供给，以 50kg/min 的流量倒入两个相互串联的 300kg 连续底吹筒式炉中进行处理。在第一座炉子中脱硅；在第二座炉子中提铌。在脱硅段，铁水中 [Si] 从 0.45%降至 0.15%，[Nb] 氧化率不超过 10%；在提铌段，[Nb] 氧化率达 87%。

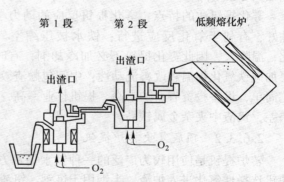

图 2-29　分段底吹连续提铌工艺流程图

该工艺使用含铌 0.1%的铁水，可获得含 Nb_2O_5 8%以上和低 P_2O_5 的较高品位铌渣，铌得到明显富集，且渣铁易分离。因此，该提铌方法具有一定的优越性。

思 考 题

2-1　铁水预处理的优势有哪些？

2-2　洁净钢冶炼条件下铁水预处理的发展趋势是什么？

2-3　铁水预脱硅的基本原理是什么？

2-4　影响铁水脱硅的因素有哪些？

2-5　铁水预脱硅的方法有哪些？

2-6 铁水预脱硫的原理是什么？

2-7 铁水脱硫剂的种类有哪些，各有什么特点？

2-8 简述铁水脱硫的方法和特征。

2-9 如何防止铁水回硫？

2-10 简述铁水中磷的迁移规律。

2-11 氧化脱磷和还原脱硫的差异是什么？

2-12 有利于铁水脱磷的热力学条件有哪些？

2-13 铁水脱磷剂的种类有哪些，各有什么特点？

2-14 简述铁水专用炉脱磷的优势。

2-15 铁水同时脱硫、脱磷的原理是什么？

3 炼钢工艺与原料

3.1 现代化炼钢技术的发展

3.1.1 炼钢的发展历程

铁与钢的主要区别在于碳含量不同，理论上把碳含量小于 2.11% 的铁碳合金称为钢。钢中碳元素和铁元素形成渗碳体（Fe_3C），随着碳含量的增加，其强度、硬度增加，而塑性和韧性降低。由于碳含量较低，使得钢具有较好的物理化学性质和力学性能，可进行拉、拔、轧、压、冲等深加工，用途十分广泛。

现代冶金流程中，除少量的铁水用于生产铁铸件，约 90% 以上的生铁都要冶炼成钢。钢是国民经济发展的重要原材料，广泛应用于建筑、桥梁、石油、化工、航空航天、交通运输、农业、国防等领域。尽管各种先进材料层出不穷，钢材仍然是 21 世纪用途最广、用量最大的结构材料和功能材料。

最早出现的炼钢方法是 1740 年出现的坩埚法，它是将生铁和废铁装入由石墨和黏土制成的坩埚内，用火焰加热熔化炉料之后将熔化的炉料浇成钢锭。

1856 年，英国人亨利·贝塞麦（H. Bessemer）发明了酸性空气底吹转炉炼钢法，开创了用铁水直接冶炼钢水的先河，从而使钢的质量得到提高。但此方法要求铁水中的硅含量大于 0.8%，且无法进行脱磷，因此逐渐被淘汰。

1865 年，德国人马丁（Martin）利用蓄热室原理发明了以铁水、废钢为原料的酸性平炉炼钢法。1880 年，出现了第一座碱性平炉。由于平炉炼钢成本低、容量大、钢水质量稳定、原料适应性强等优点，成为当时世界主流的炼钢工艺。

1878 年，英国人托马斯（Thomas）发明了碱性炉衬的底吹转炉炼钢法，即托马斯转炉。该方法是在吹炼过程中加入石灰造碱性渣，从而解决了铁水脱磷问题。由于矿石中磷含量偏高，此法在西欧各国尤其适用。但托马斯转炉寿命较低，钢中氮含量高。

1899 年，出现了完全依靠废钢为原料的电弧炉炼钢法（EAF），解决了废钢循环利用问题。此炼钢工艺自问世以来不断发展，成为当前主要的炼钢方法之一。目前，电炉钢产量占世界粗钢总产量的 30%~40%，发达国家比例更高。

随着大型空气分离器的出现，制氧成本大大降低，为氧气在炼钢生产中的应用奠定了基础。瑞典人罗伯特·杜勒首先进行了氧气顶吹转炉炼钢的实验，并获得成功。1952 年，奥地利的林茨（Linz）和多纳维兹城（Donawitz）先后建成了 30t 规模的氧气顶吹转炉并投入生产，此方法称为 LD 法，也称 BOF 法（Basic Oxygen Furnace）或 BOP 法（Basic Oxygen Process）。鉴于氧气转炉法生产效率高、成本低、钢水质量高、易于自动化控制等优点，一经问世就在全世界范围内得到了迅速推广和发展，并逐渐取代平炉法。不同时代转炉冶炼方法如图 3-1 所示。

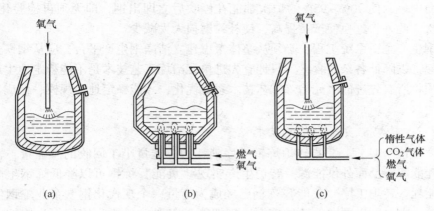

图 3-1 转炉吹炼方法示意图
(a) 顶吹法；(b) 底吹法；(c) 顶底复吹法

在顶吹氧气转炉炼钢发展的同时，1978～1979 年成功开发了转炉顶底复合吹炼工艺，即从转炉上方供给氧气（顶吹氧），从转炉底部供给惰性气体或氧气，它不仅提高钢的质量，而且降低了炼钢消耗和吨钢成本，更适合供给连铸优质钢水。当前，顶底复吹转炉炼钢法已成为全世界使用最广泛的炼钢工艺。

3.1.2 炼钢新技术及发展方向

进入 21 世纪，世界钢铁工业的发展环境发生了深刻变化。炼铁原料质量下降，资源、能源价格高涨，二氧化碳减排要求，都对钢铁制造的各个工序提出更为苛刻的条件。展望新世纪的钢铁技术，就是能够适应这样的环境变化，能综合应对资源、能源乃至环境问题的技术。其核心的课题是"促进环境保护和物质循环"，具体的方针是追求二氧化碳的减排及资源的再利用。在新时期对钢铁业的期待是以资源、能源和环境良好协调的物质循环型社会为核心，实现可持续发展。

社会对钢铁企业的要求也发生重大转变，从过去单纯要求钢铁厂为社会进步不断提供低成本、高品质的钢材外，到要求充分发挥其能源转换功能，通过节能减排，基本消除自身对环境造成的污染，同时要求钢铁厂具有大量处理社会废弃物并融入循环经济社会的功能。由于社会基本要求的改变，新一代炼钢工艺流程的兴起将成为历史必然。

3.1.2.1 转炉冶炼纯净钢技术

当前，世界转炉炼钢发展趋势是提高钢水洁净度，即大大降低吹炼终点时的各种夹杂物含量，要求 S 低于 0.005%、P 低于 0.005%、N 低于 0.002%。采用复合吹炼、对熔池进行高水平搅拌并采用现代检测手段及控制模型，可严格控制化学成分及终点温度。减少补吹炉次比例，降低吨钢耐材消耗。

铁水预处理对改进转炉操作指标及提高钢的质量意义重大。美国及西欧各国铁水预处理只限于脱硫，而日本铁水预处理则包括脱硫、脱硅及脱磷。

日本所有转炉钢厂、欧美几十家钢厂以及其他国家的所有新建钢厂，在转炉上都装有检测用的副枪，在预定的吹炼时间结束前的几分钟内正确使用此枪可保证极高的含碳量及钢水温度命中率，使90%~95%的炉次都能在停吹后立即出钢，即无须再检验化学成分，也无需补吹。此外，这也使产量提高，使补衬磨损大大减少。

洁净钢生产是个系统工程，必须从整体考虑建立洁净钢生产平台，应从钢铁生产的每一环节抓起，以降低各杂质含量。只拥有先进单元冶炼工艺技术是不能稳定地生产出洁净钢的，必须将所有先进的单元冶炼工艺技术系统优化，才能稳定地大规模、低成本地生产洁净钢。

3.1.2.2　转炉"负能"炼钢技术

转炉"负能"炼钢，是指转炉炼钢工序消耗的总能量小于回收的总能量，转炉工序不但不消耗能源，反而外供能源。转炉生产实现"负能"炼钢可以降低炼钢生产成本和吨钢综合能耗。转炉工序"负能"炼钢已经成为衡量一个现代化钢铁企业炼钢生产技术水平的重要标志，所以国内外转炉炼钢厂均把能否实现"负能"炼钢作为炼钢厂提高经济效益和环境保护的重大工艺技术加以深入研究。

要实现"负能"炼钢，必须提高转炉煤气和蒸汽的回收数量与品质，同时使回收的蒸汽得以高效利用。转炉煤气干式回收系统（LT法）是较为先进的煤气回收系统，它是提高转炉煤气回收水平的重要技术支持。

LT法净化回收技术在国际上已被认定为今后的发展方向，它可以部分或完全补偿转炉炼钢过程的全部能耗，有望实现转炉无能耗炼钢的目标。

"十一五"期间，我国重点大中型钢铁企业中，只有少数企业能够实现全年"负能"炼钢，大部分企业还没有做到"负能"炼钢，尤其是中、小型转炉。

为进一步提高转炉"负能"炼钢技术的应用，在提高煤气回收质量和减少蒸汽放散量方面：应优化锅炉设计，提高蒸汽压力和品质；开发真空精炼应用转炉蒸汽的工艺技术，增加炼钢厂本身利用蒸汽能力；发展低压蒸汽发电技术，提高电能转化效率。在优化转炉工艺方面：可采用高效供氧技术，缩短冶炼时间，加快钢包周转；努力降低铁钢比，增加废钢用量；采用铁水"三脱"预处理技术减少转炉渣；优化复合吹炼工艺，降低氧耗，提高金属收得率；采用自动炼钢技术，实现不倒炉出钢；改善铁钢界面，提高铁水温度；采用单一铁水罐进行铁水运输，降低铁水温降损失等。

虽然"负能"炼钢并未全部涵盖炼钢全工艺过程能量转换与能量平衡，不能作为整体评价炼钢工序能耗水平的唯一标准，但国际先进钢铁企业都把实现"负能"炼钢作为重要指标。我国转炉钢比例超过80%，因此"负能"炼钢技术推广对钢铁行业清洁生产意义重大。

3.1.2.3　高效连铸技术

高效连铸实质上就是提高单位时间的高质量铸坯的产量，高的铸坯质量是前提，高的拉坯速度、高的作业率及高的连浇率等是手段。高作业率、高连浇率、高拉速、无缺陷铸坯是高效连铸技术的主要内容。

提高拉坯速度无疑是提高生产率、提高连铸机效率最直接、最根本的技术方法，但要稳定高拉速生产，就要有高效结晶器（优化结构、形状、最佳材质、合理的冷却系统、完善的振动系统等）、稳定的接近凝固温度的浇铸技术、中间包钢水调温技术、二次冷却制度的合理化、先进的连续矫直技术等。

作业率、连浇率也是高效连铸机的一个重要指标。铸机效率提高的主要目标是实现铸机的无维修操作，即铸机不要停机在线检修，而采用设备诊断技术进行预防维修，定期更换设备。实行整体吊装、快速更换、离线维修检查，使铸机经常保持在正常操作状态，同时还要千方百计地缩短生产过程中的准备间隙时间。

我国未来连铸技术的发展应以连铸高效率生产、稳定拉速为目标，对铁水预处理—炼钢—二次精炼进行协同研究与改进，使之与高效化连铸工序实现合理匹配、协同和连续运行，同时要研究为稳定和提高铸坯质量的各种技术和管理措施。加强对连铸机专业化分工的研究，要根据不同特点连铸机与产品质量的关系，并在生产流程优化的基础上，推行连铸机专业化分工模式，建立更为合理、高效、稳定的生产流程。

3.1.3 炼钢的任务及清洁原料

现代炼钢的基本任务是脱碳、脱磷、脱硫、脱氧，去除有害气体（N、H），控制钢中非金属夹杂物数量、形态、尺寸，提高温度和调整钢液成分。为了实现上述任务，需要采取一系列操作，如供氧、造渣、升温、脱氧合金化等操作，其中涉及的主要原料包括铁水、废钢、石灰、造渣剂、氧气、冷却剂、增碳剂、各种铁合金等。鉴于第2章已经对铁水预处理过程予以详细讲解，故本章不予赘述。

3.2 清洁废钢与残余元素控制

3.2.1 废钢的基本特征

废钢是短流程电炉炼钢的主要原料，同时可作为长流程炼钢的辅助原料。目前，世界每年产生的废钢总量为3亿~4亿吨，约占钢总产量的45%~50%，其中85%~90%用作炼钢原料，10%~15%用于铸造、炼铁和再生钢材。

众所周知，钢铁工业主要的铁源为铁矿石。每生产1t钢，大致需要各种原料（如铁矿石、煤炭、石灰石、耐火材料等）4~5t，能源折合标准煤（指发热值为7000kcal/kg（1kcal≈4186J）的煤）0.7~1.0t。而利用废钢作原料直接投入炼钢炉进行冶炼，每吨废钢可再炼成近1t钢，可以省去采矿、选矿、炼焦、炼铁等过程，节约大量自然资源和一次能源。

世界钢铁生产中，废钢占全部原料的35%，如图3-2所示。因此，废钢是钢铁工业十分重要的原料，被称为"第二矿业"。许多国家缺乏铁矿或铁矿品位不断下降，对废钢更为重视。废钢的供销已成为一个重要的国际市场。20世纪70年代以来，世界上以废钢作为原料的电炉钢产量，有较大的发

图3-2 世界范围内粗钢生产和废钢消耗统计（国际钢铁工业协会 IISI）

展，也说明废钢的利用范围日益扩大。

炼钢方法决定了废钢的使用量。氧气转炉炼钢一般可用 15%~25% 的废钢，采用预热废钢技术则可用废钢 30%~40%；电弧炉炼钢几乎全部利用废钢作原料。废铁一般作高炉炼铁或铸铁原料，少量干净废铁也用作炼钢原料。大型钢铁联合企业炼钢原料以生铁为主，以废钢为辅。独立钢厂、特殊钢厂和近年发展起来的小钢厂都以废钢为主要原料。

3.2.2 炼钢对废钢的要求

废钢是在生产生活过程中淘汰或者损坏的作为回收利用的废旧钢铁，其含碳量一般小于 2.0%，硫、磷含量均不大于 0.05%。一般来说，废钢分为一般废钢、轧辊废钢、次废铁、报废车辆等。为了提高钢水洁净度，无论是电炉还是转炉均对废钢有严格的要求：

（1）废钢的外形尺寸和块度，应能保证从炉口顺利加入。废钢单重不能过重，以便减轻对炉衬的冲击，同时在吹炼期必须全部熔化。轻型废钢和重型废钢合理搭配。废钢的长度应小于转炉口径的 1/2，块重一般不超过 300kg。国标要求废钢的长度不大于 1000mm，最大单件重量不大于 800kg。

（2）废钢中不得混有铁合金。废钢中要严禁混入铜、锌、铅、锡等有色金属和橡胶，不得混有封闭容器、爆炸物和易燃易爆品以及有毒物品。废钢中的硫、磷含量应不大于 0.050%。废钢中残余元素含量应符合以下要求：$w(Ni)<0.30\%$、$w(Cr)<0.30\%$、$w(Cu)<0.30\%$、$w(As)<0.08\%$。除锰、硅外，其他合金元素残余含量总和不超过 0.60%。

（3）废钢应保持清洁干燥，不得混入泥沙、水泥、耐火材料、油污、水分等。

（4）废钢中不能夹带放射性废物，严禁混有医疗临床废物。

（5）废钢中禁止混有其浸出液中 pH≥12.5 或 pH≤2.0 的危险废物。进口废钢容器、管道及其碎片必须向检验机构申报曾经盛装或输送过的化学物质的主要成分以及放射性检验证明书，经检验合格后方能使用。

（6）不同性质的废钢分类存放，以免混杂，如低硫废钢、超低硫废钢、普通类废钢等。另外，应根据废钢外形尺寸将废钢分为轻料型废钢、统料型废钢、小型废钢、中型废钢、重型废钢等。非合金钢、低合金钢废钢可混放在一起，不得混有合金废钢和生铁。合金废钢要单独存放，以免造成冶炼困难，产生熔炼废品或造成贵重合金元素的浪费。

3.2.3 废钢预热技术

电耗是电弧炉炼钢生产中最重要的技术经济指标，实现电弧炉炼钢节能必须首先明确电弧炉炼钢过程中的能量平衡。图 3-3 给出了一个典型的电弧炉能量平衡。由图可知，电弧炉炼钢所需能量的 65% 由电能供应，而总能耗的 21% 又由电弧炉排放的烟气所带走。根据电弧炉操作方式的不同，吨钢废气带走热量高达 150~200kW·h/t。

利用钢铁企业产生的余热进行废钢预热能有效提高余热利用率，降低电弧炉炼钢电耗和缩短电炉冶炼时间，提高生产效率。理论上废钢预热温度每增加

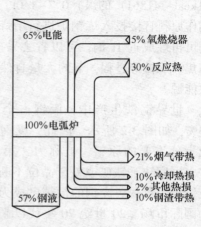

图 3-3 电弧炉炼钢过程的热平衡

100℃，可节约电能20kW·h/t。一般来讲，废钢预热温度每增加100℃可节约电能15～20kW·h/t。因此，利用烟气所携带的热量来预热废钢是电炉钢节能降耗的重要措施之一。表3-1给出了采用分离式废钢预热技术，预热温度与节能效果的关系。

表3-1 废钢预热温度对电炉节能效果的影响

加热温度/℃	热含量/MJ·t⁻¹	折算成电能/kW·h·t⁻¹	预热炉耗能/MJ·t⁻¹	折算成电炉电耗/kW·h·t⁻¹	预热耗能+熔化期耗能/MJ·t⁻¹	综合节能率/%
20				550	4600	0
700	438.9	121.9	877.8	152.4	4206	8.5
800	545.1	151.4	1090.2	189.2	4110	10.6
900	632	175.6	1264	219.5	4031	12.4
1000	693.9	192.8	1387.8	241	3974	13.6
1100	758.7	210.8	1517.4	263.5	3916	15.0
1200	822.6	228.5	1643.2	285.6	3857	16.2

最早的废钢预热系统是采用料斗进行，将盛放废钢的料斗放入密闭装置内，然后向密闭装置内通入电弧炉排放的烟气或向其内放入盛有钢液的钢包、热钢坯等，采用热交换的方式预热废钢。由于这种方式废钢预热温度有限，在实际生产中因效果不明显而未得到成功应用。随着科学技术的发展，目前比较成熟的废钢预热系统主要有三种：双壳炉技术、竖炉技术和废钢连续预热技术，如图3-4所示。

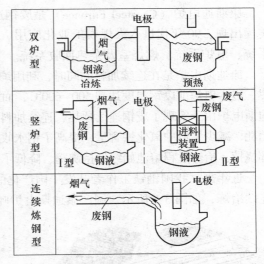

图3-4 三种废钢预热系统示意图

3.2.3.1 双炉型废钢预热系统

双炉型预热系统又称"双壳炉"。双壳炉具有一套供电系统、两个炉体，即"一电双炉"。一套电极升降装置交替对两个炉体进行供热。双壳炉的工作原理及其主要特点是，当其中一个炉体（熔化炉）进行熔化时，所产生的高温废气由炉顶排烟孔经燃烧室后进入另一炉体（预热炉）中预热废钢，预热（热交换）后的废气由预热炉出钢箱顶部排出、冷却与除尘。每炉钢的第一篮（约60%）废钢可以得到预热。双壳炉的主要特点：减少热停工时间、提高变压器的利用率，由65%提高到85%以上，提高生产率15%～20%，节电40～50kW·h/t。

3.2.3.2 竖炉型废钢预热系统

20世纪90年代，德国的Fuchs公司研制出新一代电炉—竖窑式电炉（简称竖炉）。首座竖炉于1992年4月在英国的希尔内斯钢厂投产，该炉为90t/80MV·A，竖窑高4m，容积55m³，可容纳约40%的入炉废钢。

竖炉炉体为椭圆形,在炉体第四孔(直流炉为第二孔)的位置配置一竖窑烟道,并与熔化室联通。装料时,先将大约60%废钢直接加入炉中,余下40%由竖窑加入,并堆在炉内废钢上面。送电熔化时,炉中产生的高温烟气(约1200~1500℃)直接对竖窑中废钢料进行预热。随着炉膛中废钢熔化、坍塌,竖窑中的废钢下落,进入炉膛中非废钢温度高达600~800℃。竖炉的主要优点是:节能效果明显,可回收废气带走热量的60%~70%,节电50~80kW·h/t以上;减少装料停电时间、缩短熔化期,生产率提高15%以上;减少环境污染,投资低,占地面积少。

为了实现100%废钢预热,在Fuchs竖炉的基础上又发展了第二代竖炉,也称手指式竖炉。它是在竖窑下部与熔化室之间增加一水冷活动托架(也叫指形阀),将竖炉与熔化室隔开。废钢分批加入到竖窑内,废钢经预热后,打开托架加入炉中,实现100%废钢预热。

我国安阳钢铁集团公司手指竖炉式电弧炉炼钢生产实践表明,其100t电炉采用35%热装铁水、65%废钢的原料结构,冶炼指标分别达到电耗209kW·h/t、电极消耗1.14kg/t、通电时间32min,实现了较好的冶炼效果。

3.2.3.3   废钢连续预热电炉

康斯迪电炉(Consteel Furnace)是废钢连续预热电炉中的代表。20世纪80年代末在美国出现,90年代进入大规模工业化应用。该电炉包括:炉料连续疏松系统、废钢预热系统、电炉系统、燃烧室及余热回收系统。

康迪斯电炉是在连续加料的同时,利用炉内产生的高温废气对行进中的炉料进行连续预热,进入电炉前废钢温度达到500~600℃,而预热后的废气经燃烧室进入余热回收系统。康迪斯电炉由于实现了废钢连续预热、连续加料、连续熔化,提高了生产率,降低电耗和电极消耗,减少了渣中氧化铁含量,提高了钢水收得率等。此外,由于预热过程中碳氢化合物全部烧掉,冶炼过程熔池始终保持沸腾,降低了钢中气体含量,提高了钢水质量。

近年来,我国钢铁工作者开发了国产化的康迪斯电炉,实现了连续加料、废钢预热和连续冶炼,如图3-5所示。国产康迪斯电炉吨钢节电100kW·h/t,产量增加8%~10%,噪

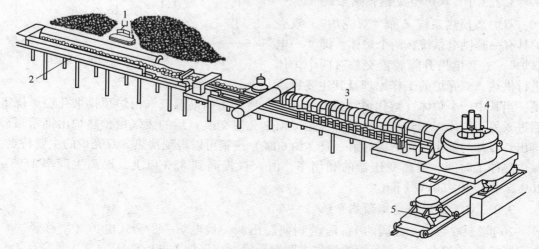

图3-5   国产康迪斯电炉废钢连续预热系统

1—废钢吸盘;2—料仓;3—高温烟罩(废钢预热);4—电炉;5—移动钢水小车

声低于 90dB（A），释放的 CO_2 每吨减少 10%~30%，二噁英和 CO 排放量符合发达国家的排放标准等优点。其废钢预热系统有以下特点：采用了超长型的移动式振动给料机（给料槽长度约 9m）；采用了超短型的废钢预热输送通道（输送槽有效长度 20m）；采用移动式双层料仓结构、双层输送料槽结构以及高温烟气导流烟道等。

3.2.4 钢中残余元素

3.2.4.1 钢中残余元素特征

钢中残余元素问题是当代冶金工业面临的重要问题之一。在炼钢过程中通常炼钢原料（铁水、废钢及铁合金等）可能将大量杂质元素带入炼钢炉中，在钢铁冶炼过程中，一部分杂质元素可以去除，但仍有一部分杂质最终留在钢中，这一部分杂质元素习惯被称为残余元素。

随着钢铁产品质量的日益提高，残余元素含量对钢种的不利影响越来越显著。钢中残余元素主要包括铜（Cu）、锡（Sb）、砷（As）、铬（Cr）、镍（Ni）、锑（Pb）、铅（Sb）和铋（Bi）等。由热力学数据可知，上述微量元素与氧的亲和力均比铁与氧的亲和力小，因此在转炉（电炉）的氧化期内很难去除，最终将积存在钢铁制品中。

表 3-2 为一些重要用途钢中残余有害元素含量限制的要求和控制水平。随着洁净钢概念的提出，要求残存有害元素的总量降至 0.005%~0.1%，这样除了对冶炼工艺提出新的要求外，对炼钢原料洁净度的要求也进一步提高。

表 3-2　钢中残余元素的含量水平　　（%）

元素	工业洁净钢		高洁净钢	
	范围	限定值	范围	限定值
Cu	0.08~0.210	<0.250	0.003~0.009	<0.100
Sn	0.010~0.021	<0.050	0.001~0.003	<0.015
Sb	0.002~0.007		0.001~0.002	<0.005
As	0.001~0.033	<0.045	0.002~0.003	<0.005
Pb		<0.005		
Bi		<0.0005		
Ni	<0.06			<0.04
Cr	<0.06			<0.03
Mo				<0.03

由于残余元素低熔点的特征，它们溶解在钢中可能发生凝固偏聚现象，即钢液在凝固时残余元素在先冷凝的部分和后冷凝的部分分布不同。元素的偏聚程度取决于残留元素在液相和固相间的分配系数，从相图可大致判断该元素的偏聚倾向。表 3-3 给出了一些残余元素在凝固时的偏聚系数，它们是无量纲系数，此系数越大，偏聚倾向越强，无偏聚时为零。

表 3-3　一些残余元素的凝固偏聚系数

元素	As	Sb	Sn	Cu	Cr	Ni	Mo	W	Co
偏聚系数	0.70	0.80	0.50	0.44	0.05	0.20	0.20	0.10	0.10

杂质元素的铸态偏聚经过再加热和轧制后在很大程度上可以消除，但有些在铁相中扩散很慢的元素偏聚仍不得完全消除，例如钢中的带状组织就是磷及其他元素偏聚的表现。

从热力学角度看，在铁基体中溶解的元素无论尺寸还是电子因素与基体原子都不会完全适应，多数溶质原子多少都有向晶界（相界）和表面偏聚的倾向，这是不同于铸态偏聚的微观偏聚。一般来说，在铁中固溶度越小的元素，偏聚倾向越大，如图3-6所示。

由于残余元素上述的不均匀分布，尽管它们的平均含量很低，但在钢的局部区域浓度却可能很大，从而影响钢的基础性能。

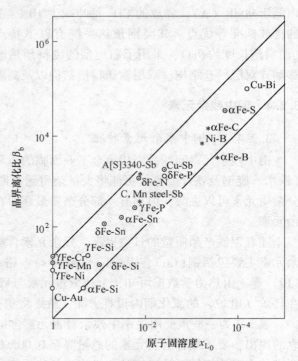

图 3-6　元素固溶度与晶界偏聚倾向的关系

3.2.4.2　钢中残余元素的来源

钢中残余元素可在钢铁的冶炼、加工等环节由原料、工艺材料及所接触的环境带入钢中。如矿石、废钢、合金、炉渣中的有害元素可直接进入钢中，在钢铁生产中所使用、接触的各种材料及外部环境，如燃料、气氛、耐火材料等都有可能含有一定量的有害元素，它们也可能被带入钢中。我国是一个多金属共生矿储量丰富的国家，这些共生矿在矿石生产总量中占有相当比例，包括矾、钛、稀土、磷、砷、锡、锑等，除了原生矿带入铁水中的残余元素外，铁水中的残余元素最大来源是废钢。

作为炼钢原料的废钢是钢中残余元素的主要来源，其中又可细分为以下三个方式：

（1）废钢中的合金钢。目前炼钢厂废钢分选工序尚无满意技术，无法将合金钢与普碳钢有效分选。这些高合金废钢在循环利用中，将导致大量残余元素进入钢液。

（2）废钢中的表面涂层或镀层。其中产生问题最多的是镀锡板，它是作为罐头盒进入废钢循环的，其他镀层包括铜、镍和铬等。尽管镀锌板大量使用，但锌在炼钢中可完全去除，而不会进入钢中，因此一般不予考虑。

（3）废钢中裹杂的一些有色金属。最重要有汽车废钢，其中一些微型电机中含有大量金属铜。并非所有进入钢中的杂质都能最终进入钢铁产品，其中一部分在炼钢过程中可全部除去。但如果在铁合金中含有这些残余元素，在钢水精炼的还原性条件下，是很难去除的，如轴承钢中的残余钛。将已知的一部分钢中残余元素按其氧化势分为三类，它们在炼钢过程中分别为完全保留、部分保留和完全去除。

随着连铸比的不断增加，优质返回废钢比例越来越少，而社会回收废钢的比例逐年增加，这使得对废钢中杂质元素，尤其是 Cu、Sn、As、Sb、Pb 和 Bi 等残余元素的控制越来越困难，从而导致一部分废钢无法再回炉熔化。表3-4为不同种类工业废钢中残余元素的分析结果。按照日本公布的资料，每年无法再利用的废钢约占废钢总量的7%，因此，废钢中残余元素的脱除显得尤为重要。

表 3-4   不同种类工业废钢中有害元素的分析结果   （%）

元素	重废钢	打包废钢	碎废钢	汽车废钢
Cu	0.16~0.18	0.18~0.48	0.20~0.25	0.30
Sn	0.019~0.036	0.048~0.075	0.015~0.017	0.01
Pb	0.06	0.01		0.02
Ni	0.07~0.13	0.06~0.15	0.09	0.20
Cr	0.05~0.24	0.03~0.17	0.10~0.13	0.25
Mo	0.03~0.05	0.01~0.02	0.02~0.03	0.03
S	0.045~0.056	0.049~0.090	0.03~0.04	0.05
P	0.028~0.040	0.021~0.090	0.02~0.05	0.05

　　铁水中残余元素含量的增加也应该引起重视。近年来，由于一些企业矿石来源复杂，造成高炉铁水中 Cu、As、Sn、Sb 等残余元素增加，对薄板坯连铸连轧（CSP）热、冷轧板卷的表面质量和力学性能产生较为严重的影响。如冷轧酸洗板表面出现不规则黑点以及热轧板卷边部缺陷，包括边部裂纹、烂边以及边部纵裂纹，起初认为和轧制工艺有关，但最终在这些缺陷区域都发现了残余元素含量异常的现象。

3.2.4.3　钢中 As 的危害与去除

　　砷（As），Ⅴ族元素，是一种因有毒而著名的类金属。原子序数 33，相对原子质量 74.92，密度为 5.727g/cm^3。砷元素广泛存在于自然界，共有数百种的砷矿物已被发现。砷的熔点为 817℃，加热到 613℃，便可不经液态，直接升华成为蒸气。砷的氧化物为 As_2O_3，俗称砒霜，是一种剧毒物质。

　　砷主要来自炼钢原料。砷在钢中主要以固溶体和化合物形态存在，如 As_2Fe、$AsFe$、$AsFe_2$ 等，Fe-As 二元相图如图 3-7 所示。钢中砷含量增加会降低钢的冲击韧性，增加钢的脆性，形成严重的偏析。但砷也能增加钢的抗腐蚀性，提高抗氧化能力。

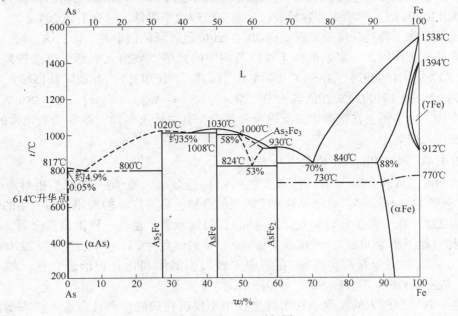

图 3-7　Fe-As 二元相图

目前，铁水脱砷技术主要包括 CaO-CaF_2、CaC_2-CaF_2 以及硅铁合金脱除法。铁水脱砷均为还原脱砷，脱砷产物为 Ca_3As_2。其中 CaC_2 脱砷反应为：

$$3(CaC_2) + 2[As] \Longrightarrow (Ca_3As_2) + 6[C]$$

$$\Delta G^\ominus = -88150 + 29.80T \quad J/mol \tag{3-1}$$

萤石（CaF_2）的作用是溶解脱砷产物，降低渣系熔点，改善反应动力学条件。采用 50%CaO-50%CaF_2 渣系进行铁水脱砷，当铁水温度为 1400℃，处理 30min，可以将砷由 0.13% 脱至 0.06% 的水平，同时脱硫率大于 90%。当向铁水中加入碳粉、铝粉等还原剂时，脱砷效果会显著改善。采用 CaC_2-CaF_2 渣系脱砷，铁水初始砷含量为 0.10%，温度 1350℃，渣中 CaC_2 为 50%～60%，渣量 15%，40min 内铁水脱砷率可达 80%，脱硫率为 98%。

采用硅钙（Ca-Si）合金进行铁水脱砷主要是利用硅钙分解产生的钙蒸气及其溶解产生的溶解钙与铁水中的砷反应生成 Ca_3As_2。反应式如下：

$$3Ca(l) + 2As(l) \Longrightarrow Ca_3As_2(s)$$

$$\Delta G^\ominus = -723800 + 172.8T \quad J/mol \quad (1273 \sim 1573K) \tag{3-2}$$

感应炉实验证明，采用硅钙合金配加萤石组成脱砷剂，当铁水温度为 1400℃，脱砷剂用量为 3%～8% 时，处理 20min 后铁水脱砷率为 30%～78%，脱硫率可达 90%。若温度升高，脱砷率会有显著增加，铁水中砷含量可降低至 0.01% 的水平。

钢液脱砷主要包括真空蒸发法和稀土处理法。真空挥发法脱砷是基于炼钢温度下砷等有害元素比铁有更高的蒸气压优先于铁蒸发。砷的蒸气压与温度的关系为：

$$\lg p_{As_4} = \frac{-6.616 \times 10^3}{T} + 8.94 \quad kPa \quad (600 \sim 900K) \tag{3-3}$$

采用真空挥发脱砷要求极低的真空度（小于 0.0013Pa），当钢液中初始砷含量小于 0.07% 时，脱砷率可以达到 90% 以上，但处理时间超过 1h，且钢液中铁的损失极大。当真空度为 1300Pa 时，钢液中砷含量较高，真空脱砷效率很低，只有不到 20%。

稀土元素除了具有深度脱氧脱硫的功能，还能显著降低钢中砷、锡、锑、铋、铅等低熔点元素的有害作用。一定量的稀土可以与钢中的低熔点残余元素形成熔点较高的化合物，如 La_3Sb_3（1690℃）、$LaSb$（1540℃）、La_4Bi_3（1670℃）、$LaBi$（1615℃）、Y_5Pb_3（1760℃）、Y_5Sn（1940℃）。在低碳钢中，当 $w([RE]+[As])/w([O]+[S]) \geq 6.7$ 时可出现脱砷产物。由于稀土在钢液中的反应十分复杂，有关稀土与砷、锡等残余元素的反应，目前仍在深入研究中。

3.2.4.4　钢中 Pb、Sn 的危害与去除

铅（Pb），Ⅵ族元素，是一种带蓝色的银白色金属，原子序数 82，相对原子质量 207.2，密度 11.34g/cm³。铅是一种密度较大的金属，具有广泛的应用价值。铅的熔点较低，只有 327.5℃，沸点为 1740℃。锡（Sn），Ⅵ族元素，也是一种银白色金属，原子序数 50，相对原子质量 118.7，密度 5.77g/cm³。锡的熔点为 231.8℃，沸点为 2270℃。

Pb 在铁液中完全互溶，而 Sn 在钢中主要以固溶体和化合物形态存在，如 Fe_3Sn、Fe_3Sn_2、$FeSn$、$FeSn_2$ 等，Fe-Sn 二元相图如图 3-8 所示。

铅是一种比重较大的金属，在冶炼过程中不仅沉在炉底，而且会渗入炉底耐火材料中，造成漏炉跑钢事故。众所周知，铸铁中只要有少量的铅存在就会引起石墨的形成。铅

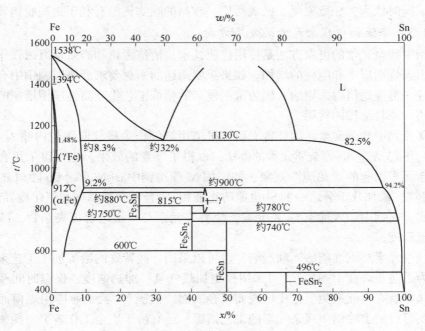

图 3-8 Fe-Sn 二元相图

对钢的热态塑性影响最大，尤其是镍含量较高时，即使少量的铅也会有显著的影响。相关资料表明，当铅含量为 0.002% 时，钢已经不能顺利变形，塑性降低明显；当铅含量超过 0.005%，就不可能成型了。

锡对钢的性能危害比铅更为普遍。钢中锡含量超标时，可能导致铸坯的纵向裂纹、锡脆断裂。当锡含量从 0.015% 增加至 0.037%，钢的冲击韧性下降很快，当锡含量超过 0.40% 以后冲击韧性变化更大。

在炼钢生产中因锡引起的质量问题，普遍表现为冲击韧性不合格、钢锭开裂、开坯断裂。关于各类钢中锡的脆化倾向，目前仍有很大争议。综合来看，当钢中锡含量低于 0.06%，不会发生钢锭开裂的现象，当锡含量低于 0.04%，不会发生钢的热加工缺陷和回火脆性。通过对 30CrMoSiNi2、40Cr、20CrMo 等非特殊用钢的试验研究，对锡含量上限进行了修正，即在普遍生产水平下（$w(P) \leqslant 0.025\%$，$w(Cu) \leqslant 0.2\%$，$w(As) \leqslant 0.01\%$），对中碳合金结构钢钢锭，开坯和冲击韧性废品所要求的平均含锡量上限为 0.02%，但韧性的明显降低是含锡量从 0.001% 就已经开始显现。

采用喂钙线和碱性顶渣法复合工艺，即利用钙蒸气、溶解钙与 Pb、Sn 发生反应来脱除钢液中的 Pb、Sn，反应式如下：

$$2Ca(l) + Pb(l) \Longrightarrow Ca_2Pb(s)$$

$$\Delta G^{\ominus} = -244600 + 82.5T \quad J/mol \quad (1000 \sim 1883K) \tag{3-4}$$

$$2Ca(l) + Sn(l) \Longrightarrow Ca_2Sn(s)$$

$$\Delta G^{\ominus} = -414000 + 110T \quad J/mol \quad (1273 \sim 1393K) \tag{3-5}$$

国外研究表明，采用 35kg 真空感应炉对含锡量为 0.1% 的钢液进行脱锡处理，温度为 1550 ~ 1750℃，渣中 CaO 含量为 60%，Al_2O_3 为 30%，钙线加入量为 8 ~ 16kg/t，脱锡率为

7%~50%。同时认为，较低温度、低氧活度、较高的喷吹钙量有利于提高脱锡效果。

3.2.4.5 降低钢中残余元素的发展方向

降低钢中残余元素的可靠方法是使用优质铁水、清洁废钢和高质量海绵铁作为炼钢原料，这将引起炼钢成本和能耗的增加。如果重要用途的钢材要求严格限制钢中有害元素的含量时，这一措施是值得采用的，因为采用复杂的精炼工艺生产高纯净钢增加的费用可能超过使用清洁原料增加的费用。

为了降低钢中残余元素，国外曾有研究报道用氩气作为载气向钢包内喷入 CaC_2 去除钢中 P、S、Sn、As、Sb 等杂质元素的办法，取得了满意的效果。也可以采用合金化的方法减轻残余元素引起的"热脆"现象，如添加 Ni 使得钢中 $w[Ni]/w[Cu]$ 为 1 时，能有效抑制"热脆"，添加几千分之一的 Si 也能防止液相 Cu 合金在铁基体和氧化皮界面处形成。有研究证实，向钢中加入稀土 La 系元素，使有害元素与稀土结合成夹杂物，减少它们在晶界的偏聚程度。

钢中残余元素对钢性能的不利影响，也可以采用一些特殊的冶炼加工工艺来消除或减弱。比如为了防止表面"热脆"，可采用控制加热气氛、加热速度、保温时间及加热温度等措施，这样就有可能避免氧化皮出现而减轻表面"热脆"。就工业应用规模而言，目前还没有切实可行的去除钢中残余元素的工艺措施，还有待于冶金工作者努力探索研究，在当前的实际生产中，加强冶炼原料管理是行之有效的措施。

3.2.5 废钢脱铜技术

目前，废钢中的铜已成为增加最快的杂质元素，废钢中平均铜含量达 0.3%左右，有的废钢中高达 0.45%，汽车类废钢铜含量甚至达到 0.6%。与此同时，某些高附加值钢种对残余铜含量有明确要求，如一般深冲用钢要求铜含量小于 0.05%，而深冲薄板钢要求铜含量小于 0.02%。因此，废钢脱铜技术成为洁净钢冶炼的必然选择。

3.2.5.1 钢中铜的危害

铜（Cu）是一种淡红色金属，质地坚韧，有延展性，熔点 1083.4℃，沸点 2567℃。铜的化学性质稳定，在干燥空气和水中无反应，在空气中加热时表面形成黑色氧化铜。炼钢过程中，钢中的 Cu 在氧化性气氛下加热，由于选择性氧化的原因，大部分铜不会被去除，极小部分被氧化的铜又被铁还原成游离铜。因此，依赖冶炼过程脱除铜是很难实现的。

$$2[Cu] + \frac{1}{2}O_2(g) === (Cu_2O)$$
$$(Cu_2O) + Fe(l) === (FeO) + 2[Cu]$$

(3-6)

铜在钢中可存在于固溶体中，提高钢的淬透性和硬度，影响钢的屈服强度、抗拉强度和冲击性。钢中含 0.1%Cu 可提高抗拉强度 7~10MPa，降低伸长率 1%~2.2%。此外，含铜钢会增大氧化铁皮与钢基体间的附着性，从而影响带钢的酸洗效果，由于局部富铜相进入酸洗液，导致酸洗液受到铜离子污染。

高温钢液中铜和铁完全互溶，但铜在奥氏体中溶解度较低，凝固中极易产生严重的偏析现象，从而对钢材形成产生不利影响。生产实践中，人们早已发现钢材的热加工性能与钢中残余铜元素含量有重要关系。钢中残余铜含量大于 0.1%时，钢的表面质量下降，加热过程氧化程度会显著增大。当钢中铜含量大于 0.2％时，钢的锻造性能和轧制性能都将严重恶化，即所谓的"热脆"现象。图 3-9 为不同加热温度下钢基体与氧化层间发现的富铜相。有研究指出，当钢中铜含量超过 0.2％，钢轧制过程中可产生表面裂纹，甚至发生鱼鳞状开裂，裂纹最大深度可达 150μm。

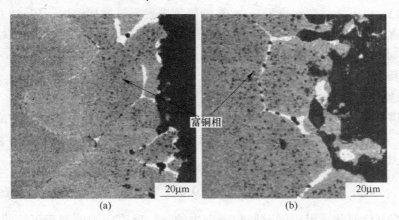

图 3-9　钢基体与氧化层界面处富铜相的析出
(a) 加热 1100℃；(b) 加热 1200℃

含 Cu 钢在连铸或热轧时形成裂纹的原因是：当含 Cu 钢加热时，Cu 会富集到氧化铁皮和钢基体间界面，超过其溶解度时形成富 Cu 相；当加热温度超过富 Cu 相的熔点（约 1100℃）时，就会形成液相，液相沿钢基体中的晶界渗透，遇到外力变形即可形成裂纹。因此，含 Cu 钢连铸、锻造或轧制时，应尽量避免在富 Cu 相熔点左右进行，这样可以减轻乃至避免裂纹产生。此外，含 Cu 钢加热过程中，还应尽量减少钢在高温带的停留时间，采用还原性或中性气氛，降低表面氧化，避免铜的富集。

3.2.5.2　废钢脱铜方法

A　物理去除法

a　物理稀释法

将不含 Cu 的钢液，如自产高纯废钢、加工废钢或生铁兑入含 Cu 量超标的钢液中稀释。由于稀释法并未实现铜的脱除，故只能是权宜之计。考虑到废钢与铁水价格的波动，当铁水价格低于废钢价格时，稀释法具有一定经济效益，反之不可取。

b　优先熔化法

利用铜熔点比铁低的特征，将废钢加热至一定温度，使铜优先熔化被去除。但该法的铁损及能耗高、耐火材料侵蚀严重，而且铜液浸润废钢，又易与铁形成合金，因此除铜效果欠佳，实际操作困难。

c　蒸馏法

由于铜的沸点比铁低，在废钢液相线以上 353～373K 真空下蒸馏 30min 可去除废钢中 80％的铜，但要求真空度高达 0.13Pa。通过等离子体 Ar-H$_2$ 加热，可在常压下脱铜。若进一步降低气氛分压至（1.3～2.0）×10^{4}Pa，则脱铜效果更佳。钢液中含有 C、Cr 和 Si 等元素时有利于铜的挥发。在减压条件下，向含铜钢液中吹入弱氧化性粉剂，因脱碳产生的

CO 气泡大幅度提高了铜的蒸发效用。

d 熔铝法

日本京都大学开发了熔铝法去铜技术。Al-Cu、Fe-Al 二元合金相图表明，1300K 以下铜在液态铝液中溶解度远高于铁，而且铜在铝中的活度很小，因此废钢中的铜比铁优先溶于铝液。1023K 以下，对含铜小于 0.063% 的废钢进行氩气搅拌铝熔，10min 可去铜 90%，即使铝中铜含量达到 60%，处理 20min 仍可达到理想效果。熔铝发还可以得到副产品 Al-Cu 合金，但成本及铁损问题还有待解决。

B 化学去除法

a 选择性氯化法

理论上讲，含 HCl 的气体在 873~1200K 下可与铜反应生成 Cu_3Cl_3，而 Cu_3Cl_3 具有较高的蒸气压，可通过蒸发去除，这种方法的去铜率可达 92.4%，铁氧化率约为 4.5%~12.0%。Cu_3Cl_3 的蒸气压与温度的关系为：

$$\lg p_{Cu_3Cl_3} = \frac{-8.156 \times 10^3}{T} + 10.360 \quad kPa \quad (548~658K) \tag{3-7}$$

同理，选择性氯化还可以同时脱除废钢中的锌，反应产物处理后可回收大部分铜和锌，实现了资源的有价回收。

b 铵盐法

废钢氨处理法有氨气法和氨水法两种。氨气法是将氨气吹入熔融含铜钢液中，氨气与铁液接触瞬间分解成的氢原子（H）和氮原子（N）并溶于钢液，它们极易与钢中的溶解铜化合成 CuH 和 Cu_xN_y 气体。生成的气体强烈搅拌钢液，增加了蒸发面积，可促进铜的挥发。

氨水法则是利用氨水溶液对铜进行选择性溶解来实现铜铁分离，其反应式如下：

$$Cu + \frac{1}{2}O_2 + 4NH_3 + H_2O === Cu(NH_3)_4^{2+} + 2OH^- \tag{3-8}$$

生成的 $Cu(NH_3)_4^{2+}$ 产物可以进一步溶解铜：

$$Cu(NH_3)_4^{2+} + Cu === 2Cu(NH_3)_2^+ \tag{3-9}$$

$Cu(NH_3)_2^+$ 又被氧化成 $Cu(NH_3)_4^{2+}$：

$$Cu(NH_3)_2^+ + 2NH_3 + \frac{1}{2}O_2 + 2H^+ === 2Cu(NH_3)_4^{2+} + H_2O \tag{3-10}$$

为了提高溶液溶铜能力，浸出液暴露在空气中、保持一定的 pH 值是有利的。

c 冰铜法

可分为固态法和液态法。由 FeS-Na$_2$S 相图可知，该体系具有较宽的液相区。1273K 时，FeS 含量在 15%~18% 范围内均为液相，其反应式为：

$$Cu(s) + FeS(l) === Cu_2S(l) + Fe(s) \tag{3-11}$$

若采用 82%FeS-18%Na$_2$S 冰铜处理废钢，当反应达到平衡时，冰铜中的 Cu_2S 含量为 50% 左右。回转窑可提高液相传质，因而被用作固态法去铜的反应器。处理后的废钢需经酸洗，以尽可能去除残余的冰铜。

液态法是利用熔融硫化物与 Fe-S-C 熔体不互溶的性质，在 1673K 下用硫化物处理钢液，其反应式如下：

$$[\text{Cu}] + \frac{1}{2}(\text{FeS}) \Longrightarrow (\text{CuS}_{0.5}) + \frac{1}{2}\text{Fe}(1) \qquad (3\text{-}12)$$

上式平衡常数可写作：

$$K = \frac{a_{\text{CuS}_{0.5}} \cdot a_{\text{Fe}}^{1/2}}{a_{\text{FeS}}^{1/2} \cdot a_{\text{Cu}}} = \frac{\gamma_{\text{CuS}_{0.5}} \cdot X_{\text{CuS}_{0.5}}}{\gamma_{\text{Cu}} \cdot X_{\text{Cu}} \cdot a_{\text{FeS}}^{1/2}} \qquad (3\text{-}13)$$

为此，可以定义铜在渣金两相间的分配比：

$$L_{\text{Cu}} = \frac{w(\text{Cu})}{w[\text{Cu}]} = C \cdot a_{\text{FeS}}^{1/2} \cdot \frac{\gamma_{\text{Cu}}}{\gamma_{\text{CuS}_{0.5}}} \qquad (3\text{-}14)$$

式中，C 是将 $X_{\text{CuS}_{0.5}}$ 和 X_{Cu} 转化成渣-钢中铜的质量分数时得到的常数。研究表明，铜的活度系数 γ_{Cu} 变化不大，且钢中硫含量很低，因此硫化物的活度系数也不会很高。为了提高铜的分配系数，必须降低 $\gamma_{\text{CuS}_{0.5}}$。

有研究表明，温度升高，L_{Cu} 增大。碱金属与碱土金属氧化物也能提高 L_{Cu}。1673K 下用 FeS-MS$_x$（M=K$^+$、Na$^+$、Li$^+$、Sr^{2+}、Ba^{2+}）溶液处理含铜钢液，渣-金反应达到平衡时，铜的分配比分别可以达到 20、24、30、22 和 19。

3.3 直接还原铁在炼钢中的应用

直接还原铁（海绵铁等）是用氢气或其他还原性气体还原铁精矿而得到一种清洁原料。一般是将铁矿石装入反应器中，通入 H$_2$ 或 CO 气体，也有的使用固体还原剂，在低于铁矿石软化点以下的温度范围（500~1000℃）内反应，不生成铁水，也没有熔渣，整个还原过程中矿石保持原状，仅把氧化铁中的氧脱掉，从而获得多孔性的金属铁。

直接还原铁在电炉炼钢中可代替废钢铁料使用，解决废钢铁料供应不足的实际困难。海绵铁中金属铁含量较高，S、P 含量较低，杂质较少。电炉炼钢直接采用海绵铁可大大缩短冶炼时间，进而提高了电炉钢的生产率。另外，以海绵铁为炉料还可减少钢中的非金属夹杂物以及氮含量。海绵铁质轻、疏松多孔、在空气中具有较强的吸水能力，所以使用前应保持干燥或以红热状态入炉。

3.3.1 还原铁的特点

直接还原铁是电炉冶炼洁净钢的优质原料，因此有较高的质量要求，包括化学成分和物理性能，同时要求其质量均匀、稳定。

3.3.1.1 直接还原铁的化学成分

直接还原铁中的铁品位 $w(\text{T.Fe})$ 一般不低于 90%，其中金属铁含量大于 85%，脉石含量低于 5%，$w(\text{C}) < 0.3\%$，$w(\text{P}) < 0.03\%$，$w(\text{S}) < 0.03\%$，Pb、Sn、As、Sb、Bi 等残余有害元素微量。表 3-5 为典型直接还原铁成分。

直接还原铁中脉石量增加会增大炼钢能耗，其中 SiO$_2$ 每升高 1%，炼钢过程要多消耗石灰约 2%，渣量增加 30kg/t，电炉多耗电 18.5kW·h。因此，要求直接还原铁所用原料含铁品位要高。若使用赤铁矿，铁品位应大于 66.5%；若使用磁铁矿，铁品位应大于 67.5%，脉石（SiO$_2$+Al$_2$O$_3$）含量小于 3%~5%。直接还原铁的金属化率每提高 1%，可以节约能耗 8~10kW·h/t。

表 3-5 典型直接还原铁成分 (质量分数) (%)

TFe	MFe	SiO$_2$	Al$_2$O$_3$	CaO	MgO	C	P	S
91~93	85~90	2.0~5.5	0.5~1.5	0.2~1.6	0.3~0.8	0.7~2.5	0.07	0.01~0.03

注：表中数据为 MIDREX 法生产的直接还原铁产品。

3.3.1.2 直接还原铁的物理性能

回转窑、竖炉、旋转床等工艺生产的直接还原铁是以球团矿为原料，要求粒度在 5~30mm。隧道窑工艺生产的还原铁大多数是瓦片状或棒状，长度为 250~380mm，堆密度为 1.7~2.0t/m^3。生产过程中产生的 3~5mm 磁性粉料，必须进行压块，才能用于炼钢。强度取决于生产工艺方法、原料性能和还原温度，改进原料性能和提高温度有利于提高产品强度，产品强度一般大于 500N/cm^3。

3.3.2 直接还原铁生产方法

电弧炉炼钢工艺对直接还原铁需求量的增加，促进海绵铁生产工艺的不断进步，产量不断提高。根据 MIDREX 统计的数据，全球直接还原铁产量从 1990 年的 1768 万吨增长至 2012 年 7402 万吨，年平均增长率在 6.0% 左右，近年来有所放缓。印度仍然是全球最大的海绵铁生产国，2012 年产量高达 1980 万吨，其中 70% 是采用煤基回转窑生产的。伊朗的直接还原铁产量位居世界第二，为 1158 万吨。

2012 年，采用气基法生产的直接还原铁产量占总产量的 77%，但印度的直接还原铁厂仍主要采用煤基法生产。MIDREX 预计，随着世界各地新生产设施陆续投运，未来几年世界直接还原铁产量每年平均增幅在 500 万~600 万吨。

我国直接还原铁生产还处于起步阶段，产量也很低，一直不足百万吨，2007 年为 60 万吨，2012 年不足 80 万吨。每年国内一些大型钢铁企业还从国外进口质量较好的直接还原铁产品，每年进口的数量约为 50 万~100 万吨。

我国铁矿资源以贫矿为主，少量的天然富矿，品位也只有 60% 左右，这就意味着国内没有可以直接供生产所需的大型矿山基地。通过细磨精选，将使这些精矿粉的生产线成本升高，铁回收率下降。精矿粉经脱水、干燥、制粒、焙烧加工成具有一定强度的炉料（球团或压块），或因工艺复杂，设备投资过高，或因工艺技术尚未完善，工艺的稳定性或可靠性尚待解决，成为我国直接还原铁发展的限制性环节。

概括来说，直接还原铁分为气基直接还原和煤基直接还原。

气基直接还原是以天然气作为主体能源，根据其设备特点又可分为竖炉法、罐式法和流化床法。在竖炉直接还原法中，以 MIDREX 流程为主要代表；在罐式直接还原法中，以 HYL 法流程为主要代表；在流化床法中，以 FIOR 和 FINMET 流程为代表。

MIDREX 法是美国 Midland Ross 公司开发的气基竖炉法直接还原工艺，目前已发展成为主要的直接还原工艺，占全世界直接还原铁产量的 65% 左右。该工艺由还原气制备炉（也称制气炉）和还原竖炉两部分组成，工艺流程如图 3-10 所示。

煤基直接还原是以煤为能源，适合天然气资源缺乏的地区。根据其设备特点可分为回转窑、转底炉、竖炉、热反应罐四大类。在回转窑法中，以 SL/RN 为代表；在转底炉中，

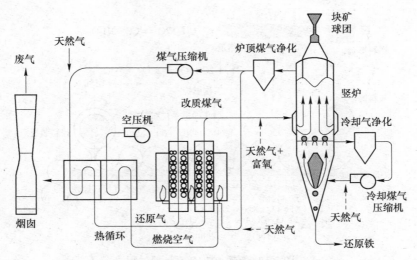

图 3-10 气基竖炉 MIDREX 法直接还原铁生产工艺

以 FASTMET 为代表；在竖炉法中，以 KINGLOR 为代表。

FASTMET 法是 MIDREX 公司与日本神户制钢于 20 世纪 60 年代研究开发的煤基直接还原工艺（又称转底炉技术），采用环形回转炉生产直接还原铁。其基本工艺流程见图 3-11 所示。

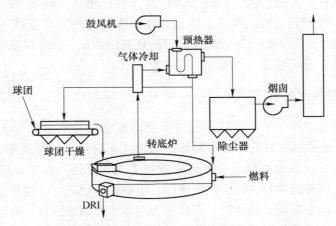

图 3-11 煤基转底炉 FASTMET 直接还原铁生产工艺

该方法用煤粉和铁矿粉作原料，制成的冷固结含碳球团矿在炉中不依靠焦炭和天然气而实现高温还原。铁精矿、煤粉和黏结剂混合搅拌器造球后直接装入干燥器或转底炉，在 1250~1350℃ 的高温下，随着炉底的旋转，约有 90%~95% 的氧化铁被还原成 DRI（直接还原铁）。

FASTMET 法所用的转底炉结构与传统轧钢厂环形加热炉相似，但转动速度比环形加热炉快 10~20 倍。由于转底炉的高温气体由燃烧器来提供（可使用天然气、煤气等），因此从节能角度看，转底炉能源利用效率较高。图 3-12 给出了 FASTMET 转底炉内矿石的还原过程。

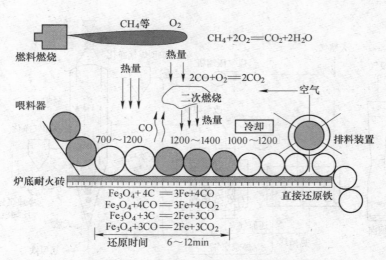

图 3-12　转底炉内矿石还原过程

转底炉能量利用率高，还原产物 CO 经二次燃烧放出大量热能，相当于总供热量的一半左右；原料中如含有害杂质（锌、铅、砷等），在转底炉中可以部分或大部分挥发，并可从烟气中回收；炉内为微负压系统，无烟气泄出，也无工业污水，烟气中 SO_2 排放量也大大低于烧结；投资不大，低于相当规模的回转窑。

不过转底炉法存在产品含铁品位低，含硫高（TFe<85%，硫 0.1%~0.2%）的缺点，难以直接作为生产炼钢用 DRI；产品直接加入高炉炼铁，当加入量较小时可提高高炉产量，降低焦比，但加入量大时对高炉的影响情况还有待考证。另外设备运转部件多，运行维护难度大，产品的稳定性还有待实际生产来验证。

3.3.3　直接还原铁使用效果

直接还原铁在电炉炼钢中可替代部分甚至全部废钢，目前约有 95% 的商品直接还原铁用于电炉炼钢。直接还原铁化学成分稳定，残留元素含量低，有害杂质 P、S 低，这使扩大低级废钢的使用量成为可能。直接还原铁密度大于废钢，粒度分布很均匀，便于输送，可以实现电弧炉连续加料，减少阻抗波动，电炉作业稳定，电耗降低。所以直接还原铁不仅作为电炉炼钢中的废钢替代物，而且作为冶炼优质钢的原料。直接还原铁除能代替废钢和稀释钢中残余元素外，对冶炼工艺和操作还有以下特征：

（1）直接还原铁中含碳较高，在熔清期间能释放 CO 气体，形成泡沫渣，有利于高压长弧操作，降低电耗。冶炼期间产生的泡沫渣能够吸收电弧辐射，减小耐火材料消耗，并且冶炼时允许较大功率输入。但若碳含量太高，可能导致生成的 CO 气体超过熔池表面张力所允许的范围，形成熔池剧烈沸腾，造成较大的铁损。

（2）海绵铁比重较小，在加入电弧炉过程中容易漂浮在熔池表面，形成"冰山"现象。

（3）直接还原铁能自动连续加料，断电时间少，热损失小，提高生产率和实现自动控制，冶炼操作时的噪声较低。

使用直接还原铁虽可降低钢液的杂质，改善冶炼工艺和操作，但因直接还原铁中含有一定量的氧化铁和二氧化硅，会使炼钢电耗增加。由于加入石灰量增加，导致渣量增加，对全砖衬的电弧炉来说，会增加耐火材料消耗。渣中 FeO 高，易引起熔池沸腾，降低金属总收得率。所以近年来，一种新型直接还原铁——碳化铁引起人们的广泛关注。碳化铁作为直接还原铁的一种，在电炉炼钢过程中表现出了极大的优越性，且其生产工艺简单，基建成本低。

太钢二炼钢在 80t 转炉上采用直接还原铁代替专用废钢冶炼品种钢的试验。结果表明，直接还原铁代替废钢合适的比例为 35%~50%，使用部分直接还原铁后转炉脱磷能力增加，脱磷率略有提高。80t 转炉配加 5t 直接还原铁，石灰消耗增加 9.3kg/t，使用直接还原铁代替部分专用废钢，钢中残余元素及有害元素含量都很低。

3.3.4　直接还原铁技术发展方向

自从 21 世纪初以来，由于对钢材质量的要求越来越高，国外以海绵铁为原料的电弧炉炼钢更为普遍，以海绵铁为原料的电弧炉炼钢获得了长足的进步。尽管如此，为了提高钢水洁净度，增加直接还原铁在炼钢原料中的比例，直接还原铁技术应朝以下方向发展：

（1）适度控制 [C] 含量和 [O] 含量。在直接还原铁连续加入过程中，C-O 反应沸腾形成的泡沫渣，必须适当控制，以免大沸腾，以利于炉衬的保护和降低电极消耗（泡沫渣技术为超高功率电弧炉的相关技术之一）。为此，直接还原铁中的碳含量应不小于 0.6%；为了达到理想的沸腾效果，还原铁的 [O] 含量（体现为 FeO）与炉子的生产能力和功率输入有关，当还原铁的加入速度为 28kg/(min·MW) 时，海绵铁的总氧量应为 475kg/MW。

（2）减少海绵铁脉石及杂质含量。由于海绵铁中脉石的存在，不可避免地增加了渣量。通常海绵铁中的脉石质量分数应该保持在 5% 以内，假如超过这个限度，就得提高相应的石灰加入量，导致渣量增加，从而使炼钢电耗增加。为了减少脉石含量，除了要求用于直接还原铁的原料铁品位尽可能高、杂质元素尽可能低，还需要发展直接还原铁杂质脱除技术。

（3）消除直接还原铁加入过程"冰山现象"。超高功率电弧炉及其相关技术的迅速发展，尤其是氧-燃料烧嘴、碳氧喷枪和氧枪的采用，为电弧炉炼钢输入了外加的化学能，加强了熔池搅拌，不仅有效地消除了"冰山现象"，降低了电耗，而且有效地改善了各项技术经济指标。电弧炉炼钢以 100% 还原铁作为炉料，已经能完全实现。

（4）合适的金属化率。海绵铁的金属化率较高，有助于降低炼钢电耗，但也会降低熔池的活性，使熔池平静而不利于炼钢的化学反应；海绵铁的金属化率若偏低，则需要通过增碳、还原 [FeO] 中的铁来补偿，而还原 1%[FeO] 需要碳粉 2.3kg/t、电耗 12kW·h/t，增加了消耗指标。理想的金属化率为 94% 左右，为了提高还原产物的金属化率，要优化合理的还原参数，或者采用产物分选的方法，进一步提纯直接还原铁。

（5）海绵铁的直接热送。对于配有海绵铁生产线的公司，直接从产品生产线的卸料口，通过气力输送系统，把海绵铁热送加入电弧炉，对降低电耗起到重要作用。

总之，直接还原铁是生产优质钢、洁净钢最合适的纯净铁源之一，在电弧炉炼钢中采用海绵铁作为废钢的替代物，不仅可以作为优质废钢资源不足的有效补充，而且使炼钢厂在第一道工序就能生产出纯净钢水，这是节约资源和能源的优化选择。

3.4　活性石灰及其冶金效果

3.4.1　冶金石灰概述

石灰，又称生石灰，主要成分是氧化钙，化学式 CaO，相对分子质量 56.08；白色块状或粉状，立方晶系，工业品中常因含有氧化镁、氧化铝和三氧化二铁等杂质而呈灰暗色、淡黄色或褐色；相对密度 3.25~3.38，真密度 3.34g/cm³，体积密度 1.6~2.8g/cm³。纯的 CaO 熔点为 2614℃，沸点 2850℃；石灰溶于酸，在空气中放置可吸收水分和二氧化碳，生成氢氧化钙和碳酸钙，它与水作用（称消化）生成氢氧化钙，同时放出热量。

冶金行业中还经常用到消石灰或称熟石灰，其主要成分是氢氧化钙，化学式为 $Ca(OH)_2$，相对分子质量 74.08；亚白色粉状，六方晶系，板状或棱柱体状，真密度为 2.24g/cm³，体积密度为 0.4~0.55g/cm³。消石灰是由石灰与水反应生成的产物。

将主要成分为碳酸钙的天然岩石，在适当温度下煅烧，排除二氧化碳，可得到以氧化钙为主要成分的产品即为石灰。通常将含有碳酸钙不小于 40% 的天然岩石成为石灰石，它是生产石灰的主要原料。碳酸钙分解过程是强吸热反应：

$$CaCO_3(s) \longrightarrow CaO(s) + CO_2(g) - 176.68kJ \qquad (3-15)$$

碳酸钙的分解与水的沸腾很相似，当其加热至分解压等于外界总压时，碳酸钙就强烈分解，此时的温度称为化学沸腾温度。由实验测定得到碳酸钙分解压数据，可用下式表示：

$$\lg p_{CO_2} = -\frac{8920}{T} + 7.54 \qquad (3-16)$$

表 3-6 给出了不同温度下碳酸钙的分解压数据。

表 3-6　不同温度下碳酸钙的分解压

$t/℃$	600	700	800	910	1000	1100
p_{CO_2}/Pa	$2.1×10^2$	$2.3×10^3$	$1.7×10^4$	$1.0×10^5$	$3.4×10^5$	$1.1×10^6$

分解压不只取决于温度，还与反应物的分散度有关。由于二氧化碳气体的分离是由石灰表面向内部缓慢进行的，因此，大粒径的石灰石比小粒径的石灰石更难煅烧。小粒径的石灰石在 882~895℃ 温度下分解，中间状态的石灰石，按地质成分不同，在 890~916℃ 之间分解，而大粒度的石灰石则需在较高的温度下（911~921℃）才能分解，而粒径超过 150mm 的石灰石煅烧就十分困难了。

钢铁冶金用石灰也称冶金石灰，按原料不同分为普通冶金石灰和镁质冶金石灰。普通冶金石灰是由普通石灰石锻造而成，而镁质冶金石灰则由镁质石灰石煅烧而成。

冶金石灰作为炼钢最大的造渣材料，它的重要性已无须赘述。它不仅影响着钢水的冶炼过程，还直接影响钢水质量。冶金石灰的质量指标有两部分：一是化学成分，有效 CaO 含量要高，有害杂质元素成分 SiO_2、P、S 要低；另一个质量指标是石灰的活性度，即石灰中 CaO 具有活泼的化学性质，能快速参与造渣反应的程度。炼钢加入石灰的目的是为了实现脱硫、脱磷、脱硅等。

石灰中的 CaO 不能以固态形式参与脱硫、脱磷及脱硅等反应，必须首先熔化、造渣后才能发挥其固有冶金功能。国际上已广泛采用品质好、反应快、造渣彻底的优质"活性石灰"取代过去使用的"普通冶金石灰"，为冶炼优质钢水奠定了基础。

所谓活性石灰就是一种优质轻烧石灰，它具有粒径小、气孔率高、体积密度小、比表面积大、反应性强、杂质低、粒度均匀，同时还具有一定的强度等优点。活性石灰的活性度一般在 300mL 以上（4mol/mL 的 HCl，（40±1）℃，10min 盐酸滴定值），其用于转炉、电炉造渣时成渣速度快，冶炼时间短，脱硫、脱磷效果好。由于脱硫、脱磷的共同特点是高碱度，活性石灰的成渣速度快，有利于形成高碱度渣，因此冶炼中具有很好的脱硫、脱磷能力。

3.4.2 石灰的化学成分

石灰的主要成分是 CaO，一般还含有各种杂质，如 MgO、SiO_2、S、P、Al_2O_3、Fe_2O_3 等。石灰的化学成分是衡量石灰质量的基础，CaO 纯度越高，其质量越好。在实际生产中，由于纯的 $CaCO_3$ 很难获得，石灰石中均含有各种杂质，如碳酸化合物的同质杂质、铁、铝、硅的氧化物等，这部分杂质在煅烧过程中较难去除，仍残留在石灰中。另一部分杂质与生产过程有关，如燃料燃烧后的灰分、石灰石分解不完全（生烧）后残留下的 CO_2，以及在石灰储运期间吸收的空气中的二氧化碳和水分，这部分杂质主要有 S、P、CO_2 和 H_2O 等。

石灰中各种杂质对炼钢造渣所带来的危害有很大区别，下面分别加以介绍。

3.4.2.1 二氧化硅

石灰中的 SiO_2 主要来自石灰石。降低石灰中 SiO_2 含量首先要从石灰石矿的选矿、剥离和筛洗开始，生产高质量石灰的石灰石要求 SiO_2 含量应小于 1.0%~1.5%，对成品石灰质量要求高的石灰窑对石灰石 SiO_2 和其他杂质元素的要求也比较严格，见表 3-7。

表 3-7 部分石灰窑对石灰石中杂质含量的要求

石灰石成分	武钢回转窑	包钢回转窑	太钢竖窑	套筒窑	梁式烧嘴竖窑
$w(CaO)/\%$	≥54.5	52.5~54	>53.0	50.4~55.0	>53.0
$w(SiO_2 + Al_2O_3 + Fe_2O_3)/\%$	≤1.1	1.1.~1.5	$w(SiO_2)<1.0\%$ $w(R_2O_3)<1.0\%$	$w(SiO_2)<1.5\%$	$w(SiO_2)<1.0\%$
$w(MgO)/\%$	≤0.7	≤0.4	<3.0	<3.5	
$w(S)/\%$	≤0.025	≤0.02	<0.025		
$w(P)/\%$	痕量		<0.01		
烧减	43.67	—			
块度/mm	18~50	12~35	40~60 或 60~80	60~90	10~45

石灰中 SiO_2 含量对炼钢石灰消耗影响很大。对于碱度为 3~4 的转炉渣，加入的石灰必须先消耗自身所含 SiO_2 量 3~4 倍的 CaO，其余的才能用于中和其他来源的 SiO_2，并达到预期碱度，因此石灰消耗量增加。

此外，石灰中 SiO_2 含量高，会降低石灰的活性，这是因为 SiO_2 在石灰煅烧过程中能和自身的 CaO 结合成硅酸二钙（$2CaO \cdot SiO_2$）而包裹在石灰表面，在造渣时这层致密的 $2CaO \cdot SiO_2$ 外壳会阻碍石灰的熔解，降低了成渣速度，影响了脱硫和脱磷效率。因此，石灰中要求尽可能减少 SiO_2 含量。

3.4.2.2　氧化镁

MgO 主要以方镁石形式存在于石灰中。对 MgO 含量的要求，在生产和使用中看法迥异：一方面对于高质量石灰所用的石灰石原料提出了严格的 MgO 含量限制；另一方面，国内外氧气转炉又广泛使用轻烧白云石造渣，而轻烧白云石的主要成分之一就是 MgO。

石灰的水活性随着 MgO 含量的增加而降低。研究表明：造渣材料中含有一定量的 MgO 对转炉初期成渣是有利的，因为 Mg^{2+} 半径为 7.2×10^{-11} m，与 Ca^{2+} 半径相近，渣中 Mg^{2+} 可取代 Ca^{2+}，这样就破坏了石灰表面 $2CaO \cdot SiO_2$ 致密外壳，促进石灰熔化。

石灰石中 MgO 含量的确定需考虑炼钢造渣工艺的实际情况，因此，有的钢铁厂采用镁质石灰，有的用轻烧白云石与低镁石灰配合使用。

炉渣中 MgO 含量适宜，不仅可以提高炉渣理化性能的稳定性，而且会有效保护转炉炉衬不被炉渣侵蚀，有效提高炉龄。但炉渣中 MgO 含量过高，会显著提高炉渣黏度，从而增加萤石用量。电炉一般都在出钢后用镁砂修补炉底和炉坡，因未经良好烧结而脱落进入炉渣。因此，即使用低镁石灰造渣，炉渣中 MgO 含量仍然很高，这可能是传统的炼钢石灰限制 MgO 含量的重要原因。

石灰中 MgO 含量或补充加入的白云石量应根据炼钢生产的具体情况而定。炉衬材料质量高、侵蚀量少，则造渣材料补充的 MgO 可相应增加，这是因为炉渣中适宜的 MgO 含量有助于提高炉渣的流动性。

3.4.2.3　硫

炼钢过程中造渣，很重要的一项任务就是脱硫。S 参与了炼钢炉中炉气—炉渣—金属间的平衡，因此石灰中 S 含量的增加会使炉渣脱硫能力降低，成品钢中 S 含量不降反升。有研究认为：在复吹转炉中，当石灰 S 含量为 0.1%，加入量占钢铁料的 5.4%，S 在渣、钢间的分配系数（L_S）为 4.0，钢中 S 含量可增加 0.004%。电弧炉用石灰中 S 含量的影响略小，在相同条件下使钢中 S 含量增加 0.0015%。

石灰石中的 S 含量一般均较低，约为 0.02% 左右，经高温氧化焙烧后，有的 S 能被烧掉，有的则不能，这与 S 在石灰石中的结构和赋存状态有关。石灰石中带入的 S，一般按其 S 含量的 50% 进入成品石灰中估算。

石灰中 S 含量高低主要取决于燃料中的 S 含量和石灰窑的结构。竖窑燃料中所带的 S 约有 50%~60% 被石灰表面吸收，细粒石灰的 S 含量会高于平均值；回转窑中燃料带入的 S 有 90% 以上被废气和石灰粉尘带走，因而对石灰 S 含量影响很小；固体燃料窑改烧油和气体燃料，石灰中的 S 含量就会大幅降低。

氧气转炉和电炉炼钢，因不用含 S 的燃料，钢铁料（铁水、废钢、铁水渣等）带入的 S 占炉料带入的总 S 量的 75%~85%，辅助材料的 S 含量主要由石灰带入。由于氧气转炉中炉渣与金属熔池间 S 的分配系数 $L_S < 10$，因此，采用铁水预处理深脱硫的铁水炼钢，必须采用低 S 石灰，否则转炉不仅无法实现脱硫，反而会出现增 S 现象。

当采用高 S 石灰炼钢时，在氧气转炉炼钢初期，由于石灰熔化较少，碱度低，富集于石灰表面的 S 会率先进入熔池，使金属液中 S 含量升高，随着吹炼进行，石灰大量熔化成渣，炉渣碱度升高，脱硫能力增强，钢中 S 才逐渐降低。这是复吹转炉炼钢过程钢中硫含量变化的基本规律。

3.4.2.4　氧化铝和氧化铁

炼钢生产实践表明：Al_2O_3 和 Fe_2O_3 对造渣均是有利的，但石灰带入的这两种成分是极其有限的，对于石灰石和石灰的这两种成分主要是从石灰煅烧时容易熔结考虑的，这对于固体燃料竖炉更为重要。显然，石灰中 Al_2O_3 和 Fe_2O_3 的增加，会明显降低石灰活性。

转炉炼钢时经常加入一定量的铁矿石用做冷却剂和化渣剂。有点钢厂甚至在煅烧石灰时加入 10% 以下的 Fe_2O_3，专门生产铁质石灰供转炉炼钢使用；还有的企业在石灰石中配加一定量的铝矾土生产复合石灰，取得了较好的化渣效果。

3.4.2.5　二氧化碳和水

石灰在煅烧结束后，24h 内 CO_2 和 H_2O 的总量会增加约 1%，其中大多数是水分。这是由于石灰极易吸潮，因此不易长期保存。

石灰中的水分对炼钢十分有害，吸水后的石灰表面与石灰块之间结合力很弱，使石灰在运输过程中受到机械力作用时更易磨损，从而增加了细粒和粉尘。石灰中的水分在炼钢过程中会导致钢液增氢，即使氧气转炉中激烈的 C-O 反应期间，钢液脱氢也不充分。在钢水精炼炉内，石灰中的水分影响更严重，此时带入的水分几乎没有排出的条件。因此，石灰在使用前要严格检测其水分含量，禁止使用保存时间长的石灰入炉冶炼。

3.4.3　石灰的物理性质

3.4.3.1　煅烧度

根据石灰的煅烧程度，可以分为轻烧石灰、中烧石灰和硬烧石灰。轻烧石灰与硬烧石灰相比，晶体小、比表面积大、单个气孔较小而总气孔体积大、体积密度小、反应性强。

图 3-13 为石灰石煅烧后的微观照片。一般来说，体积密度为 $1.51g/cm^3$ 的轻烧石灰绝大多数由最大为 $1\sim2\mu m$ 的小晶体组成，很多初生晶体都增长成直线或蜂窝状排列的二次粒子，大部分气孔的直径为 $0.1\sim$

图 3-13　石灰石煅烧后的微观结构与形貌

$1.0\mu m$。中烧石灰与轻烧石灰相比，单个晶体强烈聚集，晶体直径为 $3\sim6\mu m$，气孔直径增大，约为 $1\sim10\mu m$。硬烧石灰晶粒大部分由致密 CaO 聚集体组成，体积密度约为 $2.44g/cm^3$，CaO 晶体的直径远大于 $10\mu m$，CaO 的聚集造成气孔进一步增加，其直径有的大大超过 $20\mu m$。表 3-8 给出了不同石灰物理性质的差异。

表 3-8　不同煅烧度石灰的物理性质

参　　数	轻烧	中烧	硬烧
密度/$g \cdot cm^{-3}$	3.35	3.35	3.35
体积密度/$g \cdot cm^{-3}$	1.5~1.6	1.8~2.2	>2.2

参　　数	轻烧	中烧	硬烧
总气孔率/%	46~55(52.5)	34~46(37.6)	<34(16.1)
开口气孔率/%	52.2	35.9	10.2
BET 比表面积/$m^2 \cdot g^{-1}$	>1.0	0.3~1.0	<0.3
湿消化 R 值/$℃ \cdot min^{-1}$	>20	2~20	<2
活性度（粗粒滴定 10min、4mol/mL 的 HCl）/mL	>350	150~350	<150

3.4.3.2　密度和体积密度

石灰石煅烧后的产物，由于很快出现水化倾向，因此较难测定 CaO 的密度，可以认为其平均值为 3.35g/cm^3。生石灰的体积密度随煅烧的增加而提高，如果石灰石在分解时未出现收缩和膨胀，则理论上轻烧石灰的体积密度应为 1.57g/cm^3，总气孔率为 52.5%；中烧石灰为 1.8~2.2g/cm^3；硬烧石灰为 2.2~2.6g/cm^3。

3.4.3.3　气孔率和比表面积

气孔率分为总气孔率和开口气孔率。总气孔率可由密度和体积密度计算，它包括开口气孔和闭口气孔。不同煅烧度石灰石的气孔率、比表面积和体积密度的数值见表 3-8。可见，随着煅烧程度的增加，体积密度增加，而气孔率和比表面积下降。轻烧石灰由于其晶体尺寸小，故比表面积要比中烧和硬烧石灰大很多。

3.4.3.4　颗粒组成

由于石灰的生产方式不同，颗粒组成也会有很大差异。回转窑和并流蓄热式石灰窑生产的石灰可以不经破碎，直接供炼钢使用。普通固体燃烧竖窑出窑石灰的最大粒径甚至有150~200mm，这种石灰在使用前必须再经过破碎和筛分。

氧气转炉炼钢用石灰的块度下限一般规定为 6~8mm，若小于该尺寸，极易被炉气带走；上限一般认为以 30~40mm 为宜，大于该尺寸造成石灰熔化较慢，不利于快速成渣。轻烧石灰多数是在回转窑中用小颗粒石灰石锻造而成，由于具有合适的块度，因此在炼钢过程中具有更好的反应活性。

采用粒度小于 1mm 的石灰粉的好处是显而易见的，用机械力破碎石灰，使单位质量石灰与渣或钢的接触面积增加几百倍。但粉状石灰必须借助特定的喷吹装置才能加入到炉渣或钢液中，铁水预处理喷粉脱硫就是采用了小粒径活性石灰。

3.4.4　石灰的矿物组成

石灰是煅烧石灰石的产品，呈白色，由 CaO 和一些杂质组成。由于煅烧时 $CaCO_3$ 菱形晶格分解产生新生态立方晶格的 CaO，具有很高的活性。最初生成的晶体总是高度弥散的，而且会有大量的晶格畸变，因而也有大的比表面积、低的体积密度和高的气孔率。随着烧成温度的提高，初生的畸变晶格得到恢复，晶粒进一步长大。如果煅烧温度为 950~1200℃，石灰颗粒表面看不到任何亚微观晶体，但在扫描电子显微镜下可以看到大量微孔结构的存在，如图 3-13 所示。

与此同时，杂质在煅烧过程中可部分与 CaO 发生反应生成其他化合物，正是煅烧时这些反应, 使石灰的组成中还包含其他矿物组成, 或使 CaO 颗粒上包裹着矿渣薄膜, 并降低石灰的活性。石灰石中的 SiO_2 极易与初生 CaO 晶体发生反应, 其反应产物可由 CaO-SiO_2 相图 (图 3-14) 中查得。由图可知, CaO 与 SiO_2 的反应产物有 $CaO \cdot SiO_2$ (偏硅酸钙, 熔点 1544℃)、$3CaO \cdot 2SiO_2$ (二硅酸钙, 熔点 1475℃)、$2CaO \cdot SiO_2$ (硅酸二钙, 熔点 2130℃)、$3CaO \cdot SiO_2$ (硅酸三钙, 熔点 1900℃)。

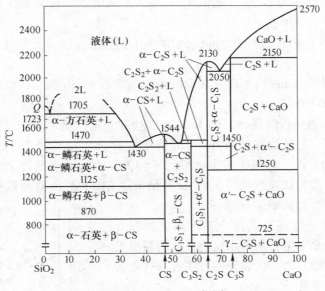

图 3-14 CaO-SiO_2 相图

硅酸二钙有 α、β 和 γ 三种变体, 其中 γ-$2CaO \cdot SiO_2$ 最稳定, 活性也最差。当温度降低时, β-$2CaO \cdot SiO_2$ 向 γ-$2CaO \cdot SiO_2$ 型转变, 由于二者密度差异, 前者为 $3.28g/cm^3$, 后者为 $2.97g/cm^3$, 因此, β 向 γ 转变过程将伴随 10% 左右的体积增加, 致使石灰变得疏松, 这可能是高 SiO_2 含量石灰出窑时易碎的原因之一。

3.4.5 石灰活性度和粒度检测

由于石灰的重要性, 对石灰进行严格检测必须要按照行业标准所规定的方法和步骤进行。黑色冶金行业标准《冶金石灰》(YB/T 042—2004) 中规定了冶金石灰的检测方法。具体方法与步骤请参照该标准。

3.4.5.1 活性度检测

冶金石灰中活性度的测定按《冶金石灰物理检测方法》(YB/T 105) 的规定进行。测定活性度就是测定石灰消化速度。活性度的测定原理为: 将一定量的试样水化, 同时用一定浓度的盐酸将石灰水化过程中产生的氢氧化钙中和。从加入石灰试样开始至试验结束, 始终要在一定搅拌速度的状态下进行, 必须随时保持水化中和过程中的等量点。准确记录恰好 10min 时盐酸的消耗量, 以 10min 消耗盐酸的毫升数表示石灰的活性度。

试验所需试剂有: 盐酸 (4mol/L)、酚酞指示剂 (5g/L)。酚酞指示剂的配置方法为: 称取 0.5g 的酚酞加入 50mL 乙醇溶解, 加水稀释至 100mL。

试样的制取方法如下: 将按 YB/T 042 的规定取到的全部副样合并成大样, 将大样破碎至全部通过 22.4mm 的筛孔，再按 GB/T 2007.2 手工制样方法缩分，破碎至全部通过 10mm 筛孔。机械缩分法或四分缩分保留量不低于 15kg；份样缩分法缩分保留量约 3.5kg。继续将试样破碎至全部通过 5mm 筛孔，再用 1mm 筛筛掉细粉，充分混合后用份样缩分法分出约 500g，贮存于写有标签的磨口平瓶中备用。

试样制取完毕后可进行试验，试验步骤如下：

（1）准确称取粒度为 1~5mm 的试样 50.0g，放入表面皿或其他不影响检测结果的容器中，置于干燥器中备用；

（2）量取稍高于 40℃ 的水 2000mL 于 3000mL 的烧杯中，开动搅拌仪，用温度计测量水温；

（3）待水温降到 （40±1）℃ 时，加酚酞指示剂溶液 8~10 滴，将试样一次性倒入水中消化，同时开始计算时间；

（4）当消化开始呈现红色时，用 4mol/L 的盐酸滴定，整个滴定过程都要保持溶液滴定至红色刚刚消失，记录恰好到第 10min 时消耗的 4mol/L 盐酸的毫升数；

（5）重复试验一次，以两次测定结果的平均值作为活性度最终测定结果。同一实验室检测活性度的误差为试验结果的 4%，试验结果按 GB/T 8170 规定修约至整数位。

活性度检测的装置如图 3-15 所示。

冶金石灰反应活性还有其他一些方法，如温升法。所谓温升法是测定生石灰与水反应产生的温度上升判定其反应活性的方法，代表性的方法有 ASTM 法和德国消化速度试验法等。

3.4.5.2　粒度检测

冶金石灰粒度检测按《散装矿产品取样、制样通则　粒度测定方法——手工筛分法》（GB/T 2007.7）的规定进行。

检测方法要点为：试样按规定的筛网和操作方法进行粒度分级，检测结果采用各粒级质量的百分率表示。

试样的制取方法为：按 YB/T 042 的规定执行，石灰最大粒度大于 40mm 时，应适当增加取样份数或份样重量。

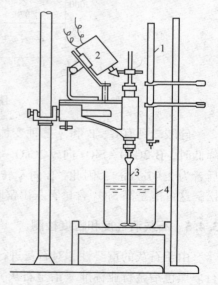

图 3-15　石灰活性度检测装置
1—滴定管；2—搅拌电机；
3—搅拌杆；4—烧杯

制样制取完毕后可进行筛分分级，流程如下：

（1）试样由大孔至小孔进行筛分，筛子距离接受盘高度不超过 200mm；

（2）最大粒度大于 50mm 的试样，每次筛分给料量不大于 20kg，最大粒度小于或等于 50mm 的试样，每次筛分给料量不大于 10kg；

（3）给料时将试样均匀散布在系列筛中孔径最大的筛子上，将明显大于筛孔孔径的石灰颗粒拣出放于备用的试样盘中；

（4）沿水平方向摇动筛子，频率为 30 次/min，摇动距离不超过 200mm；

（5）筛上物合并于拣出的石灰块中，筛下石灰用同样方法，继续在选用的系列筛中较小一级的筛子上筛分，以下类推，直至筛分完毕；

（6）筛分终点，继续筛分 1min，下筛石灰不超过装样量的 0.1% 为筛分终点；

（7）将筛分石灰按各级产物仔细称量并记录。

每个筛级试样的质量分数按下式计算：

$$W = (W_s / W_t) \times 100\% \tag{3-17}$$

式中　W——粒级质量分数；

　　　W_s——该粒级质量，kg；

　　　W_t——试样总质量，kg。

3.4.6　冶金石灰的技术指标

为适应洁净钢生产的需要，2004 年中国钢铁工业协会对 1992 年的冶金石灰标准进行了修订，对项目和指标值进行了调整，即新的黑色冶金行业标准：《冶金石灰》（YB/T 042—2004）。

根据原料不同将冶金石灰分为普通冶金石灰和镁质冶金石灰两类。普通冶金石灰有普通石灰石煅烧而成，而镁质冶金石灰由镁质石灰石煅烧而成。

冶金石灰的理化指标应符合表 3-9 的要求，产品粒度应符合 3-10 的规定。

表 3-9　冶金石灰的理化指标

类别	品级	$w(\text{CaO})/\%$	$w(\text{CaO+MgO})/\%$	$w(\text{MgO})/\%$	$w(\text{SiO}_2)/\%$	$w(\text{S})/\%$	灼减	活性度/mL
普通冶金石灰	特级	≥92.0			≤1.5	≤0.020	≤2	≥360
	一级	≥90.0			≤2.0	≤0.030	≤4	≥320
	二级	≥88.0	—	<5.0	≤2.5	≤0.050	≤5	≥280
	三级	≥85.0			≤3.5	≤0.100	≤7	≥250
	四级	≥80.0			≤5.0	≤0.100	≤9	≥180
镁质冶金石灰	特级		≥93.0		≤1.5	≤0.025	≤2	≥360
	一级		≥91.0	≥5.0	≤2.5	≤0.050	≤4	≥280
	二级		≥86.0		≤3.5	≤0.100	≤6	≥230
	三级		≥81.0		≤5.0	≤0.200	≤8	≥200

表 3-10　冶金石灰的粒度范围

用途	粒度范围/mm	上限允许波动范围/%	下限允许波动范围/%	允许最大粒度/mm
电炉	20~100	≤10	≤10	120
转炉	5~50	≤10	≤10	60
烧结	≤5	≤10	—	6

3.4.7　石灰在炼钢中的应用

石灰作为添加剂、造渣材料，在不同的冶炼工艺、工序或阶段根据不同形态、不同的加入方式以及不同的现场操作条件对石灰的粒度、活性度、纯净度方面都有一定的要求和限制。随着钢中杂质含量要求越来越严格，作为主要原料的石灰对其洁净度也有更高的要求。

炼钢用石灰，首先对石灰的焙烧程度有明确的要求。石灰的焙烧程度可分为软烧、硬烧和死烧三类。当石灰石分解时，放出的 CO_2 总量达到 40%以上所生产的石灰具有精力细小、比表面积大、反应性能好的特征，一般把这种石灰称为软烧石灰，即活性石灰。长时间在高温下焙烧，其细晶粒逐渐融合、长大，整体体积收缩，这样形成的石灰一般称为硬烧石灰。再提高焙烧温度，达到 1800℃以上就变成了水化反应极小的石灰，称为死烧石灰。

冶金石灰一般有以下要求：有效 CaO（含 MgO）含量要大；杂质元素，如 SiO_2、Al_2O_3、Fe_2O_3、S、P 含量要低；残留 CO_2 要尽可能少；风化程度要轻；粒度要符合特定冶金的需要。近年来，世界各国对冶金石灰质量提出了严格要求，并制定了一些质量标准，如表 3-11 所示。

表 3-11　各国冶金石灰的质量要求

国家	美国	日本	英国	德国	俄罗斯	中国
$w(CaO)/\%$	>96	>92	>95	87~95	90~92	>90
$w(SiO_2)/\%$	<1.0	<2.0	<1.0	—	<2.0	<2.0
$w(S)/\%$	<0.035	<0.02	<0.05	<0.05	<0.04	<0.03
$w(MgO)/\%$		<5.0	—	<3.0		
烧损	<2.0	<3.0	<2.5	<3.0	<2.0	<3.0
活性度（25g）/mL		>180		>200		>200
块度/mm	7~30	4~30	7~40	8~40	8~30	8~30

3.4.7.1　炼钢造渣与石灰的作用

转炉吹炼时，铁水中的杂质元素，如 Si、Mn、S、P 等氧化进入渣相，这些物质与加入的熔剂，如石灰、白云石、萤石、矾土等结合并形成均质的炉渣，这个过程统称为造渣过程。

造渣的主要原料是石灰。随着钢铁料中 Si、S、P 等杂质含量的增高，石灰的消耗量也增加。如果将冶炼前期铁水中的 Si、P 等杂质提前排除（即铁水预处理），将会显著降低石灰单耗，以实现少渣炼钢。

转炉炼钢原料中铁水约占 80%，因此除石灰质量外，铁水成分对石灰消耗影响很大。吹氧 3~5min 后，Si、Mn 已经氧化至微量，并伴随着 P 和 C 的氧化，此时炉渣碱度较低，$w(CaO)/w(SiO_2) \approx 1.0$。初期渣中含有大量未熔石灰，流动性很差，脱磷效果也较弱。为了提高脱磷效果，冶炼前期必须设法提高石灰的熔化速度。提高石灰熔化速度的途径有两种：一是提高顶枪枪位，促进渣中形成更多的（FeO），（FeO）可以促进石灰颗粒的熔解；二是外加助熔剂，包括萤石（CaF_2）、铁皮球、铁矾土等，也助于帮助石灰熔化。

复吹转炉冶炼低磷钢（$w[P]<0.015\%$）时，石灰的消耗量主要取决于铁水中的硅含量。硅优先于磷氧化，只有当硅含量降低至 0.1%以下，磷才开始大量氧化。冶炼后期，为了实现钢水深脱磷目标，还必须尽可能地增大炉渣碱度，为此需要消耗更多的石灰。为

了得到一定碱度的炉渣，需要选择合理的成渣路线。在转炉冶炼的条件下，可以用 CaO-FeO_n-SiO_2 三元相图来研究冶炼过程中的成渣路线，其他次要组分可按性质归入这三个组分中。此处可用带有等温线的 CaO-FeO_n-SiO_2 相图来说明转炉冶炼过程中的成渣路线，如图 3-16 所示。

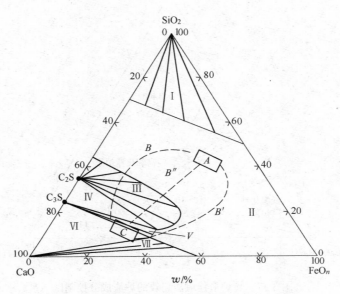

图 3-16　转炉冶炼过程中炉渣成分变化的示意图

转炉初期，炉渣成分大致在图中的 A 区。A 区是酸性初渣区，形成的主要原因是在开吹的头几分钟内，熔池温度比较低（约为 1400℃），石灰刚刚开始熔化，铁中 Fe、Si、Mn 等元素优先氧化，生成 FeO_n、SiO_2 和 MnO，形成了高氧化性的酸性初渣区，即 A 区。吹炼中期主要是脱碳，炉渣的氧化性有所下降。而吹炼后期为了脱磷、脱硫和保持炉渣的流动性，要求终渣具有一定的碱度和氧化性。通常终渣碱度为 3~5，（FeO）质量分数为 15%~25%，则其位置大致在 C 区。由初渣到终渣可以有三条路线，即 ABC、AB′C 和 AB″C。按成渣过程（FeO）含量的不同，把 AB′C 称为高氧化铁成渣途径，ABC 称为低氧化铁成渣途径。高铁质成渣途径炉渣流动性好，石灰熔化快、成渣快，吹炼中期炉渣不易返干，炉渣较早地具有良好的脱磷、脱硫能力；低铁质成渣途径成渣过程炉渣熔点高，石灰熔化缓慢，炉渣黏稠，吹炼中期炉渣容易返干，炉渣的脱磷、脱硫能力弱。介于两者间的 AB″C 造渣途径最短，要求冶炼过程迅速升温，容易导致激烈的化学反应和化渣不协调，一般很少采用。

从复吹转炉冶炼的经验可知，影响复吹转炉成渣路线的因素是：铁水中 Si、Mn 的含量、带进的高炉渣、枪位操作、喷头的侵蚀、供氧强度和石灰活性。为了稳定吹炼，必须采用合适的供氧制度，使冶炼按最佳的路线进行。图 3-17 为最佳成渣路线的炉渣控制区。在硅酸二钙控制区，（FeO）不允许太高和太低。（FeO）太高，碳发生激烈反应而产生大量 CO 气体，而导致喷溅；（FeO）太低，炉渣发干不活跃，对脱碳不适宜。一旦炉渣进入理想区域，脱碳速度就能增加，供氧制度应调整为能生成必需的氧化物以溶解石灰，石灰的溶解速度应与最大的脱碳速度相一致。找出最佳的成渣路线，并且冶炼工艺各个环节都力争使冶炼过程中炉渣组成的变化尽可能地接近于这条最佳的成渣路线，才能完善造渣制度。

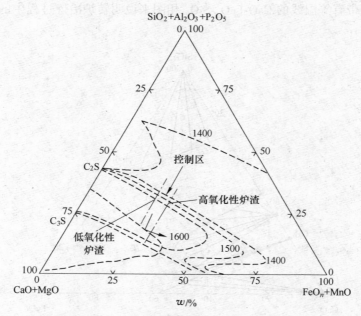

图 3-17　转炉最佳成渣路线的炉渣成分控制区

3.4.7.2　石灰在炼钢过程中的熔化

石灰在炼钢过程中发挥脱硫、脱磷作用的前提是能快速熔化，因此研究影响石灰熔化的因素非常重要。由氧气转炉吹炼时炉内取出尚未化透的块状石灰，将其切开，从断面观察它的外观，这种石灰具有带状组织。分析从外至内各层的化学成分，并进行岩相分析，结果见表 3-12。由表 3-12 可以看出，石灰块的最外层 SiO_2 和 FeO 的含量高，越向内层其含量越低。由岩相分析结果可知，在石灰块内部，主要是 CaO 和铁酸钙（$CaO \cdot Fe_2O_3$），而在石灰块外层，主要是正硅酸钙（$2CaO \cdot SiO_2$）。

表 3-12　未熔化石灰的外观情况及化学成分

石灰块位置	外观情况	$w(CaO)/\%$	$w(SiO_2)/\%$	$w(FeO)/\%$
最外层	黑色、松脆	57.64	13.40	13.14
中间层	黑褐色、坚硬	72.53	7.34	9.34
内心层	黄白色、疏松	74.89	3.00	11.10

由此推断石灰的溶解过程大致如下：

在炼钢过程开始时，金属料中的 Si、Mn 元素首先氧化。虽然第一批石灰已经加入，但生成的初渣除含有 SiO_2、MnO 外，还含有铁液的氧化物 FeO，以及加入矿石或铁皮熔化后的 Fe_2O_3，CaO 的含量极少，因此，除渣基本上是高 FeO 低 SiO_2 的酸性渣。此外，加入炉内的石灰必须经过一段滞止期，才开始与液态炉渣反应并逐渐转移到熔渣中去。这是由于未经预热的石灰块大量加入高温炉渣，由于温差的原因，在石灰表面立即形成一层炉渣的冷凝外壳，而这层渣壳的加热并熔化需要一定的时间。文献介绍，滞止期的时间较短，对于 4mm 块度的石灰，在通常转炉熔池的热流内，不超过 50s。为了缩短这段时间，可采用所能允许的最小石灰块度（10~30mm）和实行石灰预热的方法。

炉渣是通过扩散进入石灰内部的，炉渣的渗透与石灰的气孔大小、形状和数量有关。硬烧石灰因初生晶体合并使得气孔半径增大，而气孔率降低，因而较快地被炉渣渗透饱和；软烧或轻烧石灰因为气孔率高，吸收的渣量也比较大，在炉渣渗入气孔并不太深时就与 CaO 反应，生产低熔点新相离开颗粒本体。硬烧石灰的炉渣渗透虽然较深，但因气孔率低，渗透进的炉渣量相对较少，而且石灰的 CaO 晶体大、活性低，与炉渣形成低熔点新相的反应速度慢、数量少，因而硬烧石灰的熔化速度也比较慢。初渣内 Fe^{2+}、O^{2-} 离子半径小，扩散速度快，而离子半径大的硅氧根离子扩散速度小。由于渣中 FeO 渗入速度快，并且很快溶解到 CaO 晶格之内，生成低 FeO 的 CaO 固溶体及高 FeO 低 CaO 的溶液。这种溶液如果和初渣合并，初渣中的 CaO 含量便提高了，这就是通常所说的石灰熔化了。

与此同时，初渣中的 SiO_2 与石灰块外围 CaO 晶粒或者刚刚熔入初渣中的 CaO 起反应，生成高熔点的固态化合物正硅酸钙（$2CaO \cdot SiO_2$），沉淀在石灰块的周围，析出的正硅酸钙集聚成一定厚度的致密壳层，如图 3-18 所示。高熔点致密外壳的存在阻止了 FeO 等向石灰内部的渗透，因而石灰的溶解速度大大降低。通常这层外壳在炉渣中的溶解是比较困难的。

因此，为了使石灰快速熔于初渣，就应尽力避免过早形成正硅酸钙壳层，设法改变其在渣中的溶解度或设法改变其壳层的结构和分布，使它重熔于渣中。有效的方法是加入能够降低 $2CaO \cdot SiO_2$ 熔点的组元，如 CaF_2、Al_2O_3、Fe_2O_3、FeO（即萤石、铁矾土、矿石、氧化铁皮等助熔剂），使 $2CaO \cdot SiO_2$ 的形态发生改变，形成分散的聚集体状态直至解体。不同组元对 $2CaO \cdot SiO_2$ 熔点的影响如图 3-19 所示。

图 3-18　石灰熔化过程中形成的硅酸二钙层

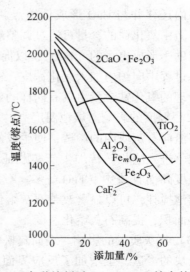

图 3-19　各种熔剂对 $2CaO \cdot SiO_2$ 熔点的影响

石灰在渣中的熔化是复杂的多相反应，反应过程伴随有传热、传质以及其他物理化学过程。根据多相反应动力学的概念，石灰在渣中的溶解过程至少包括三个环节。（1）液态炉渣经过石灰块外部扩散边界层向反应区扩散，并沿着石灰块的孔隙和裂缝向石灰块内部渗透。(2) 在石灰块表面和石灰块孔隙内表面，液态炉渣与石灰进行化学反应，并形成新相，主要包括：$CaO \cdot FeO \cdot SiO_2$（熔点1208℃）、$2FeO \cdot SiO_2$（熔点1205℃）、$CaO \cdot MgO \cdot SiO_2$（熔点1485℃）、$CaO \cdot MnO \cdot SiO_2$（熔点1355℃）、$2MnO \cdot SiO_2$（熔点1285℃）、$2CaO \cdot SiO_2$（熔点2130℃）。(3) 反应产物离开反应区通过扩散边界层向渣本体扩散。

为了促进石灰快速溶解，必须知道石灰溶解速度的影响因素，在操作中掌握和控制。影响因素主要有炉渣成分、温度、熔池搅拌、石灰质量、铁水成分和助熔剂种类等。

(1) 炉渣成分的影响。熔渣成分对石灰的熔化速度有很大的影响，由图3-20可知，吹炼前期，渣中（FeO）对石灰的溶解速度的影响比（MnO）大，但当渣中（SiO_2）含量超过25%时，石灰的熔化速度下降，这可能是形成 $2CaO \cdot SiO_2$ 硬壳导致的。有资料报道，在转炉冶炼条件下，石灰的熔化速度与熔渣成分之间存在如下关系：

$$J_{CaO} \approx k \left[w(CaO)_\% + 1.35w(MgO)_\% - 1.09w(SiO_2)_\% + 2.75w(FeO)_\% + 1.9w(MnO)_\% - 39.1 \right]$$

$$(3\text{-}18)$$

式中 J_{CaO}——石灰在渣中的熔化速度，$kg/(m^2 \cdot s)$；

$w(CaO)_\%$，$w(MgO)_\%$，……——渣中相应氧化物的质量分数；

k——比例系数。

由式（3-18）可知，渣中（FeO）对石灰熔化速度的影响最大。首先，（FeO）能降低炉渣黏度，加速石灰熔化过程的传质，其次，（FeO）能改善熔渣对石灰的润湿性和向石灰孔隙中的渗透。FeO 与 CaO 同属立方晶系，而且 Fe^{2+}、Fe^{3+}、O^{2-} 离子半径不大，有利于氧化铁向石灰晶格内迁移并与 CaO 形成低熔点新相。在实际生产过程中，渣中氧化铁的含量可通过调整氧枪枪位来控制，高枪位有助于形成更多的（FeO），以促进石灰熔化。此外，在吹炼过程中向炉内加入氧化铁皮、铁矿石等，对保持炉渣中合理的氧化铁含量也具有同样的效果。

(2) 温度的影响。熔池温度高，可以降低炉渣黏度，加速熔渣向石灰块内的渗透，使生成的石灰块外壳迅速融化而脱落进入渣相。转炉生产实践证明，在熔池反应区，由于温度高而且渣中（FeO）多，石灰的熔化速度较快。加快熔池搅拌，可以显著改善石灰熔化的传质条件，增加反应界面积，提高石灰熔化速度。

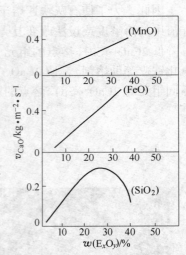

图3-20　吹炼初期渣中氧化物含量
对石灰溶解速度的影响
（$T = 1400$℃）

(3) 石灰质量的影响。表面疏松、气孔率高、反应能力强的活性石灰，有利于熔渣向石灰块的渗透，也增加了反应界面。目前，世界各国钢铁企业都提倡使用活性石灰炼钢，以利于快速成渣。

(4) 助熔剂的影响。萤石能与 CaO 形成1362℃的低熔点共晶体，能加速石灰熔化，反应速度快，既不降低炉渣碱度，又能改善炉渣流动性，但萤石加入过多，会降低转炉炉衬寿命。此外，萤石的使用过程中还会对设备产生腐蚀，对人体健康也不利。目前，国内外大型转炉已经严禁使用萤石作为化渣剂。铁矾土是一种含铁高的耐火黏土和铝土矿，在炼钢条件下也可以作为化渣剂使用，促进石灰熔化。铁矿和铁皮球作为一种廉价、易得的资源，能增加炉渣中铁氧化物含量，同样起到促进石灰熔化的效果。

3.4.7.3 活性石灰在炼钢中的应用效果

近年来，随着软烧石灰代替普通石灰已成为趋势，软烧活性石灰具有良好的技术和经济效果，具体表现在以下几个方面：

（1）石灰的熔化速度更快，由于活性强，石灰的消耗量降低，渣量减少；

（2）由于成渣早，炼钢脱磷提前，成品钢中 S、P 含量降低，对洁净钢冶炼具有重要意义；

（3）喷溅减少，钢渣中 FeO 含量低，金属收得率提高，钢中氧含量降低，脱氧合金消耗显著减少，降低了生产成本；

（4）转炉炉衬寿命提高。

在炼钢对石灰的各项具体要求中，石灰的活性是石灰生产中应该控制的最重要的指标。下面将炼钢使用活性较高的石灰作为冶金效果和主要技术经济指标列于表 3-13、表 3-14 中。

表 3-13 使用活性石灰的主要冶金效果

项　　目	用活性石灰第二炉役	用普通石灰第一炉役	对比结果
堵枪/次	5	13	减少 61.5%
爆发性喷溅/次	12	21	减少 42.85%
脱硫率/%	31.25	17.4	提高 79.60%
利用系数/t·(d·t)$^{-1}$	21.66	19.99	提高 8.35%
吹炼 5min 炉渣碱度	1.65~1.87	1.10~1.20	提高 50%
渣量/罐·炉$^{-1}$	0.5	1.0	减少 50%
炉衬平均侵蚀深度/mm·炉$^{-1}$	0.837	1.276	减少 34.40%
终点碳温协调率/%	77.19	63.47	提高 21.62%

注：1. 第二炉役铁水平均 S 含量在 0.035% 以下；

　　2. 炉衬侵蚀速度是通过 IMI600 激光测厚仪测得。

表 3-14 使用活性石灰的主要技术经济指标

炉号及石灰	石灰消耗/kg·t^{-1}	废钢比/%	钢铁料消耗/kg·t^{-1}	炉龄/次
3 号，普通石灰	85.1	7~8	1120.8	1133
3 号，活性石灰	58.5	10~12	1113.3	1605

注：炉龄的数据较早，为 1987 年平均炉龄。

在石灰加入量和供氧制度相同的条件下，使用普通竖窑石灰吹炼半钢，开吹后 4～5min 才开始化渣，吹到 8min 时渣仍呈黏稠状，颗粒粗，混有未熔石灰团块；而用活性石灰时，开吹 3min 就开始化渣，到 7～8min 时渣较稠但黏度小、颗粒细，未发现未熔石灰块。由于活性石灰成渣早，充分发挥了炉渣脱磷能力，加速冶炼前期脱磷，而保留较高的金属含量。活性石灰脱磷保碳的特点，为使用半钢直接炼高碳钢创造了有利条件。

用活性石灰炼钢，废钢比增加了 4%～5%。废钢比增加的原因是活性石灰生烧率低和石灰用量的减少，约减少 18～25kg/t。根据石灰的热效应结果，活性石灰吸热量比普通竖窑石灰约少 293kJ/kg。另外，石灰用量减少，渣量随着减少，因而成渣和溅渣带走的热量大大减少。其综合效果，使吹炼铁损减少 0.60%，钢铁料消耗降低 8~10kg/t。

无论是吹炼前期还是后期，使用活性石灰时渣中 MgO 含量都比使用普通竖窑石灰低。这是由于从炉衬中熔蚀下来的 MgO 数量减少，即炉衬的消耗量也降低，转炉炉龄得以延长。

3.5　炼钢辅助造渣材料

除活性石灰外，炼钢过程中还有其他造渣材料参与炼钢过程反应，它们的存在对冶炼洁净钢也具有重要意义。

3.5.1　轻烧白云石

自 20 世纪 70 年代起，轻烧白云石被作为一种造渣、保护炉衬的材料和冶金石灰一起使用。白云石的分子式为 $CaMg(CO_3)_2$，它是由 $CaCO_3$ 和 $MgCO_3$ 构成的复盐。白云石在加热过程中，差热曲线上有 2 个吸热峰，第一次发生在 790℃，为 $MgCO_3$ 分解，第二次发生在 940℃，为 $CaCO_3$ 分解。在 940℃ 左右，CO_2 全部被排出，白云石成为 CaO 与 MgO 的混合物，称为轻烧白云石或苛性白云石。

$$n[CaMg(CO_3)_2] \xrightarrow{790℃} (n-1)MgO + MgCO_3 + nCaCO_3 + (n-1)CO_2\uparrow \quad (3-19)$$

$$MgCO_3 + nCaCO_3 \xrightarrow{940℃} MgO + nCaO + (n+1)CO_2\uparrow \quad (3-20)$$

3.5.1.1　轻烧白云石的化学成分

轻烧白云石的化学成分主要是 CaO 和 MgO，但 CaO 和 MgO 含量随着原料白云石的种类不同，波动很大。黑色冶金行业标准《白云石》（YB/T 5278—2007），分为冶金炉料用白云石和耐火材料用白云石。冶金炉料用白云石仅有一个牌号，具体指标如表 3-15 所示。

表 3-15　冶金炉料用白云石化学成分

级别	化学成分/%						
	SiO_2	MgO	CaO	Al_2O_3	P_2O_5	S	Fe_2O_3
LBYS19	≤3.0	≥19	≥30.0	≤0.85	≤0.16	≤0.025	≤1.2

白云石经过煅烧后，原料中的杂质会随着进入产品中，在煅烧过程中还会发生部分固相反应，产生固溶物，降低产品的活性，并且煅烧过程中有部分燃料灰分带入产品中，影响产品的纯度。表 3-16 为国内某厂生产的块矿轻烧白云石的技术要求及实际指标。

表 3-16　国内某企业轻烧白云石技术要求及实测指标

化学成分	SiO_2	MgO	CaO	Al_2O_3	P	S	Fe_2O_3	残留 CO_2	粒度
技术要求/%	≤5.7	≥29.1	52.4		≤0.14	≤0.045			3~30mm
实测指标/%	<5.7	>34.1	>52.4	<1.6	<0.14		<2.7	<2.0	

3.5.1.2　轻烧白云石的理化性质

轻烧白云石是白云石在高温下的焙烧产物，它的活性很强，遇水反应生成 $Mg(OH)_2$

和 $Ca(OH)_2$，使颗粒粉化。在 1300℃ 时由于 Fe_2O_3、Al_2O_3 等杂质生成低熔点矿物——铁铝酸四钙（$4CaO \cdot Al_2O_3 \cdot Fe_2O_3$，熔点 1415℃）、铁酸二钙（$2CaO \cdot Fe_2O_3$，1436℃ 分解出 CaO）或铝酸三钙（$3CaO \cdot Al_2O_3$，1535℃ 分解出 CaO），出现一定数量的液相也有助于物料中的石灰、方镁石晶体的生长，会加速烧结作用的进行。到了 1800℃ 以上的高温，煅烧产物则是烧结白云石，失去了活性。

水化性。轻烧白云石加水搅拌，会立刻生成 $Mg(OH)_2$ 和 $Ca(OH)_2$。在 20℃ 时，$Mg(OH)_2$ 在水中的溶解度为 $5×10^{-4}$ mol/L，而 $Ca(OH)_2$ 的溶解度为 $1.8×10^{-2}$ mol/L。因此在加过量水搅拌，$Mg(OH)_2$ 可以沉淀下来，而 $Ca(OH)_2$ 留在溶液中，过滤会分离出 $Mg(OH)_2$ 沉淀物。但 $Mg(OH)_2$ 沉淀物呈絮状胶体悬浮在溶液中，很难彻底沉淀下来。

再碳酸化。再碳酸化是白云石分解的逆反应，对轻烧白云石的贮运很重要。在正常温度和压力情况下，干燥状态下的 MgO 和 CaO 与 CO_2 的反应不明显；当温度超过 600℃ 时才能看到 MgO 和 CaO 大量而迅速地吸收 CO_2。再碳酸化与水化反应相反，即使在较高温度下也进行的不完全。其原因是在轻烧白云石表面形成了碳酸盐层薄膜，有了这层覆盖膜，气孔缩小，从而限制了 CO_2 的渗透和扩散。

3.5.1.3 轻烧白云石在炼钢中的应用

白云石造渣的目的是保护炉衬。溅渣护炉工艺的基本原理是：在出钢后摇正转炉，将适量的镁质调渣剂加入到残留炉渣中，调整好炉渣黏度，同时利用氧枪或专门的溅渣枪吹入高压氮气将炉渣溅起，黏附在炉壁上，形成炉衬的保护层，从而减缓炉衬的侵蚀速度。溅渣护炉技术可以显著提高炉龄，降低炉衬耐火材料的消耗，提高转炉效率及经济效益。

对溅渣护炉效果影响最大的因素包括：渣中 FeO 含量、MgO 含量、炉渣碱度。溅渣护炉效果取决于炉渣的基础物性（黏度、流动性等）。若渣中 FeO 含量太低，炉渣熔点高，高压氮气无法将炉渣均匀的溅在炉壁上；但当渣中 FeO 含量太高时，熔渣太稀，溅射到炉壁上的熔渣很难附着，达不到保护炉衬的效果。

众所周知，低碳钢出钢温度较高，冶炼终点也容易出现过吹的情况，这种情况往往导致炉渣中 FeO 含量偏高（个别会超过 30%），溅渣护炉困难。为此，国内许多企业采用一种由 MgO 配加碳粉制成的复合球在溅渣之前投入转炉，取得了较为满意的效果。其原理是利用碳粉还原渣中部分 FeO，使其含量降低，反应如下：

$$C(s) + (FeO) \Longrightarrow Fe(l) + CO \uparrow \qquad (3-21)$$

当渣中 FeO 减少至一定程度，炉渣黏度适宜，且加入的 MgO 进一步提高了渣中 MgO 含量，使其处于过饱和状态，溅渣效果明显提高。

研究证明，当炉渣中 MgO 含量大于 8.0% 后，随着 MgO 含量的提高，炉渣熔点上升。炼钢过程中，一般认为 MgO 在碱性炉渣内的溶解度不超过 10%，这也决定轻烧白云石加入量的标准。在转炉吹炼前期，由于炉渣碱度低，炉渣对白云石质和镁质炉衬具有较强的侵蚀能力。如果向造渣材料中加入白云石，当白云石加入量适宜，初期低碱度渣对耐材的侵蚀就会减弱；到了吹炼后期，炉渣碱度提高，MgO 溶解度下降，有颗粒状的 MgO 析出，此时炉渣对转炉炉衬的侵蚀会减小；溅渣后，溅渣层温度降低，也可以析出 MgO 的细小颗粒，与硅酸二钙和硅酸三钙构成溅渣层网络状骨架而更耐侵蚀。

生产中，轻烧白云石含量应在出钢前和出钢后调整，在吹炼初期加轻烧白云石代替部分石灰造渣，白云石造渣可增加渣中 MgO 含量，生成含镁硅酸盐矿物，同时可推迟石灰表面硅酸二钙的生成，并有效保护炉衬。

3.5.2　萤石与复合化渣剂

　　萤石，又称氟石，其主要成分是 CaF_2，常含有 SiO_2、Al_2O_3 等杂质。萤石的熔点约为 930℃，密度 $3.2g/cm^3$。萤石是一种很古老的炼钢熔剂，至今在钢铁企业中仍有广泛的应用。

　　萤石能提高炉渣流动性并不降低渣碱度。萤石能与渣中的 CaO 生成低熔点相，直接帮助石灰熔化。石灰在熔化过程中，可与炉渣反应而形成一层致密的硅酸钙硬壳，覆盖在石灰颗粒表面，从而抑制了石灰的熔化。当在炉渣中加入萤石，萤石可以熔化 $2CaO \cdot SiO_2$ 或 $3CaO \cdot SiO_2$，生成低熔点物相 $[3CaO \cdot SiO_2]_3 \cdot CaF_2$（1120℃），大大提高了石灰的熔化速度。如图 3-21 所示。

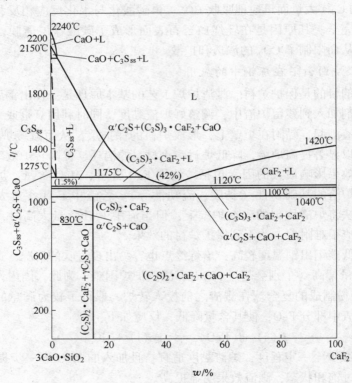

图 3-21　CaF_2-$3CaO \cdot SiO_2$ 相图

　　萤石的助熔特点是作用快，但稀释作用时间不长，随着氟的挥发而逐渐消失。萤石用量过多，会严重侵蚀炉衬。另外，炼钢过多使用萤石，还会造成严重的喷溅。之前，转炉炼钢规定萤石的用量不超过 4kg/t。

　　炼钢用萤石要求 CaF_2 含量要高，SiO_2、S 等杂质含量低。炼钢萤石的成分范围要求如下：$w(CaF_2) \geqslant 85\%$，$w(SiO_2) \leqslant 5\%$，$w(CaO) < 3\%$，$w(S) < 0.10\%$，$w(P) < 0.06\%$。

　　萤石的块度，转炉为 5~50mm，电炉为 10~80mm。使用前应在 100~200℃ 的低温下干燥 4h 以上，温度不宜过高，否则易造成萤石崩裂。萤石必须保持清洁干燥，不得混有泥沙等杂物。其产品质量按照国家标准《萤石块矿》（GB 8216—87）执行。

近年来，由于萤石矿供应不足，萤石价格波动较大。此外，为了配合清洁炼钢的需要，某些企业的大型转炉严禁使用萤石化渣，正尝试采用无氟化渣剂代替萤石炼钢，这类化渣剂主要有两类：一类是硼基化渣剂，主要包括硼酸钠、硼酸钙等；另一类是铁基化渣剂，主要包括氧化铁、氧化锰等。

由于炼钢过程中产生大量炉渣、粉尘等固体废弃物，近年来，将轧钢铁皮、锰矿、烧结粉尘、转炉粉尘、低品位铁矿粉作为转炉化渣剂的研究越来越多，也取得了明显的效果。如国内一些钢厂用转炉污泥为主原料制备了铁基复合造渣剂。转炉大量排放除尘污泥，其中含有约 56% 的铁氧化物和 12% 的石灰粉末，经沉淀、过滤、加石灰和萤石等组分后搅拌、消化、碾压后制成合成球，作为炼钢化渣剂使用。这类复合球团化渣剂一般含铁量在 40%~60% 之间，干球强度不低于 24MPa，附着水含量高于 1.3%。用于炼钢化渣，脱硫率提高 5%~10%，脱磷率提高 10%~15%，石灰消耗量降低 3~5kg/t 钢，转炉钢铁料消耗降低 2~3kg。

3.5.3 铁矾土造渣剂

铁矾土是以 $Al_2O_3 \cdot SiO_2$ 形式结合的一种天然矿物，呈白色、灰色或深灰色。在 950℃ 左右受热分解成 Al_2O_3 和 SiO_2，其中，Al_2O_3 是一种表面疏松、多孔结构、比表面积大的活性氧化铝。SiO_2 具有一定的化渣作用。铁矾土中另一个主要成分是 Fe_2O_3，具有很强的化渣造渣能力，并且能增加炉渣的氧化性。典型铁矾土化学成分如表 3-17 所示。

表 3-17　典型铁矾土化学成分与粒度

化学成分/%								粒度/mm
Al_2O_3	SiO_2	Fe_2O_3	CaO	MgO	TiO_2	P	S	
46.25	27.0	10.74	6.80	1.90	1.60	0.024	0.057	5~30

铁矾土中 Al_2O_3、SiO_2 和 Fe_2O_3 之和约 84%，向炉内加入一定数量的铁矾土后，炉渣组成变为 $CaO-Al_2O_3-SiO_2-Fe_2O_3$ 渣系。为了证明 Fe_2O_3 对炉渣熔点的贡献，可以参照图 3-22。在 $CaO-SiO_2-Fe_2O_3$ 相图中，当炉渣碱度在 1.0~2.5 的范围内，渣中含有 20%~30% 的 Fe_2O_3，渣系熔点可控制在 1300~1400℃ 左右，效果弱于萤石，但同样满足转炉化渣要求。

图 3-23 为 $CaO-Al_2O_3-SiO_2-FeO$（$w(Al_2O_3) = 15\%$）渣系的等黏度图，在一定炉渣组成条件下，随着渣中 FeO 含量的增加，炉渣黏度显著降低。1300℃ 下，当渣中 $w(CaO)$ 为 40%~50%、$w(SiO_2)$ 为 15%~20%、$w(Al_2O_3)$ 为 15%、$w(FeO)$ 为 15%~25% 时，炉渣黏度约为 0.3~0.5Pa·s，这也证明了含 FeO 炉渣具有良好的流动性。

虽然铁矾土中的 SiO_2 对转炉前期化渣有利，但为了保证炉渣有一定的碱度，要以铁水中的 Si 含量确定铁矾土的加入量。以 180t 复吹转炉为例，当铁水中 $w[Si] < 0.3\%$ 时，铁矾土的加入量可以为 5.5kg/t；当 $w[Si]$ 在 0.5%~0.6% 时，其加入量要减少至 2.8kg/t。

铁矾土加入到转炉，可在吹炼过程中分 2 批加入。第 1 批在前期加入，加入量占总量的 1/2~2/3，余下为中期加入。冶炼中、高碳钢时，可以适当多加，而且前期加入更多一些，目的是控制前期升温速度和促进快速造渣脱磷。冶炼中期加入铁矾土造渣剂可以缓解炉渣返干而引起喷溅产生。

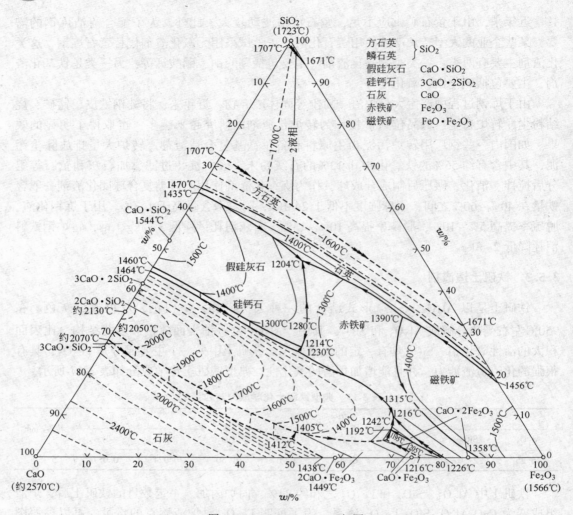

图 3-22　CaO-SiO$_2$-Fe$_2$O$_3$ 相图

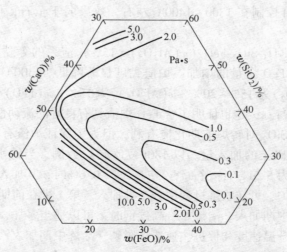

图 3-23　CaO-SiO$_2$-Al$_2$O$_3$-FeO(w(Al$_2$O$_3$) = 15%)渣系的黏度 (1300℃)

表3-18 为转炉分别加入铁矾土和萤石造渣剂得到的终渣成分。可见，加入铁矾土造渣剂的炉渣中氟含量远低于加萤石造渣剂，因此可以预想由于 F^- 或者氟化物对人体或者对设备的腐蚀作用将会大大减轻。虽然炉渣碱度下降了 0.6，$w(\text{TFe})$ 下降 1.66%，但是 $w(\text{Al}_2\text{O}_3)$ 增加了 4.16%。经过生产应用实践证明，加入铁矾土造渣剂的终渣成分满足冶炼工艺中化渣造渣的目的。

表 3-18   转炉分别加入铁矾土和萤石造渣的终渣成分

造渣剂名称	加入量/kg	炉渣化学成分/%						
		Al_2O_3	F^-	CaO	SiO_2	MgO	Fe_2O_3	FeO
萤石	400	0.60	0.60	48.50	15.50	9.72	4.53	15.00
铁矾土	780	4.76	0.1	45.58	17.96	12.82	4.79	12.64

注：数据来自 180t 转炉冶炼结果。

应用铁矾土造渣剂可以避免萤石中的 CaF_2 对炉衬的严重侵蚀作用。同时，富含 Al_2O_3 的炉渣，在溅渣护炉时很容易牢固黏结在炉衬上。采用铁矾土造渣剂以后，180t 转炉寿命由原来平均 7000 多炉次提高到 9000 多炉次，吨钢成本减少 3.43 元。

3.5.4   造渣材料的加入特征

3.5.4.1   造渣方法

根据铁水成分和冶炼钢种的不同，常用的造渣方法可分为单渣法、双渣法、双渣留渣法。

A   单渣法

单渣法是指在一炉钢的冶炼过程中从吹炼开始到终点不倒渣的操作。这种造渣方法适合于铁水含硅、磷、硫较低或者对磷含量要求不高的钢种。单渣法操作工艺简单，冶炼时间短，操作条件较好，脱磷率在 90% 左右，脱硫率约 35%。

目前，单渣法炼钢仍然是最多的。单渣法炼钢，终渣碱度控制在 2.8~3.3 左右，活性石灰和轻烧白云石在开吹时加入，铁皮、萤石、生烧白云石等在吹炼过程中用于调整炉况和温度，吹炼终点一次性倒渣，或出完钢后用轻烧白云石稠化炉渣，进行溅渣护炉。

B   双渣法

双渣法也称换渣操作，即在吹炼过程中需要倒出或扒除部分炉渣（约为 1/2~2/3），然后重新加入渣料造新渣。适用于铁水硅含量大于 1.0% 或磷含量大于 0.5%，或铁水磷含量小于 0.5%，但要求生产低磷的中、高碳钢，以及须在炉内加入大量易氧化元素（如Cr）的合金钢时采用。此法的优点是脱磷、脱硫效果较好，其脱磷率可达 92%~95%，脱硫率约为 50%；可消除喷溅现象，减轻对炉衬的侵蚀。

双渣法操作的关键是决定何时的倒渣时间。双渣法倒渣时间安排如下：

（1）吹氧开始 3~5min，初期渣形成之后即倒渣。此时炉渣碱度较低（1.0~1.5），渣中 $w(\text{TFe})$ 为 6%~10%，倒渣量约为 40%~50%。熔池中 $w[\text{C}]$ 为 2.8%~3.2%，熔池脱磷率为 40%~45%。由于炉渣碱度低，此时倒渣的去磷效果不高。

（2）吹炼到 $w[\text{C}]$ 降低至 1.0%~1.2% 左右时进行倒渣。此时炉渣 $w(\text{TFe})$ 大于 10%，炉渣碱度为 2.0~2.5，熔池温度为 1580~1600℃。脱磷率可以达到 70%~80%。倒

渣前好应控制好枪位，使炉渣具有较高的泡沫化状态，便于倒渣，倒渣量应达到 50% ~ 60%。倒渣后加入石灰，调整枪位，形成新的炉渣。

C 双渣留渣法

双渣留渣法是将上一炉冶炼的终渣在出钢后留一部分在转炉内，供下一炉冶炼作部分初期渣使用，然后在吹炼前期结束时倒出，重新造渣。由于终渣碱度高，渣的温度高，(FeO) 含量也高，流动性好，有助于下一炉吹炼前期石灰熔化，快速成渣，提高前期脱磷、脱硫率和炉子的热效率；同时还可以减少石灰的消耗、降低铁损和氧耗。

采用双渣留渣法特别应注意安全，防止兑铁时产生剧烈的喷溅事故，尤其是前一炉吹炼低碳钢，终渣氧化性很强时更应注意。不仅兑铁的时候要非常缓慢，而且事先应加一批石灰稠化炉渣，或加一些还原剂（如碳粉材料）降低炉渣氧化性，然后再兑入铁水。如果前一炉的终渣在溅渣之后留在炉内，由于转炉采用溅渣护炉之后，留在炉内的炉渣活性很低，因此基本可以消除留渣操作的不安全因素。

双渣留渣法在开吹时要采用较高枪位，化渣后应该适当降枪。渣料要小量多批加入炉内，以避免石灰成团，并减轻喷溅，到距离终点 3~4min 全部加完。双渣留渣法适用于吹炼中、高磷铁水 ($w[P]>1.0\%$)，其脱磷率可达 95% 左右，脱硫率可达 60% ~ 70%。

当前，转炉冶炼的技术难点是如何经济、有效地冶炼超低磷钢。实践证明：无论是单渣法、双渣法还是双渣留渣法，只要合理掌握元素的氧化规律，并制定有效的操作制度，冶炼磷含量低于 0.010% 以下的超低磷钢都是没有问题的。各厂可根据自身设备特点开展有针对性的工作，而非盲目地选择流行的脱磷工艺。

近年来，高磷铁矿的利用问题也逐渐被提到议事日程。我国西南地区高磷铁矿储量丰富，但磷含量高一直限制了其在钢铁冶金中的应用。对高磷铁矿的使用，应综合考虑成本问题。若采用廉价的高磷铁矿进行高炉炼铁，原料成本可以大幅削减，但高炉没有脱磷能力，几乎全部的磷都进入铁水，因此为转炉脱磷带来巨大的压力，此时要从全局的角度分析脱磷成本和采用低磷铁矿成本上的差异。

3.5.4.2 渣料加入量

加入炉内的渣料，主要有石灰、白云石和少量助熔剂。

A 石灰加入量的确定

石灰的加入量应根据铁水中 Si、P 含量和炉渣碱度来确定，对于含 Si、P 量较低的铁水和半钢，则可能根据 S 含量来确定。

炉渣碱度高低主要根据铁水成分而定。一般来说，铁水含 P、S 量低，炉渣碱度控制在 2.8 ~ 3.2；中等 P、S 含量的铁水，炉渣碱度控制在 3.2 ~ 3.5；P、S 含量高的铁水，炉渣碱度控制在 3.5 以上。

当铁水中 $w[P]<0.30\%$ 时，石灰的加入量 $W(\mathrm{kg/t})$ 为：

$$W = \frac{2.14w(\Delta[\mathrm{Si}])}{w(\mathrm{CaO})_{有效}} \times R \times 1000 \tag{3-22}$$

$$w(\mathrm{CaO})_{有效} = w(\mathrm{CaO})_{石灰} - R \cdot w(\mathrm{SiO_2})_{石灰} \tag{3-23}$$

式中 $w(\Delta[\mathrm{Si}])$——铁水中 Si 的氧化量；

R——所要求的熔渣碱度，$w(\mathrm{CaO})/w(\mathrm{SiO_2})$；

$w(CaO)_{有效}$——石灰中有效 CaO 含量；

$w(SiO_2)_{石灰}$——石灰中 SiO_2 含量。

当铁水中 $w[P]>0.30\%$ 时，炉渣碱度应考虑（P_2O_5）的影响，石灰的加入量 W（kg/t）为：

$$W = \frac{2.2[w(\Delta[Si]) + w(\Delta[P])]}{w(CaO)_{有效}} \times R \times 1000 \qquad (3-24)$$

此外，加入铁矿石等辅助材料，铁水带渣，都应该补加石灰。若采用部分铁矿石为冷却剂时，每千克矿石需补加的石灰量 W'（kg）为：

$$W' = \frac{w(SiO_2)_{矿石} \times R}{w(CaO)_{有效}} \qquad (3-25)$$

个别企业铁水经过提钒处理后，其半钢中 Si、P 含量很低，此时石灰的加入量 W''（kg）按半钢中的硫含量确定。

$$W'' = a \times w[S] \times 1000 \qquad (3-26)$$

式中 a——造渣系数，数值在 0.9~1.1 之间变化。

B 白云石加入量的确定

白云石加入量根据炉渣中所要求的 MgO 含量来确定，一般炉渣中 MgO 含量控制在 8%~10%左右。炉渣中的 MgO 由石灰、白云石和炉衬侵蚀的 MgO 带入，故在确定白云石加入量要综合考虑它们的相互影响。

白云石的理论加入量 $W_{白}$（kg）为：

$$W_{白} = \frac{渣量 \times w(MgO)}{w(MgO)_{白}} \times 1000 \qquad (3-27)$$

式中 $w(MgO)_{白}$——白云石中 MgO 含量。

白云石实际加入量中，应减去石灰中带入的 MgO 量折算的白云石数量 $W_{灰}$ 和炉衬进入渣中的 MgO 量折算的白云石数量 $W_{衬}$。实际加入量 $W'_{白}$（kg）应为：

$$W'_{白} = W_{白} - W_{灰} - W_{衬} \qquad (3-28)$$

C 助熔剂加入量

转炉造渣中常用的熔剂是氧化铁皮和萤石。萤石化渣快，效果明显，但对炉衬有侵蚀作用，且价格较高，因此应尽量不用或少用，转炉规定萤石用量应小于 4kg/t。氧化铁皮或铁矿石也能调节渣中 FeO 含量，起到化渣作用，但对熔池有较大的冷却效应，应视炉内温度高低确定加入量。一般铁矿或氧化铁皮加入量为装入量的 2%~5%。

3.5.4.3 渣料加入时机

通常情况下，顶吹转炉炉渣渣料分两批或三批加入。第一批渣料在兑铁前或开吹时加入，加入量为总渣量的 1/2~2/3，并将白云石全部加入炉内。第二批渣料加入时间在第一批渣料化好后，铁水中 Si、Mn 氧化基本结束后分小批加入，其加入量为总渣量的 1/3~1/2。若是双渣操作，则是倒渣后加入第二批渣料。第二批渣料通常是分小批多次加入，多次加入对石灰熔化有利，也可用小批渣料来控制炉内泡沫渣的溢出。第三批渣料视炉内 P、S 的去除情况而定是否加入，其加入量和时间均应根据吹炼情况而定。无论加几批渣料，最后一小批渣料必须在拉碳倒炉前 3min 加完，否则来不及化渣。

　　复吹转炉渣料的加入通常可根据铁水条件和石灰质量而定。当铁水温度高、石灰质量好时，渣料可在兑铁前一次性加入，以早化渣、化好渣。若石灰质量达不到要求，渣料通常分两批加入，第一批渣料要求在开吹 3min 内加完，第一批渣料化好后加入第二批，且应小批量多次加入炉内。

3.6　炼钢用冷却剂

3.6.1　转炉热量来源和消耗

　　转炉吹炼最大的特点是不需要外部热源。转炉热平衡包括热量来源和热量消耗两部分。

3.6.1.1　转炉热量来源

　　氧气转炉炼钢的热量来源主要是铁水的物理热和化学热。铁水的物理热取决于铁水温度和钢铁料中的铁水比；化学热是铁水中各元素氧化成渣过程中释放出的热量，与铁水的化学成分有关。在炼钢温度下，铁水中各元素氧化放出的热量具有很大差异，可通过元素氧化产生的热效应来计算确定。

　　在转炉吹炼中，入炉铁水温度为 1200~1400℃，而出钢温度通常为 1650~1700℃，因此，在整个吹炼过程中，熔池温度要升高几百度。而元素氧化放出的热量，不仅用于加热熔池金属和熔渣，同时也会由于散热、炉衬吸热及渣料吸热等因素吸收一部分。表 3-19 为炼钢条件下，每氧化 1kg 元素，熔池吸收的热量及氧化 1%元素使熔池的升温程度。

表 3-19　氧化 1kg 元素熔池吸收热量（kJ）及氧化 1%元素熔池升温数（℃）

元素氧化反应	转炉吹炼时的反应温度/℃		
	1200	1400	1600
$[C] + O_2 \Longrightarrow CO(g)$	84/11300	83/11174	82/11048
$[C] + O_2 \Longrightarrow CO_2(g)$	244/33061	240/32517	236/31973
$[Fe] + \frac{1}{2}O_2 \Longrightarrow (FeO)$	31/4072	30/4018	29/3967
$[Mn] + \frac{1}{2}O_2 \Longrightarrow (MnO)$	47/6340	47/6328	47/6319
$[Si] + O_2 + 2(CaO) \Longrightarrow (2CaO \cdot SiO_2)$	152/20674	142/19293	132/17828
$2[P] + \frac{5}{2}O_2 + 4(CaO) \Longrightarrow (4CaO \cdot P_2O_5)$	190/25738	181/24524	173/23352

　　注：表中分母表示氧化 1kg 元素熔池吸收的热量，分子表示氧化 1%元素每吨钢液的升温数。

　　可见，铁水中碳（完全燃烧时）的发热能力最强，因此碳是转炉炼钢过程中最重要的热源。Si 和 P 也是发热能力较大的元素，也是转炉炼钢过程主要发热元素。相比较而言，Mn 和 Fe 的发热能力均不大。

　　必须指出，铁水中究竟哪些元素是主要发热来源，不仅要看元素氧化反应的热效应大小，而且与元素的氧化总量有关。吹炼低 P 铁水时，供热最多的是 C，其次是 Si，其他元素居次。吹炼高 P 铁水时，供热做多的是 C 和 P。此外，尽管铁对氧化放热有一定帮助，但吹炼过程中应适当控制，以提高金属收得率。

3.6.1.2　转炉热量消耗

　　习惯上将转炉的热量消耗分为两部分。一部分用于加热钢水和熔渣的热量；另一部分为废气、炉渣、烟尘、冷却水、炉口散热、耐火材料及冷却剂吸热等。

　　表3-20为转炉吹炼过程中热量的收入、支出及损失情况。其中，铁水的入炉温度为1250℃，废钢及其他原料的温度为25℃，转炉废钢加入量占总物料的10%，炉气和烟尘的温度为1450℃。从表中数据可知，在热量的消耗中，钢水的物理热约占60%，炉渣带走的热量约占14%，炉气和烟尘的物理热约占10%，金属铁珠及喷溅带走热量、炉衬及冷却水带走热量、生白云石及矿石分解热等其他热损失共占约7%。

表3-20　转炉吹炼过程中的热量平衡（1000kg铁水）

	收入			支出	
项目	热量/kJ	比例/%	项目	热量/kJ	比例/%
铁水物理热	114500.00	52.42	钢水物理热	131887.16	60.38
氧化热和成渣热	98266.06	44.99	炉渣物理热	29828.29	13.66
C 氧化	57229.85	26.20	废钢物理热	19536.40	8.94
Si 氧化	23361.60	10.70	炉气物理热	18762.21	8.59
Mn 氧化	2769.48	1.27	烟尘物理热	2442.45	1.12
P 氧化	3416.40	1.57	渣中铁珠物理热	1144.88	0.52
Fe 氧化	6296.29	2.88	喷溅金属物理热热	1467.80	0.67
SiO_2 成渣	3133.08	1.43	轻烧白云石物理热	2437.10	1.12
P_2O_5 成渣	2059.36	0.94	热损失	10921.38	5.00
烟尘氧化热	5075.36	2.32			
炉衬中碳的氧化热	586.25	0.27			
合计	218427.67	100.00	合计	218427.67	100.00

　　一般来说，目前大型转炉均有富余热量。如何利用富余热量，这涉及所谓的废钢配比临界点。近年来，国内外尝试利用石灰石炼钢也是基于转炉热量富余为出发点的。转炉的热效率，是指加热钢水的物理热、炉渣的物理热和矿石分解吸热占总热量的百分比。复吹转炉的热效率较高，一般在75%以上。复吹转炉提高热效率具有特殊意义：（1）扩大了冷却剂的范围及来源；（2）可增加作为FeO来源的铁矿石的使用量，从而扩大了造渣过程中起重要作用的FeO来源。另一方面，铁矿或锰矿被还原，出钢量及合金含量增加。

3.6.2　转炉冶炼过程温度控制

　　影响复吹转炉熔池的因素很多，主要包括：铁水成分、铁水装入量、铁水温度、终点碳含量、冶炼间隔时间、空炉时间等。

　　铁水中含有大量发热元素，如C、Si、Mn、P、Al等。图3-24给出了铁水中主要元素氧化数量与发热量之间的关系。由图可知，相同的元素氧化量，产生热量较大的元素为Al、Si、P、C。此外，熔池的升温量除了与元素本身发热值之外，还与元素含量的多少有关。虽然碳不是发热值最高的元素，由于其在铁水中含量高，在转炉吹炼中碳氧化提供的热量仍然最大。

　　硅是转炉炼钢的主要热源之一，其他条件不变，随着硅含量的增加，熔池升温值也相应增加。生产实践证明，铁水中硅含量每增加0.1%，转炉终点钢水温度可升高8~15℃。

铁水带有大量物理热和化学热。当铁水装入量增加时，应相应增加冷却剂用量。生产实践表明，小型转炉铁水量每波动一吨，终点钢水温度波动约为5~6℃，而大型转炉由于原料及操作相对稳定，温度波动稍小。

铁水温度和终点碳含量对炼钢过程温度影响较大。对 50t 转炉，铁水温度每波动10℃，终点钢水温度波动约为6℃。当终点碳含量在 0.2% 以下时，每降低 0.01% 的 C，出钢温度可增加 2~3℃。

此外操作周期对转炉冶炼过程温度也有明显的影响。当冶炼炉次间隔时间长，则炉衬的热损失大。在一般情况下，间隔时间小于 10min，可以不考虑调整冷却剂的用量。超过 10min，则应减少冷却剂的加入量，以防止终点温度不够，造成补吹。由于补炉或其他原因，炉子停吹时间较长为空炉，炉衬温度大幅降低，下一炉钢冶炼也必须要控制冷却剂用量。

由转炉冶炼过程测温实践来看：吹炼前期结束时，钢水温度为 1450~1550℃，大炉子、低碳钢取下限，小炉子、高碳钢取上限；冶炼中期钢水温度为 155~1600℃，中、高碳钢取上限；冶炼后期钢水温度为 1600~1680℃，取决于所炼钢种。

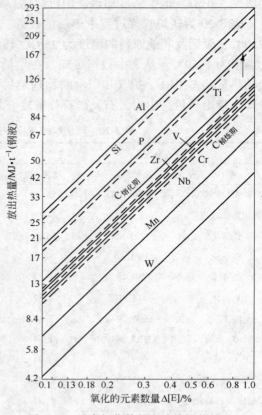

图 3-24　元素氧化数量和放热量的关系

3.6.3　冷却剂种类及效应

3.6.3.1　冷却剂的种类

为了控制钢水温度，防止出钢温度过高，炼钢一般采用冷却剂降温。目前，常用的炼钢冷却剂有：废钢、铁矿石、氧化铁皮、烧结矿、生铁块、石灰、石灰石、生白云石、菱镁矿、锰矿等。

加入 1% 冷却剂对钢水温降的影响为：废钢 8~12℃，铁矿石 30~40℃，氧化铁皮 35~45℃，石灰 15~20℃，白云石 20~25℃，石灰石 28~38℃。冷却剂的加入时间差异较大，废钢一般在兑铁前加入，石灰和白云石为造渣材料，应在前期加入，而矿石和铁皮既是冷却剂又是化渣剂，多在冶炼过程中分批加入炉内。

近年来，国内还有研究者提出采用二氧化碳（CO_2）气体作为转炉冷却剂。其方法是采用双流道氧枪喷吹二氧化碳-氧气混合气体炼钢，一方面消耗了大量温室气体 CO_2，另一方面进入炉内的 CO_2 与钢液中碳反应（吸热效应），生成大量 CO 气体搅拌熔池，且增加了转炉煤气中 CO 含量，提高了热值。福建三明钢铁公司工业试验表明，CO_2 可以显著降低转炉温降，但前期化渣时不宜喷吹过多，以防止化渣时间长，影响脱磷和转炉冶炼周期。

3.6.3.2 冷却剂的冷却效应

冷却剂的冷却效应是指为加热冷却剂到一定熔池温度所消耗的物理热和冷却剂发生化学反应所消耗的化学热之和。下面分别以铁矿石、废钢和氧化铁皮为例，计算其冷却效应。

A 铁矿石的冷却效应

铁矿石的冷却作用包括物理作用和化学作用两个方面。物理作用是指冷铁矿加热到熔池温度所吸收的热量。化学作用是指铁矿石中的氧化铁分解时所消耗的热量。铁矿石热效应的方法如下：

$$Q_{矿} = M_{矿} \times C_{矿} \times \Delta T + \lambda_{矿} + M_{矿} \times \left[w(\mathrm{Fe_2O_3}) \times \frac{112}{160} \times a + w(\mathrm{FeO}) \times \frac{56}{72} \times b \right]$$

$$(3\text{-}29)$$

式中　$Q_{矿}$——铁矿石的热效应，kJ/kg；

　　　$M_{矿}$——铁矿石的质量，kg；

　　　$\lambda_{矿}$——铁矿石的熔化潜热，209kJ/kg；

　　　$C_{矿}$——铁矿比热容，炼钢温度下一般取 1.02kJ/(kg·℃)；

　　　ΔT——铁矿石加入熔池后的温降，℃；

　　　a——$\mathrm{Fe_2O_3}$ 分解成 1kg 铁时吸收的热量，6456kJ/kg；

　　　b——FeO 分解成 1kg 铁时吸收的热量，4247kJ/kg。

B 废钢的冷却效应

废钢的冷却效应按式（3-30）计算：

$$Q_{废} = M_{废} \times \left[C_S \times T_{熔} + \lambda_{废} + C_L(T_{出} - T_{熔}) \right] \tag{3-30}$$

式中　$Q_{废}$——废钢的热效应，kJ/kg；

　　　$M_{废}$——废钢的质量，kg；

　　　$\lambda_{废}$——废钢的熔化潜热，209kJ/kg；

　　　C_S——从常温到熔化温度的平均比热容，取 0.70kJ/(kg·℃)；

　　　C_L——液态钢液的比热容，取 0.837kJ/(kg·℃)；

　　　$T_{熔}$——废钢熔化温度，℃；

　　　$T_{出}$——出钢温度，℃。

C 氧化铁皮的热效应

氧化铁皮的热效应计算过程同铁矿石类似，区别在于将铁矿石的熔化潜热和比热容适当修正适合烧结矿的参数即可。

根据经验，各种冷却剂的冷却效应的换算关系为：废钢 1.0、铁矿石 3.0~4.0、氧化铁皮 3.0~4.0、烧结矿 2.8~3.0、石灰石 3.0、生石灰 1.0、生铁块 0.7、菱镁矿 1.5、生白云石 2.0。知道上述参数，在实际生产中，可根据经验粗略估算各冷却剂的加入量，并根据生产经验微调。

3.6.3.3 冷却剂加入量确定原则

为了确定转炉冶炼过程冷却剂的加入量，应根据铁水用量、成分和温度，吹炼终点钢水的成分和温度，熔剂用量及炉渣的热损失等因素，用制定物料平衡和热平衡的方法来确定。

物料平衡是计算炼钢过程中加入炉内和参与炼钢过程的全部物料（包括铁水、废钢、氧气、冷却剂、炉渣、炉衬）与炼钢产物（包括铁水、熔渣、炉气和烟尘等）之间的平衡关系。热平衡是计算炼钢过程的热量收入（铁水物理、化学热）与热量支出（钢水、炉渣、炉气的物理热，冷却剂熔化和分解热等）之间的平衡关系，如图 3-25 所示。

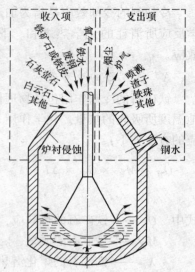

图 3-25　氧气转炉物料平衡和热平衡示意图

以冶炼 Q235 钢为例，以 100kg 金属料为基础，选定废钢装入量为 10%，生白云石加入量为金属炉料的 2%，铁水入炉温度为 1350℃，废钢及其他原料的温度为 25℃，炉气和烟尘的温度为 1450℃，出钢温度为 1680℃，进行物料平衡和热平衡计算。由计算结果求出富余热量，从而确定调温所需矿石加入量为 0.535kg。最后对物料平衡、热平衡结果进行修正，求得用白云石造渣并采用"定废钢、调矿石"冷却制度的物料平衡和热平衡。计算过程请参照相关教材。

3.7　炼钢用增碳剂

3.7.1　转炉终点碳的控制方法

转炉终点的控制包括成分和温度控制。由于脱磷和脱硫比较复杂，炼钢过程总是尽可能让磷、硫的含量达到终点所需范围。因此，转炉终点控制的实质就是脱碳和温度控制。温度的控制可通过物料平衡和热平衡计算确定，而转炉终点碳含量的控制方法有拉碳法和增碳法，其中拉碳法分一次性拉碳和高补吹拉碳。

所谓"拉碳"是指转炉终点碳含量达到要求值立即停止供氧的操作。拉碳次数往往与终点命中率有直接关系，终点一次命中者，称为一次拉碳成功，是最理想的操作。这种方法在吹炼终点时不但熔池的硫、磷和温度等符合出钢要求，而且熔池中的碳加上铁合金带入的碳也能符合所炼钢种的规格，不需再向金属追加增碳剂增碳。该法金属收得率高、锰铁消耗少；渣中（FeO）低，有利于提高炉龄；钢中气体、夹杂含量较低。提高一次命中率是发挥拉碳法优越性的重要手段。

但实际生产条件下，有时难以一次命中终点，则需要二次拉碳，或者多次拉碳。多次拉碳是操作水平不高的结果，往往会使炉渣中（FeO）含量提高，引起钢铁料消耗增加，炉衬寿命降低；同时拉碳次数过多，会使钢水氧化性过强，不仅影响钢的质量，也延长冶炼时间，降低生产率，打乱生产节奏，影响转炉炼钢和二次精炼、连铸的配合，甚至影响连铸机、轧钢机的多炉连浇。转炉炼钢操作应追求一次拉碳成功，为此现代转炉均配有副枪，并装备电子计算机等设备，以求准确命中终点，提高一次拉碳率。

增碳法是在吹炼平均碳含量大于 0.08% 的钢种时，当吹炼到 $w[C] = 0.05\% \sim 0.06\%$ 时提枪，按钢种成分要求，加入增碳剂以满足成分要求。增碳法废钢比高，操作简单，生产率较高，易于实现自动化炼钢。

3.7.2 炼钢增碳剂的性能指标

增碳剂属于外加炼钢、炼铁增碳原料，优质增碳剂是生产优质钢材必不可少的辅助添加剂。炼钢过程中，由于配料或冶炼终点控制不当等原因，有时会使钢中碳含量未达到预期要求，这时候需要向钢液中增碳。炼钢增碳剂包括：无烟煤粉、增碳生铁、电极粉、煅烧焦、石墨化石油焦、沥青焦、木炭粉、焦炭粉等。对炼钢增碳剂的要求是：固定碳含量越高越好，灰分、挥发分以及 S、P、N 等杂质含量越低越好，以避免污染钢液。

此外，铸件的冶炼使用含杂质元素很低的石油焦经过高温煅烧后的优质增碳剂（如煅烧石油焦增碳剂或石墨化石油焦增碳剂）。增碳剂好坏不仅决定了铁液质量的好坏，也决定了能否获得好的石墨化效果。

全废钢电炉冶炼时，优先选用经过石墨化处理的增碳剂。经过高温石墨化处理的增碳剂，碳原子从原来的无序排列变成片状排列，片状石墨成为石墨形核的良好核心。此外，高温石墨化处理时，原料中的 S 生成 SO_2 气体逸出，因此高品质增碳剂硫含量一般小于 0.05%，这对优质钢的冶炼是非常有利的。

《炼钢用增碳剂》（YB/T 192—2001）对炼钢用增碳剂提出了严格的要求，见表 3-21 所示。可见，优质炼钢增碳剂中固定碳含量一般应大于 99%，硫等杂质元素含量应在 1.0 以下。此外，针对不同的熔炼方式、炉型等，选择合适的增碳剂粒度也很重要，转炉冶炼时，增碳剂粒度在 $1 \sim 5mm$ 为宜。当粒度太大时，增碳剂加入后浮在钢液表面，不易被钢液吸收；当粒度太小时，增碳剂易烧损，利用率降低。

表 3-21 炼钢用增碳剂的理化指标要求（YB/T 192—2001）

项目		指标		
		优级	一级	二级
水分含量（质量分数）/%	≤	0.2	0.3	0.8
挥发分（干基）（质量分数）/%	≤	0.6	1.0	1.2
灰分（干基）（质量分数）/%	≤	0.4	1.0	1.8
硫分（干基）（质量分数）/%	≤	0.4	0.5	0.6
固定碳（干基）（质量分数）/%	≥	99.0	98.0	97.0
粒度	0~1mm	自然粒度分布，大于 1mm 没有		
	0~5mm　0~10mm	自然粒度分布大于 5mm 或 10mm 不超过 10%		
	1~4mm　4~10mm	粒度含量（质量分数）不低于 90%		

注：粒度规格及粒度含量指标也可根据用户需要加工。

3.7.3 炼钢增碳剂分类

增碳剂按照材质分，一般可以分三类：煅烧煤增碳剂、煅烧石油焦增碳剂、石墨增碳剂。生产增碳剂的原料有很多，目前市场上大部分增碳剂包括石墨电极、石墨化油焦都是使用生石灰焦生产出来的。

　　原油经过常压或减压蒸馏得到的渣油及石油沥青，经焦化后得到生石油焦。生石油焦中的杂质含量很高，不能直接用作增碳剂，必须先经过高温石墨化处理。

　　石墨化处理是把增碳剂原料置于石墨化炉内保护介质中加热到高温（大于2000℃），使六角碳原子平面网格从二维空间的无序重叠转变为三维空间的有序重叠，且具有石墨结构的高温热处理过程，如图3-26所示。石墨化可以降低增碳剂中杂质的含量，提高增碳剂碳含量，降低硫含量。

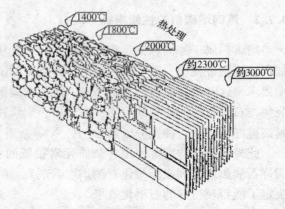

图3-26　增碳剂的石墨化过程示意图

3.7.3.1　石墨增碳剂

　　石墨增碳剂是指碳素产品通过高温或者其他方式使其分子结构改变，有规则的排列，这种分子排列方式，碳的分子间距更宽，更利于在铁液或者钢液中分解形核。现在市场上的石墨增碳剂一般来说来自两种途径，一种是石墨电极的废料切割，另一种是生石油焦在3000℃下煅烧得到的石墨化产品。

　　炼钢过程中建议选择石油焦石墨增碳剂。不选电极石墨的主要原因是电极的密度大，不利于分解，其次是石墨电极的原料含有冶金焦和沥青焦，这两种原料都不利于铁液吸收，再一个就是原料切割容易掺杂杂物。

3.7.3.2　煅烧煤增碳剂

　　煅烧煤增碳剂是炼钢工序中采用最多的一种钢水增碳剂。无烟煤是优质煅烧煤增碳剂的主要原料，无烟煤煅烧的目的是使之尽可能地去掉煤中的水分，排除吸附于煤中的CO_2、CH_4等气体，分解出CH_4和H_2，当炉内无烟煤的煅烧温度升至700～1000℃时，无烟煤发生裂解、脱氢、缩合和氢化等反应，生成环己烷（C_6H_{12}）、萘（$C_{10}H_8$）等气体物质排出，获得固定碳含量最高比值的产品。

3.7.3.3　煅烧石油焦增碳剂

　　石油焦是延迟焦化装置的原料油在高温下裂解生产轻质油品时的副产物。石油焦的产量约为原料油的25%～30%，其低位发热量约为煤的1.5～2倍，灰分含量不大于0.5%，挥发分约为11%，品质接近于无烟煤。生石油焦中杂质含量高，不能直接用作增碳剂，必须先经过煅烧处理。生石油焦在1200～1350℃下煅烧，可以生产成分清洁的增碳剂。

3.7.4　增碳剂脱氮

　　随着冶金技术的发展，其他杂质元素如氧、硫、磷、氢的含量已可脱到很低程度，但是钢液脱氮依然是一个很难解决的问题。氮的离子半径比氢大，1700℃时，氮在钢中的扩散系数约为$6.3×10^{-5}cm^2/s$，而氢在钢中的扩散系数为$3.73×10^{-3}cm^2/s$，二者相差两个数量级。因此，真空法脱氢的效果很好，但脱氮效果却不理想。此外，氮的活性较低，与大多数合金元素形成的氮化物在高温下都要分解，无法通过上浮去除。鉴于炼钢过程中脱氮困难，因此必须从原料和冶炼过程中严格限制带入钢液中的氮含量，这也是洁净钢冶炼过程需要重点控制的环节。

常用的炼钢增碳剂是将煤在高温下煅烧而成的。煤是远古时代的植被及堆积物经复杂的碳化过程形成的，由于氮是植被生长过程的必须元素，因此氮在煤中存在并被保留下来。煤中氮含量一般为 0.3%～3.5%，并主要以吡咯型氮（N-5）、吡啶型氮（N-6）和季氮（N-Q）三种有机氮的形式存在，其中吡咯型氮和吡啶型氮是煤中氮的主要存在形式。

为了提高炼钢增碳剂的纯净度，减少杂质元素带入钢中，有必要对增碳剂进行脱氮处理。一般来说，石油焦和煤在高温煅烧过程中，可以去除一部分氮。通过各裂解引发键的键能分析可以得出，吡咯型氮自由基热裂解反应的活化能小于吡啶型氮热裂解反应的活化能，因此吡啶型氮较吡咯型氮要稳定，升温时吡咯型氮会比吡啶型氮提前发生环裂而释放出来。

实践证明，要将炼钢增碳剂中 N 含量降低至 100×10^{-4}% 水平仍然有很大的难度。如采用 95% 增碳剂来做低氮增碳剂，如要使增碳剂中的氮含量小于 100×10^{-4}%，则煅烧温度必须达到 2200℃ 以上，而采用石油焦或沥青焦来做低氮增碳剂，则煅烧温度必须达到 1800℃ 以上，这无疑增加了增碳剂制造成本。因此，开发有效的炼钢增碳剂脱氮方法亟待解决，也是实现炼钢原料清洁化的重要举措之一。

3.8 出钢挡渣与炉渣改质

3.8.1 挡渣出钢的必要性

少渣或挡渣出钢是生产纯净钢的必要手段之一。其目的在于准确控制钢水成分，有效地减少钢水回磷，提高合金元素吸收率，减少合金消耗；有利于降低钢中夹杂物含量，提高钢包精炼效果。挡渣出钢还有利于降低对钢包耐火材料的蚀损，同时提高了转炉出钢口的寿命。综合概括，有效的挡渣出钢工艺具有以下优势：

（1）减少钢包中的炉渣量和钢水回磷量。国内外生产实践证明，挡渣出钢后，进入钢包的炉渣量减少，钢水回磷量降低。不挡渣出钢时，炉渣进入钢包的渣层厚度一般为 100～150mm，钢水回磷量 0.004%～0.006%；采用挡渣出钢后，进入钢包的渣层厚度减少为 30～80mm，钢水回磷量 0.002%～0.0035%。

（2）提高了合金收得率。挡渣出钢，使高氧化性炉渣进入钢包的数量减少，从而使加入的合金在钢包中的氧化损失降低。特别是对于中、低碳钢种，合金收得率将大大提高。不挡渣出钢时，锰的收得率为 80%～85%，硅的收得率为 70%～80%；采用挡渣出钢后，锰的收得率提高到 85%～90%，硅的收得率提高到 80%～90%。

（3）降低了钢水中的夹杂物含量。钢水中的夹杂物，大多来自脱氧产物，特别是对于转炉炼钢在钢包中进行合金化操作时更是如此。攀钢对钢包渣中（TFe）量与夹杂废品情况进行了调查，其结果是：不挡渣出钢时，钢包渣中（TFe）为 14.50%，经吹氩处理后渣中（TFe）为 2.60%，这说明渣中 11.90%（TFe）的氧将合金元素氧化生成了大量氧化物夹杂，使废品率达 2.3%。采用挡渣出钢后，钢包中加入覆盖渣的（TFe）为 3.61%，吹氩处理后渣中（TFe）为 4.01%，基本无多大变化，其废品率仅为 0.059%。

由此可见，防止高氧化性炉渣进入包内，可有效地减少钢水中的合金元素氧化，降低钢水中的夹杂物含量。

（4）提高钢包使用寿命。目前我国的钢包内衬多采用镁碳砖或铝镁材料，由于转炉终渣的高碱度和高氧化性，将侵蚀钢包内衬，钢包使用寿命降低。采用挡渣出钢后，减少了炉渣进入钢包的数量，同时还加入了低氧化性、高碱度的覆盖渣，这样便减少了炉渣对钢包的侵蚀，提高了钢包的使用寿命。

3.8.2　挡渣出钢方法

为了限制转炉渣进入钢包，目前，国内外广泛采用挡渣出钢技术。常用的挡渣出钢方法有：挡渣帽法阻止一次下渣；阻挡二次下渣可采用挡渣球法、挡渣塞法、气动挡渣法、气动吹渣法和滑动水口挡渣法，图3-27为常用的几种挡渣方法示意图。随着炼钢技术的不断进步，挡渣技术也历经变迁。以我国宝钢为例，在一期投产的时候，主要采用挡渣球挡渣，到了20世纪90年代，开发了气动挡渣技术，到21世纪初，采用挡渣镖和电磁检测系统（AMEPA）相结合的挡渣技术，近年来又开发了滑动水口挡渣技术，见表3-22。

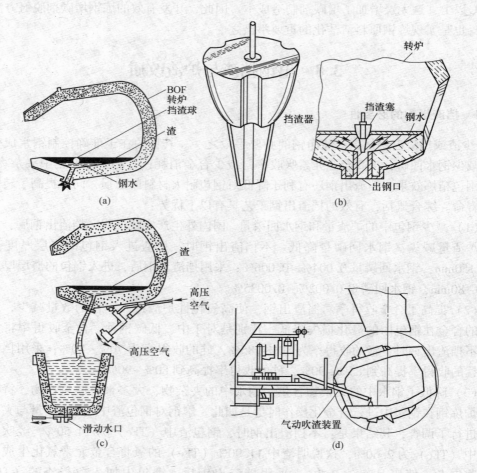

图 3-27　常用的挡渣出钢装置示意图

（a）挡渣球；（b）挡渣塞；（c）气动挡渣；（d）气动吹渣

表 3-22　宝钢炼钢厂转炉出钢挡渣技术的发展历程

炉子	1988 年	1990 年	1998 年	1999 年	2001 年	2002 年	2003 年	2004 年	2005 年	2006 年	2009 年	2010 年
1 号 LD	挡渣球				挡渣镖+AMEPA							
2 号 LD	挡渣球					挡渣镖+AMEPA						
3 号 LD	挡渣球					挡渣镖+AMEPA					滑动水口挡渣+AMEPA	
4 号 LD		气动挡渣						挡渣镖+AMEPA			滑动水口挡渣+AMEPA	
5 号 LD		气动挡渣						挡渣镖+AMEPA			滑动水口挡渣+AMEPA	
6 号 LD									挡渣镖+AMEPA		滑动水口挡渣+AMEPA	

3.8.2.1　挡渣球法

挡渣球法是日本新日铁公司研制成功的挡渣方法，见图 3-27（a）所示。挡渣球的密度介于钢水与熔渣密度之间，临近出钢结束时投到炉内出钢口附近，随钢水液面的降低，挡渣球下沉而堵住出钢口，避免了随之而出的熔渣进入钢包。挡渣球合理的密度一般为 $4.2\sim4.5g/cm^3$，形状为球形，其中心一般用铸铁块、生铁屑压合块、小废钢坯等材料做骨架，外部包砌耐火材料，可采用高铝质耐火混凝土、耐火砖粉为掺和料的高铝矾土耐火混凝土或镁质耐火材料。

实际生产中挡渣球的挡渣效果并不能令人满意。由于炉渣黏度大，挡渣球有时不能顺利到达出钢口，或者不能有效地在钢水即将流尽时堵住出钢口，造成下渣。另外一种情况，由于圆形挡渣球完全落到出钢口上，出钢口过早堵死导致炉内留钢。

3.8.2.2　挡渣塞法

1987 年，Michael 总结了德国挡渣棒在美国使用的经验，发明了具有挡渣和抑制涡流双重功能的挡渣塞法工艺，见图 3-27（b）所示。该装置呈陀螺形，粗端有 3 个凹槽、6 个棱角，能破坏钢水涡流，减少涡流卷渣。其比重与挡渣球相近，在 $4.5\sim4.7g/cm^3$，能浮于钢渣界面，伴随着出钢过程，逐渐堵住出钢口，实现抑制涡流和挡渣的作用。

挡渣塞，也称挡渣锥或挡渣棒，能有效阻止炉渣进入钢流，挡渣成功率可达 95%左右。德国曼内斯曼胡金根厂在 220t 转炉上用挡渣塞挡渣。武钢 1996 年开发设计了类似的陀螺形挡渣塞，其上部为组合式空心结构，下部为带导向杆的陀螺形，与挡渣球装置相比，具有灵活调节比重、能自动而准确到达预定位置、成本低、成功率高等特点。由于挡渣塞比挡渣球挡渣效果好，目前得到普遍应用。

3.8.2.3　气动挡渣法

气动挡渣法由奥地利、瑞典等国家率先研发成功并应用，见图 3-27（c）所示。20 世纪 80 年代，日本神户制钢在此基础上进行了完善，效果显著。该方法主要设备包括封闭出钢口用的挡渣塞和用来喷吹气体、启动气缸以及对主体设备进行冷却保护所用的供气设备。挡渣时，挡渣塞对出钢口进行机械封闭，塞头端部喷射高压气体来防止炉渣流出，即使塞头与出钢口之间有缝隙，高速气流也能实现挡渣的效果。

为了提高挡渣效果，气动挡渣技术还可配合下渣自动检测装置，其中包括钢渣红外线（IR）识别系统和电磁检测系统。

炉渣红外线识别系统的工作原理是基于钢液和炉渣具有不同的发射谱线，通过分析红外摄像机拍摄的照片进行下渣自动检测。转炉出钢结束时，通过炉渣红外系统检测，在大量的炉渣将要从出钢口流出前，利用高压气体驱动安装在炉壳上的气缸，使挡渣器（挡渣杆）旋转，在极短的时间内将旋转臂前端的喷嘴插入出钢口内，通过由喷嘴内喷出的高压氮气将炉渣挡回转炉内。

炉渣电磁检测系统是基于钢液和炉渣具有不同的磁感应性。通过使用由炉渣电磁检测系统提供的信号结合气动挡渣技术代替挡渣球，TKS Bruckhausen 厂将转炉下渣量从 15% 减少至 3%，从而大大降低了钢包内 FeO 和 MnO 的含量，见图 3-28。此外，由于炉渣氧化性降低，脱氧剂用量减少，钢中夹杂物含量降低，减少了板坯的 MIDAS 指数，如图 3-29 所示。

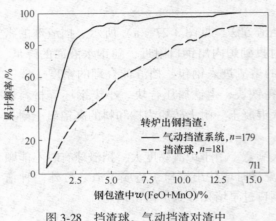

图 3-28　挡渣球、气动挡渣对渣中
（FeO+MnO）的影响

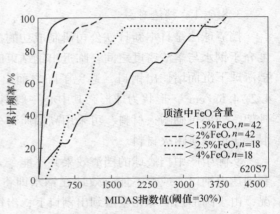

图 3-29　板坯 MIDAS 指数与钢包渣中
（FeO+MnO）的关系

3.8.2.4　气动吹渣法

生产实践证明，挡渣出钢后期的涡流下渣最难控制。日本钢管公司（NKK，现并入 JFE）研究人员发现，在出钢后期，从出钢口流出的钢液发现了渣钢混合现象，主要是出钢口上方引起的钢流漩涡，这种吸入漩涡越高，越容易混入炉渣。因此，如果能降低通过出钢口流出钢水的相对流速，降低所产生的吸入漩涡的高度，就能防止炉渣的流出。

气动吹渣法挡渣工艺，即在出钢口周围安装惰性气体管，出钢时，通过惰性气体吹管向炉内喷吹惰性气流，可有效阻止炉渣流向钢包。韩国光阳制铁所也采用了类似的方法，在出钢时向出钢口上方的钢液面吹氩气，吹散钢液面上的炉渣，形成一个"刚性"凹坑，抑制熔池涡流在出钢口上方形成，凹坑形状对阻止炉渣随钢水流入出钢口起重要作用。采用气动吹渣法，钢包内渣层厚度约为 20~50mm，而用挡渣球法渣层厚度为 70~90mm。

加拿大伊利湖钢铁厂研究认为，230t 转炉当出钢口上方钢水高度为 125mm 时，开始出现涡流卷渣现象。为了防止涡流卷渣，在出钢口设置多孔透气砖，通过吹惰性气体来干扰涡流的形成，使钢包渣层厚度小于 70mm。

3.8.2.5　滑板挡渣法

滑板挡渣工艺原理是将类似钢包滑动水口的控流系统设计并安装在转炉出钢口位置，通过液压控制的方式使滑动滑板和固定滑板之间的错位实现挡渣出钢。使用方法为：转炉出钢前先关闭滑板,将转炉慢速摇至水平位置,当钢水没过出钢口位置时打开滑板出钢,此时出钢口内全部是钢液,避免了前期下渣;在出钢末期,利用红外线检测等设备探测到有下渣现象时快速关闭滑板,最大限度地减少了后期下渣。该技术不受出钢口寿命和钢渣黏度的影响,可以有效控制前期下渣、后期下渣,挡渣成功率达到100%,挡渣效果较好。

滑板挡渣工艺装置由出钢口、内滑板、外滑板、内水口、外水口、滑板机构、液压系统组成。滑板机构由基准板、连接板、开关模框、固定模框、滑动模框以及弹簧组件等组成。内滑板锁紧在固定模框内不动,通过推拉杆与液压系统连接,液压油缸带动推拉杆运动使内滑板与外滑板相对运动,控制流钢孔的开启和关闭。滑动水口各部件示意图如图3-30所示。

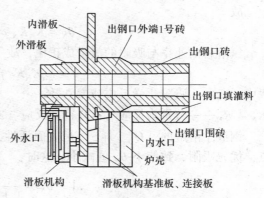

图3-30 转炉出钢滑动水口示意图

德国 Salzgitter 钢厂使用极其快速的滑板装置(关闭时间小于0.3s)和 AMEPA(电磁检测系统,原理是基于钢液和炉渣具有不同的磁感应性),可以减少2.3kg/t 的转炉下渣量,脱氧剂 Al 的消耗减少0.18kg/t。安钢在150t 转炉上成功应用了滑板挡渣出钢技术,挡渣成功率100%,挡渣效果良好,钢包渣层厚度由原来的100mm 减少到30mm,明显改善了钢水精炼环境,提高了脱氧剂、合金的综合使用率,有效控制了回磷、增硅现象,减少了夹杂物,提高了钢水质量。目前,国内滑板挡渣技术已经被众多企业陆续采用,如宝钢、莱钢、首钢(曹妃甸)、三明钢厂、邢钢等,为冶炼洁净钢奠定了基础。

3.8.3 钢液增氮控制

转炉出钢过程中,由于钢流的冲击作用,钢液与空气接触面积增大,会导致钢液在一定程度上吸氮,为了控制吸氮程度,必须首先了解钢液吸氮反应及影响因素。根据朗格缪尔吸附理论,钢液中溶解的氮由下列环节组成。

第一步,大气或底吹的氮气向气-液界面转移,

$$\frac{1}{2}N_2 \rightleftharpoons N(g) \tag{3-31}$$

第二步,界面吸附化学反应,

$$N(g) + \sigma \rightleftharpoons N\sigma \tag{3-32}$$

第三步,吸附态的氮向钢液本体扩散,

$$N\sigma \rightleftharpoons [N] + \sigma \tag{3-33}$$

式中 σ——钢液单位表面积上未被吸附物占据的活性点;

$N\sigma$——N_2 分子占据的活性点。

式(3-32)为整个过程的限制环节,反应的平衡常数为:

$$K_N = \frac{\theta_N}{p'_{N(g)}(1 - \theta_N)} \tag{3-34}$$

式中　θ_N——被吸附的氮原子占据的面积分数；

　　　$1-\theta_N$——未被吸附的氮原子占据的面积分数。

故
$$\theta_N = K_N p'_{N(g)}(1 - \theta_N) \tag{3-35}$$

由式（3-31）可得
$$p'_{N(g)} = K_{N_2} p'^{1/2}_{N_2} \tag{3-36}$$

故
$$\theta_N = K_N K_{N_2} p'^{1/2}_{N_2}(1 - \theta_N) \tag{3-37}$$

氮溶解的速率与吸附的氮量成正比，故
$$v = k_N K_N K_{N_2} p'^{1/2}_{N_2}(1 - \theta_N) \tag{3-38}$$

式中　k_N——吸附化学反应速率常数；

　　K_{N_2}，K_N——分别为反应（3-31）和反应（3-32）的平衡常数。

钢液中溶解的 [O]、[S] 是表面活性元素，它们能与 N 原子在钢液表面争夺活性点，优先吸附，致使 $1-\theta_N$ 值减小。这时，
$$1 - \theta_N = \frac{1}{1 + k_S a_S + k_O a_O} \tag{3-39}$$

而
$$k_S = \frac{5874}{T} - 0.95 \quad k_O = \frac{11370}{T} - 3.645$$

在 1873K 下，氧与硫的吸附平衡常数为：
$$k_O = \frac{1.7 \times 10^{-5}}{1 + 220a_O} \quad k_S = \frac{1.7 \times 10^{-5}}{1 + 130a_S} \quad \text{mol/(cm}^2 \cdot \text{s)}$$

因此，当钢液中的 $w[O]$ 和 $w[S]$ 高时，能降低氮在钢液中的溶解速率，仅当它们的浓度低时，钢液中 [N] 的扩散才是限制环节。此外，钢液中的 $w[O]$ 和 $w[S]$ 对钢液吸氮及脱氮反应的影响随着温度的升高而减小。在复吹转炉内，碳氧反应区域温度很高，达 2600℃，远高于熔池的平均温度，[O]、[S] 原子在界面上的吸附对钢液脱氮的阻碍作用减弱甚至消失，即使脱碳过程中钢液内有较多的 [S] 和 [O] 存在，也能通过碳氧反应产生的 CO 气泡去除氮。

通过上述分析不难理解，对某些氮含量有特殊要求的钢种，如冷轧 IF 钢、高级别管线钢、超低碳氮铁素体不锈钢等，为了防止出钢过程中钢水吸氮，转炉出钢时钢液应不进行深脱氧操作，而改为加入 Si、Mn 等弱脱氧剂或复合脱氧剂。生产实践证明，当钢中溶解氧含量大于 $200 \times 10^{-4}\%$，在炼钢温度下，氧、硫等表面活性元素可阻碍大气或氮气泡向钢液增氮。

现代炼钢流程为了均匀熔池成分和温度，一般采用氮、氩切换方式，前期吹氮、后期吹氩，以减少出钢氮含量。此外，还应加强出钢后对钢液的保护，防止钢液直接与空气接触。

3.8.4　出钢炉渣改质

3.8.4.1　炉渣改质的作用

采用合理的挡渣工艺可以将进入钢包的转炉渣减少至 3% 左右，但高氧化性炉渣仍然会对后续的精炼过程产生明显的影响，如钢水洁净度、钢水脱硫、连浇炉数的多少等。为

了达到不同精炼工序的精炼效果，发挥钢渣的脱氧、脱硫、吸收夹杂物的功能，需要对转炉出钢过程中产生的炉渣成分进行调整，使之能够满足预期的精炼功能，这个过程成为炉渣改质。

图 3-31 为钢包精炼时顶渣中（FeO+MnO）含量对钢中 T.O 含量的影响。可见，随着顶渣中（FeO+MnO）含量的增加，无论采用何种精炼措施（如 RH、LF、氩气搅拌等），钢中 T.O 均明显升高。由于 T.O 是钢水结晶程度最直接的衡量指标，因此，炉渣氧化性与钢水洁净度有明显的对应关系。

从脱硫热力学的角度考虑，高温、高炉渣碱度、低氧化性气氛有利于钢液脱硫。因此，凡是在精炼过程中影响炉渣钢水温度、炉渣碱度和渣钢氧化性的因素均会对脱硫产生影响。顶渣氧化物与不稳定氧化物 FeO、MnO 含量有关，要使渣钢间具有高的硫分配比，渣中（FeO+MnO）含量要控制在很低水平。图 3-32 为钢包精炼过程中渣中 FeO 含量对硫分配比的影响。可见，当渣中 FeO 含量大于 1.0%，此时硫在渣钢间分配系数（L_S）低于 10 以下，而当渣中 FeO 含量降低至 0.5% 以下，硫的分配系数大于 50。因此，要实现精炼过程钢水深脱硫，对炉渣进行有效改质（降低炉渣氧化性）是最直接和有效的方式。

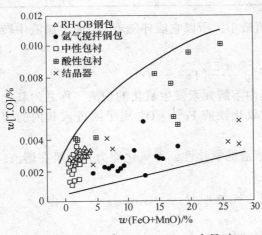
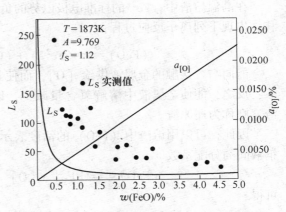

图 3-31　炉渣中（FeO+MnO）含量对
钢水洁净度的影响

图 3-32　钢包精炼时渣中 FeO 含量对
硫分配比的影响

为了降低钢包顶渣炉渣氧化性，国内外钢铁企业均进行了大量研究，其中最普遍的方法就是还原处理。通常采用的方法是，将铝粒或含有石灰、预熔渣和金属铝粒的混合物加入炉渣表面，利用金属铝还原炉渣中不稳定氧化物 FeO 和 MnO，从而降低炉渣氧化性，减少炉渣对钢水的传氧趋势。表 3-23 为国内外钢铁企业冶炼低碳铝镇静钢出钢后炉渣改质情况和操作水平。由于各厂设备的差异以及转炉出钢挡渣方式不同，改质前钢包顶渣氧化性差异较大，但通过还原改质，都能将顶渣中（FeO+MnO）的总量控制在 5% 以下，个别企业甚至可以控制在 2.0% 的水平。

3.8.4.2　炉渣的氧化-还原性

生产实际中，经常利用炉渣中（FeO+MnO）含量的高低衡量炉渣氧化性强弱。为什么炉渣中 FeO、MnO 含量或活度可以代表炉渣氧化性，需要从理论上予以说明。

表 3-23 国内外企业冶炼铝镇静钢对钢包渣的还原处理

钢厂	钢包渣（FeO+MnO）含量		年份
	改质前	改质后	
美国 LTV 钢公司，克里夫兰厂	$w(FeO)=3.9\%$，$w(MnO)=1.6\%$	$w(FeO)=1.6\%$，$w(MnO)=0.9\%$	1993
	$w(FeO)=25.9\%$，$w(MnO)=2.9\%$	$w(FeO)=4.2\%$，$w(MnO)=2.0\%$	1993
美国内陆钢厂，4 号转炉	$w(FeO)=8.1\%$，$w(MnO)=5.2\%$	$w(FeO)=2.4\%$，$w(MnO)=1.4\%$	1990
美国国家钢公司大湖分厂	$w(FeO)=25\%$	$w(FeO)=8\%$，最好 2.0%	1994
神户制钢公司	$w(FeO)=30\%$	$w(FeO)=1.23\%$，最好 0.64%	1991
加拿大阿尔戈马钢铁公司		$w(FeO)=1.5\%$，最好 0.8%	1999
法国 Sollac Dunkirk 钢铁厂	$w(FeO)=12\%\sim25\%$	$w(FeO)=2\%\sim5\%$	1997
德国蒂森克虏伯钢铁公司		$w(FeO+MnO)<1.0\%$	1991
浦项光阳制铁所	$w(FeO+MnO)=9\%\sim18\%$	$w(FeO+MnO)=3\%\sim5\%$	1998
川崎制铁水岛厂		$w(FeO)<2.0\%$	1996
台湾中钢	$w(FeO)=26.8\%$，$w(MnO)=4.7\%$	$w(FeO)=6.8\%$，$w(MnO)=5.5\%$	1996
武钢第三炼钢厂		$w(FeO)<1.0\%$	2000

在高温熔渣中，Fe^{2+} 的标准电极电势的负值最小，所以它能伴随着 O^{2-} 向金属液中转移，出现下列离子反应过程：

$$(FeO) \Longrightarrow (Fe^{2+}) + (O^{2-}) \xrightarrow{氧化} [Fe] + [O]$$

能向与之接触的金属液供给 [O]，而使其内溶解元素发生氧化的炉渣，称之为氧化渣；反之，能使金属液中溶解氧含量减少，以氧化铁或 $Fe^{2+} \cdot O^{2-}$ 离子团进入其内的熔渣，则称为还原渣。

因此，可以用熔渣中 (FeO) 的活度表示熔渣的氧化性，即氧化能力。按氧在熔渣、钢液间的分配系数

$$(FeO) \Longrightarrow [Fe] + [O] \qquad L_O = w[O]_\% / a_{(FeO)}$$

可得

$$\lg a_{(FeO)} = -\lg L_O + \lg w[O]_\% = \frac{6320}{T} - 2.734 + \lg w[O]_\% \tag{3-40}$$

而式中 $\lg w[O]_\%$ 可由熔渣光学碱度计算：

$$\lg w[O]_\% = -1.907\varLambda - \frac{6005}{T} + 3.57 \tag{3-41}$$

因此，代表熔渣氧化能力的 $a_{(FeO)}$ 增大时，与之接触的金属液中氧浓度也增大，而金属液中被氧化元素的浓度则降低。

高温熔渣中，氧化铁是 $Fe^{2+} \cdot Fe^{3+} \cdot O^{2-}$ 的离子聚集体，其中 Fe^{3+} 与 Fe^{2+} 浓度之比是变化的，它们之间不断交换电子（$Fe^{3+}+e = Fe^{2+}$），且随渣中 CaO 的增大而增大。这种离子团相当于复合化合物 $nFeO \cdot Fe_2O_3$，因此，可利用熔渣的总氧化铁量 $\sum w(FeO)$ 来计算 $a_{(FeO)}$。为此，常将 $w(Fe_2O_3)$ 折合成 $w(FeO)$，而用 $\sum w(FeO)$ 来计算 $a_{(FeO)}$，有两种计算方法，分别如下：

全氧法 $\qquad \sum w(FeO) = w(FeO) + 1.35w(Fe_2O_3)$

全铁法 $\qquad \sum w(FeO) = w(FeO) + 0.9w(Fe_2O_3)$

全氧法是按照反应 $Fe_2O_3 + Fe = 3FeO$ 计算的，1kg Fe_2O_3 可以形成 1.35kg FeO；全铁法是按照反应 $Fe_2O_3 = 2FeO + \frac{1}{2}O_2$ 计算的，1kg Fe_2O_3 可以形成 0.9kg FeO。相比而言，全铁法比较合理，炉渣在取样及冷却过程中部分 FeO 可以被氧化成 Fe_2O_3 或 Fe_3O_4，致使全氧法计算值偏高。

熔渣中的高价铁氧化物主要是 Fe_2O_3，除了能提高 $a_{(FeO)}$、增大熔渣氧化能力外，也能使熔渣从炉气中吸收氧，并能向金属液中传递氧。

气相、炉渣、金属液间氧的传递过程如图 3-33 所示。首先，气相中的氧能使气-渣界面上的（FeO）氧化成（Fe_2O_3）。在化学势的驱动下，（Fe_2O_3）在渣层中向渣-钢界面扩散，在此处被钢液中的 [Fe] 还原成（FeO），后者按照分配定律分别进入钢液中成为 [FeO]，即成为溶解在其内的 [O]；而进入炉渣中的（FeO）又迁移到气-渣界面，再被炉气中的氧所氧化，这样就保证了熔渣的氧化作用。因此，Fe_2O_3 在决定熔渣的氧化能力上有很重要的作用，其含量越高或 Fe^{3+} 与 Fe^{2+} 浓度比越大，熔渣的氧化能力就越强。

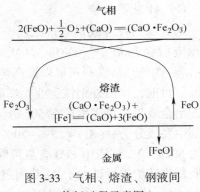

图 3-33 气相、熔渣、钢液间传氧过程示意图

需要注意的是，Fe_2O_3 在炼钢温度下容易分解，只有当反应生成的 Fe_2O_3 与渣中 CaO 生成铁酸钙（$CaO \cdot Fe_2O_3$）或 FeO_2^{2-} 络离子时才能稳定存在，起到传递氧的作用。因此，当熔渣具有较高的碱度时才能表现出更高的氧化性。

与熔渣的氧化性相反，若熔渣能将与之接触的钢液中的氧移除，这种熔渣具有还原性。此时，按分配定律，出现 $w[O]_\% > a_{(FeO)} L_0$ 的关系。钢液中的 [O] 经过钢液-熔渣界面向熔渣中扩散，其数量不断减少，直至出现 $w[O]_\% = a_{(FeO)} L_0$ 的平衡状态。

炼钢过程中，通常采用更简单的方法来表征炉渣的氧化、还原性。如具有还原性的高炉渣，其中 $w(FeO) < 1.0\%$；而氧化性较强的转炉渣，其中 $w(FeO)$ 可达 10% ~ 25%；作为钢液炉外处理的合成精炼渣，为了保证渣系较高的硫容，必须提高炉渣碱度，同时降低炉渣氧化性，$w(FeO)$ 一般控制在 1.0% 以下。此外，对连铸用酸性保护渣，其 $w(FeO)$ 均在 0.5% 以下，碱度控制在 1.0 以下，防止炉渣向钢液传氧。此外，对某些特殊要求的还原渣，除控制 $w(FeO)$ 和炉渣碱度外，还要在渣中配加一定量的还原剂，如 C、Al、Si、CaC_2 等，以充分发挥还原渣的作用。

3.8.4.3 常用炉渣改质剂

目前，常用的炉后改质剂除石灰、萤石、铝灰外，还有烧结精炼渣、合成渣、预熔渣、脱氧剂、复合脱氧剂等。对上述改质剂进行归类，可以划分为四类：石灰-萤石基稀释剂、预熔渣-石灰改质剂、Al 基钢包渣改质剂和电石基钢包渣改质剂。

A 石灰-萤石基稀释剂

主要为石灰与萤石的机械混合物，可在出钢过程加入钢流冲混，也可以在精炼前期加入。高氧化性炉渣配合萤石可以促进石灰快速熔化，提高炉渣碱度。但这种改质剂无法有效降低渣中 FeO 总量，只能起稀释作用。

B　预熔渣-石灰改质剂

预熔渣与石灰颗粒的机械混合物，也可以单独使用，不具备还原能力。预熔精炼渣是按照理想渣系组元的成分范围（$12CaO \cdot 7Al_2O_3$，熔点 1392℃），配料后在电炉内熔化成液态，倒出凝固后机械破碎成小块状使用。预熔渣解决了合成渣不易储运的问题，且渣料经高温熔融，加入钢包后会迅速熔化成渣，有利于精炼过程中快速造渣脱硫，成为目前转炉出钢过程中钢渣改质剂的首选，但成本稍高。

C　Al 基钢包渣改质剂

为金属铝粒（或铝屑）配加一定量铝灰废料组成的混合物。金属铝为强还原剂，加入顶渣后会与渣中（FeO）、（MnO）、（SiO_2）等不稳定氧化物发生反应，降低渣中 $a_{(FeO)}$。此外，活性石灰可以提高炉渣碱度，其他组元如 Al_2O_3、MgO 等可以改善炉渣流动性。目前，国内外钢铁企业生产品种钢时，普遍使用 Al 基钢包渣改质剂，且取得了较好的冶金效果。济南钢厂在 50t 钢包炉上使用 Al 基钢包渣改质生产 Q345 钢和 16MnR，改质剂主要成分为 $w(Al) = 15\% \sim 20\%$、$w(Al_2O_3) = 50\% \sim 60\%$、$w(SiO_2) = 10\% \sim 15\%$，加入量为 80kg/炉，终渣中 FeO 含量可降低至 3% 以下，脱硫率提高 30% 以上。某企业在 150t 顶底复吹转炉炉后试验了 Al 基钢包渣改质剂，出钢过程中改质剂随钢流加入，加入量为 5kg/t 钢，试验炉次的管线钢硫含量全部达到了超低硫的水平，最低硫含量为 $100 \times 10^{-4}\%$，改质过程中脱硫率最高达 40%。

D　电石基钢包渣改质剂

主要成分为 CaC_2，加入钢包顶渣会发生还原反应。由于反应产物为气体，不会对钢液产生二次污染，降低钢中夹杂物数量，但电石基钢包渣改质剂会导致钢液增碳，不宜加入深脱碳处理后的钢液。

3.8.4.4　炉渣改质方法

钢渣改质分为两种方式。

第一种，在转炉出钢过程中加入改质剂，经钢水混冲，完成钢渣改质和钢液脱硫的冶金反应，此法成为渣稀释法。改质剂由石灰、萤石、铁矾土、铝矾土等材料组成。

第二种，在转炉出钢过程中进行预改质，到达不同精炼工位后，根据钢渣的具体情况再进行第二次改质。生产实践证明，出钢过程改质是一种最经济的改质工艺，对低级别钢种的冶炼最为有效，但两次改质适合于高级别品种钢的冶炼。

某些复合改质剂还含有还原剂成分，如 Al、CaC_2、SiC 等，这些改质剂具有以下特征：

（1）主要以脱氧为主，对转炉钢液进行脱氧，对钢包内的转炉渣进行脱氧，通过脱氧产物和脱氧剂的辅助作用，调整炉渣的理化性能。

（2）以吸附夹杂物为主要目的。加入的改质剂以吸附出钢过程中产生的大颗粒夹杂物上浮为主要目的，兼顾促进熔化出钢过程中加入的渣料，调整炉渣的碱度、黏度，并有效脱硫。表 3-24 为改质过程中加入的一种脱氧改质剂的理化指标。

表 3-24　一种脱氧改质剂的理化性质

项目	CaO/%	(SiC+Si)/%	C/%	挥发分/%	粒度/mm
指标	35~45	10~20	10~20	1~2	0~8

思 考 题

3-1　简述转炉冶炼发展的历程。

3-2　何为负能炼钢，其特征是什么？

3-3　炼钢对废钢的要求有哪些？

3-4　简述钢中残余元素的种类和危害。

3-5　简述铁水脱 As 的基本原理和方法。

3-6　钢中 Cu 的危害有哪些，如何脱除？

3-7　简述炼钢生产中直接还原铁的使用效果。

3-8　冶金石灰的主要作用，如何检测石灰的活性度？

3-9　轻烧白云石在炼钢中的作用有哪些？

3-10　炼钢用冷却剂的种类有哪些？

3-11　简述转炉挡渣出钢的必要性。

3-12　滑板挡渣的优势有哪些？

3-13　如何控制出钢过程中钢液增氮？

3-14　炉渣改质的主要方法有哪些？

3-15　如何定义炉渣的氧化-还原性？

4 钢液脱氧技术

氧是钢的凝固过程中偏析倾向最严重的元素之一，在钢液的凝固和随后的冷却过程中，氧的溶解度急剧下降，钢中原溶解的绝大部分氧以铁氧化物、硫氧化物等微细夹杂物的形式在 γ 或 α 晶界处富集，这些微细夹杂物会造成晶界脆化，在钢的加工和使用过程中容易成为晶界开裂的起点，最终导致钢材发生脆性破坏。为此，炼钢结束必须进行深脱氧处理。

4.1 钢中氧的危害

在复吹转炉冶炼终点，当铁液中的大量元素，特别是碳被氧化到较低水平，钢液内就存在较高量的氧（$w[O] = 0.02\% \sim 0.08\%$），决定吹炼终点氧含量的是钢液中残余的碳量。含氧钢液在冷却凝固时，不仅在晶界上析出 FeO 及 FeO-FeS，使钢的韧性降低及发生热脆。Taylor 和 Chipman 测定了氧在铁液中的溶解度与温度的关系为：

$$\lg[O]_{max} = -\frac{6320}{T} + 2.934 \tag{4-1}$$

由上式计算得到 1873K 下铁液中最大溶解氧含量为 0.230%。随着温度的降低，钢中氧的溶解度急剧下降。如在纯铁的凝固温度 1810K 时，氧的溶解度降低至 0.16%，在 δ 相（1800K）中，氧的最大溶解度为 0.008%，在 γ 相（1643K）中的最大溶解度约为 0.0025%，而在 α 相（1184K）中溶解度更低，只有 0.0003% ~ 0.0004%。

随着温度的降低，钢中 [O] 的溶解度减小，超过 $w[C]_\% \cdot w[O]_\%$ 的平衡值，碳氧反应会形成大量 CO 气泡，使钢锭内出现大量气泡，组织疏松、质量下降。因此，为了将钢液中的溶解氧降低到钢种的要求水平，保证温度降低时不析出 CO 气体降低钢材质量，必须在精炼工序进行钢液脱氧。

钢液凝固时，多余的氧与钢中其他元素结合生成非金属夹杂物，进而破坏了钢基体的连续性，降低钢的强度极限、冲击韧性、伸长率等各种力学性能和导磁性能、焊接性能等。当钢中溶解氧含量很低时（<0.0005%），氧对钢的有害作用主要是通过夹杂物体现的。夹杂物对钢材性能的影响概括如下：

（1）钢中氧化物夹杂物能使钢在压延过程产生裂纹和钢材各向异性。钢中氧化物夹杂，如 Al_2O_3、$MgO \cdot Al_2O_3$ 等，均属高熔点硬质夹杂物，在轧制温度下，具有很强的抗变形阻力。另外，由于其线膨胀系数远比钢的基体小（钢基体为 12.5×10^{-6} 1/K，Al_2O_3 为 8×10^{-6} 1/K，$MgO \cdot Al_2O_3$ 为 8.4×10^{-6} 1/K）。因此，在轧后冷却过程中，氧化物夹杂物与钢基体发生不同步收缩，产生形变应力场，导致钢材局部出现裂纹。另外，夹杂物的形状受压延变形力的作用，不同种类的夹杂物变形后的分布、走势不同，使钢材产生了明显的各向异性。

（2）钢中氧化物夹杂降低了钢的疲劳寿命。夹杂物尺寸越大，越容易产生疲劳裂纹。Duckworth 等提出了影响钢材疲劳寿命的夹杂物"临界尺寸"的概念，若夹杂物尺寸小于"临界尺寸"，对钢的疲劳寿命则没有影响。国内外研究指出，当脆性氧化物夹杂长度 >16μm 时，轴承钢发生裂纹的概率为 100%，而半塑性的氧硫化物和塑性的硫化锰长度分别达到 65μm 和 300μm 时产生裂纹的概率才达到 100%。脆性夹杂物，如 TiN、Al_2O_3 和 Al_2O_3-CaO 夹杂物对钢疲劳寿命的影响较大，其中以 Al_2O_3-CaO 夹杂物最为显著，因此轴承钢精炼过程中是不允许钙处理的。对同一类夹杂物，随着夹杂物尺寸的增大，钢的疲劳寿命降低。

（3）钢中氧化物夹杂使钢的冲击韧性下降。随着钢中氧化物含量的增加，冲击值显著下降。夹杂物对冲击韧性的影响主要是通过改变脆性转变温度表现的。当 T.O 含量大于 0.003% 后，随着全氧含量增加，脆性转变温度急剧升高，冲击韧性下降明显，由此可见冲击韧性与钢中夹杂物含量有明确的对应关系。

（4）钢中氧化物夹杂使钢的冷热变形能力下降。夹杂物对钢变形能力的影响，可以用夹杂物的变形量与钢基体变形量之比 $r=\varepsilon_1/\varepsilon_2$ 来表示。当 $r=1$ 时，夹杂物的变形量与钢基体变形量相同，夹杂物不降低钢的变形能力；当 $r=0$ 时，则夹杂物不变形，钢的变形能力显著下降。各类夹杂物对钢的变形能力的影响是不同的，其中 Al_2O_3、Al_2O_3-CaO、尖晶石类型的夹杂物在 800~1400℃ 间的变形量为 0，无论冷、热环境，对钢的变形均是十分有害的。除此之外，纯 SiO_2 石英型夹杂物、硅酸盐型夹杂物使钢的冷变形能力下降；（Fe、Mn）S 型夹杂物使钢的热变形能力下降。

（5）钢中氧化物夹杂使钢的切削性变差。一般来说，高熔点氧化物和硅酸盐夹杂物硬度较大，对钢的切削性能不利。如果这种夹杂物颗粒细小，在切屑时可能被刀具推向旁边而不碰撞刀尖，有害影响还不大；大颗粒的氧化物夹杂物难以避免和刀具碰撞，使刀具寿命下降。脱氧产物形成的夹杂物对钢切削性能不良影响随脱氧元素的不同而有差异，按照 Mn、Cr、Si、Zr、V、Ti、Al 的顺序增加。除了夹杂物种类、尺寸以外，夹杂物形态对钢材切削性能也有很大影响。细长条形的硫化物会影响切削速度，易切削钢中硫化物应尽量为长宽比低的颗粒状或纺锤状夹杂物。

4.2 钢液脱氧原理

4.2.1 钢液脱氧方式

向钢液中加入与氧亲和能力比铁大的元素，使溶解于钢液中的氧转变为不溶解的氧化物，并从钢液排出，这个过程成为钢液脱氧（deoxidization）。按氧去除的方式不同，可以分为以下三种脱氧方法，即沉淀脱氧、扩散脱氧、真空碳脱氧，如图 4-1 所示。

沉淀脱氧，是指向钢液中加入能与氧形成稳定氧化物的合金元素（脱氧剂），而形成的脱氧产物能借助自身浮力或钢液的对流运动排出。沉淀脱氧既可以采用合金投入的方法，对某些蒸气压高的脱氧合金（如 Ca、Mg 等），也可以采用喷射冶金的形式加入。扩散脱氧，是利用氧化铁含量很低的熔渣处理钢液，使钢液中的氧经扩散进入熔渣而不断降低。扩散脱氧的特点是速度较慢，但脱氧产物不会滞留钢液。真空碳脱氧，是利用真空降

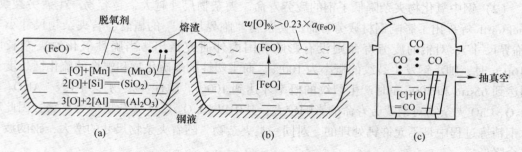

图 4-1　三种脱氧方法示意图

(a) 沉淀脱氧；(b) 扩散脱氧；(c) 真空碳脱氧

低与钢液平衡的 p_{CO} 分压，促进碳氧反应继续进行。真空碳脱氧产物为 CO 气体，容易从钢液中排出，是一种无污染的脱氧方式。但当钢液中碳含量较低时，碳在钢液中的扩散速度制约了脱氧反应速率。因此，真空碳脱氧只能作为沉淀脱氧和扩散脱氧的补充手段。

4.2.2　脱氧反应热力学

元素的脱氧反应可以表示为：

$$\frac{x}{y}[M] + [O] \Longrightarrow \frac{1}{y}(M_xO_y)$$

$$K = \frac{a_{(M_xO_y)}^{1/y}}{a_{[O]}a_{[M]}^{x/y}} = \frac{a_{(M_xO_y)}^{1/y}}{w[O]_\% w[M]_\%^{x/y}} \cdot \frac{1}{f_O f_M^{x/y}} \tag{4-2}$$

当脱氧产物为纯氧化物时，$a_{(M_xO_y)}^{1/y} = 1$，此时可得脱氧常数 K'

$$K' = 1/K = a_{[O]}a_{[M]}^{x/y} \approx w[O]_\% w[M]_\%^{x/y} \tag{4-3}$$

脱氧常数 K' 是脱氧反应平衡常数的倒数，等于脱氧反应达到平衡时，脱氧元素浓度的指数方与氧浓度的乘积。其值越小，则与一定量的脱氧元素平衡的氧浓度越低，而该脱氧元素的脱氧能力越强。另外，元素与氧的亲和力越强，反应标准吉布斯自由能也越小，脱氧反应就进行得越完全，故 K' 可以用于衡量元素的脱氧能力。

为了比较各元素的脱氧能力，可由上述脱氧反应的平衡常数作出脱氧反应的平衡图。式 (4-2) 中，$f_O = f_O^O f_O^M$，$f_M = f_M^M f_M^O$，因为钢液中氧含量较低，故 $f_O^O \approx 1$，$f_M^O \approx 1$，故式 (4-3) 可以写成

$$K' = w[O]_\% w[M]_\%^{x/y} f_O^M (f_M^M)^{x/y}$$

因此

$$w[O]_\% = K'/[w[M]_\%^{x/y} f_O^M (f_M^M)^{x/y}] \tag{4-4}$$

或

$$\lg w[O]_\% = \lg K' - e_O^M w[M]_\% - \frac{x}{y}e_M^M w[M]_\% - \frac{x}{y}\lg w[M]_\% \tag{4-5}$$

由式 (4-5) 可以绘制一定温度下脱氧元素的脱氧平衡曲线，如图 4-2 所示。由图可知，各脱氧元素的平衡氧含量随着平衡 $w[M]_\%$ 的增加而降低，并在某一 $w[M]_\%$ 时出现最低值。关于这种现象，可通过下列计算来说明。

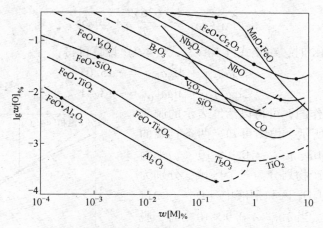

图 4-2 铁液中元素的脱氧平衡曲线（1600℃）

将式（4-5）对 $w[M]_\%$ 求导数，并使之为零，得出 $w[M]_\%$ 及 $w[O]_\%$ 的极值：

$$\frac{\mathrm{d}\lg w[O]_\%}{\mathrm{d}w[M]_\%} = -\frac{x}{2.3y} \cdot \frac{1}{w[M]_\%} - e_O^M - \frac{x}{y}e_M^M = 0$$

故

$$w[M]_{\min,\%} = -\frac{x}{2.3y\left(e_O^M + \dfrac{x}{y}e_M^M\right)} \tag{4-6}$$

又

$$\frac{\partial\lg w[O]_\%}{\partial w[M]_\%^2} = \frac{x}{2.3yw[M]_\%^2} > 0$$

即 $\lg w[O]_\% = f(w[M]_\%)$ 曲线在 $w[M]_{\min,\%}$ 的值处有极小值，如 $|e_M^M| < |e_O^M|$，则：

$$w[M]_{\min,\%} = -\frac{x}{2.3ye_O^M} \tag{4-7}$$

再将 $w[M]_{\min,\%}$ 代入式（4-5），可求得相应 $w[O]_\%$，$w[M]_{\min,\%}$ 称为脱氧元素加入量的最佳值。

对同一种脱氧元素，随着它的平衡浓度不同，可能存在不同的脱氧产物。浓度低时，脱氧产物为含有 FeO 的复合化合物或固溶体。不能形成熔体的脱氧产物，其活度为 1，不会影响脱氧平衡曲线的形状和斜率，但形成熔体的产物则使曲线的形状变得更复杂。

对于铝脱氧，随着加入的 Al 量的不同，可生成 $FeO \cdot Al_2O_3$ 及 Al_2O_3，其反应分别如下：

$$2[Al] + 4[O] + [Fe] = FeO \cdot Al_2O_3(s) \quad \Delta G^\ominus = -1373063 + 445.01T \quad \mathrm{J/mol}$$

$$\lg a_{[Al]}^2 a_{[O]}^4 = -\frac{71712}{T} + 23.24 \tag{4-8}$$

这是因为加入的铝量低，钢液中尚存在较高的氧，能以 FeO 形式和生成的 Al_2O_3 结合成 $FeO \cdot Al_2O_3$ 产物。

又因为

$$2[Al] + 3[O] = Al_2O_3(s) \quad \Delta G^\ominus = -1218799 + 394.13T \quad \mathrm{J/mol}$$

$$\lg a_{[\text{Al}]}^2 a_{[\text{O}]}^3 = -\frac{63655}{T} + 20.58 \tag{4-9}$$

当温度为 1873K 时，对于式（4-8）、式（4-9）计算可得：

$$2\lg a_{[\text{Al}]} + 4\lg a_{[\text{O}]} = -15.05 \tag{4-10}$$

$$2\lg a_{[\text{Al}]} + 3\lg a_{[\text{O}]} = -13.41 \tag{4-11}$$

利用上述两式作图，可得以活度表示的脱氧平衡图，如图 4-3 所示。由图可知，两条直线的交点位于 $a_{[\text{O}]} = 0.03$、$a_{[\text{Al}]} = 0.9 \times 10^{-5}$。平衡曲线可以根据脱氧产物划分为三个区域，分别为 $\text{FeO} \cdot \text{Al}_2\text{O}_3$ 区，Al_2O_3 区和钢液中 [O]、[Al] 存在区。1873K 时，当 $a_{[\text{Al}]} < 0.9 \times 10^{-5}$ 时，脱氧产物为 $\text{FeO} \cdot \text{Al}_2\text{O}_3$，当 $a_{[\text{Al}]} > 0.9 \times 10^{-5}$ 时，脱氧产物为 Al_2O_3。

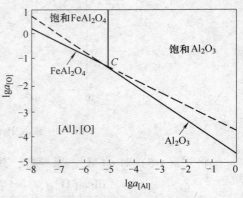

图 4-3　Fe-Al-O 系平衡曲线（1873K）

4.2.3　脱氧反应动力学

脱氧动力学过程较为复杂，由脱氧剂的溶解（或熔化）、脱氧反应、脱氧产物的形核、聚合长大、脱氧产物的排除及被顶渣吸收等环节组成。

4.2.3.1　脱氧剂的溶解及均匀分布

脱氧剂的种类较多，物理性质各不相同。低熔点的脱氧剂，如 Al、Si、Mn 加入钢中直接熔化；高蒸气压的脱氧剂，如 Mg、Ca 等加入钢液中瞬间气化，一部分溶解在钢中，一部分以气泡的形式逸出；高熔点的合金，如 W、Mo、Nb 的铁合金则以溶解方式进入钢液，而溶解过程要比熔化过程慢很多。为了保证在钢中的均匀化分布，高熔点脱氧剂（或合金化元素）必须在加入后有足够的反应时间，因此，加强钢包内熔池搅拌十分必要。脱氧元素一旦溶解（或熔化），即与钢中的氧瞬时发生反应，因此通常不会成为过程的限制环节。

4.2.3.2　脱氧产物的形核

脱氧产物的形核取决于脱氧元素和钢中氧的过饱和度及晶核与钢液的界面张力，仅当过饱和度超过一定值时，方能均相形核。强脱氧剂如 Al、Ti、Mg 等，脱氧常数较小，虽然能达到这种程度，但其形成的脱氧产物与钢液的界面张力较大（1.5N/m），很难发生均相形核；而较弱的脱氧剂如 Si、Mn 等，则更不可能发生均相形核。但由于铁合金中经常还有一些杂质成分，而铝表面有难熔的 Al_2O_3，它们在钢液中能提供异相形核的界面，因此，钢液中脱氧产物能在过饱和度不高的条件下异相形核。

4.2.3.3　脱氧产物的聚合与长大

钢液中脱氧产物形核后，因相互碰撞而发生聚合长大。聚合的驱动力是体系界面能的降低。由于钢液—氧化物质点间的界面张力远大于脱氧产物粒子间的界面张力，即钢液对产物质点的润湿性较差，因而氧化物质点容易聚合。对于氧化产物的聚合与长大机理有以下理论解释。

A 扩散长大

Turkdogan 提出脱氧产物晶核长大过程是脱氧反应产物向已经生成的脱氧产物核心表面扩散，生成的产物沉积在已生成的核心上。在加入脱氧剂时，假定脱氧产物反应物晶核均匀分布于钢液中，晶核数就是钢液单位体积内的颗粒数 Z，每个颗粒都以自己为中心形成一个球形扩散区，并与大小相等的相邻球形扩散区相切。假定钢液中正在长大的脱氧产物粒子与钢液的界面存在着局部平衡，单位体积钢液中存在着半径相等的脱氧产物颗粒数，各个颗粒在自己的扩散区域长大，夹杂物粒子的尺寸与颗粒初始半径、颗粒数以及钢液中氧浓度有关，存在如下关系：

$$r = r_0 \left[(C_O - C_m)/C_s \right], \qquad r_0 = \left(\frac{3}{4\pi z} \right)^{1/3} \tag{4-12}$$

式中 r——t 时刻脱氧产物颗粒半径，cm；

    r_0——脱氧产物核心初始半径，cm；

    C_O——钢液初始氧浓度，mol/cm^3；

    C_m——t 时刻钢液中氧浓度，mol/cm^3；

    C_s——脱氧产物中氧的浓度，mol/cm^3；

    z——单位钢液体积内脱氧产物颗粒数。

图 4-4 为按上式计算得到的脱氧颗粒半径随时间的变化关系。可见，单位体积内脱氧产物颗粒数越多，最终脱氧产物的尺寸越小。当颗粒数 $z = 10^5/cm^3$ 时，脱氧产物的长大过程在数秒内完成，当而 $z = 10^3/cm^3$ 时，要完成夹杂物的长大需要 5min 以上。

关于钢液脱氧时夹杂物颗粒数 z，宫下芳雄发现，采用 0.5%Si 脱氧后，1~3min，钢液中半径 1.5μm 以上的脱氧产物颗粒数达到 $10^7/cm^3$。在脱氧初期，由于钢液氧的浓度较大，生产的脱氧产物数量较多，扩散长大有一定的重要性。除极个别情况外，脱氧产物扩散长大不会成为脱氧过程的限制环节。

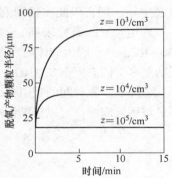

图 4-4 扩散长大时脱氧产物
尺寸随时间的变化

B 碰撞聚合长大

夹杂物的碰撞聚合长大方式主要有以下 3 种：

（1）布朗运动碰撞长大。布朗运动对于胶体聚集现象非常重要，它是以非常细微的颗粒为对象，故布朗运动碰撞长大机理只能适用于脱氧产物尺寸非常小的情况。若钢液内脱氧产物长大符合布朗运动规律，则脱氧产物尺寸变化可以表示为：

$$r^3 = \frac{2kT\alpha t}{\pi \eta} \tag{4-13}$$

式中 r——脱氧产物颗粒半径，m；

    k——玻耳兹曼常数；

    T——温度，K；

    α——单位体积钢液内脱氧产物的体积，m^3；

    t——时间，s；

    η——钢液黏度，$Pa \cdot s$。

（2）Stokes 碰撞长大。脱氧产物上浮速度差导致的碰撞聚合长大。由于钢液与脱氧产物之间存在着明显的密度差，脱氧产物颗粒因而在钢液中上浮。脱氧产物颗粒越大，其上浮速度越快，不同颗粒的夹杂物因为速度差异导致颗粒之间的碰撞机会很多，可以合并成更大尺寸的夹杂物。

在钢液近乎静止条件下，脱氧产物颗粒的上浮服从 Stokes 定律，上浮速度可表示为：

$$v = \frac{2g(\rho_m - \rho_s)r^2}{9\eta} \tag{4-14}$$

式中　v——脱氧产物颗粒上浮速度，m/s；

g——重力加速度，m/s^2；

ρ_m——钢液密度，kg/m^3；

ρ_s——脱氧产物颗粒密度，kg/m^3；

r——脱氧产物颗粒半径，m；

η——钢液黏度，Pa·s。

（3）湍流碰撞。当钢液流速较大时，夹杂物被夹带入湍流漩涡中，引起夹杂物之间的碰撞称为湍流碰撞。湍流碰撞是夹杂物颗粒聚合长大的重要方式。在钢包、中间包或结晶器流场中湍动能耗散率值大的区域，很容易发生湍流碰撞。在 3 种碰撞方式中，湍流碰撞起主导作用，因此加强钢液搅拌有利于实现夹杂物的聚合长大。

理论和实践研究表明，钢液中液态质点比固态质点更容易聚合，能达到很大的尺寸（30~100μm）。因为液体质点多呈球形，碰撞上浮的阻力较小，而且聚合后体系的界面能降低的更多。固态质点如 Al$_2$O$_3$，尺寸约为 3~8μm，形状极不规则，聚合区域稍弱。固态颗粒相互碰撞后，颗粒间的吸引力也是很重要的一个因素。当固相微粒与钢液的界面张力很大时不易被钢液润湿，可以借助钢液的强大对流从钢液中排除，反之，则较难从钢液中去除。

4.3　单一脱氧剂脱氧

4.3.1　铝脱氧

金属铝是炼钢最常用的脱氧剂。金属铝具有价格便宜、脱氧能力强等优点，故铝脱氧的钢亦有铝镇静钢（LCAL, Low Carbon Aluminum Killed Steel）的称谓。铝的脱氧能力比锰大两个数量级，比硅和碳大一个数量级。金属铝不仅可以将钢中的氧降低至极低水平，还能使钢中的碳停止氧化，使得转炉终点钢中氧由碳控制转变为由溶解铝控制。此外，钢中的溶解铝还能起到改善钢的组织、细化晶粒、改善韧性、防止失效的作用。

金属铝的脱氧反应为：

$$2[Al] + 3[O] \Longrightarrow Al_2O_3(s)$$

$$\lg K_{Al} = \lg \frac{a_{(Al_2O_3)}}{a_{[Al]}^2 \cdot a_{[O]}^3} = \frac{a_{(Al_2O_3)}}{f_{Al}^2 w[Al]_\%^2 \cdot f_O^3 w[O]_\%^3} = \frac{64000}{T} - 20.57 \tag{4-15}$$

一般情况下，将 $a_{(Al_2O_3)} = 1$，钢中加铝脱氧平衡时，此时铝、氧浓度较低，f_O、$f_{Al} \approx 1$，故有 $w[Al]_\%^2 \cdot w[O]_\%^3 = 1/K_{Al} = K'_{Al}$。

由式（4-15），可计算得到 1600℃ 时，$K'_{Al} = 4.0 \times 10^{-14}$。因此，当控制钢中溶解铝

$w[\text{Al}]=0.01\%$时，与其平衡的钢中氧含量为 0.0007%，因此也说明金属铝可以使钢液完全得到镇静，即充分脱氧。

但用铝脱氧来降低钢中氧含量存在一个最佳区间（或称"极限"），不同研究者的平衡实验均表明，当钢中 $w[\text{Al}]=0.01\%\sim0.02\%$ 时，对应的总氧 T.O 含量最低，为 $(2\sim5)\times10^{-4}\%$，此后再增加 [Al] 时，T.O 不增反降，如图 4-5 所示。对此规律国内外研究者有不同的解释，有学者认为图 4-5 所示 T.O 的增加，与大量铝脱氧产物未能排出钢液而计入 T.O 有关。此外，由式(4-6) 和式(4-7) 可知，脱氧元素加入钢液存在一个最佳的加入量，对金属铝而言，根据数值计算的结果确定的最佳加入量应为 0.01%~0.1%，此时钢中氧含量达到最低，这与图 4-5 中的其他研究结论一致。

铝脱氧生成的脱氧产物为固态 Al_2O_3，其形状有树枝状、多面体、层状和球状，还有簇群状珊瑚体，这种成串的 Al_2O_3 颗粒彼此连接并构成三维空间单元，如图 4-6 所示。

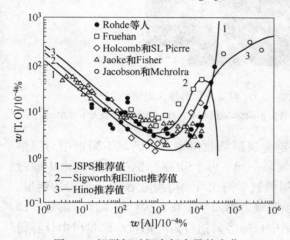

图 4-5　铝脱氧时钢中氧含量的变化

图 4-6　钢中簇群状 Al_2O_3 脱氧产物形貌

研究表明：脱氧产物 Al_2O_3 呈现的形态与钢液中局部或整体的氧活度有关，如图 4-7 所示。文献研究证实，当钢中氧含量小于 0.045%，铝脱氧形成的夹杂为单体颗粒，尺寸为 $1\sim2\mu\text{m}$，此单体氧化铝夹杂物在短时间内不易聚集；当钢中氧含量介于 0.045%~0.078%，脱氧形成的 Al_2O_3 为小颗粒球形夹杂物，在钢中呈随机的聚集态；当钢中氧含量大于 0.078% 时，Al_2O_3 为树枝状或珊瑚状，由于非球形颗粒的表面能更大，因此生长的速率也更快。

在高温钢液中，铝脱氧形成的 Al_2O_3 为固态，钢水搅拌固体颗粒相互碰撞时（包括湍流碰撞、斯托克斯碰撞），由于钢水与 Al_2O_3 颗粒彼此不润湿（1600℃ 时，钢液与 Al_2O_3 耐材之间的接触角为 144°），钢水从颗粒间隙流出，颗粒碰撞后彼此烧结在一起，聚集长大到 $10\sim100\mu\text{m}$，甚至成更大的簇群状氧化铝。大颗粒的氧化铝夹杂物上浮到钢渣界面被液渣吸收，可以降低钢水的总氧含量。

炼钢过程中，金属铝的加入方法有以下两种：

（1）一步法。即在出钢过程中一次性把铝块投入钢包，其加入量取决于钢水温度、吹炼终点氧含量和钢中溶解铝含量的要求。这种加入方法的缺点是烧损大、铝收得率低、钢中溶解铝波动大、较难控制。

图 4-7   不同氧活度下钢中形成的 Al_2O_3 脱氧产物形貌 （电解）

（a），（b）初始氧含量小于 0.0450%；（c）初始氧含量为 0.045%~0.078%；（d）初始氧含量大于 0.078%

（2）两步法。为了控制成本，提高和稳定金属铝的收得率，以满足不同钢中对溶解铝含量的要求，近年来更倾向于采用两步法脱氧。第一步，出钢加铝是脱除钢水中超过 [C]-[O] 平衡的过剩 [O]，又称 Δ[O]，由铝脱氧平衡式可求得脱除 Δ[O] 所需的铝量，将铝块预先加入钢包。上述过程也称钢液的预脱氧。第二步，在二次精炼工序，加铝一部分用来脱除与碳平衡的氧，另一部分为控制钢中目标溶解铝所需的铝量。铝量可由计算得到，以喂铝线的形式加入。该过程称为终脱氧。

对于冶炼低碳铝镇静钢，若 160t 转炉出钢时钢中 [O] 为 0.065%~0.085%，脱除 Δ[O] 所需的铝量为 0.6~0.8kg/t 钢，在精炼工序喂铝线 0.8~1.0kg/t 钢，几乎 90% 的炉次钢中 [Al] 含量可控制在 0.03%~0.05% 之间。

4.3.2   硅脱氧

硅的脱氧能力比锰强，但比铝弱，常用于硅镇静钢。仅当钢中 [Si] 含量在 0.002%~0.007% 范围内及 [O] 含量在 0.018%~0.13% 范围内时，脱氧产物才是液相硅酸铁 （$2FeO \cdot SiO_2$）；而在一般钢种的硅含量（$w[Si]=0.17\%~0.32\%$）范围内，硅的脱氧产物是 SiO_2。硅的脱氧反应为：

$$[Si] + 2[O] \Longrightarrow SiO_2(s)$$

$$\lg K_{Si} = \lg \frac{a_{(SiO_2)}}{a_{[Si]} \cdot a_{[O]}^2} = \frac{1}{f_{Si} w[Si]_\% \cdot f_O^2 w[O]_\%^2} = \frac{30110}{T} - 11.4 \tag{4-16}$$

式中，$a_{(SiO_2)}=1$，而 $f_{Si} \cdot f_O^2 \approx 1$，故有 $w[Si]_\% \cdot w[O]_\%^2 = 1/K_{Si} = K'_{Si}$。

需要说明的是，随着钢中 [Si] 含量的增加，f_{Si} 增加，但 f_O 却减小，二者互为补偿，使得 $f_{Si} \cdot f_O^2 \approx 1$。因此，可以用式（4-16）可估算在特定硅脱氧平衡条件下钢中 $w[O]$，

图 4-8 为计算得到的硅脱氧的平衡图。1600℃下，当硅含量为 0.01% 时，钢中与之平衡的溶解氧量约为 0.04%。由此可见，硅的脱氧能力比铝弱得多。

当钢液中碳由于选分结晶发生偏析时，其浓度高于平衡值，若其脱氧能力与硅相近或高于硅的脱氧能力时，则 [C] 与 [O] 将再度强烈反应，生成 CO 气泡。因此，仅用硅脱氧不能抑制低温下发生的碳脱氧反应，即硅单独使用不能使钢液完全镇静，也不能获得优质的镇静钢或钢坯。为此，需要配合其他脱氧剂联合使用，如 Mn、Al、Ca 等。

硅的脱氧产物为 SiO_2，但很少有钢种只采用硅单独脱氧的。因此，钢中也较难发现纯的 SiO_2 夹杂物，硅脱氧钢中一般都含有锰，即脱氧产物为 SiO_2-MnO 复合夹杂物。由于其在钢水中呈液态或玻璃态，硅系夹杂物通常为球形，也可以为聚集态的点簇状。Miki 等人报道了钢中硅系夹杂物的形貌与成分，如图 4-9 所示。该类型夹杂物在液态钢中呈良好的球形形貌，夹杂物之间彼此粘连，多个小的球形夹杂物可以团聚成大的球形。上述夹杂物平均成分为 $w(SiO_2) = 40\%$，$w(MnO) = 60\%$。

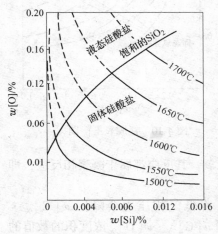

图 4-8 硅脱氧平衡图

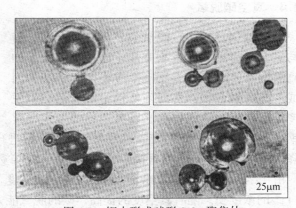

图 4-9 钢中形成球形 SiO_2 聚集体

$(w(SiO_2) = 40\%, w(MnO) = 60\%)$

4.3.3 锰脱氧

锰的脱氧能力较弱，其脱氧产物是由 MnO+FeO 组成的液态熔体或固溶体，与温度及 [Mn] 的平衡浓度有关。$w[Mn]$ 含量增加，脱氧产物中的 $w(MnO)/w(FeO)$ 值增加，其熔点升高，倾向于形成固溶体结构。

锰的脱氧反应为：

$$[Mn] + [O] = MnO(s)$$

$$\lg K_{Mn} = \lg \frac{a_{(MnO)}}{a_{[Mn]} \cdot a_{[O]}} = \frac{1}{f_{Mn}w[Mn]_\% \cdot f_O w[O]_\%} = \frac{15050}{T} - 6.75 \qquad (4-17)$$

锰的脱氧产物是由 MnO-FeO 所组成的，近似于理想溶液，$\gamma_{MnO} = \gamma_{FeO} = 1$。$a_{(FeO)} = w(FeO)_\%$，而 $a_{(MnO)} = w(MnO)_\% = 1 - w(FeO)_\%$。又因为 Fe-Mn 系也是理想溶液，$f_{Mn} = 1$，$f_O = 1$。而钢液中的 [O] 在钢液和脱氧产物中出现再分配：

$$\frac{w[O]_\%}{w(FeO)_\%} = L_O \qquad (4-18)$$

将上述关系式代入锰脱氧反应平衡常数中，可得锰脱氧平衡时氧浓度计算式：

$$w[\text{O}]_\% = \frac{100L_\text{O}}{1 + K_\text{Mn}L_\text{O}w[\text{Mn}]_\%} \tag{4-19}$$

式中，$L_\text{O} = -6320/T + 0.734$。

式（4-19）仅仅适用于形成液熔体的脱氧产物。当 $w[\text{Mn}]$ 很高或温度很低时，可形成固溶体脱氧产物。随着 $w[\text{Mn}]$ 增加及温度降低（K_Mn 增大），平衡氧浓度减小，即锰的脱氧能力增强，而脱氧产物的熔点也相应提高。图 4-10 为锰脱氧的平衡图。在生产镇静钢时锰和其他脱氧剂（如 Si、Al 等）同时加入钢中进行脱氧，可形成含有 MnO 的液态产物，降低了生成物的活度，从而提高其他元素的脱氧能力。

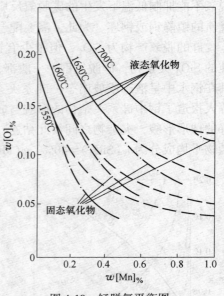

图 4-10　锰脱氧平衡图

4.3.4　真空碳脱氧

常规炼钢过程中，脱氧主要依靠铝、硅、锰等与氧亲和力大的元素来完成。这些脱氧元素加入高温钢液，与溶解氧反应生成不溶于钢液的固态或液态脱氧产物，从而降低钢中氧含量。但脱氧产物不易从钢液中排除，以夹杂物的形式残留在钢中，进而影响钢的性能。使用常规脱氧元素进行脱氧，其反应都属于凝聚相反应，即使降低系统压力，也不能直接影响脱氧平衡反应常数。

由化学反应平衡移动原理可知：在一定温度下，降低气相压力会降低 $w[\text{C}]_\% \cdot w[\text{O}]_\%$ 的浓度积。随着真空度的提高，碳的脱氧能力随 $w[\text{C}]_\% \cdot w[\text{O}]_\%$ 浓度积的数值的降低而增加。1600℃下，标准状态下计算得到的 $w[\text{C}]_\% \cdot w[\text{O}]_\%$ 在 0.0020~0.0025 之间，而在 133Pa 的真空气氛下，碳氧浓度积数值在 0.00002~0.00008 之间，说明在真空条件下碳的脱氧能力几乎增加了 100 倍。研究数据表明，在真空条件下，碳的脱氧能力很强，当真空度为 10^4Pa 时，碳的脱氧能力超过了硅的脱氧能力，而当真空度为 10^2Pa 时，碳的脱氧能力超过了铝的脱氧能力。

真空精炼工艺中，碳脱氧是利用降低脱氧产物 CO 的分压来实现的，其特点是脱氧产物为 CO，不会残留在钢液中，不污染钢液，且 CO 气泡在上浮去除过程中还会吸附钢中的氢、氮和非金属夹杂物，使钢的洁净度提高。此外，采用真空碳脱氧，还可以降低脱氧合金的消耗，有效控制钢的冶炼成本，因此，近年来为企业广泛使用。

真空条件下，碳脱氧的反应可以表示为：

$$[\text{C}] + [\text{O}] =\!=\!= \{\text{CO}\} \qquad \Delta G^\ominus = -20482 - 38.94T \quad \text{J/mol}$$

$$\lg K_\text{C} = \lg\frac{p_\text{CO}}{a_\text{C} \cdot a_\text{O}} = \lg\frac{p_\text{CO}}{f_\text{C}w[\text{C}]_\% \cdot f_\text{O}w[\text{O}]_\%} = \frac{1070}{T} + 2.036 \tag{4-20}$$

计算式（4-20）的平衡常数时，钢液中碳和氧的活度系数，可由表 4-1 中的相关数据，根据钢液的组分计算得出。

表 4-1 j 组元对氧和碳活度的相互作用系数

j	C	Si	Mn	P	S	Al	Cr	Ni	V
e_O^j	−0.45	−0.131	−0.021	0.07	−0.133	−3.9	−0.04	0.006	−0.3
e_C^j	0.14	0.08	−0.012	0.051	0.046	0.043	−0.024	0.012	−0.077

j	Mo	W	N	H	O	Ti	Ca	B	
e_O^j	0.0035	−0.0085	0.057	−3.1	−0.20	−0.6	−271	−2.6	
e_C^j	−0.0083	−0.0056	0.11	0.67	−0.34	−0.038	−0.097	0.24	

一般来说，对于 Fe-C-O 系，当钢中 [C]、[O] 含量降低至较低浓度时，可以假定 f_O、$f_C = 1.0$。温度为 1600℃时，由式 (4-20) 可得：

$$w[O]_\% \cdot w[C]_\% = 0.0024 p_{CO} \tag{4-21}$$

由上式可以计算不同压力下碳的脱氧能力。当碳含量为 0.01% 时，钢中的氧含量为：

$$p_{CO} = 0.001 \text{atm}(101.325 \text{Pa}) \qquad [O] = 2.4 \times 10^{-6}$$

$$p_{CO} = 10^{-5} \text{atm}(1.01 \text{Pa}) \qquad [O] = 0.024 \times 10^{-6}$$

由式 (4-21) 可知，在特定碳含量条件下，铁液中平衡的氧含量与气相中 CO 分压呈正比，随着真空度的提高，碳的脱氧能力也随之增加。图 4-11 为不同真空气氛下碳氧平衡值（注：当钢中碳、氧含量较高时，活度系数不为 1，此时碳氧浓度积要用活度级表示，因此碳氧浓度不再是简单的反比关系）。

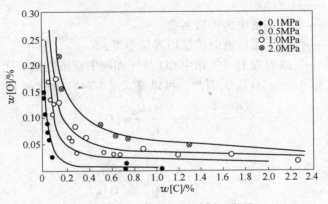

图 4-11 真空条件下的碳氧平衡图

根据上述平衡氧含量，还可以求得与之平衡的气相中的氧分压（p_{O_2}）。氧在钢液中的溶解反应为：

$$[O] \Longrightarrow \frac{1}{2} O_2(g)$$

$$\lg K_O = \lg \frac{p_{O_2}^{1/2}}{a_O} = \lg \frac{p_{O_2}^{1/2}}{f_O w[O]_\%} = \frac{-6120}{T} - 0.151 \tag{4-22}$$

假定 $f_O \approx 1.0$，可得 1600℃下气氛中氧分压与钢中溶解氧含量的关系：

$$p_{O_2} = 14.56 \times 10^{-8} w[O]_\%^2 \tag{4-23}$$

当钢中氧含量为 $2.4 \times 10^{-4}\%$，求得 $p_{O_2} = 8.38 \times 10^{-10} \text{atm}$（1atm = 101325Pa）。为了维持钢中氧含量在 $2.4 \times 10^{-4}\%$ 的水平，气氛中的氧分压必须降低至 $8.38 \times 10^{-10} \text{atm}$。因此，

当气氛中氧分压大于 8.38×10^{-10} atm，气氛将向钢中增氧，小于此值钢液将进一步脱氧。

实践证明：由于钢液中碳氧反应很难达到平衡，且当钢中碳、氧含量降低至一定水平后，氧在钢中的扩散成为限制环节，严重影响了碳氧反应达到平衡的时间。此外，钢液中的碳还参与还原钢中的氧化物夹杂，以及炉衬在真空条件下的分解供氧、顶渣向钢液传氧等因素，生产中碳的脱氧能力远没有达到热力学计算结果的水平，因此，生产实践中真空碳脱氧也只能作为沉淀脱氧的补充手段之一。

在高温条件下，气液界面上化学反应速率很快，因此，碳氧反应不会成为碳脱氧的限速环节。同时，CO 气体通过气泡内气体边界层的传质速率也很快，因此可以认为，气泡内的 CO 气体与气液界面上钢中碳和氧的活度处于化学平衡。这样，碳脱氧的速率就由液相边界层内碳和氧的扩散速率所控制。碳在钢液中的扩散系数比氧大，钢中碳的浓度一般又比氧的浓度高出 1~2 个数量级，因此，氧在钢液侧界面层的扩散是碳脱氧速率的控制环节。

钢中氧浓度的变化速率可以写成：

$$\frac{\mathrm{d}w[\mathrm{O}]_\%}{\mathrm{d}t} = -\frac{A}{V}\frac{D_0}{\delta}(w[\mathrm{O}]_\% - w[\mathrm{O}]_{s,\%}) \qquad (4\text{-}24)$$

式中　$\dfrac{\mathrm{d}w[\mathrm{O}]_\%}{\mathrm{d}t}$——钢中氧浓度随时间的变化；

　　　　A——静止条件下熔池表面积；

　　　　V——钢液体积；

　　　　D_0——氧在钢液中的扩散系数；

　　　　δ——气液界面钢液侧扩散边界层厚度；

　　$w[\mathrm{O}]_{s,\%}$——气液界面上与气相中 CO 分压和钢中碳浓度处于化学平衡的氧含量。

由于 $w[\mathrm{O}]_{s,\%}$ 远小于 $w[\mathrm{O}]_\%$，因此，可以将式（4-24）中的 $w[\mathrm{O}]_{s,\%}$ 选项忽略，即：

$$\frac{\mathrm{d}w[\mathrm{O}]_\%}{\mathrm{d}t} = -\frac{A}{V}\frac{D_0}{\delta}w[\mathrm{O}]_\% \qquad (4\text{-}25)$$

分离变量后积分得：

$$t = -2.303\frac{V}{A}\frac{\delta}{D_0}\lg\frac{w[\mathrm{O}]_{t,\%}}{w[\mathrm{O}]_{0,\%}} \qquad (4\text{-}26)$$

式中，$w[\mathrm{O}]_{t,\%}/w[\mathrm{O}]_{0,\%}$ 的物理意义是钢液经脱氧处理 t 秒后的未脱氧率——残氧率。

假设钢包内径为 160cm，钢包内钢液的高度为 150cm，在液面静止条件下，$A/V = 6.7\times10^{-3}$ cm^{-1}，$D_0/\delta = 0.03$ cm/s，将上述数据代入式（4-26），可求得不同时间内钢中的残氧率。由计算结果可知，达到脱氧率为 90%（残氧率为 10%）所需要的时间为 200min。显然，这个时间对实际脱氧是不能接受的，因此，为了提高脱氧率，必须增加钢液搅拌，即提高钢渣接触面积。

在多数情况下，真空下碳氧反应达不到平衡状态，碳的脱氧能力比热力学计算值要低很多，而且脱氧过程为氧在钢液中的扩散所控制，为了有效提高真空碳脱氧效率，可以采取以下技术措施：

（1）真空碳脱氧前尽可能使钢中氧处于容易与碳结合的状态，如溶解的氧或 Cr_2O_3、MnO 等氧化物。为此，要避免真空处理前使用硅、铝等强脱氧剂对钢液脱氧；此外，为了充分发挥真空的作用，应使钢液面处于无渣或少渣的状态。当有渣存在的情况下，应设法降低炉渣中 FeO、MnO 等易还原氧化物的含量，以避免炉渣向钢液传氧。

（2）为了加速碳脱氧过程，可适当加大惰性载气流量等能改善钢液动力学条件的方法。

（3）在真空碳脱氧后期，可以向钢液中加入适量的铝和硅以实现合金化和终脱氧，碳脱氧作为沉淀脱氧的重要补充手段之一。

（4）为了减少由耐火材料向钢液的传氧量，应选择化学稳定性更好的耐火材料作为钢包内衬材料。

4.4　复合脱氧剂

生产过程中，为了兼顾脱氧效果及脱氧成本，很少单独采用一种脱氧剂进行脱氧处理。此外，有些钢种对非金属夹杂物特性有明确要求，因此选用脱氧剂也要有针对性。

利用两种及两种以上的脱氧元素组成的脱氧剂使钢液脱氧称为复合脱氧（complex deoxidation），复合脱氧对钢中溶解氧含量的影响见图 4-12。可见，复合脱氧较单一脱氧具有更强的脱氧能力。

复合脱氧剂脱氧后可生成多元素氧化物的混合体或化合物，其熔点比单一氧化物低，且容易聚合成尺寸较大的低熔点夹杂物，在钢液中具有较快的上浮速率，能被液态炉渣吸收，从而净化钢液。根据相图可知，组分越复杂，则熔点越低。如纯的 Al_2O_3 熔点为 2150℃，而 $12CaO \cdot Al_2O_3$ 的熔点可降低至 1455℃，$3Al_2O_3 \cdot SiO_2$ 的熔点可降低至 1595℃，$CaO\text{-}Al_2O_3\text{-}SiO_2$ 组成的三元共熔体的最低温度为 1165℃。在复杂化学体系内，非金属夹杂物，如硅酸盐、铝酸盐中各组元之间具有相互结合力，能降低每个脱氧产物（氧化物）的活度，表现为同时使用多种脱氧元素，每个脱氧元素的脱氧能力均增加。

图 4-13 为复合脱氧反应的标准生成自由能与温度的关系。可见，钙显著提高了铝的脱氧能力，且生成物的熔点较低，易于从钢液中排除；金属铝同样提高了硅的脱氧能力，反应平衡常数显著增加。

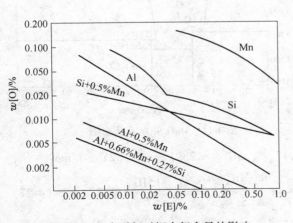

图 4-12　复合脱氧对钢中氧含量的影响

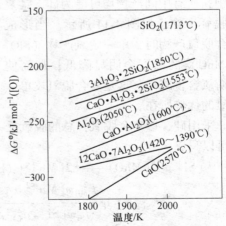

图 4-13　复合脱氧反应的标准生成
自由能与温度的关系

随着炼钢技术的发展及钢水洁净度的提高，脱氧合金成分也在不断优化，表 4-2 为洁净钢生产中使用的高效复合净化剂合金成分。

表 4-2 洁净钢冶炼使用的高效合金成分

产品名称	$w(\mathrm{Si})/\%$	$w(\mathrm{Ca})/\%$	$w(\mathrm{Ba})/\%$	$w(\mathrm{Mg})/\%$	$w(\mathrm{Mn})/\%$	$w(\mathrm{Al})/\%$	$w(其他)/\%$	功　　能
Ca-Al	≤0.6	24~28				70~75	Ti，≤0.7	脱氧、脱硫、夹杂物控制
Ca-Al-Fe		20				25~30		脱氧、脱硫、夹杂物控制
Ba-Al-Fe			20			25~30		夹杂物净化剂
Ba-Al	≤1.0		24~28			70~75		脱氧、脱硫
Ca-Ba-Al-Fe		12~16	12~16			25~30		脱氧、脱硫
Mg-Al-Fe				10~30		30~50		脱氧、脱硫、夹杂物细化
Mg-Al-Mn	≤1.0			5~8	30~35	30~35		脱氧、脱硫、夹杂物控制
Si-Ca-RE	55	10~15				≤1.0	RE，25~30	脱氧、脱硫、夹杂物变性
Si-Ca-Ba	40~50	22~25	5~10			≤1.0		脱氧、脱硫、夹杂物变性
Si-Ca-Ba-Mg	40~50	10~13	10~12	5~8		≤2.0		夹杂物变性
Si-Ca-Ba-Mg-Al	30~40	10~15	10~12	5~8		15~25		脱氧、脱硫、夹杂物变性
Si-Ca-Ba-Mg-Sr	40~50						Sr，4~6	脱氧、脱硫、夹杂物变性
Si-Ca-Ba-Mg-RE	35~45	9~13	8~12	≥5			RE，7~10	脱氧、脱硫、夹杂物变性

4.4.1 硅-锰复合脱氧

采用 Si-Mn 合金脱氧时，可同时发生如下反应：

$$[\mathrm{Si}]+2[\mathrm{O}]=\!=\!=\mathrm{SiO_2(s)} \qquad [\mathrm{Mn}]+[\mathrm{O}]=\!=\!=\mathrm{MnO(s)}$$

同时钢液中还出现下列耦合反应：

$$[\mathrm{Si}]+2(\mathrm{MnO})=\!=\!=2[\mathrm{Mn}]+(\mathrm{SiO_2})$$
$$2(\mathrm{MnO})+(\mathrm{SiO_2})=\!=\!=(2\mathrm{MnO\cdot SiO_2})$$

采用硅、锰复合脱氧，脱氧产物与脱氧元素的平衡浓度有关，可能是纯 $\mathrm{SiO_2}$，也可能是复合脱氧产物 $2\mathrm{MnO\cdot SiO_2}$ 或 $\mathrm{MnO\cdot SiO_2}$。在 MnO-$\mathrm{SiO_2}$ 系相图中，所有中间产物均可能为硅、锰复合脱氧产物，如图 4-14 所示。当形成复合脱氧产物时，单一脱氧产物（$\mathrm{SiO_2}$ 或 MnO）的浓度会明显降低，从而使平衡氧含量减小，这是复合脱氧较单一脱氧的优势所在。

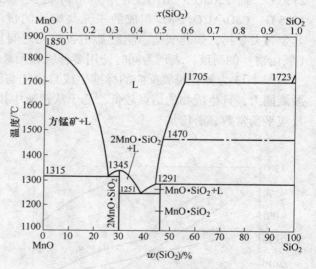

图 4-14 MnO-$\mathrm{SiO_2}$ 系状态图

采用硅、锰复合脱氧，总的脱氧反应可以写成：

$$[\mathrm{Si}]+2(\mathrm{MnO})=\!=\!=2[\mathrm{Mn}]+(\mathrm{SiO_2}) \qquad \Delta G^{\ominus}=-28912-24.32T \quad \mathrm{J/mol}$$

$$\lg K_{\mathrm{Si\text{-}Mn}}=\lg\frac{f_{\mathrm{Mn}}^{2}w[\mathrm{Mn}]_{\%}^{2}a_{(\mathrm{SiO_2})}}{f_{\mathrm{Si}}w[\mathrm{Si}]_{\%}a_{(\mathrm{MnO})}^{2}}=\lg\frac{w[\mathrm{Mn}]_{\%}^{2}a_{(\mathrm{SiO_2})}}{w[\mathrm{Si}]_{\%}a_{(\mathrm{MnO})}^{2}}=\frac{1510}{T}+1.27 \qquad (4\text{-}27)$$

式中，f_{Si}、$f_{\mathrm{Mn}}\approx1$。

由式（4-27）可知，脱氧平衡产物与脱氧后钢液中 $w[\mathrm{Mn}]/w[\mathrm{Si}]$ 的值有关，参见图 4-15。讨论如下：

（1）当 $w[\mathrm{Mn}]/w[\mathrm{Si}]$ 较低时（<2.5），生成的 $\mathrm{MnO\cdot SiO_2}$ 夹杂物中 $\mathrm{SiO_2}$ 含量饱和，

则会析出单独的 SiO_2。SiO_2 熔点高，脱氧产物固液共存，在钢中上浮困难，容易造成铸坯的渣斑缺陷，严重时会形成"热点"漏钢。此外，固液共存的夹杂物还会影响钢水可浇性，造成水口蓄流。

（2）当 $w[Mn]/w[Si]$ 较高时（≥4.0），生成液态 $MnO \cdot SiO_2$ 或 $2MnO \cdot SiO_2$。液态夹杂物在钢中更容易聚合长大，从而增加其上浮去除几率。当钢中 $w[Mn]/w[Si]$ 较高时，钢水可浇性显著改善，水口蓄流倾向减弱。

对特殊用途的中高碳长材产品，如硬线钢、弹簧钢等，为了避免 Al_2O_3 夹杂物的不利影响，生产中一般仅用硅、锰复合脱氧，以控制夹杂物形态，使其拥有更好的塑性。为了实现上述目标，可以通过控制钢中 $w[Mn]/w[Si]$ 比值，以生成 $MnO \cdot SiO_2$ 或锰铝榴石（$3MnO \cdot Al_2O_3 \cdot 3SiO_2$）。这两种脱氧产物在炼钢温度下均具有较低的熔点、较低的黏性以及良好的上浮性，有利于提高钢液洁净度，而 $MnO \cdot SiO_2$ 则具有良好的热变形和拉拔性。

尽管如此，限于元素的脱氧能力，钢液采用硅、锰复合脱氧，反应平衡时钢中溶解氧含量较高，见图4-16。钢水浇注时，从钢包到结晶器钢水温度从1625℃下降至1525℃，与硅、锰平衡的溶解氧要析出一部分。析出的氧一部分与钢中的硅、锰元素发生反应，生成 $MnO \cdot SiO_2$ 夹杂物，另一部分与钢中的碳反应生成 CO 气泡使铸坯形成皮下针孔缺陷。

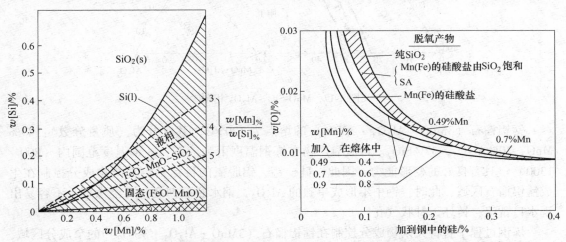

图4-15 $w[Mn]/w[Si]$ 值与脱氧产物组成的关系　图4-16 1600℃下硅、锰脱氧平衡时钢中 [Si]、
　　　　　　　　　　　　　　　　　　　　　　　　　　　　　[Mn]、[O] 含量的关系

为了降低硅、锰脱氧钢中的溶解氧含量，防止钢水凝固过程中发生二次氧化，生产中一般在脱氧后采用在 LF 炉中造还原渣（白渣）的方法，通过氩气搅拌，依靠钢渣间的扩散脱氧来降低钢中溶解氧。

对于硅、锰脱氧钢，钢中的溶解氧控制在 0.001%~0.002% 范围内，可以防止水口蓄流，铸坯皮下气孔数量明显减少。为了实现上述目标，可采用如下措施：（1）控制 $w[Mn]/w[Si]$ 值在 2.5~5.0 之间；（2）最大限度地控制合金中带入的铝量，使钢中的溶解铝小于 0.003% 以下；（3）控制 LF 白渣精炼时间，减少 $MgO \cdot Al_2O_3$ 的生成。

4.4.2　硅-锰-铝复合脱氧

采用硅锰脱氧，钢中与之平衡的溶解氧含量较高，钢在凝固过程中易形成皮下气孔，影响铸坯质量。除了在 LF 炉内采用长时间白渣精炼之外，还可以在硅锰脱氧的基础上加少量铝实现深脱氧。

采用硅、锰、铝脱氧，可以形成的脱氧产物包括：蔷薇辉石（2MnO·2Al$_2$O$_3$·5SiO$_2$）、锰铝榴石（3MnO·Al$_2$O$_3$·3SiO$_2$）、纯 Al$_2$O$_3$，见图 4-17。

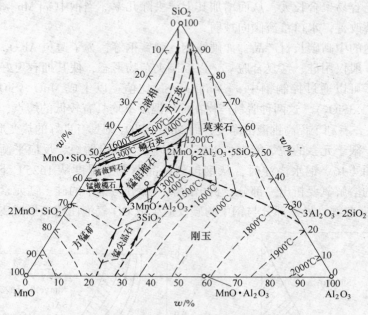

图 4-17　MnO-SiO$_2$-Al$_2$O$_3$ 相图

锰铝榴石（3MnO·Al$_2$O$_3$·3SiO$_2$）的熔点为 1205℃，其成分为（质量分数）：43% MnO，20%Al$_2$O$_3$，37%SiO$_2$。该脱氧产物在炼钢温度下为液态，轧钢温度范围内（800～1300℃）具有良好的变形能力。因此，硅、锰、铝脱氧的目标是将夹杂物成分控制在生成锰铝榴石区域，此时，钢中不形成单独的 Al$_2$O$_3$，钢水脱氧彻底，可浇性好，不容易出现水口蓄流，铸坯无针状气孔。

炼钢过程中若将夹杂物成分控制在锰铝榴石（3MnO·Al$_2$O$_3$·3SiO$_2$）的窄成分区域，需要精确控制钢中［Mn］、［Si］、［Al］含量。图 4-18 为计算得到的硅锰铝复合脱氧产物与［Al］、［Si］含量的关系。由图可知：1600℃，当钢中［Mn］含量为 0.45% 时，［Si］含量在 0.01%～0.1% 之间，控制［Al］含量为 0.0004%～0.0006% 之间可以得到脱氧产物为锰铝榴石（3MnO·Al$_2$O$_3$·3SiO$_2$），当［Al］含量大于 0.001% 即会形成 Al$_2$O$_3$ 夹杂物。

生产试验表明，对低碳低硅钢（w[C] = 0.03%～0.15%，w[Si] = 0.04%～0.06%），当钢中［Al］含量小于 0.005%，板坯表面形成针孔（直径 2～3mm、深 2～5mm），［Al］含量大于 0.005%，连铸水口蓄流的频率增加，且热轧板卷上条状缺陷增加，说明此时钢中形成了 Al$_2$O$_3$ 硬质夹杂物。

4.4.3　铝-镁复合脱氧

金属铝具有强的脱氧能力，但脱氧产物氧化铝熔点高、硬度大，在钢中易聚合成簇群状，严重影响钢的基础性能。为此，需要对铝脱氧钢中氧化铝夹杂物进行变性处理，降低

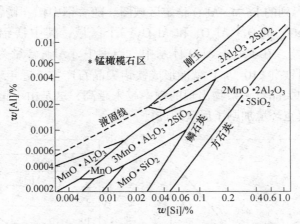

图 4-18　硅锰铝脱氧时脱氧产物与浓度的关系（1600℃，$w[Mn]=0.45\%$）

其对钢材性能的危害。夹杂物变性处理包括钙处理、稀土处理、镁处理等。

金属镁是良好的脱氧剂。纯镁的熔点为 648℃，沸点为 1090℃，密度 1.738g/cm³，加入钢液后会迅速挥发，形成镁蒸气。标态下，镁的平衡蒸气与温度的关系为：

$$\log p_{Mg} = -\frac{6818}{T} + 6.990 \quad kPa \tag{4-28}$$

1600℃时，计算得到镁蒸气压为 2238kPa。为了降低镁加入钢液时的挥发和逃逸，近年来人们制备了各种缓释镁合金（如 FeAlMg 合金、NiMg 合金等），有效解决了镁加入钢液的难题，提高了金属镁的利用效率。

铝脱氧钢中加入金属镁，可能发生如下化学反应：

$$2[Al] + 3[O] = Al_2O_3(s) \qquad \Delta G^{\ominus} = -867500 + 222.5T \quad J/mol \tag{4-29}$$

$$[Mg] + [O] = MgO(s) \qquad \Delta G^{\ominus} = -90000 - 82.0T \quad J/mol \tag{4-30}$$

$$MgO(s) + Al_2O_3(s) = MgO \cdot Al_2O_3(s) \qquad \Delta G^{\ominus} = -20682 - 11.57T \quad J/mol \tag{4-31}$$

$$3[Mg] + MgO \cdot Al_2O_3(s) = 4MgO(s) + 2[Al] \quad \Delta G^{\ominus} = -965000 + 335.2T \quad J/mol \tag{4-32}$$

$$3[Mg] + 4Al_2O_3(s) = 3MgO \cdot Al_2O_3(s) + 2[Al]$$
$$\Delta G^{\ominus} = -1040200 + 331.0T \quad J/mol \tag{4-33}$$

由于钢液中各组元浓度很低，遵循亨利定律。选用1%极稀溶液为标准态，组元活度系数与元素相互作用系数采用瓦格纳推荐的经验式表示：

$$\log f_i = \sum_{j=2}^{n} e_i^j w[j]_\% + \sum_{j=2}^{n} r_i^j w[j]_\% + \sum_{j=2}^{n} \sum_{k=2}^{n} r_i^{j,k} w[j]_\% w[k]_\% \tag{4-34}$$

通过线性组合得到稳定区域转化的边界方程及标准吉布斯自由能数据，使用 MATLAB 可绘制出金属镁脱氧平衡和 Fe-Mg-Al-O 体系稳定区域图。

图 4-19 为计算得到的金属镁脱氧平衡图。可见，Mg 脱氧能力极强，当钢中 [Mg] 为 $1\times10^{-3}\%$ 时，溶解氧可以降至 $2\times10^{-4}\%$ 左右，镁脱氧平衡图与国内外研究结果基本一

致。图 4-20 为计算得到的 Fe-Mg-Al-O 稳定区域图。随着钢中铝、镁含量的变化，脱氧平衡产物可以分为 MgO、MgO·Al₂O₃ 和 Al₂O₃ 三个区域，其中镁铝尖晶石相（MgO·Al₂O₃）稳定区域较宽。在 Fe-Mg-Al-O 体系中，当钢中 $[Al]_s$ 含量为 $0.01\% \sim 0.1\%$ 范围内变化时，钢中微量镁（$<10^{-4}\%$）就能形成镁铝尖晶石产物。近年来，随着真空精炼技术的普遍使用，钢中尖晶石夹杂物出现的频率越来越高，这是由于钢中铝还原 MgO 质耐火材料的结果，且真空环境加剧了反应的进行。

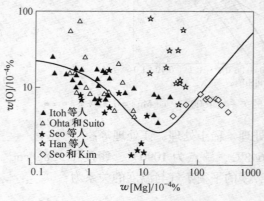

图 4-19　Mg 脱氧平衡图（1873K）

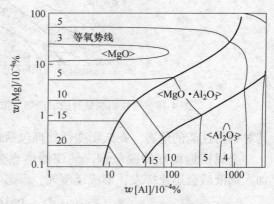

图 4-20　Fe-Mg-Al-O 系稳定区域图（1873K）

　　金属镁对氧化铝夹杂物的变质速度极快（实验证明，3min 内钢中几乎全部为尖晶石），这是由于金属镁加入钢液能迅速形成大量镁气泡。镁气泡上升过程中可吸附固态氧化铝颗粒，由于表面张力的作用，夹杂物颗粒极易被卷入气泡内。在密闭的气泡中，镁蒸气压力极高，可将氧化铝快速还原成镁铝尖晶石或氧化镁。当气泡消耗殆尽或破裂后，夹杂物再次进入钢液。试样冷却过程中，镁铝尖晶石或氧化镁可作为硫化物的形核核心，从而形成了 Mg-Al-O-S 系夹杂物。镁处理夹杂物变质过程示意图如图 4-21 所示。

　　镁处理对铝脱氧钢的作用效果主要体现在脱氧产物细化方面。图 4-22 是铝镁复合脱氧实验得到的夹杂物粒径随时间的变化图。Al 脱氧 5min 时，钢中粒径为 $0.8 \sim 1.0\mu m$ 夹杂物占 29.48%，尺寸小于 $2\mu m$ 的夹杂物达到了 80.23%。加镁脱氧 1min 时，

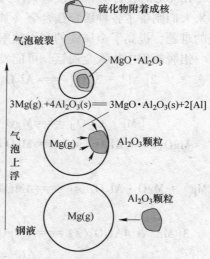

图 4-21　钢中镁气泡与氧化铝
颗粒间的反应过程

粒径为 $0.8 \sim 1.0\mu m$ 的夹杂物比例增加至 32.82%，$2\mu m$ 以下的夹杂物比例上增加至 86.82%；5min 时粒径为 $0.8 \sim 1.0\mu m$ 的夹杂物比例上升为 37.41%，小于 $2\mu m$ 的夹杂物达到 90.55%；10min 后基本不再变化。随着反应时间的推移，钢中夹杂物明显细化，小尺寸夹杂所占比例上升，大尺寸夹杂所占比例下降。结合 SEM-EDS 分析结果，夹杂物弥散化的原因归因于钢中 Al₂O₃ 转变为 MgAl₂O₄。

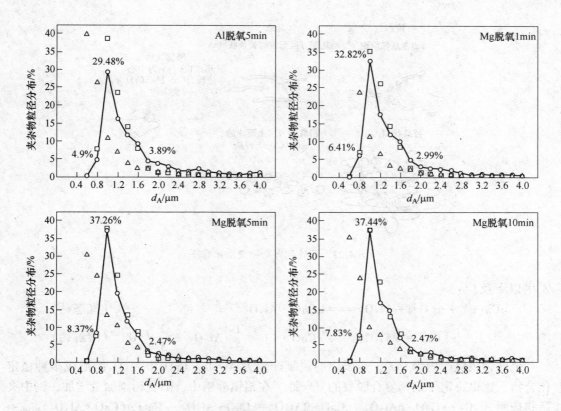

图 4-22 铝镁复合脱氧钢中夹杂物粒径随时间的变化

4.4.4 铝-钙复合脱氧

铝钙复合脱氧在炼钢过程中比较常用，也是处理铝镇静钢水口结瘤的主要方法。采用铝强脱氧后，钢中会残留大量簇群状氧化铝夹杂物，流经水口会发生夹杂物的沉积现象，从而堵塞水口，造成断浇。此外，硫化物具有显著的热脆倾向，轧制过程会形成长条状的 MnS，降低钢的横向性能。因此，在铝脱氧钢中加入金属钙，其目标是控制脱氧产物（或硫化物）转变为可变形的塑性铝酸钙（$C_{12}A_7$），从而降低氧化铝和 MnS 夹杂物对钢性加工性能的危害，如图 4-23 所示。

钙是一种活泼金属，是一种比铝脱氧能力更强的脱氧剂。纯钙的熔点为 (839 ± 2)℃，沸点为 1484℃，密度为 $1.54g/cm^3$。因此，钙加入钢液，很快气化形成钙蒸气。标态下，钙的平衡蒸气与温度的关系为：

$$\lg p_{Ca} = -\frac{8920}{T} - 1.39\lg T + 11.58 \quad \text{kPa} \tag{4-35}$$

1600℃时，计算得到金属钙的蒸气压为 186.2kPa。由于钙的蒸气压较大，为了保证钙的收得率，一般将金属钙做成 CaFe、SiCa、CaAl 合金，通过喂线的方法加入钢液，提高了钙的加入效率。对于低碳铝镇静钢，采用钢包喂线技术，将钙线喂入钢液深处，一部分金属钙气化形成气泡群，另一部分金属钙溶解在钢中，两部分钙

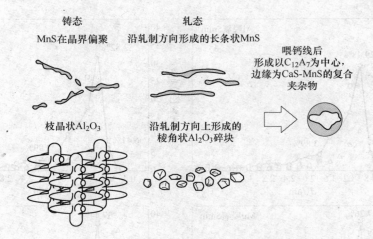

图 4-23　钙处理夹杂物变质示意图

发生以下反应：

$$nCa(g) + n[O] + Al_2O_3 == nCaO \cdot Al_2O_3 \qquad\qquad (\text{气态钙})$$

$$x[Ca] + yAl_2O_3 == xCaO \cdot (y - \frac{1}{3})Al_2O_3 + \frac{2}{3}x[Al] \quad (\text{溶解钙})$$

金属钙脱氧产物为 CaO，金属铝的脱氧产物为 Al_2O_3。CaO 和 Al_2O_3 能形成多种稳定化合物，这也决定了铝钙复合脱氧的复杂性。在铝镇静钢中，随着钙添加量增加，钢中夹杂物按照 $Al_2O_3 \rightarrow CaO \cdot 6Al_2O_3 \rightarrow CaO \cdot 2Al_2O_3 \rightarrow CaO \cdot Al_2O_3 \rightarrow CaO \cdot (CaO \cdot Al_2O_3)_{饱和} \rightarrow$ $(xCaO \cdot yAl_2O_3) + 液态 \rightarrow CaO_{饱和}$ 的顺序转变。各种铝酸钙夹杂物的物理化学性质见表 4-3。

表 4-3　各种铝酸钙夹杂物的物理性质

夹杂物	$w(CaO)/\%$	$w(Al_2O_3)/\%$	熔点/℃	密度/kg·cm^{-3}	显微硬度/kg·mm^{-2}	晶体结构
Al_2O_3	0	100	2050	3.96	3750	三角系
CaO	100	0	2570	3.34	400	立方系
CaS			2524	2.59		立方系
CA_6	8	92	1833	3.38	2200	立方系
CA_2	22	78	1775	2.91	1100	单斜晶系
CA	35	65	1605	2.98	930	单斜晶系
$C_{12}A_7$	48	52	1455	2.83		立方体
C_3A	62	38	1535	3.04		立方体

由表 4-3 可知，在炼钢温度下仅有 $C_{12}A_7$ 与 C_3A 脱氧产物为液态。在熔点最低的 $C_{12}A_7$ 中 Ca/Al 质量比为 1.27，因此只有当脱氧产物中 Ca/Al 质量比大于 1.27，才可以获得理想的夹杂物变质效果。当生成的液相夹杂物数量较少时，称为"欠处理"，当钢中出现单独氧化钙时，称为"过处理"。只有钙处理程度适中时，Al_2O_3 才能转变为液态铝酸钙（$12CaO \cdot 7Al_2O_3$）。

对于铝钙复合脱氧而言，脱氧产物的组成与钢液中 [Al]、[Ca] 密切相关。图 4-24

为 Hino 等人计算得到 1600℃下铝钙复合脱氧平衡图。可见，当钢中 [Al] 含量一定情况下，随着钢中 [Ca] 含量的增加，脱氧产物组成经由 CA$_6$、CA$_2$、CA 进入液相区。

需要说明的是：在炼钢温度下钢中钙的溶解是有一定限度的。参考相关热力学数据，1600℃时，钙在碳饱和铁液中的最大溶解度为 0.018%～0.031%。结合图 4-24 可知，当钙的加入量较高时，钢中可能析出纯 CaO 夹杂物。

铝钙处理时，判定 Al$_2$O$_3$ 夹杂物是否转变完全，可以通过以下途径实现：

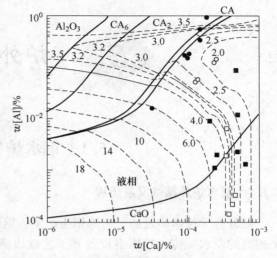

图 4-24　铝钙复合脱氧平衡图（1600℃）

（1）用铝酸钙中 $w(CaO)/w(Al_2O_3)$ 比值判断。当夹杂物中 $w(CaO)/w(Al_2O_3)$ 为 0.92～1.63 时，说明 Al$_2$O$_3$ 变性好，C$_{12}$A$_7$ 中 $w(CaO)/w(Al_2O_3)$ 为 0.92，C$_3$A 中 $w(CaO)/w(Al_2O_3)$ 为 1.63。

（2）用钢中总钙含量与钢中溶解铝之比判断。试验指出，当 $w[T.Ca]/w[Al]$ 为 0.10～0.14 时，可以防止水口堵塞，说明大部分 Al$_2$O$_3$ 已转变为塑性铝酸钙。钢中 [Ca] 含量较低，测定困难，因此可以测定总钙含量（[T.Ca]=[Ca]$_溶$+[Ca]$_{夹杂}$）来表征钢中钙含量。

（3）用钢中总氧和总钙含量的比值来监控夹杂物变性程度。试验指出，当 $w[T.Ca]/w[T.O]>0.6$ 时，生成铝酸钙为 CA 和液态 C$_{12}$A$_7$，当 $w[T.Ca]/w[T.O]>0.77$ 或更大时，可生成更多的 C$_{12}$A$_7$。

（4）用钢中总氧含量来判定钙处理效果。对碳锰钢进行钙处理后，钢中总氧明显降低，T.O 含量越低，说明生成 C$_{12}$A$_7$ 的比例越高。

思 考 题

4-1　钢中氧的危害有哪些？

4-2　钢液脱氧方式有哪几种？

4-3　比较单一脱氧剂的脱氧能力大小。

4-4　脱氧反应动力学有哪些步骤组成？试分析其中的限制环节。

4-5　影响脱氧产物长大的因素有哪些？

4-6　根据 Stokes 定律，分析影响脱氧产物上浮去除的影响因素。

4-7　试比较金属铝、硅和锰的脱氧能力。

4-8　试比较金属铝和真空碳脱氧能力的差异。

4-9　如何控制 Si-Mn 复合脱氧产物处于液相区？

4-10　试论述镁脱氧过程和氧化铝变质机理。

4-11　铝钙复合脱氧产物有哪些，如何控制脱氧产物组成？

5 炉外精炼与原料

5.1 钢水炉外精炼概述

5.1.1 钢水炉外精炼发展历程

随着科学技术的发展，对炼钢生产率、钢的成本、钢水洁净度以及产品性能提出了越来越高的要求，传统的炼钢设备和工艺难以满足上述要求，因此催生了钢水二次精炼技术。所谓"钢水二次精炼（Secondary Refining）"，就是将转炉或电炉中初炼过的钢液移到另一个容器中进行二次精炼的过程，与铁水预处理一样，钢水二次精炼已成为洁净钢生产中必不可少的关键工序。一般来说，又将铁水预处理和钢水二次精炼统称为炉外精炼。

炉外精炼的发展历程是与钢材性能以及钢水洁净度需求相适应的。1933年，法国人佩兰（Perrin）在出钢的过程中使用了高碱度合成渣对钢液进行"渣洗脱硫"，这是炉外精炼技术的萌芽。1950年，联邦德国开发了钢液真空处理（DH）技术，成功脱除了钢中的氢以防止"白点"。

20世纪60年代到70年代是钢水炉外精炼发展的繁荣时期，这与洁净钢生产概念的提出密切相关，各工业、建筑、军事、交通行业对钢材质量和性能提出了越来越严格的要求。这个时期，炉外精炼技术的发展发生了三个根本性的变化：

第一，钢水精炼最初的目的是为了解决冶炼炉不能顺利生产的高质量钢种，它逐步成为大部分品种生产和全面提高质量的不可缺少的手段，并将传统钢铁流程"高炉—转炉/电炉—模铸"成功演变为"高炉—铁水预处理—转炉/电炉—二次精炼—连铸"。

第二，炉外精炼技术不仅可以减少硫、磷等有害元素及氢、氧、氮等有害气体及夹杂物，使连铸生产更加稳定，减少工艺与质量事故，而且越来越显示出协调生产节奏、优化工序衔接的关键作用。新日铁大分厂不建初轧开坯，实行全连铸生产，其生产初期全部钢水进行RH真空处理，对确保全连铸生产的质量与工艺稳定起到了保证作用。炉外精炼技术的发展在很大程度上促进了连铸技术的迅速发展。以日本为例，1973年连铸比为26%，精炼比为4.4%；1983年连铸超过75%，精炼比达到48%；1989年连铸比为95%，精炼比上升为75%（其中真空精炼比高达55%以上）。

第三，炉外精炼形成了真空和非真空两大系列技术。这个时期真空处理方法有：用于超低碳不锈钢生产的VOD/VAD技术；用于生产不锈钢、轴承钢的ASEA-SKF技术；用于生产超低碳钢的RH-OB技术等。非真空处理的方法有：用于低碳不锈钢生产的氩氧精炼炉（AOD）；配合超高功率电弧炉，替代电炉还原气对钢水进行精炼的LF钢包炉及后来配套发展的VD技术；喷射冶金技术（主要包括SL、TN、KTS和KIP等）；包芯线技术；加浸渍罩的钢包吹氩技术（SAB、CAB、CAS等）。这个时期，铁水预处理技术也得到了迅速发展。它和炉外精炼技术前后呼应，有效分工，形成了系统的炉外处理技术，使钢铁生产流程的优化重组得以完成。

20 世纪 80 年代至今，炉外精炼技术已成为衡量现代钢铁生产水平和钢铁产品质量水平的重要标志，其发展也朝着功能更加全面、效率更高、冶金效果更佳的方向发展。这一时期有代表性的技术有：钢水 RH-KTB、RH-MFP 技术，钢水 RH-IJ 真空脱磷技术，PH-PB、WPB 真空脱硫技术，V-KIP 技术，铁水专用炉脱磷技术，铁水提钒预处理技术等。

为了使各个工序之间更好地衔接，充分发挥炉外精炼的作用，转炉钢水的精炼设备普通的匹配原则是：精炼炉的容量略大于初炼炉的出钢量，而精炼周期应小于炼钢与连铸的生产周期，以保证炼钢与连铸工序间具有适当的缓冲能力。各种常见的炉外精炼装置及性能对比如表 5-1 所示。目前，世界上炉外精炼设备发展很快，据不完全统计，总数已经超过一千多台。从炉外精炼设备的发展情况看，具有加热功能、投资成本较少的 LF 钢包炉配备最多，而 RH 循环脱气装置成为高品质钢种开发必备的二次精炼装置。

表 5-1 主要炉外精炼装置的工艺目标

工艺	辅助原料	升温方法	C	P	S	O	N	H	Cr	脱气
LF/VD	CaO	电热 ·	○	○	√	√	○			√
AOD		吹氧	√		√					√
ASEA-SKF	CaO	电热	○		√	√	○		○	
VOD	CaO	铝热	√		√	○	○	○	√	
VAD	CaO	电热	√		√	○				√
DH			○		√	○				
RH			√		√	√				√
VD			√		√	√				√
LF					√					
DH-OB			√			√				
SL					√					
WF					√					
SD										√
RH-OB/PB	CaO	铝热	√	○	○			√	○	
RH-KTB/KPB	CaO	铝热	√					√	○	
RH-MFB		铝热	√					√		
RH-MESID	CaO	铝热	√	○	○			√	○	

注：精炼深度：强√，弱○。

5.1.2 钢水炉外精炼发展方向

炉外精炼技术的发展经历了一个开发、完善、成熟的过程，从洁净钢发展趋势看，炉外精炼技术的发展方向应涵盖以下几个方面：

（1）多功能化。炉外精炼设备的多功能化是提高炉外精炼设备利用效率的最显著特征。将功能单一的设备发展为具有多种处理功能的组合体是炉外精炼装备的发展趋势。如在 LF-VD、CAS-OB、IR-UT、RH-OB、RH-KTB 的基础上,增加喂合金线(铝线、稀土线),合金包芯线(Al-Ca 线、Ca-Si 线、Fe-B 线等)功能等,不仅可以适应不同品种钢生产的需要,且提高了炉外精炼设备的适应性,提高了设备的作业率,在生产中更加灵活、全面。

(2)技术不断开发和完善。主要有各种挡渣技术(如气动挡渣器、挡渣塞、挡渣球、电炉偏心炉底出钢、滑动水口等),与之配套的下渣检测技术(电感型传感器、振动型传感器、远红外传感器等);高寿命钢水精炼用耐材及耐材的热喷补技术和装备;真空动密封技术与材料;适用于转炉预处理的高供气强度底吹元件与技术;以洁净钢炉外处理所需要的钢水成分痕量元素分析技术为重点的先进冶金分析技术;以炉外处理为重点的计算机生产管理、物流控制技术等。应当看到,上述技术已变成炉外处理系统工程中不可分割的重要组成部分,在完善与发展中推动着炉外精炼技术的进步。

(3)炉外精炼的发展方向始终要为钢铁产业高效、节能、绿色制造的总体目标服务。炉外精炼实现了对钢铁生产流程的重大变革,大幅度提高了整个流程的生产效率,朝紧凑化方向的发展。从全流程上看,节能降耗的作用,尤其是高附加值品种生产中的作用,已较被广泛接受,但对全量铁水预处理、全部钢水 RH 真空处理的经济性仍有争议。炉外处理降低了废弃物排放量,部分二次资源得以有效再利用,在相当程度上促进了钢铁行业的可持续发展。毫无疑问,炉外精炼技术已成为现代钢铁生产先进水平的重要标志之一。

(4)炉外精炼技术的发展不断促进钢铁生产流程优化重组、不断提高过程自动控制和冶金效果在线监测水平。例如,LF 钢包精炼技术促进超高功率电炉生产流程优化;以转炉作为铁水预处理最佳设备的综合技术发展,对改变钢铁厂工厂设计与流程将具有良好的前景;AOD、VOD 实现了不锈钢生产流程优质、低耗、高效化的变革等。突出的流程优化重组实例说明了这一技术发展的重要作用。现代的炉外处理装备由于以高生产效率、与连铸良好的衔接匹配及优良的冶金效果为优化的目标,因而必须不断优化自身流程,提高与冶炼炉及下游各衔接工序之间进行过程管理的自动控制水平,加强冶金效果的在线监测和优化控制数模应用等。

5.2　钢水二次精炼原理与分类

钢铁冶金流程中,为了提高生产效率,创造最佳的冶金反应条件是一项重要的任务。所能采用的基本手段包括加热、搅拌、真空、渣洗、喷吹等,而目前广为利用的炉外精炼方法也都是上述手段的不同组合。

5.2.1　搅拌法

对反应器中的金属液(铁水或钢液)进行搅拌,是炉外精炼最基本、最重要的手段。它是通过外部手段给金属液提供动能,促使其在精炼反应器内强制对流。搅拌可以改善冶金反应动力学条件,强化反应体系的传质和传热,加速冶金反应,均匀钢液成分和温度,有利于钢中杂质上浮排除、净化钢水。关于搅拌,根据采用的方式可分为机械搅拌、吹氩搅拌、电磁搅拌和循环搅拌等,其原理如图 5-1 所示。

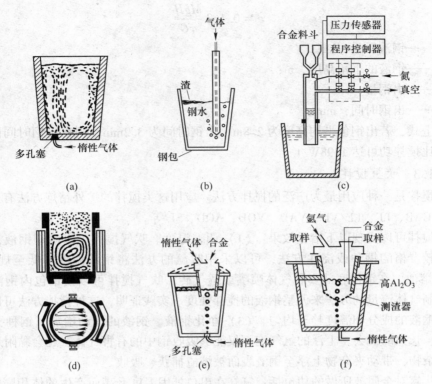

图 5-1　常用炉外精炼搅拌工艺示意图

（a）底吹氩气搅拌；（b）插入式吹气搅拌（SL）；（c）脉动混合搅拌（PM）；
（d）电磁搅拌；（e）封顶搅拌（CAB）；（f）密封吹氩（CAS）

5.2.1.1　机械搅拌

机械搅拌具有设备简单、搅拌效率高、操作方便等优点。由于钢铁冶金过程温度较高，很少选用简单的机械搅拌作为提高反应动力学的手段，仅有铁水预处理的 KR 法是一种典型的机械搅拌方法，详见本书第 2 章。

5.2.1.2　重力搅拌

利用钢流的冲击，可以在不增加设备的条件下，产生非常剧烈的搅拌。但是，这种搅拌是从属于其他工艺过程而出现的，因此搅拌时间取决于其他工艺的时间，搅拌强度也较难控制或调节。它只适合于需要转盛钢液（出钢、换包、浇注等）的特定工艺场合，很难作为一种专门的手段被广泛采用。

利用大气压力和重力搅拌钢液的炉外精炼方法有 RH、DH 法。它们利用大气压力将钢包中待处理的钢液压入真空室，处理接受后的钢液再借助重力返回钢包，并利用返回钢流的动能搅动整个钢包。这类搅拌的特点是不需要增设搅拌的附加设备，但其应用具有一定的局限性。

现在常用单位时间内向 1t 钢液（或 1m³ 钢液）提供的搅拌能量来描述搅拌特征，称为能量耗散速率，或称比搅拌功，用符号 $\dot{\varepsilon}$ 表示，单位是 W/t 或 W/m³。重力搅拌的比搅拌功（$\dot{\varepsilon}$）可按下式计算：

$$\dot{\varepsilon} = 0.163 \frac{MgH}{\tau G} \tag{5-1}$$

式中　M——钢液质量，kg；

　　　H——钢液的下落高度，m；

　　　G——出钢量，t；

　　　τ——出钢时间，min。

根据上式，若出钢包平均高度为 2.8m，出钢时间为 3.2min，则在出钢时间内，钢包内的平均比搅拌功可达 1398W/t。

5.2.1.3　吹氩搅拌

吹氩搅拌是一种应用最为广泛的搅拌方法。应用这类搅拌的炉外精炼方法有：钢包吹氩、CAS/CAB、LF、LF/VD、VAD、VOD、AOD、SL 等。

吹氩搅拌可以实现以下冶金效果：（1）调整温度。吹气搅拌可以冷却钢液，对于浇注温度比较严格的钢种或浇注方法，可以采用吹氩的办法将钢液温度降低至规定要求。（2）混匀熔池。在钢包底部安装气体喷嘴或透气砖，吹气搅拌可以使钢包内钢液产生环流，用控制气体流量的方法来调整钢液的搅拌强度。实践证明，这种搅拌方法可以在短时间内促使钢液的成分和温度趋于均匀。（3）净化钢液。钢液的搅动增加了钢种夹杂物碰撞、聚合、长大的机会。上浮的氩气泡不仅能够吸收钢中的有害气体，还会黏附悬浮于钢液中的夹杂物，带动夹杂物上浮至钢渣表面被熔渣捕获、吸收。

钢包吹氩对金属液所做的功包括：氩气在出口处因温度升高而产生的体积膨胀功 W_t，氩气在金属液中因浮力所做的功 W_b，氩气从出口前的压力降至出口压力时的膨胀功 W_p，氩气吹入时的动能 W_e。由上述计算值比较可知，W_t 和 W_b 较大，而 W_p 和 W_e 较小，可以忽略。根据相关资料，氩气对钢液的比搅拌功可以用式（5-2）计算：

$$\dot{\varepsilon} = \frac{6.2QT_L}{W}\left[1 - \frac{T_G}{T_L} + \ln\left(1 + \frac{H_0}{1.46 \times 10^{-5}p_s}\right)\right] \tag{5-2}$$

式中　Q——氩气流量，m³/min；

　　　W——钢液重量，t；

　T_G，T_L——分别为气体与钢液的温度，℃；

　　　H_0——钢液深度，m；

　　　p_s——钢液面的压力，Pa。

均混时间 τ 是一个最常用的描述吹氩搅拌效果的指标。其定义如下：在被搅拌的熔池内，从加入示踪剂到它在熔体中均匀分布所需的时间。如设 C 为某一特定的测量点所测得的示踪剂浓度，按测量点与示踪剂加入点相对位置的不同，当示踪剂加入后，C 逐渐增加或减小。设 C_∞ 为完全混合后示踪剂的浓度，则当 $C/C_\infty = 1$ 时，就达到了完全混合。实测发现，当 C 接近 C_∞ 时，变化非常缓慢。因此，为了保证所测得混匀时间的精确，规定 $0.95 < C/C_\infty < 1.05$ 为完全混合，即允许有±5%以内的不均匀性。

不难理解，熔池被搅拌得越剧烈，混匀时间就越短。由于大多数冶金反应速率的限制环节是传质过程，因此，混匀时间与冶金反应速率存在必然的联系。如果能将描述搅拌能力的比搅拌功率与混匀时间定量地联系起来，就可以比较明确地分析吹氩搅拌与冶金反应之间的关系。中西恭二等人最早发现在钢包精炼过程中比搅拌功（$\dot{\varepsilon}$）与混匀时间 τ 的对应关系，即：

$$\tau = 800 \dot{\varepsilon}^{-0.4} \tag{5-3}$$

由式可知，随着比搅拌功的增加，混匀时间缩短，即强化搅拌可以加速熔池的传质过程，降低熔池混匀时间。可以推断，在所有以传质为限制环节的冶金反应体系中，均可以借助增加比搅拌功的措施来提高反应速率。

5.2.1.4　循环搅拌

RH 或 DH 真空脱气时会对钢液产生剧烈的搅拌，也称为"吸吐"搅拌。真空脱气时，钢包中钢液搅动所消耗的能量，可以近似等于下降管流入钢包钢液的总动能。其比搅拌功为：

$$\dot{\varepsilon} = 83.5 \frac{u^2 Q}{G} \tag{5-4}$$

式中　83.5——包括单位换算在内的系数；
　　　u——钢流自下降管流出的线速度，m/s；
　　　Q——钢液的循环流量，t/min；
　　　G——真空室内钢水重量，t。

当下降管内径一定时，钢液的循环流量决定了钢液流回钢包的线速度，也是决定比搅拌功大小的主要因素。循环流量（Q）的大小取决于驱动气体的吹入位置、驱动气体的体积流量、上升管和下降管的直径等参数，可以用式（5-5）表示

$$Q = 3.8 D_u^{0.3} D_d^{1.1} Q_{Ar}^{0.31} h_{ns}^{0.5} \tag{5-5}$$

式中　D_u——上升管直径，cm；
　　　D_d——下降管直径，cm；
　　　Q_{Ar}——氩气流量，m³/min；
　　　h_{ns}——吹氩管至钢液面高度，cm。

对于循环流量为 30~50t/min 的 RH 脱气装置，被脱气处理的钢液量大约为 120~300t，钢包中的比搅拌功大约是 500~1000W/m³。DH 过程也可以采用相同的方法来计算比搅拌功率。

5.2.1.5　电磁搅拌

电磁搅拌是利用电磁感应原理使钢液产生运动。20 世纪 50 年代以来，一些大吨位的电弧炉采用了电磁搅拌，以促进脱硫、脱氧等精炼反应进行，并保证熔池内温度和成分的均匀。各种炉外精炼方法中，SKF 采用了电磁搅拌，美国的 ISLD 也采用了电磁搅拌。

当在盛有熔融金属的容器外面的线圈中通过电流时，或感应电流直接通过金属熔池时，会感生一个电磁力场，熔体在力场作用下产生流动和搅拌。研究电磁场与流体流动之间相互关系的科学，称为电磁流体力学。感应炉熔炼金属产生的搅动，电弧炉中电流从金属熔池中通过产生的感生运动搅拌以及电渣重熔过程中引起的渣、金属搅动现象等都属电磁搅拌。

电磁搅拌的搅拌力可由式（5-6）计算

$$F = f_0 I^2 \exp\left(-\frac{4\pi n}{h}\right) \tag{5-6}$$

式中　F ——电磁搅拌的搅拌力；

f_0 ——搅拌常数，与搅拌器形状和电流频率有关；

I ——搅拌器的工作电流；

h ——搅拌器的高度；

n ——搅拌器内壁与金属熔池间的距离。

为了使搅拌力更大，必须使 n/h 尽可能小。在耐火材料许可的条件下，应使炉衬厚度尽量减小；增加搅拌器高度好，也可使搅拌力增大。因此 SKF 将熔池直径与熔池深度的比值取为 $D/H=1$。增大工作电流 I，也可明显增大搅拌力。

目前，电磁搅拌器搅拌钢铁技术已在钢铁冶金工艺特别是炉外精炼和连续铸钢等方面得到广泛的应用。采用电磁搅拌技术后，电弧炉炼钢还原期的终含氧量比无搅拌时降低50%，炉外精炼脱硫只需 3~5min 就可达到无搅拌情况下 30~60min 的效果。

5.2.2　合成渣渣洗

冶金过程中，将具有较高脱硫、脱氧能力的液态合成渣置于钢包内，出钢过程中钢液动能产生的冲击能使钢包内的合成渣在钢液中破碎为细的液滴。它们的接触面积大（100~300m^2/m^3），再加上熔体的强烈搅拌作用，加速了钢液中硫、氧等杂质向熔渣液滴的扩散，发生化学反应而除去，获得硫、氧含量很低的钢液。

渣洗技术是一项古老的精炼方法，早在 20 世纪 30 年代就有人尝试用熔渣来精炼金属。尽管看似简单，但由于渣洗的精炼效果和精炼方法简单易行、费用低，迄今仍被国内外一些钢铁企业采用。单独应用渣洗手段的炉外精炼方法有异炉渣洗、同炉渣洗，与其他精炼手段组合的方法有 CAB、VSR、LF 等。

5.2.2.1　合成渣成分

用于炉外精炼的合成渣，基本上都是 $CaO-Al_2O_3$ 渣系，属于还原渣。其中 CaO 含量一般在 45%~60% 范围，而 Al_2O_3 含量波动较大，在 20%~50% 之间，故也称石灰-氧化铝渣。由于纯的氧化铝价格较高，20 世纪 60 年代和 70 年代，又开发了石灰-黏土渣、石灰-高岭土渣、石灰-火砖块渣，由于 SiO_2 含量较高，又称石灰-硅酸盐渣。炉外精炼渣洗用合成渣成分如表 5-2 所示。

表 5-2　渣洗用合成渣成分

类型	成分 w/%								
	CaO	MgO	SiO_2	Al_2O_3	FeO	Fe_2O_3	CaF_2	S	$(CaO)_u$
电炉渣	42~56	11~21	14~22	9~20	0.4~0.8	<0.2	1~5	0.2~0.8	29.96
石灰-黏土渣	51.0	1.88	19.0	18.3	0.6	0.12	3.0	0.48	11.54
石灰-黏土合成渣	50.91	3.34	16.14	22.27	0.52	—		0.18	13.34
石灰-氧化铝合成渣	48.94	4.0	6.5	37.83	0.74	—		0.63	21.66
脱氧渣	57.7	5~8	13.4	6.0	1.78	1.03	9.25	0.64	38.59
自熔混合物	40~50	—	9~12	22~26					17.87

注：$(CaO)_u$ 表示能够参与冶金反应的氧化钙数量。

合成渣是一种固态粉渣,适用于没有加热设备的各种炉外精炼方法。选用合成渣要求其熔点低于被渣洗的钢液的熔点。故要配加一定溶剂,如 CaF_2、Na_3AlF_6、Na_2O 等能降低渣系熔点的组元,用量一般为 $5\sim10kg/t$。合成渣黏度一般小于 $0.2Pa\cdot s$,渣钢间界面张力要小,以增加液态渣滴的分散程度。

5.2.2.2 合成渣反应动力学

在利用合成渣处理钢液时,钢液中的 [S] 和 [O] 向液态渣滴的扩散是反应的限制环节,其扩散速率可以用式 (5-7) 表示:

$$v = -\frac{dw[B]_\%}{dt} = \beta_B \cdot \frac{A}{V_m} \cdot (w[B]_\% - w[B]_\%^*) \tag{5-7}$$

式中　$w[B]_\%$——t 时刻钢液中氧或硫含量;

$\quad\quad\beta_B$——氧或硫的传质系数;

$\quad w[B]_\%^*$——渣钢间反应平衡时氧或硫含量;

$\quad A/V_m$——液滴-钢液的接触面积与钢液总体积之比,与熔渣在钢液中的乳化程度及液态渣滴尺寸有关。

对于一个半径为 $r(m)$ 的球形渣滴,其 A/V_m 可表示为:

$$A_i/V_i = 4\pi r^2 / \left(\frac{4}{3}\pi r^3\right) = 3/r$$

而所有渣滴总面积为:　$A = A_i N = \dfrac{3V_i N}{r} = \dfrac{3V_\Sigma}{r} = 3m/(r\rho)$

式中　N,m,ρ——分别为渣滴总数、总质量及密度。

因此,在钢液中乳化的渣滴半径越小,则 A/V_m 越大,渣钢间的反应速率越大。此外,在渣洗过程中,由于液态渣滴不断碰撞、合并、长大而上浮排出,其上浮速度可根据Stokes 定律来估算。总体来说,为了获得较好的渣洗效果,要尽可能降低渣滴尺寸,但从上浮去除的趋势来看,又希望渣滴的尺寸尽可能大,以避免其残留在钢中成为新的夹杂物来源。

5.2.2.3 合成渣脱氧

采用合成渣渣洗工艺时,由于合成渣中 (FeO) 含量较低,远低于与钢液中 [O] 的平衡值,因此钢液中的氧经过钢-渣界面向熔渣液滴内扩散而不断降低,直至两者之间氧含量处于平衡。生产实践证明,经渣洗处理后,钢液中的溶解氧可降低至 0.002% 以下。

参照文献数据,按式 (5-8) 给出合成渣脱氧率的计算式:

$$\lg \frac{w[O]_\%^0 - b/a}{w[O]_\% - b/a} = \frac{at}{2.303} \tag{5-8}$$

式中　$a = \beta_O \cdot \dfrac{A}{V_m} \cdot \left(1 + \dfrac{7200\gamma_{FeO}L_O}{16m}\right)$;

$\quad\quad b = \beta_O \cdot \dfrac{A}{V_m} \cdot \gamma_{FeO}L_O\left(w(FeO)_\%^0 + \dfrac{7200}{16m}w[O]_\%^0\right)$;

$\quad\quad m$——渣量 (占钢液质量的百分数);

$\quad\quad L_O$——氧在渣钢间的分配系数;

144

β_O ——氧的传质系数;

$w[O]_\%^0$ ——渣洗前钢液中氧含量;

$w(FeO)_\%^0$ ——渣洗前渣中 FeO 初始含量。

由式 (5-8) 可知,降低渣中 $a_{(FeO)}$ 及增大渣量,可提高合成渣的脱氧率。因此,在合成渣原料选择时,要尽可能选择含铁氧化物低的原料。

5.2.2.4 合成渣脱硫

除脱氧功能外,合成渣还具有相当强的脱硫能力。采用渣洗工艺时,可以向钢液中加铝脱氧,进而实现合成渣脱硫的功能,反应式如下:

$$\frac{2}{3}[Al] + [S] + [O^{2-}] \Longrightarrow (S^{2-}) + \frac{1}{3}(Al_2O_3)$$

熔渣的脱硫率 η_S 可以表示为:

$$\eta_S = 1 - \frac{w[S]_\%}{w[S]_\%^0} = \frac{w[S]_\%^0 - w[S]_\%}{w[S]_\%^0} \tag{5-9}$$

钢液中排出的硫量等于进入渣中硫量(熔渣中初始硫含量假定为 0),即

$$w(S)_\% \cdot m = mL_S w[S]_\% = 100(w[S]_\%^0 - w[S]_\%)$$

因此

$$w[S]_\%^0 = w[S]_\% + \frac{mL_S w[S]_\%}{100} \tag{5-10}$$

将式 (5-10) 代入式 (5-9) 可得:

$$\eta_S = \frac{mL_S}{100} \bigg/ \left(1 + \frac{mL_S}{100}\right) \tag{5-11}$$

式中,m 表示渣量,即 100kg 钢水对应的渣量。

上述合成渣可以使钢液中的硫含量从 0.015% ~ 0.033% 降低至 0.005% ~ 0.012%,而硫在渣、钢间的分配系数可达 20 ~ 70。此外,采用 CaO-Al$_2$O$_3$-CaF$_2$ 渣系可以提高硫的分配系数 (L_S),并使 CaO 饱和的 CaO-Al$_2$O$_3$ 渣系的黏度降低,加速成渣,提高 CaO 的活度,从而提高渣洗的脱硫效果。

5.2.3 真空精炼

真空是炉外精炼中广泛应用的一种手段。目前采用的 40 余种炉外精炼方法中,将近有 2/3 配有真空抽气装置。随着真空技术的发展、真空设备的完善和抽真空能力的扩大,在炼钢中应用真空技术将越来越普遍。

真空处理的冶金效果可归纳为:(1)去除钢中的有害气体,减少钢中裂纹、氢致裂纹和层状撕裂缺陷等的出现率,从而提高钢的机械性能和加工性能;(2)均匀钢液的成分和温度以保证连续铸钢、炼铁工艺的顺利进行,得到表面及内部质量优良的铸坯;(3)将碳脱至极低程度([C]<0.01%),以提高钢的深冲性能、电磁性能和耐腐蚀性能,这对铬镍不锈钢具有重要意义;(4)将磷、硫脱至极低程度,以提高钢的冲击性能、减少层状断口、消除回火脆性,及连铸坯或轧钢坯表面缺陷;(5)控制硫化物和氧化物夹杂形状,减少机械性能的方向差别,防止氢致裂纹以及浇注过程的水口堵塞;(6)利用真空

铸锭和真空保护浇注，防止钢液的二次氧化。

以下将从热力学和动力学的角度探讨真空脱气的基本原理。

5.2.3.1 真空脱气热力学

氧、氮、氢是钢中主要的气体杂质，真空精炼的一个重要目的就是去除这些有害气体。了解钢液真空脱气原理之前，必须弄清上述杂质元素在钢中的存在状态。鉴于真空脱氧技术在第 4 章中已经论述，故本部分只讨论真空脱氮和真空脱氢。

氢和氮在各种状态的铁中都有一定的溶解度，溶解反应为吸热过程（氮在 γ-Fe 中的溶解例外），故溶解度随温度的升高而增加。气态氢和氮在纯铁液或钢液中溶解时，气体分子先被吸附在气-钢界面上，并分解成两个原子，然后这些原子被钢液吸收。因而溶解反应如下：

$$\frac{1}{2}N_2(g) \longrightarrow [N] \quad \lg K_N = \lg \frac{a_N}{\sqrt{p_{N_2}}} = -\frac{518}{T} - 1.063 \qquad (5-12)$$

$$\frac{1}{2}H_2(g) \longrightarrow [H] \quad \lg K_H = \lg \frac{a_H}{\sqrt{p_{H_2}}} = -\frac{1905}{T} - 1.591 \qquad (5-13)$$

当铁液中不含或含有少量合金时，合金元素对氮、氢活度系数的影响可以忽略，假定体系遵循 Henry 定律，选取 1% 溶液为活度标准态，则

$$a_N = f_N w[N]_\% = K_N \sqrt{p_{N_2}} \qquad (5-14)$$

$$a_H = f_H w[H]_\% = K_H \sqrt{p_{H_2}} \qquad (5-15)$$

假定气相分压为 $10^5 Pa$（1atm），由上式可以计算不同温度下铁液中氮和氢的溶解度。此外，在固态纯铁中，气体的溶解度除与温度有关外，还取决于铁液的凝固组织。在不同铁的相结构中，气体的溶解反应热力学数据不同，也导致溶解度不同。结合表 5-3 给出的热力学数据，可以求得不同温度下，气体在不同铁相中的溶解度。

根据表 5-3，可以计算出氮、氢在铁液及不同凝固组织中的溶解度与温度的关系，如图 5-2 所示。由此可见，对氮、氢而言，它们在铁液中的溶解度最大，随着温度下降，在固相中的溶解度均急剧减小。按照溶解度从大到小的顺序排列，依次为液相铁、γ-Fe、δ-Fe 和 α-Fe。

表 5-3 不同状态下，气体在铁相中的溶解反应热力学数据

铁相的状态	$\frac{1}{2}N_2(g) \longrightarrow [N]$	$\Delta G^\ominus$	$\frac{1}{2}H_2(g) \longrightarrow [H]$	$\Delta G^\ominus$
液相	$-\frac{518}{T} - 1.063$	$9916+20.17T$	$-\frac{1905}{T} - 1.591$	$36460+30.46T$
γ-Fe	$-\frac{450}{T} - 1.955$	$-8613+37.42T$	$-\frac{1182}{T} - 2.369$	$22630+45.35T$
α-Fe 和 δ-Fe	$-\frac{1520}{T} - 1.04$	$29090+19.91T$	$-\frac{1418}{T} - 2.369$	$28650+45.35T$

由于气体原子在铁中的溶解是形成间隙固溶体，当铁液凝固后，固相铁原子的间距要比液相小很多，造成氮、氢的原子较难进入铁的原子间隙内。此外，由于 γ-Fe、δ-Fe 和 α-Fe 之间，因为点阵结构不同，所以溶解度也不同。δ-Fe 和 α-Fe 属体心立方，点阵常数为 2.86Å（0.286nm），而 γ-Fe 属面心立方，点阵常数较大，达到 3.56 Å（0.356nm），因此气体的溶解度也较高。

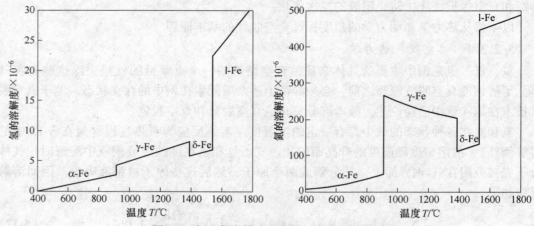

图 5-2　氮和氢在铁液及凝固组织中的溶解度

根据氮、氢在铁中的溶解度特征可知，当铁液凝固后，氮、氢溶解度急剧降低，若不采取措施，将会导致其过饱和析出，并严重影响钢的使用性能（如氮析出会导致皮下气泡，氢析出会产生"白点"缺陷等）。为此，炉外精炼工序中有必要采取合理措施，以有效脱除钢中的氢、氮，而真空处理（RH、VD 等）就可以实现上述目标。

以上讨论是气体在纯铁中的溶解行为。由于钢中含有大量合金元素，这些合金元素会显著影响气体的溶解。这种影响通常用气体的活度系数来描述，也就说当有 j 元素存在时，气体的活度系数不再等于 1。此时气体的溶解度也可能增加，也可能降低。为了定量地描述第三组元对气体溶解度的影响，常用相互作用系数 e_N^j 和 e_H^j 来表示，其表达式为：

$$e_i^j = \frac{\partial \lg f_i}{\partial w[j]_\%} \tag{5-16}$$

e_i^j 不是常数，但在一定的 j 含量范围内，特别是当 j 含量范围不大时，可以把它当成常数。这样对式（5-16）积分可得

$$\lg f_i = e_i^j w[j]_\% \tag{5-17}$$

由式（5-17）可以计算在 $w[j]_\%$ 含量下，i 的活度系数 f_i。1600℃下，第三组元对气体在铁液中的溶解相互作用系数列于表 5-4 中。

表 5-4　j 组元对氢、氮在铁液中溶解的相互作用系数

j	C	S	P	Mn	Si	Al	Cr	Ni	Co	V	Ti
e_N^j	0.13	0.007	0.045	−0.02	0.047	−0.028	−0.047	0.01	0.011	−0.093	−0.53
e_H^j	0.06	0.008	0.011	−0.0014	0.027	0.013	−0.0022	—	0.0018	−0.007	−0.019

j	O	Nb	Cu	W	Zr	B	As	Sn	Sb	Mo
e_N^j	0.05	−0.06	−0.0015	−0.63	0.094	0.018	0.007	0.0088	−0.011	
e_H^j	−0.19	0.0023	0.0005	0.0048	—	0.05		0.0053	—	0.0022

当钢中存在多种组元时，认为每种组元对活度系数的影响具有叠加性，即

$$\lg f_i = \lg f_i^i + \lg f_i^k + \lg f_i^l + \cdots$$

所以
$$\lg f_i = e_i^j w[j]_\% + e_i^k w[k]_\% + e_i^l w[l]_\% + \cdots \tag{5-18}$$

图 5-3 为文献给出的钢液中合金元素对氮、氢活度系数的影响。将式（5-14）和式（5-15）进行变形，可得：

$$w[N]_\% = a_N/f_N \tag{5-19}$$

$$w[H]_\% = a_H/f_H \tag{5-20}$$

由上述可见，凡是可以降低氮、氢活度系数的元素均可以提高氮、氢在钢中的溶解度。结合图 5-3 可知，可以提高氮在钢中溶解度的元素有 V、Cr、Ta、Mn、Mo、W 等（且对氮活度系数降低幅度越大，对提高氮的溶解度越有效），这就是冶炼高氮不锈钢的基本原理，即利用添加合金元素的方法提高氮在高温钢液中的溶解度。对氢来说，可以降低钢中氢溶解度的元素有 Si、B、C、P、Be 等，提高这些元素的含量，可以降低氢在钢液中的溶解量。

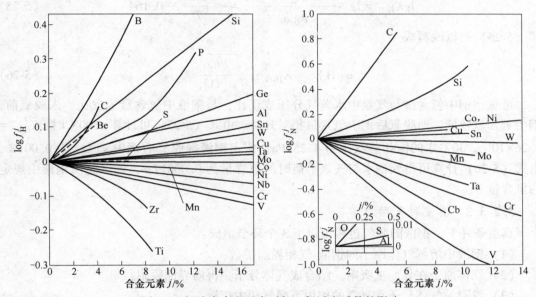

图 5-3 钢液中合金元素对氮、氢活度系数的影响

邱依科提出以下计算：

1600℃下，氢和氮的活度系数计算公式为：

$$\lg f_H = 0.06w[C]_\% + 0.03w[Si]_\% - 0.0023w[Cr]_\% - 0.001w[Mn]_\% - 0.002w[Ni]_\% + 0.003w[Mo]_\% + 2.5w[O]_\% + \cdots \tag{5-21}$$

$$\lg f_N = 0.13w[C]_\% + 0.048w[Si]_\% - 0.045w[Cr]_\% - 0.02w[Mn]_\% + 0.01w[Ni]_\% - 0.011w[Mo]_\% + \cdots \tag{5-22}$$

由式（5-21）、式（5-22）可估算 1600℃时不同成分钢液中氢和氮的溶解度，即

$$w[H]_\% = 24.7 - 2.35w[C]_\% - 0.85w[Si]_\% - 0.75w[Al]_\% - 0.17w[Mo]_\% - 0.14w[Nb]_\% + 0.12w[Cr]_\% + 0.65w[Ti]_\% + 0.05w[Mn]_\% \tag{5-23}$$

$$w[N]_\% = 0.044 + 0.1w[Ti]_\% + 0.013w[V]_\% + 0.0102w[Nb]_\% + 0.0069w[Cr]_\% + 0.0025w[Mn]_\% - 0.019w[Al]_\% - 0.01w[C]_\% - 0.003w[Si]_\% - 0.0043w[P]_\% - 0.001w[Ni]_\% - 0.001w[S]_\% - 0.0004w[Cu]_\% \tag{5-24}$$

钢中气体可能来自于与钢液接触的气相，因此它与气相的组成密切相关。众所周知，氮气在空气中的体积分数约为 79%。由于炼钢过程中 CO 等反应物的产生，炉气中氮的分

压稍低于正常空气，约为 $0.77×10^5 \sim 0.79×10^5 Pa$ 之间。为了防止氮气进入钢液，炉外精炼生产过程中防止空气增氮是非常必要的，因此要避免钢液裸露，避免钢水注流与空气直接接触。

空气中氢的分压极低，约为 $5.37×10^{-2} Pa(5.3×10^{-7} atm)$ 左右，与之平衡的钢中氢含量为 $0.02×10^{-4}\%$，这个数值是微不足道的。但空气或炼钢辅料中含有水蒸气（或水分），它是决定钢中氢含量的重要因素。空气中的水蒸气分压随季节的变化而变化，在干燥的冬季较低，约为 304Pa，而在潮湿的雨季可高达 6080Pa，相差近 20 倍。炉气中的 H_2O 可与钢液产生如下平衡：

$$H_2O(g) \longrightarrow 2[H] + [O] \quad \Delta G^\ominus = 48290 + 0.75T \quad J/mol$$

$$\lg K_{H_2O} = \lg \frac{w[H]^2_\% \cdot w[O]_\%}{p_{H_2O}} = -\frac{10557}{T} - 0.164 \tag{5-25}$$

式（5-25）可以改写成

$$w[H]_\% = K_{H_2O} \cdot \sqrt{\frac{p_{H_2O}}{w[O]_\%}} \tag{5-26}$$

可见，钢中氢含量与气氛中水蒸气分压成正比，与钢液中氧含量成反比。未脱氧前，钢中氢含量较低，而脱氧后钢中氢含量相对升高。由式（5-25）可计算 1600℃时，$K_{H_2O} = 1.26×10^{-3}$。30℃水的饱和蒸汽压为 4.25kPa，假定钢液深脱氧后钢中 $w[O]$ 为 0.001%，由式（5-26）计算可得到钢水与气氛平衡时的氢含量为 0.00817%，远远超出钢液中规定的氢含量。

5.2.3.2　真空脱气动力学

真空条件下，钢液的脱气过程由以下 3 个环节组成：

（1）钢液中溶解气体原子向钢液-气相界面扩散；

（2）气体原子在界面上吸附，结合成气体分子，再向界面脱附；

（3）脱附的气体分子在真空的作用下向气相中扩散。

大量研究证明，环节（1）是高温脱气过程的限制环节，以字母 G 代表气体，则脱气速率方程可以表示为：

$$\frac{dw[G]_\%}{dt} = -\beta_G \cdot \frac{A}{V_m} \cdot (w[G]^*_\% - w[G]_\%) \tag{5-27}$$

式中　A ——气体原子的扩散面积（有搅拌或钢液沸腾时 A 值可以增加若干倍），cm^2；

　　　V_m ——金属的体积，cm^3；

　　　β_G ——气体的传质系数，cm^3/s；

$w[G]_\%$ ——钢液内部气体的质量分数；

$w[G]^*_\%$ ——气体溶解反应的平衡值（可由溶解的平方根定律求得）。

由于 $w[G]^*_\%$ 值较低，计算中可以忽略，对式（5-27）积分可得：

$$\lg \frac{w[G]_\%}{w[G]^0_\%} = -\frac{1}{2.303} \cdot \beta_G \cdot \frac{A}{V_m} \cdot t \tag{5-28}$$

式中　$w[G]^0_\%$ ——钢液中气体的初始含量。

由上式可知，为了提高气体的脱除速率，改善动力学条件是必要的，即提高 β_G 和 A/V_m 值。工业上可采用钢包吹氩、真空循环（DH 或 RH）、钢液滴流脱气等手段。

实践证明，钢中的氢较容易脱除，不管哪种真空熔炼装置都能保持较好的脱氢效果。但脱氮则比较困难，真空条件下，氮的脱除率一般只有 0~40%。究其原因如下：

（1）氮的扩散系数比氢小。1600℃下，氢原子的扩散系数 $D_H = (0.8 \sim 0.9) \times 10^{-3} \, cm^2/s$，而氮原子的扩散系数 $D_N = 3.8 \times 10^{-5} \, cm^2/s$。因此，氮在钢中的扩散速度慢，制约了其脱除速率。

（2）氢几乎不能与钢中元素形成化合物，而氮可以形成多种氮化物。因此，要脱除氮化物中的氮，则气相压力（真空度）必须小于氮化物的分解压，而氮化物在高温下的分解压都比较低，如 1600℃时氮化铝的分解压为 101.3Pa。为了寻求更好的解决方法，人们尝试利用合成渣脱氮。合成渣在还原条件下对氮有非常高的溶解能力，其溶解度为 1.33% ~ 1.77%，这些渣系包括 $CaO\text{-}TiO_2\text{-}Al_2O_3$ 系、$CaO\text{-} Al_2O_3\text{-}SiO_2$ 和 $CaO\text{-}SiO_2\text{-}B_2O_3$ 等。

此外，导致真空脱氮困难还与钢中表面活性元素氧、硫含量有关。相关研究证明，式（5-27）中气体传质系数 β_G 可以表示为：

$$\beta_N = 3.15 f_N^2 \left(\frac{1}{1 + 300a_O + 130a_S} \right) \tag{5-29}$$

可见，降低钢中氧、硫活度，将显著增加 β_G 值，从而在一定程度上提高氮的脱除效果。因此，仅当脱气处理前钢液具有很好的深度脱氧和脱硫条件时，才能获得很低的氮量。氧、硫为表面活性元素，占据自由表面后，可以显著抑制钢水对氮的吸附。根据此理论，对某些氮含量要求严格的钢种（如 IF 钢），为控制出钢过程钢水从气氛中增氮，一般不采取炉后深脱氧的办法，而是在出钢时预脱氧，而在精炼工序再进行深脱氧。

5.2.3.3 真空脱气分类

生产实践中，可采用专门的真空装置，将钢液置于真空环境中精炼，可以降低钢中气体、氮及氧的含量，常用的真空精炼装置有 VD、RH、VOD 等，如图 5-4 所示。VD 和 RH 的开发都是为了能够冶炼较低气体含量的优质钢种，两种方法是目前最为常见的真空精炼手段，其原理都是利用了在真空条件下较好的冶金热力学和动力学条件，实现钢液的精炼。

5.2.4 加热精炼

在炉外精炼过程中，由于吹氩、真空、合成渣处理等一系列操作，钢液的温降不可避免。由于连铸工序对钢水过热度有特定的要求，因此温度的合理控制也是精炼工序最重要的任务之一。影响钢液温降的因素包括钢包容量、钢液面上熔渣覆盖情况、添加剂的种类数量、搅拌的方法和强度以及钢包结构和使用前的烘烤温度等。在生产条件下，可以采取一系列措施以减少热损失，但是如果没有加热装置，要使钢包内的钢液不降温是不可能的。

在无加热手段的炉外精炼手段时，钢液的温降通常采用以下两种方法来解决：一是提高出钢温度，二是缩短炉外精炼时间。出钢温度过高无疑会降低转炉或电炉服役寿命，而缩短炉外精炼时间，可能会导致部分精炼任务完成不彻底。

为了充分完成精炼作业，使精炼项目多样化，增强精炼装置对不同钢种的适应性和灵

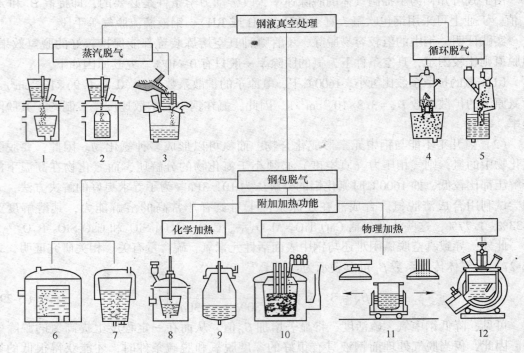

图 5-4　钢液真空处理工艺分类

1—滴流钢包脱气法；2—真空浇注法；3—出钢脱气法；4—真空循环脱气法（RH 法）；
5—真空提升脱气法（DH 法）；6—真空罐脱气（Finkl 法或 VD 法）；7—钢包真空脱气（Gazad 法）；
8—真空精炼法（VOD 法）；9—真空精炼法（VODC 法）；10—真空电弧加热（VAD 法）；
11—真空电弧加热精炼法（ASEA-SKF）；12—槽式真空感应炉

活性，使精炼前后工序之间的配合能起到保障和缓冲作用，在设计一些新的炉外精炼装置时，都要考虑采用加热手段。至今，选用不同加热手段的炉外精炼方法有：DH、SKF、LF、LFV、VAD、CAS-OB 等。所用的加热方法包括电阻加热、电弧加热和化学加热等。

5.2.4.1　电阻加热

利用石墨电阻棒作为加热元件，通以电流，靠石墨棒的电阻热来加热钢液或精炼容器的内衬。DH 法以及少部分 RH 法就是采用这种加热方法。石墨电阻棒通常水平安置在真空室的上方，由一套专用的供电系统供电。

电阻加热除需备有一套专用的供电设备外，其加热效率也较低，这是因为这种加热方法是靠辐射传热。DH 法使用电阻加热后，可减缓或阻止精炼过程中钢液的温降，但希望通过这种加热方法获得有使用价值的提温速度是极为困难的。在炉外精炼方法中，应用电阻加热有过 30 多年的历史，但鉴于其效率太低，实际生产中基本已被淘汰。

5.2.4.2　电弧加热

电弧加热采用三相变压器供电。其供电系统、控制系统、检测和保护系统以及燃弧的方式相同于一般的电弧炉，不同之处在于配用的变压器单位容量较小，二次电压分级较多，电极直径较细，电炉密度大，对电极的质量要求较高。

常用的电弧加热的精炼方法，如 SKF、LF 等，加热时间应尽量缩短，以减少电弧区钢液的吸氮。应在耐火材料允许的情况下，使精炼具有最大的升温速度。表 5-5 为钢包炉电弧加热系统的有关参数。

表 5-5　钢包炉电弧加热系统的有关参数

参数	单位	钢包容量/t				
		30	60	100	150	300
变压器容量	MVA	4	7	11	14	36
变压器二次电压	V	140~240	146~240	150~250	150~250	250~388
二次最大电流	kA	14.5	19.3	25.4	32	41.6
电极电流密度	A/cm²	28.6	38.1	34.8	32.1	33.1
电极直径	mm	254	254	305	356	400
电极心圆直径	mm	600	600	700	800	850
炉盖直径	mm	2060	2650	3155	3555	4800
炉盖拱高	mm	266	343	408	460	
炉盖耐火材料厚度	mm	230	230	230	230	
炉盖耐火材料重量	kg	2345	2920	5480	6875	
炉盖总重量	kg	3700	5665	7520	8875	

电弧加热功率可用下列经验公式估算，然后用钢包炉的热平衡计算与实测的钢液升温速率来校验。

$$W' = C_m \Delta t + w_S W_S + w_A W_A \tag{5-30}$$

式中　W' ——精炼 1t 钢液，理论上所需补偿的能量，$kW \cdot h/t$；

　　　C_m ——每吨钢液升温 1℃所需要的能量，$kW \cdot h/(t \cdot ℃)$；

　　　Δt ——钢液的温升，按照精炼工艺要求，一般为 30~50℃；

　　　w_S ——渣量，造渣材料的用量与钢液总量的百分比；

　　　W_S ——熔化 10kg 渣料所需的能量，一般 $W_S = 5.8 W \cdot h/(1\% \cdot t)$；

　　　w_A ——合金料的加入量占钢液总量的百分比；

　　　W_A ——熔化 10kg 合金料所需的能量，一般取 $W_A = 7 W \cdot h/(1\% \cdot t)$。

生产实践证明，精炼炉的热效率 η 一般为 30%~45%。尽管当前有加热手段的炉外精炼装置，大多采用电弧加热，但是电弧加热并不是最理想的加热方式。主要是因为对电极的要求太高，电弧距钢包内衬的距离太近，包衬寿命短，常压下电弧加热会导致钢液增碳、增氮（电弧区温度高导致空气电离），这都是电弧加热法难以解决的问题。

5.2.4.3　化学加热

精炼过程中，为了补偿处理过程钢水的温降，还可以采用吹氧化学升温的方法。目前，具备化学升温的炉外精炼方法有 CAS-OB、RH-OB、RH-KTB、VOD、AOD 等。根据氧化元素的种类可以分为碳氧加热、铝氧加热和硅氧加热几种。对以下反应：

$$2Al + \frac{3}{2}O_2 = Al_2O_3 (1873K)$$

$$Si + O_2 = SiO_2 (1873K)$$

由热力学数据可知，金属铝的放热量为 27000kJ/kg，Fe-75%Si 的放热量为 28500kJ/kg。由于发热金属和氧要从室温加热至炼钢温度，假定过程热效率为 100%，钢包熔池温度上升 50℃所需的金属量和氧量分别为：铝加入量为 1.46kg/t，吹氧量为 1m³/t（标态），或者 Fe-75%Si 的加入量为 1.85kg/t、吹氧量为 1.2m³/t(标态)。

钢液的铝氧加热是化学加热中最常用的一类，它是利用喷枪吹氧使铝氧化放出大量的化学热，从而使钢液迅速升温，其加热方法的工艺安排由以下三个部分组成：

（1）向钢液中加入足够数量的铝，并保证全部溶解于钢中。为了提高金属铝的收得率，除 RH 真空处理外，可向钢包中喂入铁皮包裹的纯铝线，通过控制喂丝机可以定时、定量地加入所需铝量。CAS-OB 法则是通过浸入罩上方的加料口加入铝块。

（2）向钢液吹入足够的氧气。伯利恒公司开发的钢液铝氧加热法（AOH）使用耐火陶瓷制成的氧枪，插入钢液熔池中向钢液供氧。可根据需要定量地控制氧枪插入深度和供氧量，这样可使吹入的氧气全部直接与钢液接触，氧气的利用率高，产生的烟尘也少。CAS-OB 的供氧方式是由氧枪插入浸入罩内向钢液面顶吹氧。由于浸入罩内钢液面基本无渣，而且加入的铝块迅速熔化浮在钢液面上，因此吹入的氧气利用率也较高。

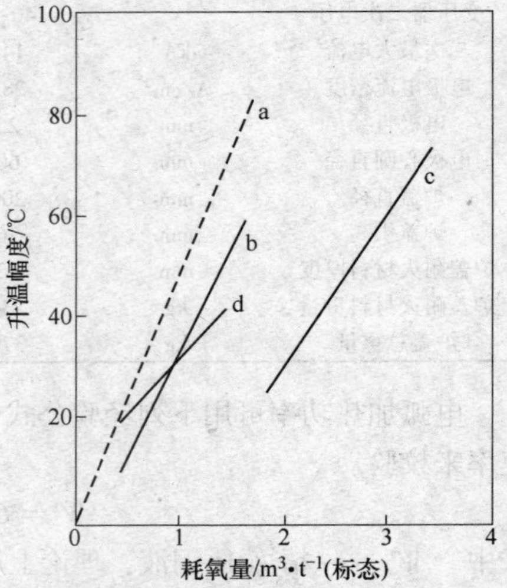

（3）钢液的搅拌是均匀控制温度和成分，促进氧化产物排出的必不可少的措施。吹入的氧气不足以满足对熔池搅拌的需要，所以要采取氩气搅拌。AOH 法是用吹氩枪插入钢液吹氩并辅以包底设置透气砖吹氩；CAS-OB 则是处理全程进行吹氩。

不同炉外精炼吹氧升温效果如图 5-5 所示。

图 5-5　吹氧对钢水温度增加的影响
a—理论温升（100%热效率）；
b—270t 钢包插入式吹氧；
c—160t RH-OB；d—245t RH-KTB

5.2.4.4　其他加热方法

随着炼钢技术的进步，钢液的加热方法不仅仅停留在上述几种，可作为加热钢液的方法还有直流电弧加热、电渣加热、感应加热、等离子弧加热、电子轰击加热等。目前，钢包（或中间包）进入工业化应用的加热方式是感应加热和等离子弧加热两种，虽然加热效率较高，但设备较为复杂，投资成本较高。

5.2.5　喷射冶金

喷射冶金是 20 世纪 70 年代发展起来的一项炉外精炼技术，它可以在钢包内进行，也可以在炉内进行，既适用于电炉也适用于转炉，还可以用于高炉和铁水预处理。

根据喷吹的气体、粉剂和冶金目的的不同可以分为不同的类型。如向铁水包内喷吹铁矿粉、碳化钙、石灰、钝化镁等材料进行铁水"三脱"预处理，向钢液深处喂入硅钙/钙铁粉进行非金属夹杂物的变质处理等。表5-6介绍了常用的几种脱磷、脱硫、脱氧、合金化粉剂。

表 5-6　炉外处理常用的喷吹材料

处理目的	粉 剂 种 类
脱磷	$CaO-CaF_2$，$CaO-SiO_2-Al_2O_3$，$CaO-FeO_t$，Na_2CO_3
脱硫	$CaO/CaCO_3$，CaO-Al，$CaO-CaF_2$，Na_2CO_3，CaC_2，钝化镁颗粒，稀土合金
脱氧及夹杂物控制	Si-Mn，Al-Ca，Ca-Si，Ca-Fe，Al-Mg-Fe，混合稀土
合金化	Fe-Si，Fe-Mn，CaC_2，Fe-B，Fe-Nb，Fe-V，Fe-Ti，Zr，Mo，Ni 等

喷射冶金改变了冶金物料以"块状"和"批料"的传统加入方法，将固体物料先制成粉剂或细颗粒，再利用惰性载气连续喷入熔池深部。因此，显著扩大了粉剂和金属液的接触面积，而气体的搅拌作用也加快了传质过程，使反应的动力学条件得到极大的改善。粉剂直接喷入熔池深部，避免了与空气、熔渣的接触，防止了活泼金属的氧化，有利于提高合金元素的收得率，这对于易氧化元素（如 Al、Ti、B、RE 等）和在炼钢温度下蒸气压高的元素（如 Ca、Mg 等）的加入特别有利。各种材料和粉末的喷射冶金技术如图 5-6 所示。

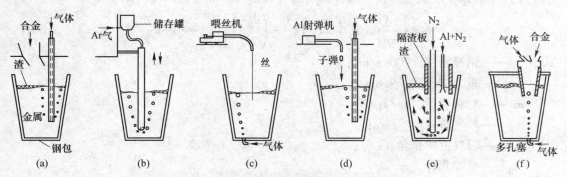

图 5-6 各种材料和粉末的喷射冶金技术
（a）普通工艺；（b）喷粉；（c）喂线；（d）弹射；（e）喷 Al 粉；（f）CAS 合金化

5.2.5.1 喷粉技术

钢包喷粉是将参与冶金反应的粉剂，借助喷粉罐，由载流气体混合形成粉气流，并通过管道和有耐火材料保护的喷枪，将粉气流直接导入钢液之中。其主要优点是：反应界面大；反应速度快；添加剂利用率高；由于有搅拌作用，为新形成的反应产物创造了良好的浮离条件。图 5-7、图 5-8 所示为两种不同形式的喷粉冶金设备。TN 法是德国 Thyssen Niederrhein 公司 1974 年研究成功的，SL 法是瑞典斯堪的那维亚喷枪公司（Seandinavian Lancers AB）1976 年研制并投产的。对喷粉工艺，需要对以下几个关键参数进行计算。

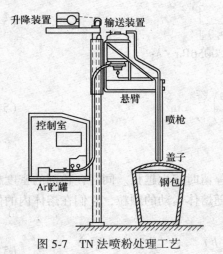

图 5-7 TN 法喷粉处理工艺

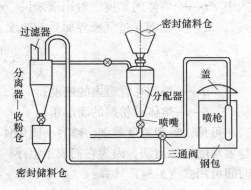

图 5-8 SL 法喷粉处理工艺

A　射流穿透深度

气流在液相中保持射流的长度称为穿透深度，它是喷射冶金过程中的重要参数。气流喷入深度浅，即穿透深度小，气液相反应面积小，且对熔池的搅拌作用弱；若穿透深度太大，由于气流速度太快，随气流进入熔池的物料颗粒在液相中的停留时间短，反应不充分利用率低。在垂直射流的情况下，过大的穿透深度可能对包底或炉壁产生强烈冲刷，钢包寿命降低。因此，喷粉冶金中必须有一个合理的穿透深度。

生产中可以参照式（5-31）来计算气流（或粉剂）的穿透深度（h）：

$$h = \left[\frac{3}{\pi \rho g} m_p u_p \left(\cot \frac{\theta}{2} \right)^2 - \left(\frac{d_0}{2} \right)^2 \right]^{1/3} - \frac{d_0}{2} \cot \frac{\theta}{2} \tag{5-31}$$

式中　ρ——钢液密度，700kg/m^3；

　　　g——重力加速度，9.8m/s^2；

　　m_p——粉料流量，kg/s；

　　u_p——粉气流速度，m/s；

　　　θ——粉气流扩张角，(°)；

　　d_0——喷嘴直径，m。

对于100t钢水，当 $m_p = 0.7 \text{kg/s}$，$u_p = 60 \text{m/s}$，$\theta = 20°$，$d_0 = 0.012 \text{m}$，利用式（5-31）计算得到的穿透深度为0.232m。

B　粉剂在熔体中的停留时间

粉剂进入熔体后的停留时间，将直接影响冶金粉剂的反应程度或溶解并被熔体吸收的程度。从精炼工艺要求出发，对于喷吹造渣剂，要求粉剂在熔体内的停留时间应该能够保证它们完全熔化，并充分进行冶金反应。对于喷吹合金化材料，则要求停留时间能使喷入的合金材料完全熔化并被吸收。

粉剂穿过气液界面进入熔体内一段距离后，因为阻力的作用，粉剂速度越来越慢最后趋于零。这时粉剂（或是已经熔化的液滴）将受浮力作用上浮，或随熔体运动。研究表明，能够随熔体运动的最大粉粒，其直径可表示为：

$$d_{\max} = \left[\frac{18 \eta u_p}{g(\rho_1 - \rho_p)} \right]^{1/2} \tag{5-32}$$

式中　η——熔体的黏度，对钢液来说，η 约为 $0.0056 \text{Pa} \cdot \text{s}$；

　　u_p——粉剂穿过气液界面后的速度：

$$u_p = \left(u^2 + \frac{12 \sigma_1 \cos \theta}{\rho_p d_p} \right)^{1/2} \quad \text{m/s} \tag{5-33}$$

　　　u——粉剂在管道内的速度；

　　　θ——熔体对粉剂的润湿角。

可见，粉剂粒度越细，越容易随熔体运动，停留时间也越长。同时，粉剂的密度越大越容易随熔体运动，因为它们较难上浮。对不能随熔体运动的颗粒，它们在熔体内的停留时间可用式（5-34）计算：

$$\tau = \frac{18 \eta (H + h)}{g d_p^2 (\rho_1 - \rho_p)} \tag{5-34}$$

式中 H——喷枪插入深度；

   h——穿透深度；

   d_p——喷嘴直径；

ρ_1、ρ_p——分别为熔体和粉剂的密度。

显然，粉剂尺寸越大上浮越快，停留时间越短。实际上，因为粉剂在上浮过程中同时溶解或熔化，其尺寸不断减小，上浮速度也随之变小。因此，其受熔体运动的影响逐渐增加，实际的停留时间要比计算值长。

C 粉剂在熔体中的溶解

若喷入的粉剂可以在金属液中溶解，而溶解过程的限制环节又是溶质在液相边界层的扩散，则粉剂由半径 r_0 溶解到 r 所需的时间（ τ_{sol} ）可以由式（5-35）计算

$$\tau_{sol} = \frac{(r_0 - r)(w[i]_{p,\%} - w[i]_{1,\%})}{k_i(w[i]_{0,\%} - w[i]_{1,\%})\rho_p} \tag{5-35}$$

式中 $w[i]_{p,\%}$——粉剂中 i 的质量百分数；

   $w[i]_{1,\%}$——熔体中 i 的质量百分数；

   $w[i]_{0,\%}$——熔体中 i 的饱和浓度；

   k_i—— i 在熔体中的传质系数。

例如，计算电极粉增碳过程，已知 $k_C = 0.05\mathrm{cm/s}$，$\rho_p = 2.2\mathrm{g/cm^3}$，电极粉含碳量为 95%，钢液中碳含量为 0.45%，$r_0 = 0.03\mathrm{cm}$，$r = 0\mathrm{mm}$。利用式（5-35）可计算碳粉完全熔化需要的时间为 4s，而利用 Stokes 上浮定律计算 $r_0 = 0.03\mathrm{cm}$ 的电极粉上浮时间为 5.35s。可见，电极粉在上浮过程中可以完全溶解。相反，如果在电弧炉内喷入 0.03cm 的电极粉增碳，若喷枪的插入深度为 200mm，其上浮时间仅需 1.2s，不可能在上浮过程中完全溶解。因此，在电炉内喷入电极粉增碳的效果不如在钢包中增碳。

5.2.5.2 喂线技术

炼钢过程中使用喂线技术，主要是用于钢水的脱氧、微合金化和夹杂物变质处理，也有用于铁水、钢水脱硫等。

喂线是一种经济有效的方法，其优点是：（1）金属收得率高。可以将合金粉剂以较快的速度喂入钢液内部，减少合金粉剂的氧化剂烧损。对于钙处理来说，在喂线技术开发前，一般采用向钢液中加入钙金属或钙合金的方法，由于钙极易挥发，合金的密度小，导致钙的收得率只有 1%~3%，造成了资源的极大浪费。利用喂线工艺后钙的回收率可提高至 10%~20%。此外，冶炼含硫易切削钢时，采用向钢包中喂入硫线的方法，硫的收得率高达 85%，远远大于直接加入硫铁合金 30%~50% 的收得率。冶炼一些碳含量较窄的钢种，在终点成分控制上，使用向钢液中喂入碳线的方法，回收率稳定，且高于传统的增碳法。（2）可以实现精确控制。喂线技术采用计数器等手段，能够准确地喂入需要的芯线长度，可以根据钢种需要，精确控制或调整加入的合金量，这对于洁净钢冶炼的窄成分控制十分有效。

碱土金属（如 Ca、Mg、Sr、Ba 等）和稀土金属对氧和硫具有极强的亲和力且能有效改变钢中夹杂物组成和形态，决定了它们在炉外精炼中被广泛使用。

炼钢用包芯线是使用 0.25~0.4mm 厚、45~55mm 宽的低碳冷轧带钢，通过包线机将

合金粉剂、非合金粉剂等原料包覆、压实，最后将芯线卷取为线卷，重量为 500~1000kg，长度为 1000~3000m。根据断面形状，包芯线分为圆形和矩形两种，其结构如图 5-9 所示，其中圆形的直径为 10~16mm（偏差小于 0.8mm），矩形的宽度在 7~16mm 之间。线卷在炼钢过程中采用专用喂丝机喂入钢液，常见的喂丝机分为单线、双线和四线三种，可同时喂入 2~4 条相同或不同的芯线。炉外精炼喂线过程示意图如图 5-10 所示。

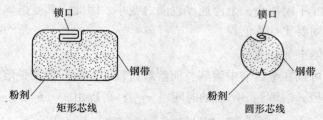

图 5-9　不同断面形状的包芯线结构示意图

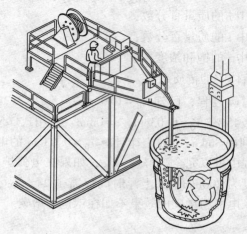

图 5-10　钢包喂线工艺示意图

　　根据成分不同，包芯线可分为：硅钙包芯线（Ca-Si）、钙铁包芯线（Ca-Fe）、钛铁包芯线（Ti-Fe）、硼铁包芯线（B-Fe）、硅锰钙包芯线（Si-Mn-Ca）、稀土硅包芯线（RE-Si）、稀土硅镁包芯线（RE-Mg）、稀土硅钡包芯线（RE-Si-Ba）、硅钙钡包芯线（Si-Ca-Ba）、硅钙钡铝包芯线（Si-Ca-Ba-Al）、镁合金包芯线（如 Al-Mg-Al）、纯钙包芯线、铝钙包芯线（Al-Ca）、稀土镁硅钙包芯线（RE-Mg-Si）、碳包芯线等。表 5-7 为我国生产的部分包芯线品种和规格。

表 5-7　我国生产的部分包芯线品种与规格

芯线种类	断面形状	规格/mm	钢皮厚度/mm	成分 w/%	米重/g·m^{-1}
Ca-Si	矩形	12×6	0.2~0.4	Ca 30.75；Si 58.5	105
Ca-Si	圆形	φ10	0.2	Ca 28；Si 59；C 0.91	216
Ca-Si	圆形	φ12	0.3	Ca 15.6；Si 57.85；C 0.99；Al 2.22	276
含 S	矩形	12×6	0.2~0.4	S 100	172
含 B	矩形	12×6	0.2~0.4	B 18.45	577.1

续表 5-7

芯线种类	断面形状	规格/mm	钢皮厚度/mm	成分 w/%	米重/g·m^{-1}
Fe-Ti	矩形	12×7	0.3	Ti 38.64	506.7
Ca-Al	圆形	φ4.8	0.2	Ca 36.8；Al 16.5	56.8
RE-Ca	圆形	φ10	0.25	Ca 29~30；RE 10	217
Mg-Ca	圆形	φ10	0.3	Ca 40；Mg 10	246
Al	圆形	φ9.5		Al 99.07	190

　　生产应用中，常用填充率、压缩密度和芯料成分来鉴定包芯线质量。填充率是指单位长度包芯线内芯料质量与单位包芯线的总质量之比，它是包芯线质量的主要指标之一。通常要求较高的填充率，可以减少芯线的使用量。填充率大小受包芯线的规格、外壳的材质和厚薄、芯料的成分等因素影响；压缩密度是指包芯线单位容积内添加芯料的质量，也可以用单位长度芯粉的重量来表示（g/m），压缩密度过大将使生产包芯线时难于控制其外部尺寸。反之，在使用包芯线时因内部疏松，芯料易脱落浮在钢液面上降低其使用效果。包芯线的种类由其芯料决定，芯料化学成分准确稳定是获得预定冶金效果的保证。

　　喂线工艺中的操作要点归纳如下：

　　(1) 炉渣和钢水状态良好。钢水和炉渣必须深脱氧，炉渣最好处于"白渣"状态，以防止喂入的合金发生氧化。喂线位置炉渣层要薄，不允许炉渣有"结壳"现象，否则会导致合金线无法顺利喂入钢液底部；

　　(2) 掌握合理的喂线位置。有关喂线位置目前是有争议的，如图 5-11 所示。有的企业在底吹透气砖正上方（A 点）喂入包芯线，理由是此处渣层最薄、动能最大，包芯线较容易喂入钢液；另有企业主张在双透气砖中心处（B 点）喂入，原因是此处钢水的均混时间最短；还有的企业主张在透气砖对侧（C 点）喂入，因为此处钢水流动方向朝下，喂入的合金粉剂在钢水流程作用下流向钢水内部，有利于提高金属的收得率。需要注意的是，喂线位置不能太靠近包壁，否则喂入的合金将严重侵蚀钢包耐火材料，降低钢包的使用寿命。

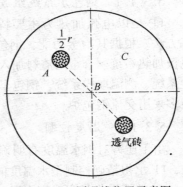

图 5-11　不同喂线位置示意图

　　(3) 合理的喂线速度。要尽可能将合金线喂入钢包底部，使得合金线到达钢包底部恰好熔化。速度太慢，导致无法喂入钢包底部，钙、镁等金属在钢包中部气化，不能与钢水充分反应；速度过快，大量包芯线堆积在钢包底部，不仅对耐材影响巨大，还可能导致钢液瞬间翻腾。

　　根据生产经验，最佳喂线速度 v 可由下式给出：

$$v = \frac{\gamma(L - 0.15)}{t} \tag{5-36}$$

式中　　γ——修正系数，1.5~2.5；

　　　　L——熔池深度，m；

　　　　t——包芯线低碳钢铁皮的熔化时间，s。

　　包芯线专用铁皮为冷轧带钢，最常用的材质有 08F、0B2F、08Al 等。对于厚度为

0.4mm，直径为13mm的低碳钢铁皮，其在钢液中的熔化时间为1~1.5s，平均为1.25s。以某企业150t钢包为例，该钢包净空高度为3.85m，熔池深度为3.1m，利用式（5-36）计算得到合理的喂线速度为3.5~5.5m/s。

5.3　典型钢水二次精炼方法

5.3.1　钢包炉

1971年，日本特殊钢公司开发了采用碱性合成渣、埋弧加热、吹氩搅拌、在还原气氛下精炼钢水的装置，称为钢包炉（Ladle Furnace，简称LF），其工艺示意图见图5-12。LF最初的设想是将EAF的还原操作转移至独立的钢包内进行，以减少电炉冶炼周期。LF精炼可以提高钢液洁净度及满足连铸对钢液成分及温度的要求，使得转炉、电炉匹配LF成为主流，成为生产洁净钢必备的手段之一。

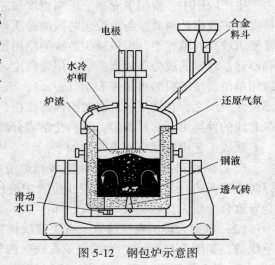

图5-12　钢包炉示意图

5.3.1.1　钢包炉系统组成

LF是以电弧加热为主要特征的炉外精炼方法。根据其冶金功能，钢包炉系统包括电极加热系统、合金与渣料加入系统、底吹氩气搅拌系统、喂线系统、炉盖水冷系统、除尘系统、测温取样系统、钢包车控制系统等。电极加热方式为交流和直流两种，目前，国内多采用交流钢包炉。

5.3.1.2　温度控制

由于连铸对钢水温度有明确的要求，合理的钢水过热度是保证铸坯质量的关键。为此，LF承担精确控制钢水温度的任务。有关钢包炉电弧加热控制详见前文。除电弧加热外，LF精炼操作过程对钢水温度的影响因素还包括以下几个方面：

（1）钢包烘烤的影响。钢包经烘烤后，包壁预热温度越高，钢水的温降越小。以60t钢包为例，预热温度为500℃与预热温度为900℃的钢包，钢水温降相差约50℃。因此，为了降低钢水温降，严格钢包烘烤制度十分必要。

（2）渣层厚度的影响。顶渣厚度越薄，表面散热量越大。当渣层小于50mm时，渣厚对表面散热的影响较大；渣厚大于50mm时，不同渣层厚度对渣表面的热损失基本相同。当渣层厚度为200mm时，20min内的温降仅为0.1℃，但大渣量带来的问题是，成本增加，炉渣改质困难。此外，渣表面的温降很快，终止吹氩搅拌后，5min内渣面温度可降低至900℃以下，20min后渣面温度趋于稳定，钢水对炉渣的加热和炉渣自身散热达到平衡。

（3）合金加入的影响。合金在室温下加入钢液，由于受钢水的加热作用，必然在一定程度上降低钢水温度，但部分合金会参与化学反应而导致熔池升温。表5-8为钢液中加入1%合金元素对钢液温度的影响。

表5-8　钢液中加入1%合金元素对钢液温度的影响　　（℃）

钢液初始温度	硅铁 w(Si)=45%	锰铁 w(Mn)=75%	钛铁 w(Ti)=25%	钒铁 w(V)=40%	铬铁 w(Cr)=60%	钼铁 —	硅锰 w(Si)=20% w(Mn)=70%
1570	+0.5	-13.2	+1.0	-9.1	-15.3	—	-6.7
1620	+8.8	-10.0	—	—	-12.5	-12.1	-0.6

（4）吹氩搅拌的影响。实践证明，吹氩搅拌不是引起钢水温降的主要原因。对60t钢包，吹氩引起的钢水温降仅为0.005℃/min，而对于80t钢包，吹氩钢水温降为0.0037℃/min。钢包容量越大，吹氩引起的温降越小。此外，吹氩的主要作用是均匀钢水温度，消除包内温度的分层，尤其是在冶炼初期，采取大气量搅拌钢液也是为了消除钢包内的温差。

5.3.1.3　底吹氩控制

作为应用最广泛的炉外精炼方法，吹氩不是LF所独有的，VD、RH、AOD、VOD等精炼装置也具备吹氩搅拌的功能。钢包透气砖吹氩过程如图5-13所示。

钢包底吹氩的主要作用有以下几点：

（1）混匀作用。在钢包底部位置安装透气砖吹氩，可强制钢包中的钢液产生环流，用控制气体流量的方法来控制搅拌强度，促使钢液的成分和温度在最短的时间内达到均匀。此外，吹氩还可以促进炉渣熔化和合金的快速溶解。

（2）净化钢液。氩气泡的搅动不仅能使钢中氢、氮、氧含量降低，而且氩气泡还会黏附悬浮于钢中的非金属夹杂物颗粒，增加钢中夹杂物碰撞聚合长大的机会，利用氩气泡将黏附的夹杂物带到钢液表面被熔渣吸收，达到净化钢液的目的。

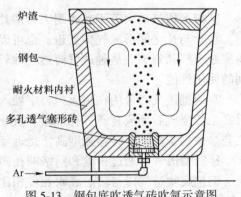

图5-13　钢包底吹透气砖吹氩示意图

（3）保护作用。底吹氩气搅拌，可使炉内充满惰性气体，炉内呈微正压状态，可减少钢液与空气的直接接触，减少或避免钢水的二次氧化。

（4）加快传热。吹氩可加快高温钢液向低温区的传热，使得钢液的温度更加均匀，减少局部钢液过热对炉衬的温度冲击。对开浇温度和质量要求严格的钢种，都可以用吹氩的方法将钢液温度降低到规定的要求，实现钢水精炼的温度控制。

A　钢包透气砖

通常，钢包吹氩是通过在钢包底部设置透气砖来实现的。根据透气砖的内部结构，又分为弥散型、直通孔型、狭缝型和迷宫型，如图5-14所示。

弥散型透气砖在钢包中应用较为广泛。弥散透气砖为高250～300mm，上端直径90～100mm，下端直径150mm的多孔耐火砖，封闭于钢套内，氩气通过砖身自然形成的连通气孔吹入钢包。为了防止钢液的渗透，必须采用特殊材料（如镁质、镁铬质、刚玉质等）

并减小弥散孔径的尺寸。根据计算，当钢包液面高度大于 2mm 时，耐火材料与钢液的接触角为 124°，弥散透气砖的气孔孔径不能大于 15μm，否则会导致钢液的渗入。由于此类透气砖的组织是多孔性的，因此强度较低，易被磨损侵蚀，喷吹气泡流分布不佳，搅拌效果较差。

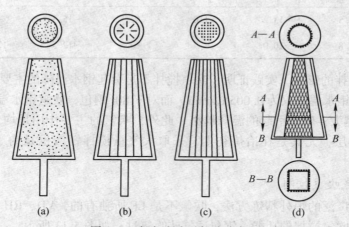

图 5-14　钢包底吹透气砖砖类型
(a) 弥散型；(b) 狭缝型；(c) 直通型；(d) 迷宫型

狭缝型透气砖由若干致密耐火砖薄片组合而成，在片与片之间放入隔片，再用钢套密封，在片与片之间形成气体通道。也可以在制造耐火材料时埋入有机物质，烧成后形成直通狭缝或气孔通道。这种透气砖透气性较好，但砖整体性较差，在强烈热震条件下呈现不利的使用性能。

直通型透气砖采用在耐火材料中埋入细的钢管构成，或在制造耐火材料时埋入定向有机纤维，烧成后形成直通气孔通道。直通型透气砖的透气度可以通过孔径和孔数确定，故工艺参数易于控制，砖体强度高，是近年来广泛采用的一种透气砖方式。

迷宫型透气砖通过狭缝和网络圆孔向钢包吹气，其安全性更好。

钢包底吹透气砖与转炉底吹元件相比，要求较为简单，这是由钢包与转炉的冶炼特点决定的。一般精炼钢包的服役期约为 60~100 炉，而现代大型转炉的炉龄在 5000 炉甚至更高，要求其底吹元件的寿命更高。此外，转炉钢水温度高，还要经受加料（废钢和铁水）的冲击，这也对底吹透气元件的质量提出更严格的要求。

B　底吹喷嘴布置

底吹喷嘴布置（包括数量和位置）对吹氩搅拌效果具有重要的影响。衡量吹氩效果一般用钢包内流体的混匀时间来表示，在特定吹氩气量条件下，混匀时间越短，则钢包吹氩效果越好。有关混匀时间前文已有叙述，见 5.2.1 节。生产应用中，考虑到安装及维护的原因，一般不主张采用三个或以上的喷嘴，最为常见的是单孔吹氩和双孔吹氩布局，如图 5-15 所示。

采用单孔喷吹时，透气砖位置对吹氩效果影响明显。根据数学物理模拟结果，单孔吹氩透气砖宜安装在包底半径（R）的 1/2 或 1/3 位置（靠近中心点），此种布置也称偏心底布置，钢液可以在钢包内形成大的循环流，有利于均匀钢水温度和成分。采用双孔喷吹时，除安装位置之外，还要考虑两个透气砖之间的角度，以消除两块透气砖吹氩形成的循

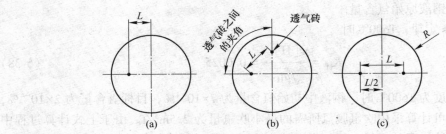

图 5-15　钢包底部透气砖的布置方式
(a) 单透气砖；(b)，(c) 双透气砖

环流相互抵消和干扰。对双透气砖吹氩来说，随着透气砖间距的增大，混匀时间逐渐减小。当透气砖间距由 0.4R 增加至 0.7R，两个流股间距最大，对撞最小，回流区介于两个透气砖之间，有利于缩短混匀时间和提高搅拌效果。另外，透气砖不能安装在钢包底部正中心位置，这是因为透气砖吹氩导致液面松散，渣层变薄，不利于 LF 炉的埋弧操作。

C　吹氩参数

（1）吹氩流量。理想的吹氩流量应该使氩气泡能遍布整个钢包，在钢液内均匀分布。由式（5-2）可知，吹氩搅拌功与吹氩流量成正比，提高吹氩流量，单位时间内熔池获得的搅拌功增加。但流量过大，会使得氩气泡在钢液内分布不均，甚至形成气泡柱，与钢液接触面积减小，而且易造成钢包液面剧烈翻腾，钢液大量裸露与空气接触造成钢水的二次氧化。此外吹氩流量过大还会导致钢渣卷混，被击碎乳化的液滴进入钢液深处，成为大颗粒夹杂物。当氩气流量较小时，搅拌能力弱，完成相同冶金任务所需时间延长。

对不同吨位的钢包炉，吹氩流量是不同的。对于同一座钢包炉，不同操作周期内的吹氩流量也有差别。一般在精炼初期，为了均匀钢水温度并配合化渣脱硫，要采用大气量吹氩。合金化后期，为了降低合金的损耗，一般要采用小气量吹氩，尤其是精炼后期的静置"软吹"，气量更小。其目的是利用微小的氩气泡吸附钢中固态夹杂物上浮去除，以提高钢水洁净度。"软吹"搅拌的功率一般为 30~50W/min，搅拌时间为 3~10min 不等，可根据钢水温度及连铸周期来决定。

（2）吹氩时间。吹氩时间与钢包容量和钢种有关。吹氩时间不宜过长，否则温降较大，也不宜太短。吹氩不够，碳-氧反应未能进行充分，非金属夹杂物和气体不能有效排除，吹氩精炼效果不显著。

D　吹氩脱气

精炼过程中，采用透气砖向钢液内吹入氩气，会产生无数个氩气泡，这些氩气泡具有"小真空室"的作用，钢液中的有害气体（N、H、O）等不断传入其中，并随之排出，这就是氩气精炼清洗钢液的功能。吹氩量与脱氢量之间的关系可用下式表示：

$$Q_{Ar} = 112K_H^2 p \left(\frac{1}{w[H]_{f,\%}} - \frac{1}{w[H]_{o,\%}} \right) \tag{5-37}$$

式中　Q_{Ar}——脱氢需要的临界吹氩量，m^3/t（标态）；

　　　K_H——氢在钢中的溶解平衡常数；

　　　p——气泡的总压力，在大气压下吹氩时，为 101325Pa（1atm）；

$w[H]_{f,\%}$——吹氩后钢中氢含量；

$w[H]_{o,\%}$——钢液原始氢含量。

根据 Sieverts 定律，1600℃时

$$K_H = \frac{w[H]_\%}{\sqrt{p_{H_2}}} = 0.0025 \tag{5-38}$$

常压下，温度为 1600℃时，钢液中初始氢含量为 $7\times10^{-4}\%$，目标氢含量为 $2\times10^{-4}\%$，利用式（5-37）可计算采用吹氩脱氢所需的最小吹氩量为 $2.5m^3/t$。由于上式计算过程中未考虑吹氩时钢液表面的吸气、氩气带入的水汽，以及对不脱氧钢液出现的脱氧等影响。因此，还需引入氩气利用效率（f）这一常数，一般 $f=0.44\sim0.75$。对不脱氧钢，$f\approx0.8$，因此上述脱氢过程需要的实际吹氩量要大于 $3.1m^3/t$。

同样，吹氩脱氮方程如下：

$$Q_{Ar} = 8K_N^2 p\left(\frac{1}{w[N]_{f,\%}} - \frac{1}{w[N]_{o,\%}}\right) \tag{5-39}$$

式中　　Q_{Ar}——脱氮需要的临界吹氩量，m^3/t(标态)；

　　　　K_N——氮在钢中的溶解平衡常数；

　　　　　p——气泡的总压力，在大气压下吹氩时，为 101325Pa(1atm)；

$w[N]_{f,\%}$——吹氩后钢中氮含量；

$w[N]_{o,\%}$——钢液原始氮含量。

根据 Sieverts 定律，1600℃时

$$K_N = \frac{w[N]_\%}{\sqrt{p_{N_2}}} = 0.046 \tag{5-40}$$

常压下，温度为 1600℃时，钢液中初始氮含量为 $80\times10^{-4}\%$，目标氢含量为 $10\times10^{-4}\%$，利用式（5-39）可计算采用吹氩脱氢所需的最小吹氩量为 $14.8m^3/t$。

需要说明，式（5-37）和式（5-39）中，对于氢来说，计算值比较接近实验值，表明脱氢反应较容易达到平衡。对于脱氮过程，由于氮在液态钢中的扩散速度慢（只有氢的 $1/10\sim1/20$），难以达到平衡，达到实际脱氮效果消耗的氮气量远大于计算值。特别是当钢液中活性元素氧、硫含量高时，它们在钢液自由表面吸附，阻碍了脱氮反应。生产中，为了加速脱氢，可以采用吹入 Ar 和 O_2 混合气体的方法，借助弱氧化性气氛实现脱氢的目标。为了提高氩气的利用效率，可将吹氩与真空相结合，因为临界吹氩量与总压成正比，在真空条件下，总压降低，吹入的氩气量显著减少。例如，当真空度为 10kPa 时，利用 $1/10$ 的氩气就能达到 100kPa 的脱氢效果。此外，真空条件下吹氩更能发挥脱气的效果，如 RH 精炼。

5.3.1.4　埋弧加热与泡沫渣

埋弧精炼属于钢包炉（LF）的配套技术，可以显著改善钢包炉精炼技术指标，提高发热效率，降低电耗，减小炉衬耐火材料和电极的损耗，降低环境噪声等，在钢包炉精炼中占有重要的地位。埋弧精炼可以采用两种方法：（1）增大渣量，提高渣层厚度达到埋弧精炼的目的；（2）通过向炉渣中加入发泡剂，使基础渣体积膨胀、厚度增加，达到埋弧的目的。

埋弧泡沫渣操作多见于电弧炉氧化期，工艺上也比较成熟，大体上分为富氧喷碳法和

富氧脱碳法。其原理是通过碳氧反应生成 CO 气体使炉渣泡沫化，复吹转炉吹炼过程中炉渣的乳化和喷溅现象也归为此类。电弧炉还原期或钢包精炼过程中，由于炉渣氧化性很低（FeO 含量小于 2%）不能通过碳氧反应生成 CO 气体使炉渣发泡，为了保持电极的加热效率，埋弧精炼只能通过加入特殊的发泡剂来实现。

目前，应用于钢包精炼过程的埋弧发泡剂种类主要包括：碳粉（C）、碳酸盐（$CaCO_3$、$MgCO_3$ 等）、碳化硅（SiC）、碳化钙（CaC_2）、氯化钙（$CaCl_2$）等，其原理都是为炉渣发泡提供足够的内生气源。对于发泡剂自身发泡能力，可以由单位质量的发泡剂分解释放的气体量来衡量。

在有内生起气源的同时，炉渣发泡能力还与温度、炉渣成分、炉渣基础物性有关，如炉渣的黏度、密度、表面张力等。有关泡沫渣形成的影响因素，可以用半经验公式表示：

$$\Sigma = \frac{115\eta^{1.2}}{\sigma^{0.2}\rho d} \tag{5-41}$$

式中　Σ——炉渣的泡沫稳定指数，s；

　　　d——泡沫的平均直径，m；

ρ，σ，η——分别为炉渣的密度、表面张力和黏度。

此泡沫化指数的单位为秒（s），其物理意义是泡沫渣内气体的滞留时间。利用它可以求得泡沫渣的体积（V）和高度（H）：

$$V = \Sigma \cdot Q, \quad H = \Sigma \cdot u \tag{5-42}$$

式中　Q——气体的逸出速度，m/s；

　　　u——熔渣表面气流速度，m/s。

由式（5-41）可知，炉渣的泡沫化指数与炉渣的基础物性密切相关。熔渣的 σ/η 值降低是形成泡沫渣的必要条件。σ 小意味着生成气泡的能耗小，气泡易于形成。熔渣中某些表面活性物质，如 SiO_2、P_2O_5、CaF_2 都能显著降低炉渣的表面张力，故泡沫渣多出现在低碱度的熔渣内。图 5-16 为具有典型精炼渣组成的 CaO-SiO_2-Al_2O_3 渣系表面张力曲线。

炉渣黏度（η）越大，气泡形成后不易破裂，意味着其稳定性越高。例如，对于易形成泡沫渣的含钛高炉渣，$\sigma/\eta = 461 \times 10^{-3}/1.5 = 0.31$，而对于普通高炉渣，$\sigma/\eta = 485 \times 10^{-3}/0.5 = 0.97$，显而易见，前者更容易形成泡沫渣。对于钢包精炼渣（CaO-SiO_2-MgO-Al_2O_3 系）而言，提高炉渣黏度在一定程度上也会维持炉渣的发泡稳定性，如图 5-17 所示。

可见，泡沫渣的形成取决于高能量气体的存在和气泡本身的起泡性和稳定性。如果供给的能量和气体充分，即使起泡性能较弱（炉渣表面张力较高）的炉渣也会形成泡沫；相反，如果熔渣中表面活性物多，特别是液渣碱度低，形成了高浓度的吸附层的液膜，即 σ/η 值低，也可以使气泡趋于稳定，此时即使供给的能量及气体不多也能产生大量的泡沫渣。

5.3.1.5　合成渣精炼

合成渣是二次精炼过程中为达到特殊冶金效果而按一定成分配制的专用渣料，其主要功能包括：保温、脱氧、脱硫、脱气、夹杂物形态控制等。

合成精炼渣从成分上可分为：CaO-CaF_2 系、CaO-Al_2O_3 系、CaO-Al_2O_3-SiO_2 系、BaO-Al_2O_3-SiO_2 系等。从制作形态上分为：机械混合型、烧结型和预熔型。机械混合型精炼渣是将一定比例和粒度的原材料进行人工或机械混合或直接将原材料按比例加入炉内；烧结型精炼渣是指将原料按一定比例和粒度混合后，在低于原料熔点的情况下加热使原料烧结在一起，然后再破碎成需要的粒度进行使用；预熔型精炼渣是指将原料按一定比例和粒度混合后，在高于渣系熔点温度下将原料熔化成液态，冷却破碎后再用于炼钢过程。目前，钢包精炼工序中预熔型精炼渣最为常用。

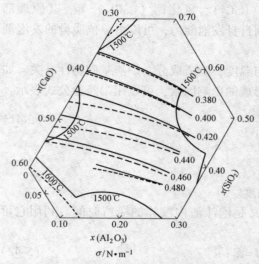

图 5-16　CaO-SiO$_2$-Al$_2$O$_3$渣系的表面张力曲线
—— 1550℃；------1600℃

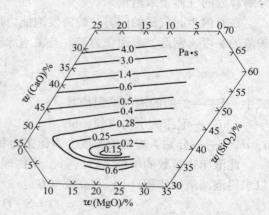

图 5-17　CaO-SiO$_2$-MgO-5%Al$_2$O$_3$
渣系的等黏度图（1500℃）

　　需要指出，相对于合成渣来说，冶金过程中钢包渣概念及范围更大。炉外精炼钢包顶渣的来源有以下几个方面：（1）出钢下渣；（2）从钢液上浮的脱氧产物；（3）炉衬耐火材料的侵蚀物；（4）造渣材料、炉渣改质剂；（5）上炉钢包中的残渣。因此，钢包顶渣的成分较为复杂，与冶炼钢种与工艺密切相关。

　　钢包顶渣的性能对于提高钢水洁净度有重要的影响。对精炼过程中钢包顶渣的要求包括以下几个方面：

　　（1）对各类脱氧产物应具有强的吸收、容纳能力；

　　（2）具有合适的基础物性，如熔点、黏度和流动性，以实现钢水脱氧、脱硫、脱磷等功能；

　　（3）钢包顶渣要具有低的氧势，防止其向钢液传氧并减少合金元素的二次氧化；

　　（4）能快速吸收钢水中外来非金属夹杂物。

　　对于铝镇静钢，钢包顶渣的主要成分为 CaO-Al$_2$O$_3$-SiO$_2$-MgO-Fe$_t$O 渣系，炉渣碱度（$w(CaO)/w(SiO_2)$）、渣中 $w(CaO)/w(Al_2O_3)$ 比值、渣氧化性和渣流动性等对钢水洁净度有直接影响。因此，在钢包精炼中要对顶渣进行严格控制，以达到生产洁净钢的目的。

　　A　精炼渣成分

　　一般来说，合成渣大部分是由 CaO、Al$_2$O$_3$、SiO$_2$、MgO、CaF$_2$、CaC$_2$ 为基本组成，为了满足特殊的工艺要求，还加入铝粉、碳粉、钝化镁粉、碳酸钙、白云石、纯碱等。

目前, 最为常用的合成渣系为 $CaO-Al_2O_3$ 碱性渣系, 选择此渣系的主要原因有几个方面: (1) 该渣系熔点较低。当 SiO_2 含量较低时, 在 $CaO-SiO_2-Al_2O_3$ 相图 (图 5-18) 中可发现熔点低于 1450℃ 的区域, 该区域主要成分为 $12CaO \cdot 7Al_2O_3$, $w(CaO)$ 约为 55%, $w(Al_2O_3)$ 约为 45%。(2) 炉渣碱度高。高碱度炉渣有利于钢水脱硫, 渣中氧化硅含量低还有利于降低钢中溶解铝的损失, 减少炉渣组分被溶解铝还原。(3) 炉渣黏度低。当温度为 1550~1700℃ 时, 该渣系黏度约为 $0.12~0.32Pa \cdot s$。炉渣黏度低, 有利于改善渣钢间反应动力学, 提高钢水脱硫、脱氧速率。(4) 与钢液间的界面张力较大, 容易携带夹杂物上浮分离, 提高钢水洁净度。

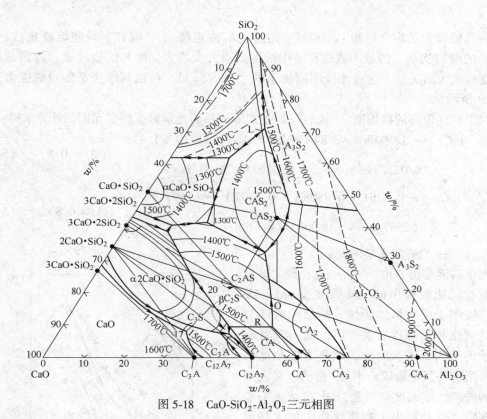

图 5-18 $CaO-SiO_2-Al_2O_3$ 三元相图

$CaO-Al_2O_3$ 碱性渣系, 化学成分大致为: $w(CaO)$ = 50% ~ 55%, $w(Al_2O_3)$ = 30% ~ 45%, $w(MgO) \leqslant 8\%$, $w(SiO_2) \leqslant 5\%$, $w(FeO + MnO) < 1\%$。在该渣系中, CaO 含量很高, 是精炼渣中冶金效果最主要的化学组分, 其他组元多是为了调整成分、降低熔点、提高炉渣流动性而加入的。FeO、MnO 为不稳定化合物, 对钢液脱氧、脱硫有不利影响, 在精炼渣中要严格控制 (一般通过降低转炉下渣量、顶渣加还原剂等措施来实现)。精炼渣中加入 MgO 是为了保持高温熔渣为 MgO 过饱和状态, 防止炉渣对钢包耐材的侵蚀作用。

B 合成渣脱硫

钢包精炼过程中, 针对某些硫含量要求严格的钢种 (如管线钢、硅钢等), 为了实现深脱硫, 必须采用合成渣精炼的方法来实现。根据离子理论, 钢液脱硫反应可以表示为:

$$[S] + (O^{2-}) \Longrightarrow (S^{2-}) + [O]$$

$$K_S = \frac{a_{(S^{2-})} \cdot a_{[O]}}{a_{[S]} \cdot a_{(O^{2-})}} = \frac{\gamma_{S^{2-}} \cdot w(S)_\% \cdot a_{[O]}}{f_S \cdot w[S]_\% \cdot a_{(O^{2-})}} \tag{5-43}$$

定义硫在渣钢间的分配系数为 L_S，则

$$L_S = \frac{w(S)_\%}{w[S]_\%} = K_S \cdot \frac{f_S \cdot a_{(O^{2-})}}{\gamma_{S^{2-}} \cdot a_{[O]}} \tag{5-44}$$

此处，引入"硫容"量（sulfide capacity）的概念，即：

$$C_S = K_S \cdot \frac{a_{(O^{2-})}}{\gamma_{S^{2-}}} \tag{5-45}$$

由"硫容"的定义可知，当温度一定时（K_S 为定值），"硫容"量随熔渣 $a_{(O^{2-})}$（即碱度）的增加及 $\gamma_{S^{2-}}$ 的减小或硫在渣中浓度的增大而增大，即与熔渣组成，特别是与炉渣碱度有很大的关系。通过比较不同渣系的"硫容"量，可以判断渣系的脱硫能力，如图 5-19 所示。

对于碱度较高的精炼渣，"硫容"可用实际渣系的光学碱度经多元回归计算求得：

$$\lg C_S = -13.913 + 42.84\varLambda - 23.82\varLambda^2 - (11710/T) -$$
$$\qquad\qquad 0.02223w(SiO_2)_\% - 0.02275w(Al_2O_3)_\% \qquad (\varLambda < 0.8) \tag{5-46}$$

$$\lg C_S = -0.6261 + 0.4808\varLambda + 0.7197\varLambda^2 - (1697/T) +$$
$$\qquad\qquad (2587\varLambda/T) - 0.0005144w(FeO)_\% \qquad (\varLambda \geqslant 0.8) \tag{5-47}$$

式中 $\varLambda$ ——炉渣的光学碱度。

光学碱度是由 Duffy 和 Ingram 在研究玻璃等硅酸盐物质时提出的，其后被 Sommerville 倡导，应用于冶金炉渣领域。炉渣的碱度与组成其氧化物的碱性有关，而此又与其对氧负离子的行为有关。因此，从热力学角度来讲，可用这些氧化物或渣中 O^{2-} 的活度来表示熔渣的酸碱性或碱度。但是，O^{2-} 的浓度不能单独测定，于是提出了在氧化物中加入显示剂，用光学方法来测定氧化物"释放电子"的能力，以间接表示 O^{2-} 的活度，得到确定炉渣酸碱性的光学碱度。

一般选取 CaO 作为比较标准，定义光学碱度为某氧化物释放电子的能力与 CaO 释放电子能力之比，用符号 $\varLambda$ 表示。对于 CaO，$\varLambda_{CaO} = 1$，故氧化物的光学碱度是以 CaO 的光学碱度为 1 作标准得出的相对值。表 5-9 所示为冶金渣系中氧化物的光学碱度及其有关参数。

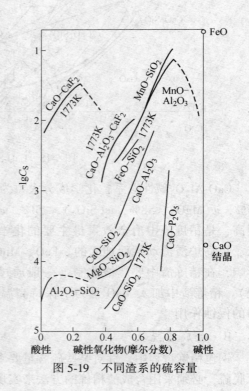

图 5-19 不同渣系的硫容量

表 5-9 冶金炉渣中氧化物的光学碱度及其有关参数

氧化物	光学碱度 Λ		电负性	氧化物	光学碱度 Λ		电负性
	测定值	理论值			测定值	理论值	
K_2O	1.40	1.37	0.8	SrO	1.07	1.01	1.0
Na_2O	1.15	1.15	0.9	CaO	1.00	1.00	1.0
BaO	1.15	1.15	0.9	MgO	0.78	0.80	1.2
MnO	0.59	0.60	1.5	Fe_2O_3	0.48	0.48	1.8
Cr_2O_3	0.55	0.55	1.6	SiO_2	0.48	0.48	1.8
FeO	0.51	0.48	1.8	B_2O_3	0.42	0.43	2.0
TiO_2	0.61	0.60	1.5	P_2O_5	0.40	0.40	2.1
Al_2O_3	0.605	0.60	1.5	CaF_2		0.20	4.0

由多种氧化物或其他化合物组成的炉渣，其碱度和渣中 $a_{(O^{2-})}$ 有关。在这种情况下，应由渣中各组成化合物释放电子能力的总和来计算炉渣的光学碱度，即：

$$\Lambda = \sum_{B=1}^{n} x_B \Lambda_B \tag{5-48}$$

式中　Λ_B——氧化物的光学碱度；

　　　x_B——氧化物中氧离子的摩尔分数，它是每个阳离子的电荷中和负电荷的分数，即氧化物在渣中的氧原子的摩尔分数，用下式表示：

$$x_B = \frac{n(O)x'_B}{\sum n(O)x'_B} \tag{5-49}$$

　　　x'_B——氧化物的摩尔分数；

$n(O)$——氧化物分子中的氧原子数。

硫容量表示了熔渣的脱硫能力，用它不仅可以估算熔渣组成，特别是碱度对脱硫的影响，还能代替脱硫反应中难以测定的离子活度，直接计算熔渣、金属液间硫的分配比。

由式（5-44）可知，硫的分配比越大，其进入炉渣内的硫量越多，即炉渣对硫的溶解度越大，这和"硫容"量有相等的意义。但是，硫的分配比与金属熔体有关，而且由于 $a_{(O^{2-})}$ 和 $\gamma_{S^{2-}}$ 较难测定，因此难以准确计算。但从另一个角度，可以由硫容量导出硫的分配比。

气体硫在熔渣内的溶解反应为：

$$\frac{1}{2}S_2 + (CaO) \Longrightarrow (CaS) + \frac{1}{2}O_2 \quad \Delta^{\ominus} = 97111 - 5.61T \quad J/mol$$

或　　$$\frac{1}{2}S_2 + (O^{2-}) \Longrightarrow (S^{2-}) + \frac{1}{2}O_2$$

则反应平衡常数为：

$$K^{\ominus} = \frac{a_{(S^{2-})}}{a_{(O^{2-})}} \cdot \left(\frac{p_{O_2}}{p_{S_2}}\right)^{1/2} = w(S)_\% \cdot \frac{\gamma_{S^{2-}}}{a_{(O^{2-})}} \cdot \left(\frac{p_{O_2}}{p_{S_2}}\right)^{1/2} \tag{5-50}$$

对于一定温度及熔渣组成，将上式中的易测量项 $w(S)_\%$、p_{O_2} 及 p_{S_2} 集中在等式的一边，即得到另外一种"硫容"表达式：

$$C'_S = w(S)_\% \cdot \left(\frac{p_{O_2}}{p_{S_2}}\right)^{1/2} = K^\ominus \cdot \left(\frac{a_{(O^{2-})}}{\gamma_{S^{2-}}}\right) \tag{5-51}$$

又

$$\frac{1}{2}S_2 \rightleftharpoons [S] \qquad \lg K^\ominus_{[S]} = \frac{7054}{T} - 1.224$$

故

$$p_{S_2}^{1/2} = \frac{f_S \cdot w[S]_\%}{K^\ominus_{[S]}} \tag{5-52}$$

将式 (5-52) 代入式 (5-51)，取对数后可得：

$$\lg\frac{w(S)_\%}{w[S]_\%} = \lg C'_S - \frac{1}{2}\lg p_{O_2} + \lg f_S - \frac{7054}{T} + 1.224 \tag{5-53}$$

可见，升高温度、提高渣系"硫容"量、降低气氛中氧分压（等同于降低金属液中氧活度）均可以提高硫的分配比。图 5-20 为硫分配比与金属熔池中氧活度的关系，图 5-21 是在特定条件下测得的 $CaO\text{-}Al_2O_3\text{-}SiO_2$ 渣系硫的分配比数值，降低渣系中 SiO_2 含量、提高 Al_2O_3 含量，硫在熔渣、金属液间的分配比可从 10 提高至 100 以上。

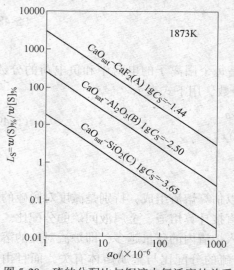

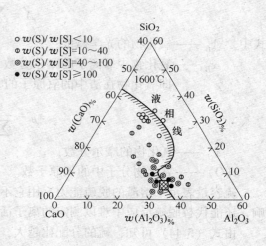

图 5-20　硫的分配比与钢液中氧活度的关系　　　图 5-21　$CaO\text{-}Al_2O_3\text{-}SiO_2$ 渣系硫的分配比

5.3.1.6　精炼渣与夹杂物形态控制

精炼渣除了具备钢液保温、吸收夹杂物、脱氧、脱硫之外，还对钢中夹杂物的组成有明显的影响。众所周知，二次精炼过程中，钢水、熔渣、夹杂物三相接触，它们之间存在复杂的物理、化学反应，因此炉渣的成分会显著影响钢中夹杂物的组成和形态。实践证明，精炼过程使用 $CaO\text{-}Al_2O_3$ 渣系与使用 $CaO\text{-}SiO_2$ 相比，钢中 Al_2O_3、$mCaO \cdot nAl_2O_3$ 等硬质夹杂物含量增加；而试验用 $CaO\text{-}SiO_2$ 渣系，精炼结束后钢中块状 Al_2O_3 夹杂物明显减少，只有使用 $CaO\text{-}Al_2O_3$ 渣系的 1/4，甚至更少。可见，可以通过调整脱氧剂种类以及炉渣成分有针对性地对钢中夹杂物进行有效控制，以降低钢中有害夹杂物的存在数量。近年来，夹杂物形态控制技术已广泛应用于弹簧钢、轴承钢、帘线钢、重轨钢、不锈钢等生产中，均取得了显著的效果。

A 帘线钢

帘线钢属于高碳硬线钢的一类，在轧制和拉拔过程中，钢中脆性夹杂物会造成拉拔断线，严重降低产品质量。当脆性夹杂物尺寸大于20μm，组成以 Al_2O_3、（Mg/Mn）O · Al_2O_3 两类夹杂物对高强度钢帘线性能影响最为突出。因此，为了控制帘线钢夹杂物组成，使得夹杂物在尽可能小的尺寸条件下兼具良好的塑性和可变形性，且钢水洁净度要高（T. O 含量不大于 0.0020%），必须要保证合理的脱氧制度和精炼渣组成。为此，帘线钢不能采用铝脱氧，只能使用 Si-Mn 复合脱氧，且炉渣必须为低碱度炉渣。

用 Si-Mn 复合脱氧，希望生成的脱氧产物为锰铝榴石 3MnO · Al_2O_3 · $3SiO_2$（$w(MnO)=43\%$、$w(Al_2O_3)=21\%$、$w(SiO_2)=36\%$），位于三元相图的塑性区。锰铝榴石中 Al_2O_3 含量在20%左右变形能力最好，当 Al_2O_3 含量超过20%会有 Al_2O_3 单独析出，而 Al_2O_3 含量小于20%，会有 SiO_2 析出，均对夹杂物控制不利。然而，用 Si-Mn 脱氧，钢中溶解氧含量较高，为了得到高的洁净度钢水，必须通过钢渣界面反应来实现。

当 Si-Mn 脱氧钢与顶渣平衡时，存在如下反应：

$$[Si] + \frac{2}{3}(Al_2O_3) = \frac{4}{3}[Al] + (SiO_2) \qquad \Delta G^{\ominus} = 219400 - 35.7T \quad J/mol$$

为了使锰铝榴石夹杂物中的 Al_2O_3 不超过20%，关键是控制钢水中的 [Al] 和渣中（Al_2O_3）含量和炉渣碱度。神户制钢研究人员发现：控制钢水中 $w[Al]$ 为 0.004%，渣中 $w(Al_2O_3)$ 为8%，炉渣碱度为1.0，可使夹杂物中（Al_2O_3）含量达到20%，呈良好的塑性状态，如图 5-22 所示。

由热力学可知，高碱度、低氧化性、流动性好的炉渣具有更好的脱硫能力。但对于夹杂物控制来说，应造低碱度、低氧化性、流动性好的炉渣。生产试验指出，对于高碳钢，应采用低碱度（$R=1\sim2$）、低氧化性（$w(FeO)=1\%\sim2\%$）的渣系来控制钢中夹杂物的塑性。

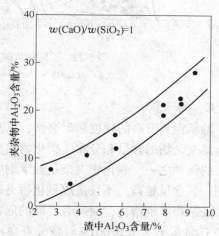

图 5-22 帘线钢夹杂物成分与炉渣
Al_2O_3 含量的关系

如冶炼 72A、82B 硬线钢，采用 Si-Mn 脱氧，脱氧产物为 MnO-SiO_2-Al_2O_3，当炉渣碱度为 0.9~1.1，渣中 $w(FeO)$ 小于2%，钢中溶解铝小于0.0003%，夹杂物组成为：

$$\frac{w(Al_2O_3)}{w(SiO_2) + w(MnO) + w(Al_2O_3)} = 0.15 \sim 0.23 \tag{5-54}$$

B 高强度低合金钢

高强度低合金钢热轧板广泛应用于桥梁、油气管线、高层建筑和海洋钻井平台等，对强度、延性、焊接、抗氢致裂纹等性能有很高的要求。钢中条状 MnS、簇群状 Al_2O_3 或 $mCaO \cdot nAl_2O_3$ 夹杂物对钢中性能影响很大。随着超低硫钢冶炼技术的进步，条状 MnS 和簇群状 Al_2O_3 造成的板材缺陷已经大大降低，而沿轧制方向延伸的低熔点 $mCaO \cdot nAl_2O_3$ 夹杂物造成的缺陷比例有所增加。

研究表明，钢中铝酸钙夹杂物的形成除与钙处理有关外，还与顶渣成分密切相关。降低炉渣碱度，可以在一定程度上减少钢中铝酸钙夹杂物数量，从而降低其对钢材制品的危害。当炉渣碱度（$w(CaO)/w(SiO_2)$）由 4.54 降低至 1.93 时，夹杂物成分逐渐偏至低熔点区域，同时钢中 T.O 含量由 0.0007% 增加至 0.0019%，如图 5-23 所示。可以预见，某些对 $mCaO \cdot nAl_2O_3$ 夹杂物敏感的钢种来说，在不使用钙处理的同时，适当降低精炼渣碱度也是十分必要的。

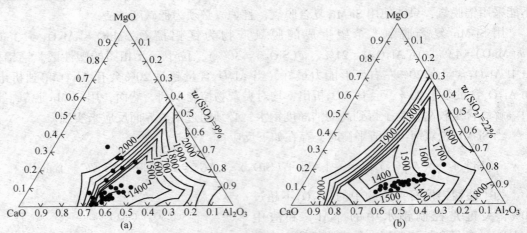

图 5-23   不同炉渣碱度对钢中夹杂物组成区域的影响
（a）$w(CaO)/w(SiO_2) = 4.54$；（b）$w(CaO)/w(SiO_2) = 1.93$

C   轴承钢

轴承钢具有高的硬度和耐磨性，以及高的弹性极限。对轴承钢的化学成分的均匀性、非金属夹杂物的含量和分布、碳化物的分布等要求都十分严格，是所有钢铁生产中要求最严格的钢种之一。氧化物夹杂是轴承钢中最具危害性的夹杂物，对钢的疲劳寿命有显著的影响。氧含量越高，不仅造成氧化物夹杂数量增多，而且氧化物夹杂物尺寸增大、偏析严重、夹杂物级别增高，对疲劳寿命的危害也就加剧。轴承钢接触疲劳寿命试验显示，当钢中 T.O 含量不大于 0.001% 时疲劳寿命可提高 15 倍，T.O 含量不大于 0.0005% 时，疲劳寿命可提高 30 倍。

轴承钢中夹杂物控制是冶金工作者非常关心的问题，目前常用检验标准中把钢中夹杂物分为 A（硫化物）、B（氧化铝）、C（硅酸盐）、D（球状不变形夹杂物）和 TiN 夹杂物，各类夹杂对轴承寿命的危害性按大小可以排成 D→TiN→B→C→A 的次序。对夹杂物形态来说，球状不变形夹杂对轴承寿命危害极大，钙铝酸盐夹杂物是其中的主要类型之一，夹杂的尺寸对轴承疲劳极限的影响极为明显，尺寸愈大，疲劳寿命愈短。

为了降低轴承钢中夹杂物危害，冶炼过程中要严格控制脱氧工艺及精炼渣成分选取。有关轴承钢精炼渣系的选择，目前还存在一定争议。有两派观点，一派主张采用高碱度渣，最大限度地降低钢中氧含量，但不可避免的形成 D 类夹杂物；另一派主张采用低碱度渣，以牺牲钢中氧含量换取对夹杂物形态的有效控制。

精炼渣组成对 GCr15 轴承钢中夹杂物控制效果影响明显（见图 5-24）。当炉渣碱度较低时（$w(CaO)/w(SiO_2) = 3.0 \sim 3.5$），氧含量相对较高，夹杂物尺寸较大，只发现少量镁铝尖晶石夹杂物，其中镁含量较低，仅有 3.0%~9.98%；当炉渣碱度为 4.5 时，氧含量很低，夹杂物尺寸较低碱度渣更为细小，存在较多镁铝尖晶石夹杂物，且镁铝尖晶石夹杂物中还有 6.62% 左右的氧化钙。Yoon 研究证实，改变精炼渣中 $w(CaO)/w(Al_2O_3)$ 比值可以改善轴承钢洁净度，当 $w(CaO)/w(Al_2O_3)$ 从 2.5~3.5 降低至 1.0~2.0 时，轴承钢中 T.O 含量可从 12×10^{-4}% 降低至 8×10^{-4}%（平均值）。

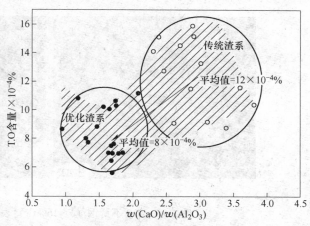

图 5-24　改变渣系组成对轴承钢 T.O 含量的影响

Mizuno 发现，钢中溶解铝和溶解碳能还原炉渣、耐火材料中的 MgO，生成的气态镁又被氧化成 MgO 并与 Al_2O_3 结合成镁铝尖晶石。当精炼过程中采用 VD、VOD 或 RH 等装备时，生成镁铝尖晶石的倾向更大，这是由于真空环境加剧了溶解铝还原 MgO 的反应。

镁铝尖晶石为脆性不变形夹杂物，对轴承钢的疲劳寿命有不利影响。这类夹杂物是在钢中低氧含量和高碱度渣精炼条件下生成的，而夹杂物中的 MgO 来自炉渣、合金及碱性包衬，如何减少这类夹杂物的数量并控制其尺寸是目前轴承钢精炼的重要任务。

D　不锈钢

不锈钢因为具有良好的耐腐蚀性能、低的膨胀系数、良好的冷成形能力而在汽车、家电、装饰领域中广泛应用。不锈钢冷轧板不仅需要良好的使用性能，对其表面质量也有比较严格的要求，不锈钢表面缺陷会在腐蚀环境下优先发生腐蚀，降低产品的使用寿命，对装饰用不锈钢而言，局部可见的缺陷会使整个不锈钢板无法使用，部分表面缺陷在冲压、加工过程中出现开裂。

造成不锈钢表面缺陷的内因是钢中夹杂物。鳞折缺陷（sliver-like defect）是不锈钢生产中最常见的表面缺陷之一，在冷轧退火板酸洗后呈现线状或者山形的痕迹。较为严重的鳞折曲线沿轧制方向长度较长，且具有一定深度，较难打磨去除，在加工过程中容易导致材料开裂。在典型的鳞折缺陷中，利用 SEM 手段可以观察到存在大量脆性尖晶石夹杂物，如图 5-25 所示，从而证明了该类夹杂物是导致缺陷形成的内在因素。

为了降低鳞折缺陷，有必要大幅提高钢水洁净度，有效控制夹杂物形态，降低钢中脆性夹杂物（$MgO \cdot Al_2O_3$、TiN 等）的数量和分布。目前，降低不锈钢中脆性尖晶石夹杂物危害的方法包括直接钙处理和调整炉渣成分两种手段，前者的化学反应如下：

$$Ca(g) + \left(x+\frac{1}{3}\right)(Al_2O_3 \cdot yMgO) = CaO \cdot xAl_2O_3 \cdot y\left(x+\frac{1}{3}\right)MgO + \frac{2}{3}[Al]$$

$$Ca(g) + \left(x+\frac{1}{3}\right)Al_2O_3 = CaO \cdot xAl_2O_3 + \frac{2}{3}[Al]$$

其目的是通过向钢液中加入金属钙将脆性的 Al_2O_3 和 $MgO \cdot Al_2O_3$ 夹杂物变质成为具有一定塑性特征的 CaO-Al_2O_3-MgO 夹杂物。但这种变质方法存在一定的缺陷，即在 Al_2O_3

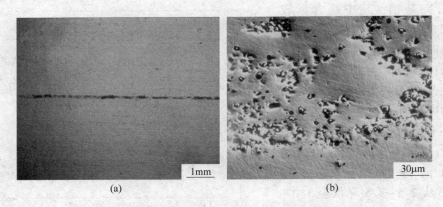

$1mm$　　　　　　　　　　$30\mu m$

(a)　　　　　　　　　　　　(b)

图 5-25　430 不锈钢（Fe-16%Cr）表面形成的鳞折缺陷

（a）宏观形貌；（b）缺陷内的夹杂物（$MgO \cdot Al_2O_3$）

和 $MgO \cdot Al_2O_3$ 夹杂物表面形成液相产物后会阻碍反应朝夹杂物内部的扩散。

非直接钙处理是通过调整渣系组成来实现尖晶石夹杂物的变质过程。将铝脱氧的 304 不锈钢与高碱度炉渣进行平衡实验，炉渣成分为 $CaO\text{-}Al_2O_3\text{-}10\%MgO\text{-}21\%CaF_2$，其中 $w(CaO)/w(Al_2O_3)$ 比值为 6.4。铝脱氧后，钢液中立刻会形成簇群状 Al_2O_3，与此同时，由于溶解铝对熔渣中（MgO）和（CaO）的还原作用，气态 Mg、Ca 进入钢液。由于金属镁在钢液中溶解度比钙高，Al_2O_3 很快变成 $MgO \cdot Al_2O_3$ 夹杂物，随着金属钙参与反应，在钢液中最终形成稳定的液相 $CaO\text{-}Al_2O_3\text{-}MgO$ 夹杂物。由此可见，在精炼过程中，通过调整炉渣成分也可以将氧化铝或尖晶石夹杂物变质为铝酸钙夹杂物。如图 5-26 所示。

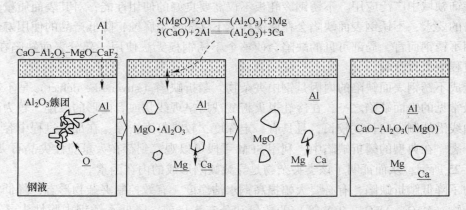

图 5-26　430 不锈钢中夹杂物变质过程示意图

当炉渣中含有 SiO_2 时（即炉渣碱度降低），上述过程将发生显著变化。研究证明，当 $CaO\text{-}Al_2O_3\text{-}9\%MgO\text{-}20\%CaF_2$ 炉渣中含有 10% 的 SiO_2 后，钢中溶解铝还原熔渣中 MgO 或 CaO 的反应将会被抑制，溶解铝将优先与渣中（SiO_2）反应。此时，钢中 $MgO \cdot Al_2O_3$ 夹杂物向 MgO 或 $CaO\text{-}Al_2O_3\text{-}MgO$ 夹杂物的转变将不能发生。因此，为了控制不锈钢冶炼过程中夹杂物的变质目标，炉渣中氧化硅的含量要尽可能低，此外，钢液中的溶解铝量也应该被控制在变质夹杂物为 MgO 或液态铝酸钙夹杂物所需的最低值以上。

5.3.2 RH 真空精炼

RH 真空循环脱气法是德国蒂森公司所属鲁尔（Ruhrstahl）钢公司和海拉斯（Heraeus）公司于 1957 年共同开发成功的，命名为 RH 真空脱气法（简称 RH 法）。它将真空精炼与钢水循环流动结合起来。最初，RH 装置的主要功能是脱氢，后来增加了真空脱碳、真空脱氧、改善钢水洁净度及合金化等功能。RH 法具有处理周期短、生产能力大、精炼效果好的优点，非常适合于大型炼钢炉匹配。目前，世界上现有 RH 处理设备 200 套以上，随着炼钢炉的大型化，RH 炉的处理设备也超大型化的趋势发展，目前世界最大的 RH 装备已达 360t。此外，由于 RH 设备具有多样化的特征，已经成为世界各大钢铁公司生产品种钢的必备装备。

RH 法设备的原理类似于"气泡泵"作用，如图 5-27 所示。其特征是在脱气室下部设有与其相通的两根循环流管，脱气处理时将循环流管插入钢液，启动真空泵，真空室被抽成真空。由于真空室内外的压力差，钢液从两个循环管上升到与压差相等的高度。与此同时，上升管输入驱动气体（氩气及其他惰性气体、反应气体等），驱动气体由于受热膨胀，上升管内钢液与气体混合物密度降低，而驱动钢液上升管像喷泵一样涌入真空室，使真空室内的平衡状态受到破坏。为了保持平衡，一部分钢液从下降管回到钢包，就这样钢水受压差和驱动气体的作用不断从上升管涌入真空室内，并经下降管回到钢包，实现钢液的不断循环。

随着技术的不断进步，RH 精炼装置也得到了发展与衍生。第一种衍生是将 RH 与吹氧脱碳相结合，发展成为吹氧循环真空脱气（RH-OB, Oxygen Blowing）法，见图 5-28（a）；川崎顶吹氧真空脱气（RH-KTB, Kawasaki Top Blowing）法，见图 5-28（b）。RH 另一发展是附加喷粉功能，如新日铁开发的循环脱气喷粉（RH-PB, Powder Blowing）法，见图 5-28（e）。其他 RH 法还包括 RH-MFB 法和 RH-Injection 法。RH 的精炼功能总结如下：

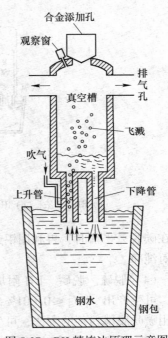

图 5-27 RH 精炼法原理示意图

（1）真空脱碳。在真空度小于 100Pa 下吹氧脱碳 25min，可生产 $w[C] \leqslant 0.0020\%$ 的超低碳钢水。

（2）真空脱气。经 RH 循环处理后，钢液脱氢率可达 60%~70%，钢中氢含量可降至 0.0001% 以下；RH 脱氮量稍弱，处理前后，脱氮率只有 10%~30%。甚至在某些情况下，钢液还有增氮的趋势，这主要与氮在钢液中的扩散速度慢有关。此外，当钢中氧含量较高时，由于其占据钢液活性表面，也影响了脱氮效果。有关此内容，请参照前文部分。

（3）脱氧。真空条件下碳具有较强的脱氧能力，这是真空处理的一大优势。由于碳脱氧是一种无污染的脱氧方式（脱氧产物为 CO 气体），因此，在 RH 先利用碳脱氧，然

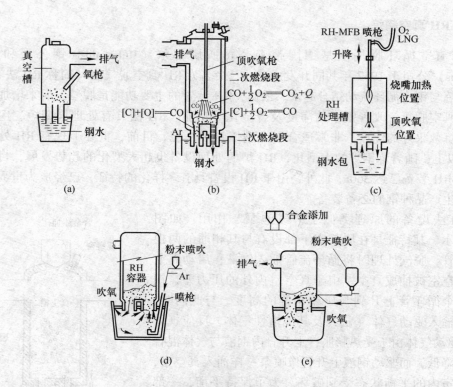

图 5-28　RH 精炼法的发展与衍生
（a）RH-OB 法；（b）RH-KTB 法；（c）RH-MFB 法；（d）RH-Injection；（e）RH-PB 法

后在碳脱氧平衡时，再利用铝或其他脱氧剂脱氧，可以将钢中氧降低至极低水平，且钢水相对纯净。

（4）脱硫、脱磷。RH 附加喷粉装置（RH-PB、RH-MFB）或真空室内顶加脱硫剂处理，可生产出 $w[S] \leqslant 0.001\%$ 的超低硫钢水；由于 RH-OB 处理过程中钢水氧含量较高，利用喷吹脱磷粉剂的方法，可生产出 $w[P] \leqslant 0.002\%$ 的超低磷钢。

（5）升温。采用 RH-KTB 技术，可降低转炉出钢温度 26℃；采用 RH-OB 法加铝吹氧提温，钢水最大升温速度可达 8℃/min。此外，经 RH 处理后，钢水温度趋于均匀，可保持连铸中间包内钢水温度波动小于 5℃。

（6）提高钢水洁净度。由于 RH 处理过程中钢液混合剧烈，为夹杂物碰撞、长大提供了良好的动力学条件，大颗粒夹杂物易于从钢液排出，可生产出 T.O 含量不大于 0.0015% 的超纯净钢。

日本应用 RH 精炼技术达到的冶金功能如表 5-10 所示。

5.3.2.1　RH 装置参数

影响 RH 精炼效果的因素较多，既包括设备参数也包括工艺参数。设备参数有处理量、真空度、循环管尺寸、驱动气体流量、驱动气体的供给方式等；工艺参数包括循环流量、循环速度、处理时间、混匀时间等。在很多情况下，设备参数是制约工艺参数的主要因素。

表 5-10 日本 RH 精炼功能现状

	元素	达到的水平	厂家	技术措施
降低 有害 元素	[H]	RH 内：<0.0001%	JFE 水岛厂	增加环流速度，缩短处理时间
		RH 内：<0.00015%	新日铁名古屋厂	大口径浸入喷管，增加载气量
	[C]	RH 内：<0.0015%	JFE 福山厂	增加环流气量，前期降低真空度
		RH 内：<0.0015%	新日铁广畑厂	环形烧嘴提高真空度，增大环流速度
	T.O	结晶器内：<0.0020%	新日铁名古屋厂	添加 CaC_2-CaF_2 渣系
		成品：<0.001%	大同知多厂	采用 CaO-CaF_2 强还原渣
	S	RH 内：<0.0005%	新日铁大分厂	RH 喷粉，CaO-CaF_2 渣系
		RH 内：<0.001%	新日铁名古屋厂	RH-PB，CaO-CaF_2 渣系
	N	脱氮率：20%~40%	JFE 福山厂	增大环流氩气量，确保真空，强脱氧
添加	Ca	结晶器内 [Ca] 0.001%~0.002%	神户制钢加古川厂	RH 槽内添加钙合金，低真空环流
成分 控制	[C]	$\sigma=0.003\%$	新日铁大分厂	RH 综合控制系统（RH-TOP）
		±0.01%	新日铁室兰厂	二次合金投入，自动取样分析
	[Mn]	±0.015%	新日铁室兰厂	二次合金投入，自动取样分析
	[Si]	±0.015%	新日铁室兰厂	二次合金投入，自动取样分析
	[Al]	$\sigma=4.4\%\times10^{-3}$	新日铁大分厂	铝镇静钢，RH 轻处理
		$\sigma=1.5\%\times10^{-3}$	JFE 京滨厂	弱脱氧钢，以测定溶解氧调整铝
	[N]	±0.0015%	住友金属鹿岛厂	$w[N]=0.007\%$ 中碳铝镇静钢，以氮代替氩
温度 控制	升温	升温速度 4℃/min	新日铁名古屋厂	RH-OB，加铝升温

A 处理容量

RH 处理量也是指钢包的钢液容量。RH 处理容量原则上是无上限的，处理容量的下限则取决于处理过程的温降情况。一般认为，RH 钢包精炼设备的处理量不能少于 30t，当容量小于 30t 时温降显著。目前，世界上已建成的 RH 装置最大处理容量为 360t。

B 处理时间

处理时间是指钢包在 RH 工位的停留时间。为了使钢液充分脱气，需要保证足够的处理时间。处理时间取决于允许的钢液温降和处理过程中钢液的平均温降速度。

为了弥补处理过程温降，需要脱气处理的钢液，其出钢温度要比不处理的同类钢种高出 30℃左右。此外，RH 处理过程允许的温降必须要符合浇注温度的要求，否则必须采用温度补偿的办法。一般来说，允许的温降不会有太大的波动，因此处理时间就决定于脱气时的平均温降速度，这与钢包容量、钢包和真空室的预热程度、合金及渣料加入数量、包衬材料的导热性等因素有关。其中，钢包和真空室的预热温度，特别是真空室的预热温度，对平均温降速度影响最大。因此，为了保证足够的处理时间，真空室要充分预热。表5-11 为不同容量和真空室预热温度下，RH 处理过程中温降数据。

C 循环流量

RH 循环流量是指单位时间内通过上升管（或下降管）的钢液量。它是表征 RH 钢液循环能力的重要参数。Ono 给出的经验式如下：

$$Q = 3.8 \times 10^{-3} D_u D_d^{1.1} G^{0.31} H^{0.5} \tag{5-55}$$

式中　Q——循环流量，t/min；

　　　D_u——上升管内径，cm；

D_d——下降管内径，cm；

G——上升管中氩气流量，L/min；

H——吹入气体的深度，cm。

表 5-11 RH 处理过程温降情况

钢包容量/t	真空室预热温度/℃	脱气时间/min	总温降/℃	温降速度/℃·min⁻¹
35	700~800	10~15	40~60	4.5~5.8
50	1200~1400			2.0~3.0
70	700~800	18~25	45~60	2.5~3.5
100	700~800	24~28	40~50	1.8~2.4
100	800	20~30	30~45	1.5~2.5
100	1000~1100		35	1.5~2.0
100	1500	20~30	30~40	1.5
170	1300			1.0~1.5

Kuwabara 给出的循环流量经验式为：

$$Q = 11.4G^{1/3}D^{4/3}\left[\ln\left(\frac{p_0}{p}\right)\right]^{1/3} \tag{5-56}$$

式中 Q——循环流量，t/min；

G——驱动气体流量，Nm³/min；

D——浸渍管内径，m；

p——真空室内压力，Pa；

p_0——吹入管位置压力，Pa。

对于式（5-55）或式（5-56），要提高钢水的循环流量，可通过增加上升管和下降管内径，或增加惰性气体流量来实现。如图 5-29 和图 5-30 所示。德国蒂森钢铁公司利用模拟实验也得到了驱动气体流量和钢液循环流量之间的关系。从试验结果看，随着驱动气体强度的增加，钢水循环流量也增大。当循环管直径为 300mm 时，驱动气体流量从 200L/min

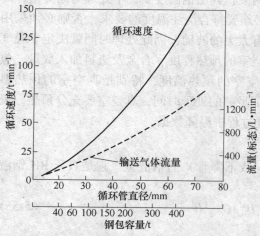

图 5-29 RH 循环流量与循环管直径的关系

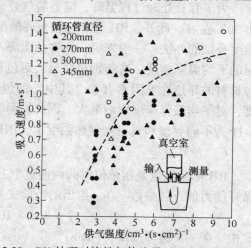

图 5-30 RH 处理时惰性气体流量对吸入速度的影响

增加至 500L/min，钢水的循环流量约从 22t/min 增加至 40t/min；当循环管直径为 350mm 时，驱动气体流量从 200L/min 增加至 500L/min，钢水的循环流量约从 35t/min 增加至 50t/min。

近年来，随着钢包容量的大型化，RH 循环流量已经显著提高。例如鞍钢 175tRH 处理装置，当浸渍管内径为 0.56m，计算得到的钢水循环流量为 117t/min。目前对于 200t 以上的 RH 精炼装置，钢水的循环流量一般均超过 100t/min。

由于受真空室直径的限制，圆形循环管直径的增加是有限度的。为此，可以将循环管由圆形改为椭圆形，如图 5-31 所示。在真空室直径相同情况下，采用椭圆形循环管后，循环管的截面积增加了 87% 左右。即由原来的 707cm² 扩大到了 1320cm²，钢水的循环流量由 34t/min 提高至 79t/min，脱碳效果明显增加。

利用钢水的循环流量还可以计算 RH 钢水循环一次所需要的时间 (t)，这是 RH 精炼过程一个很重要的参数。其计算公式为：

管的形式	椭圆形	圆形
真空室底部视图	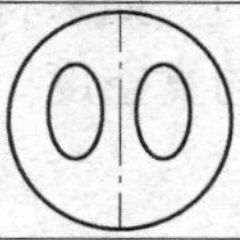	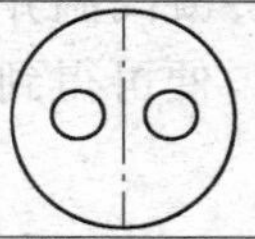
循环管顶视图	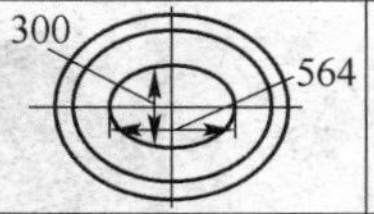 300 564	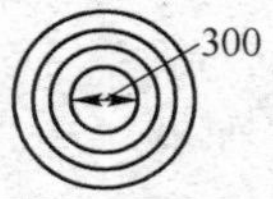 300
循环管面积	1320cm²	707cm²
喷嘴数	16	8
氩气流量	1600L/min(标态)	500L/min(标态)
真空度	(0.3~2)×133.3Pa	(0.3~2)×133.3Pa

图 5-31 椭圆形循环管与圆形循环管的对比

$$t = W/Q \tag{5-57}$$

式中　t——钢水循环一次所需时间，min；

　　　W——钢包钢水容量，t；

　　　Q——循环流量，t/min。

对钢包容量为 300t RH 精炼炉，假定其循环流量为 150t/min，其钢包内全部钢水循环一次仅需 2min。循环时间越短，RH 精炼效率越高，精炼处理时间越短。

RH 真空精炼过程中，需向上升管的钢液中输入惰性气体或反应气体。因此，要求气体输送系统结构设计和材质选择上尽可能合理。RH 最初采用多孔扩散环，为高铝质耐火材料，孔径为 2mm，其特征为：孔径小，难以加工，使用寿命短，喷孔容易堵塞。后来扩散环改成了环形板，其特征是：加工较多孔环容易，但因为环形砖较薄（厚度为 20mm），在烧结过程中易变形，更换较为麻烦。鉴于以上问题，现在的大型 RH 精炼炉普遍采用供气小管（喷嘴）结构。

D　真空度

真空度一般用 RH 处理时真空室内可以达到并且保持的最小压力表示，它是影响 RH 精炼效果最重要的因素之一。真空度高时，钢水的循环流速快，精炼效率高，且高真空度有利于实现快速脱碳，但过高的真空度可能导致钢液喷溅严重，真空室内残钢量增加。

对于一般钢种（对气体含量要求不高），并不需要太高的真空度，通常控制在几百帕的范围内。经验表明，钢中的氢降低至 0.00015% 以下，即低于在铁素体中的极限溶解度，可完全消除"白点"缺陷。按照 Sieverts 法则可计算氢在钢液中溶解平衡时对应的氢气分压：

$$p_{H_2} = \left(\frac{w[H]_{\%}}{K_H}\right)^2 = \left(\frac{0.00015}{0.0027}\right)^2 = 310Pa$$

因此，真空度达到 310Pa 即能满足脱氢的要求。考虑到脱气动力学和其他因素的影响（如脱碳要求），真空度选在 66.7~133Pa，因此，一般 RH 装置的极限工作真空度为 66.7Pa。

RH 系统真空度是靠蒸汽泵抽真空完成的。蒸汽喷射真空泵有一定压强的工作，蒸汽通过拉瓦尔喷嘴，减压增速（蒸汽的势能转变为动能）以超音速喷入混合室，与被抽介质混合，进行能量交换，混合后的气体进入扩压器，减速增压（动通转化为压强能），为了减少后级泵的抽气负荷，配置冷凝器，通过有一定温差的两种介质对流，进行热交换，达到冷凝高温介质目的。如果将几个喷射泵串联起来使用，泵与泵中间加入冷凝器使蒸汽冷凝，便可得到更高的真空度。原理如图 5-32 所示。

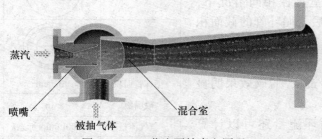

图 5-32　RH 蒸汽泵抽真空原理

提高真空泵抽气能力可显著降低真空度，进而提高 RH 脱碳速度。中国台湾中钢公司将 160t RH 的蒸汽喷射泵抽气能力由 300kg/h 增加至 400kg/h 后，并将惰性载气流量由 600L/min（标态）提高至 680L/min（标态），使得终点碳含量由 $(30~50)×10^{-4}$% 降低至 $30×10^{-4}$% 以下，脱碳时间由 20min 缩短至 15min。美国内陆钢厂将 RH 的六级蒸汽喷射泵改造为五级蒸汽喷射泵/水环泵系统后，冷水消耗量由 21t/炉减少至 5t/炉，能耗降低了73%。表 5-12 为真空泵抽气能力及环流速度对脱碳速度的影响。

表 5-12　RH 真空泵抽气能力及环流速度对脱碳速度的影响

项　目		RH-OB	RH-MFB	RH-KTB	RH-KTB
年　代		1985	1999	1992	1999
钢包容量/t		300	300	270	270
真空泵系统	B	3	2	3	2
	E	3	2	5	3
	C	5	3	5	2
排气能力/kg·h^{-1}	0.5Torr	950	1100	800	1200
	100Torr	—	800	—	—
	200Torr	700	—	6000	12000
浸渍管内径/mm		500	750	600	750
惰性载气流量/L·min^{-1}		1000	3000	1500	3000
循环流量/t·min^{-1}		85	220	140	220
脱碳时间/min $w[C]: 300→20×10^{-4}$%		20	12~13	14~16	12~13

注：1Pa ≈ 7.5006×10^{-3} Torr，1Torr ≈ 133.322Pa = 1.333mbar。

5.3.2.2 RH 真空脱气

由前文热力学分析可知，液态钢中的气体含量与气体分压的平方根成正比。在真空室内由于驱动气体氩气的作用，或者在真空状态下脱碳生成的 CO 气泡的作用，按照 Sieverts 法则钢液中的氢或氮向上述气泡中的扩散而使气体脱除。

RH 脱氢效率较高，处理脱氧钢水脱氢率大于 65%，处理弱脱氧钢水，由于剧烈的 C-O 反应使得脱氢率大于 70%。RH 的脱氢率（η_H）取决于钢水的循环次数（N）。RH 处理后钢中氢含量可以表示为：

$$w[H]_{f,\%} = w[H]_{i,\%} \cdot \left(1 - \frac{Q}{W}\right)^N \tag{5-58}$$

式中　$w[H]_{f,\%}$——处理后氢含量；

　　　$w[H]_{i,\%}$——处理前氢含量；

　　　Q——惰性载气流量；

　　　W——钢水重量；

　　　N——钢水循环次数。

为了保证良好的脱氢效果，要求

$$\left(\frac{Q}{W}\right) \times N > 2 \sim 3$$

由于 RH 真空度较高，脱氢速度可以表示为：

$$\frac{-dw[H]_\%}{dt} = (A/V) K_H w[H]_\% \tag{5-59}$$

式中　V——熔体体积，cm^3；

　　　A——气体-金属界面积，cm^2；

　　　K_H——钢液中氢的传质系数，cm/s。

为了促进脱氢反应，可采用增强搅拌、通入气体的方法增大反应界面积（A/V）。此外还可以定义真空脱氢时氢的容量系数（k_H）：

$$k_H = (A/V)K_H \tag{5-60}$$

经测定，200tRH 精炼炉，k_H 值为 $(0.5 \sim 2.0) \times 10^{-3} \ s^{-1}$。增大吹氩流量可使 k_H 值提高，如对 340tRH 装置，吹氩量从 0 增加至 2500L/min 时，k_H 可增加一倍。根据 RH 生产实践，精炼前后钢水含氢量的关系如图 5-33 所示。

钢水脱氮决定于界面化学反应速度。前人研究了钢水增氮（或脱氮）速度与钢中表面活性元素硫和磷的关系。随着钢中氧、硫含量的增加，钢水吸氮（或脱氮）速度降低（或增高）。因此，通常采用二级反应式近似计算真空脱氮速度：

$$\frac{-dw[N]_\%}{dt} = (A/V) K_N' w[N]_\%^2 \tag{5-61}$$

式中　V——熔体体积，cm^3；

　　　A——气体-金属界面积，cm^2；

　　　K_N'——表观反应速度常数，cm/s。

有学者计算得到了脱氮表观速度常数的表达式：

$$K'_N = 15.9f_N^2 \cdot \left(\frac{1}{173a_O + 52a_S + 17a_N}\right)^2 \tag{5-62}$$

式中 f_N——钢液中 N 的活度系数；

a_O，a_S，a_N——分别为钢液中 O、S、N 的活度。

图 5-34 为 RH/DH 精炼前后钢中氮含量。可见，真空脱氮效率比较低，并和初始氮含量有关，当初始氮含量小于 0.005%，RH 处理基本不脱氮。其主要原因是：

（1）钢液中氮的溶解度是氢的 15 倍，在 1873K 与 20×10^{-4}% 的 [N] 平衡的氮分压为 194Pa，这相当于真空槽内达到压力为 20Pa 时距离钢液自由表面深 2.5×10^{-3}m 的静压力，说明脱氮反应在钢液自由表面是不能发生的。

（2）氧、硫等表面活性元素的存在使得脱氮速度降低。尤其是在 RH-OB 过程中，钢水中溶解氧含量较高 $(200\sim600)\times10^{-4}$%，给脱碳期内钢水脱氮造成较大困难。

（3）由于 RH 真空系统漏气造成钢水增氮，进一步降低了钢水的脱氮效率，并可能出现冶炼终点钢水氮含量高于处理前水平的情况。

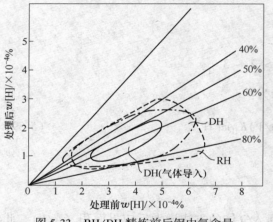

图 5-33 RH/DH 精炼前后钢中氢含量

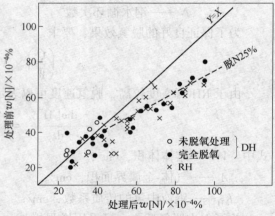

图 5-34 RH/DH 精炼前后钢中氮含量

5.3.2.3 RH 真空脱碳

RH 最主要的功能之一是脱碳，不仅金属中的氧和渣中的 FeO 可用于脱碳，RH 其他供氧方式也能够有效地对钢液进行脱碳，经过 RH 吹氧处理后钢中碳可以降低至 0.002% 以下。为什么要在 RH 内进行深脱碳呢？回答这个问题要从热力学的角度思考。炼钢过程中脱碳反应式为：

$$[C] + [O] \Longrightarrow [CO] \qquad \Delta G^{\ominus} = -20482 - 38.94T \quad \text{J/mol}$$

$$\lg K_C = \lg \frac{p_{CO}}{a_C a_O} = \lg \frac{p_{CO}}{f_C w[C]_\% f_O w[O]_\%} = \frac{1070}{T} + 2.036 \tag{5-63}$$

对于 Fe-C-O 系，当钢中 [C]、[O] 含量降低至较低浓度时，此时可以假定 f_O、$f_C = 1.0$。当温度为 1873K 时，由式（5-63）可得碳氧浓度积表达式：

$$w[O]_\% w[C]_\% = 0.0024p_{CO} \tag{5-64}$$

一般情况下，转炉冶炼过程中 $p_{CO} \approx 1.0$，故碳氧浓度积值为 0.0024。若复吹转炉出钢终点 $w[C] = 0.03$%，此时与之平衡的氧含量为 0.08%，见图 5-35。如果要在转炉内继续深脱碳，势必导致钢中的氧含量成倍增加，钢水出现严重的过氧化现象。此时产生的副作用有：(1) 钢液含氧量高，吹炼结束后需要消耗大量脱氧剂，脱氧产物数量多，钢水污染严重；(2) 碳含量越低，转炉出钢温度越高，会严重降低转炉炉龄；(3) 炉渣氧化现象严重，渣中 Fe_tO 含量高，对后续改质精炼不利；(4) 当碳含量较低时，脱碳反应速度降低，冶炼周期明显增加。

为此，对超低碳钢冶炼来说，必须有更为经济、有效的脱碳方式。由于 RH 提供了真空的环境，降低了脱碳产物 CO 的分压，相当于降低了碳氧浓度积的数值，这样可以保证在较低的钢水钢含量情况下实现钢液的深脱碳。此外，RH 钢液循环流量大，钢水的混合剧烈，也加快了脱碳反应速度。图 5-36 为真空条件下钢液中碳氧含量的变化关系。当气氛中 CO 分压降低，钢液中与碳平衡的氧含量较低，从而达到深脱碳的目的。

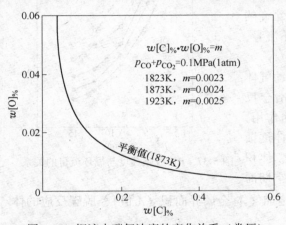

图 5-35 钢液中碳氧浓度的变化关系（常压）

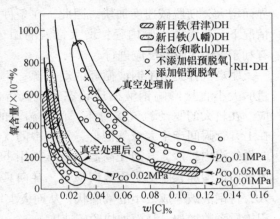

图 5-36 钢液中碳氧浓度的变化关系（真空）

RH 真空脱碳反应的表观脱碳速度可以用下式表示：

$$-\frac{dw[C]_\%}{dt} = \left(\frac{A}{V}\right) \cdot k_C \cdot (w[C]_{s,\%} - w[C]_{e,\%}) \tag{5-65}$$

式中　V——钢液体积，cm^3；

　　　A——气体-金属界面积，cm^2；

　　　k_C——熔池侧传质系数，cm/s；

$w[C]_{s,\%}$——钢液中初始碳含量；

$w[C]_{e,\%}$——反应平衡时碳含量，$w[C]_{e,\%} = 0.0024 \cdot p_{CO}/w[O]_\%$。

在高碳区，RH 脱碳反应的限制环节是氧的传质，采用顶枪吹氧处理，能够促进大量 CO 气泡形成，增大脱碳反应的传质系数。在低碳区的限制环节是碳的传质，提高惰性载气流量和真空度，向真空室钢液面吹氧，高压氧气流股冲击钢液表面产生喷溅，形成无数个小液滴飞入气相中。同时，氧气流股被钢液撕碎，无数个小氧气泡进入钢液内部，扩大了钢液与氧气的接触面积，不仅使钢液中的溶解氧增加，并且扩大了碳氧反应区域，大大促进了深脱碳反应。

影响 RH 脱碳的主要因素有钢水的循环流量、真空度、供氧方式和脱碳时间，其中真空度的影响前文已介绍。

A　钢水循环流量对脱碳的影响

在 RH 处理过程中，钢水循环流量增大，钢水在真空室底部的线速度增加，使钢流的边界层厚度减薄，碳向钢液面的扩散速度增加，脱碳速度也相应加快。由式（5-55）或式（5-56）可知，增大钢水循环流量的方法包括：扩大浸渍管内径、增加驱动气体流量。

扩大 RH 浸渍管中下降管内径，能够增大钢水循环流量，进而提高脱碳速度，如图 5-37 所示。扩大下降管直径，即使在相同的驱动气体流量下，由于 CO 气体向气泡中的扩散作用，可以容纳和产生更多的气泡，增大了循环管上升区的相界面，同时也使吸入到真空室的钢液量增加，钢液乳化区的相界面增大，使脱碳速度加快。因此，在条件允许的情况下，扩大插入管内径，增大钢液的循环流量，有利于 RH 深脱碳反应进行。

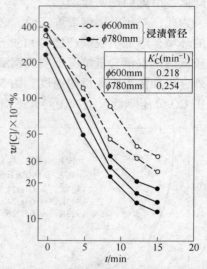

图 5-37　RH 脱碳速度与循环流量的关系

驱动气体是 RH 钢液循环的动力源。驱动气体量的大小直接影响钢液循环状态和脱碳等冶金反应。在较大的驱动氩气流量下，由于湍流的作用，在上升管瞬间产生大量气泡群，钢液中的气体逐渐向氩气泡内扩散，气泡在高温、低压作用下，体积成百倍地增加，以至于钢液向喷泉一样向真空期涌入，将钢液破碎成极小的液滴状，从而大大增加气体-金属界面积（A 值），脱碳反应的体积传质系数增加，从而加快脱碳速度。

B　吹氧方式和供氧量

向钢液中强制吹氧，氧气的供给是高碳含量领域内控制反应过程的有效方法。RH 脱碳操作过程中必须注意初期快速减压（抽真空），尽快吹氧，缩短高碳区钢水的脱碳时间，保证在中后期较高真空度、较大氩气流量下有足够的自然脱碳时间，将低碳区的碳降低至更低范围。但是，在没有氧气过剩的情况下，向受碳扩散控制的超低碳区域再持续供氧不但没有意义，而且氧气还会迅速被吸收到钢液中，对喷溅液滴的弥散化没有益处。此外，过剩的溶解氧是熔钢表面活性元素，它将阻碍脱碳产生的 CO 向气相中扩散。因此，在低碳区，通过多功能氧枪向钢液中吹入氩气是最好的促进脱碳反应的方法之一。实验证明，在 RH 真空室下部吹入大约 1/4 的氩气，可使 RH 的脱碳速度提高大约 2 倍。

对于 RH 强制脱碳（RH-OB，RH-KTB）过程，关键环节有几下几点需要注意：（1）吹氧流量不宜过大，一般为 800~2400m³/h，应根据 C-O 反应的激烈程度而定，避免碳氧反应过于激烈，真空壁残钢过多，为下一炉吹炼带来影响；（2）RH 强制脱碳的最佳时间是钢液开始循环后 3min，真空度达到 8kPa 开始吹氧，氧枪高度为 250~500cm，氧气流量控制在合理范围；（3）脱碳结束 2~3min 后测温取样，然后再脱氧合金化，并要遵循合金添加的一般原则。

C　脱碳时间

由于在低碳区，碳在钢液中的扩散抑制了脱碳反应速度。为了获得较低的终点碳含量，在 RH 处理过程中可以适当延长处理时间，促进碳氧反应进一步达到平衡。

5.3.2.4　RH 处理夹杂物去除

有关 RH 去除夹杂物研究不多。RH 处理过程中，惰性载气推动钢液循环流动，在极短的时间内钢液完成在钢包内循环一次，钢液流速较快，混合效果极佳，如图 5-38 所示。钢液的强烈混合会加速小颗粒的夹杂物碰撞、聚合、长大，此外，弥散的氩气泡会吸附夹杂物颗粒上浮，从而实现夹杂物的有效去除。此外，RH 轻处理过程中碳脱氧导致的 T.O 含量降低也是 RH 去除夹杂物的主要途径。

影响 RH 去除率的主要因素包括：（1）钢液的循环速度。提升气体流量越大，钢液的循环速度越快，夹杂物碰撞、聚合的几率越大，夹杂物的去除效果越好。（2）炉渣成分。RH 处理过程中夹杂物是被顶渣吸收的，故顶渣的改质至关重要。除了控制顶渣的熔点外，控制渣中 $w(CaO)/w(Al_2O_3)$ 比值在 1.6~1.8 之间，对顶渣吸附夹杂物具有重要的作用。

Yuji Miki 利用流场模型和夹杂物碰撞长大模型对 RH 过程夹杂物去除效果进行数值计算，结果发现，在 RH 脱气装置内，钢中簇群状氧化铝随精炼时间延长而得到去除。当夹杂物尺寸小于 10μm 以下，主要靠碰撞去除，当夹杂物大于 10μm，主要依靠上浮去除，如图 5-39 所示。此外，RH 处理时夹杂物的去除是一个由快到慢的过程，处理开始 400s 去除最快，900s 后可去除大部分夹杂物。对生产实践来说，适当延长处理时间可减少钢液中残留的大颗粒夹杂物，提高钢水洁净度。

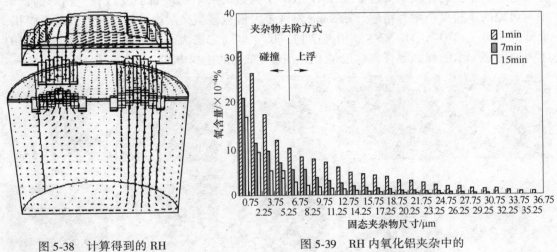

图 5-38　计算得到的 RH　　　　　图 5-39　RH 内氧化铝夹杂中的
　　　内钢液流动特征　　　　　　　　　氧含量与时间的关系

郑淑国等利用物理模拟的方法研究了 RH 夹杂物的去除规律（见图 5-40）。采用邻苯二甲酸二丁酯液滴模拟钢中夹杂物，能较好地模拟钢液中夹杂物碰撞长大过程。根据相似理论，该乳状液滴的当量直径为 379μm，可以模拟当量直径为 112.5μm 的 Al_2O_3 或 95.9μm 的 SiO_2 夹杂物。RH 处理过程中 12min 可以去除大部分模拟夹杂物，处理 24min 可将夹杂物几乎全部去除。增大提升气体流量对夹杂物去除效果影响显著，但提升气体增大至一定程度后，夹杂物去除率变化不明显。

国内有学者研究了 RH 处理对轴承钢生产与夹杂物去除的影响。纯脱气时间对钢水中氧含量的影响很大，延长纯脱气时间钢中最低 T. O 含量降至 0.0006%；RH 的脱氧速度在真空处理的前 14min 内较快，14～25min 较慢；钢水中夹杂物的数量在 RH 真空处理前 14min 急剧减少，在真空处理 14～25min 减小的速度较慢。RH 生产轴承钢过程中 T. O 的降低是由夹杂物的去除导致的，RH 对大于 10μm 的夹杂物的去除效果很好。在一定范围内增大 RH 吹氩量，有利于加快氧化物夹杂的去除，提高脱氧能力。将真空处理时间延长

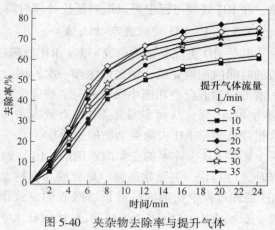

图 5-40 夹杂物去除率与提升气体流量的关系（物理模拟）

到 25min，轴承钢中 T. O 大都在 0.0008%左右，有利于稳定控制钢水清洁度。

有关学者对 RH 处理过程夹杂物的去除及演变规律进行了研究。针对某企业 Q690D 钢的取样分析表明，RH 开始前，钢中夹杂物平均粒径为 1.72μm，而软吹结束后，夹杂物平均粒径增加至 1.9μm，单位面积上的夹杂物个数从 55.6 个/mm² 降至 29.4 个/mm²，这证明 RH 对夹杂物的去除效果是十分显著的。夹杂物平均粒径增加，证明了 RH 处理过程发生了夹杂物的碰撞、聚合。图 5-41 给出了典型的夹杂物形貌演变过程。精炼前，钢中为典型的单相夹杂物，精炼开始 5min 发现了大量包覆型夹杂物，其内部为尖晶石固相，而外部包裹了 CaO-Al₂O₃-MgO 液相夹杂物，尺寸也随之增大。造成包覆型夹杂物存在的主要原因是钢水的强烈混合，这也是 RH 去除夹杂物的主要方式。

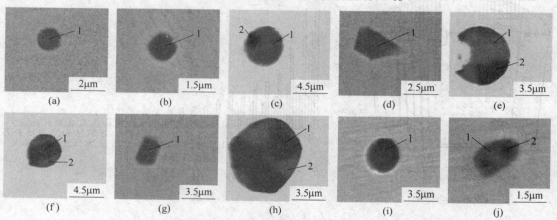

图 5-41 RH 处理周期内 Q690D 钢中夹杂物演变规律
（a），（b）RH 进站；（c）～（f）精炼 5min；（g），（h）复压阶段；（i），（j）软吹阶段

5.3.2.5 RH 轻处理

1977 年，新日铁大分厂研究开发了一种 RH 处理工艺，称为"RH 轻处理"。RH 轻处理是利用 RH 的搅拌、脱碳功能，在低真空条件下，对未脱氧的钢水进行短时间处理（真空碳脱氧），同时将钢水温度、成分调整到适合连铸工艺的要求。

RH 轻处理不仅能除钢水中的氢、氮等元素，还能在一定程度上脱氧降碳。对某些特殊钢种来说，可适当提高转炉吹炼的终点碳含量，在 RH 内利用利用 [C]-[O] 反应将碳含量降低到目标成分，与此同时，钢中的氧含量也得以降低。RH 轻处理有利于降低转炉终渣氧化性（出钢碳含量高），减少炉衬侵蚀，真空碳脱氧也减少脱氧剂的加入量，提高了钢水洁净度。

RH 轻处理工艺可以缩短真空处理时间，提高 RH 真空精炼设备能力和降低生产成本。采用轻处理工艺，精炼时间可控制在 20min，处理过程温降约 20~30℃，大大降低了精炼费用，提高了 RH 精炼工艺的灵活性。

目前，RH 轻处理工艺已被成功应用于未脱氧钢或半脱氧钢进行脱碳、调整成分和温度，真空室的真空度为 $(67~266) \times 10^2$ Pa。

5.3.2.6 RH 喷粉脱硫

RH 处理由于造白渣困难，炉渣氧化性高，因此利用合成渣精炼很难实现深脱硫目标。此外，针对大部分品种钢生产来说，减少钢水 LF 精炼工序不仅可以降低成本，还可以控制钢水增碳、增氮，如超低碳钢生产等。因此，为了实现 RH 过程深脱硫，陆续开发了各种基于 RH 的真空喷粉脱硫工艺，如 RH-PB、RH-KPB、RH-IJ、V-KIP 等。

A　RH-PB（Powder Blasting）工艺

1987 年由新日铁名古屋厂研制成功，过程如图 5-28（e）所示，设备及工艺参数见表 5-13。可以生产超低硫、超低磷和超低碳钢，且处理过程中氢含量也是降低的。它利用原有 RH-OB 法真空室下部底吹氧喷嘴，使其具有喷粉功能，依靠载气将粉剂通过 OB 喷嘴进入钢液。RH 真空室下部装有两个喷嘴，可以利用切换阀门来改变吹氧方式和喷粉方式，同时加铝可使钢液升温。此法还具有良好的脱氢效果，不会影响传统的 RH 真空脱气能力，也不会导致钢液吸氮。

表 5-13　名古屋 RH-PB 喷粉脱硫工艺参数

项　　目	参　　数
钢包容量	250t
真空度	1~100Torr（1Torr = 133.322Pa）
提升管直径	730mm
循环气体喷嘴数量	2 个双层同心喷管
最大氧气流量	1500m³/h（标态）
粉剂种类	CaO-CaF$_2$粉剂
最大粉剂流量	150kg/min
载气种类	Ar 或 N$_2$
载气流量	100m³/h（标态）
压力	7kg/cm²

名古屋厂采用 RH-PB 法处理钢液取得了如下结果：（1）在最佳熔剂喷吹条件下，脱硫率达 70%~80%，在钢液初始硫含量为 $(20~30) \times 10^{-4}$% 的情况下，喷吹粉剂 4kg/t，终点硫含量为 5×10^{-4}%。（2）在钢液初始磷含量为 $(150~300) \times 10^{-4}$% 的情况下，经 RH-PB 喷粉处理后，磷含量可以降低至 20×10^{-4}% 以下。（3）可以稳定生产 $w[H] \leqslant 1.5 \times$

$10^{-4}\%$、$w[S] \leqslant 10 \times 10^{-4}\%$、$w[N] \leqslant 40 \times 10^{-4}\%$的超纯净钢，处理时间约为 20min。

B　RH-IJ（Injection）工艺

1983 年由新日铁大分厂研制成功，过程如图 5-28（d）所示。此技术可以在一次操作中同时完成脱硫、脱氢、脱氮、减少非金属夹杂物和调整成分的目的。其特征为，在 RH 处理过程中，从真空室的外部向 RH 真空室上升管的底部插入一支喷枪，向即将上升到真空室的钢液内喷吹合成渣料，以达到深脱硫的目的。该处理方法不会对钢包表面来自转炉的氧化渣造成扰动，减轻了氧化性渣对钢液的影响。同时，喷入的粉剂在钢液中可以有较长的停留时间，强化了钢包底部的搅拌，减小了死区，吹入的气体进入 RH 上升管，可以增大钢液的循环流量。但 RH-IJ 工艺也存在一定的问题，当上升管内径较大时（为增大循环流量），真空槽距离包壁距离太小，喷枪难以插入预定位置，导致脱硫粉剂喷入不理想。

C　RH-KPB（Kawasaki steel new powder blasting system）工艺

1986 年由日本川崎制铁所在开发 KTB 真空顶吹氧的同时，又开发的一种向真空室钢液喷吹脱硫剂进行深脱硫的技术。该装置是利用 KTB 系统的水冷氧枪，向真空室内钢液喷吹以生石灰粉剂（或石灰石）为主的精炼粉剂，以达到深脱硫和夹杂物形态控制等目的。其主要组成部分包括粉体贮存管、输送罐及喷吹罐等。武钢第二炼钢厂在引进 RH-KTB 技术的同时，只购买了 PB 顶吹喷粉装置，自行开发出喷粉脱硫工艺，简称 RH-WPB。

D　RH-PTB（Powder top blasting）工艺

1994 年由住友金属和歌山制铁所研制成功。其通过水冷顶枪进行喷粉脱硫，该方法特点是：（1）脱硫剂在加入过程中顺畅，一般不会发生喷枪堵塞；（2）用水冷顶枪进行喷粉脱硫，不增加氧枪从而使冶炼成本降低；（3）没有钢水阻力，载气消耗量降低；（4）可以升温，脱硫效率高。冈田泰和等在 160t RH 装置上，采用 RH-PTB 工艺，在钢液初始硫含量为（30~35）$\times 10^{-4}\%$时，喷吹 CaO-CaF_2 脱硫剂 5kg/t 和 8kg/t，终点硫含量可降低至 $5 \times 10^{-4}\%$ 和（1.3~1.9）$\times 10^{-4}\%$的水平，深脱硫效果明显。

E　V-KIP（Vacuum Kimizu injection process）

1984 年新日铁君津（Kimizu）制铁所开发成功的真空喷射处理钢包精炼法，其特征是将真空脱气和钢包喷吹粉剂脱硫合二为一的精炼装置。最初，该技术是在传统钢包上应用的，类似在 VD 真空精炼上进行喷粉操作。后来，新日铁大分制铁所因为提倡全量 RH 处理，又加紧开发了基于 RH 出炉的 V-KIP 技术，后来发展成为 RH-IJ 工艺。V-KIP 工艺真空度可以控制在小于 2Torr（1Torr = 133.322Pa），采用 CaO-CaF_2 粉剂，喷粉速度为 200kg/min，处理 20min，钢中硫含量可从（30~50）$\times 10^{-4}\%$降低至（5~8）$\times 10^{-4}\%$的水平。

无论采取上述何种方法，脱硫剂的选择对脱硫效果的影响都是十分显著的。当前各厂采用的 RH 喷吹脱硫粉剂有三种：CaO-CaF_2、CaO-CaF_2-Al_2O_3、CaO-SiO_2-Al_2O_3系。

A　CaO-CaF_2渣系

该渣系具有较高的"硫容量"，其脱硫能力最强（如图 5-19 所示），在相同的脱硫任务下脱硫剂的消耗量最少，其中 CaF_2 含量在 40% 左右时脱硫能力最强，此时硫在渣、钢间的分配系数约为 170~200。CaO-CaF$_2$ 渣系以石灰和萤石为主要成分，但在喷吹 CaO-CaF$_2$ 系脱硫剂时钢中溶解氧含量对脱硫影响较大，为了提高脱硫效果，钢水应尽可能深脱氧。但 CaO-CaF$_2$ 渣系的缺点也是非常明显的，低熔点的石灰质熔剂能轻易地渗透到耐火砖的深处，由于 CaF$_2$ 熔点更低，仅为 1418℃，它更容易渗透，破坏了镁铬砖中的 MgO 颗粒，导致其组织松散。骨料被钢液溶出，砖构造上散裂，造成剥落性伤损。RH 真空室采用 CaO-CaF$_2$ 系脱硫粉剂，内衬侵蚀速度增加一倍，平均达到每炉 1.11mm，严重降低了真空室耐材的使用寿命。

B CaO-CaF$_2$-Al$_2$O$_3$ 渣系

该渣系为电渣重熔用基本渣系，脱硫能力比 CaO-CaF$_2$ 渣系稍低。研究指出，CaO-CaF$_2$-Al$_2$O$_3$ 渣系在 $w(CaO)=30\%~40\%$、$w(CaF_2)=45\%~55\%$、Al$_2$O$_3$ 含量小于 10% 范围内是脱硫最佳成分组成。另有研究指出，采用 CaO-CaF$_2$-Al$_2$O$_3$ 复合渣作为脱硫剂，可以使脱硫率达到 50%~70%，钢液中的硫含量可以降低至 $5\times10^{-4}\%$ 的程度。此外，该渣系由于添加了 Al$_2$O$_3$，降低了 CaF$_2$ 的含量，从而在精炼过程中降低了对耐火材料的侵蚀作用。但该渣系存在不能同时满足脱硫剂应具有的高硫容量、高碱度、低熔化温度的缺陷。图 5-42 为 CaO-CaF$_2$-Al$_2$O$_3$ 渣系等熔点图。为了保证 RH 处理过程中渣相具有良好的流动性和脱硫能力，炉渣熔点应控制在 1400℃ 以下，则脱硫粉剂的成分范围应为：$w(CaO)/w(Al_2O_3)$ 为 1.0~1.2，CaF$_2$ 含量大于 30%。

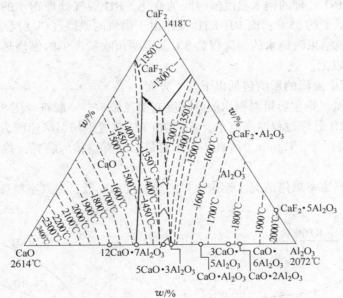

图 5-42 CaO-CaF$_2$-Al$_2$O$_3$ 系等熔点图

C CaO-SiO$_2$-Al$_2$O$_3$ 渣系

CaO-SiO$_2$-Al$_2$O$_3$ 系为少氟或无氟型脱硫剂，因此不会侵蚀真空室耐火材料，且成渣速度快，是 RH 精炼脱硫较为理想的脱硫剂。由 CaO-SiO$_2$-Al$_2$O$_3$ 三元相图（图 5-43）可知，该体系中 1400℃ 左右低熔点区域共有三个，分别为Ⅰ、Ⅱ 和Ⅲ区。由于Ⅰ、Ⅲ区炉渣碱度较低，渣系硫容量较低，故不能用于 RH 喷粉脱硫。而Ⅱ区组分中，由于 SiO$_2$ 活度较低，不会造成钢液"回硅"，可以作为铝脱氧钢的深脱硫操作。试验指出，当脱硫剂成分为 $w(CaO) = 40\% \sim 50\%$，$w(Al_2O_3) = 25\% \sim 35\%$，$w(SiO_2) < 6\%$，少量 BaO 作为添加剂，RH 喷粉处理后，钢中平均硫含量可降低至 0.009%。该渣系中具有较高硫容量的渣组成集中在：$w(CaO) = 60\% \sim 65\%$，$w(Al_2O_3) = 25\% \sim 30\%$，$w(SiO_2) < 10\%$，此时渣中 CaO 含量接近饱和，硫的分配系数约为 $200 \sim 300$。此外，为了更好地保护真空室耐火材料，还可以在上述渣系中配入少量 MgO，其含量不大于 10%。

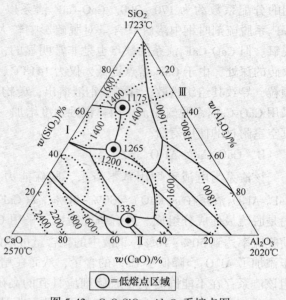

图 5-43　$CaO\text{-}SiO_2\text{-}Al_2O_3$ 系熔点图

5.3.2.7　RH 精炼升温

RH 处理是一个典型的温度降低过程，由于没有电极加热等手段，为了保证连铸时钢水具有合理的过热度，RH 处理过程中温度控制就显得尤为重要。图 5-44 为 KTB 处理与常规 RH 处理的钢水温度随时间的变化。RH 脱气处理钢水的温降较大，处理前后钢水温度降低了约 35℃；而 RH-KTB 操作由于供氧的原因（C-O 反应放热），钢水温降速度缓慢，吹氧结束时钢水的温降仅为 3℃，表明顶吹氧产生的燃烧热量用于钢水的热补偿，达到 13℃ 以上。

RH 处理过程中温降的影响包括以下几个方面：

（1）钢包容量。钢包容量对钢水温降速度有明显影响，一般符合图 5-45 所示的规律。钢包容量越大，RH 处理过程温降越小。武钢 70t RH 装置平均温降速度为 $2 \sim 3℃/min$，而宝钢 300t RH 温降低于 $1℃/min$。因此，对于容量小的真空精炼装置，控制钢水温度更为迫切。

（2）钢包及真空室烘烤情况。钢包内衬加热温度的高低，在真空精炼前 5min 对第一

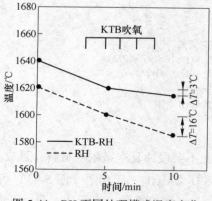

图 5-44　RH 不同处理模式温度变化

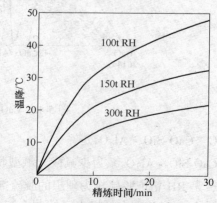

图 5-45　RH 处理过程钢水温度与时间的关系

炉钢水温度的降低更为明显。但随着精炼炉次的增加，各炉之间间隔的缩短，包衬温度始终保持在一个较高的水平上，包衬温度的影响变弱。为此，RH 处理前，真空室内衬应加热至 1300℃，钢包内衬应加热至 800℃ 以上。

（3）渣层厚度。一般来说，RH 处理时钢包内渣层厚度控制在 50~100mm，且随着少渣炼钢技术的进步，有的企业钢包渣厚度更薄，这样也加剧了 RH 处理过程钢水的散热。解决的办法是，若出钢过程发现渣层较薄，可以在精炼前加入碳化稻壳进行保温。

（4）合金及渣料添加。RH 处理过程中的添加剂主要包括合金、脱硫剂等。合金加入钢水参与化学反应，有的可以升温，有的却只能降温。吹氧情况下，钢中加入金属量为 1kg/t，金属铝可以使钢水升温 25℃ 以上，金属硅为 17℃，而硅钙合金和锰铁合金却只导致钢水温降 3℃。此外，脱硫剂的温降效果为 200kg 脱硫剂温降 5℃。

5.3.3 不锈钢炉外精炼

不锈钢（Stainless Steel）是不锈耐酸钢的简称，一般将耐空气、蒸汽、水等弱腐蚀介质或具有不锈性的钢种称为不锈钢，而将耐化学介质腐蚀（酸、碱、盐等化学浸蚀）的钢种称为耐酸钢。由于两者在化学成分上的差异而使它们的耐蚀性不同，普通不锈钢一般不耐化学介质腐蚀，而耐酸钢则一般均具有不锈性。不锈钢常按组织状态分为马氏体钢、铁素体钢、奥氏体钢、奥氏体-铁素体（双相）不锈钢及沉淀硬化不锈钢等；按成分可分为铬不锈钢、铬镍不锈钢和铬锰氮不锈钢等。

不锈钢的冶炼方式已由过去单一的电弧炉返回吹氧法冶炼，发展到电炉与炉外精炼相结合的方式。由于国内外对不锈钢冶炼的重视程度较强，发展了各种形式的炉外精炼方法，例如：VCR、K-OBM-S、RH-OB、K-BOP、AOD、VOD 等，如图 5-46 所示。其中以真空吹氧脱碳法（VOD）和氩氧精炼法（AOD）应用最为广泛。

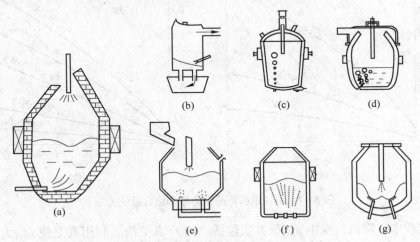

图 5-46 不锈钢炉外精炼方法示意图
（a）AOD；（b）RH-OB/KTB；（c）VOD；（d）VODC/AOD-VCR；（e）K-BOP；（f）CLU；（g）LD/MRP

5.3.3.1 不锈钢精炼基础理论

不锈钢为 Fe-Cr-Ni-C 合金熔体，在其冶炼过程中，存在碳和铬的竞争性氧化，为了实现脱碳保铬的目标，必须从热力学上进行分析，找到脱碳保铬的热力学条件，从而把铬的氧化降低至最低限度。当［Cr］含量在 3%～30% 范围内，吹氧时存在如下两个化学反应：

$$Cr_2O_3(s) \Longrightarrow 2[Cr] + 3[O] \qquad lgK = lga_{Cr}^2 \cdot a_O^3 = -\frac{36200}{T} + 16.2 \qquad (5-66)$$

$$[C] + [O] \Longrightarrow CO(g) \qquad lgK = lg\frac{p_{CO}}{a_C \cdot a_O} = \frac{1160}{T} + 2.003 \qquad (5-67)$$

两式组合得：

$$Cr_2O_3(s) + 3[C] \Longrightarrow 2[Cr] + 3CO(g) \qquad lgK = lg\frac{a_{Cr}^2 p_{CO}^3}{a_C^3} = -\frac{32720}{T} + 22.11 \qquad (5-68)$$

式（5-68）就是不锈钢中碳和铬竞争氧化的表达式，控制反应向右进行就能实现脱碳保铬的目的。要实现此目的，可以有两种途径：

（1）提高反应温度。因为平衡常数（K）是温度的函数，提高反应温度，K 值增加，可使平衡的碳含量降低。当气氛中 $p_{CO} = 0.1MPa$，1873K 下，如果使碳含量降低至 0.1% 以下，钢中铬含量小于 2%，脱碳保铬无法实现；当升高温度至 2073K，碳含量降低至 0.1% 以下，与之平衡的钢中铬含量可以达到 25%～30%，脱碳保铬是可行的，见图 5-47（a）。可见，要使铬不氧化，且与铬平衡的碳含量低，需要的温度越高。但是，炼钢过程中过高的温度是不允许的，耐火材料难以承受。

（2）降低气相 p_{CO}。在一定铬含量下降低气氛中 p_{CO}，可使平衡的碳含量降低，见图 5-47（b）。当温度为 1873K 时，$p_{CO} = 0.1MPa$ 无法实现脱碳保铬，但当 p_{CO} 降低至 0.001MPa，在保证铬不氧化的前提下，钢中碳含量可以降低至 0.03%，这就是不锈钢炉外精炼的理论基础。

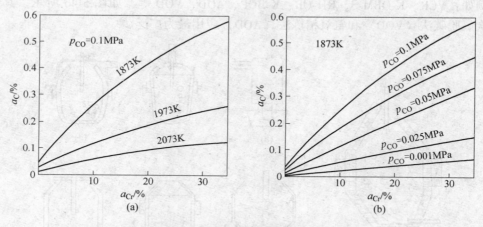

图 5-47 不锈钢吹炼是钢中碳和铬含量的关系

生产实践中，降低气氛中 p_{CO} 的方法包括：（1）真空法。利用真空使 p_{CO} 大大降低进行脱碳保铬，常用的方法有 RH-OB 和吹氧脱碳法（VOD）。（2）稀释法。吹入惰性气体氩气、氮气或者水蒸气等稀释气体降低 p_{CO} 进行脱碳保铬，如 AOD 法、CLU 法等。

5.3.3.2 AOD 精炼法

AOD（Argon Oxygen Decarburization）是一种简单而又经济的生产低碳不锈钢的方法，该方法是 1968 年美国联合碳化物公司（Union Carbide）开发的一种生产不锈钢的炉外精炼方法。所谓氩氧脱碳精炼法是从一个炉型类似于侧吹转炉的炉底侧面向熔池内吹入不同比例的氩、氧混合气体，来降低气泡内 p_{CO}，使［C］氧化，而使［Cr］少氧化。脱碳保铬不是在真空下进行的，而是在常压下进行的。

由于 AOD 法冶炼不锈钢具有投资少、生产效率高、生产费用低、产品质量好、操作简单等优点，因此得到世界各国的重视，很快普及到世界各地。AOD 法虽然有很多优点，但是 AOD 冶炼［C］+［N］含量小于 0.025% 的超纯铁素体不锈钢是极为困难的，另外，在炉衬寿命上对耐材的要求也特别高。我国从 1973 年开始利用 AOD 炉吹炼不锈钢试验，在太钢三炼钢建成一座 18t 的 AOD 炉，以后又改为 40t。目前，国内 AOD 炉大约有 20 余座。

AOD 炉的外形与转炉相似，如图 5-48 所示。炉体结构由熔池、炉身和炉帽三个部分组成。AOD 炉的炉容比为 $1 \sim 0.7 \mathrm{m}^3/\mathrm{t}$，从而保证了较大的冶炼空间，以减少喷溅。熔池深度、熔池直径、炉膛的有效高度三者之比，通常选取 1∶2∶3。

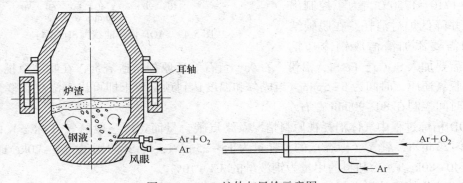

图 5-48 AOD 炉体与风枪示意图

氩-氧枪安装在靠近炉底的侧壁上，它由风口砖和风枪组成，风口砖采用优质镁铬砖，砖内埋设风枪。其结构为双层套管式，内管为铜质材料，外管为不锈钢材料。内管分阶段吹入不同比例的氧-氩（氮）混合气体进行脱碳，从外层环缝缝隙间吹入氩气或碳氢化合物为冷却气体。氩-氧枪的直径有三种，A 型为 9.5mm，B 型为 11.1mm，C 型为 12.7mm。氩-氧枪的数量与炉容量大小有关，一般 20t 的炉子采用 2 支风枪，风枪的水平夹角为 90° 或 60°；35~60t 的炉子设有 4 支风枪，水平夹角在 108°~120° 的弧度内布置；90~175t 的炉子设有 5 支风枪，每支枪的间隔为 27°~30°。

AOD 法一般采用电弧炉（或其他炉）与 AOD 炉双联。电炉炉料以不锈废钢、碳素废钢、高碳铬铁合金、高碳镍铁为主。配碳量一般为 1.5%~2.0%，或者更高。硅含量一般小于 0.2%~0.4%，以利于提高炉衬寿命。电炉熔化终了，如果硅含量高，可以进行吹氧脱硅处理。为了还原炉渣中的氧化铬，初炼炉出钢前可加硅铁和碳化硅等还原剂。AOD 吹炼时，具备较强的脱硫能力，所以在初炼炉一般不强调脱硫。初炼炉的出钢温度一般控制在（1620±10）℃。

典型的 AOD 冶炼工艺流程如图 5-49 所示。吹炼前，首先根据钢液中碳、硅、锰等元素的含量计算氧化这些元素所需要的耗氧量和各阶段吹氧时间，根据不同阶段钢液中的碳、铬含量和温度，把不同比例的氩-氧混合气体吹入 AOD 炉进行脱碳精炼。

AOD 氧化期分为 3 个阶段，每个阶段需要不同的供气比例。第一阶段，按 O_2 与 Ar 之比为 3：1 供气，将碳含量脱至 0.3% 左右，此时钢液温度约为 1680℃。第二阶段，按 O_2 与 Ar 之比为 2：1 或 1：1 供气，将碳脱至 0.1% 左右，此时温度约为 1740℃，为了控制炉温，可以加入废钢作为冷却剂降温。第三阶段，按 O_2 与 Ar 之比为 1：2 或 1：3 供气，将碳脱至不大于 0.03%。

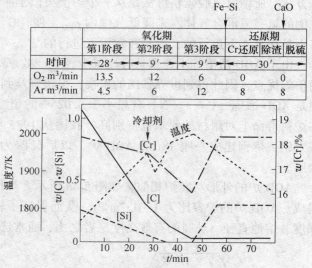

	氧化期			还原期		
	第1阶段	第2阶段	第3阶段	Cr还原	除渣	脱硫
时间	←28'→	←9'→	←9'→	←　　30'　　→		
O_2 m³/min	13.5	12	6	0		0
Ar m³/min	4.5	6	12	8		8

图 5-49　AOD 操作曲线（SUS304）

吹炼结束后，约 2% 的铬氧化进入炉渣中，钢中溶解氧含量高达 $140×10^{-4}$%。单渣法在脱碳终点温度约为 1710～1750℃，为了控制出钢温度并降低炉衬消耗，在脱碳结束后期需要添加清洁废钢冷却钢液。随后要加入 Si-Ca、Fe-Si、铝粉、石灰、萤石等还原剂与造渣剂，在吹纯氩搅拌状态下进行脱氧还原，时间为 3～5min，当成分和温度达到预定要求即可出钢浇注。整个 AOD 的精炼时间控制在 80～90min 左右。

AOD 精炼过程中气体消耗视原料情况及终点碳含量而定。一般氩气（标态）的消耗量为 12～23m³/t，氧气（标态）的消耗量为 15～25m³/t，Fe-Si 的用量为 8～20kg/t，石灰用量为 40～80kg/t，冷却料的用量为钢液量的 3%～10%。

AOD 法的精炼效果良好，主要体现在以下几个方面：

（1）脱硫。由于加入石灰、硅铁可以造高碱度炉渣，又有强烈的氩气搅拌，因此可以深度脱硫，脱硫能力超过电炉白渣精炼。AOD 吹炼结束后，钢中 [S] 可降低至 0.005% 以下，个别好的情况下可以低于 0.001%。

（2）脱除气体。AOD 法虽然没有真空脱气过程，但是由于吹入氩气搅拌，也有明显的脱气效果。其中，吹炼终点 [H] 约为 $(1～4)×10^{-4}$%，比电炉钢低 25%～65%，不锈钢针孔缺陷明显减少。AOD 脱氮率比电炉钢低 30%～60%，降低氮含量对改进铬不锈钢冲击性能有重要作用。

（3）脱氧。虽然 AOD 法常用单渣法操作，出钢时炉渣没有变白，但是大量结果证明，AOD 法精炼的钢水，其氧含量不仅比电炉冶炼的低，甚至比电炉加 DH 真空脱气的钢还要低 $10×10^{-4}$%。

（4）夹杂物去除。由于 AOD 整个冶炼过程中持续吹气，钢中夹杂物碰撞、聚合的几率大，大颗粒夹杂物基本消除，细小的夹杂物也比电炉冶炼的相同钢种低。夹杂物主要由硅酸盐组成，粒度细小，分布均匀。

（5）微量元素控制。由于 AOD 法返回钢用量增大，不可避免地导致铅、铋、锑、锡、铜等有害微量元素含量增加。特别是铅，因为不少国家发展了含铅易切削不锈钢，废钢在冶炼过程中将其带入钢液。在 AOD 法精炼中，能够有效去除这些有害的微量元素。

5.3.3.3 顶底复吹 AOD 精炼法

早期，AOD 法在脱碳期的单位供氧量与脱碳量之比（氧利用效率）只有 70% 左右，大约有 30% 的氧被铬等金属氧化。为了提高脱碳初期的升温速度和钢水温度，AOD 法的一项十分重要的技术就是移植了顶吹氧的转炉经验，比如，日本川崎制铁在 20t AOD 炉上开发的 K-BOP 工艺、蒂森克虏伯公司开发的 KCB-S 工艺（如图 5-50 所示）、奥钢联（VAI）开发的 K-OMB-S 工艺、曼内斯曼马克胡金根厂开发的 MRP-L 工艺、法国克鲁斯奥特-罗伊勒公司（Creusot-Loire）与瑞典乌迪赫尔姆（Uddelholm）开发的 CLU 工艺（如图 5-51 所示）等。目前，约 40% 的 AOD 炉都配备了顶吹氧系统。

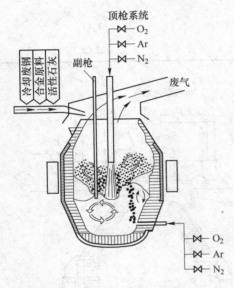

图 5-50 KCB-S 工艺示意图

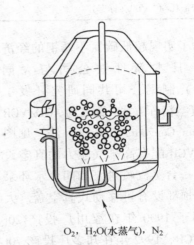

图 5-51 CLU 工艺示意图

顶底复吹 AOD 法的特征是：当 [C] 含量大于 0.5% 的脱碳期，底部风枪吹入一定比例的氧-氩混合气体（或以氮气、水蒸气代替氩气），再从顶部吹入一定速度的氧气，使熔池生成 CO 经二次燃烧，约 75%~90% 的热量被传输到熔池，使钢液的升温速度由通常的 7~12℃/min 提高至 17~19℃/min，脱碳速度从 0.055%/min 提高至 0.087%/min，电耗降低 78kW·h/t，FeSi 用量减少 25%，吹炼时间减少 11min。

日本住友金属和歌山厂在 90t AOD 炉上利用复吹技术，精炼时间缩短 20min，FeSi 用量降到 7.5kg/t，氩气消耗量降到 22.2m³/t，精炼结果见表 5-14。1997 年，我国太钢在 18t AOD 炉上进行了 42 炉的顶吹氧试验，钢种包括 304、321、410 等，在标态下氧化前期顶枪供氧 1200m³/h、底部供氧 480m³/h、氩气 150m³/h，试验效果良好，脱碳速度提高 71.67%，升温速度提高 142%，氩气消耗降低 8.29m³/t，精炼时间缩短 11.3min。

5.3.3.4 真空 AOD 精炼法

生产实践证明，AOD 精炼工艺生产 $w[C] \geqslant 300 \times 10^{-6}$ 的不锈钢时，性能十分突出，但生产 $w([C]+[N]) \leqslant 300 \times 10^{-6}$ 的钢种就十分困难，其结果是精炼时间长、氩气消耗高、炉衬寿命低、合金消耗大、经济效果较差。

表 5-14　90t AOD 不同工艺比较

项　目	AOD 原工艺	AOD 顶底复吹
粗钢碳含量/%	1.3~1.60	1.355
兑入温度/℃	≥1550	1582
冶炼周期/min	68	56.7
顶吹时间/min	—	10.26
终点碳含量/%	0.30	0.27
平均脱碳速度/% · min^{-1}	0.06	0.103
平均升温速度/℃ · min^{-1}	7.2	17.44
氩气消耗/m^3 · t^{-1}（标态）	30.5	22.2

为了实现超低碳氮不锈钢的经济冶炼，日本新日铁公司与大同（Daido）制钢公司共同研究开发了 AOD 真空精炼方法，命名为 AOD/VCR（Vacuum Converter Refiner）法，见图 5-52。VCR 配有高排气能力的真空设备，由一台蒸汽喷射泵和四台水环泵组成，顶部设有可移动式真空盖。大同制钢于 1990 年在涩川厂投产 20t AOD/VCR，1992 年在知多厂投产 70t AOD/VCR，新日铁于 1996 年在光厂投产 60t AOD/VCR。

AOD/VCR 的特征在于将 AOD 炉与真空相结合，利用真空的有利条件进行深脱碳处理。当钢中产 $w[C]>$ 0.1%时，按传统工艺由底吹处吹入

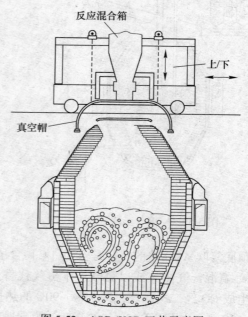

图 5-52　AOD/VCR 工艺示意图

$O_2/Ar(N_2)$ 的混合气体，当 $w[C]<0.1$%时停止吹氧，改吹 $Ar(N_2)$，同时将真空罩套在 AOD 炉帽上，真空度为 2.0~2.67kPa，底吹 Ar（N_2）流量为 20~30m^3/min（标态），在强烈的搅拌条件下，利用钢中的余氧及渣中的氧化物进行脱碳。经过 10~20min 处理，熔池温降 50~70℃，钢中碳含量降低至 100×10^{-4}% 以下。

AOD/VCR 的底吹搅拌能力是 SS-VOD 的 13~20 倍，是 VODC 的 32~44 倍，因此创造了脱碳、脱氮的动力学条件。若达到同样的 [C]、[N] 含量，SS-VOD 需要 40min 以上；若要求 $w[C]≤150×10^{-4}$%，$w[N]≤300×10^{-4}$%，采用 AOD/VCR 比 AOD 可以缩短精炼时间 21%。AOD 与 AOD/VCR 消耗比较见表 5-15。

表 5-15　AOD 与 AOD/VCR 消耗比较

钢种	精炼方法	Fe-Si /kg·t^{-1}	Ar /m^3·t^{-1}（标态）	N$_2$ /m^3·t^{-1}（标态）	电耗 /kW·h·t^{-1}
	AOD	7.8	4.8	12.1	38
304	AOD/VCR	6.8	0.8	13.8	51
	比较/%	-12.8	-83.3	+14	+51
	AOD	11.8	17.3	7.9	15
316L	AOD/VCR	7.5	3.2	15.7	27
	比较/%	-36.4	-81.5	+55	+80

5.3.3.5　VOD 精炼法

VOD 法是 Vacuum Oxygen Decarburization（真空吹氧脱碳）的缩写，是由德国威登特殊钢厂（Edd-stahl-werk witten）和标准梅索公司（Standard Messo）于 1967 年共同研制成功的。VOD 是为了冶炼不锈钢所研制的一种炉外精炼方法，由于在真空条件下很容易将钢液中的碳和氮去除到很低水平，因此该精炼方法主要用于超纯、超低碳铁素体不锈钢和合金的二次精炼。

由理论分析可知，脱碳保铬的热力学条件是高温或者降低 CO 分压。尽管高温吹氧能实现脱碳保铬的任务，但高温导致炉衬的耐火材料寿命降低，因此，实现超低碳不锈钢的冶炼任务，降低气相分压就显得更为重要。

20 世纪中期，大功率蒸汽喷射泵的研制成功为真空下吹氧脱碳的实现创造了条件。依据冶炼过程中降低 CO 分压使碳在较低的温度下优先于铬氧化的理论，1967 年德国威登特殊钢厂研制出世界第一台容量为 50t 的 VOD 炉，1976 年日本川崎公司在 VOD 钢包底部安装两个透气塞，增大吹氩搅拌强度，称之为 SS-VOD，专门用于生产超纯铁素体不锈钢（$w[C] = 0.003\% \sim 0.010\%$，$w[N] = 0.010\% \sim 0.040\%$）。

在 VOD 法投入工业生产的同时，瑞典的 ASEA-SKF 法也研制成功，受 VOD 法的启发，他们在 ASEA-SKF 炉上加设氧枪，其冶金过程与 VOD 法完全相同。近年来，不锈钢的主要生产炉型已扩展为顶底复吹转炉、AOD 法和 VOD 法。与顶底复吹转炉——AOD 法相比，VOD 法设备复杂、冶炼费用高、脱碳速度慢、初炼炉需要进行预脱碳、生产效率低，但 VOD 是在真空条件下冶炼，钢的纯净度高，碳、氮含量低，适宜生产高附加值的超纯不锈钢和合金等产品。

A　VOD 主要设备特点

VOD 法的主要设备由钢包、真空罐、真空系统、吹氧系统、吹氩系统、自动加料系统、测温取样系统和过程检测仪表等组成，如图 5-53 所示。

a　钢包系统

VOD 法和其他炉外精炼方法用钢包相比，工作条件相对苛刻。由于其温度高，约为 1700℃，且精炼过程中钢液搅拌强烈，包衬砖受化学侵蚀和机械冲刷严重，因此，尽管使用高温烧成的耐火材料炉衬，其使用寿命也只有 10～30 次。此外，为防止吹氧过程钢液上涨而从包沿溢出，VOD 钢包自由净空较高，一般为 900～1200mm。

b　吹氩透气砖系统

通常 VOD 在钢包包底中心或半径 1/2～1/3 处安装透气砖。为保证良好的透气性，透气砖由上下两块透气砖组成。透气砖一般采用刚玉质或镁质耐火材料烧制而成，透气方式有弥散式、狭缝式、管式三种。通常采用的弥散式透气砖，透气能力约为 500L/min，透气砖寿命为 5～10 次。

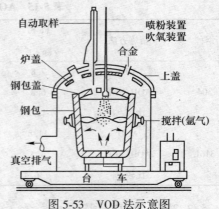

图 5-53　VOD 法示意图

c　真空罐系统

真空罐是盛放钢包，获得真空条件的熔炼室。它由罐体、罐盖、水冷密封法兰和罐盖开启系统组成。不同钢包容量对真空罐系统尺寸影响较大，对于 40～60t VOD 装置，真空罐直径约为 4500mm，罐体重量约为 22t；对于 160～250t VOD 装置，真空管直径约为 6500mm，罐体重量更是达到了 50t。

d　真空系统

真空系统是 VOD 最为核心的部分。真空系统由蒸汽喷射泵、冷凝器、抽气管路、真空阀门、动力蒸汽、冷却水系统、检测仪表等部分组成。用于 VOD 的真空泵有水环-蒸汽喷射泵或多级蒸汽喷射泵组两种。水环泵和蒸汽喷射泵的前级泵（6～4 级）为预抽真空泵，抽粗真空；蒸汽喷射泵的后级泵（3～1 级）为增压泵，抽高真空，极限真空度不大于 20Pa。真空泵抽气能力（kg/h）的计算公式为：

$$G = 233.8829 \times 3600 \times \frac{\pi}{4} D_0^2 \tag{5-69}$$

式中　G——抽气能力；

　　　D_0——喷嘴直径。

e　供氧系统

VOD 供氧系统由高压氧气管路、减压阀、电动阀门及开口大小指示盘、金属流量计及流量显示记录仪、氧枪及氧枪链条升降装置、氧枪冷却水和枪位标尺组成。氧枪有水冷式和消耗式两种。

30t VOD 消耗氧枪为长度 2750mm、直径为 25.4mm 的吹氧管，外包耐火泥，吹氧时枪位高度 250～500mm，下降速度为 20～30mm/min。消耗氧枪吹氩喷溅严重，由于材质的原因吹氧时间受限制。

30t VOD 水冷拉瓦尔氧枪下部外套耐火砖，长度为 1520mm。氧枪升降由马达链条传动，最大行程为 3m，升降速度为 3.4m/min；氧气工作压力为 0.1MPa，最大流量为 25m³/min；冷却水量为 16m³/h，压力为 0.8MPa；吹氧时枪位 1000～1200mm，钢中碳含量高时，采用枪位上限，碳含量低或者吹氧后期，枪位取下限。

B　VOD 基本功能

VOD 具有吹氧脱碳、升温、氩气搅拌、真空脱气、造渣合金化等冶金手段，适用于不锈钢、工业纯铁、精密合金、高温合金、合金结构钢的冶炼，尤其是超低碳不锈钢和合金的冶炼。

a 吹氧脱碳

VOD 真空吹氧脱碳可以分为两个阶段：（1）高碳区（$w[C]>0.05\%\sim0.08\%$），脱碳速度与钢中碳含量无关，为常数，由供氧强度决定；（2）低碳区（$w[C]<0.05\%\sim0.08\%$）脱碳速度随着钢中碳含量降低而减小，如图 5-54 所示。

在高碳区，脱碳速度随温度升高、吹氧量增大、真空度提高、枪位降低而增加。因此，在温度和压力一定时，可以通过增大供氧强度、降低枪位来提高脱碳速度，如图 5-55 所示。但过快的脱碳速度会导致钢水喷溅严重，因此 VOD 在高碳区脱碳速度一般控制在 $0.02\%/min\sim0.03\%/min$，在低碳区，碳在钢液内的扩散是脱碳反应的限制环节。通过增大底吹气体流量、提高钢水温度、提高真空度等措施可以降低吹氧终点的碳含量。

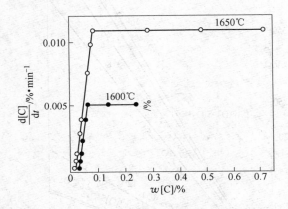

图 5-54 脱碳速度与钢中碳含量的关系

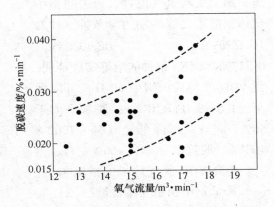

图 5-55 真空度与钢中碳含量的关系

b 脱碳保铬

VOD 法吹炼不锈钢铬的收得率一般为 98.5% ~ 99.5%。提高铬的收得率的具体方法为：（1）提高开吹钢水的温度；（2）提高吹氧时真空度；（3）减少或避免过吹；（4）增大底吹氩气搅拌强度；（5）加入足够脱氧剂，保证还原反应时间不少于 10min；（6）造高碱度还原渣可降低渣中 Cr_2O_3 的溶解度，提高铬的收得率。如图 5-56 所示。

c 吹氧升温

和复吹转炉类似，VOD 法主要靠合金元素的氧化放热提高钢水温度，主要放热元素有碳、硅、锰、铬、铁、铝等。VOD 精炼过程吹氧平均升温 2.36℃，停吹后平均温降为 1.30℃/min。不锈钢吹氧精炼中元素的氧化升温图如图 5-57 所示。

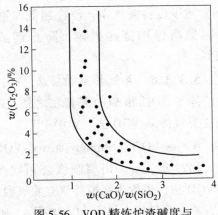

图 5-56 VOD 精炼炉渣碱度与渣中（Cr_2O_3）的关系

VOD 还原期由于加入合金和渣料造成温度降低，温降值（ΔT）可以用下列回归式估算：

$$\Delta T = -595 + 0.338 T_s + 2.96 \times \frac{G_{CaO}}{G} + 1.466 \times \frac{G_{FeTi}}{G} + 0.341 \times \frac{G_C}{G} + 1.187h$$

$$(5\text{-}70)$$

式中　　　　　T_s——吹氧结束后钢水温度，℃；

　　　　　　　G——加入合金及渣料总量，kg；

G_{CaO}，G_{FeTi}，G_C——加入石灰、钛铁、冷却剂重量，kg；

　　　　　　　h——处理时间，min。

　　d　真空脱气

　　VOD 因为吹氧脱碳产生钢液沸腾，加上底吹氩气搅拌，为去除钢中气体创造了良好的动力学条件。针对 1Cr18Ni9Ti、0Cr13Ni5Mo、0Cr17Ni4Cu4Nb 钢种的冶炼实践证明，经 VOD 处理后，钢中 $w[H]$ 可降低至 $(1.5 \sim 3.0) \times 10^{-4}$%，脱氢率大于 50%，$w[N]$ 可降低至 $(50 \sim 100) \times 10^{-4}$%，脱氮率为 40%~60% 左右。

　　提高 VOD 脱气效果的措施包括：(1) 降低钢中初始气体含量；(2) 提高冶炼过程的真空度；(3) 增加有效脱碳速度，提高 CO 气体的产生量；(4) 增加底吹氩气流量；(5) 使用干燥的原料，防止合金、渣料吸潮；(6) 减少设备漏气率，浇注超低氮钢种时提高保护浇注措施，防止钢液吸氮。

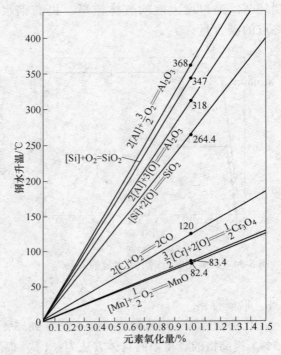

图 5-57　不锈钢吹氧精炼中元素的氧化升温图

5.3.3.6　其他真空精炼法

　　除了 AOD 和 VOD 精炼法之外，还有一些其他的真空精炼法用于冶炼不锈钢。这些方法主要包括 ss-VOD 法、VOD-PB 法、VOD-C 法等。

　　A　ss-VOD（Strongly stirred-VOD）法

　　1977 年，日本川崎制铁公司在 VOD 法的基础上采取了增强真空下吹氩搅拌，即 ss-VOD 法，也称为强搅拌真空吹氧脱碳法。此法在碳含量较高的阶段与 VOD 操作并无区别，只是当钢中 $w[C]$ <0.01% 后，在高真空度下增强底吹氩气搅拌强度，以提高脱碳速度。ss-VOD 法适用于生产超低碳、氮铁素体不锈钢，可生产出 $w[C]$ ≤0.001%、$w[N]$ ≤0.0025% 的不锈钢产品，但该方法的缺陷是耐火材料的消耗加大（主要是透气砖消耗），约为普通 VOD 法的 1.5 倍，增加了生产成本，因此需要对耐火材料的材质和结构进行改进。

B　VOD-PB（VOD Powder top Blowing）法

1990 年，住友金属鹿岛厂成功研制了 VOD-PB 法。改进了 VOD 设备的顶枪系统，使其能够在精炼过程中通过顶吹喷枪将铁矿石粉等氧化剂喷吹到钢液内部，钢液中细小的 CO 气泡以喷入的铁矿粉颗粒为核心，改善了脱碳、脱氮反应的动力学条件。You 等人的研究表明，VOD-PB 法在碳含量较高时可以促进脱碳反应，在碳含量较低时可以促进脱氮反应，因此，VOD-PB 法在高碳和低碳条件下都能将钢液中的氮脱除到很低的水平。采用 VOD-PB 法精炼超低纯铁素体不锈钢时，可以分别将钢中 $w[C]$、$w[N]$ 降低至 $37×10^{-4}\%$ 和 $60×10^{-4}\%$。

C　VODC（Vacuum oxygen decarburization converter）法

1976 年，德国蒂森钢铁公司所属维腾厂将原来一座 25t LD 转炉进行改造，重新砌筑炉衬，装上真空罩，并与原来 55t VOD 炉的真空系统相连，构成了 VODC 炉，该炉的有效容积为 28m³，能熔炼 55t 钢液。VODC 炉中熔池表面上负压空间比 VOD 钢包上部空间大得多，熔池直径与熔池深度比例合理，吹惰性气体能强烈搅拌熔池，加强渣还原作用，提高脱氧与脱硫效果。55t VODC 生产不锈钢过程如下。

第一阶段，大气压下顶吹。用 50t 电弧炉熔化炉料，初炼钢液 $w[C]=1.47\%$，$w[Si]=0.2\%$，$w[Cr]=17.97\%$，温度为 1438℃，钢液兑入转炉，在大气压下向熔池供氧，17min 后钢水温度上升至 1776℃，$w[C]$ 降低至 0.24%，$w[Cr]$ 为 16.3%。

第二阶段，真空精炼。当敞口转炉顶吹炼到 $w[C]=0.24\%$ 时，添加 12kg/t 的铁矿石作为氧化剂，将转炉盖上真空罩进行负压处理。在熔池不吹氧条件下，铁矿石及钢中溶解的氧自动脱碳，炉底吹入 0.5m³/min 的氩气，促进熔池循环，最终炉内压力降低至 266.64Pa，终点碳含量控制在 0.017%。

第三阶段，炉渣还原。炉渣还原过程也在真空下进行，还原前向熔池加入 52kg/t 的石灰和 4kg/t 的萤石以及 9.5kg/t 的 FeSi 合金，铬的收得率达 98.5%，钢中 $w[S]$ <0.006%。

思 考 题

5-1　简述炉外精炼的发展方向。

5-2　简述钢液二次精炼的原理与分类。

5-3　钢液搅拌有哪几种主要方式，各有何特点？

5-4　吹氩搅拌的均混时间是如何定义的？

5-5　渣洗操作对合成渣有何要求？

5-6　影响真空脱氮的主要因素有哪些？

5-7　影响真空脱氢的主要因素有哪些？

5-8　什么是表面活性元素，对冶炼过程中有何影响？

5-9　简述真空脱气装置的分类。

5-10　喷粉冶金过程需要控制哪些重要参数？

5-11　钢包喂线技术有哪些重要参数？

5-12　钢包底吹氩气有哪些冶金功能？

5-13 简述 RH 真空精炼的基本原理。

5-14 如何降低 RH 真空处理时间?

5-15 RH 真空脱碳速度的影响因素有哪些?

5-16 简述不锈钢炉外精炼的方法分类。

5-17 简述不锈钢冶炼过程中脱碳保铬的基本原理。

5-18 简述 AOD 炉的特点与优势。

5-19 简述 VOD 精炼的特征和基本功能。

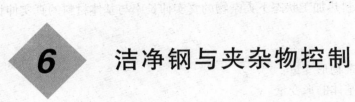

6 洁净钢与夹杂物控制

随着科学技术的进步和用户需求的日益提高，钢水洁净度控制成为炼钢生产中的核心问题，"洁净钢"也随之产生。钢水洁净度是指钢中有害元素 S、P、N、H、O 及非金属夹杂物含量的总称，随着废钢用量的增加，有害元素还包括 Cu、Zn、Sn、Bi、Pb 等残余元素。洁净钢生产的总体要求，一是尽可能降低钢中杂质元素的含量，二是控制钢中非金属夹杂物数量、形态、尺寸和分布。

所谓非金属夹杂物，是指金属材料中含有的一类具有非金属特性的组成物的总称。它们在金属和合金的熔炼、凝固过程中产生，并在随后的热、冷加工过程中经历一系列变化，对金属和合金的性能产生多方面的影响。钢中夹杂物的类型和来源与钢铁冶炼流程密切相关，是一个复杂的物理、化学反应过程。本章将从夹杂物的危害、产生途径、去除方法、夹杂物形态控制等几方面进行说明，力求对夹杂物做一次较为深入的剖析。

6.1 钢中夹杂物的危害

一般情况下，钢中存在的非金属夹杂物都是有害的。夹杂物会破坏钢基体的连续性，降低钢的力学性能；夹杂物会降低钢的机械性能，特别是降低塑性、韧性及疲劳极限，严重时还会使钢在热加工与热处理时产生裂纹或使用时突然脆断；非金属夹杂物也促使钢形成热加工纤维组织与带状组织，使材料具有各向异性。

同任何事物一样，非金属夹杂物也存在有利的一面。如在易切削钢中，硫化物能提高钢的易切削性，改善切削工具与金属面的润滑性，提高刀具寿命；在取向硅钢中，利用 MnS 作为抑制剂可以改善取向硅钢的磁性；特殊用途的中厚板要求具有良好的可焊性，保持良好的焊接热影响区（HAZ）韧性是焊接的关键，为此，可利用某些夹杂物细小、弥散、稳定的特点（如 TiN、TiO_x、含 Mg-Ca-Ti-S-O 的复合夹杂物），发挥其"氧化物冶金"效果，钉扎奥氏体晶界，抑制晶粒长大，并促进晶内铁素体形核，大幅改善焊接热影响区韧性。

6.1.1 夹杂物的物理性质

非金属夹杂物的物理性质与钢基体差异较大，这是造成夹杂物危害的根本原因，更确切地说是与夹杂物相对于周围金属基体性质的差值有密切联系。这些差异性包括：（1）各种温度下弹性模量的差值；（2）各种温度下变形能力的差值。钢在热加工时，由于夹杂物与基体热压缩和宽展量不同，必然影响到夹杂物与基体间的连接情况，从而导致夹杂物周围产生应力集中，成为裂纹源。

6.1.1.1 夹杂物变形能力

夹杂物的变形能力一般沿用 Malkiewicz 和 Rudnik 提出的夹杂物变形指数（φ）来表

示，其意义为材料热加工状态下夹杂物的真实伸长率与基体材料的真实伸长率之比。

$$\varphi = \frac{\varepsilon_i}{\varepsilon_s} \tag{6-1}$$

式中　ε_i——夹杂物形变量；

　　　ε_s——钢基体的形变量。

夹杂物、钢基体的形变量（ε_i）和（ε_s）可用下式表示：

$$\varepsilon_i = \ln\lambda = \ln\frac{b}{a} , \quad \varepsilon_s = \frac{3}{2}\ln h = \frac{3}{2}\ln\frac{A_0}{A_1} \tag{6-2}$$

式中　λ ——夹杂物变形前后长轴长度之比；

　　　b，a ——分别是夹杂物变形后的长轴和短轴；

　　　h ——变形前后基体的截面积之比；

　　　A_0 ——基体的原始截面积；

　　　A_1 ——基体变形后的截面积。

研究指出，夹杂物的变形指数（φ）和夹杂物相对硬度存在如下关系：

$$\varphi = 2 - \frac{H_i}{H_s} \qquad (0 \leqslant \varphi \leqslant 2) \tag{6-3}$$

式中　H_i——夹杂物硬度；

　　　H_s——基体硬度。

由式（6-1）可知，当 $\varphi = 0$，夹杂物不变形，只有钢基体变形，在夹杂物和基体之间会产生滑动，界面结合力下降，并沿基体变形方向产生空隙而形成裂纹；当 $\varphi = 0.03 \sim 0.5$，钢基体变形能力大于夹杂物的变形能力，在基体与夹杂物界面产生锥形空隙，形成鱼尾状裂纹；当 $\varphi = 0.5 \sim 2.0$ 时，夹杂物变形能力远超过基体变形能力，热加工时界面较少产生裂纹。根据 Rudnik 的研究，为避免热加工时夹杂物与基体界面上产生微观裂纹，按上述定义，夹杂物变形指数应不低于 0.5。

文献给出了钢中不同类型夹杂物在各种温度下的相对变形率，如图 6-1 所示。硅酸盐夹杂物在 1100℃ 以上热加工时，完全是塑性的，相当于 $H_i = 0$，这时 $\varphi = 2$；当温度降低，$H_i = 2H_s$，φ 趋于 0，1000℃ 钢中硅酸盐或稀土氧化物夹杂就属于这种情况。

由图 6-1 可知，（1）FeO、MnO、（Fe，Mn）O 在室温时容易变形，但随着温度升高，φ 值降低，夹杂物可变形能力减小；（2）Al_2O_3 和铝酸钙（高 Al_2O_3 含量）在整个温度范围内都是不变形的；（3）尖晶石型夹杂物通常在钢的热变形温度范围内不变形，但大于 1250℃ 时，稍有变形；（4）硅酸盐在室温下是不可变形的，但在 800 ~ 1300℃ 温度范围内依据其组成不同，可以变成塑性良好的物质，钢的热加工温度刚好处于上述温度范围内，这说明在一定范围内调整钢液成分，可以减少硅酸盐夹杂物的危害；（5）MnS 夹杂物在 1000℃ 以下具有好的塑性，超过 1000℃ 以后，随温度升高，塑性逐渐降低。轧制前后钢中夹杂物变形特征如图 6-2 所示。

但复相夹杂物的变形情况较为复杂。例如，Al_2O_3 夹杂物具有很高的熔点，在热加工温度下不变形，当复相硅酸盐夹杂物中析出 $\alpha\text{-}Al_2O_3$，热加工时仍会保留原来形状，而比较软的硅酸盐基体则相对变形很大，如图 6-3 所示。

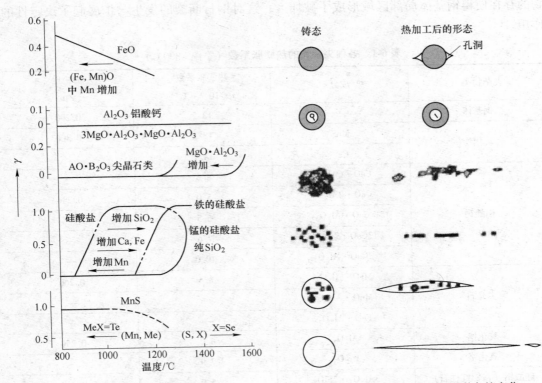

图 6-1 夹杂物变形率与温度的定性关系

图 6-2 钢轧制前后夹杂物形态的变化

关于夹杂物尺寸和压缩比的关系，相对于氧化物夹杂成分和温度而言，夹杂物尺寸、热加工压缩比和均热条件对夹杂物形变的影响要小得多。夹杂物尺寸对 φ 值的影响尚不完全清楚，有文献指出，φ 值随夹杂物尺寸的增加而增加，而另有学者并不赞同。产生这种差异的主要原因，部分是由于难以准确测定和跟踪夹杂物尺寸的变化。

6.1.1.2 夹杂物膨胀系数

由于钢基体与夹杂物的热膨胀系数不同，可在夹杂物影响区（球形夹杂物为半径的 4 倍）引起复杂的应力场（预破坏

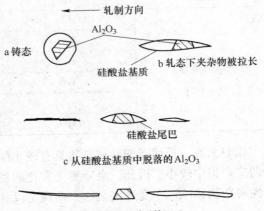

图 6-3 含 Al_2O_3 复相硅酸盐夹杂物的变形情况

区），这对断裂的发生和扩展具有重要的决定性作用。表 6-1 为不同类型夹杂物在 $0 \sim 800 ℃$ 范围内的膨胀系数。在钢的冷却过程中，线膨胀系数比钢小的夹杂物，如铝酸盐、Al_2O_3 和尖晶石，在夹杂物周围的基体很容易遭受到拉应力（也称为镶嵌应力），降低钢的疲劳寿命；线膨胀系数比基体大的夹杂物，如各种硫化物，冷却时容易在夹杂物周围形成空洞；线膨胀系数与钢接近的夹杂物，如 MnO 等，对基体性能影响不大。因此，夹杂

物的存在使得钢基体局部区域形成了破坏区，这对钢材断裂的发生与扩展起了决定性的作用。

表 6-1　各种夹杂物的热膨胀系数（室温~800℃）

夹杂物类型	成分	热膨胀系数 $\alpha / 10^{-6} \cdot ℃^{-1}$	泊松比 $/\mu$
钢基体	—	12.5	0.290
硫化物	MnS	18.1	0.300
	CaS	14.7	
铝酸钙	$CaO \cdot 6Al_2O_3$	8.8	—
	$CaO \cdot 2Al_2O_3$	5.0	0.234
	$CaO \cdot Al_2O_3$	6.5	—
	$12CaO \cdot 7Al_2O_3$	7.6	
	$3CaO \cdot Al_2O_3$	10.0	
尖晶石	$MgO \cdot Al_2O_3$	8.4	0.260
	$MnO \cdot Al_2O_3$	—	
	$FeO \cdot Al_2O_3$	—	
氧化铝	Al_2O_3	8.0	0.250
氧化铬	Cr_2O_3	7.9	
硅酸铝（富铝红柱石）	$3Al_2O_3 \cdot 2SiO_2$	5.0	0.210
硅酸铝（锰堇青石）	$2MnO \cdot 2Al_2O_3 \cdot 5SiO_2$	~2.0	—
氮化物	TiN	9.4	0.192
其他氧化物	MnO	14.1	0.306
	MgO	13.5	0.178
	CaO	13.5	0.210
	FeO	14.2	—
	Fe_2O_3	12.2	—
	Fe_3O_4	15.3	0.260

相对来说，低熔点塑性夹杂物具有较小的杨氏模量和较高的热膨胀系数，在材料中产生的应力集中较小。因此，夹杂物无害化的目标是避免钢中析出热轧温度下无变形能力的脆性夹杂物和球形不变形夹杂物，而代之以具有良好热变形能力的塑性夹杂物。

6.1.2　夹杂物与钢的缺陷

钢的性能主要取决于钢的化学成分和组织。钢中夹杂物主要以非金属化合物形态存在，如氧化物、硫化物、氮化物等，造成钢的组织不均匀，而且它们的几何形状、化学成分、物理因素等不仅使钢的冷热加工性能和某些理化指标恶化，而且还会降低钢的力学性能和疲劳性能，使钢的冷热加工性能乃至某些物理性能变坏。通过研究钢中夹杂物的行为，采用相关技术控制钢中夹杂物的形成和减少其数量，对提高钢的性能具有十分重要的意义。由于夹杂物对制品缺陷的影响内容过于复杂，涉及面极广，本书只能对夹杂物引起的部分典型缺陷进行说明。

6.1.2.1 冷轧板线状缺陷

线状缺陷是夹杂物引起的一类典型常见缺陷。线状缺陷一般出现在冷轧板表面，宽度从几微米到几十微米不等，长度约 0.1~1mm。线状缺陷在冷轧板上表现为银白色线状或黑色线状缺陷，与轧制方向平行，如图 6-4 所示。SEM-EDS 分析，该缺陷部分含有大量 Al、Ca、Mg、Si、Na、Fe 等元素，为复合氧化物夹杂。对于低碳铝镇静钢钢板来说，线状缺陷是致命的，不仅会影响表面美观，对于高性能汽车面板，微小的线状缺陷可能导致一整块钢板报废。

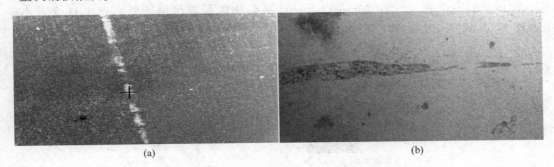

(a)　　　　　　　　　　　　　　　(b)

图 6-4　冷轧板上发现的典型线状缺陷

(a) 亮线；(b) 黑线

新日铁君津厂分析了冷轧 IF 钢板银白色缺陷，认为该类缺陷为表面缺陷中很典型的例子，是由连铸坯表面层下 25mm 范围内存在的非金属夹杂物引起的，这类夹杂物尺寸较大（大于 150μm）。引起线状缺陷的夹杂物类型有三种：(1) 硬质 Al_2O_3 夹杂物，主要来自未排除彻底的脱氧产物；(2) 保护渣卷渣，由于结晶器流场或保护渣性能不佳导致铸坯皮下夹渣；(3) 其他含 Ti、Mg、Ca 基夹杂物进入凝固坯壳。

生产实践证明，"黑色"线状缺陷的形成与钢中夹杂物有直接关系，这些夹杂物以 Al_2O_3、尖晶石、含钛夹杂物为主，在轧制过程中不易变形，在钢板抛光时这些硬质颗粒可能脱落引起新的划痕。此外，热轧时，氧化铁皮容易压入其中，冷轧时形成"黑线"缺陷。控制或减少冷轧板黑色线状缺陷，可以通过控制脱氧产物组成并强化其上浮去除来实现。

对亮线状缺陷进行微观分析表明，该缺陷处边缘光滑圆润、轻微凸起，缺陷部分存在针孔状凹坑，说明该处存在气体。这种缺陷被认为是夹杂物与气泡综合作用的结果。美国内陆钢厂、日本川崎钢厂使用示踪剂（SrO_2 和 La_2O_3）在线状缺陷处发现了结晶器保护渣的成分。当钢中气体含量较高或水口吹氩时，尺寸较小的气泡（小于 500μm）被树枝晶捕获或受凝固表层的阻碍而不能从钢坯中逸出，从而在钢坯表层富集、凝固形成线状缺陷。常见的导致气泡产生的因素有：脱氧不充分、钢液过热度大、二次氧化、保护渣的水分超标、结晶器上水口漏水等。

6.1.2.2 夹杂物与飞边裂纹

低碳铝镇静钢生产食品包装用易拉罐等超薄材料时，如果冲压性能不好则容易导致飞边裂纹（Flange Crack）。造成飞边裂纹的夹杂物尺寸为 50~150μm，成分为 CaO-Al_2O_3 硬质夹杂物。国外生产厂家指出，钢中大颗粒夹杂物（>50μm）应控制在小于 0.0010% 的水平，或者厚度为 0.3mm 薄板上，每平方米内尺寸大于 50μm 的夹杂物数量少于 5 个，这样才能达到深冲 2000 个 DI 罐，裂纹废品小于 1 个的目标。国外研究者研究指出，大颗粒夹杂物是造成易拉罐在成型过程中边裂的主要原因，如图 6-5 所示。低碳易拉罐钢中夹杂物包含 A、B、C、D、E 几种，其中 C 类夹杂物，成分为铝酸钙，在缺陷位置出现的频率最高，因此判断硅酸钙是形成飞边缺陷最直接的因素，如图 6-6 所示。硅酸钙起源于炉渣，钢中溶解铝与高碱度熔渣共存会导致钢中硅酸钙夹杂物大量生成。此外，在换包等非稳态浇注时，碱性中间包覆盖剂卷入钢液也会导致硅酸钙的生成。对于深冲用食品易拉罐钢，能接受的夹杂物尺寸在 20μm 以下，且夹杂物数量要尽可能低。当 T.O 含量小于 0.0020% 时，冲压 DI 罐产生裂纹废品率小于 0.001%。

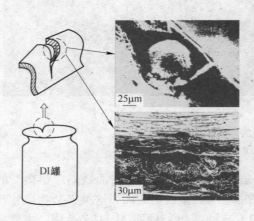

图 6-5　夹杂物造成的薄边裂纹

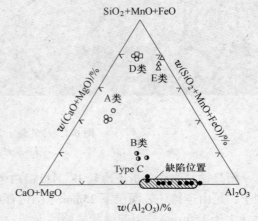

图 6-6　引起缺陷的夹杂物成分

6.1.2.3　夹杂物与疲劳断裂

非金属夹杂物对钢的疲劳性能的影响取决于钢中夹杂物类型、数量、尺寸，但也受钢基体组织的制约，与基体结合弱且尺寸大的脆性夹杂物和球形不变形夹杂物危害最大，钢的强度越高，夹杂物对疲劳寿命的影响越大。对于 10^5 周及大于此周数的疲劳寿命，钢中疲劳裂纹多发生在表面或靠近表面的氧化物夹杂处，如图 6-7 所示。夹杂物对疲劳性能影响的最重要因素是夹杂物的变形率（φ），若变形率低，则在钢加工过程时，便在钢和夹

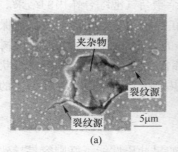
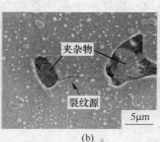
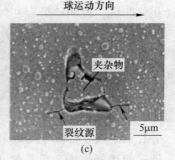

图 6-7　滚动接触疲劳试验中疲劳裂纹二次电子成像照片（箭头所指方向为疲劳裂纹源）

杂物的界面处产生微裂纹，这些微裂纹成为以后疲劳裂纹的起源，或者在钢使用过程中，裂纹在夹杂物处成核。

Brookbank 测定了合成的铝酸钙夹杂物的膨胀系数（表 6-1），同时也通过计算指出，热膨胀系数低的夹杂物在冷却时所产生的残余张应力可接近基体的屈服强度，夹杂物周围的应力场随其尺寸的增大而增加。已经观察到，由于抗张应力的加大，在冷却过程中裂纹在夹杂物上形成。夹杂物对疲劳性能的危害程度按铝酸钙→Al_2O_3→尖晶石的顺序递减。

图 6-8 为轴承钢中 T.O 含量对疲劳寿命的影响。显然，当钢中 T.O 含量由 0.0030% 降低至 0.0005% 时，轴承钢疲劳寿命提高 100 倍。钢中夹杂物尺寸增加，弯曲疲劳极限降低（图 6-9）。为提高轴承钢疲劳寿命，要求钢中 T.O 含量小于 0.0010%，$w[Ti] <$ 0.0005%，夹杂物尺寸小于 15μm。

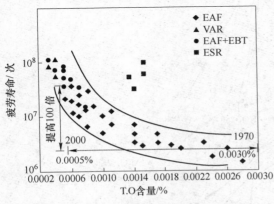

图 6-8 轴承钢中 T.O 含量对疲劳寿命的影响

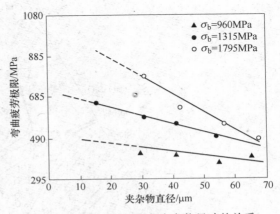

图 6-9 弯曲疲劳极限与夹杂物尺寸的关系

来源于炉渣或耐火材料的夹杂物对疲劳性能的影响较大。因为其尺寸大，并且带有棱角，曾经观察到滚珠轴承钢寿命试验中的疲劳剥落处，几乎裂纹都是以带有棱角的夹杂物为起源。一般认为夹杂物的弹性系数越小，外形越尖锐，应力集中程度就越大，从而成为疲劳破坏的起源。

与氧化物夹杂物相比，硫化物（MnS）在钢的变形温度下变形率很高，当钢压力加工时，在硫化物和钢的界面不产生裂纹，这表明界面结合力未被破坏。硅酸盐的危害作用介于不变形的氧化物和塑性变形的硫化物之间。硫化物对轴承钢疲劳寿命之所以有利，可能有以下两个原因：一是硫化物包围在氧化的外面，降低了氧化物的危害；二是硫化物在轴承钢转动处充当了润滑作用，由此使接触部位的应力分布和应力集中发生变化，同时也降低了摩擦。但对高级别轴承钢来说，为了提高疲劳寿命和使用安全，硫化物的尺寸要严格控制。

齿轮钢抗接触疲劳能力主要与钢中氧化物夹杂含量有关。当钢中 T.O 含量从 0.0025% 下降至 0.0011%，齿轮钢的接触疲劳寿命可提高 4 倍，使用寿命从 6000h 提高到 10000h。因此，要求高级齿轮钢中 T.O 含量为 0.0010%~0.0015%，最低为 0.0007%，各类夹杂物评级控制在 1 级或 0.5 级以下。

弹簧钢的用途具有特殊性，因此，弹簧钢要求具有良好、稳定的抗疲劳断裂能力。据统计，非金属夹杂物引起的疲劳断裂占弹簧钢断裂的 40%。当抗拉强度大于 1800MPa 时，夹杂物断裂源会引起疲劳强度异常。汽车发动机阀用弹簧钢长时间在高温、高压环境下工作，钢中尺寸在 $10\sim50\mu m$ 的夹杂物会引起疲劳破坏。交变疲劳强度（$150\times10^6\sim160\times10^6$ 频次）超高强阀用弹簧钢要求把夹杂物尺寸控制在 $10\sim20\mu m$。图 6-10 给出了引起弹簧钢疲劳破坏的非金属夹杂物组成，主要包括 Al_2O_3、尖晶石、SiO_2、TiN 等高熔点硬质夹杂物。为了提高弹簧钢疲劳寿命，精炼过程中要采用 Si/Mn 脱氧抑制脆性夹杂物的产生，并尽最大可能降低夹杂物含量。

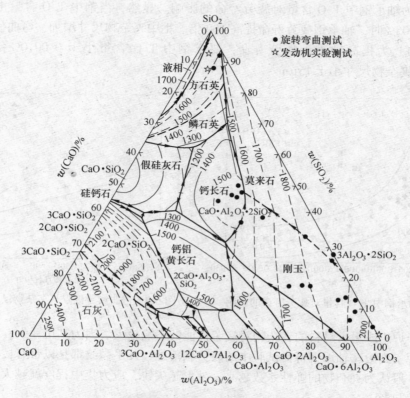

图 6-10 弹簧钢疲劳表面出现的非金属夹杂物化学组成

6.1.2.4 高碳钢拉拔断线

硬线钢是金属制品行业生产中高碳产品的主要原料，用于加工低松弛预应力钢丝、钢丝绳、钢绞线、轮胎钢丝、弹簧钢丝、琴丝等，这类产品对钢水纯净度、非金属夹杂物的尺寸、分布以及形态都有严格的要求。

由于加工特性的原因，钢帘线对夹杂物有非常严格的要求。作为橡胶轮胎的骨架材料，要求钢帘线具有动态弹性率大、强度高、拉伸蠕变小、尺寸稳定性好以及弯曲刚度高等特点。高碳钢盘条要被拉拔到直径为 $0.15\sim0.38mm$ 的细丝，并要求拉拔 100km 断丝次数不超过 1 次。帘线钢冷拔和捻股过程中发生断丝的主要原因是钢中存在硬而不变形的脆性夹杂物，如 Al_2O_3（金刚石型）、SiO_2 和尖晶石（$MgO\cdot Al_2O_3$）等。除此之外，橄榄石（$2(Mg,Fe)O\cdot SiO_2$）、莫来石（$Al_2O_3\cdot SiO_2$）、TiO_2 等夹杂物也曾在帘线钢中被发现过。图 6-11 为帘线钢疲劳表面发现的硬质夹杂物，图 6-12 为高强度线棒材中分离出的典型夹杂物，通过 SEM-EDS 能谱分析，确定该夹杂物为镁铝尖晶石。

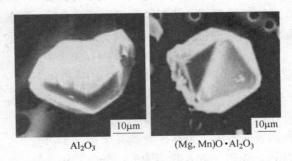

图 6-11 帘线钢疲劳表面发现的夹杂物　　　图 6-12 帘线钢中分离出的典型夹杂物（酸溶法）

神户制钢的研究人员对不同规格线材纵断面夹杂物的变形情况进行了分析，如图 6-13 所示。当钢中存在脆性 Al_2O_3 时，在细丝中氧化铝沿着拉拔方向呈点、块状不连续分布，这是由于 Al_2O_3 夹杂物在轧制过程中被轧碎所导致的；当钢中存在纯氧化硅夹杂物，其特征类似氧化铝，在拉拔丝中也呈点、块状不连续分布。上述脆性夹杂物对拉拔会产生极其不利的影响。

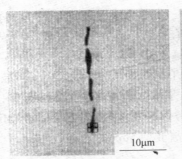

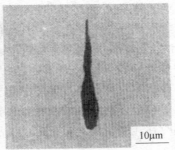

图 6-13 高强度线棒沿轴向分布的典型 SiO_2 夹杂物

因此对拉拔类硬线钢来说，要控制夹杂物成分使其位于塑性良好的锰铝榴石（$3MnO \cdot Al_2O_3 \cdot 3SiO_2$）区域，同时又要减少夹杂物数量，降低夹杂物尺寸。夹杂物直径要小于拉丝直径的 2%，如拉拔丝直径为 0.25mm，则夹杂物尺寸要小于 5μm，此时夹杂物对拉拔断线的影响明显降低。

6.1.2.5 氢致裂纹

油井管管材长期处于高硫化氢、二氧化碳和元素硫等其他含硫组分的腐蚀性介质中，环境中的氯离子含量较高，矿化率和含水率较高，所有这些因素及其交互作用的影响，使得油井管腐蚀严重，其中主要为硫化氢腐蚀，破坏形式包括氢致裂纹（Hydrogen Induced Cracking，HIC）、硫化氢应力腐蚀裂纹（Sulfide Stress Corrosion Cracking，SSC）和电化学腐蚀破裂（Electrochemical Corrosion，EC）等，从而致使油井管破裂失效。

许多资料研究表明，HIC 和 SSC 是两类基本互不相关的开裂。SSC 主要见于高强钢、高内应力钢构件及硬焊缝，其发生于内外应力或应变条件，并沿着垂直于拉伸应力方向扩展。通常 SSC 是由"氢脆"引起的，腐蚀所产生的氢原子经钢表面扩散进入钢中，即向具有较高三向拉伸应力状态的区域或各种捕获氢的陷阱处富集，于是促使钢材脆化开裂。SSC 裂纹扩展迅速，从裂纹形成到断裂有的只需要几个小时，断裂多为突发性，断裂时应力远小于钢材的抗拉强度，断口为脆性型。

氢致裂纹与钢中非金属夹杂物有关。氢致裂纹也称诱导裂纹，其形成机理如图 6-14 所示。在 H_2O 和 H_2S 作用下，环境或介质中的氢首先在管壁上富集、吸附，然后以 H^+ 的形式向钢表面溶解，当其扩散到夹杂物（如可变形 MnS）周边并进入其周围形成的空隙中，随着时间的增加，氢在气泡内的压力不断增大，从而导致裂纹的产生。

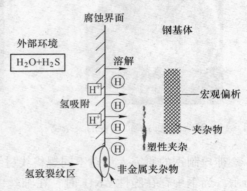

图 6-14 氢致裂纹形成机理

非金属夹杂物的形态和分布直接影响着钢的抗 HIC 性能，特别是 MnS 夹杂。钢板热轧后，沿轧制向分布被拉长呈菱形的 MnS，由于其热膨胀系数大于基体金属，于是冷却后就会在其周围形成空隙，是氢易集聚处，成为 HIC 裂纹的起源。

一般来说，夹杂物-钢界面是强的氢陷阱，是裂纹的发源地，夹杂物数量越多，氢致开裂就越严重。氢致开裂与钢中夹杂物形态有关，MnS 在轧钢过程中形成线状和长条状，从而导致管线钢性能的各向异性。钢中硫化锰夹杂物有三种形态（如图 6-15 所示），分别为：Ⅰ型 MnS 呈球形，在氧含量大于 0.02% 的钢中形成；Ⅱ型 MnS 呈枝晶间共晶形式，在钢中氧含量低于 0.01% 时形成；Ⅲ型 MnS 呈八面体不规则形态，当钢中完全脱氧并加入足够量 Si、Al 等合金元素时形成。在轧制过程中，Ⅰ型 MnS 和Ⅲ类 MnS 变成椭圆形，而Ⅱ型 MnS 轧制时在轧制平面上呈条带状，故Ⅱ型 MnS 的危害更大。

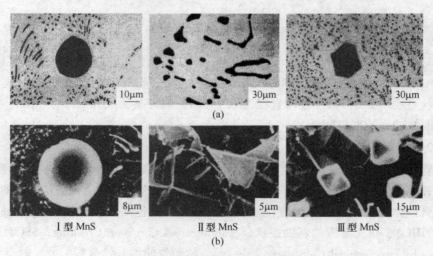

图 6-15 钢中三种硫化锰形态

英国气体协会 Brown 等学者研究指出，当用非金属夹杂物的投影长度来控制钢 HIC 起源、用控制锰含量来控制其 HIC 延伸扩展时，钢的 HIC 敏感性指数（C_s）可用下式来评价：

$$C_s = w[\text{Mn}] + \frac{L}{7} \tag{6-4}$$

式中　$w[\text{Mn}]$ ——钢中锰含量，%；

　　　　L ——非金属夹杂物的整个投影长度，mm。

当 C_s 值低于 1.4% 时，发生 HIC 或 HIC 延伸是很困难的；当 C_s 值大于 1.4% 后，开裂的可能性随着夹杂物投影长度和锰含量的增加而增大。为了提高油井钢的抗 HIC 能力，应尽可能降低钢中硫含量（$w[\text{S}] < 0.0010\%$），并有效控制硫化物形态（如钙处理，镁处理，稀土处理等），以消除 MnS 的不利影响。

6.1.2.6　层状撕裂

优质中厚板钢主要用于造船、桥梁、油气管线、钢结构建筑、工程机械、海洋平台设施等，对钢的强度、延性、低温韧性、焊接、抗 HIC、抗层状撕裂等性能有很高的要求。除抗 HIC 外，非金属夹杂物与钢板的抗层状撕裂（Z 向）性能也有很大关系。层状撕裂一般发生在钢板焊接位置，由于焊接过程中会沿着钢板的厚度方向出现较大的拉伸应力，如果钢中含有大量夹杂物，那么在受力状态下沿着钢板轧制方向就容易出现一种台阶状裂纹，称为层状撕裂，如图 6-16 所示。

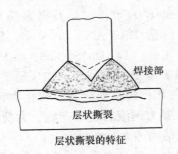

图 6-16　钢层状撕裂示意图与钢中硫化锰夹杂物

层状撕裂是受多种冶金因素和机械因素制约而造成焊接钢结构破坏的复杂现象。从内在原因上讲，层状撕裂的主要诱因是钢中非金属夹杂物，主要包括长条状硫化物（MnS）和硅酸盐夹杂物（$\text{MnO} \cdot \text{SiO}_2 \cdot \text{Al}_2\text{O}_3$）。由于硫化物和硅酸盐夹杂物具有良好的塑性，在热加工过程中，在平行于钢板轧制方向上会形成细长的硫化物或硅酸盐夹杂物长条（即剥离性裂纹源），在焊接应力（Z 向）的作用下，非金属夹杂物与钢基体界面的剥离或非金属夹杂物的撕裂而形成微孔或微裂纹，随着裂纹的扩展，最终导致金属沿层状台阶撕裂断开，焊接钢结构破坏。

提高钢材抗层状撕裂的主要措施有：降低钢中硫含量，减少硫化锰等非金属夹杂物；控制硫化锰夹杂物形态，采取钙处理或稀土金属处理，使硫化锰非金属夹杂物球化和细化，令其在高温下热加工时不易形成片状和条状硫化锰夹杂；钢板轧后或热处理时进行缓冷，使钢中氢气充分逸散以减少钢中含氢量和减少钢中其他非金属夹杂及铸造缺陷；采用合理的设计和良好的焊接工艺，减小焊接拘束度等。

因此，优质中厚板钢硫含量要低于 0.005%，其中对硫含量要求最为苛刻的低温容器、管线钢板、海洋平台用厚板等钢，如用于 LNG 气体储罐的钢板硫含量要低于

0.001%，抗 HIC 性能管线钢钢板硫含量要低于 0.0005%，UOE 厚壁油气管线钢板硫含量要低于 0.001%，海洋设施用厚板钢硫含量要低于 0.002%，抗层状撕裂性能厚板硫含量要低于 0.0010%。

6.2   钢中夹杂物的分类

钢铁冶金生产中，钢中非金属夹杂物来源广泛、形态多样、组成复杂，性质多种多样，因此也就导致夹杂物的分类方法较为多样。为了对钢中夹杂物进行深入了解，有必要了解钢中夹杂物的分类方法。

（1）按来源分类。分为内生和外来两种。内生夹杂物主要包括钢液脱氧脱硫产物、凝固过程中的二次析出相；外来夹杂物包括钢液的二次氧化产物、卷渣、各种与钢液接触的耐火材料的脱落、侵蚀物等。

（2）按照化学组成分类。可分为简单金属氧化物、硅酸盐夹杂物、铝酸钙夹杂物、尖晶石夹杂物、氮化物、碳化物、硫化物等。简单金属氧化物包括 FeO、MnO、SiO_2、Al_2O_3、TiO_2、MgO、CaO 等；硅酸盐夹杂物包括 $Al_2O_3 \cdot SiO_2$、$MnO \cdot SiO_2$、$3MnO \cdot Al_2O_3 \cdot 3SiO_2$、$FeO \cdot SiO_2 \cdot MnO \cdot Al_2O_3$ 以及其他非整数计量夹杂物；铝酸钙夹杂物包括 $CaO \cdot Al_2O_3$、$CaO \cdot 2Al_2O_3$、$12CaO \cdot 7Al_2O_3$、$6CaO \cdot Al_2O_3$ 等；尖晶石夹杂物包括 $MnO \cdot Al_2O_3$、$MgO \cdot Al_2O_3$、$MgO \cdot Cr_2O_3$ 等；氮化物包括 TiN、AlN、Cr_2N 等；碳化物包括 Cr_7C_3、WC、MoC、VC、TiC 等；硫化物包括 MnS、FeS、$(Fe, Mn)S$、CaS、La_2S_3、Ce_2S_3 等。

（3）按尺寸分类。可分为超细夹杂物、显微夹杂物和大型夹杂物。超细夹杂物是指尺寸小于 $1\mu m$ 的夹杂物，主要是钢中析出的第二相，包括氮化物、碳化物和碳氮化物；显微夹杂物是指尺寸介于 $1 \sim 50\mu m$ 的夹杂物，主要为钢液的脱氧产物；大型夹杂物是指尺寸大于 $100\mu m$ 的夹杂物，主要是卷渣或耐材脱落物等大型夹杂物。

（4）按变形能力分类。可分为硬质不变形夹杂物、可变形夹杂物和塑性夹杂物。硬质夹杂物主要包括 Al_2O_3（刚玉型）、尖晶石（$MgO \cdot Al_2O_3$）、铝酸钙（$mCaO \cdot nAl_2O_3$）等；可变形夹杂物包括各类硅酸盐夹杂物，如 $MnO \cdot SiO_2$、$FeO \cdot SiO_2 \cdot MnO \cdot Al_2O_3$ 等；塑性夹杂物包括 MnS、$3MnO \cdot Al_2O_3 \cdot 3SiO_2$ 等。

6.3   夹杂物来源与产生途径

在夹杂物的分类方法中，为了对夹杂物的来源进行讨论，一般按照第一种分类方法进行说明，即内生夹杂物和外来夹杂物。图 6-17 给出了夹杂物的主要来源及产生途径。

6.3.1   脱氧产物与其特征

钢中内生夹杂物主要是脱氧、脱硫产物。由于脱硫产物相对单一，本节不做详细讨论。脱氧产物的特征由脱氧剂种类和钢中氧含量共同决定。炼钢温度下纯铁中氧的饱和溶解度和氧分压可用以下公式求得：

$$\frac{1}{2}O_2 \Longrightarrow [O] \qquad \lg(w[O]_\% / \sqrt{p_{O_2}}) = 6120/T + 0.151 \tag{6-5}$$

$$FeO \Longrightarrow Fe(l) + [O] \qquad \lg w[O]_{饱和,\%} = -6372/T + 2.738 \qquad (6-6)$$

由上式计算得到 1873K 下铁液中最大溶解氧含量为 0.230%，此时氧的平衡分压为 5×10^{-4}Pa。随着温度的降低，钢中氧的溶解度急剧下降。如在纯铁的凝固温度 1810K 时，氧的溶解度降低至 0.16%，在 δ 相（1800K）中，氧的最大溶解度为 0.008%，在 γ 相（1643K）中氧的最大溶解度约为 0.0025%，而在 α 相（1184K）中氧溶解度更低，只有 0.0003%~0.0004%。可见，若钢中溶解氧含量高，凝固结晶过程中氧将会析出形成气泡，从而对钢性能产生不利影响，这是高温钢液需要深脱氧的理论基础。

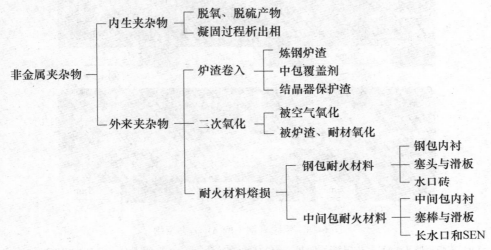

图 6-17　非金属夹杂物的来源

有关钢液脱氧的基本理论和不同脱氧剂的脱氧热力学请参照本书第 4 章。脱氧过程的特点可总结如下：

（1）随着钢中氧含量的增加，脱氧产物增加。生成夹杂物的数量取决于钢中溶解氧含量、化学反应能力（脱氧能力）和夹杂物物理性质（上浮性）。理论指出，铝脱氧钢生成 2μm 的 Al_2O_3 夹杂物数量为 10^{10} 个/t 钢。

（2）夹杂物尺寸取决于脱氧产物的形核长大能力。炼钢条件下，脱氧产物尺寸为 1~5μm，碰撞长大后夹杂物尺寸可增加至 5~30μm。

（3）在钢包精炼搅拌作用下，钢中大部分脱氧产物上浮，约有 85% 的脱氧产物可以上浮到钢渣界面被吸收。

采用不同脱氧剂得到不同的脱氧产物。如普通铝镇静钢中内生夹杂物为 Al_2O_3；硅镇静钢中常见的内生夹杂物是 $MnO \cdot SiO_2$ 或 $MnO \cdot SiO_2 \cdot Al_2O_3$；钙处理铝镇静钢中内生夹杂物为铝酸钙；铝钛复合脱氧钢中夹杂物为 Al_2O_3、TiN 或者 $Al_2O_3 \cdot TiO_x$；镁铝复合脱氧钢中内生夹杂物为尖晶石（$MgO \cdot Al_2O_3$）或 MgO。通常，在钢液凝固过程中，氧化物夹杂物会成为硫化物的形核核心，形成内核为氧化物、周围包裹硫化物的复相夹杂物。

大量研究表明，即使采用同一种脱氧剂，生成脱氧产物特征也不一定完全相同，还与钢中初始氧含量有一定的关系。以铝脱氧钢为例，在不同初始氧含量条件下，铝脱氧形成的 Al_2O_3 数量和形貌具有明显差异，如图 6-18 所示。熔体中插入金属铝脱氧，当钢中初始氧含量（$w[O]_s$）为 0.045%，1s 后形成的脱氧产物为单个多角形 Al_2O_3；当钢中初始氧含量（$w[O]_s$）增加至 0.078%，脱氧产物数量明显增加，为球形粒状聚合体或树枝状结构；当氧含量继续增加至 0.18%时，脱氧产物为链状或簇群状集合体（Cluster）。许多学者认为，钢中初始氧含量增加会提高溶质元素的过饱和度（supersaturation），这是夹杂物数量增加和形态发生改变的主要原因。

图 6-18　铝脱氧钢中的 Al_2O_3 夹杂物

(a)，(b) 为多角形（$w[O]_s$=0.045%，t=1s）；(c) 球形颗粒聚合体；(d) 树枝状（$w[O]_s$=0.078%，t=1s）；
(e)，(f) 簇群状集合体（$w[O]_s$=0.18%，t=5s）

除此之外，还有学者研究了 Al_2O_3 夹杂物在熔钢表面的聚合问题。他们发现，当 Al_2O_3 颗粒尺寸大于 3μm，而颗粒之间距离超过 10μm，颗粒之间的吸引力为 10^{-16} N 数量级，夹杂物聚合长大倾向明显。在已知的夹杂物中，Al_2O_3 是相对更容易碰撞聚合的夹杂物类型。

生产实践证明，铝脱氧生成的簇群状 Al_2O_3 是导致钢水可浇性变差的主要原因（极易导致浸入式水口结瘤）。为了避免钢中生成大量该类夹杂物，应最大限度地减少钢水在含氧量高的时候加铝脱氧。转炉出钢时可以先用硅锰预脱氧，然后再用金属铝终脱氧。此外，具备条件的企业可以通过 RH 轻处理，采用真空碳脱氧降低钢中氧含量，再利用铝脱氧，可以大幅减少簇群状 Al_2O_3 的产生数量，此时钢中形成的 Al_2O_3 尺寸一般不会超过 10μm。

6.3.2　二次氧化与夹杂物

炼钢温度下，脱氧剂加入钢中，当反应达到平衡时，溶解氧与脱氧元素的含量是由热力学因素决定的。若外界因素发生改变（如钢水吸收空气、钢水与炉渣耐材反应等），导致钢液中氧含量增加，破坏了原来的脱氧平衡，表现为脱氧元素被重新氧化，生成新的脱氧产物而污染钢水，这个过程就是钢水的"二次氧化"（Reoxidation），或者称为"再氧化"。

二次氧化产物是典型外来夹杂物。Griffin 和 Bates 通过实验发现，低合金钢连铸坯中大颗粒夹杂物的 83% 来自钢水的二次氧化，而高合金钢中二次氧化导致的夹杂物比例占到 48%。二次氧化形成原因与钢中典型二次氧化产物如图 6-19 所示。二次氧化形成的夹杂物尺寸都比较大，通常比脱氧产物大 1~2 个数量级。此外，由于脱氧元素如 Al、Ca、Ti 等优先氧化，因此二次氧化产物组成也比较复杂，是多种氧化物组成的复合夹杂物。脱氧产物在钢中的分布比较均匀，而二次氧化产物的分布偶然性更大。由于二次氧化产物属于外来大尺寸夹杂物，因此对钢的性能危害更大。

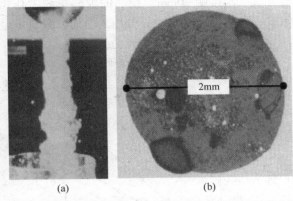

(a)　　　　　　　　(b)

图 6-19　连铸过程中注流吸气与钢中典型的二次氧化产物
(a) 钢水注流吸气过程；(b) 钢坯中发现的典型二次氧化产物形貌，
成分为 34%Al$_2$O$_3$-46%SiO$_2$-20%MnO

鉴别夹杂物是脱氧产物还是二次氧化产物的方法，除了看夹杂物尺寸外，还应关注夹杂物的成分。对铝镇静钢来说，当钢中 $w[Al]>0.01\%$ 时，钢中氧含量较低，脱氧产物为 Al$_2$O$_3$，基本不含有 Si 和 Mn 元素。如果发生了二次氧化，空气中的氧源源不断地供给钢水，溶解铝被氧化成 Al$_2$O$_3$，且 Si、Mn 也发生氧化，生成含 Al、Si、Mn 的复合夹杂物，尺寸也很大。对硅镇静钢来说，当 $w[Al]<0.01\%$，如果夹杂物中 $w(SiO_2+MnO)>60\%$，夹杂物尺寸较大，基本可以判断此夹杂物是二次氧化导致的。

钢水二次氧化的类型包括：空气导致的二次氧化，炉渣中的不稳定氧化物导致的二次氧化，以及耐火材料导致的二次氧化。

6.3.2.1　空气引起的二次氧化

空气是二次氧化的主要氧源，在连铸过程中，可能存在如下方式：

(1) 连铸开浇时，钢水由钢包经长水口进入中间包，注流的强烈冲击会将部分空气卷入钢液，从而导致钢水的二次氧化。注流卷入中间包的空气被分散成 2~3mm 的气泡，随钢水流动产生紊流运动，吸氧比注流接触吸氧大 100 倍以上。注流卷入的空气量与水口直径、流速、注流紊流程度和下落高度有关。

(2) 稳态浇注时，在长水口顶部与钢包连接位置、浸入式水口顶部与中间包连接位置，高速注流会导致水口内部呈负压状态，若密封不严，极易导致钢水吸气，产生二次氧化。为此，现场一般采用惰性气体密封水口连接处来实现保护浇注。

(3) 精炼或连铸时，由于液面裸露导致钢水与空气直接接触，产生二次氧化。因此，钢包精炼后期，严禁大气量吹气造成液面裸露，中间包必须加覆盖剂覆盖液面，结晶器内则要持续加入保护渣。

钢水吸收空气中的氧，导致的后果是钢中合金元素含量降低，如 [Al]、[Si] 等；钢水洁净度降低，T.O 含量增加，夹杂物含量增加；钢水中伴随着 [N] 含量的增加。

Sasai 等测定了 1873K 不同氧分压下钢液的吸氧量，如图 6-20 所示。在静止状态下，钢液与含氧气氛接触 20min，钢液的吸氧量约为 0.02% ~ 0.03%，在有搅拌状态下，钢液的吸氧量更大。随着气氛中氧分压的增加，吸氧量呈明显的增加趋势。

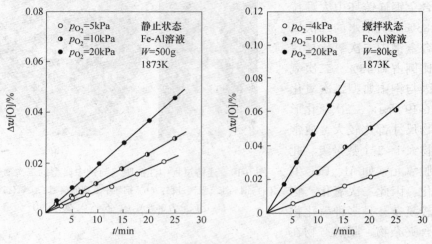

图 6-20　有无搅拌条件下钢液吸氧量测定

鉴于氧在钢中的存在形态，生产实践中很难直接测定钢水的吸氧量。因此如何表征钢水二次氧化的程度呢？一般有两种方法，一是测定钢中的溶解铝含量（$w[\mathrm{Al}]_s$）的变化，利用 $\Delta w[\mathrm{Al}]_s$ 折算消耗的氧量。此方法只考虑了金属铝的氧化，Si、Mn 等的氧化未计入，因此结果应低于真实值。二是用钢水的吸氮量（$\Delta w[\mathrm{N}]$）来间接表征吸氧量（$\Delta w[\mathrm{O}]$）。可根据文献提出的经验公式估算：

$$\Delta w[\mathrm{O}] = 2.81 \times 10^3 \lg\left(\frac{440 - w[\mathrm{N}]_s}{440 - w[\mathrm{N}]_f}\right) \tag{6-7}$$

式中　$w[\mathrm{N}]_s$——处理前钢液中氮含量，$\times 10^{-4}\%$；

　　　$w[\mathrm{N}]_f$——处理后钢液中氮含量，$\times 10^{-4}\%$。

以生产 IF 钢为例，可根据各工序氮含量的变化来计算钢液的吸氧量，见表 6-2。从钢包到中间包，钢水吸氮量为 0.0005%，吸氧量为 0.00128%；从中间包到结晶器，钢水吸氮量为 0.0003%，而吸氧量为 0.00087%。可见，钢水吸氧量与吸氮量成正比，钢水氮含量增加，T. O 值增大，说明二次氧化使钢中夹杂物增多。图 6-21 为钢水吸氮量与钢中 T. O 含量的统计关系。

表 6-2　各工序钢中吸氧、吸氮量计算结果

工序	$w[\mathrm{N}]/\%$	$\Delta w[\mathrm{N}]/\%$	$\Delta w[\mathrm{O}]/\%$
RH 处理前	0.0013	—	—
RH 处理后	0.0015	0.0002	0.00057
中间包	0.0020	0.0005	0.00128
铸坯	0.0023	0.0003	0.00087

对连铸生产来说，从钢包到中间包再到结晶器，若吸氮量大于 0.0005%，对钢水的洁净度就会产生明显的影响。采用保护浇注可以控制或减小吸氮量。采用长水口浇注，浇注过程

的吸氮量（$\Delta w[N]$）为 0.0011% ~ 0.0017%，但若采用长水口氩气密封，则吸氮量可降低至 0.00035%。为了减少钢包开浇时注流吸收空气，还应在中间包内设置湍流控制器或者采用惰性气体吹扫的办法，减少开浇时的二次氧化。若中间包到结晶器的保护浇注不好，形成的二次氧化产物很难上浮去除，同时水口蓄流倾向加重。采用浸入式水口+氩气密封的手段，可以将吸氮量控制在小于 0.0001% 的水平。

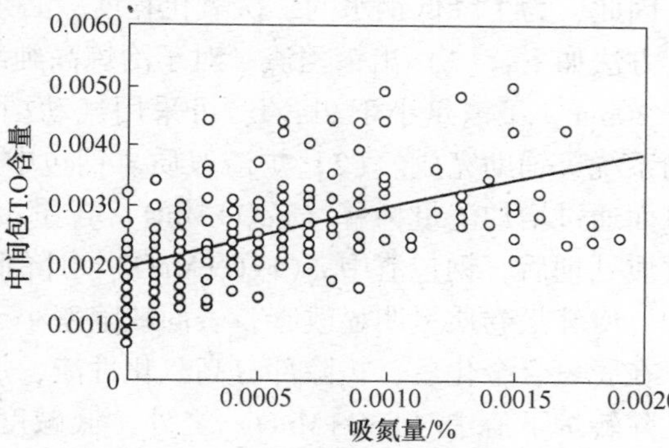

图 6-21 钢水吸氮量与钢中 T.O 含量的统计关系

6.3.2.2 炉渣引起的二次氧化

液态炉渣对钢水的二次氧化贯穿于整个炼钢、连铸过程。转炉出钢时，转炉渣进入钢包，炉渣中不稳定氧化物（FeO 和 MnO）在整个冶炼工序都会持续造成钢水的二次氧化；钢包顶渣碱度低、钢水中[Al]含量高，也会造成钢水的二次氧化，同时钢液增硅；中间包覆盖剂若成分不合理也会造成钢液的二次氧化。

钢液从炉渣吸氧依赖炉渣中（FeO）作为氧源。在渣-钢界面，存在如下反应：

$$(FeO) = Fe(1) + [O] \tag{6-8}$$

即炉渣中 a_{FeO} 浓度越大，炉渣向钢液传氧的趋势越大，钢水二次氧化越严重。这就是转炉出钢减少下渣的重要依据。Jung 等给出了渣中 a_{FeO} 值的估算式：

$$a_{Fe_tO} = 2.308 \times N_{Fe_tO} \qquad N_{Fe_tO} = N_{FeO} + N_{Fe_2O_3} \tag{6-9}$$

或

$$a_{Fe_tO} = 0.0228 \times w(T.Fe)_\% \tag{6-10}$$

利用式（6-9）和式（6-10），可以估算与钢液接触的炉渣向钢液传氧的最大值（平衡值）。

转炉出钢冶炼低碳钢终渣碱度（$w(CaO)/w(SiO_2)$）为 3.0~4.0，$w(FeO+MnO)$ 为 20%~25%，为高氧化性炉渣。进入钢包后，会把钢水中的合金元素氧化，生成夹杂物污染钢水。炉渣中 $w(FeO+MnO)$ 与板坯 T.O 含量的关系如图 6-22 所示。渣中 $w(FeO+MnO)$ 增加，冷轧板坯缺陷率增加，如图 6-23 所示。

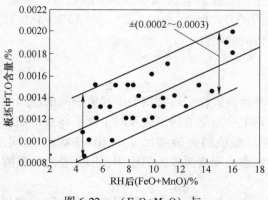

图 6-22 $w(FeO+MnO)$ 与板坯中 T.O 含量的关系

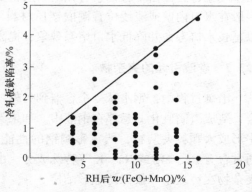

图 6-23 $w(FeO+MnO)$ 与冷轧板坯缺陷率的关系

因此，为了降低钢水的二次氧化程度，必须要控制转炉出钢下渣量，并有效改变其成分。方法如下：（1）出钢挡渣。对于冶炼高纯净钢，钢包渣厚度控制要小于 50mm，甚至小于 20mm，下渣量小于 2kg/t，可采用气动挡渣、滑板挡渣、下渣自动检测和炉渣电磁探测系统等辅助完成。（2）炉渣改质。钢包中加入石灰、铝矾土、铝粉、铝灰等改质剂，一方面通过增加渣量稀释（FeO+MnO）含量，另一方面，金属铝可以还原 FeO 和 MnO。经改质处理后，钢包渣中 w(FeO+MnO) 可降低至 5% 以下，这对冶炼低碳铝镇静钢十分有利，冷轧板卷质量明显改善，表面缺陷率小于 1%。（3）扒渣。对于冶炼特殊钢种，也可以在脱氧合金化后，扒除部分高氧化性渣，加入材料造新渣，但成本会增加。

除转炉下渣中（FeO+MnO）之外，低碱度钢包顶渣也会对钢水产生二次氧化现象。LF 或 RH 精炼时，由于钢渣的强烈搅拌作用，脱氧合金化后，钢包渣中的（SiO_2）可被钢水中的 $[Al]_s$ 还原，从而导致钢液增硅。

6.3.2.3　耐火材料引起的二次氧化

炼钢温度下，钢包衬中的酸性氧化物，如 SiO_2、Cr_2O_3 等可以被钢中的溶解铝还原，从而导致钢液的二次氧化。钢包砖是钢中氧的主要来源，这从钢包处理过程中钢液增硅的情况可以得到证明。试验表明，高 Al_2O_3 含量的钢包衬几乎没有增硅的现象，而低 Al_2O_3 的包衬使用十几分钟，钢中硅即由 0.01% 增加至 0.03%。因此，现代冶金生产中，为了防止钢液增氧和二次氧化，几乎全部采用碱性包衬材料（w(SiO_2)<5%）。

浸入式水口材料对二次氧化的影响。使用熔融石英水口浇注含铝和含锰高的钢种时，钢水与熔融石英水口发生如下反应：

$$4[Al] + 3SiO_2(s) === 2Al_2O_3(s) + 3[Si]$$

$$2[Mn] + SiO_2(s) === 2MnO(s) + [Si]$$

$$SiO_2(s) + MnO(s) === MnO \cdot SiO_2(l)$$

由于 $MnO \cdot SiO_2$ 的熔点只有 1200℃ 左右，钢液流经水口将会把液态反应产物携带至钢液，从而形成外来夹杂物。生产实践发现，钢中锰含量大于 0.065% 以上，就会发生上述反应。因此，浇注高铝、高锰的钢种，必须使用铝碳质水口（其中 w(Al_2O_3) 为 40%~60%，w(C) 为 25%~30%），以抵抗钢水的化学侵蚀。

此外，使用铝碳质水口浇注含 Al、Ti 等易氧化元素高的钢种时，会发生明显的水口堵塞现象，这是由于含铝、含钛的夹杂物更易于在氧化铝表面沉积。为了防止这种现象，一般在水口内壁或渣线位置镶嵌锆质材料（w(ZrO_2) = 65%~80%，w(C) = 12%~18%），以延长水口寿命并降低水口堵塞现象，提高连铸的稳定性。

6.3.3　卷渣引起的夹杂物

冶炼过程中，钢水从一个容器到另外一个容器的操作，通常都会引起渣钢间的剧烈混合，造成渣滴乳化并悬浮在钢液中。如果卷入钢中的液态渣滴不能及时上浮，将残留在钢中形成大颗粒夹杂物，严重影响钢的性能。卷渣形成的夹杂物尺寸在 10~300μm 之间，通常含有 Ca、Mg 或 Na、K 等特殊成分。由于液态渣滴表面张力的作用，因此卷渣形成的夹杂物在铸坯中一般保持球形结构。

在钢铁产品的表面和内部缺陷的周围区域经常可以观察到已经凝固的液态渣滴，这些都是卷渣形成夹杂物的有力证据。通过对渣滴成分的检测（示踪法），可以将这些卷渣追溯至所有冶金反应器，如钢包、中间包和连铸结晶器。因此，为了减少卷渣的产生，需要采取相应的措施减少乳化渣滴的形成和卷入铸坯中的数量。

蔡开科等人对 CSP 薄板坯缺陷皮下夹渣进行了系统研究，如图 6-24 所示。他们发现，在 CSP 薄板坯中，含有 Na_2O、K_2O 成分的夹杂物占到夹杂物总量的 76%，这表明薄板坯更容易导致保护渣卷入。卷入的保护渣会对铸坯表面质量和内部缺陷产生重要影响，如孔洞和翘皮等，且以铸坯上表层 1/4 处最为明显。

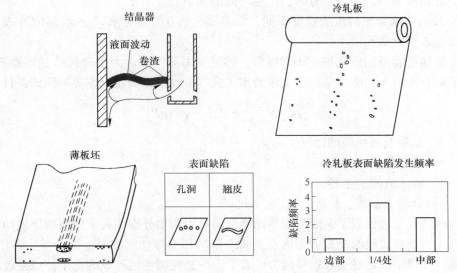

图 6-24　CSP 薄板坯中夹杂物与冷轧板表面缺陷的关系

国内外研究者对连铸结晶器内卷渣新相进行了研究，以冷态研究方法为主，提出了引起结晶器内卷渣的 5 种原因，如图 6-25 所示。

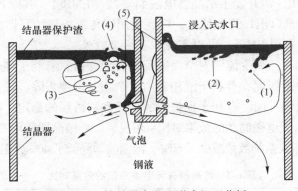

图 6-25　结晶器内卷渣形成机理分析

（1）结晶器窄面钢液的回流剪切。这一机理被认为是结晶器卷渣最普遍的原因。钢液注流从水口流出后撞击结晶器窄面发生反弹，形成上部回流，上回流在钢渣液面间产生较强的剪切力，结晶器保护渣破碎为乳化的液态渣滴并被卷入钢液深处。

（2）不稳定的反射流股造成较大的剪切应力。其中 Kelvin-Helmeholtz 不稳定性是保护渣卷入的主要原因，即在剪切力存在的连续流体内部存在速度差的两个不同流体界面之间发生的不稳定现象,这和自然界中海浪的形成原理相同。

(3)在浸入式水口的下方定期、交替形成 Karman 涡流带,其形成是由于浸入式水口处流股分布不均匀,从而引起不均匀弯月面流形成的。

(4)从浸入式水口出口到表面间的氩气泡。为了减少浸入式水口堵塞,常向浸入式水口内吹入一定量的氩气。氩气由水口流出时,会形成气泡柱并使钢渣界面产生波动,尤其是在吹氩流量较大时更为明显。氩气泡穿过钢渣界面,拉动钢液使其高于熔池的正常高度,这部分钢液返回到正常位置时会产生卷渣的抽引力。

(5)浸入式水口出口流股速度不同,结晶器内保护渣沿着侵入式水口的外表面逐渐下降并被卷入到钢液流股中。

关于结晶器卷渣的研究报道还有很多,详见本书第 7 章。为了降低结晶器卷渣趋势,首先要了解卷渣发生的临界条件。文献给出了式(6-11)作为判断临界卷渣的条件:

$$\frac{1}{2}\rho v^2 > \frac{2\sigma}{R} + 2(\rho - \rho_s)gR \tag{6-11}$$

式中　v——钢液返回流股的速度,m/s;

　　　σ——液态保护渣的表面张力,N/m;

　　　R——液态渣滴的半径,m;

　　ρ,ρ_s——分别为钢液、炉渣的密度,kg/m³。

式(6-11)左边代表了钢液流股的动能,而右边两项分别代表了液滴的形核功和上浮功。因此,当钢液流股的动能大于液态渣滴形核功和上浮功之和时,就会发生卷渣现象。由此可见,降低结晶器卷渣可以从两方面着手,一是控制钢液流股的速率,二是改善保护渣基础物性,包括保护渣组成、密度、黏度和表面张力等参数。

降低结晶器内钢液的流动速度,可以通过优化结晶器结构和水口参数来实现,如调整水口插入深度,优化水口倾角,控制合理的吹氩流量以及采用电磁制动技术等。20 世纪 90 年代初,瑞典 ABB 公司开发了结晶器电磁制动器(EMBr),其原理是采用覆盖整个铜板宽面的磁场来控制水口出口流股速度,广泛应用于传统板坯结晶器和高拉速的薄板坯连铸结晶器。结晶器内采用 EMBr,可以实现如下冶金效果:

(1)降低水口流速,减少流股对窄面凝固坯壳的冲击,有利于坯壳均匀生长;

(2)降低流股冲击深度,有利于液相穴内夹杂物的上浮去除,提高了铸坯洁净度;

(3)稳定结晶器弯月面,有利于保护渣的熔化和液渣层的稳定,避免结晶器卷渣。

表 6-3 为结晶器有无电磁制动的效果对比。可见,CSP 结晶器使用 EMBr 后,板坯中 T. O 含量降低了 40%,大型夹杂物数量减少了 60%,液面波动降低了 40%,钢的洁净度明显改善。

表 6-3　结晶器有无电磁制动的效果对比

项目	EMBr（平均值）	无 EMBr（平均值）
T. O 含量/%	0.00192（0.0014~0.0028）	0.0032（0.0026~0.0039）
显微夹杂物数量/个·mm⁻²	7.16	8.36
大型夹杂物数量/mg·(10kg)⁻¹	1.75	4.53
结晶器液面波动/mm	±4（7~9）	±4（13~15）
保护渣中 $w(Al_2O_3)$/%	5.37	4.51

注:原渣中 $w(Al_2O_3) = 3\%$。

另外，调整保护渣基础物性也是防止结晶器卷渣的重要手段。为了防止结晶器卷渣，近年来一些企业普遍采用高黏性保护渣，即宁可降低保护渣的消耗量（润滑性能变差），也要保证结晶器不卷渣，这也被证明是行之有效的方法。如某企业将其连铸保护渣黏度由 0.08Pa·s 增加至 0.32Pa·s，表面张力由 $250×10^{-5}$N·cm^{-1} 增加至 $320×10^{-5}$N·cm^{-1} 后，结晶器卷渣倾向显著降低，连铸坯内部质量改善明显。

6.3.4 耐材脱落与熔损

很早之前就有报道，钢包、中间包、塞棒和水口等耐火材料是钢中大型夹杂物的主要来源。有的文献甚至认为钢中外来大型夹杂物中 70%~75% 来自于钢液接触的耐火材料。库利科夫曾在 10kg 镁砂坩埚内冶炼滚珠钢，用放射性同位素 Ca^{45} 作为渣、炉衬、钢包砖和流钢槽夹杂物的示踪剂。试验结果表明，炉渣不是滚珠钢中非金属夹杂物的主要来源，占夹杂物总量的 8%~11% 的夹杂物是由坩埚内衬产生的，5%~9% 是由流钢槽产生的，18% 来源于钢包内衬。这证明了冶炼耐火材料是钢中大型夹杂物的重要来源。

在钢的冶炼过程中，炉衬耐火材料与熔池中钢水的相互作用以及因此而引起对钢水及钢材质量的影响主要有以下几个方面。

6.3.4.1 耐火材料损毁与剥落

炉衬耐火砖受到侵蚀后，砖的脱碳层和反应层发生结构变化引起松弛。受熔融钢水、炉渣、炉气以及兑入铁水和加入散料、废钢时的机械冲刷，使得耐火材料脱落并卷入钢溶液中，形成大型夹杂物。耐火材料剥落形成的夹杂物具有以下特征：一是形状不规则，呈尖锐的棱角状，保留明显的耐火材料脱落痕迹；二是尺寸较大，一般在 50μm 以上，个别甚至达到毫米级。

图 6-26 为利用大样电解提取钢中大型夹杂物，成分鉴定为耐火材料的剥落物。除热应力剥落之外，耐火材料的剥落程度还与钢液冲刷、炉渣侵蚀及渗透有关。在大多数炉外精炼过程中，钢液和炉渣对耐火材料的冲刷都非常严重。如在 RH 真空精炼时，钢液的循环流速为 80~200t/min，浸渍管内钢液的流速为 1~1.5m/s；在 VOD 炉中，喷吹氩气的速度为 100L/min；而在 AOD 炉中，气体（Ar，O_2）的喷吹速度高达 1.8m^3/(min·t)。在上述冲刷强度下，对耐火材料提出了严格的要求。

10μm 60μm

图 6-26　钢中因耐火材料剥落形成的大型夹杂物

炉渣对耐火材料的渗透深度取决于炉渣和耐火材料的性质，有如下关系：

$$l = \sqrt{\frac{\sigma \cdot \cos\theta \cdot rt}{2\eta}} \qquad (6-12)$$

式中　l——液渣水平渗入深度，m；

σ ——液渣-气相界面上的表面张力，J/m^2；

θ ——液渣对耐火材料的润湿角，(°)；

r ——耐火材料的气孔半径，m；

t ——接触时间，s；

η ——炉渣的黏度系数，$kg/(m \cdot s)$。

通常情况下，炼钢炉渣属于 $CaO\text{-}SiO_2\text{-}Fe_tO$ 渣系，炉外精炼渣属于 $CaO\text{-}SiO_2\text{-}Al_2O_3$ 渣系。与初炼炉渣相比，炉外精炼炉渣流动性好，黏度较低，因此，炉外精炼炉渣对耐火材料的侵蚀也更严重。图 6-27 为 $CaO\text{-}SiO_2\text{-}Al_2O_3$ 渣系等黏度曲线，组成和温度对炉渣黏度影响很大。实际生产中，为了实现某些精炼任务，需要对温度和渣系组成进行调整，因此，炉渣对耐火材料的侵蚀程度也在不断变化着。

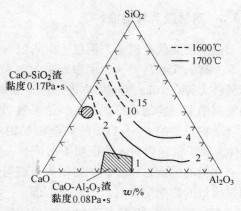

图 6-27　$CaO\text{-}SiO_2\text{-}Al_2O_3$ 渣系等黏度曲线

由于绝大多数耐火材料都可被钢液和炉渣润湿，因此，当耐火材料与钢液和炉渣接触时，炉渣可以通过耐火砖内的微气孔渗透到耐火材料中，形成反应层。如果耐火材料纯度较高，低熔点杂质含量少，炉渣黏度不至于因成分改变而发生很大变化；反之，炉渣将渗入到耐火材料更深的部位，加剧了耐火材料的熔损，从而产生严重的崩裂掉片，损毁作用加剧。

6.3.4.2　耐火材料与钢液化学反应

图 6-28　铝脱氧钢中发现的尖晶石夹杂物

构成耐火材料的一些元素，可以与钢中的氧、碳及其他合金元素反应，形成新的夹杂物。近年来，广大研究者在铝脱氧钢中发现了镁铝尖晶石夹杂物的存在（图 6-28），这是钢液与耐火材料发生化学反应的有力证据。与机械剥落与物理渗透不同，耐火材料与钢液间的化学反应与耐火材料成分密切相关。

文献报道了炉外精炼过程中 MgO-C 砖的化学熔损过程，如图 6-29 所示。在高温条件下，镁碳砖内部、钢液-镁碳砖界面、镁蒸气-夹杂物间会发生一系列化学反应：

$$(MgO)_{内衬} + C_{钢液或内衬} \longrightarrow [Mg] + CO\uparrow$$
$$3[Mg] + (Al_2O_3)_{内衬或夹杂物} \longrightarrow 2[Al] + 3(MgO)_{夹杂物}$$
$$4(Al_2O_3)_{内衬或夹杂物} + 3[Mg] \longrightarrow 3(MgO \cdot Al_2O_3)_{夹杂物} + 2[Al]$$
$$(Al_2O_3)_{内衬或夹杂物} + [Mg] + [O] \longrightarrow (MgO \cdot Al_2O_3)_{夹杂物}$$
$$(MgO)_{内衬} + (Al_2O_3)_{夹杂物} \longrightarrow (MgO \cdot Al_2O_3)_{夹杂物}$$

首先，在镁碳砖内部，MgO 会被自身碳或钢液内的 [C] 还原形成镁蒸气，镁蒸气沿着脱碳孔隙进入钢液-耐火材料界面。在此处，镁蒸气不仅会与 [O] 反应，也会与钢液中

Al_2O_3夹杂物发生反应，生成镁铝尖晶石夹杂物。由于镁碳砖自身的还原反应受压力影响较大，提高真空度会加剧镁碳砖的蒸发效应，这也是真空处理时更容易形成尖晶石夹杂物的主要原因。

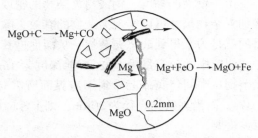

图6-29　耐火材料气化导致夹杂物生成示意图

研究还发现，在400系铬不锈钢生产时，采用不同包衬材料及AOD炉渣碱度对钢中尖晶石系夹杂物比率影响很大。采用白云石材质的钢包（非高铝质钢包），控制炉渣碱度在1.6~2.0，多数情况下对抛光性能影响最大的尖晶石系夹杂物可减少20%。

在真空条件下，耐火材料中的大多数氧化物都会发生蒸发而损失，其中SiO_2、氧化铁、Cr_2O_3和MgO比较容易蒸发，CaO和Al_2O_3比较难蒸发。按稳定性高低排序为：高纯CaO、稳定ZrO_2砖、高纯刚玉砖、高纯白云石砖、石灰质砖、氧化铝砖、莫来石砖、电熔氧化铝砖、尖晶石结合镁砖、锆石英砖、再结合镁铬砖、直接结合镁铬砖、高纯镁砂、电熔镁铬砖、高铬砖。

耐火材料在高温真空长期作用下发生蒸发损失可使耐火材料的结构性能变差、体积密度降低、气孔率提高、强度下降。在真空炉外精炼处理钢液的情况下，耐火材料的高温蒸发还会造成钢液成分的二次污染，应引起人们的足够重视。

6.4　夹杂物的去除方法

为了降低钢中夹杂物危害，减少其数量是首先需要考虑的问题，这也是洁净钢生产中的核心问题。综合国内外研究结果，钢中夹杂物的去除手段主要有：上浮去除、吹气搅拌去除、电磁净化去除、物理吸附和过滤去除等。

6.4.1　上浮去除法

上浮去除的驱动力是夹杂物与钢液存在密度差。一般来说，夹杂物的密度较低，如炼钢温度下单一Al_2O_3的密度为2.97g/cm³，SiO_2为2.2g/cm³，复合铝酸钙夹杂物的密度在2.02~2.79g/cm³之间，而钢液的密度为7.0~7.2g/cm³。夹杂物受到浮力作用，遵循Stokes上浮定律向钢液表面运动并被液渣吸收。静置熔池中，夹杂物上浮速度与夹杂物颗粒尺寸的平方成正比。Stokes上浮定律可写为：

$$v = \frac{2g(\rho_m - \rho_s)r^2}{9\eta} \tag{6-13}$$

式中　v——尺寸为r的夹杂物上浮速度，cm/s；

g——重力加速度；

r——夹杂物粒径，cm；

ρ_m——钢液密度，g/cm³；

ρ_s——夹杂物密度，g/cm³；

η——钢液的动力黏度，Pa·s。

　　由于钢液的黏度、钢液与夹杂物的密度差不会有很大改变，因此，长期以来认为依靠增加夹杂物尺寸可以实现夹杂物的有效去除。液态夹杂物容易聚合长大，采用复合脱氧的目的就是为了得到液态夹杂物，从而促进其上浮去除。

　　假定中间包容量为 50t，熔池深度为 1m 按照式（6-13）计算得到夹杂物上浮速度和夹杂物从中间包底部上浮到钢渣界面所需时间。当夹杂物直径为 100μm，其上浮时间为 4.37s，而当夹杂物直径为 20μm，则上浮时间为 109s，可见促进夹杂物长大在上浮过程中至关重要。

　　Stokes 上浮去除是有前提条件的，其适用范围需满足以下条件：（1）夹杂物颗粒为球形；（2）颗粒与流体的相对速度较低，一般要求 $Re<2.0$；（3）夹杂物颗粒与流体分子之间没有滑移。

　　当钢液存在一定的流动速度后，夹杂物上浮速度（v）遵循以下公式：

Allen 公式：
$$v = \left[\frac{4(\rho_m - \rho_s)^2 g}{225 \rho_m \eta}\right]^{1/3} \cdot r \qquad Re = 2 \sim 500 \qquad (6\text{-}14)$$

Newton 公式：
$$v = \left[\frac{3.03(\rho_m - \rho_s)r}{\rho_m}\right]^{1/2} \qquad Re > 500 \qquad (6\text{-}15)$$

　　根据式（6-13）的约束条件，即 $Re<2$，可计算服从 Stokes 上浮定律允许的最大夹杂物尺寸。假定钢液密度为 7.1g/cm³，夹杂物密度为 3.0g/cm³，钢液的动力黏度为 0.05Pa·s，联立以下方程求解：

$$Re = \frac{\rho_m v r}{\eta} = \frac{7100 \times d \times v}{0.005} < 2.0$$

$$v = \frac{2g(\rho_m - \rho_s)r^2}{9\eta} = \frac{2 \times 9.8 \times (7100 - 3000)}{9 \times 0.005} \times \left(\frac{d}{2}\right)^2$$

计算可到 $d<147\mu m$，即夹杂物上浮若服从 Stokes 上浮定律，尺寸不能大于 147μm。

　　对实际生产而言，钢包或中间包内钢液不可能是静止的。在熔池搅拌条件下，脱氧产物粒子与钢液分离去除速度比 Stokes 定律计算的结果要快得多，脱氧产物粒子的分离去除速度与脱氧剂种类、脱氧剂用量、钢液温度以及炉衬材料都有关。

　　钢液内部的夹杂物上浮至钢-渣界面，倾向于向熔渣内转移。熔渣的物理化学性质对夹杂物去除效率影响很大，随着熔渣物理化学性质的不同，有时能很好地吸收夹杂物，有时反而会造成新的外来夹杂物。

　　图 6-30 为夹杂物在钢液-熔渣界面的移动过程。由于夹杂物颗粒外有金属膜存在，在进入钢渣界面时，只有金属膜被破坏后，夹杂物颗粒才能被熔渣吸收。只要钢液-夹杂物的界面张力大于夹杂物-熔渣的界面张力，金属膜就能消失，无阻碍地与熔渣接触而被吸收。它们转移时单位面积的吉布斯自由能变化为：

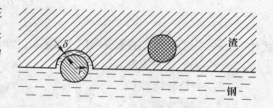

图 6-30　脱氧产物颗粒进入熔渣过程示意图

$$\left(\frac{\partial G}{\partial A}\right)_{p,\ T} = \sigma_{s-\text{产物}} - \sigma_{m-\text{产物}} \tag{6-16}$$

式中　$\sigma_{s-\text{产物}}$，$\sigma_{m-\text{产物}}$——分别为脱氧产物与熔渣及钢液的界面能，J/m^2；

A——相界面面积，m^2。

大多数氧化物和硫化物与熔渣间的界面张力均比与钢液间的界面张力小很多，因此，$(\partial G/\partial A)_{p,\ T} < 0$，即脱氧产物能自发地进入熔渣内而被其同化、吸收。而且脱氧产物的尺寸越大，其进入熔渣的自发趋势越大。

此外，炉衬和钢包衬材料对夹杂物的去除也会产生一定影响。研究表明，铝、硅脱氧时采用不同材质坩埚钢液内部夹杂物含量明显不同。SiO_2 的去除速度与坩埚材料有关，按 SiO_2、MgO、Al_2O_3、CaO、CaF_2 的顺序递增。对硅、铝脱氧时进行研究发现，夹杂物和坩埚材料中的金属离子对氧离子的吸引力差别越大，夹杂物和坩埚材料生成的化合物熔点越低，则越容易被坩埚材料所吸收。如前文所述，某些脱氧能力很强的脱氧剂如 Al、Mg、Ca 等，也能使钢包内衬材料中的氧化物脱氧，形成新的夹杂物，从而使钢液中夹杂物数量增多，这是生产中应尽力避免的。

6.4.2　吹气去除法

实际生产中，夹杂物没有足够的上浮时间，钢包、中间包或结晶器中小颗粒的一次夹杂物只有少部分能上浮去除，Stokes 方程决定了上浮力的大小。对于去除夹杂物来说显然仅只靠上浮是不够的。通过气体或电磁搅拌钢液，增加夹杂物之间的碰撞能够使固态夹杂物聚集，液态夹杂物聚合为大颗粒夹杂物，从而提高夹杂物的去除速度。因此，吹气搅拌是洁净钢的一项重要操作，在完成夹杂物去除的同时，又能均匀钢液温度和成分，去除钢中有害气体。

6.4.2.1　钢包软吹去除

炉外精炼中，吹入惰性气体（氩气）对钢液实施弱搅拌，可促进大颗粒夹杂物加速上浮，吹入的氩气形成细小弥散分布的气泡群，可促使小于 $10\mu m$ 或更小的夹杂物黏附在氩气泡表面上浮到顶渣中。吹氩软吹的比搅拌功计算式如下：

$$\varepsilon = \frac{6.18Q_{Ar}T_1}{w_s}\left[1 - \frac{T_{Ar}}{T_s} + \ln\left(1 + \frac{H_0}{1.46 \times 10^{-5}p_2}\right)\right] \tag{6-17}$$

式中　ε——比搅拌功，W/t；

Q_{Ar}——吹氩流量（标态），m^3/min；

w_s——钢液质量，t；

T_s——钢液温度，K；

T_{Ar}——氩气温度，K；

H_0——钢液深度，m；

p_2——渣层氩气溢出压力，Pa。

钢包软吹精炼中，应以控制钢水不裸露、不卷渣为原则。如钢包容量为 120t，吹氩流量为 200L/min，根据式（6-17）计算，$\varepsilon = 33.8W/t$；吹氩流量为 400L/min，$\varepsilon = 67.6W/t$。钢包容量不同，比搅拌功也有明显差异。

生产实践证明，软吹的比搅拌功一般控制在 30 ~ 50W/min，吹氩流量一般为 100 ~ 200L/min，软吹时间一般为 5 ~ 10min。Ispat 钢厂精炼炉脱硫吹氩流量为 500L/min，合金化吹氩流量为 300L/min，软吹去除夹杂物时流量为 150L/min。图 6-31 为喂钙线后夹杂物指数与吹氩时间的关系，图 6-32 为软吹时间与钢中 T.O 含量的关系。

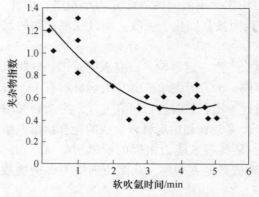

图 6-31　喂钙线后夹杂物指数与吹氩时间的关系

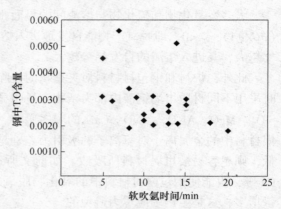

图 6-32　软吹时间与钢中 T.O 含量的关系

Engh 和 Lindskog 也给出一个液态钢中夹杂物去除的流体模型。根据此理论，钢液搅拌一定时间后，钢中 T.O 含量可表示为：

$$\frac{C_t - C_f}{C_i - C_f} = e^{-\alpha t} \tag{6-18}$$

式中　C_t——搅拌 t 时间后钢中 T.O 含量；

　　　C_f——稳态搅拌下最终 T.O 含量（平衡状态）；

　　　C_i——初始 T.O 含量；

　　　α——夹杂物去除时间常数，min^{-1}。

式（6-18）是一个简化处理的方程。夹杂物去除率受多种因素的影响，包括夹杂物类型、钢包内衬材料、实际钢液的搅拌特征等。如对一个 140t 钢包进行感应搅拌，比搅拌功为 ε，有以下近似关系：

$$\alpha \approx \frac{\varepsilon}{27} \tag{6-19}$$

以上关系只适用于中等程度的感应搅拌条件。如果假定稳态搅拌条件下的 T.O 含量 C_f 远小于 C_i 和 C_t，则式（6-18）可简化为：

$$\frac{C_t}{C_i} \approx e^{-\frac{\varepsilon t}{27}} \tag{6-20}$$

此即夹杂物去除效率与钢液比搅拌功之间的关系。

6.4.2.2　中间包吹氩去除

近年来，冶金工作者又开发了中间包吹氩技术，作为钢液净化的重要手段已经在生产中得到应用。中间包吹氩不是为了增加搅拌，而是利用惰性气体形成的气泡墙促进夹杂物上浮（黏附或携带），因此也称为"气幕挡墙"技术。如图 6-33 所示，通过埋设于中间包底部的透气管或透气梁向钢液中持续吹入氩气，与流经此处的钢液中的夹杂物颗粒相互碰撞聚合吸附，同时也增加了夹杂物的垂直向上运动，从而达到净化钢液的目的。比利时 CRM 钢厂将带有孔洞的管状气体分配器埋入中间包耐火炉衬的侧壁和底部进行吹氩处理。埋设透气砖有两种方式，一是在振捣的耐火混凝土中引入合成纤维，透气砖埋设在永久层内；二是采用多孔喷料，透气砖安装在永久层和工作层之间。两种结构均能满足细小气泡穿过包衬的要求。

借鉴钢包吹气经验，中间包可选用不定向气孔（弥散型）透气砖吹氩，以保证获得细小、连贯的气泡。此外，采用一定颗粒尺寸的原料及特殊添加剂，以保证材料具有最佳气孔率。

即使钢液不润湿耐火材料透气元件中的氧化物，但由于钢水静压力的作用，它也必定向耐火材料中渗透。在理想的使用条件下，钢液深度对透气元件的静压力和透气元件的毛细管压力处于平衡，即：

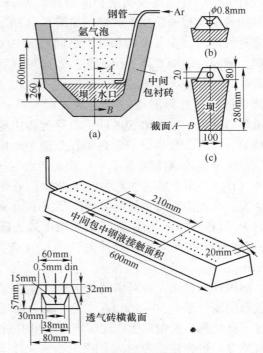

图 6-33　中间包吹氩设备及构造

$$p_m + p_c = 0$$
$$p_m = \rho_m g h \pi R^2$$
$$p_c = 2\pi R \sigma \cos\theta \tag{6-21}$$

式中　p_m——钢液静压力，N；

p_c——透气砖毛细管压力，N；

h——钢液深度，m；

ρ_m——钢液密度，kg/m^3；

σ——钢液表面张力，N/m；

θ——透气砖材质与耐火材料润湿角，(°)；

R——透气砖内气孔半径，m。

要保证钢液不渗入透气元件的气孔中，$h \cdot R$ 的值应小于 $2\sigma\cos\theta/\rho g$ 的值。当钢液深度增加或孔径增大，都会导致钢液渗入透气元件中，这是设计透气砖性能的重要依据。表 6-4 为奥地利林茨钢厂使用的镁质透气砖材料及性能。

表 6-4　中间包透气砖耐火材料性能

化学组成，$w/\%$		物理性能	
MgO	97	体积密度/$g \cdot cm^{-3}$	2.72
Al_2O_3	0.1	气孔率/%	21
Fe_2O_3	0.2	耐压强度/MPa	>35
CaO	1.9	通气量/$m^3 \cdot s^{-1} \cdot m^{-2}$	
SiO_2	0.5		

有关微小气泡捕获夹杂物的机理，Wang 和 LEE 等人利用数学模型给出如下解释，如图 6-34 所示。当夹杂物靠近气泡时，在夹杂物和气泡之间形成一个很薄的钢液膜，液膜会逐渐变薄直至破裂。若碰撞时间大于液膜的破裂时间，则夹杂物将被气泡黏附（机理 A）；反之，夹杂物将从气泡弹回或沿着气泡表面滑移（机理 B）。若滑移时间大于液膜破裂时间，滑移过程中也会发生黏附现象，反之夹杂物将不能黏附在气泡上。作者定义了气泡与夹杂物的碰撞频率（P_C）和夹杂物与气泡的黏附频率（P_A），用于描述气泡黏附夹杂物的效率。计算结果证实，小气泡具有更好的 P_C 值，而小尺寸夹杂物具有高的 P_A 值和低的 P_C 值。为了最大限度地去除钢中小于 $50\mu m$ 的氧化铝夹杂物，最佳的气泡尺寸应该在 $0.5 \sim 2.0mm$ 之间。

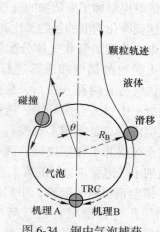

图 6-34　钢中气泡捕获
夹杂物的机理图

国内外大量研究者对中间包吹氩的冶金效果进行了报道。德国 NMSC 公司在中间包应用气幕挡墙，钢中 $50 \sim 200\mu m$ 大尺寸夹杂物几乎全部去除，但小于 $1\mu m$ 的夹杂物去除不明显。奥地利林茨钢厂生产优质钢时采用中间包吹氩工艺，可使钢中小于 $10\mu m$ 的夹杂物显著减少，平均粒径为 $6\mu m$ 的夹杂物去除效率为 60%，平均粒径为 $3\mu m$ 的夹杂物去除效率为 30%。国内首钢迁安钢厂 60t 中间包上试验了吹氩对夹杂物去除效果的影响，吹氩前铸坯中夹杂物总量为 10.08mg/10kg，吹氩后夹杂物总量降低至 6.08mg/10kg，大颗粒夹杂物去除效果明显，而小颗粒夹杂物去除不明显。显然，导致小颗粒夹杂物去除效果差的主要原因是吹入的气泡尺寸较大，无法有效携带夹杂物上浮并促进小颗粒夹杂物的聚合与长大。

为了更好地发挥中间包吹氩对钢液的净化效果，需要深入研究钢液的运动规律，探讨透气砖合适位置和最佳分布状态，还应考虑透气砖材料、气孔大小与分布、透气压力等，保证透气砖能产生足够夹杂物上浮去除的微小气泡数量和分布。此外，要对透气砖质量提出改进方案，保证其与中间包工作寿命同步，只有如此，中间包吹氩对钢液的净化效果才能更加明显和有效。

6.4.3　过滤去除法

吹气法去除夹杂物受吹气参数、气泡与夹杂物尺寸、处理时间等影响较大，为此，国内外研究者又开发了过滤去除法。图 6-35 为装有泡沫陶瓷过滤器的中间包内部结构。泡沫陶瓷过滤器安装在中间包挡渣堰上，连铸作业时，钢水流经滤器进入浇注区，钢中的夹杂物颗粒被过滤器过滤清除。过滤器主要通过机械拦截、表面吸附的作用去除夹杂物，夹杂物的去除效率与过滤器材质、过滤器孔径和钢水流速有关。

从结构形式上看，陶瓷过滤器分为泡沫陶瓷过滤器和直通孔型陶瓷过滤器。泡沫陶瓷过滤器材质上可以是 Al_2O_3 质、ZrO_2 质、$Al_2O_3 - ZrO_2$ 质耐火材料，适用于钢水容量较小的中间包；直通孔型过滤器材质多为 CaO 质耐火材料。直通孔型过滤器通过能力大，且氧化钙本身具有净化钢液的功能，适用于大型连铸中间包。

6.4.3.1 泡沫陶瓷过滤器

泡沫陶瓷过滤器（Ceramic foam filters），也称 CFF。它具有独特的三维连通曲孔网状骨架结构，具有高达 80% ~ 90% 的开口气孔率。图 6-36 给出了三种泡沫陶瓷过滤器的示意图，分别为海绵状的泡沫过滤器、多孔网状蜂窝型过滤器和圆环形过滤器。后者不仅可起到捕获钢中夹杂物的作用，还兼有整流钢水漩涡的作用，使通过的钢水变为更均匀的流动形态。

有关过滤器的过滤机理，国内外综合了 3 种过滤机制，分别为机械拦截、滤饼机制和黏附分离，如图 6-37 所示。所谓机械拦截，也指筛网过滤，它可以阻止尺寸大

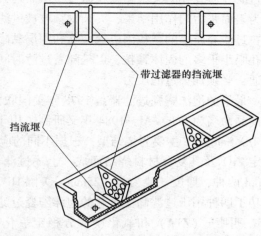

图 6-35　带有泡沫陶瓷过滤器的中间包装置

| 泡沫型 | 蜂窝型 | 圆环形 |

图 6-36　陶瓷泡沫过滤器微孔结构

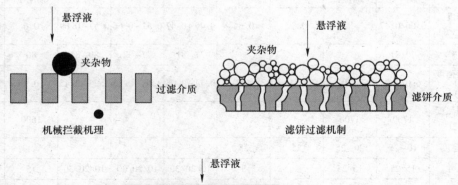

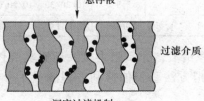

图 6-37　固-液过滤分离方式和过滤机制

于过滤介质孔径的夹杂物颗粒通过，从而达到过滤目的。黏附分离是基于深床过滤理论，因为表面张力的作用结果，夹杂物颗粒被过滤介质侧壁捕获。滤饼过滤也指直线筛分，沉积在过滤介质上的颗粒因机械滤除和深层黏附而去除。在这种机制中，可截获比过滤器本身孔眼小很多的固体颗粒，但是随着过滤时间的延长，堆积层越来越厚，如果要保持液流畅通，必须加大过滤压力。

最早的泡沫陶瓷过滤器是 1978 年美国联合铝业公司开发的铝合金用陶瓷泡沫过滤器，其商品命名为 Selee/Al，1984 年又研制了用于过滤黑色金属的泡沫陶瓷过滤器 Selee/Fe。其中，Selee/Fe 主要为烧结型，根据不同的应用对象，分别采用莫来石、刚玉、MgO 部分稳定 ZrO_2 及其复合材料烧结而成。上述过滤器孔尺寸有 15ppi（每英寸长度上的孔数）、25ppi 两种，厚度一般为 19~25mm。美国 Hi-Tech 陶瓷有限公司于 20 世纪 80 年代也研制成功了四种用于过滤高温合金的泡沫陶瓷过滤器，其耐火材料分别为莫来石、刚玉、氧化锆增韧刚玉（ZTA）和氧化镁部分稳定氧化锆（PSZ）。这些过滤器的耐火度在 1650~1800℃ 之间，平均孔径为 0.5~1.4mm，骨架厚度为 0.23~0.69mm，高温蠕变（1500℃，0.0034MPa 下变形 3h）为 0.074%~0.749%，过滤效率高达 92%~99%。日本石桥株式会社开发出三种规格的泡沫陶瓷过滤器，即 6ppi、13ppi、22ppi，气孔率高达 80%~90%，体积密度为 0.35~0.60g/cm^3，厚度为 10~25mm。

泡沫陶瓷过滤器一般采用聚氨酯泡沫塑料为载体，有陶瓷粉末、黏结剂、消泡剂和絮凝剂等添加剂研磨混合制成泥浆，浸渍后去除多余泥浆，经干燥后成坯，再经高温烧结而成。表 6-5 列出了一些典型泡沫陶瓷过滤器材质及使用性能。

表 6-5　国内外泡沫陶瓷过滤器材质与性能

制造企业	美国联合铝业		日本太平洋金属		美国 Hi-Tech 公司			哈尔滨理工大学 湖北机电研究院	
材质	刚玉	ZrO_2增韧刚玉	刚玉	氧化锆	莫来石	刚玉	ZrO_2增韧刚玉	ZrO_2增韧刚玉	刚玉
体积密度 /g·cm^{-3}	0.66/0.47		0.89	0.64	0.45~0.47	0.51~0.66	0.57~0.69	0.6	0.4~0.7
开口气孔率/%	70/81				77~81	77~82	80~85	80	75~85
常温耐压强度 /MPa	6.0/3.0	2.0	7.5	5.3	0.74~3.06	2.08~2.83	1.25~2.45	0.9	2.3~3.5
最高使用温度 /℃	1700	1700						1600	1650
过滤器厚度	10~25	20~25	25	25					
滤孔尺寸	15/25	15/25	3	3	10/20/30	10/20/30	10/20/30	15	10/20
应用领域	连铸中间包		5t，15t 中间包		铁铜合金	高温合金		铸钢	

利用泡沫陶瓷过滤器处理钢液，介质阻力极大地影响液体流动、钢液温度和过滤效果。Uemura 等人利用物理模拟方法基于伯努利方程测量了介质阻力 R_m，用透过率 α 来评估：

$$Q = \alpha A \sqrt{2g\Delta h} = (1/R_m) A \sqrt{2g\Delta h} \tag{6-22}$$

式中　A ——过滤器的横截面积，m^2；

g ——重力加速度，m/s^2；

Δh ——过滤器上下水位差，m；

Q ——水流量，m^3/s；

R_m ——过滤介质阻力；

α ——透过率。

测试结果证明，过滤介质阻力随着介质厚度增加和孔眼直径降低而增加。

为了验证泡沫陶瓷过滤器的使用效果，上述作者利用孔径为 2mm，厚度为 40mm 的过滤器进行试验，钢水成分为：$w[C]=0.30\%$、$w[Si]=0.25\%$、$w[Mn]=0.75\%$、$w[Al]=0.03\%$。为了评价夹杂物的过滤效果，定义陶瓷过滤器的过滤效率（F_e）：

$$F_e = \frac{w[Al]_{b,\%} - w[Al]_{a,\%}}{w[Al]_{b,\%}} \tag{6-23}$$

式中，$w[Al]_{b,\%}$ 和 $w[Al]_{a,\%}$ 分别表示过滤前后钢中酸性未溶铝含量。影响钢液过滤效果的因素有介质材料、孔眼直径和滤网厚度等。

图 6-38（a）给出了陶瓷过滤器过滤效果与钢中氧含量以及孔眼直径的关系（滤网厚度为 40mm）。该图显示，孔眼越小，钢液的过滤效果越好，当钢中 T.O 含量小于 0.03%，夹杂物的去除效果不再明显。图 6-38（b）还给出了材质对过滤效果的影响，其中 ZA、Z、CA 和 MU 分别表示过滤器为 $ZrO_2 \cdot Al_2O_3$、ZrO_2、$CaO \cdot 6Al_2O_3$ 和 $3Al_2O_3 \cdot 2SiO_2$ 材质，其余为刚玉材质。总体来说，过滤器材质的影响规律性并不明显。

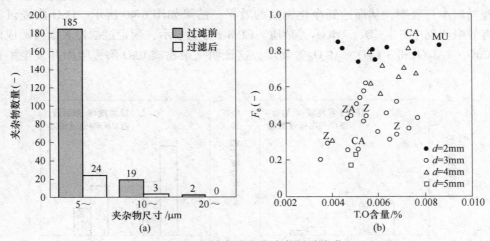

图 6-38　钢中氧化铝夹杂物尺寸变化

国外其他研究者也给出了不同泡沫陶瓷过滤器的使用效果。如美国赛滤（Selee）公司生产的锆铝质陶瓷过滤器应用在不锈钢连铸生产时，连续工作时间达到 5.5h，通钢量 330t，氧化铝夹杂物的滤除率为 40%~80%。日本新日铁公司在 15t 连铸中间包的挡渣堰上试用泡沫陶瓷过滤器，滤孔尺寸为 2~3 孔/cm，铝镇静钢铸坯的洁净度提高约 15%，可以有效去除钢中大于 20μm 的夹杂物。

泡沫陶瓷过滤器的制作工艺比较复杂，生产成本较高，过滤器的比表面积有限，且孔眼容易堵塞，难以满足钢水连续过滤的要求，仅限于高纯净度的钢种使用。因此，生产中可以采取其他措施尽可能多去除夹杂物，剩余难去除的小型夹杂再使用过滤器去除。

6.4.3.2　直通孔型过滤器

鉴于泡沫陶瓷过滤器制作复杂、成本较高，且通钢量有限制、孔眼易于堵塞，为此，又成功研制了直通孔型深床式过滤器。图 6-39 为日本日新制钢公司（Nisshin Steel）开发的 CaO 质陶瓷过滤器，它由两块过滤板组成，形成梯级圆锥形直通孔结构，流入孔径为 50mm，流出孔径为 40mm，厚度为 200mm。

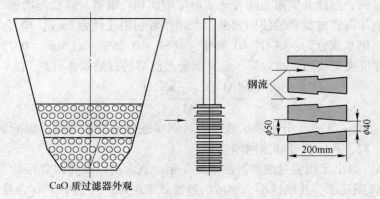

图 6-39　CaO 质陶瓷过滤器

日新制钢公司的操作方法是，在 65t 中间包内用直通型 CaO 质陶瓷过滤器代替挡渣堰，顶部不开孔的部分起到挡渣作用，下部直通孔部分起到导流作用，通过过滤器的钢水被陶瓷材料本身吸附，从而达到净化钢液的效果，结果如图 6-40 所示。CaO 陶瓷过滤器可以有效吸收钢中 S、SiO_2、Al_2O_3 等杂质。EPMA 分析显示，陶瓷过滤器表面可形成低熔点 $12CaO \cdot 7Al_2O_3$ 和 $3CaO \cdot Al_2O_3$ 等物质，这证明夹杂物被 CaO 陶瓷吸附并发生了化学反应。

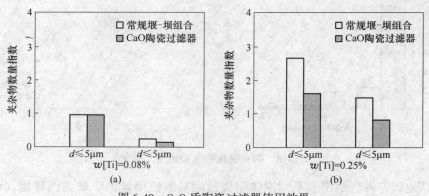

图 6-40　CaO 质陶瓷过滤器使用效果

国内一些钢厂使用钢水过滤器也取得了较好的试验效果，如宝钢、武钢、鞍钢、本钢等。表 6-6 为国内直通孔式陶瓷过滤器材质与基本性能。宝钢在其连铸中间包上试用 CaO 质过滤器，采用向上倾斜角度的开孔，以增加顶渣吸收夹杂物的机会，使用后发现夹杂物的去除效果较好，尤其是 Al_2O_3 和 SiO_2 的去除最为显著，可使中间包中钢液中 T.O 含量降低约 25% ~ 30%。鞍钢在 48t 连铸中间包上安装了 CaO 质陶瓷过滤器，试验钢种为 09CuPTi-RE，经过滤后钢中夹杂物含量明显降低，中间包钢样夹杂物含量平均减少 15%，连铸坯中夹杂物含量平均减少 18%。武汉钢铁公司为了降低夹杂物对薄板产品的危害，在中间包挡渣堰上安装了 CaO 质陶瓷过滤器，钢水经过滤后，夹杂物含量减少 15%～20%，水口堵塞现象也得到一定缓解，陶瓷过滤器的使用寿命可达 3～4 炉。

表 6-6 国内一些厂家使用的钢水陶瓷过滤器材质与性能

厂家	宝钢	武钢	鞍钢	钢铁研究总院
$w(CaO)/\%$	98.97	>94	>97	>98
$w(MgO)/\%$			<0.7	<0.7
$w(SiO_2)/\%$	0.05		<0.1	<0.1
$w(Al_2O_3)/\%$	0.49		<0.5	<0.5
$w(Fe_2O_3)/\%$			<0.5	<0.1
体积密度/g·cm^{-3}		2.85	2.4	2.4～2.42
显气孔率/%		12～15	<27	27～30
耐压强度		25	20	>20
过滤器类型	直通孔	直通孔	直通孔	直通孔
应用范围	板坯连铸	薄板钢	48t 中间包	10t 中间包

6.4.4 电磁分离去除法

众所周知，夹杂物与钢液存在显著的密度差，因此可以利用离心场分离钢中夹杂物。20 世纪 90 年代，日本川崎制铁公司（现 JFE）成功开发了一种高效夹杂物分离技术，即离心流动中间包，如图 6-41 所示。

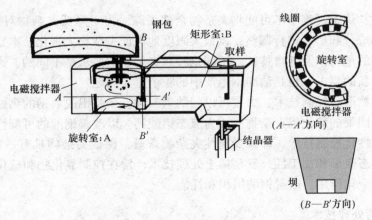

图 6-41 离心式中间包设备图

夹杂物离心分离的原理是：利用旋转磁场使圆筒状中间包内钢液旋转产生的离心力和强大的湍流能量来提高脱氧能力，促进夹杂物上浮分离，从而显著改善非稳态浇注期，特别是钢包交换期铸坯的质量。

川崎制铁在 30t 中间包上进行夹杂物离心去除，钢种为 SUS430 不锈钢和高碳钢。离心流动中间包分为圆筒形旋转室（A）和矩形室（B），二者容积分别为 7t 和 23t。钢水由钢包长水口进入旋转室，在旋转室受电磁驱动力进行离心流动（旋转速度为 45r/min），然后从旋转室底部出口进入矩形室进行浇注。离心搅拌后，SUS430 钢中 T.O 含量由

$(20\sim40)\times10^{-4}\%$，降低至 $(8\sim15)\times10^{-4}\%$，钢水洁净度显著提高。离心分离对夹杂物尺寸分布的影响见图 6-42。离心分离后，$2\sim30\mu m$ 的夹杂物数量减少，尤其是小颗粒夹杂物数量减小明显，这说明离心分离在一定程度上促进了夹杂的聚合长大和去除。迄今，中间包离心分离技术在我国尚处于起步阶段，上海大学已经在此方面开展了大量工作，有望进入工业化生产。

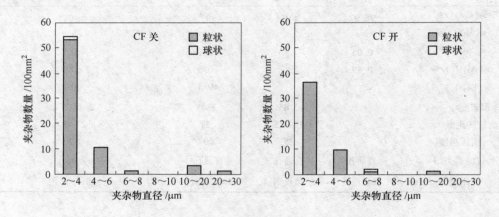

图 6-42 离心分离对夹杂物的去除效果（SUS430 钢种）

6.5 夹杂物形态控制

众所周知，炼钢过程中不可能将夹杂物全部去除，为了降低夹杂物对钢性能的危害，必须对夹杂物成分和形态进行调整，以最大限度地保证夹杂物无害化。本章开始已经介绍了钢中夹杂物的危害以及各自特征。不同钢种对夹杂物的要求是不同的，这就对夹杂物形态控制提出了新的要求，也是洁净钢生产中的一个重要问题。

有关夹杂物形态控制技术，大致可以归纳为三种：一是铝脱氧钢的钙处理技术，将钢中脆性、易于团聚的氧化铝夹杂物变质为液态铝酸钙，以改善钢液的可浇性；二是弱脱氧钢中夹杂物塑性化控制技术，即减少脆性夹杂物含量，保证夹杂物具有一定的变形能力，以适应钢的冷态变形和加工性；三是稀土处理技术，旨在控制氧化物和硫化物形态，并发挥稀土的微合金化作用，改善钢的组织和性能。

6.5.1 钢液钙处理技术

6.5.1.1 钢液钙处理的目的

铝是钢中最常用的脱氧剂，钢液加铝后形成固态 Al_2O_3 脱氧产物。钢液脱氧后，伴随着不同钢包精炼方式及处理时间延长，氧化铝夹杂物极易形成针状、簇群状或链状结构，如图 6-43 所示，这在国内外很多文献报道中得到证实。由于氧化铝与钢液的润湿性差，增加了夹杂物团聚的内在驱动力。尽管大量氧化铝可以上浮去除，但残留在钢中的氧化铝夹杂物会带来严重的危害，主要表现在：（1）导致严重的浸入式水口蓄积，影响连铸顺行。浇注铝镇静钢时，氧化铝夹杂物极易在 Al_2O_3-C 质水口内壁沉积，长时间高温烧结形成结瘤物，影响钢水的通过性，严重时可能导致水口完全堵死，造成断浇事故。（2）氧化铝夹杂物为典型的脆性夹杂物，可对产品性能带来不同程度的影响。如 Al_2O_3 会在深冲薄板表面形成条状或线状缺陷；Al_2O_3 严重降低轴承钢的疲劳寿命；Al_2O_3 造成高碳钢拉拔断裂；Al_2O_3 能降低中厚板 Z 向拉伸性能等。

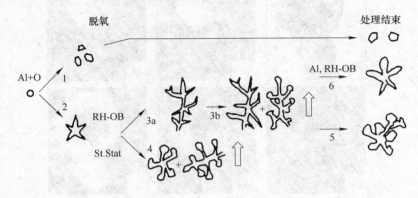

图 6-43 脱氧和钢包处理过程中氧化铝夹杂物形貌变化示意图

1—氧化铝颗粒形核；2—形核长大；3a—树枝晶持续生长；3b—树枝晶团聚与合并；4—夹杂物团聚与上浮；

5—残余小的簇群致密化；6—RH 加铝后形成小的针状簇群

为了降低氧化铝夹杂物的危害，钙处理是目前应用最为成熟的技术。此外，钙处理也能对钢中硫化物实施有效控制，减少硫化物沿晶界析出数量，降低其危害。图 6-44 为钙处理对铝镇静钢中夹杂物变质效果示意图，图 6-45 为钙处理后钢中发现的典型夹杂物。

6.5.1.2 钙处理热力学

金属钙的化学性质极其活泼，是炼钢过程中的强脱氧剂或改质剂。金属钙密度较轻，仅为 $1.55g/cm^3$；熔点和沸点均较低，在 843℃ 熔化，在 1285℃ 气化；1600℃ 下金属钙的蒸汽压为 $1.82×10^5Pa$；1600℃ 下，钙在碳饱和铁中的溶解度较低，只有 0.018%~0.031%。这些性质都决定了钙处理过程的特殊性。

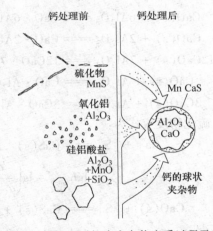

图 6-44 钙处理对钢中夹杂物变质过程示意图

液态铝脱氧钢中加入金属钙后，可能发生的反应如下：

$$2[Al] + 3[O] = Al_2O_3(s) \qquad \Delta G^{\ominus} = -1225000 + 393.8T \quad J/mol \qquad (6-24)$$

$$\lg K_{Al-O} = \lg \left(\frac{a_{Al_2O_3}}{a_{Al}^2 \cdot a_O^3} \right) = 64000/T - 20.57 \qquad (6-25)$$

$$Ca(l) = Ca(g) \qquad \Delta G^{\ominus} = 157800 - 87.11T \quad J/mol \qquad (6-26)$$

$$Ca(g) = [Ca] \qquad \Delta G^{\ominus} = -39500 + 49.4T \quad J/mol \qquad (6-27)$$

$$[Ca] + [O] = CaO(s) \qquad \Delta G^{\ominus} = -491220 + 146.5T \quad J/mol \qquad (6-28)$$

$$\lg K_{Ca\text{-}O} = \lg\left(\frac{a_{CaO}}{a_{Ca} \cdot a_O}\right) = 25655/T - 7.56 \tag{6-29}$$

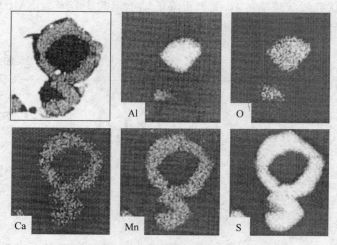

图 6-45 钙处理后钢中形成的典型夹杂物（含硫钢）

此外，铝、钙氧化物生成复合氧化物的反应式为：

$$x[Ca] + \left(y + \frac{x}{3}\right)Al_2O_3 == xCaO \cdot yAl_2O_3 + \frac{2}{3}x[Al] \tag{6-30}$$

$$CaO(s) + 6Al_2O_3 == CaO \cdot 6Al_2O_3 \quad \Delta G^{\ominus} = -16380 - 37.58T \quad J/mol \tag{6-31}$$

$$CaO(s) + 2Al_2O_3 == CaO \cdot 2Al_2O_3 \quad \Delta G^{\ominus} = -15650 - 25.82T \quad J/mol \tag{6-32}$$

$$12CaO(s) + 7Al_2O_3 == 12CaO \cdot 7Al_2O_3 \quad \Delta G^{\ominus} = -32280 + 31.97T \quad J/mol \tag{6-33}$$

$$CaO(s) + Al_2O_3 == CaO \cdot Al_2O_3 \quad \Delta G^{\ominus} = -18000 - 18.83T \quad J/mol \tag{6-34}$$

$$3CaO(s) + Al_2O_3 == 3CaO \cdot Al_2O_3 \quad \Delta G^{\ominus} = -12600 - 24.69T \quad J/mol \tag{6-35}$$

硫化物反应式为：

$$[Ca] + [S] == CaS(s) \quad \Delta G^{\ominus} = -382560 + 113.0T \quad J/mol \tag{6-36}$$

$$\lg K_{Ca\text{-}S} = \lg\left(\frac{a_{CaS}}{a_{Ca} \cdot a_S}\right) = 19982/T - 5.90 \tag{6-37}$$

$$CaO(s) + [S] == CaS(s) + [O] \quad \Delta G^{\ominus} = 108660 - 33.5T \quad J/mol \tag{6-38}$$

$$\lg K_{CaO\text{-}S} = \lg\left(\frac{a_{CaS} \cdot a_O}{a_{CaO} \cdot a_S}\right) = 5675/T + 1.75 \tag{6-39}$$

$$\left(\frac{3-2y}{3x-3y}\right)xCaO \cdot (1-x)Al_2O_3 + \frac{2}{3}[Al] + [S]$$

$$== \left(\frac{3-2y}{3x-3y}\right)yCaO \cdot (1-y)Al_2O_3 + CaS \quad 0 < x \leqslant 1, \ 0 < y \leqslant 1 \tag{6-40}$$

根据以上数据，Gaye 计算得到了 Fe-Al-Ca-S-O 熔体的平衡相图，如图 6-46 所示。可见，钢中形成液态铝酸钙夹杂物与钢中 Al、S 活度密切相关。例如，当钢中 Al 活度为 0.05%，钢中 S 活度为 0.006% 时，可以形成 CaO 含量为 50% 的铝酸钙，且 CaS 不会单独析出。

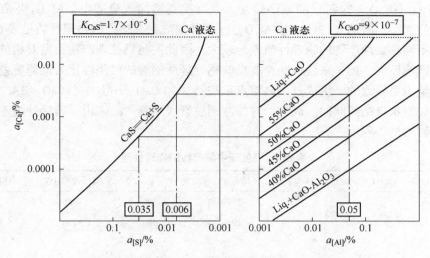

图 6-46　Fe-Al-Ca-S-O 熔体平衡相图（1600℃）

6.5.1.3　钙处理产物特征

根据式（6-24）~式（6-40）可知，铝镇静钢钙处理可能形成一系列产物，尤其是钙变质氧化物夹杂时，CaO 能与 Al_2O_3 形成多达 5 种复合化合物，分别为 $CaO \cdot 6Al_2O_3$、$CaO \cdot 2Al_2O_3$、$CaO \cdot Al_2O_3$、$12CaO \cdot 7Al_2O_3$ 和 $3CaO \cdot Al_2O_3$。$CaO-Al_2O_3$ 相图如图 6-47 所示。

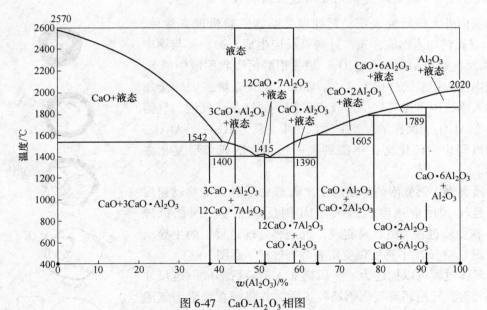

图 6-47　$CaO-Al_2O_3$ 相图

由图 6-47 可知，铝镇静钢钙处理时，为使夹杂物在炼钢温度下为液态，只有两种产物符合要求，即 $12CaO \cdot 7Al_2O_3$（熔点为 1455℃）和 $3CaO \cdot Al_2O_3$（熔点为 1535℃）。一般来说，当钢中加钙量较低时，首先应生成含 CaO 量较低的 $CaO \cdot 6Al_2O_3$，随着钙加入量增大，夹杂物沿着 $Al_2O_3 \rightarrow CaO \cdot 6Al_2O_3 \rightarrow CaO \cdot 2Al_2O_3 \rightarrow CaO \cdot Al_2O_3 \rightarrow 12CaO \cdot 7Al_2O_3 \rightarrow$

$3CaO \cdot Al_2O_3 \rightarrow CaO$（饱和）的顺序转变。只有控制钙加入量适中，$Al_2O_3$夹杂物才能转变为期望的液态铝酸钙（$12CaO \cdot 7Al_2O_3$）。各种铝酸钙夹杂物的物理性质见表6-7。

由于不同钙处理产物的物理性质差异较大，因此控制钙处理产物类型对钢的可浇性及产品性能影响极大。近年来，一些企业反映钙处理后钢液的可浇性比处理前更差，这是因为钙加入量不当导致的，生成过多高熔点铝酸钙（如 $CaO \cdot 6Al_2O_3$、$CaO \cdot 2Al_2O_3$）或硫化钙也会加剧水口结瘤倾向。此外，对深冲钢、管线钢等产品来说，若钙处理不当，也会增加夹杂物的危害程度。

表6-7　钙处理中间产物的物理性质

夹杂物类型	CaO/%	Al_2O_3/%	熔点/℃	密度/g·cm^{-3}	维氏硬度 HV	热膨胀系数
CaO			2570	3.34	400	
α-Al_2O_3			2050	3.96	3750	8×10^{-6}
CaS			2450	2.50		1.5×10^{-5}
$CaO \cdot 6Al_2O_3$	8	92	1850	3.38	2220	9×10^{-6}
$CaO \cdot 2Al_2O_3$	22	78	1705	2.91	1110	
$CaO \cdot Al_2O_3$	35	65	1605	2.98	930	7×10^{-6}
$12CaO \cdot 7Al_2O_3$	48	52	1455	2.83		8×10^{-6}
$3CaO \cdot Al_2O_3$	62	38	1535	3.04		1×10^{-5}

6.5.1.4　钙处理夹杂物变质过程与机理

国内外大量研究表明，钙处理夹杂物变质机理有两种。
（1）金属钙加入钢液，先与过剩氧反应生成 CaO，再与钢中 Al_2O_3 反应生成 xCaO·yAl$_2$O$_3$，最后铝酸钙吸收钢液中的 S，形成内核为铝酸钙外核为（Ca，Mn）S 的夹杂物；（2）金属钙加入钢液中迅速气化，形成大量细小的钙蒸气气泡，气泡向固态 Al_2O_3 表面扩散，整个颗粒逐步变质为 xCaO·yAl$_2$O$_3$，凝固过程中，硫化物在铝酸钙表面析出，形成双层复相夹杂物。

液态钢中钙气泡的运动速度比固态 CaO 颗粒的移动速度快，且气-固反应速度也远大于固-固反应速度，因此机理（2）在变质过程中更容易实现，也是钙处理过程中的主导反应。图6-48 给出了钙处理变质夹杂物过程示意图。

具体过程可以描述为：金属钙加入钢液后形成一定尺寸的钙气泡，气泡朝着氧化铝颗粒扩散，并将颗粒吸附于气泡内；由于气泡内的钙浓度很高，会沿着 Al_2O_3 表面向内逐渐反应；随着反应不断进行，Al_2O_3 颗粒将由外向内全部转变为 xCaO·yAl$_2$O$_3$，此时钙蒸气也将消耗殆尽；最后，凝固过程中铝酸钙作为硫化物的形核质点，形成中间为铝酸钙、外核为硫化物的复合夹杂物。

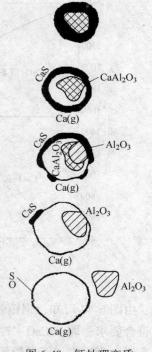

图 6-48　钙处理变质
过程示意图

有关钙处理过程中硫化物的变质机理，目前未有定论。一种说法是，当液态钢中 Al_2O_3 被变质为 $xCaO \cdot yAl_2O_3$ 后，这种富含 CaO 的铝酸钙具有很高的硫容量（C_S），能吸收钢中硫形成内部为铝酸钙，外壳包围 CaS 的双相夹杂物；另一种说法是，1600℃ 时，CaO 的生成自由能（-849.92kJ/mol）小于 CaS 的生成自由能（-690.82kJ/mol），因此，在正常情况下 CaS 不能从钢液中沉淀析出，而是附着在 $xCaO \cdot yAl_2O_3$ 表面析出，形成芯部为铝酸钙，外壳包围（Ca，Mn）S 的复合夹杂物，如图 6-49 所示结构。

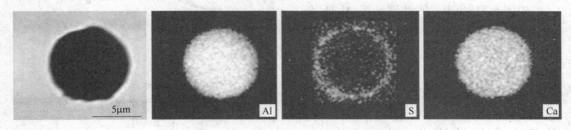

图 6-49 钙处理后完全变质的铝酸钙

图 6-50 为管线钢钙处理典型的夹杂物形貌。管线钢中 [S] 含量一般小于 0.005%，钢中酸溶铝含量为 0.02%~0.05%，此时钢液中氧活度在 0.0002%~0.0005% 之间，根据热力学平衡，CaS 不能单独析出。但随着钙处理的进行，钢液中的氧活度不断降低，当局部区域氧活度小于 0.0001% 时，创造了 CaS 形成的热力学条件，即 CaS 发生在贫氧区域。蔡开科、张彩军通过数学模型计算了 CaS 单独析出的条件，即 1550℃ 下，当钢液中 Al 含量大于 0.05%，S 含量大于 0.0012%，可以形成 CaS，如图 6-50（e）所示。

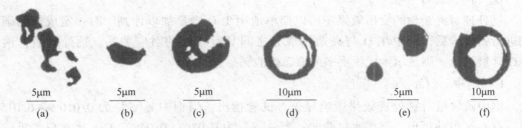

图 6-50 钙处理后典型的夹杂物形貌

（a）簇群氧化铝；（b）单独氧化铝；（c）多边形铝酸钙；（d）球形铝酸钙；（e）CaS；（f）CaS 包裹铝酸钙

6.5.1.5 钙处理夹杂物变质效果评价

钙处理铝镇静钢时，加入金属钙可以将 Al_2O_3 夹杂物转变为液态铝酸钙，防止浸入式水口堵塞，但钙也可以与 S 反应生成 CaS，加剧水口堵塞。合理的钙处理既要保证 Al_2O_3 的充分变质，又不要生成高熔点的 CaS。因此，钙处理参数的选择对夹杂物变质效果至关重要。

A 合理的 $w[\text{T. Ca}]/w[\text{Al}]$ 值

图 6-51 为 Hino 等人计算得到的铝钙复合脱氧平衡图。由图可知，当钢中 [Al] 含量为 0.01%~0.06% 之间，控制溶解钙 [Ca] 含量在 0.0015%~0.0030%，即可以得到绝大多数液态铝酸钙。当钢中 $w[\text{Ca}]/w[\text{Al}] > 0.1$ 时，水口浇注顺畅。

实际生产中，由于钙在钢中溶解度极低，且自由钙含量测定有困难，因此一般用钢中

T. Ca 含量来表征钢中钙含量。大量试验证实，当钢中 $w[T.Ca]$ 与 $w[Al]$ 的比值为 $0.1 \sim 0.14$ 时，水口蓄流现象不明显，说明此时大部分 Al_2O_3 夹杂物都转变为液态铝酸钙。

B   夹杂物中 $w(CaO)/w(Al_2O_3)$ 值

由图 6-51 可知，钙处理是将 Al_2O_3 夹杂物转变为 $12CaO \cdot 7Al_2O_3$ 或 $3CaO \cdot Al_2O_3$，两者在炼钢温度下均为液相，因此测定夹杂物中 $w(CaO)$ 与 $w(Al_2O_3)$ 之比也可以判定钙处理效果。当夹杂物中 $w(CaO)/w(Al_2O_3) = 0.92 \sim 1.63$ 时，钙处理变质效果较好。因为 $C_{12}A_7$ 中 $w(CaO)/w(Al_2O_3) = 0.92$，C_3A 中

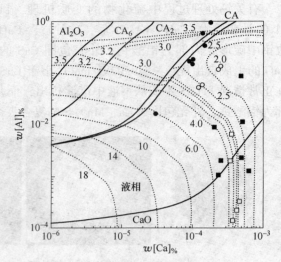

图 6-51   铝钙复合脱氧平衡图（1600℃）

$w(CaO)/w(Al_2O_3) = 1.63$。此方法适合对钙处理钢中夹杂物进行多样本分析。

C $w[T.O]/w[T.Ca]$ 值

由于钢中 $w[T.O]$ 和 $w[T.Ca]$ 均比较容易测定，可以用 $w[T.O]/w[T.Ca]$ 值判断钙处理效果。生产实践证明，当 $w[T.O]/w[T.Ca] > 0.6$ 时，生成的铝酸钙大多是 $CaO \cdot Al_2O_3$ 或 $12CaO \cdot 7Al_2O_3$，当 $w[T.O]/w[T.Ca] > 0.77$ 或更大时，生成更多的 $12CaO \cdot 7Al_2O_3$。

D   钢中 T. O 含量

钙处理对夹杂物的变质效果还可以简单地用 T. O 含量加以评判。对一定成分的碳锰钢进行钙处理后，钢中 T. O 与夹杂物成分之间具有较好的对应关系。钙处理后，钢中 T. O 含量越低，则显示生成了更多的液态铝酸钙。

E   钢中 $w[Ca]/w[S]$ 值

钢中硫含量对钙处理效果影响显著。试验指出：当钢中 $w[S]$ 为 $0.010\% \sim 0.015\%$ 时，有 CaS 单独析出，有堵水口倾向；当 $w[S]$ 为 $0.03\% \sim 0.04\%$，CaS 堵水口严重；当 $w[S]$ 为 0.10%，钙处理几乎全部生成 CaS。管线钢钙处理时，可用 ACR 来衡量硫化物的变形程度，计算公式为：

$$ACR = w[Ca_{eff}]_\% 1.25w[S]_\% \tag{6-41}$$

式中 $w[Ca_{eff}]_\%$——钢中有效钙浓度，可以表示为：

$$w[Ca_{eff}]_\% = w[Ca]_\% - (0.18 + 130w[Ca]_\%) \times w[O]_\% \tag{6-42}$$

当 ACR 值为 $0.2 \sim 0.4$ 时，硫化物不完全变性；当 ACR 大于 0.4 时，硫化物基本变性；当 ACR 大于 1 时，硫化物完全变性。对管线钢来说，避免氢致裂纹的前提条件是，[S] 含量小于 0.020%，$w[Ca]/w[S] > 2.0$。

铝镇静钢钙处理时，可用 $w[Ca]$ 与 $w[S]$ 之比评价硫化物的变性程度，见表 6-8。由此可见，控制钢中 $w[Ca]/w[S] = 0.5 \sim 0.7$，可以将氧化物和硫化物同时有效变性，生成内芯为 $xCaO \cdot yAl_2O_3$，外壳为 $(Ca, Mn)S$ 的复合夹杂物，提高钢水可浇性的同时，有效地降低了夹杂物的危害。

表 6-8 $w[Ca]/w[S]$ 与夹杂物变性程度

$w[Ca]/w[S]$	夹杂物芯部	夹杂物外层	$w[Ca]/w[S]$	夹杂物芯部	夹杂物外层
0~0.2	Al_2O_3	MnS	0.5~0.7	$xCaO \cdot yAl_2O_3$	(Ca, Mn)S
0.2~0.5	$xCaO \cdot yAl_2O_3$	MnS	1.0~2.0	$xCaO \cdot yAl_2O_3$	CaS

6.5.1.6 金属钙加入工艺

金属钙非常活泼，极易气化，不能以合金块的形式直接加入钢液，否则利用效率极低。为了防止金属钙的挥发，提高利用率，一般采用喷吹或喂线的方法加入，目前以喂线为主。图 6-52 为精炼末期过程中钙线喂入钢包的过程示意图。

A 钙的回收率

钙处理过程中，钙的收得率是很低的，且随着处理时间变化而不断变化。对低碳低硅的铝镇静钢喂纯钙线、钙铁线或铝钙线，钙的回收率一般为 10%~15%，且波动较大。钙的收得率主要取决于喂钙量、喂线速度、喂线位置、钢包顶渣成分、吹氩量、钢液氧活度等。

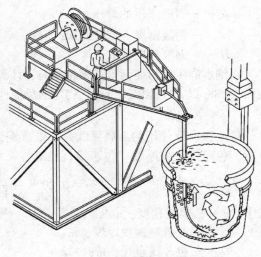

图 6-52 钢包喂钙线示意图

钙处理时，金属钙的消耗可以用下式表示：

$$W_i = W_b + W_m + W'_m + W_s + W_v \tag{6-43}$$

式中 W_i——钙的加入量；

       W_b——钙在钢液中溶解量；

       W_m——氧化物和硫化物中的钙量；

       W'_m——上浮到顶渣中的铝酸钙含有的钙量；

       W_s——金属钙与炉渣反应消耗的钙量；

       W_v——通过气相挥发并在液面上燃烧的钙量。

通常认为，$W_b \ll W_m$，因此，定义金属钙的利用效率为：

$$\eta_{(Ca)u} = \frac{W_m + W'_m}{W_i} \times 100\% \tag{6-44}$$

而钢中钙的存留率为：

$$\eta_{(Ca)r} = \frac{W_m}{W_i} \times 100\% \tag{6-45}$$

Turkdogan 报道了铝镇静钢中不同处理位置钢中钙的存留率（钢中氧含量为（50~80）×$10^{-4}\%$）。结果表明，当 Ca 的加入量为 0.16kg/t 时，钢包中测得钙的存留率为 24%~30%，中间包则降为 12%~15%；当 Ca 的加入量为 0.36kg/t 钢，钢包中钙的存留率为 12%~18%，中间包则减少至 6%~9%。

B　喂线深度

金属钙的利用效率与喂入熔池的深浅有直接关系。理论上,喂线深度应以钢水静压力能平衡钙的蒸气压为最浅深度。1600℃时,纯钙的蒸气压为 $1.82 \times 10^5 Pa$,钢液产生的静压力参照下式计算:

$$p_s = \rho_s g H \tag{6-46}$$

式中　p_s——钢液产生的静压力,Pa;

　　　　ρ_s——钢液密度,取 $7200 kg/m^3$;

　　　　H——钢液深度,m。

当钢水静压力与纯钙蒸气压相等时,计算得到钢液深度 $H = 2.58 m$。即钙线必须喂入钢液面 2.58m 以下才能保持金属钙稳定的反应性,以防止喂入过程中金属钙的挥发与逃逸。

C　喂线速度

目前,广泛使用的金属钙线是以低碳钢铁皮包裹的粉状料或实心料。喂线速度与钢包重量,包芯线铁皮厚度、包芯线直径都有关系,根据文献推荐的公式计算喂线速度:

$$v = 0.20 \times \frac{W^{0.344}}{\delta(1 - \delta/D)} \times 10^{-3} \tag{6-47}$$

式中　v——喂线速度,m/s;

　　　　δ——低碳钢铁皮厚度,m;

　　　　D——包芯线直径,m;

　　　　W——钢包中钢液重量,t。

假定钢包钢水重量为 120t,包芯线直径为 13mm,低碳钢铁皮厚度为 4mm,计算得到的喂线速度为 2.67m/s。此外,还有研究者根据经验确定喂线速度,如硅钙线的喂线速度可以控制在 $0.10 kg/(t \cdot min)$,纯钙线的喂线速度为 $0.05 kg/(t \cdot min)$,其他钙合金的喂线速度为 $0.07 kg/(t \cdot min)$。

6.5.2　夹杂物塑性化控制

随着炉外精炼技术的成熟,现代炼钢工艺可以将钢中总氧量降低至 $10 \times 10^{-4}\%$ 以下,如日本山阳特钢的高碳轴承钢的总氧量稳定控制在 $(5 \sim 6) \times 10^{-4}\%$ 的水平,钢液已经非常纯净了。但大量研究指出,钢的疲劳性能受多种因素的影响,夹杂物尤其是脆性夹杂物对材料的疲劳性能起着决定性的作用,如图 6-53 所示。但当钢中为多元塑性夹杂物时,它们良好的变形能力可以随着基体一起延伸并与基体保持良好的结合,从而大大降低裂纹的萌生与扩展,提高材料使用的稳定性。因此,以获得塑性夹杂物为目标的夹杂物形态控制技术是洁净钢冶炼的一个重要组成部分,已经在重轨钢、轴承钢、弹簧钢和帘线钢等钢种上展开研究,并在生产中得到应用。

6.5.2.1　夹杂物的塑性变形特征

如前文所述,夹杂物的变形能力一般沿用 Malkiewicz 和 Rudnik 提出的夹杂物变形指数(φ)来表示,它是材料热加工状态下夹杂物的真实延伸率与基体材料的真实延伸率之比。当夹杂物变形指数 $\varphi = 0$ 时,说明夹杂物不能变形而只有金属变形,金属变形时夹杂物与基体之间产生滑移,界面结合力下降,并沿金属变形方向产生微裂纹和孔洞,称为疲劳裂纹源;当 $\varphi = 1$ 时,表明夹杂物与基体之间一起变形,因而变形后夹杂物与基体之间仍然保持良好的结合。

Kiessling 归纳了（Fe，Mn）O、Al_2O_3、铝酸钙、尖晶石型复合氧化物、硅酸盐和硫化物的变形指数与形变温度的关系，指出刚玉、铝酸钙、尖晶石和方石英等夹杂物在钢材常规热加工温度下为不变形脆性夹杂物，而硫化锰在 $-80 \sim 1260℃$ 范围内的变形能力与钢基体基本相同。Bernard 给出了 $CaO\text{-}Al_2O_3\text{-}SiO_2$、$MnO\text{-}Al_2O_3\text{-}SiO_2$ 三元系夹杂物的变形能力，如图 6-54 所示。对于 $MnO\text{-}Al_2O_3\text{-}SiO_2$ 三元系夹杂物，具有良好变形能力的夹杂物组成分布在锰铝榴石

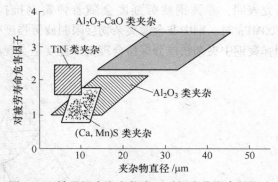

图 6-53　轴承钢中夹杂物类型对钢疲劳寿命的影响

（$3MnO \cdot Al_2O_3 \cdot 3SiO_2$）及周围的低熔点区（区域 3），该区域内，$w(Al_2O_3)/w(Al_2O_3+SiO_2+MnO)$ 比值在 $15\% \sim 30\%$。而在 $CaO\text{-}Al_2O_3\text{-}SiO_2$ 三元系夹杂物中，钙斜长石（$CaO \cdot Al_2O_3 \cdot 2SiO_2$）与鳞石英和假硅灰石（$CaO \cdot SiO_2$）相邻的周边低熔点区具有良好的变形能力（区域 3）。

在钢材轧制过程中，夹杂物应具有足够大的变形能力参与到钢的塑性变形中去，以防止钢与夹杂物界面上产生微裂纹。Rudnik 指出，夹杂物变形指数 $\varphi = 0.5 \sim 1.0$ 时，在钢与夹杂物界面上很少由于形变产生裂纹，而当 $\varphi = 0.03 \sim 0.5$ 时，经常产生有锥形间隙的鱼尾形裂纹，$\varphi = 0$ 时锥形间隙与热撕裂现象经常发生。

图 6-55 为神户制钢研究人员在线材拉拔过程中发现的夹杂物变形特征。热轧直径 5.5mm 的线材纵向断面上，Al_2O_3 与 SiO_2 夹杂物的破坏程度基本相同。冷拔 4.8mm 和 1.2mm 的线材上，SiO_2 比 Al_2O_3 变形能力更差，从而导致夹杂物断裂成若干碎颗粒。

弹簧钢一般都在动载荷（即冲击、振动或承受周期性交变应力）的条件下工作，疲劳破坏是导致弹簧钢失效的重要原因。受钢中夹杂物的影响，特别是在高应力条件下使用的弹簧钢，疲劳极限与硬度之间不再成线性关系，当材料硬度超过 HV400 以后，原来没有问题的显微夹杂物将成为疲劳的裂纹源，使材料疲劳极限下降。Murakami 给出了夹杂物与疲劳强度的关系。

（1）当夹杂物存在于表面：

$$\sigma_W = 1.43(HV + 120)/(\sqrt{area})^{1.6} \cdot [(1 - R)/2]^\alpha \tag{6-48}$$

（2）当夹杂物与表面连接：

$$\sigma_W = 1.41(HV + 120)/(\sqrt{area})^{1.6} \cdot [(1 - R)/2]^\alpha \tag{6-49}$$

（3）当夹杂物在基体内部：

$$\sigma_W = 1.56(HV + 120)/(\sqrt{area})^{1.6} \cdot [(1 - R)/2]^\alpha \tag{6-50}$$

式中　σ_W——疲劳强度，MPa；

HV——钢基体维氏硬度；

$\sqrt{area}$——夹杂物在垂直于主应力轴平面上投影面积的平方根，μm；

R——应力比，$R = \sigma_{min}/\sigma_{max}$；

$\alpha = 0.226 + HV \times 10^{-4}$。

上式说明，降低夹杂物尺寸可提高弹簧钢的疲劳强度。日本神户制钢 Sumie 和 Nobuhiko

研究表明，弹簧钢疲劳强度会随着弹簧钢抗拉强度的提高而增加，但当抗拉强度大于1800MPa 时，钢中非金属夹杂物会限制疲劳强度的进一步提高。因此，降低夹杂物尺寸，控制弹簧钢中夹杂物成分保持合理变形程度是实现高强度汽车弹簧设计的必要条件。

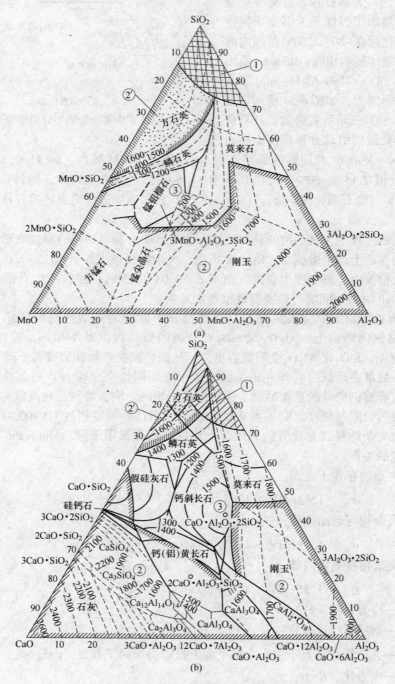

图 6-54   夹杂物的变形能力（900~1100℃）

(a) $MnO-Al_2O_3-SiO_2$；(b) $CaO-Al_2O_3-SiO_2$

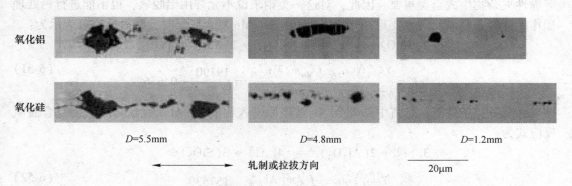

氧化铝

氧化硅

$D=5.5mm$　　　　$D=4.8mm$　　　　$D=1.2mm$

轧制或拉拔方向　　　　　　　20μm

图 6-55　线材拉拔过程中夹杂物的变形情况（线材纵向）

表 6-9 给出了采用式（6-48）计算得到钢中夹杂物成分、尺寸、位置和疲劳极限的关系。可见，夹杂物的成分决定了其变形能力，在外力的作用下呈现不同形状，并对钢的疲劳极限产生不同的影响。

表 6-9　夹杂物特征与疲劳极限的关系

序号	HV	σ	Nf	$\sqrt{area}$	h	夹杂物形状	化学成分	σ'	σ'_W
S-1	573	600 833	$5\times10^7 \sim$ 1.10×10^7	11.6	90		Ti-O	578 765	719
S-2	675	980	6.9×10^6	9.8	93		Ti-Mn-O-S	944	766
S-3	566	833	1.63×10^7	6.4	55		X-O	812	786
S-4	582	539 882	$5\times10^7 \sim$ 1.20×10^6	17.7	34		Si-O	528 864	613
S-5	565	735 833	$5\times10^7 \sim$ 7.25×10^6	6.7	45		Ti-Mn-O-S	718 814	779
S-6	669	600 833	$5\times10^7 \sim$ 5.31×10^6	15.8	132		Ti-Mn-S	576 800	777
S-7	644	882	1.23×10^6	7.5	78		Ti-Mn-O-S	869	852
S-8	666	784	2.39×10^6	16.1	20		X-C	780	772

注：HV 为维氏硬度；σ 为钢基体公称应力，MPa；Nf 为疲劳周期；$\sqrt{area}$ 为夹杂物投影面积的平方根，μm；h 为距表面距离，μm；σ' 为夹杂物的公称应力，MPa；σ'_W 为预测疲劳强度，MPa。

6.5.2.2　夹杂物塑性化控制理论

A　MnO-SiO_2-Al_2O_3夹杂物体系

由于对钢性能的不利影响，夹杂物塑性化控制过程中，限制 Al_2O_3、铝酸钙、尖晶石等脆性夹杂物生成至关重要。因此，对这一类钢来说不允许用铝脱氧，也不能进行钙处理操作。此时，脱氧元素主要是 Si 和 Mn。采用 Si、Mn 复合脱氧时，脱氧反应可表示为：

$$2(MnO) + [Si] \Longleftrightarrow (SiO_2) + 2[Mn]$$

$$\lg K = \frac{\gamma_{SiO_2} N_{SiO_2}}{\gamma_{MnO}^2 N_{MnO}^2} \cdot \frac{f_{Mn}^2 w[Mn]_\%^2}{f_{Si} w[Si]_\%} = \frac{19190}{T} - 0.656 \tag{6-51}$$

在低氧势条件下，炉渣中部分 Al_2O_3 被还原进入钢液，$[Al]$ 也参与脱氧，复合脱氧反应式为：

$$3[Si] + 2(Al_2O_3) \Longleftrightarrow 4[Al] + 3(SiO_2)$$

$$\lg K = \frac{\gamma_{SiO_2}^3 N_{SiO_2}^3}{\gamma_{Al_2O_3}^2 N_{Al_2O_3}^2} \cdot \frac{f_{Al}^4 w[Al]_\%^4}{f_{Si}^3 w[Si]_\%^3} = \frac{157530}{T} + 29.7 \tag{6-52}$$

假定钢液遵循亨利定律，溶质元素活度计算选择1%标准态，活度系数可由下式近似计算：

$$\log f_i = \sum_{j=2}^{n} e_i^j w[j]_\% \tag{6-53}$$

式中 f_i——溶质元素的活度系数；

   $w[j]_\%$——钢液中元素 j 的质量分数；

   e_i^j——j 组分对 i 组分的相互作用系数。

各组元间相互作用系数见表 6-10。

表 6-10 元素相互作用系数

i	j	e_i^j	r_i^j
Al	Al	0.11+63/T	-0.0011+0.17/T
	Si	0.056	-0.0006
	O	119.5-34.74/T	
	C	0.091	-0.004
Si	Al	0.058	
	Si	0.089-34.5/T	-0.0055+6.5/T
	O	-0.23	
	Mn	0.002	
	C	-0.023+380/T	
O	Al	7.15-20.600/T	1.7
	Si	-0.131	
	O	0.734-1750/T	
	Mn	-0.021	
	C	-0.436	
Mn	Si	0	
	O	-0.083	
	Mn	0	
	C	-0.07	

图 6-56～图 6-58 为 Fujisawa 和 Sakao 等计算得到的 MnO-SiO_2-Al_2O_3 系 MnO、SiO_2 和 Al_2O_3 的等活度线活度值。将夹杂物中各组元的活度、钢液中元素的活度系数以及钢液中的 $[Si]$、$[Mn]$ 含量代入式（6-51）和式（6-52）中，可计算出与 MnO-SiO_2-Al_2O_3 夹杂物体系平衡时钢液中的 $[Al]$、$[Mn]$、$[Si]$ 含量。

钢液中与 $[Al]$、$[Si]$ 平衡的氧含量可由式（6-54）和式（6-55）求得：

$$[Si] + 2[O] \Longrightarrow SiO_2(s)$$

$$\lg K = \frac{\gamma_{SiO_2} N_{SiO_2}}{f_{Si} w[Si]_\% w[O]_\%^2} = \frac{30110}{T} - 11.4 \tag{6-54}$$

$$2[Al] + 3[O] \Longrightarrow Al_2O_3(s)$$

$$\lg K = \frac{\gamma_{Al_2O_3} N_{Al_2O_3}}{f_{Al}^2 w[Al]_\%^2 w[O]_\%^3} = \frac{64000}{T} - 20.57 \tag{6-55}$$

在此基础上，水渡等人计算得到与 MnO-SiO_2-Al_2O_3 系夹杂物平衡的钢液 $[Al]$、$[O]$ 含量，如图 6-59 所示。可以看到，要在 MnO-SiO_2-Al_2O_3 系杂物中生成如图 6-54（a）所示成分的塑性夹杂物，钢中 $[Al]$ 含量必须控制在 $(3\sim7) \times 10^{-4}\%$，$[O]$ 含量必须控制在 $(20\sim60) \times 10^{-4}\%$，此时夹杂物中 Al_2O_3 含量可以控制在 20% 之内。若 $[Al]$ 含量过低，夹杂物成分将向不变形的 SiO_2 转变，若 $[Al]$ 含量过高，$[O]$ 含量偏低，将向三元系下方移动，从而导致 Al_2O_3 含量过高而成为不变形夹杂物。由此可见，控制钢中 $[Al]$、$[O]$ 含量对夹杂物塑性化具有关键的作用。

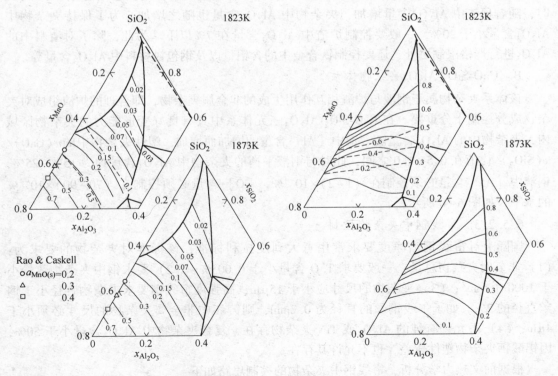

图 6-56　MnO-Al_2O_3-SiO_2 系 MnO 等活度线　　　　图 6-57　MnO-Al_2O_3-SiO_2 系 SiO_2 等活度线

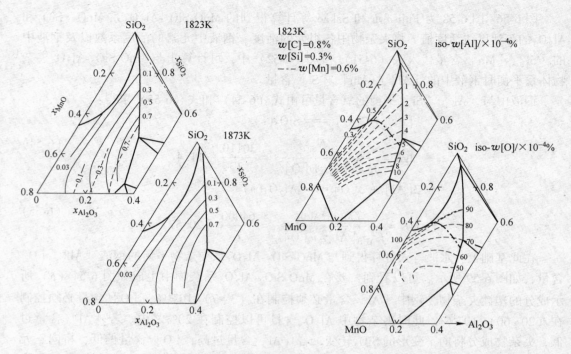

图 6-58　MnO-Al_2O_3-SiO_2 系 Al_2O_3 等活度线　图 6-59　MnO-Al_2O_3-SiO_2 系夹杂物平衡 [Al]、[O] 量

除对钢中 [Al]、[O] 含量进行有效控制之外，研究表明，当顶渣碱度为 0.7~1.36 时，随着顶渣中 Al_2O_3 含量增加，夹杂物中 Al_2O_3 含量也随之增加。为了保持夹杂物中 Al_2O_3 含量小于 20%，一般要控制炉渣中 Al_2O_3 含量在 7% 以下。为此，除了对渣料中的 Al_2O_3 进行严格限制之外，还要控制铁合金中的含铝量以及钢包衬材料中 Al_2O_3 含量等。

B　CaO-SiO_2-Al_2O_3 夹杂物体系

该体系夹杂物属于钢液与炉渣相互作用生成的非金属夹杂物，即合理的炉渣组成对夹杂物成分控制十分重要。在 CaO-SiO_2-Al_2O_3 三元体系中具有良好变形能力的夹杂物区域内，夹杂物中的 Al_2O_3 含量随着钢中 [Al] 含量的增加而增加，塑性夹杂物中的 $w(CaO)/w(SiO_2)$ 比值在 0.5~1.0 之间，此时与钢液平衡的夹杂物中 Al_2O_3 含量约为 15%~25%，钢液中 [Al] 含量必须控制在 $(1~2)\times10^{-4}\%$，[O] 含量必须控制在 $(70~90)\times10^{-4}\%$ 的水平，如图 6-60 所示。

6.5.2.3　帘线钢中夹杂物控制

国际上对帘线钢洁净度要求常用意大利皮拉利标准，该标准对夹杂物的要求为：(1) 非金属夹杂物总量，一般要求 T.O 含量小于 0.003%；(2) 要求钢中夹杂物数量小于 1000 个/cm²；(3) 夹杂物的尺寸应小于 15μm，高强度帘线钢要求夹杂物直径小于钢丝直径的 2%。如子午线钢丝的直径为 0.2mm，则铸坯中非金属夹杂物的尺寸必须小于 4μm；(4) 不允许有纯的 Al_2O_3 或 TiN 夹杂物存在，复合夹杂物中 Al_2O_3 含量小于 50%，因铝酸钙夹杂物塑性较差，也不允许其存在。

根据前文热力学分析，帘线钢中夹杂物的控制思路如下：

确定帘线钢中具有良好变形能力的氧化物夹杂物目标成分；帘线钢采用 Si-Mn 脱氧

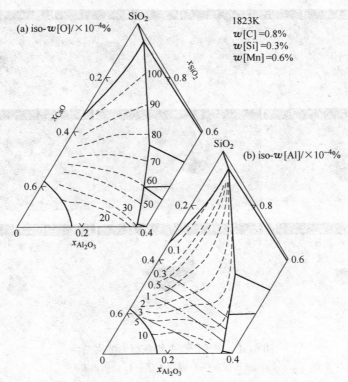

图 6-60　CaO-Al₂O₃-SiO₂ 系夹杂物平衡的 [Al]、[O] 含量

时，根据 MnO-SiO₂-Al₂O₃ 三元活度和热力学参数，确定夹杂物中 Al₂O₃ 含量和钢中溶解铝的关系，夹杂物中的 MnO 与 SiO₂ 之比与溶解铝的关系；CaO-SiO₂-Al₂O₃ 系夹杂物属于钢液与炉渣作用生成的非金属夹杂物，确定夹杂物中 Al₂O₃ 含量与钢液中溶解铝和顶渣中Al₂O₃ 含量的关系；为了把 CaO-SiO₂-Al₂O₃ 系夹杂物控制在塑性区内，夹杂物中 Al₂O₃ 含量必须控制在 15%~25% 之间，CaO 含量随钢液氧活度增加而减小。

根据以上思路，帘线钢冶炼工艺总结为：（1）冶炼过程中避免采用金属铝，减少炉渣、包衬、合金带入的铝及 Al₂O₃，将 [Mn] 与 [Si] 之比控制在 2.5~3.5 之间，用纯锰和高纯硅（低 Al 低 Ti）脱氧合金化；（2）精炼过程中，钢包炉尽早加石英砂造酸性渣，用 Si-Fe 和电石脱氧，保证渣的颜色为米黄色或深绿色，顶渣碱度控制在 0.8~1.1，渣中 Al₂O₃≤7%，钢中 [Al] ≤0.0004%；（3）VD 或 RH 真空处理，处理结束后进行"软吹"处理，时间不少于 10min。

图 6-61 和图 6-62 给出了国内外知名帘线钢生产企业 70、80 系列盘条横纵截面上的夹杂物形貌和尺寸。不难发现，新日铁盘条中夹杂物控制最好，多为 MnO-SiO₂ 系复合夹杂物，含有少量 Al₂O₃ 和 MgO，夹杂物尺寸在 5μm 以下，形状多为球形。国内 A 厂盘条横断面多为 CaO-SiO₂-Al₂O₃ 夹杂物，形貌为不规则多边形，尺寸在 5μm 以下；盘条纵断面多为 CaO-SiO₂-Al₂O₃-MnO 系复合夹杂物，部分含有 MgO，为不规则条形和多面形，条形长宽比在 4 左右，长度尺寸在 7μm 左右。国内 B 厂钢帘线盘条中，横截面夹杂物成分为CaO-SiO₂-Al₂O₃，形貌为不规则球形，尺寸在 7μm 以下；纵截面夹杂物为 CaO-SiO₂-Al₂O₃

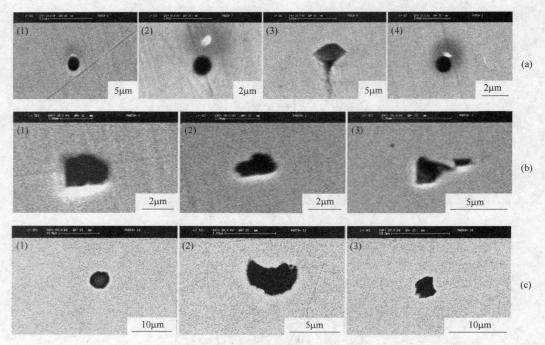

图 6-61 帘线钢盘条横截面上的夹杂物

（a）新日铁；（b）国内 A 厂；（c）国内 B 厂

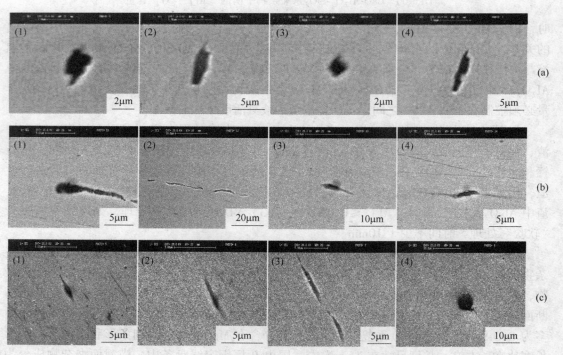

图 6-62 帘线钢盘条纵截面上的夹杂物

（a）国内 A 厂；（b）国内 B 厂；（c）国内 C 厂

系复合夹杂物，部分夹杂物中含有 MnO 或 MgO，夹杂物为球形，尺寸在 $5\mu m$ 以下。

从以上数据来看，帘线钢中夹杂物控制取得了较好的效果，夹杂物基本位于目标塑性区，夹杂物尺寸符合要求，变形能力合适。

6.5.2.4 弹簧钢中夹杂物控制

对弹簧钢疲劳寿命影响最大的非金属夹杂物主要是热轧状态下不变形的脆性夹杂物，如 Al_2O_3、$CaO \cdot Al_2O_3$、$MgO \cdot Al_2O_3$ 等富含 Al_2O_3 的单一或复合夹杂物。而通过脱氧、二次精炼，降低钢中氧含量并使钢中夹杂物转变成热轧状态下可变形的低熔点塑性夹杂物，可以提高弹簧钢的疲劳寿命。

随着弹簧钢的高应力化和使用条件的苛刻，非金属夹杂物已成为破坏弹簧的主要原因，因此弹簧钢对钢液洁净度尤其是夹杂物的控制要求日益提高。随着二次精炼技术的成熟，为高寿命弹簧钢的生产提供了可能。如使用 RH 脱气技术，可以将钢中氧含量降低至 $(21\sim33)\times10^{-4}\%$，采用高级别耐火材料以及改进连铸工艺等手段，可使氧含量进一步降低至 $10\times10^{-4}\%$，如瑞典 SKF 公司要求弹簧钢中氧含量低于 $15\times10^{-4}\%$，D 类夹杂物少于 B 类夹杂物。相关试验证明，采用铝预脱氧、钡合金终脱氧以及夹杂物变性处理工艺可以将氧化物夹杂物 Al_2O_3 含量降低至 40% 以下。

弹簧钢的夹杂物控制技术的关键是采用铝含量尽可能低的硅铁脱氧，然后利用低碱度渣在钢包炉中精炼，使得钢中生成低熔点且具有良好变形能力的夹杂物（见图 6-63），并通过吹氩和电磁搅拌使钢液中的夹杂物尽可能排除。

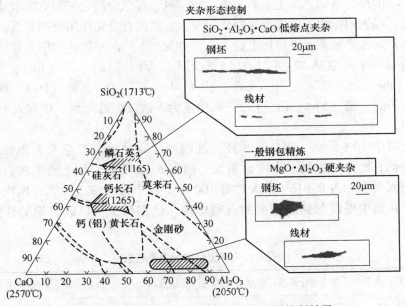

图 6-63　CaO-Al_2O_3-SiO_2 平衡图及夹杂物控制效果

神户制钢的 ASEA-SKF 处理工艺是夹杂物控制方法的代表。采用电弧使钢水保持适当温度控制夹杂物，同时采用电磁搅拌去除夹杂物。另外，为了消除不可避免混入的铝产生的不良影响，控制钢水加热和搅拌时钢包顶渣组成，通过调整炉渣碱度，将钢中氧含量控制在最适宜值，可使混入的铝产生的夹杂物由高熔点的 Al_2O_3、$CaO \cdot Al_2O_3$、$MgO \cdot Al_2O_3$

等转变成 $CaO \cdot Al_2O_3 \cdot SiO_2 \cdot MnO$，这样在热轧时易变形的低熔点复合夹杂物。随着大量塑性夹杂物增加，Al_2O_3 等脆性夹杂物大幅度减少。

住友金属小仓钢厂开发了新的超纯洁气门弹簧钢的生产工艺，其工艺特点如下：(1) 用硅代替 Si-Al 脱氧，以减少富 Al_2O_3 夹杂物；(2) 改变钢包耐火材料的成分，以减少 Al_2O_3 夹杂物；(3) 使用碱度严格控制的专用合成渣，以控制夹杂物的化学组成；(4) 连铸法可细化夹杂物，特别是细化线材表面层的夹杂物。生产结果表明，有害不变形 Al_2O_3 夹杂含量明显降低，而且剩余夹杂物组成是低熔点和易变形的 $CaO \cdot Al_2O_3 \cdot SiO_2$ 复合夹杂，表层和中心的夹杂物尺寸明显减小，夹杂物总量下降。

住友电气工业公司成功地开发出一种没有加热装置的小容量钢包精炼工艺，其主要特点是炉渣快速精炼。钢包炉中进行快速精炼的技术关键是要有高的搅拌能力及合适的精炼渣。低碱度渣可将高碱度渣的极限 Al_2O_3 量降低约一半，明显降低线材中大型夹杂物的数量，比使用高碱度渣时低 1/10，盘条中的夹杂物最大尺寸一般小于 $15\mu m$，消除了大夹杂物对疲劳性能的影响。试验表明，采用此工艺，气门弹簧钢丝的疲劳寿命要比以往工艺提高 10 倍。

6.5.3　稀土对钢中夹杂物的变质效果

6.5.3.1　稀土金属的物化性能

稀土是我国的特色资源。许多年来，人们对稀土元素在钢中的作用进行了大量研究，并奠定了坚实的理论基础。稀土金属与氧、硫、氮、有色金属元素等有害杂质都有很强的化学亲和力。稀土的作用不仅体现在净化钢液上，其微合金化作用更加显著。

稀土元素通常是镧系元素再加上钪 (Sc) 和钇 (Y) 的总称，常用符号"RE"表示。镧系元素包括原子序数从 57 到 71 的 15 个元素，即镧 (La)、铈 (Ce)、镨 (Pr)、钕 (Nd)、钷 (Pm)、钐 (Sm)、铕 (Eu)、钆 (Gd)、铽 (Tb)、镝 (Dy)、钬 (Ho)、铒 (Er)、铥 (Tm)、镱 (Yb)、镥 (Lu)，其中钷为人造放射性元素。也有人不把钪包括在稀土元素中。

稀土金属中 70% 是铈、镧、镨和钕，这四种金属对冶金工业尤为重要。稀土金属的熔点都较低，沸点却很高，密度也很大，如表 6-11 所示。稀土元素在自然界分布广泛，在地壳元素中约占 0.016%，大约有 100 种矿物中含有稀土元素。国内外大量研究表明，稀土在钢中可以起到多方面的有利作用，使用稀土可以改善钢的性能或者开发新的品种。

表 6-11　稀土金属的主要性质

金属	原子序数	相对原子质量	密度/g·cm^{-3}	熔点/℃	沸点/℃	蒸气压（1500℃）/Pa
La	57	138.69	5.168	920	3454	0.237
Ce	58	140.20	6.771	798	3257	6.093
Pr	59	140.91	6.712	931	3212	11.146
Nd	60	144.24	7.003	1016	3127	15.732

6.5.3.2 稀土的脱氧脱硫能力

有关稀土元素在钢液中的脱氧常数，国内外有大量的数据报道。但鉴于实验条件的不同，这些脱氧常数差异巨大（$10^{-13} \sim 10^{-20}$），相差 7 个数量级，其原因是：（1）大多数实测稀土含量为稀土总量，包括铁液中溶解稀土量和夹杂物稀土量，从而导致所测浓度积偏高；（2）铁液中稀土与氧化铝坩埚反应生成稀土铝酸盐，并非稀土氧化物，故难以确定稀土脱氧常数；（3）热力学计算值低于实验测定值很多，可能是由于稀土在铁液中的溶解自由能值估计欠准确。综合国内外研究结果，对于纯铁液中 $RE_2O_3 = 2[RE] + 3[O]$ 的平衡常数，以取 $10^{-18}(RE = Ce)$，$10^{-17}(RE = Nd)$ 和 $10^{-16}(RE = Y)$ 的数量级比较合理。

按照威尔逊公布的稀土化合物标准生成自由能数据（见图 6-64），可以估算稀土化合物的生成顺序。在炼钢温度下，稀土加入钢中，生成化合物的顺序为：

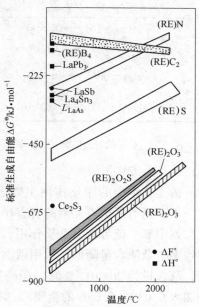

图 6-64 稀土化合物的标准生成自由能

$$(RE)_2O_3 \rightarrow (RE)_2O_2S \rightarrow (RE)_2S_2 \rightarrow (RE)S \rightarrow (RE)N \rightarrow (RE)C_2$$

即稀土优先与氧、硫反应生成稀土氧化物和硫化物，再与氮或碳生成稀土氮化物和稀土碳化物。随着钢水氧、硫含量越来越低，稀土在钢中的作用也在发生变化。

此外，稀土元素与硫生成不同稀土硫化物，如 RES、RE_3S_4、RE_2S_3、RES_2 等。重稀土元素甚至能生成 RE_5S_7 型硫化物。稀土硫化物熔点普遍在 $1500 \sim 2450℃$ 之间，密度在 $3.3 \sim 6.4 g/m^3$ 范围内，比铁液低。有些稀土硫化物在其熔化温度时还有一定的蒸发率，因此较易从铁液中排除。

表 6-12 为稀土脱氧脱硫反应的标准生成自由能数据。硫化物中钇硫化钙最为稳定，其次是稀土硫化物，而 MnS 在炼钢温度下不能生成（$\Delta G^\ominus > 0$）。热力学计算表明，当温度低于 $1450℃$ 后，MnS 生成自由能转变为负值，因此 MnS 是在钢的凝固过程中析出形成的。

表 6-12 稀土脱氧脱硫反应自由能数据

反 应	$\Delta G^\ominus / kJ \cdot mol^{-1}$	$\Delta G / kJ \cdot mol^{-1}$
$[Ce] + [O] + \frac{1}{2}[S] = \frac{1}{2}Ce_2O_2S(s)$	-295.9	-85.3
$[Ce] + \frac{3}{2}[S] = \frac{1}{2}Ce_2S_3(s)$	-203.8	-31.1
$[Ce] + \frac{4}{3}[S] = \frac{1}{3}Ce_3S_4(s)$	-192.9	-32.7
$[Ce] + [S] = CeS(s)$	-164.9	-25.4
$[Mn] + [S] = MnS(l)$	18.1	82.2

反　　应	$\Delta G^{\ominus}/\text{kJ} \cdot \text{mol}^{-1}$	$\Delta G/\text{kJ} \cdot \text{mol}^{-1}$
$Ca(g) + [S] =\!\!= CaS(s)$	-254.7	-187.6
$[Ce] + [Al] + 3[O] =\!\!= CeAlO_3(s)$	-515.8	-174.1
$[Ce] + \dfrac{3}{2}[O] =\!\!= \dfrac{1}{2}Ce_2O_3(s)$	-309.9	-71.5
$[Al] + \dfrac{3}{2}[O] =\!\!= \dfrac{1}{2}Al_2O_3(s)$	-238.2	-23.2

6.5.3.3 稀土在钢中的作用

A 净化作用

稀土在钢中的净化作用主要表现在可深度降低氧和硫的含量，并降低磷、砷、锑、铋、铅、锡等低熔点元素的有害作用。稀土金属的化学性质异常活泼，在炼钢温度下，稀土与钢中氧、硫等有害杂质作用，生成密度小、熔点高的化合物，并从钢液中排除，从而导致钢中杂质含量降低。采用俄歇能谱与离子探针对高速钢晶界上的硫的偏聚进行研究表明，硫含量为 $20\times10^{-4}\%$ 时，在晶界偏聚仍然明显，加入稀土后，晶界上的硫随之减少，当加入 $0.03\% \sim 0.05\%$ 的金属 Ce 时，晶界上的硫会完全消失。

一定量的稀土可与钢中砷、锑、铋、铅、锡等杂质交互作用，形成高熔点化合物，如 $La_4Sb_3(1690℃)$，$LaSb(1540℃)$，$La_4Bi_3(1670℃)$，$LaBi(1615℃)$，$Y_5Pb_3(1760℃)$，$Y_5Sn(1940℃)$。在低碳钢中，当 $w[RE+As]/(w[O]+w[S]) \geqslant 6.7$ 时，即可出现脱砷产物。钢中加稀土，消除了 Pb 的热脆性，同时能观察到 Ce-Pb 球状夹杂物。此外，稀土降低氢的扩散系数，延缓氢在裂纹尖端塑性区的富集，从而使裂纹扩展的孕育期和断裂时间延长。

B 夹杂物变质作用

稀土加入钢中可以改变夹杂物的性质、形态和分布，从而改善钢的各项性能。如稀土可以控制氧化物、硫化物形态，使钢中簇群状 Al_2O_3 和长条状 MnS 消失，并使之球化转变为稀土复合夹杂物。由于稀土夹杂物的热膨胀系数与钢接近，从而避免钢在冷热加工时在夹杂物周围产生较大的附加应力，有助于提高钢的疲劳强度，增加夹杂物与晶界抗裂纹形成与扩展的能力。稀土金属对硫化物形态的控制可以明显改善钢的高温塑性、横向韧性、疲劳与焊接性能以及耐大气腐蚀性能等。日本学者报道了 Si-Mn 脱氧帘线钢中利用微量稀土改变夹杂物组成和形态，提高了轧制过程中夹杂物的塑性指标，其中溶解铝含量小于 $2\times10^{-4}\%$，溶解稀土量为 $1.59\times10^{-4}\%$，SiO_2-MnO-Al_2O_3 夹杂物中稀土氧化物含量为 10% 左右。

C 微合金化作用

稀土的微合金化作用包括微量稀土的固溶强化，稀土与其他溶质元素或化合物的交互作用，稀土原子的存在状态（原子、夹杂物或化合物）、大小、形状和分布，特别是在晶界的偏聚，以及稀土对钢表面和基体组织结构的影响等。

a 固溶强化

稀土元素在铁液中与铁原子是互溶的，但在铁液凝固过程中，由于稀土在铁基固溶体中的分配系数极小，稀土会被固液界面推移并最终富集在枝晶或晶界间。而稀土在钢中固溶量一般只有几个到几十个 ppm（1ppm = 10^{-4}%），极少可以达到几百个 ppm，由于稀土原子半径比铁原子大，故也能对钢起到一定的固溶强化作用。

　　b　改善和强化晶界

钢中固溶稀土通过扩散机制富集于晶界，可以减少其他杂质元素在晶界的偏聚，强化晶界，并改善与晶界相关性能，如高温强度、晶界腐蚀、疲劳性能、低温脆性和回火脆性等。如稀土可减少磷的区域偏析，使其不再富集于晶界，提高抗可逆回火脆性能力，并在低温冲击后不发生晶界断裂。

　　c　影响杂质元素的溶解度，减少其脱溶量

稀土可以降低碳、氮的活度，增加其在钢中的溶解度，减少其脱溶量，使之不能脱溶进入内应力区和晶体缺陷中，提高钢的塑性和韧性。此外，稀土也可以影响碳化物的大小、形态、数量、分布及结构，从而提高钢的机械性能。

　　d　影响相变和改善组织

稀土对相变的影响包括钢的临界点，淬火钢回火以及马氏体和残余奥氏体分解热力学与动力学等。稀土还可以影响钢的相变温度，并改变相变产物的组织结构。此外，在不同稀土钢中，稀土还可以起到细化渗碳体，细化板条马氏体结构或位错马氏体结构，改变铁素体的含量和尺寸，抑制碳化物的聚集粗化等作用。

　　e　与其他元素交互作用

稀土铈与铌、钒、铜、钛的活度相互作用系数为负值，彼此降低活度和增加溶解度，有利于提高这些合金元素的利用率。而铈与磷的活度相互作用系数为正值，可以彼此增加活度，降低溶解度。

6.5.3.4　稀土对钢中夹杂物的变质效果

稀土金属比较活泼，为了提高其对夹杂物的变质效果，通常钢液用铝深脱氧后加入稀土金属，加入量要确保其残余量不低于 0.03%。根据热力学计算和已知夹杂物的显微特征，钢中含有 0.008% ~ 0.020% 稀土元素时，形成两种类型的稀土铝酸盐和部分变性的 MnS。稀土含量接近下限（0.008%）时，绝大多数夹杂物符合化学计算成分 $REAl_{11}O_{18}$；随稀土含量的提高，$REAlO_3$ 数量增加。稀土铝酸盐呈深暗灰色，$REAl_{11}O_{18}$ 夹杂物较为坚硬，比 $REAlO_3$ 具有更高的凸起。当稀土含量为 0.02% 时，软质 $REAlO_3$ 占大多数，Al_2O_3 硬质颗粒消失，因而使钢的机械加工性能改善。钢中含有 0.008% ~ 0.020% 稀土元素对 MnS 的影响表现为，塑性降低，热轧时延伸量降低，MnS 中含有 3% ~ 5% 的稀土元素。

　　当钢中含有 0.02% 的稀土时，典型的稀土复合夹杂物特征为：核心为稀土氧硫化物 RE_2O_2S，呈深暗灰色，外壳为稀土硫化物 RE_xS_y。当稀土含量达到 0.03% 时，生成普通类型的夹杂物，其核心是稀土氧硫化物，外壳是稀土硫化物，颗粒非常细小。当 $w[RE]/w[S] < 3.0$，只有极小变形的硫化锰、稀土硫化物和氧硫化物。稀土硫化锰的变形程度决定着夹杂物的形态，稀土含量超过 0.07% 时，出现金黄色的 RES。图 6-65 给出了钢中长条状硫化锰与经变形处理后的稀土硫化物，可见，经稀土处理后，长条状 MnS 变质为球形稀土硫化物，且尺寸明显减小。

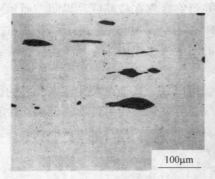
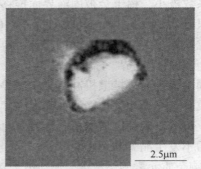

100μm　　　2.5μm

图 6-65　钢中长条状 MnS 与稀土氧硫化物（CeS）

对耐候钢进行稀土处理发现，钢中加入稀土后，球状的稀土硫化物和稀土氧硫化物夹杂取代了钢中原有的有害的长条硫化锰夹杂。对于低硫低氧（$w[S] = 0.004\%$，$w[O] = 0.002\%$）的耐候钢，$0.0065\% \sim 0.016\%$ 的稀土含量保证了钢中夹杂物的良好变质效果，变质后的夹杂弥散分布而且 85% 以上的稀土夹杂物都小于 $2\mu m$。典型的稀土氧硫化物形貌如图 6-66 所示。其中，白色区域 1 基本为纯的 Ce 和 La 的硫化物，颜色为暗灰色的区域 2 为稀土氧硫化物，含 Al_2O_3 量较低，硫化物成分较多，而黑色区域 3 为含铁的稀土硫化物。

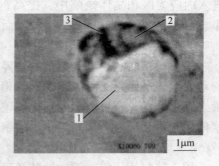

图 6-66　耐候钢中出现的稀土硫化物形貌

稀土夹杂与铁基体的热膨胀系数非常接近（$11.5 \times 10^{-6}/℃$ 与 $12.5 \times 10^{-6}/℃$），而 MnS 和 Al_2O_3 与铁基体的热膨胀系数相差很多，分别为 $18.1 \times 10^{-6}/℃$ 和 $8.0 \times 10^{-6}/℃$，在钢的冷却加热和加工过程中，不仅会形成复杂的应力场成为裂纹源，危害钢的力学性能，而且容易造成夹杂物与周围基体不连接，形成缝隙引起腐蚀，稀土夹杂就可以消减这些不利影响。日本学者也做过此种稀土变质氧化物的研究。在高碳 Si-Mn 脱氧钢中，因生成的脆性 SiO_2 和 Al_2O_3 等夹杂在热轧过程中不具有延展性而被轧碎使得钢很容易产生疲劳裂纹，降低钢的性能。为了消除这种影响，加入一定的稀土使复合氧化物夹杂变性，降低了原硅锰夹杂的熔点，增强其变形能力，抑制了疲劳裂纹的产生。

国内学者对轴承钢进行稀土处理时发现，稀土能够使氧化铝、硫化锰夹杂变质并能形成硬度较低的铝酸稀土夹杂物。当稀土含量 $w[Ce] < 15 \times 10^{-4}\%$ 时，钢中没有稀土夹杂物生成，当 $15 \times 10^{-4}\% \leqslant w[Ce] \leqslant 140 \times 10^{-4}\%$ 时，能够生成稀土铝氧化物和稀土硫氧化物夹杂物，当 $w[Ce] > 140 \times 10^{-4}\%$ 时，夹杂物进一步转变为稀土铝氧化物和稀土氧硫化物的复合夹杂物，并有部分稀土氧硫化物和稀土硫化物，夹杂物的尺寸也随之增大。

对 2Cr13 不锈钢进行稀土处理发现，钢中加入 0.044% 的金属 Ce 后，稀土元素改善了 2Cr13 不锈钢夹杂物的形貌和大小，未加稀土的钢的断口是典型的解理断裂，加稀土后钢的断口是准解理和韧窝型，韧窝中出现的细小球状稀土硫氧化物夹杂是其转变的主要原因。加微量稀土元素铈的试样低温横向冲击性能比未加稀土的试样大幅度提高，-40℃ 时提高了 54.55%。

对无取向硅钢进行稀土处理试验表明，采用 Ce 和 La 混合稀土在 RH 工序加入钢液，加入量为 0.6~0.9kg/t，经稀土处理后，夹杂物尺寸明显降低，有不规则的 AlN、MnS 复合夹杂生成，促进钢中微细夹杂物的聚合、上浮，钢中的夹杂物主要是尺寸相对较大的、近似球形或者椭球形的稀土类夹杂，钢液纯净度得到明显提高。结果见表6-13。

表 6-13　无取向硅钢稀土处理后的夹杂物特征

$w[RE]$	不同尺寸夹杂物类型			
	$0~1.0\mu m$	$1.0~5.0\mu m$	$5.0~10\mu m$	$10~50\mu m$
0	AlN、MnS、Cu$_2$S 复合	AlN、MnS 复合，MnS、Cu$_2$S 复合	AlN、MnS 复合，CaO、Al$_2$O$_3$、SiO$_2$ 复合	FeO、SiO$_2$ 复合
$10\times10^{-4}\%$	AlN、Cu$_2$S，AlN、MnS 复合	AlN、CaS，Al$_2$O$_3$、CeS、LaS、MnS 复合	AlN、CaS、CaO	0
$20\times10^{-4}\%$	MnS、AlN，AlN、Cu$_2$S 复合	AlN、CaS、CeS、LaS、Cu$_2$S 复合	CaS、CeS、LaS、Cu$_2$S 复合	CaS
$39\times10^{-4}\%$	AlN、Ce(O、S)、MnS 复合	AlN、CaS，AlN、(Ce、La)(O、S) 复合	AlN，AlN、(Ce、La)S 复合	0

思 考 题

6-1　钢中夹杂物的危害主要表现在哪些方面？

6-2　如何表征夹杂物的变形能力？

6-3　何为冷轧板线缺陷，与夹杂物有何联系？

6-4　钢中 T.O 与疲劳性能的关系是什么？

6-5　硬线钢拉拔断裂与夹杂物的关系是什么？

6-6　氢致裂纹的产生机理是什么，影响氢致裂纹的夹杂物类型有哪些？

6-7　钢中夹杂物的分类方式有哪几种，每一类夹杂物包含哪些？

6-8　夹杂物的来源及产生途径是什么？

6-9　什么是钢液的二次氧化，如何表征钢液的二次氧化程度？

6-10　卷渣引起的夹杂物有哪些危害？

6-11　炉渣对耐火材料的渗透深度有哪些影响因素？

6-12　夹杂物的去除方法有哪些？

6-13　中间包吹氩的冶金功能有哪些？

6-14　夹杂物离心分离的原理是什么？

6-15　钢液钙处理的目的是什么？

6-16　钙处理对夹杂物的变质过程与机理？

6-17　如何评判钙处理夹杂物变质效果？

6-18　夹杂物与钢的疲劳寿命的相互关系是什么？

6-19　稀土在钢中的作用有哪些？

6-20　稀土变质夹杂物的机理是什么？

结晶器内钢液流动与保护渣

大量生产实践证明，连铸坯的表面和内部缺陷与结晶器内钢液的流动状态密切相关。本章将总结钢液流动行为对铸坯质量的影响，并讨论连铸参数对流体流动行为的影响规律。

高温钢液从中间包浸入式水口流出并注入连铸结晶器，在结晶器冷却的环境下，钢液快速凝固成具有一定厚度的固态坯壳，钢液在传热、凝固、运动的过程中，形成一个很长的液相穴。从弯月面开始，对结晶器内钢液的流动具有如下要求：（1）不能把液态结晶器保护渣卷入钢液内部；（2）钢液的流动状态应有利于液相中夹杂物的排除；（3）钢液的运动不应对凝固坯壳产生强烈的冲刷作用。

如图 7-1 所示，结晶器内钢液的流动模式可能产生如下质量问题：（1）结晶器内钢液流动支配着夹杂物和气泡的上浮分离；（2）弯月面附近的钢液流动支配着保护渣的熔融、铺展和卷吸；（3）结晶器液面波动会形成剪切卷渣或漩涡卷渣。

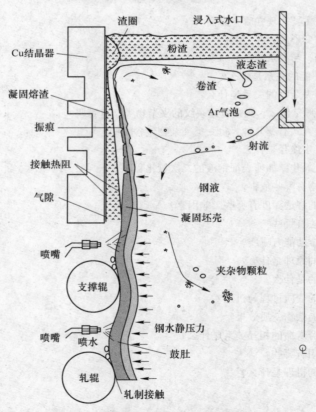

图 7-1　结晶器内钢液流动现象示意图

　　结晶器内钢液流动又受到浇注参数，如断面、拉速、氩气流量、水口设计等多因素的影响，因此连铸结晶器内钢液流动控制的主要目的是：

　　（1）控制弯月面下的水平流速并增加凝固前沿的钢液流速，减少表面和皮下的夹杂物和气泡。最佳弯月面下的流速为 0.12~0.2m/s，而最佳凝固前沿的流速为 0.20~0.40m/s。

　　（2）结晶器弯月面区表面流速太弱或钢液温度低，造成局部冷凝形成深振痕和弯月面初生坯壳呈"镰刀弯"形状，会捕捉液滴、夹杂物和气泡进入凝固坯壳，从而造成显著的内部质量缺陷。通过对钢液流动的控制和优化，可提高弯月面附近温度并使结晶器内温度分布均匀，使初始凝固和弯月面处凝固起始点降低，缩短凝固钩长度，保持铸坯均匀生长，减少表面裂纹。

　　（3）钢液流动控制和优化，减轻了结晶器振动引起的初生坯壳端部附近流动的变化，这些流动的微小变化易使气泡和夹杂物被凝固钩捕获。

　　（4）为了防止浸入式水口内氧化铝沉积，通常向水口内吹入氩气。因而，夹杂物、卷入的保护渣和氩气泡受弯月面下流速和水口吐出的流速所影响，成为各种内部和表面缺陷的主要原因。

　　（5）沿结晶器窄面向上流动的钢流量（上流股）太强，或流股中含有气泡降低了钢液密度，流股向上运动，引起弯月面区液面波动大，熔渣渗入坯壳与铜板的气隙困难，导致弯月面区的不均匀导热，从而产生纵裂纹。

　　由此可见，铸坯缺陷的形成很大程度上与结晶器液面波动密切相关，而液面波动程度受结晶器内钢液流动模式的制约。从洁净钢生产的角度看，携带夹杂物和气泡的钢液从中间包注入结晶器，要求结晶器能创造良好的流动模式，既要促进钢液中的夹杂物和气泡排除，又要阻碍新的污染物再次进入钢液。

7.1　结晶器内钢液流动及表征

　　不同结晶器内典型的钢液流动模式如图 7-2 所示。可见，流体流动特征既受水口腔体构造的影响，同时又受是否吹气、水口断面尺寸、连铸拉速和是否有电磁力等的影响。

7.1.1　钢液流动形态分类

　　当连铸采用敞开浇注时（图 7-2（a）所示），结晶器内钢液的注流冲击深度较浅，表面湍流程度高，高速流动的流股流向弯月面，极易导致保护渣卷入。当采用贯通型水口时（图 7-2（b）所示），流股冲击深度较深，循环流到达弯月面前经历了更长的路径，流股衰减严重，结晶器液面平稳，几乎不会有保护渣卷入，但会导致弯月面不活跃且温度过低。当水口插入深度较浅、拉速较高且水口内径较大时，对小断面铸坯连铸会导致严重的液面波动和保护渣卷入。对板坯连铸来说，钢液流体流动分为两种极端条件。第一种情况是，当水口插入深度较浅、水口侧孔尺寸小且有吹氩情况下（图 7-2（c）所示），流股会迅速到达液面，碰撞结晶器窄面后迅速朝下运动，这种情况下，表面流速和液面起伏较大，卷渣现象和铸坯缺陷严重；第二种情况是，当水口插入深度较深、水口侧孔尺寸较大且无吹氩情况下（图 7-2（d）所示），流股以较低的流速冲击窄面被拆分为两个流股，一部分流股朝上运动（上回流）先到达弯月面，然后紧贴钢液表面流向水口外壁，另一部分流股（下回流）撞击窄面后向下流动，到达最大穿透深度后再向上回流。在结晶器内部，两种回流对称存在共同构成了完整的钢液流动过程。

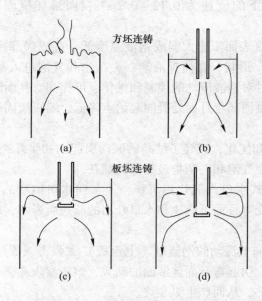

图 7-2　结晶器内钢液的流动形态和不同水口构造

（a）方坯连铸无水口浇注；（b）贯通式水口；（c）小孔水口（插入深度较浅），吹气；

（d）大孔水口（插入深度较深），不吹气

7.1.2　钢液最大穿透深度

结晶器内钢液流股的最大穿透深度可用下式计算：

$$H = \left(\frac{v_0}{v_c - v_s}\right)\left(\frac{1 + \sin\theta}{2}\right)\alpha - \frac{L}{2}\left(\frac{1}{\cos\theta} - \tan\theta\right) + h \qquad (7-1)$$

式中　H——流股最大冲击深度，cm；

　　　v_0——水口侧孔的出口速度，cm/min；

　　　v_c——夹杂物上浮速度，cm/min；

　　　v_s——拉坯速度，cm/min；

　　　θ——水口出口夹角，(°)；

　　　L——铸坯宽度，cm；

　　　h——水口插入深度，cm；

　　　α——系数。

由式（7-1）可知，钢液流股最大冲击深度与注流出口速度、水口侧孔倾角和铸坯尺寸等参数有关。当铸坯尺寸一定时，主要通过调节水口出口直径、出口夹角来降低注流冲击深度，以促进夹杂物上浮，净化钢液。注流冲击深度与铸坯夹杂物含量的关系如图 7-3 所示。对弧形连铸机，如果注流冲击深度 H 值太大，内弧侧捕获夹杂物面积增加，会导致内弧夹杂物严重聚集。根据此式计算冲击深度，设立直线段（2~3m）使夹杂物上浮，

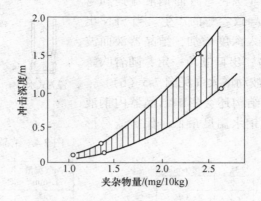

图 7-3 注流冲击深度与铸坯夹杂物含量的关系

可避免内弧夹杂物含量偏高的问题。因此，设计带垂直段的多点弯曲弧形连铸机对提高铸坯质量具有重要意义。

7.1.3　液面波动指数

从水口流出的钢液冲击结晶器窄面后转化为向上的回流是影响结晶器液面波动以及形成铸坯表面卷渣的重要原因，同时上回流对促进弯月面活跃和保护渣熔化也有重要的作用。浸入式水口（SEN）流出的钢液对结晶器液面波动的影响可用钢液表面波动指数 F 值来描述。日本 NKK 公司通过水模型验证得到了 SEN 结构参数对液面波动影响的经验公式，如图 7-4 所示。

$$F = \frac{V\rho v_{\mathrm{m}}}{4D}(1 - \sin\theta) \tag{7-2}$$

式中　F——向上流股动量的特征值；

　　　V——钢液从水口流出流量，$\mathrm{m^3/s}$；

　　v_{m}——流股达到结晶器壁的碰撞速度，$\mathrm{m/s}$；

　　　θ——流股碰撞结晶器壁的角度，$(\degree)$；

　　　D——注流碰撞点到钢液面的距离，m；

　　　ρ——钢液密度，$\mathrm{kg/m^3}$。

而流股碰撞速度（v_{m}）与水口出口速度（v_0）、水口直径（d）、水口距窄面距离（x）有关。由相关试验得到如下关系：

$$x/d < 4.8，v_{\mathrm{m}} = v_0$$

$$x/d = 4.8 \sim 8.2，v_{\mathrm{m}} = \frac{2.2v_0}{(x/d)^{1/2}}$$

$$x/d = 8.2 \sim 36.5，v_{\mathrm{m}} = \frac{6.3v_0}{x/d}$$

$$x/d > 36.5，v_{\mathrm{m}} = \frac{2.3v_0}{(x/d)^2}$$

由此可见，F 值与拉速、铸坯尺寸、SEN 出口倾角和插入深度有关。F 值越大，钢液流股对窄面的冲击动量越大，弯月面钢液流速和弯月面波动越剧烈，容易导致卷渣的产生。当 SEN 出口倾角不变时，水口插入深度增加，结晶器液面波动减小（见图 7-5（a））；出口倾角一定，随着吹氩流量增加，结晶器液面波动增大（见图 7-5（b））。

此外，浸入式水口结构还会影响结晶器内钢液的温度分布，水口区域钢水温度最低，保护渣易形成结壳甚至有凝钢发生。

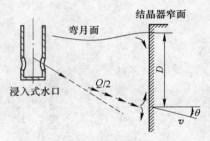

图 7-4　结晶器液面波动指数的定义

−15°	−35°	注速/t·min⁻¹
1	2	2.2
4	3	3.7
6	5	5.0

Ar气流量/L·min⁻¹	5	20
−35°	1	2
−15°	3	4

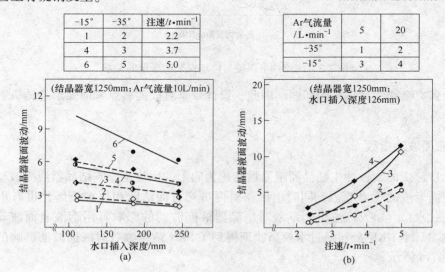

图 7-5　浸入式水口插入深度与液面波动的关系

7.2　结晶器内钢流输送及控制

高温钢液从钢包内通过中间包注入结晶器，在结晶器内完成凝固。在此过程中，反应器内钢液流动的输送依靠重力驱动，控制结晶器内钢液流量需要借助浸入式水口、塞棒或滑板完成。

7.2.1　塞棒控流

塞棒是中间包向结晶器内调整钢液流量的装置，可以有效避免钢液二次氧化现象，如图 7-6 所示。塞棒控流比滑板控流具有更大的难度，这是因为塞棒在整个连铸过程中全部淹没在钢液深部，塞棒耐火材料的侵蚀更大，且控制钢液流量的塞棒环形出口对位移的变化极为敏感。但是塞棒控流相对于滑板控流仍然具有明显的优势，主要体现在以下方面：

（1）开启方便，更容易密封水口，可以防止空气卷入钢液；

（2）在开浇之前，可阻止液态熔钢进入中间包出水口，防止钢液在出水口内部凝固；

（3）开浇和换包时，中间包液位较低，塞棒可以有效防止中间包内形成涡流，并能阻止出水口卷渣；

（4）浸入式水口内的钢流均匀，很少发生结晶器偏流现象。

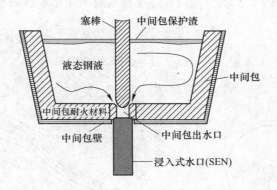

图 7-6　中间包塞棒控流示意图

7.2.2　滑板控流

　　滑板主要用于钢包和中间包的钢流控制系统，是无氧化浇注系统的重要组成部分。钢流通过滑板控制从钢包进入中间包，也可以通过滑板控制从中间包进入结晶器。在三片式滑板中，上下两块滑板固定，中间滑板可以往复滑动，通过调整滑板和水口之间孔的重叠度实现对钢流量的控制。在两片式滑板中，上滑板固定，下滑板可以往复滑动或旋转滑动以控制钢流。在滑板控流中，为了防止钢液流动产生"负压吸气"，一般需要对滑板进行充氩密封，以降低浇注过程中钢液的二次氧化。

　　通过滑板的钢流量受上下滑板开启的重叠量来实现，如图 7-7 所示。重叠区（工作尺寸）的确定方法可以采用不同的方式进行计算和量化。两种常用的方法分别是：（1）工作面积分数（f_A），定义为被遮挡面积和水口断面的比值；（2）线性工作面积分数（f_L），定义为 $f_L = S/T$。

　　当工作条件一致时，两种表示方法有如下关系：

$$f_A = \frac{2}{\pi} \arccos^{-1}\left(1 - \frac{L}{D}\right) - \frac{2}{\pi}\left(1 - \frac{L}{D}\right)\sqrt{1 - \left(1 - \frac{L}{D}\right)^2} \tag{7-3}$$

此处，

$$\frac{L}{D} = \left(1 + \frac{R}{D}\right)f_L - \frac{R}{D} \tag{7-4}$$

式中　f_A——滑板工作面积分数；

　　　　f_L——滑板线性工作面积分数；

　　　　L——工作区长度，m；

　　　　D——水口直径，m；

　　　　R——水口到基准线的偏距，用来测量 S 和 T 参数。

　　需要说明的是，通常 f_A 小于 L/D 值，而 f_L 通常大于 L/D 值。当 R 为零时，线性工作面积分数（f_L）与 L/D 相等。

　　钢液流量主要依赖于中间包内钢液高度，钢液产生的静压力驱动钢流通过滑动水口。增大滑动水口开启度和中间包液位高度，钢液流量均会增加。此外，钢液流量还受浸入式水口内径尺寸、吹氩流量、水口收缩程度、水口结瘤或水口侵蚀等因素的影响。理想状态下水口内钢液流量如图 7-8 所示，可以通过比较流量的变化来预测水口内部的结瘤情况。

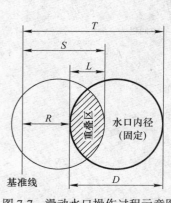

图 7-7　滑动水口操作过程示意图

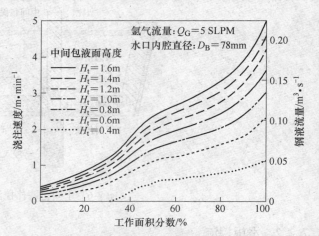

图 7-8　滑板开启度和中间包液位对钢液流速的影响

7.3　影响结晶器内钢液流动的因素

7.3.1　结晶器内钢液流场的指标

判定结晶器内钢液流场是否合理的指标包括液面波动情况、流股冲击深度、涡心高度、涡流强度和表面水平漩涡特征等。

（1）液面波动。结晶器液面波动大，容易造成卷渣和钢液的裸露氧化；液面波动太小，则不能提供足量的热量来熔化上层保护渣，导致保护渣消耗量减少，降低了铸坯和结晶器之间的润滑和传热能力，铸坯容易形成表面裂纹。理想的液面波动范围为 $\pm3 \sim \pm5mm$。

（2）钢流冲击深度。冲击深度即流股在结晶器窄面的碰撞点距弯液面的距离。冲击深度越浅，树枝晶再次熔化后所形成的形核核心越有足够的发展时间，从而使铸坯晶粒细化，组织致密；冲击深度越深，夹杂物较难上浮，且可能会导致已凝固的坯壳减薄甚至造成二次熔化，发生拉漏现象。

（3）涡心高度，即涡流中心到自由面的距离。一般而言，涡心高度高一些好，有助于在结晶器下部尽早地形成活塞流，但涡心高度过高，会导致液面波动剧烈，易造成保护渣的卷入。

（4）涡流强度，即流场切向速度的大小。为了使结晶器内形成稳定的涡，流场应该有较大的切向速度，保持一定的涡流强度，有利于钢液向保护渣供热。

（5）表面水平漩涡。在结晶器水口附近的区域由于液面波动、沿水口的绕流、表面张力和速度梯度等因素的综合作用，容易出现表面漩涡，大而深的漩涡非常容易卷入保护渣，影响铸坯质量。

连铸结晶器内，影响钢液流动特征的主要因素包括：流体控制装置的位置（水口和塞棒）、浸入式水口参数、拉坯速度、水口吹氩、电磁力等。

7.3.2 控流装置的影响

进入结晶器的钢液流量本质上取决于中间包和结晶器液位高度差产生的压力差。实际生产中，采用塞棒和滑板作为钢液流量控制的装置。此外，这些控流装置还间接影响了结晶器内钢液的流动特征，主要表现为流动的对称性方面。

如图 7-9 所示，采用滑板控流，当滑动水口平行于水口宽面方向（0°方向），钢液从水口的两个对称出口的流出量显著不均匀。位于滑板对侧的水口出口流量明显增大，而另外一个方向的出口流量明显减小，且增加的部分流量进入结晶器并具有更小的冲击角度

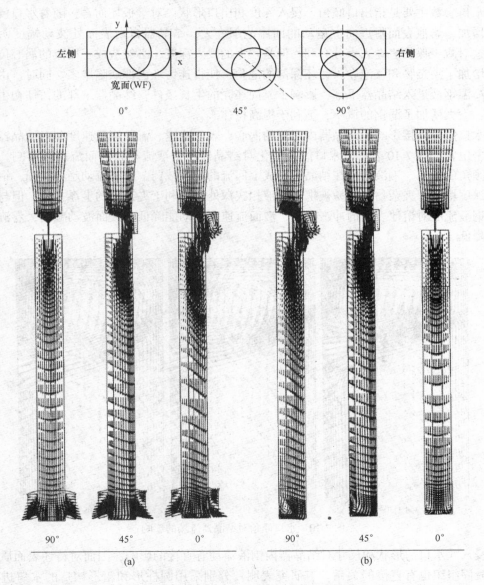

图 7-9　滑板的定向效应对水口流场的影响
（a）平行于宽面的中心截面；（b）平行于窄面的中心截面

（可从 25°降低至 12.5°）。当将滑板出口与宽面方向平行时（90°方向），可以有效避免上述非对称流动，而且这种方式可以导致钢液在水口流动过程产生旋转或"漩涡"，从而提高出口流股的均匀度。45°方向的滑板安装既有左右的不对称性，也有涡流的不对称性，一般情况下要严格避免。

对比可知，塞棒能避免滑板控流导致的上述流动不均现象，但塞棒控制容易导致瞬时波动，特别是当塞棒与水口中心线发生偏移或者存在塞棒侵蚀、水口结瘤等情况时。

7.3.3　浸入式水口参数

水口参数主要是指出口倾角、浸入深度和出口形状。对于板坯而言，随着水口浸入深度的增加，熔池表面附近向上运动的回流范围变大，结晶器自由表面处波动幅度明显减少，这对减少保护渣卷入十分有利。但是较大的浸入深度，必然造成下回流的涡心位置下移，增加了夹杂物和气泡卷入铸坯深部的危险，使得连铸坯内部缺陷增多。同时，由于更多的高温钢液进入结晶器下部，影响了凝固坯壳的生长条件，结晶器下部的铸坯初生坯壳减薄，大大增加了漏钢的概率，不利于提高拉速。

水口倾角直接影响着结晶器内涡流的涡心、表面流速、流股穿透速度和对结晶器窄面的冲击位置。图 7-10 表示了水口倾角变化对结晶器内钢液流动和液面流速的影响。随着水口倾角的增大，钢液流股在结晶器形成上回流的趋势减弱，向下流动趋势增强，钢液的冲击深度增大，夹杂物更容易被携带到液相穴深处，不利于夹杂物的上浮去除。但与此同时，钢液流股对熔池表面的冲击减弱，液面流速和湍动能降低，液面波动减弱，卷渣倾向显著降低。

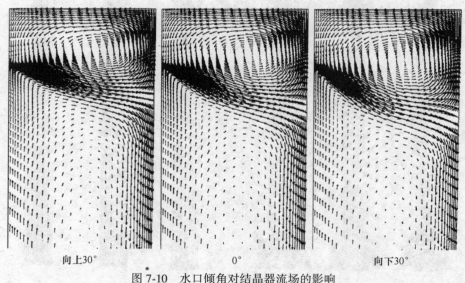

向上30°　　　　　　　　　　0°　　　　　　　　　　向下30°

图 7-10　水口倾角对结晶器流场的影响

浸入式水口的形状和尺寸对结晶器内钢液流动有直接的影响，因而对铸坯表面质量和内部凝固组织也有直接的关系。有研究表明：分别采用圆柱形和箱形构造的水口进行浇注，两种水口结构引起的板坯废品率有明显差异。水力模型表明，使用圆柱形水口时，由侧孔流出的流股造成的上下相反方向的两个对称回流始终是均匀而对称的；使用箱形水口时，从水口侧孔出来的流股很容易发生偏移造成两侧流动不均匀和不对称的情况。

7.3.4 拉坯速度

在其他工艺参数不变的情况下，提高拉速相当于等比例地增加了结晶器内所有区域流体的流速，主要表现为流股速度增大，冲击深度增加（如图 7-11 所示）。此外，提高拉速会增大流体的瞬时湍流脉动，恶化了流体流动的不均匀性，并导致结晶器两个出口流动的震荡现象，提高拉速还会加剧液面波动和表面湍流脉动。研究表明，流体流动震荡周期与上回流区流体质点的停留时间相一致，约为 5~30s。

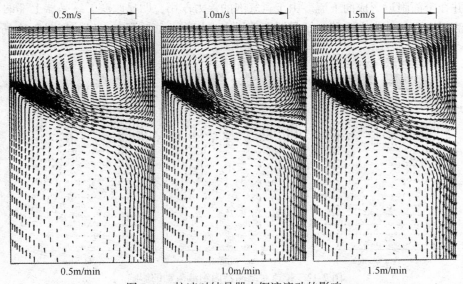

图 7-11 拉速对结晶器内钢液流动的影响

此外，提高拉速还会增加结晶器上表面的驻波高度，这也是对钢渣界面影响程度最大的冲击动量，如标准的结晶器双辊流动，较大的拉速会导致靠近窄面的流体升高，流入铸坯与结晶器之间气隙的保护渣减少，进而影响了润滑和传热。提高拉速会显著提高液面波动高度，在高拉速条件下，当表面流速超过临界波动值时，液面波动可能会瞬间增大，这种情况在薄板坯连铸或薄带连铸过程中尤为明显。

为了提高铸坯表面质量，必须对高拉速条件下的浇注参数进行优化，如调整水口结构参数、增大水口插入深度或采用电磁制动等方式控制或降低表面流速。一般来说，提高钢的内部质量最好采用低拉速操作。

7.3.5 水口吹氩

连铸过程中，吹氩的目的是降低水口结瘤并影响结晶器内钢液流动和热量均匀。为了稳定和优化连铸工艺，吹氩参数必须与连铸其他参数相匹配。水口中平均氩气体积分数（f_{Ar}）与钢液流量有以下关系：

$$f_{Ar} = \frac{\alpha V_g}{a V_g + V_s} \tag{7-5}$$

式中 V_g ——氩气流量（25℃，101325Pa）；

V_s ——钢液流量；

α ——气体体积膨胀因子。

钢液流量可以通过拉坯速度与铸坯浇注断面的乘积计算。根据文献报道，考虑到温度升高和压力的变化，气体体积膨胀因子（α）约为 5.0。尽管水力模型试验很难准确地模拟钢液吹氩的现象，但仍然可以通过调整吹入水模型中的氩气温度，获得特定条件下的平均氩气体积分数。

当向水口中吹入氩气，气流随钢液流股进入结晶器熔池并形成气泡，从水口流出的气泡迅速上浮至浸入式水口周围并抽引周围的液体向上运动，向上运动的钢液在熔池表面形成表面流，并在窄面附近形成向下流。由于氩气泡的浮力作用，明显改变了结晶器上部的流场状态，注流对窄面的冲击点上移，结晶器上部涡心也相应上移并偏向水口，如图 7-12 所示。

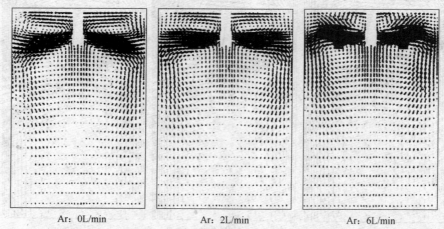

Ar: 0L/min　　　　　　Ar: 2L/min　　　　　　Ar: 6L/min

图 7-12　拉速对结晶器内钢液流动的影响

氩气流量范围可用来优化结晶器内的流体流动。当氩气流量较小时，气泡穿过结晶器上部涡心区后，受到自由表面附近流体流动的影响，使气泡偏向结晶器中部，即从水口两侧向水口处汇集；而当氩气流量较大时，由于气泡对周围流体的抽引能力强，改变了结晶器的流场状态，因而在上浮过程中基本呈垂直上浮，到达自由表面附近时受表面钢液流动的影响，略微向外（或向内）倾斜；随着气体流量增加，水口处气泡与钢液所占体积比增大，要保证相同的流量，水口处钢液流速随之增大，导致气泡穿透能力增强，由气泡在自由表面破裂造成的波动也增大。与此同时，由于夹杂物可以黏附在气泡上，导致夹杂物上浮至自由表面的概率增加，有利于降低皮下夹杂的产生。但由于液态钢与水口材质不润湿，在较大的吹气流量下，气体可能从钢液中分离并逃逸，这些气体从出口涌出会导致严重的流动不均现象。因此，在保证水口不堵塞的情况下，选择合理的吹氩流量对连铸生产至关重要。

7.3.6　电磁制动和电磁搅拌

随着连铸拉速的提高，浸入式水口钢液出流的流速不断增大，从水口流出的高温液流对凝固壳的冲击加剧，容易导致坯壳重熔甚至产生拉漏现象，加剧了凝固壳对夹杂物的捕获。在结晶器上设置电磁制动，利用向上的电磁力阻止从浸入式水口流出的钢液并改变其方向，借此减小钢液的穿透深度，促使夹杂物上浮分离，同时能抑制弯月面的波动，防止卷渣。

近年来，制动磁场覆盖整个结晶器宽度的新型电磁制动器已经逐渐替代了原有的区域电磁制动器，包括水口下方的单条型电磁制动（Electromagnetic Mold Brake Ruler，EMBr-Ruler）和上段磁场位于弯月面附近、下段磁场位于水口下方的流动控制结晶器（Flow Control Mold，FC Mold）两种方式，从而解决了区域型电磁制动器磁场范围小、钢液易流向水口下方无磁场区域的问题。

图7-13为不同电磁制动方式对结晶器内流体流动行为的影响。从流场分布看，无电磁制动时，结晶器内钢流的上回流区有明显的涡心存在，且自由表面流速较大。EMBr-Ruler电磁制动情况下，钢液流速整体减小，尤其是自由液面附近和弯月面处速度变得更加平缓。下区磁场抑制了水口出口射流的分散行为，延缓了流体向上翻转，使得流体在达到结晶器窄面时仍有较大的水平动量，从而导致窄面受水平冲击增强；在FC Mold电磁制动条件下，上区磁场对液面的抑制作用也会限制水口出口流的射流空间，射流倾角变大，流体到达结晶器窄面的距离增加，且上下区磁场的耦合作用使液流撞击窄面的最大水平流速和撞击位置比EMBr-Ruler时更低。

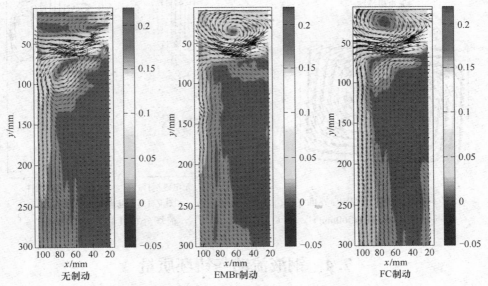

图7-13　电磁制动方式对结晶器流场的影响（拉速为0.41m/min）
EMBr-Ruler（$B_1 = 0T$，$B_2 = 0.5T$）；FC Mold（$B_1 = 0.5T$，$B_2 = 0.5T$）

在浸入式水口中段的一定高度上设置旋转磁场，可控制钢液进入结晶器的流态形成旋流运动。水模型研究表明：通过浸入式水口内安装旋转磁场来控制水口出流和结晶器内的流动，其在同等出流流量条件下的冲击深度比直通式水口降低约50%。同时，随着拉速增加，旋流式水口所产生的液面水平流速增速更快，这在生产上利于钢水表面粉渣熔化。

图7-14为有无电磁搅拌条件下结晶器中心横截面上的流场分布图。可以看出，无电磁搅拌时，水平面上的流速较低，最大仅为0.008m/s，而加电磁搅拌后，水平面上流动呈漩涡状，最大切向速度达到0.28m/s，这一切向速度的增加能有效地折断凝固过程中产生的柱状晶，促进等轴晶生长。同时，较高的切向速度能清洗凝固前沿，使铸坯生长均匀，减少表面和皮下裂纹，避免漏钢事故。

图7-15为有无电磁搅拌结晶器中心纵截面上的流场分布图。可以看到，未加电磁搅拌时，钢液从浸入式水口高速流出，向下侵入液相穴深处，然后沿凝固面一侧向上回流，形成单一的循环流。而加电磁搅拌后，从浸入式水口吐出的钢液在电磁搅拌的有效区由垂直向下转变为水平旋转，形成旋转流动的主流区。主流区上方的钢液形成由中心向下、沿凝固面一侧向上的环流，称为"上环流区"；与之相反，在主流区下方的钢液形成由凝固面一侧向下而由中心向上的环流，称为"下环流区"。

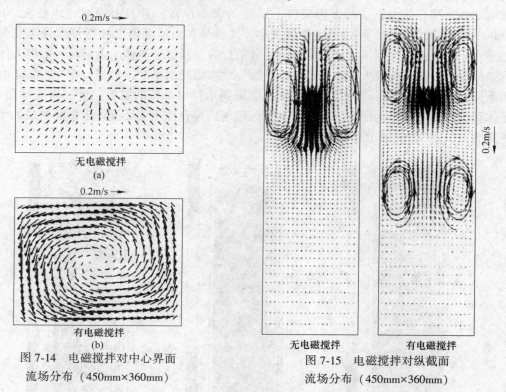

图7-14　电磁搅拌对中心界面流场分布（450mm×360mm）

图7-15　电磁搅拌对纵截面流场分布（450mm×360mm）

7.4　钢液流动与铸坯质量

结晶器钢液流动对铸坯质量有重要的影响。由于结晶器是钢液的最后处理容器，若流体流动控制效果差，可能导致铸坯上出现无法挽救的质量缺陷，主要包括：气体和夹杂物颗粒的卷入，液态保护渣卷渣，因液面波动、液态保护渣覆盖不良、弯月面沉滞、出口射流冲击等原因引起的表面缺陷或漏钢事故。

7.4.1　气泡与夹杂物卷入

高温钢液进入结晶器，最先在弯月面形成极薄的坯壳，因此大多数铸坯表面质量均始于结晶器弯月面，而表面质量发生的根本原因是弯月面凝固坯壳捕获外来颗粒导致的。外来颗粒有两种主要来源：氩气泡和钢液中携带的脱氧产物。虽然氩气泡能够自然上浮，但当其尺寸较小时，难以穿透顶渣逸出。若弯月面处于非稳态或滞止态，或特殊情况下形成"镰刀弯"形状，此时氩气泡很容易被弯月面捕获，形成铸坯皮下气孔，如图7-16（a）

所示。相对于氩气泡来说，夹杂物密度更大，浮力小，因此更容易被凝固坯壳所捕获形成表层缺陷，如图7-16（b）所示。

Perez等指出氩气泡的大小和分布情况对钢液的流动影响很大，当水口插入深度过大时，气泡容易被凝固壳捕获，引起许多铸坯表面缺陷。Thomas等采用水模型、数值模拟和现场试验等方法对结晶器内氩气气泡行为进行深入研究，指出氩气泡尺寸随着结晶器内吹气量的增大而增大，在较高吹气量条件下，有利于防止水口堵塞和进一步去除夹杂物，但容易引起偏流现象。

在结晶器内，大部分气泡和夹杂物上浮到钢液表面逸出或者被保护渣吸收。然而也有一些颗粒被带入熔池深处，并被凝固坯壳捕获，而气泡随着钢流随机地进入结晶器，一些气泡可能被下回流带入低速循环区。对

图7-16　弯月面以下卷入的气体/
夹杂物对铸坯表面质量的影响
（a）气泡；（b）夹杂物

弧形连铸机来说，处在低速循环区的大尺寸夹杂物将会向铸坯上表面螺旋运动，因此也更容易被凝固前沿捕获。气泡或夹杂物卷入在高拉速、窄断面条件下更容易发生，水口结瘤和拉速突变导致的非对称流动也会加速气泡和夹杂物的卷入。卷入钢液的固态夹杂物会导致铸坯表面微裂纹或内部缺陷，由于钢中夹杂物周围存在应力集中，严重降低钢的韧性和疲劳性能。

7.4.2　保护渣卷渣

结晶器卷渣是连铸过程中最为常见的一种现象。连铸结晶器内，局部涡流、表面钢液高速流动产生的剪切力、弯月面附近流体湍流均可以导致液态保护渣卷入凝固坯壳。

通过水力模型试验可以发现在结晶器内存在四种渣金卷混方式。第一种是钢液表面回流卷混引起的表面卷渣，这是高速连铸结晶器内的主要卷渣方式（如图7-17(a)所示）；第二种是由于漩涡引起的渣金卷混（如图7-17(b)所示），涡流的形成是结晶器内的非对称流动引起的，涡流一般发生在靠近结晶器水口附近；第三种是在低液面操作时，水口出口冲散渣层引起的卷渣（如图7-17(d)所示），此种情况在浇注末期时发生；第四种是吹氩造成的渣滴乳化而导致卷渣（如图7-17(c)）所示。

如图7-18(a)所示，在高拉速条件下，保护渣卷入通常发生在结晶器窄面附近。上升流沿窄面上行，冲击弯月面后改变方向，沿钢渣界面向水口方向流动，这使得结晶器窄面处渣层变薄，易产生裸钢。上升流流向水口的过程中，由于界面张力的存在，牵引着部分液渣随钢液流动。随钢液运动的液态渣在水口与窄面的中间位置聚集，形成向下的凹陷。由于钢液表面紊流的作用，这些凹陷的渣滴脱离本体，就会被钢液表面回流带入熔池深处，即形成了卷渣。

当表面流速较大时，流体会对液渣产生较大的剪切力。一旦液态渣滴被剪切成独立的液

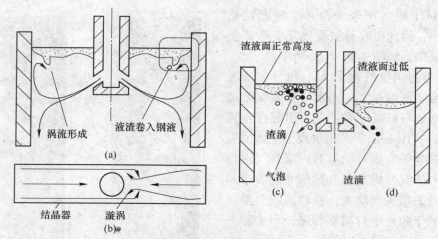

图 7-17   结晶器内高速非
对称流动引起的涡流卷渣
（a）表面回流钢渣卷混；（b）漩涡卷渣；（c）水口吹氩造成的卷渣；（d）液位过低造成的卷渣

滴进入钢液，就会成为铸坯缺陷的主要来源，如图 7-18（b）所示。为了避免剪切卷渣，必须控制结晶器表面流速小于临界卷渣流速。物理模型中，临界卷渣流速与渣的黏度、表面张力等参数有关，当渣层厚度较薄，渣黏度较低，表面张力较少时，卷渣更容易发生。此外，当液面波动较大或渣金混合程度较高时，也会导致表面流速超过临界卷渣速度。

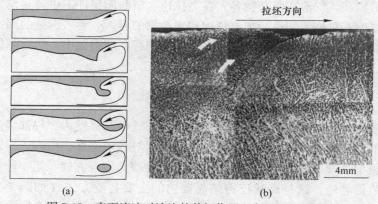

图 7-18   表面流速对液渣的剪切作用和弯月面折叠缺陷

在吹氩条件下，结晶器卷渣有两种主要方式：漩涡卷渣和大气泡卷渣，其中以大气泡卷渣为主。实验证明，在高拉速条件下，浸入式水口内有大气泡产生，在水口附近垂直上浮，冲开渣层，逸出并破裂。由于大气泡的上浮速度快，水口附近的渣层几乎被瞬间排开，由于曳力的作用，有液滴卷入熔池。

7.4.3   液面波动

结晶器液面波动状况严重影响着铸坯质量。结晶器液面波动过大，容易增大保护渣卷入的可能性，造成钢液的裸露氧化，而且容易带来铸坯表面夹杂和皮下夹杂，影响铸坯质量；液面波动过小，则弯月面处钢液更新较慢，容易出现钢渣"结壳"现象，不利于保护渣的熔化，影响保护渣的润滑作用。因此，为了保证良好的铸坯质量，通常要求将结晶器液面波动控制在临界范围之内。

一般情况下，结晶器的液面波动由液面起伏引起。主要分为两种，一种是驻波，它是由结晶器振动使液面产生细小的波浪引起的。结晶器内部钢液作为一个动态平衡体，在单位时间内只要能够保证流入的钢水体积等于拉出的铸坯体积就能保证结晶器内的液位稳定，一旦流入或拉出的任何一方偏离了平衡，就会导致结晶器液面波动。影响这种结晶器液面波动的因素很复杂，它与铸机设备、工艺操作、保护渣等有关。另一种是水平波动，它是由结晶器的不对称流动引起的液面急剧波动。当液面波动幅度大于渣层厚度时，会阻碍液渣均匀流入铜板与坯壳之间，不能使整个坯壳表面覆盖液渣膜，引起裂纹、夹渣等表面缺陷。通常情况下，实验研究的液面波动主要为后者，即水平波动，主要是由于结晶器内的不对称流动和结晶器内流股的湍动能引起的。为避免液面波动引起的铸坯质量问题，文献研究表明液面最大流速应控制在 0.3m/s 或 0.4m/s 以下。

国内外人员研究了结晶器液面波动对铸坯纵向裂纹指数的影响，结晶器液面波动在 ±5mm 内，纵裂纹明显减少，而液面波动大于 ±5mm，纵裂纹明显增加。现场跟踪发现，浇注过程中结晶器液面波动小于 10mm，表面纵裂纹长度一般为 20~50mm，液面波动大于 10mm，板坯表面裂纹长度为 100~200mm。液面波动使结晶器弯月面区有涡流，导致初生坯壳变薄，对纵裂纹形成产生影响。因此，控制液面波动小于 ±5mm，甚至小于 ±3mm 是防止板坯纵裂纹产生的有效措施。此外，也可以用结晶器液面波动指数来表征液面波动程度。

图 7-19 给出了铸坯横向裂纹缺陷以及形成原因。Thomas 等对铸坯横向裂纹的形成机理进行了深入研究，认为铸坯在结晶器内凝固初期，当液面波动过大，会造成初始凝固坯壳直接与液渣层接触，由于温度梯度和坯壳内钢液作用，凝固坯壳开始向钢液方向弯曲。液面恢复原来高度时，形成新的坯壳在潜热作用和应力作用下更容易弯曲，导致坯壳和结晶器壁形成间隙，液态保护渣及时填充，结果就形成了的横向裂纹。

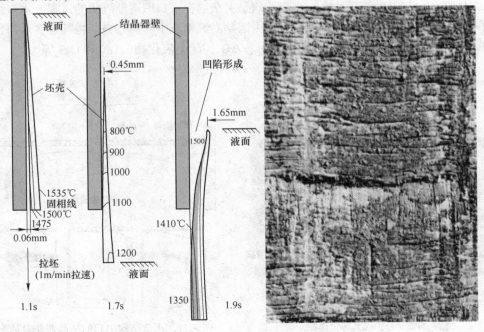

图 7-19　结晶器液面波动对铸坯横向裂纹的形成机理

结晶器液面波动是影响铸坯质量的重要指标。实际生产中，检测液面波动的方法有多种，通过检测液面控制传感器信号、热电偶信号来控制液面波动，其中最常见的有大涡流传感器、辐射检测装置、电磁检测装置和其他检测方法。

7.5　浸入式水口结瘤与防止措施

在连铸生产中，水口结瘤是一类较为常见的冶金现象。水口结瘤物是由液态钢中的非金属夹杂物在流经水口时与水口材料发生一系列复杂的物理化学作用生成的沉积物（如图 7-20 所示）。固态或半固态沉积物在水口表面聚集会带来一系列问题，如影响钢液流动（堵塞或偏流），降低钢液流速，沉积物被钢流冲刷进入钢液引起二次污染等。因此，揭示连铸过程中水口结瘤形成机理并据此提出改进措施，是洁净钢生产中的关键技术之一。

水口结瘤对连铸生产及产品质量会产生重要影响，主要表现为：

（1）水口结瘤会导致钢液流速降低，甚至中断，影响连铸顺行和连铸机作业率，尤其是小方坯定径水口，浇注铝镇静钢时水口堵塞更为严重。为此，生产不得不采用快换水口的办法，但引起的非稳态浇注问题是导致铸坯缺陷的主要原因。

（2）水口堵塞物会造成 SEN 两侧出口钢液流速差异，形成非对称流动（如图 7-21 所示），导致结晶器内流场紊乱和非稳态卷渣现象，同时铸坯窄面的凝固坯壳厚度不均，显著降低了连铸坯表面和内部质量。

（3）水口堵塞物在特定情况下会被钢液冲入钢液，形成大尺寸夹杂物，并被凝固前沿捕获，造成冷轧薄板的表面缺陷。

许多钢种浇注时都发现过水口结瘤的现象，最为典型的是铝镇静钢、Al-Ti 复合脱氧钢、不锈钢等。高温钢液从中间包通过浸入式水口注入到结晶器内，水口形状和构造决定了钢液在水口内部和出口处的流动状态。水口结瘤是夹杂物在水口壁逐渐沉积的过程，水口结瘤发生的外因是钢液在水口内的流动状态，而内因是高温钢液中的固态夹杂物颗粒在水口内部的沉积效应，常见的夹杂物包括 Al_2O_3、TiO_x、ZrO_2、稀土氧化物、TiN 和 CaS 等。

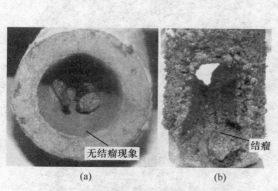

图 7-20　水口内部的沉积物分布

（a）直筒部分；（b）出口位置

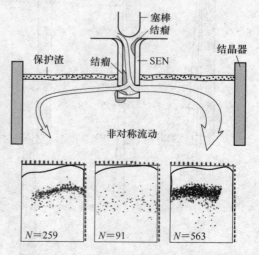

图 7-21　水口结瘤引起的结晶器非对称流动

7.5.1 沉积物特征分析

为了研究水口结瘤的形成机理,首先必须清楚水口沉积物的组成及特征。表 7-1 给出了中间包或结晶器水口中发现的不同沉积物成分。分析可知,除凝钢外沉积物中所有的固态物质都形成于钢液,凝钢的形成显然是由于温度降低引起的。浇注过程中,钢中夹杂物是引起固相物质在耐材表面析出或聚合的主要成分,不同钢种浇注时形成的沉积物也显著不同。此外,水口材质、钢液温度、水口内钢液的流动也会引起沉积物的变化。通常,在水口沉积物中 Al_2O_3 最为常见。

表 7-1 水口沉积物中发现的固相物质

材料成分	特 征
Al_2O_3	连铸铝镇静钢时,夹杂物团聚,析出,以及钢液与水口材质或通过水口吸入的空气反应生成物
$FeO\text{-}Al_2O_3$	铁尖晶石是在凝钢氧化后再与 Al_2O_3 反应得到的,在铝镇静钢中,铁尖晶石不稳定,只有在高的氧化性条件下才能发现
Al_2O_3 和 Ti_2O_3	经常发现于铝脱氧后采用 Ti 处理的钢中,加钛后钢水的二次氧化会形成二氧化钛
$MgO\text{-}Al_2O_3$(尖晶石)	钢包精炼时钢中 Mg 含量增加导致液态钢中形成镁铝尖晶石
TiN	连铸过程中的析出物,通常在不锈钢浇注时发现
TiN 和 $MgO\text{-}Al_2O_3$(尖晶石)	常见于 400 系列不锈钢
$CaO\text{-}Al_2O_3$(固态或半固态)	多见于铝镇静钢不合理的钙处理工艺或钢液的二次氧化
$CaO\text{-}Al_2O_3\text{-}CaS$(固态或半固态)	多见于钙处理铝镇静钢中富硫相的沉积物
$CaO\text{-}Al_2O_3\text{-}MgO\text{-}Al_2O_3$	铝镇静钢中由于溶解 Mg 含量过高生成的沉积物
凝钢	多见于钢液通过水口产生的极端温降

当钢液中包含固态夹杂物时,浇注过程中产生水口沉积是一种完全自然的现象。几乎所有的夹杂物与钢液都是不润湿的,因此,如果夹杂物颗粒之间或夹杂物与耐火材料相互接触就不可避免地产生聚合效应。如同所有的炉渣润湿氧化物表面一样,如果液态夹杂物接触耐火材料表面,将在耐火材料表面铺展,另外,当液相夹杂物对与其接触的耐火材料处于不饱和状态时,夹杂物将与耐火材料反应。这可能会产生两种结果:一是液态夹杂物侵蚀水口材料;二是当液相夹杂物与耐火材料反应后析出固相产物而形成新的聚合物。

水口内壁夹杂物的沉积现象与水口内的温降、钢液温度、钢液成分、水口材质、水口设计等因素有关。由于钢液采用沉淀脱氧方式,固相夹杂物存在具有普遍性,而钢液中存在固相和半固相夹杂物是水口沉积的前提。

7.5.1.1 铝镇静钢水口沉积

在浇注铝镇静钢时,水口结瘤物中的 Al_2O_3 来源如下:(1)高温钢液中悬浮的夹杂物颗粒在水口内部或其附近堆积;(2)水口耐火材料与钢液反应生成新的夹杂物;(3)因水口壁导热使附近钢液温度降低引起 Al_2O_3 析出;(4)扩散、渗入到耐火材料中的空气与钢液中反应的生成物。

　　长谷川等人通过对各种来源的研究认为，上述（3）、（4）项的可能性较小，（1）项为主要来源，（2）项在连铸初期比较重要。有研究者对耐火材料进行浸渍实验发现，网状氧化铝是由水口与钢液反应产生的，由于没有钢液作为比较对象，这种结论较为牵强。但可以认为，在被广泛应用的铝碳质浸入式水口中，由于水口与钢液反应，在水口壁可以生成新的氧化铝夹杂物。

　　Dekkers对铝镇静钢水口沉积物进行了分析研究。他发现水口沉积物主要由原砖脱碳层、致密氧化铝层和堆积氧化铝层（网状或簇群状）组成，氧化铝颗粒、金属颗粒间夹杂有其他杂质成分和物相，如图7-22所示。沉积物可以分为三层，厚度可达1.5cm。沿水口壁向外分别为：厚度为1~2mm的灰色层（第1层），厚度为6mm的过渡层（第2层），厚度约为7mm的浅黄色层（第3层），伴有颗粒的黏合现象。相对来说，第1和第2层比第3层更为致密，沉积物表面被凝钢所覆盖。

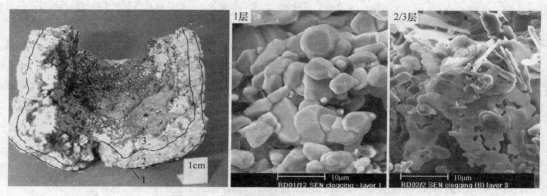

图7-22　铝镇静钢水口沉积物各层形貌

　　扫描电镜分析发现，在第1层中，菱角状颗粒与水口耐火材料骨料的晶粒非常接近，但不含碳元素，基本认定是耐火材料表面形成的脱碳层，很多研究都在水口壁发现脱碳层的存在。Poirier报道水口上部脱碳层的厚度为50~100μm，下部为1mm。耐火材料中的碳在浇钢温度下（1500~1550℃）极易被氧化，使本体表面形成凹凸不平的脱碳层，为Al_2O_3的附着提供了有利的环境。

　　第2层紧邻脱碳层，主要包括两种类型，即耐火材料骨料中的Al_2O_3和沉积的Al_2O_3，呈致密的网络状或簇群状，Al_2O_3颗粒间含有较多微小的铁粒。沉积物中的氧化铝形貌与钢液初始脱氧产物类似，这也说明二者存在关联。致密氧化铝层往外是堆积状氧化铝层（第3层或更靠外），该层结构疏松，含有较多尺寸为300~500μm的气孔。氧化铝颗粒呈堆积状，其组成与钢液中悬浮的Al_2O_3一致，Al_2O_3颗粒间除有较大的颗粒之外，还存在少量细微的铁粒。此外，还有研究者还在两个结构层中发现含有SiO_2、Na_2O、K_2O、CaO、Fe_2O_3等氧化物组成的物相，如刚玉、钙铝酸盐、尖晶石和赤铁矿等。水口内壁沉积的Al_2O_3多以单独形式存在。

7.5.1.2　铝-钛脱氧钢水口沉积

　　与铝镇静钢相比，铝-钛复合脱氧钢水口结瘤倾向更为严重。

　　热力学研究证明，当钛含量较低时，铝钛复合脱氧钢中脱氧产物以Al_2O_3为主。若钢液发生二次氧化，夹杂物将由单一的Al_2O_3变成复合的TiO_x-Al_2O_3夹杂物，与Al_2O_3相比，

TiO_x-Al_2O_3 夹杂物更容易被钢液润湿，钢液会渗入簇群夹杂物孔隙中。Rackers 和 Thomas 证实，钢液渗入夹杂物沉积体中凝固，增加了结瘤物的强度，这种现象会使得水口阻塞进一步恶化。大量研究都证实了钛的二次氧化所形成的夹杂物更容易在水口耐火材料表面沉积，从而导致钢液可浇性下降。

　　Basu 等人提取了含钛铝镇静钢（$w[Al]=0.045\%$，$w[Ti]=0.050\%$）水口结瘤样品，并对其进行微观分析，如图 7-23 所示。大部分结瘤物呈 $80\sim100$mm 高度的锥形体，水口底部的沉积物明显要多于水口直筒部分，这与铝镇静钢水口沉积物的存在规律相同。含钛钢水口沉积物呈白色（图 7-23（a）箭头方向），呈对称分布在 SEN 内部，与钢种无关。图 7-23(b) 是浇注 700t 含钛钢水后从 SEN 底部提取的堵塞物形貌。与铝镇静钢相比，含钛铝镇静钢水口沉积物的特征是：密度更大，呈灰白色，沉积物中有大量凝钢，成分主要是 Al_2O_3、尖晶石或 TiO_x-Al_2O_3。

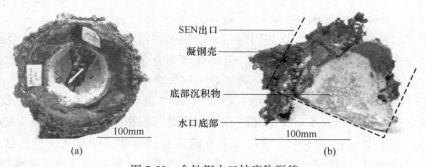

图 7-23　含钛钢水口结瘤物形貌
（a）浇注 10h 的 SEN 横截面；（b）从 SEN 中提取的沉积物形貌

　　上述沉积物成分较为复杂，大多数为纯氧化铝组成的簇状物，其次是尖晶石（MgO-Al_2O_3）夹杂物，沉积物中尖晶石的比例占 $5\%\sim10\%$。此外，还检测出 TiO_x-Al_2O_3 夹杂物和大量贯穿夹杂物的凝钢。图 7-24 给出了典型的氧化铝簇群的微观结构，被沉积物俘获

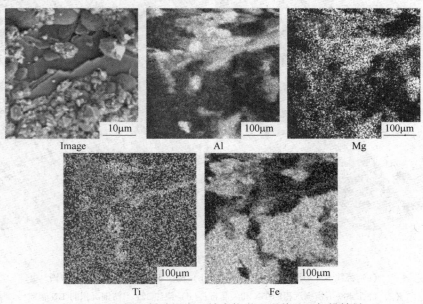

图 7-24　含钛超低碳钢水口结瘤物微观形貌及面扫描结果

的凝钢存在于 TiO$_x$-Al$_2$O$_3$ 附近或内部。Ogibayashi 研究发现，TiO$_x$-Al$_2$O$_3$ 夹杂物极易被钢液润湿，钢液通过包含 TiO$_x$-Al$_2$O 夹杂物的气孔渗入到内部，并且以小块的形式凝结。这样就能解释在含钛铝超低碳镇静钢浇铸过程中，含钛铝夹杂物簇群附近优先形成凝钢的原因。

由以上分析可知，铝钛复合脱氧钢水口沉积的根本原因是钢液的二次氧化。为此，必须对钢液实施好的保护浇注。主要方法如下：（1）强化钢包顶渣改质操作，将渣中 w(T. Fe) 含量降低至 10% 以下；（2）增加中间包碱性覆盖剂的厚度能够部分减少中间包渣对钢水二次氧化的程度；（3）使用含二氧化硅和碱性杂质少的铝碳质水口；（4）使用可还原氧化物（SiO$_2$+FeO$_x$+MnO）含量低于 10% 的碱性中间包内衬材料，保证耐火材料对液态钢的反应惰性。采用上述方法，冷轧含钛铝镇静钢薄板中出现与二次氧化相关的条状缺陷的频率会明显降低。

7.5.1.3 不锈钢水口沉积

不锈钢水口结瘤非常复杂，这是因为在不锈钢水口结瘤物中存在许多类型的沉积物。不锈钢中钛是引起水口结瘤的重要元素，金属钛作为合金元素的主要作用是稳定氮化物，以防止敏化态晶间腐蚀发生。此外，一些工业用铁合金中也含有微量金属钛。

300 系列和 400 系列不锈钢典型水口沉积物如图 7-25 所示。沉积物类型不仅与钢种成分密切相关，还与钢液通过水口处的温降有关，所有沉积物都是由于钢中夹杂物的存在或析出引起的。图 7-25(a) 为 304 不锈钢中发现的典型网络状 Al$_2$O$_3$ 沉积物，这类沉积物可能是由于钢液通过水口产生的二次氧化引起的，也可能是夹杂物自身团聚或钢液与耐火

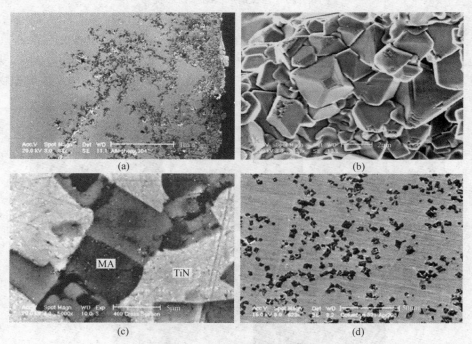

图 7-25　不锈钢水口沉积物类型

(a) 浇注 304 不锈钢沉积的 Al$_2$O$_3$；(b) 浇注 304 不锈钢沉积的铝酸钙

(c) 浇注 409 不锈钢沉积的 TiN 和尖晶石；(d) 浇注 321 不锈钢沉积的 TiN 颗粒

材料反应产生的，在碳钢中最为常见。图7-25（b）为304不锈钢水口中发现的铝酸钙沉积物，出现这种类型沉积物的原因可能是：（1）当液态钢通过水口产生温降导致铝酸钙液态夹杂物中析出固相；（2）因钙含量异常，钢中本身存在固态铝酸钙夹杂物。图7-25（c）为水口中发现的典型复合沉积物，含有镁铝尖晶石（$MgO \cdot Al_2O_3$）和TiN，这种沉积物既有夹杂物的析出又有颗粒间的团聚，因此生长速度最为迅速。

热力学计算可知，TiN在较低温度下析出，因此水口内部的温度分布是导致TiN析出的主要影响因素。图7-25（d）给出了321不锈钢水口沉积物中发现的大量TiN夹杂物，大部分TiN都是镶嵌在金属基体之中，也证实了TiN是从钢液内部析出的。为了揭示TiN的三维形貌，研究者利用酸液将沉积物中的金属基体溶解，如图7-26所示。TiN呈三维网状结构，立方体之间彼此相互连接重叠。

在409不锈钢水口沉积物中，夹杂物类型与321不锈钢有一定的区别。虽然沉积物多数仍然是TiN，但也发现了镁铝尖晶石的存在。图7-27为TiN沉积物立方体上发现的尖晶石夹杂物。如果在TiN立方体和尖晶石颗粒之间存在中间层，可能是由于固相颗粒之间发生化学反应造成的。此外，在TiN立方体之间的连接位置处也经常发现镁铝尖晶石的存在，尖晶石充当了TiN立方体之间连接的桥梁，加速了TiN网络体的形成速度，从而导致更严重的水口结瘤。

图7-26 结瘤物中金属基体酸浸后的TiN形貌

图7-27 尖晶石存在于TiN立方体表面

为了降低不锈钢浇注时水口沉积，可以采取以下方法：

（1）采用优化的钢包吹氩条件，调整钢包渣和中间包覆盖剂碱度和Al_2O_3含量，促进钢中Al_2O_3和TiO_x夹杂物上浮去除。

（2）控制中间包钢水过热度（约10℃），LF吹氩防止钢液翻腾，采用全程保护浇注措施，减少连铸过程中钢水的二次氧化。

（3）控制钢中元素含量，如降低钢中N含量，保持钢中$w[Ti]_\% \cdot w[N]_\% < 3.5 \times 10^{-3}$，可以减少TiN的析出数量，控制钢中$w[Ti]/w[Al]$的比值在2~3之间，避免形成钙钛矿型高熔点物质。

7.5.2 水口堵塞机理

夹杂物在水口内壁沉积、长大是一个复杂的物理化学过程，涉及的影响因素多且相互影响，因此有关水口堵塞的形成机理也众说纷纭，但也有一定的共识。综合国内外研究成果，将水口堵塞机理从以下几个方面进行解释。

7.5.2.1 致密层附着理论

钢液经炉外精炼处理后，纯净度已经很高，但残留在钢中的夹杂物仍然大量存在。水口沉积物除 Fe 外主要是非金属夹杂物，在渣线以下部位，沉积物的主体是脱氧产物。对结瘤水口进行解剖分析发现：未反应的水口耐火材料，在靠近热面处存在一个明显的脱碳层（厚度为 0.1~6mm），然后是一个很薄且致密的复合氧化物反应层（0.1~3mm），且被很厚的沉积物所覆盖，如图 7-28 所示。脱碳层产生的原因是水口加热过程碳的氧化，同时来源于钢液与耐火材料之间的反应。

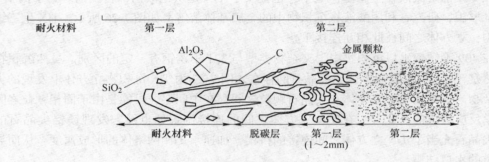

图 7-28　铝镇静钢水口沉积物结构

水口沉积物主要存在于一层很薄的致密复合层上，根据沉积物的形成方式，这一致密复合层被认为是沉积物的起源，通常称为“反应层”。研究表明，这一层主要是由于耐火材料内部反应产生的氧化性气体与钢液脱氧剂发生氧化反应形成的，如二氧化硅被碳还原产生的 SiO 和 CO 气体传递到热面，可以将钢液中的 [Al] 和 [Ti] 氧化，甚至可以使耐火材料靠近的钢液氧化。反应式如下：

$$SiO_{2(耐火材料中)} + C_{(耐火材料中)} \Longleftrightarrow SiO(g) + CO(g)$$

$$3SiO(g) + 2[Al] \Longleftrightarrow Al_2O_{3(沉积物)} + 3[Si]$$

$$5CO(g) + 3[Ti] \Longleftrightarrow Ti_3O_{5(沉积物)} + 5[C]$$

按照上述反应，当致密状氧化铝层形成后，钢液中悬浮的 Al_2O_3 颗粒与致密层接触，由于界面张力作用产生吸引力，且颗粒间长时间接触出现烧结。若钢液排出，就生成网状（或簇群状）Al_2O_3，若钢液未排出，则形成含聚集金属的 Al_2O_3 的结瘤物。关于钢液从氧化铝颗粒间的排出条件，文献给出了如下判定方法：

$$\frac{-\sigma_m \cdot \cos\theta \cdot 4\pi}{r \cdot p \cdot \sqrt{3}} = \left(4 - \frac{2\pi}{\sqrt{3}}\right) + 4\frac{\delta}{r} + \frac{\delta^2}{r^2} \tag{7-6}$$

式中　σ_m——钢液表面张力；

θ——钢液/氧化物颗粒间的接触角；

r——颗粒半径；

p——钢液静压力；

δ——钢液排出引起的临界颗粒间距离。

将临界颗粒间距离（δ）作为颗粒半径（r）的函数绘图，可以判定当颗粒间距离为 20μm 或更小时，可以将钢液从颗粒间排出。另外，大小颗粒混合存在时也更容易使钢液排出，颗粒间一旦生成微小的孔隙，则钢液中的气体成分就会补充进入，由于钢液的静压力减小，所以钢液排出更容易。由此推断，水口沉积物中网状氧化铝是由于钢液从钢和耐火材料界面上生成的氧化铝颗粒中排出而形成的。根据沉积物中含有铝酸钙和尖晶石的现象，有研究者认为除 Si、C 外，耐火材料或钢液中的 MgO、CaO 同样可以与 Al_2O_3 反应，生成高熔点化合物，并以这种生成物为中心产生附着现象。

7.5.2.2 挥发与凝聚理论

对水口结瘤物分析还发现，沉积物中存在 Na、K 等成分。对铝碳质水口在高温下的挥发物研究发现，冷凝的挥发物主要含有 SiO_2、Na_2O 和 K_2O 成分，有研究者提出如下挥发凝聚机理：耐火材料中的碳被氧化或向钢中溶解造成表面脱碳层，耐火材料中的杂质成分，如 Si、Na、K、B 在高温下形成液相，使 Al_2O_3 颗粒黏附在水口壁。因水口内壁呈负压，驱使这些气体流向内壁，并同钢中氧或钢流携带气体氧相遇，氧化成 SiO_2、Na_2O、K_2O、B_2O_3 等低熔点相，并促进 Al_2O_3 颗粒在其表面黏附与烧结，形成含有 Al_2O_3 的致密层，这是附着现象的开始。在此基础上，形成其他结瘤层，外层的沉积以附着为主，其黏附力通过烧结而强化。整个过程如表 7-2 所示。

表 7-2 水口结瘤的挥发与凝聚机理

耐火材料 $p(O_2) = 10^{-17} \text{atm}$	脱碳层	耐火材料-钢液界面 $p(O_2) = 10^{-11} \text{atm}$
$Na_2O(s)+C(s)\!=\!\!=\!2Na(g)+CO(g)$	$C(s)\!=\!\!=\![C]$	$2Na(g)+Al_2O_3+6SiO_2(s)+[O]\!=\!\!=\!Na_2O\text{-}Al_2O_3\text{-}6SiO_2$
$K_2O(s)+C(s)\!=\!\!=\!2K(g)+CO(g)$	$C(s)+[O]\!=\!\!=\!CO(g)$	$2Na(g)+[Al]+6SiO_2(s)+4[O]\!=\!\!=\!Na_2O\text{-}Al_2O_3\text{-}6SiO_2$
$SiO_2(s)+C(s)\!=\!\!=\!SiO(g)+CO(g)$	$[C]+\frac{1}{2}O_2(g)\!=\!\!=\!CO(g)$	
氧化物还原与气体生成	表面溶解与碳的氧化	气体的氧化与凝聚 $Na_2O\text{-}Al_2O_3\text{-}6SiO_2$ 形成

注：1atm=101325Pa。

对铝碳质耐火材料中 SiO_2 含量与 Al_2O_3 附着指数的研究表明，随着耐材中 SiO_2 含量增加，Al_2O_3 颗粒的附着性有增大倾向。同时，不含石墨的 $ZrO_2\text{-}BN\text{-}Si_3N_4$ 材料在试验的不同条件下，均无附着现象。此外，耐火材料中的 Fe_2O_3 也有相同的作用规律。

7.5.2.3 流动滞止理论

水口内钢液中的夹杂物在聚合沉积之前，必须向耐火材料内壁运动。研究表明，流经中间包的夹杂物只有 1%~5%（大约 0.0020%~0.0080%）能够彻底沉积在水口上。一些研究者认为，流体力学状态极大地影响着夹杂物是否沉积，他们认为随着紊流、回流和死区的增加，夹杂物沉积的可能性也增加，因此这会增加夹杂物横向流动的倾向。Wilson 认为尺寸较小的夹杂物（<40μm）对紊流的敏感性最大，这些研究者认为通过降低紊流流动能减轻水口堵塞，即通过降低钢液黏度、减小死区和回流区域来减轻水口堵塞。

向井楠宏考虑了层流底层的界面张力梯度、过渡区作用力、湍流扩散等对夹杂物移动的影响，建立了 $Al_2O_3\text{-}C$ 耐火材料表面夹杂物附着速度的计算模型，如图 7-29 所示。随着钢流距水口壁的距离缩小，钢液经湍流层进入过渡层，最后发展为层流底层。在层流底层内钢液的流速很低，形成流动滞止区。夹杂物颗粒在涡流产生的惯性力作用下被钢液携带进入流动滞止区，速度减慢，由于界面张力的作用，夹杂物易于在耐火材料表面沉积，长时间聚合在一起的夹杂物缓慢烧结形成结瘤物。一旦沉积物开始形成，层流底层（流动滞止区）不断向水口中心发展，导致结瘤物越来越厚。利用该模型，作者还预测了湍流层内的夹杂物（钢水中悬浮夹杂物）到达层流底层被耐火材料壁捕捉的概率，粒径大于 $40\mu m$ 的夹杂物概率几乎为零，低于 $20\mu m$ 的夹杂物的概率约为 30%（如图 7-30 所示）。钢液中悬浮的氧化铝在水口的附着速度约为 $0.75\mu m/s$（30min 移动 1.35mm）。提高拉速或增大水口内径有利于降低水口堵塞的倾向。

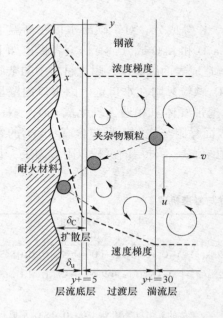
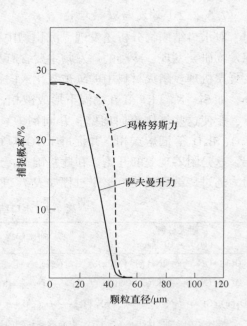

图 7-29　水口内壁夹杂物粒子运动行为示意图　　　图 7-30　不同粒径夹杂物被水口壁的捕捉概率

关于钢液中氧化铝在水口界面的移动机理，Singh 和 Dawson 也认为，在水口附近的边界层内，钢液的流速基本为零，钢液中的悬浊颗粒被微小涡流产生的惯性力送到水口壁，并不是移向水口下方而是黏附在水口表面。若水口壁表面存在 $20\mu m$ 的凹凸时，涡流产生的惯性力将氧化铝颗粒移动到侧壁将更为容易。

7.5.3　水口结瘤的防止措施

通过以上分析，可以将解决水口结瘤的方法概括为：炼钢过程中尽可能少产生固态夹杂物，生成的液态夹杂物在浇注过程中不析出固态夹杂物，这是提高钢水可浇性的基本保证。此外，提高钢液洁净度、钢液钙处理、改变水口材质和结构、改善水口内钢液流动、减少浇注过程温降均可以在一定程度上降低水口结瘤的发生频率。

7.5.3.1　提高钢液洁净度

国外研究者采用镧（La）作为钢液示踪剂对钢中夹杂物与水口结瘤之间的对应关系进行了验证，结瘤中的沉积物主要来自于钢液中的脱氧产物（如 Al_2O_3），由于钢液温度降低而析出夹杂物仅是第二因素。因此，要降低水口结瘤发生就必须从根本上净化钢液、减少夹杂物含量。生产中可以通过减少一次脱氧产物数量，降低脱氧前钢水中氧活度，或者强化钢包"软吹"，对中间包流场进行优化配置，选择合理的顶渣成分有效吸附钢-渣界面处的夹杂物，或者采用物理吸附的方法滤除钢中的大颗粒夹杂物。此外，对钢液进行脱气处理也能减轻水口堵塞。

钢液清洁化效果最典型的报道是在钢液中氧平均浓度为 $5.8×10^{-4}$% 的高纯净钢中吹入氩气，连铸最高炉数可以达到 68 炉。钢液的清洁化减少了钢液中悬浮的氧化铝夹杂物数量，大幅降低了氧化铝与水口壁的接触频率，对控制氧化铝附着具有很大的作用。

7.5.3.2 钙处理

在炼钢过程中广泛使用添加金属钙的方法，可将簇群状氧化物转变为液态铝酸钙夹杂物，这样可以防止在连铸过程中氧化铝在水口壁沉积。根据不同钢种的要求，还需要控制在凝固铸坯中硫化物的形态和尺寸。Pistorius 研究发现，如果夹杂物中包含 50% 以上的液相产物，水口结瘤基本不会发生；Fuhr 认为，当固相夹杂物比例大于 60%~70%，钢水可浇性显著下降（如图 7-31 所示）。可见，保持钢中夹杂物液相化程度具有重要意义。液相夹杂物更容易与钢液润湿，界面张力的吸引力难以发挥作用，即使夹杂物与水口壁接触，也不能维持接触状态，将随着钢流从水口壁脱离。

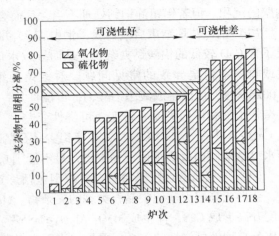

图 7-31　夹杂物中固相分率与钢液可浇性的关系

钙处理过程中，对硫含量要求较高的钢种，氧、硫和钙的反应相互竞争。根据 Fe-Al-Ca-O-S 相图可知，钢液中形成液态铝酸钙的能力主要受硫含量的影响，如图 7-32 所示。当钢液中铝含量为 0.05%，其中硫含量小于或等于 0.006%，可以形成含有 50%CaO 的铝酸钙，而不能形成单独的 CaS；而当硫含量为 0.035% 时，铝酸钙中的 CaO 低于 40%。

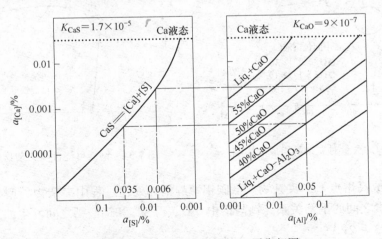

图 7-32　1600℃时 Fe-Al-Ca-O-S 平衡相图

在钙处理过程中，钢液中的钙由以下几部分组成：

（1）氧化物中包含的钙。如果其数量太少，则形成了比氧化铝更容易水口堵塞的固态铝酸钙。

（2）溶解在钢液中的钙。当钢液中铝含量较高时，溶解在钢液中的 Ca 含量越高，大部分钙在钢液凝固时，以 CaS 和（Ca，Mn）S 形式析出。

（3）硫化物中包含的钙。如果超过 CaS 在钢液中的溶解度后，CaS 将在钢液析出，从而引起水口堵塞，并且可能由于剩余钙含量太低不能形成液态铝酸钙。

尽管钙处理可以将固态 Al_2O_3 转变成液态铝酸钙，并在一定程度上降低夹杂物在水口内壁的沉积。但若铝镇静钢钙处理不当，反而会加剧水口堵塞现象，主要原因如下。

（1）钢包精炼结束后喂钙线，钢中 Al_2O_3 并未转变成低熔点 $12CaO \cdot 7Al_2O_3$，而是生成了含 CaO 较低的铝酸钙夹杂物，从而导致水口结瘤，如图 7-33 所示，这是钙加入量不足或收率不稳定导致的常见问题。对铝镇静钢来说，当钢中［Ca］含量为 0.0018% ~ 0.0023% 时，可以生成液态铝酸钙，可浇性好；当钢中 w［Ca］降至 0.0013% ~ 0.0017%，夹杂物由液相区向尖晶石转变，可浇性变差；当［Ca］含量小于 0.0012% 时，形成高熔点 $CaO \cdot 6Al_2O_3$、$CaO \cdot 2Al_2O_3$ 或镁铝尖晶石堵塞水口。生产实践证明，为了降低铝镇静钢水口结瘤倾向，必须保证钢中含钙量不低于 0.0012%。

（2）形成高熔点镁铝尖晶石。在钢包精炼过程中，因炉渣、耐材与钢液间的化学反应，会形成高熔点镁铝尖晶石类型的夹杂物。MgO 降低了铝酸钙中的 Al_2O_3 含量，使 CaO 活度升高形成 CaS，即生成 MgO- Al_2O_3-CaS 夹杂物，导致水口结瘤。图 7-34 为钢中夹杂物成分与钢液可浇性的关系。可见，当钢中夹杂物成分控制为镁铝尖晶石区域，钢的可浇性降低；而当夹杂物控制在液态铝酸钙区域时，钢的可浇性较好，水口结瘤倾向较低。

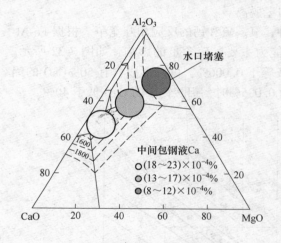

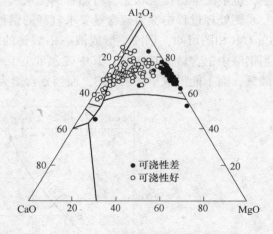

图 7-33　Ca 含量对夹杂物组成的影响　　　　　图 7-34　钢液可浇性与夹杂物成分的关系

（3）生成高熔点 CaS 夹杂物。低碳铝镇静钢钙处理过程中夹杂物类型必须充分考虑 Al-Ca-O-S 元素之间的平衡关系。钙与钢中［O］、［S］和铝酸钙之间发生如下反应：

$$\left(\frac{3-2y}{3x-3y}\right)xCaO \cdot (1-x)Al_2O_3 + \frac{2}{3}[Al] + [S] =\!\!=\!\!=$$

$$\left(\frac{3-2y}{3x-3y}\right)yCaO \cdot (1-y)Al_2O_3 + CaS \quad 0 < x \leqslant 1, \ 0 < y \leqslant 1 \tag{7-7}$$

加钙后既可以生成液态铝酸钙防止水口堵塞，又可以生成 CaS 加剧水口堵塞。因此，

保持什么样的 [Ca]、[Al]、[S] 水平既可以生成液态铝酸钙又能避免生成 CaS 是钙处理的关键问题。铝镇静钢钙处理时，可用 $w[Ca]/w[S]$ 比评价硫化物的变性程度，如表7-3 所示。

表 7-3　$w[Ca]/w[S]$ 与夹杂物变性程度

$w[Ca]/w[S]$	夹杂物芯部	夹杂物外层	$w[Ca]/w[S]$	夹杂物芯部	夹杂物外层
0~0.2	Al_2O_3	MnS	0.5~0.7	$xCaO \cdot yAl_2O_3$	(Ca, Mn)S
0.2~0.5	$xCaO \cdot yAl_2O_3$	MnS	1.0~2.0	$xCaO \cdot yAl_2O_3$	CaS

可见，控制钢中 $w[Ca]/w[S]=0.5\sim0.7$，可以将氧化物和硫化物同时有效变性，生成内芯为 $xCaO \cdot yAl_2O_3$，外壳为 (Ca, Mn) S 的复合夹杂物，提高钢水可浇性的同时，有效降低了夹杂物的危害。然而，当钢中 [S] 含量增加时，钙处理将 Al_2O_3 转变为铝酸钙的反应受到抑制，形成未完全变形的铝酸钙和 CaS 夹杂物堵塞水口。当 [S] 含量为 0.01%~0.015%时，钙处理开始有 CaS 析出；[S] 含量为 0.03%~0.04%时，水口堵塞严重；当 $w[S] >0.1\%$ 时，几乎全部生成 CaS 而不能变性 Al_2O_3 夹杂物，这也是高硫钢钙处理面临的难题。

7.5.3.3　吹氩密封

通过向水口内吹入惰性气体（Ar 气）能显著降低氧化铝夹杂物在水口壁的附着速度，因其方法简单，并且效果显著而被广泛采用。吹氩密封防止水口堵塞的原理为：（1）通过吹氩，可以增加水口内压力，防止空气渗入，减少钢水的二次氧化；（2）吹氩可以在水口壁形成一层氩气薄膜，阻止夹杂物与水口壁的接触，减少夹杂物和水口壁之间的吸附力；（3）氩气泡能吸附夹杂物，并其从水口壁分离并带入结晶器。

氩气通常从设在侵入式水口侧壁上的狭缝或上水口处引入，近年来也常采用中间包塞棒吹氩的方式。生产实践证明，当浇注速度为 3~4t/min 时，吹氩流量一般为 5~7L/min 为宜。当吹氩量较小时，很难起到防止水口堵塞的作用；当吹氩流量过高时，会造成结晶器内液面波动太大，在水口上方部分区域会形成大量破碎的氩气泡导致炉渣乳化，形成乳化卷渣。

此外，对耐火材料进行严格密封也是降低水口结瘤的重要因素。在连铸过程中，要保证耐火材料之间连接尽可能紧密。从钢包滑动水口，到钢包长水口、中间包塞棒、浸入式水口，都要做到严格的密封，以防止钢液吸气引起二次氧化。

7.5.3.4　改善水口材质

水口材质对结瘤具有重要的影响。生产实践证明，浇注铝镇静钢采用 Al_2O_3-C 质水口最容易导致水口堵塞，这是因为 Al_2O_3 夹杂物极易在铝碳质水口壁上沉积。一般来说，当钢液实际浇注流量低于理论流量就认为发生了水口结瘤，可用结瘤因子（η）表征水口结瘤程度：

$$\eta = \frac{Q_h - Q_t}{Q_h}, \ 0 \leqslant \eta \leqslant 1 \qquad (7-8)$$

式中　Q_h——水口理论体积流量；

Q_t——试验测得真实水口流量。

有研究对铝镇静钢采用不同材质的水口进行试验，钢液成分为 $w[C] = 0.06\% \sim$ 0.09%，$w[Al]_s = 0.043\% \sim 0.065\%$，钢液温度为 1585℃。试验结果表明，采用 Al_2O_3-C 质水口最容易堵塞，而采用 MgO、ZrO_2、ZrO_2-C 质水口堵塞因子接近。尽管如此，采用纯的耐火材料价格昂贵，为此国内外研究者进行了多种新型水口材质的开发工作。

作为近年来开发出一项新技术，内部镶嵌水口既可以防止水口结瘤，又可以在一定程度上降低水口生产成本。其原理在水口内衬上镶嵌一层特殊材质，在使用过程中，水口可与沉积在其表面的氧化铝发生反应生成低熔点物质，从而降低了氧化铝颗粒与水口界面的附着性。

日本开发出了添加 BN、ZrB_2、Si_3N_4 等防堵塞材料，还有人研究在 Al_2O_3-C 材质中添加含碱化合物、含 Ca 化合物、氟化物、硼化物、硅酸盐玻璃、磷酸盐玻璃对 Al_2O_3 附着沉积的影响，结果发现加入磷酸盐玻璃、LiF 及芒硝对防止 Al_2O_3 沉积有作用，但不能持久，加入 CaF_2 效果良好且持久，而加入 BN、BC 的作用不理想。

美国 Bethlehem 钢铁公司 Sparrow Point 厂 1998 年在其中间包上安装了白云石质的 SEN 水口，在水口的热面，CaO 含量逐渐降低，并且含有较多的氧化铝。由于存在一层致密的 MgO 薄膜，从而降低了钢水对水口耐火材料的侵蚀和熔损。但 CaO 质水口容易吸潮，需要使用一层防水涂层和改善 SEN 烘烤条件加以解决。

除此之外，还有以下几种典型的水口材质。

A　ZrO_2-CaO-C

用作浸入式水口内侧的 ZrO_2-CaO-C 耐火材料，一般 CaO 含量为 22%，ZrO_2 含量为 55%。使用时，CaO 从 $ZrO_2 \cdot CaO$ 固溶体中析出，与钢液中的 Al_2O_3 反应生成低熔点 Al_2O_3-CaO 或 Al_2O_3-CaO-SiO_2 化合物，这些低熔点物质还没来得及附着在水口内壁上即被钢流冲走，从而避免了水口堵塞，如图 7-35 所示。

使用时将 ZrO_2-CaO-C 材料作为内衬衬在水口内壁，厚度为 5～10mm。该类水口国外已进行了大量研究并投入实际应用，国内的研发工作进展明显，近年洛耐院研制出了 $CaZrO_3$-C 材质的不吹氩防堵塞浸入式水口，在某钢厂浇注 08Al 钢，取得连浇 6～9 炉，使用 4.5～6h 的成绩。但是也有试验说明，这种水口在使用初期效果较高，但浇注时间长之后，堵塞行为变得和普通水口情况一样，甚至更糟。

图 7-35　ZrO_2-CaO-C 复合侵入式水口的反应机理

B　非氧化物材料及氧化物-非氧化物复合材料

这类耐火材料主要包括：SiC、B_4C、Si_3N_4、AlN、BN 和 SiAlON 等。目前，用作抗

堵塞材料的主要有 Si_3N_4-C、Si_3N_4-BN-C、SiAlON-C、SiAlON-BN-C、Si_3N_4-AlN-C 和 Si_3N_4-SiAlON -C 系等，其中 Si_3N_4-C 质水口使用效果良好，连浇铝镇静钢 4 炉未发生堵塞。研究表明：Si_3N_4-BN-C 材质的抗 Al_2O_3 附着效果比 Al_2O_3-C、CG 质好，Al_2O_3 附着厚度分别为 1mm、5mm 和 3mm。

氧化物-非氧化物复合耐火材料目前主要有 O′-Sialon-C 和 SiAlON-C 等复合材料，有学者对 Al_2O_3-C、O′-SiAlON-ZrO_2-C、SiAlON-C、ZCG 水口进行了抗钢水、炉渣侵蚀和抗附着的对比性研究，表明 O′-SiAlON-Z-C 比 Al_2O_3-C 的抗附着性得到显著改善，与 SiAlON-C 的相仿或较好，且抗钢水侵蚀性良好，在浇铸铝镇静钢时可有效消除 Al_2O_3 堵塞，如表 7-4 所示。

表 7-4　四种 SEN 水口材料对比研究

内衬材料	Al_2O_3-C	85:15	75:25	SiAlON-C
		O′- SiAlON- ZrO_2-C	O′- SiAlON- ZrO_2-C	
渣蚀厚度/mm	1.3	3.5	0.9	17.8
钢蚀厚度/mm	1.1	3.6	0.3	11.8
附着指数	3.5	1.8	2.0	2.1

国内研究表明，O′-SiAlON-ZrO_2 复合材料的抗 Al_2O_3 附着能力优于铝炭材料，抗附着性随 O′-SiAlON 含量的增加而增加，而 ZrO_2 含量的增加有利于抗侵蚀性的提高，其抗附着机理是 O′-SiAlON 与 Al_2O_3 高温反应生成液相，在钢水搅拌、冲刷作用下进入钢水。武汉科技大学与宝钢合作进行了 O′-SiAlON -ZrO_2 的原料合成研究，并薄板坯水口进行了应用，表明 O′-SiAlON-ZrO_2-C 质材料具有优良的抗侵蚀性和抗 Al_2O_3 附着性能。

C　低碳或无碳耐火材料

采用低碳或无碳耐火材料，Al_2O_3-C 质水口耐火材料中含有的 SiO_2、K_2O、Fe_2O_3 等杂质相，在高温下被 C 还原成 CO 或 SiO 气体的数量明显减少，从而减少了钢液中新生成 Al_2O_3 在水口内壁附着沉积。Arcelor 在实验室进行测试发现，铝脱氧钢中浸入不同的铝碳质耐火材料并保持旋转状态，使用无碳性内衬材料与常规铝碳质水口相比，无碳水口材料表面沉积物可减少约 30%。

但减少碳含量将降低耐火材料抗高温热震的能力。为此，开发了新型低碳水口耐火材料，这种解决方案是将无碳质耐火材料作为水口内衬，而用传统的耐火材料做水口主体部分。在预热过程中，低碳耐火材料只有很薄一层（约 1~2mm）被氧化，原来的碳结合层由莫来石结合层取代，在原处形成了三层结构：耐火材料基体、中间低碳层和与钢液接触的无碳层。

经过专门设计的低碳水口具有以下性能：（1）与钢液的化学反应性非常低；（2）具有较低的热导率，可以减少耐火材料壁的热损失；（3）降低了钢液对耐材的渗透性能，减少了气体从耐火材料壁通过；（4）具有相对光滑的表面，防止氧化铝夹杂物的附着沉积。

对上述低碳耐火材料进行试验，方法为中间包一侧安装常规 Al_2O_3-C 质水口，另一侧安装新型低碳水口，试验中观察到改进的 SEN 水口上沉积物的数量明显减少，如图 7-36

所示。使用新水口后，在浸入式水口底部的沉积物数量明显减少。和常规水口相比，降低约30%~50%，如图7-37所示。即使当吹氩量降低25%，新型水口沉积物的数量也能达到常规水口的水平。

内衬无碳水口主要通过以下三种方式来减轻水口堵塞：（1）降低来自耐火材料内部反应产生的氧化性气体，减少反应层的厚度；（2）增加绝热性能，减少钢液温度降低导致夹杂物与在耐火材料表面析出；（3）降低表面粗糙度，阻止夹杂物在耐火材料壁上的沉积效应。

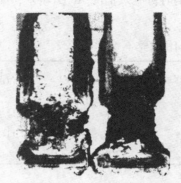

图7-36　两种试验水口沉积物对比
（左一常规水口；右一内衬无碳型水口）

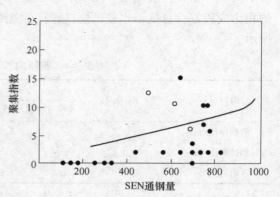

图7-37　低碳水口底部沉积物数量

D　碱性耐火材料

碱性材料具有优良的抗渣及抗钢水性能，尤其是具有净化钢液的作用，是极有前途的连铸用耐火材料。以 $CaZrO_3$ 为主晶相的材料及 CaO 稳定（部分稳定）ZrO_2 的材料均是 ZrO_2-CaO 系碱性材料，现已经开发应用。目前研究重点是尖晶石材料和 MgO-CaO 系材料，利用同步成型法或插入成型法在 Al_2O_3-SiC-C 水口内腔附上一层尖晶石-MgO-C 复合碱性材料，新开发的水口具有抗附着、耐蚀损的良好性能。我国有丰富的天然 MgO-CaO 系材料资源，成本低，MgO 与 ZrO_2-CaO 材料中的 ZrO_2 具有极相似优异的抗侵蚀性能，如能有效解决水化问题，MgO-CaO 材料可应用于防堵塞的水口中。

7.5.3.5　优化水口结构

一般来说，水口内径越小，越容易发生堵塞。大方坯和板坯连铸用 SEN 水口不易堵塞，而小方坯定径水口和薄板坯用异形水口易发生堵塞。

根据前文分析可知，减少水口内部紊流、回流和死区体积分数可以降低夹杂物的沉积效应，从而减轻水口堵塞程度。为此，可以通过改变水口内部结构加以实现，如增加水口内部截面，降低钢流从水口流出速度，去除 SEN 入口处多余的形状改变，在水口内部增设特殊构件，以稳定钢液流速。

1994年，日本品川耐火材料公司开发了环形阶梯水口，并在日本住友金属鹿岛厂的连铸机上应用，如图7-38所示。模型试验研究发现，环形阶梯水口的涡流位置在变化，整个出钢口的内侧被涡流激烈搅动，紊流加大，使夹杂物不能顺利地接触壁面和维持接触壁面，能有效防止堵塞，且消除了水口内的不稳定钢流，净化钢水，改善钢质量。鹿岛厂的对比试验表明，浇注200min时，若采用常规直筒型水口，出钢口周围的沉积物厚度为

10~20mm，而采用环形阶梯水口沉积物厚度一般低于10mm。

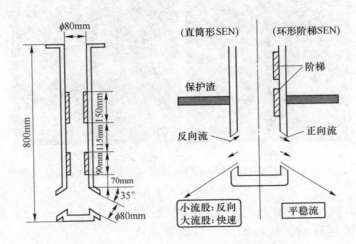

图 7-38 环形阶梯水口示意图

综上，在使用普通浸入式水口连铸时，由于出钢口断面上方存在倒吸返回流，在水口壁形成滞留区，成为 Al_2O_3 夹杂物黏结堵塞水口和钢液卷吸保护渣的一个重要原因。环形阶梯型水口可以有效改善钢水流动，防止 Al_2O_3 夹杂物黏结堵塞和提高钢水质量。

尽管环形阶梯水口可以在一定程度上改善流体流动，但也有研究认为这种安装在 SEN 流钢槽内的阶梯之间很容易形成流动死区，形成堵塞。为此，品川公司在 2002 年提出在水口内腔中安装一定数量的球状凸起，以改善钢液流动，防止水口堵塞。这种内腔凹凸水口的优势在于可以保持出水口钢流的对称流动，减少偏流的发生，即使在滑板不完全开启的状态下依然可以实现钢流的均匀流动，如图 7-39 所示。由于流动的对称性，吹入的氩气泡在结晶器内的穿透深度浅，气泡更容易上浮排出。图 7-40 为环形阶梯水口和内腔凹凸型水口浇注结束后的外观对比。通常情况下，氧化铝夹杂物易在钢液流动的突变区发生沉积，而使用凹凸型水口提高了流动的均匀性，故夹杂物在水口内壁的附着数量也明显减少。

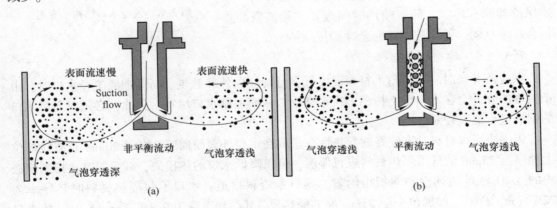

图 7-39 两种水口流动特征对比

(a) 普通水口；(b) 凹凸型水口

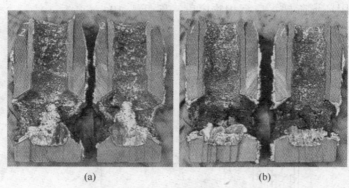

(a)　　　　　　　　　　(b)

图 7-40　两种水口浇注结束后的对比

(a) 环形阶梯水口；(b) 凹凸型水口

在浸入式水口内部制造漩涡流动，可以将夹杂物赶到水口中心高流速区域，从而减缓水口堵塞速度，且钢液流动的压力还可以减少通过 SEN 耐火材料吸入的空气量。根据此原理，日本九州（Kyushu）耐火材料公司、大阪大学（Osaka）和日本工学院（Nippon Institute Technology）联合开发了专利技术——漩流水口，并在日本住友金属实现了工业化应用。这种水口的特点如图 7-41 所示。在常规水口的过渡段插入并固定一个螺旋状的铝碳质旋流器，钢液流经此处，会推动旋流器旋转，从而在水口内部产生漩涡流动。这项技术首先在物理模拟试验中提出并进行优化，随后在方坯、圆坯和板坯连铸机上采用，尤其适用于宽厚板和较高通钢量的情况下使用。生产实践证明，采用该漩流水口后，板坯缺陷指数可降低 80% 以上。

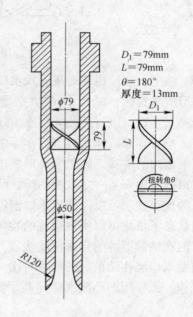

$D_1 = 79mm$
$L = 79mm$
$\theta = 180°$
厚度 $= 13mm$

扭转角 θ

图 7-41　漩流水口结构示意图

尽管如此，这种水口的缺点也是显而易见的。无论是何种耐火材料材质，在高温钢液快速的冲刷下很难保持其原有形状。随着使用时间延长，旋流器的作用会越来越弱，甚至被钢液完全冲刷侵蚀掉。

7.5.3.6　控制钢液温降

在连铸开浇时，水口耐火材料温度低，且持续向外部散热。高温钢液流经水口时，由于温度的降低会在水口壁上析出二次夹杂物，从而加剧水口堵塞。为此，必须对通过水口的钢液进行温度控制。

铝碳质耐火材料具有较好的导热性，采取在水口外表面周围粘贴厚 20mm 及渣线部位上加厚至 25mm 的纤维隔热材料进行保温，可以降低水口的热损失，减少温差，抑制钢液中的 Al_2O_3 浓度达到饱和而析出附着。据日本资料报道：水口不包隔热材料时热导率为 $72W/(m \cdot K)$，如加包一层 25mm 厚的隔热层，其热导率降为 $9.3W/(m \cdot K)$，使水口表面的温度保持在 1430℃ 左右，可有效降低钢液中的夹杂物在水口壁上的析出速度。

7.6　结晶器保护渣

结晶器保护渣是以 $CaO\text{-}SiO_2\text{-}Al_2O_3$ 为主要组成，Na_2O、CaF_2 等为熔剂，炭质材料为骨架材料的一种功能性材料。作为连铸工艺不可或缺的辅助性材料，保护渣在结晶器发挥着重要冶金功能，主要包括绝热保温、防止钢液氧化、吸收杂质、控制传热、促进润滑等作用。自 20 世纪 60 年代首次在连铸结晶器中使用保护渣技术以来，保护渣技术在促进钢种开发、提高铸坯质量及连铸作业效率方面发挥了巨大作用。时至今日，结晶器保护渣及相关技术仍然是冶金工作者关注的重要对象。

7.6.1　保护渣在结晶器中的行为

图 7-42 为保护渣在结晶器中的行为，该过程包含以下三个方面：

（1）保护渣熔化与液态渣池的形成；

（2）液态熔渣流入铸坯与结晶器之间的气隙，发挥润滑和传热作用；

（3）气隙中固态和液态渣膜的形成。

由于保护渣中助溶剂（Na_2O、K_2O、CaF_2）的存在，渣开始软化并形成液相的温度远低于基础物相的熔化温度。当连铸保护渣加入结晶器内，渣料在高温钢液的单向加热作用下很快在结晶器钢液面上熔化并铺展成稳定的层状结构。

结晶器保护渣的熔化过程可以分为四个阶段：

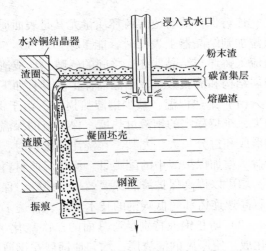

图 7-42　结晶器保护渣熔化结构示意图

（1）添加到结晶器后，保护渣被加热，保持其原有的结构和形态；

（2）随着保护渣中炭质材料的燃烧，一部分基料彼此接触，开始烧结和造渣的过程；

（3）基料部分开始融化，形成由炭粒包裹的液滴，随着炭粒的消耗，熔化的基料开始聚结；

（4）基料的聚结形成液态渣池。

根据保护渣在结晶器中的熔化特性，可以将其归为理想的三层结构。保护渣在钢液面上形成稳定层状结构，对提高铸坯表面质量具有重要意义。钢液面上覆盖一层保护渣后，通过表面散失的热量大大减少，这一功能称之为"绝热保温"。典型的三层结构在钢液表面自上而下分别为粉渣层、烧结层和液态层。粉渣层厚度取决于保护渣的加入速度和熔化温度，一般不小于 25mm，其上表面温度较低，一般低于 500℃。粉渣层以下是烧结层，烧结层的厚度与保护渣的熔化速度有关，熔化速度越慢烧结层越薄，甚至趋于消失。炭质材料是控制保护渣熔化速度的主要物质，因此，烧结层的厚度与炭质材料的消耗速度有关，烧结层内一般也是碳的富集层。液态层的厚度与钢液温度、熔渣的导热系数、保护渣熔化温度和熔化速度均有关系。当工况稳定时，即保护渣的消耗量与保护渣的熔化量达到平衡，液渣层可以控制在一个稳定的厚度，通常为 8~15mm。

　　需要说明的是，结晶器保护渣三层结构是动态变化的。液态渣持续流入铸坯和结晶器之间的气隙中，液渣不断消耗，烧结层下移熔化以补充和维持液渣层厚度，而粉渣层下移为烧结层，这个过程构成了保护渣中三层结构的动态变化。

　　初始熔化的保护渣分布在结晶器四周的弯月面处，由于结晶器的振动，铜壁与坯壳之间产生毛细管作用，在正滑脱周期内，液渣沿着铸坯与结晶器间的通道流入其缝隙之中形成渣膜，渣膜靠近坯壳一侧由于温度较高仍保持液态，而另一侧靠近结晶器壁受到冷却凝结成固态。随着向下拉坯，运动的液态渣膜随着铸坯一起脱离结晶器。流入的熔渣能否形成厚度适中、润滑良好的液态渣膜主要取决于保护渣合理的凝固温度、结晶温度和黏度等因素。一旦润滑效果不佳，铸坯和结晶器之间摩擦力增大，很可能导致拉漏事故。

7.6.2　结晶器保护渣的基本功能

　　连铸保护渣对改善铸坯质量尤其是表面质量，保证连铸顺行有着重要的作用。当保护渣添加到结晶器上表面时，能迅速形成 30~50mm 后的粉渣层、烧结层和液渣层。液态熔渣流入铸坯与结晶器坯壳之间的气隙，形成渣膜。熔渣不断消耗，粉渣不断补充，以维持渣层结构和渣膜数量。结晶器保护渣具有如下五大基本功能：

　　(1) 绝热保温，减少钢液热损失。由于保护渣三层结构的存在，可减少钢液的辐射损失，维持稳定的钢液过热度。保护渣的保温效果，可提高结晶器弯月面温度，减少渣圈的形成和过分长大，尤其是在浇注高碳钢时，提高保护渣绝热保温性能，对改善铸坯质量有益。增加保护渣中的配碳量、优化炭质材料种类、加入发热元素或降低保护渣的体积密度，均可以提高保护渣的保温效果。此外，保护渣的颗粒形态对保温性能也有重要影响，随着高速连铸和超低碳钢的技术要求，普遍采用具有较低体积密度的空心颗粒渣。

　　(2) 防止钢液特别是弯月面的二次氧化。保护渣加入结晶器后，受钢液的加热作用熔化成一定厚度的液渣层，均匀地铺展在钢液面上，能很好地隔绝空气，防止钢液的二次氧化。为了防止保护渣自身对钢液的二次氧化，要严格控制保护渣中 FeO 含量，一般要求保护渣中 FeO 含量低于 1% 以下。

　　(3) 吸收钢渣界面的非金属夹杂物。为了防止上浮到钢渣界面的夹杂物被卷入凝固坯壳，造成铸坯表面或皮下缺陷，液态保护渣应具有吸收和溶解各类非金属夹杂物的能力，这些夹杂物包括 Al_2O_3、TiO_x、TiN 等。上述高熔点夹杂物大量进入保护渣后，会在一定程度上改变液渣的理化性质，如黏度、熔化温度和结晶温度等，从而恶化保护渣对铸坯的润滑和传热功能。已有研究表明，在保护渣中加入 Na、K、Ba、Li 等网络破坏体氧化物，以及加入与 O^{2-} 半径相近的 F^- 可以提高保护渣对夹杂物的吸收能力。此外，为避免保护渣吸收夹杂物后物性的急剧变化，可加入 MgO、BaO 等组元，或降低 $w(CaO)/w(SiO_2)$ 二元碱度，提高渣的综合碱度等。

　　(4) 控制铸坯和结晶器之间的传热速度。在不使用保护渣条件下，在结晶器上部由于坯壳与结晶器壁接触，坯壳冷却速度大；而在结晶器下部，由于凝固坯壳收缩产生了气隙，导致热阻增大。液态保护渣流入结晶器与凝固坯壳间形成均匀的渣膜，可以减少结晶器上部传热速率，加大下部传热速度，从而改善了传热的均匀性。通过对保护渣成分的调整，可以有效控制渣膜的传热速率，如调整保护渣碱度，提高保护渣的凝固温度、析晶温度和析晶率，以降低渣膜的有效热导率，这也是目前中碳钢采用高碱度保护渣的主要原因之一。迄今为止，有关保护渣传热及结晶化作用原理的研究还在不断深入进行中。

（5）改善铸坯润滑条件。液态保护渣流入结晶器与凝固坯壳之间形成渣膜可起到润滑剂的作用，减小拉坯阻力，防止坯壳与结晶器壁的黏结。由于摩擦力的增大会引起纵裂纹指数的上升，因此渣膜的润滑作用越来越重要。保护渣润滑能力，通常用保护渣的消耗量或 ηv（黏度和拉速乘积）来评价。中户参认为，当摩擦力小于 20kPa 时，可以防止漏钢事故。由于渣膜是由固态和液态结构组成，因此，产生的摩擦力分为液态摩擦和固态摩擦两种。在拉速 $v>1.0m/min$ 时，液体摩擦占总摩擦力的 90%，液渣膜的特征直接关系到摩擦力的大小，降低保护渣黏度，增加液渣膜厚度，能减小摩擦阻力。保护渣的消耗量与液态渣膜的厚度呈正比，而与黏度呈反比，消耗量减小将会导致形成的渣膜厚度减薄，使摩擦力增大。在高速连铸中，为了保证良好的润滑性，多采用具有低黏度、低熔点、低凝固温度和良好玻璃态特征的保护渣，这是从保证足够的消耗量及液态渣膜厚度角度出发的。

7.6.3 结晶器保护渣理化性质

保护渣的冶金功能是依赖保护渣的各种理化性质实现的，而保护渣的理化性质又取决于保护渣的化学组成，表 7-5 为结晶器保护渣化学组成范围。保护渣理化性质主要是指保护渣碱度、熔化温度、熔化速度、黏度、结晶温度、表面张力等指标。

表 7-5 结晶器保护渣的化学组成

化学组成	质量分数/%	化学组成	质量分数/%	化学组成	质量分数/%
CaO	20~45	SrO	0~5	F^-	2~15
SiO_2	20~50	MnO	0~5	Na_2O	0~20
Al_2O_3	0~12	Fe_2O_3	0~6	K_2O	0~5
MgO	0~10	TiO_2	0~5	Li_2O	0~5
BaO	0~10	B_2O_3	0~10	Free-C	0~25

7.6.3.1 碱度

保护渣是由各种氧化物组成，氧化物的酸碱性具有明显差异。保护渣各组元中，酸性最强的氧化物是 SiO_2，碱性最强的氧化物是 CaO。最简单的保护渣碱度表示方法是采用 CaO 与 SiO_2 的质量比，即二元碱度：$R=w(CaO)/w(SiO_2)$。

对于 MnO、MgO 含量较高的保护渣，在二元碱度表示式分子中增加 MnO 或 MgO 的质量分数，或乘上碱性组分折算为 CaO 后的系数后加和；对于含 Al_2O_3 较高的保护渣，在二元碱度分母中增加 Al_2O_3 质量分数，或乘上酸性组分折合为 SiO_2 的系数后加和。此外，连铸保护渣碱度的另外一种常用的表达形式是将渣中的 CaF_2 折算为 CaO 进行计算：

$$R = \frac{w[CaO + (56/78)CaF_2]}{w(SiO_2)} \tag{7-9}$$

碱度是衡量结晶器保护渣理化性能的一个重要参数，它是影响保护渣的熔化温度、黏度、结晶温度和吸收非金属夹杂物的主要因素。为保证保护渣冶金功能的发挥，高速连铸保护渣的二元碱度一般控制在 0.6~1.2 的范围内。随着 $w(CaO)/w(SiO_2)$ 增大，保护渣黏度下降，但碱度过高，由于高熔点物质的存在黏度反而会增大。

不同碱度条件下，保护渣吸收 Al_2O_3 的能力是不同的。随着二元碱度增大，保护渣吸收 Al_2O_3 能力增加，但当炉渣碱度 R 大于 2.0 时，保护渣吸收 Al_2O_3 的能力反而下降。这是因为碱度过高，渣中 Al_2O_3 呈酸性，能形成 AlO_2^{9-} 的八面体网络，其顶点的 O^{2-} 容易与 Ca^{2+} 结合，生成钙铝黄长石（熔点为 1590℃），从而使表观黏度增大，溶解 Al_2O_3 的能力下降。

7.6.3.2　熔化温度

保护渣是由各种氧化物与氟化物构成的多组元体系，没有固定的熔点，只有一个熔化区间。熔化温度是反应保护渣熔化特性的重要指标，对液态渣池的形成、保护渣消耗量以及结晶器热流都有很大影响。通常情况下，保护渣消耗量随熔化温度的降低而增加。

选择合理的保护渣熔化温度范围，可依据 $CaO\text{-}SiO_2\text{-}Al_2O_3$ 三元相图选取，如图 7-43 所示。在该三元相图中，存在一个熔点最低的三元共晶点，即 S-CS-CAS$_2$ 点（S 为 SiO_2，C 为 CaO，A 为 Al_2O_3），该共晶点温度仅为 1170℃，该点的成分约为 $w(CaO)=40\%$，$w(SiO_2)=50\%$，$w(Al_2O_3)=10\%$，二元碱度为 0.8 左右。为了获得尽可能低的熔化温度，结晶器保护渣主要成分一般选择在该共晶点附近，熔点大约可以控制在低于 1300℃。

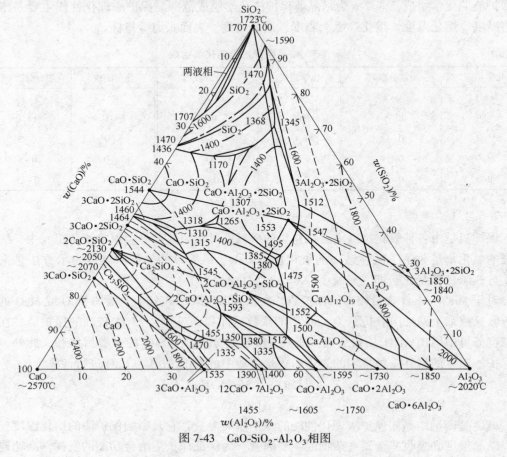

图 7-43　$CaO\text{-}SiO_2\text{-}Al_2O_3$ 相图

目前，国内大多数板坯连铸结晶器保护渣的熔化温度控制在 1050~1200℃ 范围内，高拉速条件下使用的保护渣熔化温度更低，大多数为 900~1100℃ 之间。合理的熔化温度应能使结晶器保护渣在钢液弯月面处保持充分的熔融状态，并使结晶器上部凝固壳表面的渣膜处于黏滞流动状态，起到充分润滑铸坯的作用。

保护渣熔化温度与原料成分、助溶剂的种类和数量以及粉末原料的粒度分布等有关。目前，国内使用的保护渣助溶剂主要有苏打粉（Na_2CO_3）、冰晶石（$Na_5Al_3F_{14}$）、硼砂（$Na_2B_4O_7$）以及含氟材料 NaF、CaF_2 等，上述助溶剂降低熔化温度的顺序为：$NaF>$冰晶石$>$苏打粉$>CaF_2$。

为了满足高合金钢和高速连铸的需要，近年来在保护渣中引入 B_2O_3、Li_2O、BaO 等组分。研究表明，当引入 B_2O_3 质量分数在 10% 以内时，每增加 1% 的 B_2O_3，可降低熔化温度约 25℃。此外，B_2O_3 还能有效促进熔渣呈玻璃态，减轻熔渣的分熔倾向。在高铝钢连铸时（Al 含量为 0.7%~1.5%），为了降低保护渣与钢液之间的反应性，采用以 B_2O_3 代替 SiO_2 也取得了较好的效果。Li_2O 是一种强助溶剂，降低熔化温度的效果明显，即使渣中 Li_2O 含量很低时，对熔化温度也有明显的降低作用，效果优于 Na_2O、B_2O_3、CaF_2。正是由于这个原因，高速连铸保护渣中常配入一定量的 Li_2O，但 Li_2O 价格较贵，配入保护渣会引起成本增加。

7.6.3.3 熔化速度

熔化速度是反映结晶器保护渣性质的一个重要指标，用来衡量保护渣熔化过程的快慢，决定着结晶器保护渣在钢液面上形成的熔融结构。熔化速度的定义有两种方法：一是在特定温度下保护渣单位时间、单位面积上熔化的量，单位为 $kg/(m^2 \cdot s)$；二是保护渣单位时间内形成的液渣厚度，单位为 mm/s。

熔化速度是控制熔渣层厚度、渣膜均匀性和渣耗量的主要参数。保护渣熔化速度过快，结晶器内粉渣层变薄，钢液热损失大，保温效果下降，不仅会导致钢液面产生冷皮，还会使结晶器与坯壳间渣膜厚度不均匀，产生纵裂纹；反之，熔化速度过慢，保护渣消耗量降低，形成的渣膜过薄，不利于铸坯的润滑，易产生黏结漏钢。此外，液渣层厚度减小还可能导致粉渣卷入弯月面，造成铸坯表面夹渣。

保护渣熔化速度主要依靠渣中配入的炭质材料来控制，也称之为炭质材料的"骨架效应"。其作用原理是，炭质材料熔点高，在已熔液滴之间充当骨架作用，使得液滴之间彼此不能聚集成大的液滴，从而控制了保护渣的熔化速度。保护渣熔化速度受以下因素控制：

（1）垂直热流密度，与拉速、过热度、钢液湍流等因素有关；

（2）保护渣粉末中炭质材料的含量；

（3）炭质材料的类型和尺寸；

（4）保护渣中碳酸盐的含量；

（5）保护渣中发热材料的含量与类型。

图 7-44 为结晶器液面上各层碳含量分布图。保护渣基料熔化后聚集要穿过碳质层，才能进入液渣层，熔融结构中液渣层上沿存在积碳层。积碳层的形成是保护渣基料熔化与碳质氧化共同作用的结果。如果碳氧化太快，即不存在积碳层，那么熔化速度由渣基料的熔点决定；若炭质材料含量较高，熔融结构中会产生明显的积碳层，相对基料熔点而言，

积碳层是熔速的主要影响环节。通常认为熔化速度受渣熔化温度与配碳控制，而 Kawamoto 的试验证实熔速与渣熔点无关，实际是更突出了配碳对熔速的控制作用。

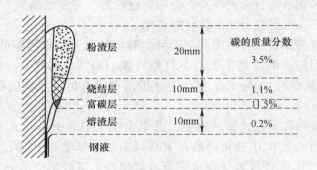

图 7-44　结晶器液面上各层碳含量分布

　　炭质材料的种类较多，用于保护渣的炭质材料类型主要有炭黑和石墨两大类。石墨类包括电极石墨、高碳石墨和土状石墨，石墨颗粒较为粗大，呈片状。用于保护渣的石墨，要求硫化物和氧化铁的含量尽可能低。炭黑是烃类不完全燃烧或热解的产物，形状为近似球形的粒子。

　　结晶器保护渣中加入的碳量越多，相同时间内保护渣的熔化量越少，熔化速度越慢。不同炭质材料对熔速的影响不同，常用炭质材料降低熔速的顺序为：炭黑>高碳石墨>土状石墨。主要原因是上述炭质材料的粒径不同，细炭粒对熔速的控制作用更有效。

　　硅酸盐也是控制保护渣熔化速度的重要物料。硅酸盐含量和类型对保护渣熔速的影响如图 7-45 所示。熔速随硅酸盐含量的增加而加快，其原因是硅酸盐的分解可起到搅拌渣层的作用，从而提高渣层热导率，熔化速度加快。与炭质材料一样，不同碳酸盐对熔速的影响不同，碳酸盐分解反应速度常数 K 越大，熔速越快，几种常用的碳酸盐对熔速的作用次序为：$MgCO_3$>Li_2CO_3>$CaCO_3$>Na_2CO_3> $BaCO_3$。

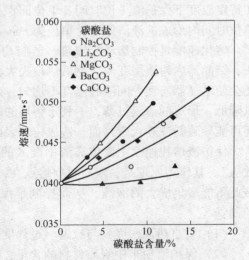

图 7-45　硅酸盐含量和类型对
保护渣熔速的影响

　　炭质材料在控制保护渣熔速方面具有重要作用，但也不可避免地对钢液产生增碳，尤其是超低碳钢尤为明显（$w[C]<0.0020\%$）。目前，在抑制超低碳钢增碳方面的主要研究方向有：（1）抑制铸坯增碳措施，加入氧化剂使碳氧化或采用快速燃烧型碳使碳氧化；（2）开发低碳保护渣，主要是加入强还原物质或采用碳酸盐、碳化物替代部分碳；（3）开发无碳保护渣，即寻找控制保护渣熔化速度的新型骨架粒子，常用的是 SiC、Si_3N_4 或 BN，但价格较为昂贵。

7.6.3.4　黏度

结晶器保护渣黏度是指液渣流动时液层分子之间的内摩擦力，是流体在运动时所表现出的抗剪切变形的能力。黏度是结晶器保护渣的一个重要的物理性质，对铸坯的表面质量有重要的影响。保护渣的黏度与铸坯表面振痕的形状、结晶器铜壁与坯壳间渣膜的形状和性质、熔渣吸收和溶解钢液中上浮的非金属夹杂物能力以及浸入式水口侵蚀程度等密切相关。

目前，国内使用的保护渣黏度（1300℃）一般都小于1Pa·s。板坯连铸保护渣黏度多在0.1~0.5Pa·s，中国方坯连铸保护渣黏度不超过0.5Pa·s，国外多采用高黏度连铸保护渣，黏度为0.5~1.0Pa·s。结晶器保护渣黏度过高和过低都是不利的。黏度过高不利于吸收钢液中的非金属夹杂物，同时拉坯阻力增大，容易导致漏钢事故；黏度过低容易加剧浸入式水口的侵蚀。保护渣黏度的选择要综合考虑钢种、结晶器断面尺寸以及连铸工艺参数等因素，重要的是确保在结晶器和铸坯之间能形成一定厚度而且均匀的渣膜。

对于均匀熔渣，其黏度服从牛顿黏滞流体的规律。黏度（η）取决于移动质点的活化能：

$$\eta = B_0 \exp\left(\frac{E_\eta}{RT}\right) \tag{7-10}$$

式中　E_η——黏流活化能，J/mol；

　　　T——绝对温度，K；

　　　B_0——常数；

　　　R——气体常数，8.314J/(mol·K)。

在硅酸盐体系中，硅氧络合离子的尺寸远比阳离子尺寸大，移动时需要的黏流活化能也最大，因此，$Si_xO_y^{z-}$成为熔渣中主要的黏滞流动单元。当熔渣的组成改变引起$Si_xO_y^{z-}$解体和聚合，从而改变结构时，熔渣的黏度就会相应的降低或增加。

根据不规则网络学说，可将结晶器保护渣中对网络结构发生作用的各种氧化物、氟化物依据其结合键的性质和强度划分为网络结合体、网络外体和网络中间体，其中，B_2O_3、SiO_2和Al_2O_3为网络形成体氧化物；TiO_x和Al_2O_3为网络中间体；MgO、CaO、BaO、Na_2O、K_2O、Li_2O等为网络外体。

碱性氧化物多为网络外体氧化物，可以降低炉渣黏度，其中2价金属氧化物比1价金属氧化物的作用更大，因为在离子物质的量相同的基础上，1价金属（如Na^+、K^+）带入的O^{2-}比2价金属（如Ca^{2+}、Ba^{2+}）带入的O^{2-}的量少。

氟化物在降低炉渣黏度上有显著的作用，因为它引入的F^-和O^{2-}同样起到使硅氧络离子解体的作用。实践证明，氟化物降低熔渣黏度的作用比CaO、Na_2O等碱性氧化物的作用更强。一方面是因为氟化物引入F^-离子，F^-的静电势（$z/r = 0.74$）比O^{2-}的静电势（$z/r = 1.52$）小，并且F的离子半径为$0.14×10^{-10}$m，O的离子半径为$0.13×10^{-10}$m，F^-和O^{2-}离子半径非常接近，F^-的引入能使硅氧络离子充分解体（如图7-46所示）；另一方面，氟化物又能与高熔点氧化物CaO、MgO、Al_2O_3形成低熔点共晶体。提高熔渣的过热度及均匀性，也使黏度得以降低。

根据式（7-11）可知，熔渣的黏度与温度及渣组成有关。下式为试验测定的由光学碱度表示熔渣黏度的一般计算式，可用来估算熔渣的黏度（Pa·s）值。有关光学碱度的概念，请参照其他有关教材和著作，此处不再赘述。

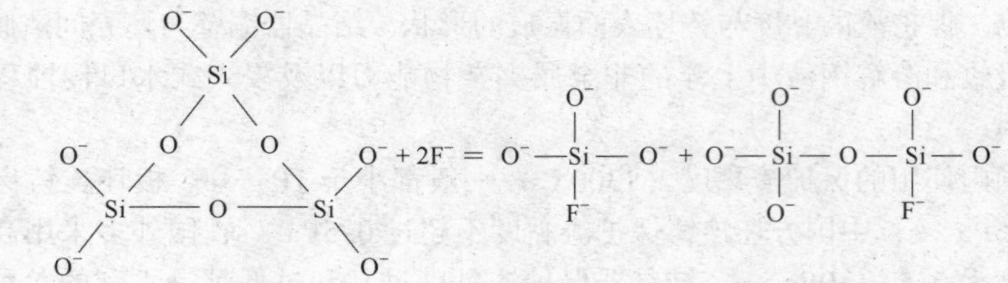

图 7-46　F^- 对硅氧络离子解体作用示意图

$$\ln\eta = \frac{1}{0.15 - 0.44\Lambda} - \frac{1.77 + 2.88}{T} \qquad (7\text{-}11)$$

　　温度是影响结晶器保护渣黏度的一个重要因素。保护渣黏度是温度的函数，在高温条件下，黏度与温度的关系满足阿累尼乌斯方程。温度对黏度的影响体现两个方面，一是供给熔渣内质点流动所需的活化能；二是温度升高使熔渣内部分复合硅氧络离子解体，减少或消除熔渣内的固体分散相，从而降低熔渣的黏度。

　　国外研究者以实验数据为基础，利用回归的方法得到结晶器保护渣（CaO-SiO_2-Al_2O_3-CaF_2-Na_2O）黏度（η）与成分、温度（T）的关系式：

$$\eta = \alpha T \exp\left(\frac{\beta}{T}\right) \qquad (7\text{-}12)$$

式中　α，β——组分摩尔分数的函数，可由下式得到：

$$\ln\alpha = -19.81 - 35.75x(Al_2O_3) + 1.73x(CaO) +$$
$$5.82x(CaF_2) + 7.02x(Na_2O) \qquad (7\text{-}13)$$
$$\ln\beta = 31140 + 68833x(Al_2O_3) - 23896x(CaO) -$$
$$46351x(CaF_2) - 39519x(Na_2O) \qquad (7\text{-}14)$$

α 的单位为 $Pa \cdot s/K$，β 的单位为 K。此式适用于含少量 MgO 和 MnO 的保护渣，并将其折算成 CaO 进行计算，$\ln\eta$ 的计算精度为 ± 0.3。

　　另有研究者比较了 Li_2O、Na_2O、K_2O、F^-、B_2O_3、MgO 含量对降低薄板坯连铸保护渣黏度的影响规律，他们发现：保护渣中 Li_2O 含量为 1%~5% 范围时，能显著降低保护渣黏度并提高其稳定性；以上物质降低保护渣黏度的作用顺序为 $Li_2O > Na_2O > F^- > K_2O$；$B_2O_3$、$MgO$ 含量提高，保护渣黏度降低，稳定性提高。鉴于氟化物对人体和设备有害，今年来开发的无氟保护渣通常以 Li_2O、B_2O_3 代替氟化物，取得了较好的效果。

　　对结晶器保护渣来说，除了关注炉渣本身黏度大小外，还要考虑黏度的稳定性。所谓熔渣稳定性，是指当温度及成分发生波动时熔渣的熔化温度和黏度能保持稳定的能力。图 7-47 为 CaO-SiO_2-Al_2O_3 渣系的等黏度图。从熔渣等黏度曲线上看，等黏度线的间隔越稀，即黏度随时间的变化梯度越小，其化学稳定性就越好；反之，则越差。在 1400~1500℃ 范围内，当熔渣组成为 $w(CaO) = 40\%~55\%$、$w(Al_2O_3) = 5\%~20\%$ 时，黏度具有最小值（小于 $2.0 Pa \cdot s$），此区域也是结晶器保护渣的基础组元的构成。当 CaO 含量增加，黏度迅速变大，表明这种渣具有较差的黏度稳定性。研究表明，助溶剂的加入可以在一定程度上改善结晶器保护渣的黏度稳定性，且种类越多效果越明显。

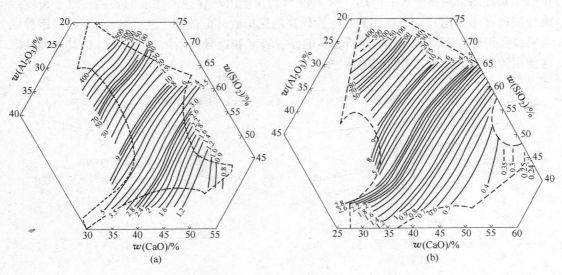

图 7-47　CaO-SiO$_2$-Al$_2$O$_3$渣系的等黏度（Pa·s）图

（a）1400℃；（b）1500℃

7.6.3.5　结晶性能

保护渣的结晶特性包括结晶温度和结晶率两个指标。结晶温度是指保护渣在冷却过程中晶体开始析出的温度，结晶率是指液态渣冷却过程中析出晶体所占的比例。结晶温度是表征连铸保护渣结晶行为的重要指标，控制铸坯与结晶器之间渣膜的分布和结构，是协调传热和润滑的重要参数。关于保护渣析晶行为对连铸过程传热影响的机理，存在以下 3 种观点：

（1）保护渣的析晶行为影响固态渣膜的厚度，渣膜在铸坯与结晶器之间凝固结晶时在凝固界面上形成一定大小的孔洞及微裂纹，从而增加了固态渣膜的厚度，进而增加了结晶器与凝固铸坯之间的热阻，减小了热流密度。

（2）保护渣的析晶行为影响渣膜的结构，增加了固渣膜中晶体的含量，使辐射传热受阻，有效导热系数降低，渣膜热阻增加，热流密度减小。

（3）保护渣的析晶行为影响固态渣膜与结晶器的接触状态，结晶率的提高增大了渣膜的表面粗糙度，渣膜与结晶器壁之间的孔隙率增加，界面热阻显著增加。

根据硅酸盐熔渣理论，熔渣的结晶性能主要与黏度有关，黏度主要影响晶核形成速度和晶体生长速度，从而决定了熔渣的结晶能力。降低炉渣黏度会提高结晶温度，这是因为随着熔渣黏度降低，硅酸盐熔渣结构逐渐疏松，成双四面体结构或孤立岛状结构，容易析出晶核。此外，黏度减小有利于硅酸盐中的晶核扩散与长大。

很多情况下，保护渣结晶温度等同于凝固温度（T_{sol}），结晶温度一般采用同步热分析（DTA）方法测定。保护渣典型的 DTA 曲线如图 7-48 所示。其中 A 渣没有明显的放热峰，说明无晶体析出，保护渣 D、E、F 具有明显放热峰，表现出析晶特征。据报道，DTA 方法得到的凝固温度与黏度转折温度（T_{br}）相近，个别情况下凝固温度比黏度转折温度高 80℃左右。

通常来说，结晶器和坯壳之间凝固渣膜厚度随保护渣转折温度升高而增大，因此，它可以用来控制结晶器的水平传热。图 7-49 为转折温度与保护渣黏度的关系。对于裂纹敏感性钢种（中碳钢）应该使用转折温度较高的保护渣（低热传导速度），而黏结性钢种以及易鼓肚钢种应该使用具有低转折温度的保护渣（快速导热增加坯壳厚度），其他钢种则需使用转折温度介于二者之间的保护渣。

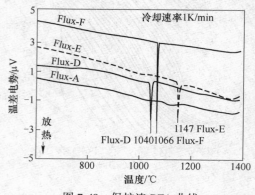

图 7-48　保护渣 DTA 曲线

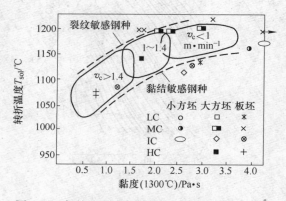

图 7-49　保护渣黏度与转折（结晶）温度的关系

结晶温度（凝固温度）强烈依赖于保护渣的化学成分。一般来说，提高炉渣碱度（$R = w(CaO)/w(SiO_2)$），保护渣结晶温度升高，结晶倾向增大，故降低保护渣碱度能抑制晶体析出；随着渣中 Al_2O_3、MgO、Na_2O 含量增加，保护渣结晶温度降低；随着 CaF_2 含量增加，保护渣结晶温度显著升高。也有研究认为，Na_2O 对结晶温度是起增加作用的。

提高保护渣结晶温度会降低铸坯向结晶器传热速度，为此保护渣应难以析出初晶，即具有良好的玻璃态，这样才能保证渣膜的润滑功能，使铸坯在结晶器内向下运动过程中收到尽可能低的摩擦力。国内外研究者利用 X-射线衍射技术测定了保护渣在凝固过程中析出的晶体种类，主要包括以下 4 种：（1）枪晶石（$3CaO \cdot 2SiO_2 \cdot CaF_2$）；（2）钙铝黄长石（$2CaO \cdot Al_2O_3 \cdot SiO_2$）；（3）硅酸二钙（$2CaO \cdot SiO_2$）；（4）霞石（$Na_2O \cdot Al_2O_3 \cdot 2SiO_2$）。典型的保护渣结晶矿物如图 7-50 所示，按照导热系数大小排列依次为：黄长石 > 枪晶石 > 硅酸二钙 > 霞石。因此，可以根据钢种传热的要求合理配制保护渣，使之在凝固过程中析出特定的晶体种类。

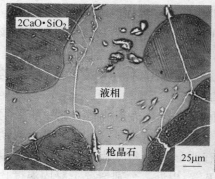

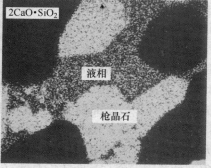

图 7-50　保护渣冷却后的结晶矿物

连铸工艺中，结晶器内保护渣的冷却条件非常复杂。冷却速率是影响保护渣的析晶性能的重要因素，随冷却速率的增大，保护渣结晶温度下降。冷却速率在 $10 \sim 50\text{℃/min}$ 的范围内，结晶温度稍微降低；冷却速率在 $50 \sim 100\text{℃/min}$ 范围内，结晶温度降幅较大。一般认为靠近结晶器一侧温度低，液渣所受急冷强，产生玻璃态固渣层，而靠近坯壳一侧则生成结晶层，玻璃层与结晶层的相对厚度受振动条件的影响。渣膜剪切可强化液渣的结晶，因此引起渣膜厚度减薄的操作条件将增加摩擦力，因剪切力的增加而强化了结晶，故高拉速比低拉速操作结晶更强烈。

7.6.3.6 界面性质力

保护渣界面性质主要包括表面张力和渣-钢界面张力。液体表面的质点总是受到液体内部质点的引力，并力图将它们拉向液体内部，使液体的表面积缩小，因此液体的表面总是处于紧张状态，作用在单位长度上的力成为表面张力。

一般来说，冶金熔渣的表面张力值为 $0.3 \sim 0.8\text{N/m}$，结晶器保护渣的表面张力一般取其下限，要求不大于 0.35N/m。保护渣在结晶器内的状态和连铸坯质量的改善都涉及保护渣的界面性质，主要表现为以下几个方面：

（1）液渣与结晶器接触，总希望液渣不润湿结晶器铜壁，液渣应尽可能少地黏结在铜壁上，以保证液渣能均匀、顺利地流入结晶器与铸坯间的气隙，发挥润滑和传热功能。

（2）液渣流入气隙后有一部分附着在凝固坯壳表面，起到流体润滑的作用，这个过程也要涉及液渣对凝固坯壳的润湿行为。

（3）铸坯从结晶器拉出，坯壳上特别是振痕深处附着的渣皮应具有良好的剥落性。

（4）在液渣与钢液接触的界面，特别是弯月面附近的界面状况是否干净也受到液渣与钢液、液渣与夹杂物的界面性质的影响。要是液渣能快速吸收和溶解弯月面处的夹杂物如 Al_2O_3、TiO_x、TiN 等，必须使液渣对这些夹杂物保持良好的润湿性，以防止夹杂物在弯月面处被卷入凝固壳。

（5）液渣与钢液的分离也与两相接触角有关。当钢液对熔渣的润湿性较差时，可以降低液态渣滴在钢中的乳化程度，使液滴脱离钢液聚集上浮，减少钢中夹渣和表面缺陷。从有利于分离钢中夹杂物观点出发，钢液的表面张力应尽可能大，熔渣的表面张力应尽可能小些。

液渣的表面张力取决于其化学成分。保护渣是多种氧化物构成的复合熔体，表面张力与各氧化物的表面张力因素有关。由于 O^{2-} 的半径比阳离子大，在形成熔体时，表面主要被 O^{2-} 占据，氧化物的表面张力主要取决于阳离子对 O^{2-} 的作用力，阳离子的静电势值越大，作用力越强。因此，Na_2O、K_2O、Li_2O、BaO 等氧化物具有较小的表面张力。而对 MnO、MgO、CaO、FeO、Al_2O_3 等氧化物，它们的阳离子具有较大的静电势值，对 O^{2-} 的作用力也较强，因此这些氧化物具有较大的表面张力。对于 TiO_2、SiO_2、P_2O_5 等氧化物，由于阳离子的静电势很大，使 O^{2-} 被强烈地吸引而形成具有共价键结构的复合阴离子。这些复合阴离子的静电势较小，被排挤到熔体的表面，降低了熔体的表面张力。因此，根据氧化物中阳离子的静电势可以判断氧化物熔体的表面张力。熔渣的表面张力可用氧化物的表面张力计算得到，如下式所示：

$$\sigma = \sum \sigma_i x_i \tag{7-15}$$

式中 σ_i——i 物质的表面张力因子，N/m；

　　x_i——i 物质的摩尔分数。

保护渣中常见氧化物的表面张力如表 7-6 所示。

表 7-6 保护渣中常见氧化物的表面张力因子

常见氧化物	CaO	MnO	FeO	MgO	Al$_2$O$_3$	SiO$_2$
σ_i/N·m^{-1}	0.614	0.635	0.570	0.512	0.640	0.285

对熔渣界面性能更为重要的是熔渣和钢液的界面张力。当两凝聚相（液-固、液-液）接触时，相界面上两相质点间出现的张力称为界面张力。液渣、金属间的界面张力在 0.2~1.0N/m 范围内，与两相的组成及温度有关。界面张力是保护渣配制过程中必须考虑的因素之一。连铸过程中渣-钢界面张力影响弯月面初始凝固坯壳的形成以及结晶器与铸坯间渣膜的形成。较低的界面张力会增加渣-钢界面夹渣的可能性，过高的界面张力则易使凝固过程中钢液内产生的气泡在渣-钢界面卡住，以上两种情况都会导致铸坯的表面和皮下缺陷。

图 7-51 为三相（气、两液、固）平衡时接触点三个张力的平衡关系。接触角 θ 或 α 是润湿角，表征了一液相沿另一液相铺展或润湿的程度。θ 或 α 越小，则铺展或润湿程度越大，而其间的界面张力就越小。

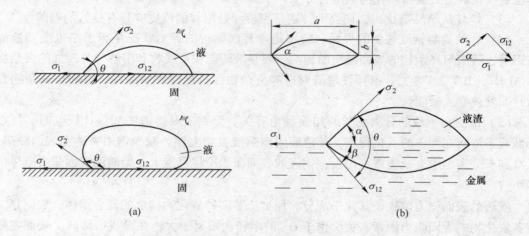

图 7-51 三相界面张力平衡图
(a) 气-液-固三相；(b) 气-液-液三相

三个张力在接触点平衡时，有如下关系：$\boldsymbol{\sigma}_1 + \boldsymbol{\sigma}_2 + \boldsymbol{\sigma}_{12} = 0$，这称之为 Neumann 三角形原理，即一个张力必须小于其他两个张力之和，否则三个张力不能同时共存。由图 7-51 中的平衡关系，可得如下界面张力的计算式：

$$\sigma_{12} = \sigma_1 - \sigma_2 \cos\theta \tag{7-16}$$

$$\sigma_{12} = \sqrt{\sigma_1^2 + \sigma_2^2 - 2\sigma_1\sigma_2\cos\alpha} \tag{7-17}$$

当两相完全润湿时（$\theta = 0$），这时可由两相的表面张力来计算界面张力；当 $\theta > 90°$，液相部分发生润湿，而界面张力增大；当 $\theta = 180°$ 时，液相完全不发生润湿，界面张力达最大值，等于两相表面张力之和。温度提高能使接触角减小，润湿程度增加。

引发界面张力的保护渣组分可分为两类：一类是不溶解或极小溶解于钢液中的组分，如 CaO、SiO_2、Al_2O_3 等，不会引起 σ_{12} 的明显变化；第二类是能分配在熔渣与钢液间的组分，如 FeO、S、MnO、CaC_2 等，对 σ_{12} 的降低作用很大。因为这些组分中的非金属元素能进入钢液中，使钢液和液渣的界面结构趋于相近，降低了表面质点力场的不对称性。特别是钢液中的氧，对 σ_{12} 的降低起着决定性的作用。

7.6.3.7 夹杂物吸收能力

连铸过程中，由于钢液脱氧、二次氧化、钢-渣界面反应及耐火材料侵蚀剥落等方式产生夹杂物，其中在钢液流场的作用下，一部分夹杂物会在结晶器内上浮，因此要求液态保护渣能对钢渣界面上积聚的夹杂物迅速溶解吸收。若夹杂物不能及时排除，不仅会破坏液渣的均匀性和流动性，还会影响保护渣顺利流入结晶器和铸坯之间的气隙，严重恶化保护渣的润滑性能。此外，聚集在钢渣界面处的夹杂物还可能随钢流卷入坯壳中，产生表面和皮下夹杂等缺陷。此种现象在连铸铝镇静钢、含 Ti 不锈钢和其他一些高合金钢时显得更为突出。因此，提高保护渣对钢中夹杂物吸收能力，是高质量保护渣开发的重要内容。

氧化铝是钢中最常见的非金属夹杂物。国内外研究表明，连铸铝镇静钢时，保护渣应具有以下性能：（1）保护渣尽可能多吸收 Al_2O_3；（2）保证结晶器散热均匀，以防止铸坯表面纵裂；（3）保护渣吸收大量 Al_2O_3 后仍能保持足够的润滑和传热功能。

连铸过程中，液态渣池内 Al_2O_3 的质量平衡可用下式表示：

$$\frac{\mathrm{d}C}{\mathrm{d}t} = \frac{C_0 R + 100\alpha - CR}{W} \tag{7-18}$$

式中　C ——熔渣内 Al_2O_3 质量分数，%；

　　　C_0 ——熔渣中原始 Al_2O_3 质量分数，%；

　　　α ——熔渣吸收 Al_2O_3 的速率，g/s；

　　　R ——保护渣消耗量或供给率，g/s；

　　　W ——熔池总渣量；

　　　t ——时间，s。

由上式可见，在熔渣层厚度、保护渣消耗量、拉速一定的条件下，熔渣吸收 Al_2O_3 的量主要取决于 α。图 7-52 为其他条件一定时，根据上式计算得到的不同 α（或 β）的保护渣，Al_2O_3 随时间的变化。图中 α 和 β 具有相同的意义，β 的单位是 $g/(cm^2 \cdot s)$，是表征保护渣吸收 Al_2O_3 的能力，其值主要受保护渣化学成分的影响。

碱度是影响保护渣溶解 Al_2O_3 能力的主要因素，随炉渣碱度提高，吸收 Al_2O_3 的能力增加。当 $w(CaO)/w(SiO_2)$ 为 $1.0 \sim 1.1$ 时，吸收速度最快，但当 $w(CaO)/w(SiO_2)$

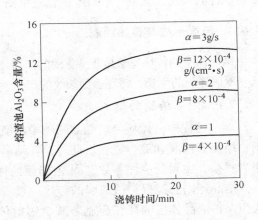

图 7-52　熔渣池内 Al_2O_3 浓度变化的计算值

>2.0 后，吸收 Al_2O_3 的速度反而下降。这是因为碱度高的炉渣中 Al_2O_3 形成了铝氧八面体，其顶点上的 O^{2-} 容易与 Ca^{2+} 结合，析出钙铝黄长石（$2CaO \cdot Al_2O_3 \cdot SiO_2$）的初晶，从而增大了炉渣黏度，故溶解速度下降。保护渣中 F^- 和 Na^+ 的含量对吸收 Al_2O_3 的能力也有明显的影响，提高保护渣中 F^- 和 Na^+ 的配入量，吸收 Al_2O_3 的速度明显加快。这是因为 F^- 和 Na^+ 均能使复合硅氧络离子团解体，从而大幅度降低渣的黏度，且加入 F^- 的效果比 Na^+ 更好。此外，B_2O_3、BaO、MnO 对保护渣吸收 Al_2O_3 的能力也有不同程度的促进效果。根据国内外研究经验，在提高保护渣吸收 Al_2O_3 速度方面，各种助熔剂的能力大小按顺序排列如下：B_2O_3>CaF_2>Na_2O>BaO>MnO。

含钛夹杂物是连铸含钛不锈钢、钛稳定 IF 钢和其他一些钛处理钢常见的夹杂物，含钛夹杂物主要包括 TiO_x 和 TiN 两类。TiO_x 被保护渣吸收后易析出高熔点钙钛矿（$CaTiO_3$），这些高熔点物质在钢渣界面大量聚集，会形成"冷皮"，并引起铸坯的皮下夹杂、气孔等缺陷。为此，必须设计成分合理的结晶器保护渣，保证其既能有效吸收 TiO_x，同时又能避免生成 $CaTiO_3$。对于此类保护渣，一般要求二元碱度不能超过 0.8，采用 BaO 部分代替 CaO、保护渣中配加含硼矿物（如 $Na_2B_4O_7$ 和 B_2O_3 等）等措施。含硼矿物是很好的助溶剂，不仅能降低保护渣的熔化温度，同时也能减低炉渣黏度，更为重要的是，渣中 B^{3+} 能显著提高 TiO_x 在渣中的饱和溶解度。此外，B^{3+} 还可以弱化保护渣中 TiO_x 的析出倾向，防止高熔点钙钛矿生成。

钢渣界面上的 TiN 或 TiCN 的去除是一个较为困难的问题。根据文献报道，硅酸盐渣对 TiN 具有良好的润湿作用。但一般来说，硅酸盐渣不大可能溶解 TiN，只有渣中含有数量足够的强氧化物才能溶解 TiN。Hasegawa 在研究含钛不锈钢板坯质量时发现，保护渣中含有一定量 Fe_2O_3 或 MnO 可以促进 TiN 在渣中溶解，其化学反应式为：

$$2TiN(s) + 4(Fe_2O_3) \Longrightarrow 2(TiO_2) + 8Fe + N_2$$
$$2TiN(s) + 4(MnO) \Longrightarrow 2(TiO_2) + 4Mn + N_2$$

在冷却的保护渣中发现了较多气孔（N_2），从而证明了上述反应的存在。但是，保护渣中一般不允许含有过多铁氧化物，以防止对钢液产生的二次氧化。为了提高保护渣对 TiN 的吸收和溶解，目前合理的做法是采用双渣浇注，即开浇时采用含 Fe_2O_3 大于 15%的氧化渣，正常浇注时采用含大量 F^- 和 B^{3+} 的低黏度渣，基本可以消除钢液表面产生的"冷皮"。

7.6.4 渣膜形成与传热控制

结晶器中的传热现象是非常重要的。铸坯与结晶器间的传热可以影响振痕深度、针孔的形状、凝固坯壳的生长、铸坯表面裂纹的产生、液渣向结晶器与铸坯间通道的填充以及润滑等。

7.6.4.1 渣膜的形成

连铸过程中，铸坯与结晶器间隙中的渣膜在弯月面以下有三层组成，分别为玻璃态渣膜、结晶态渣膜和液态渣膜。此外，在结晶器下部由于坯壳凝固收缩产生气隙，传热机制相当复杂，主要受浇注参数、固-液渣膜的性质及钢渣界面热阻等因素的影响。

结晶器内通过保护渣渣膜的传热一般有两大机理：晶格传热和辐射传热。研究者通常认为保护渣晶体层的存在会显著减少辐射传热。Cho 等人认为晶格层的存在对结晶器-渣膜界面热阻的影响要大于对辐射传热的影响，热阻可以分解表达为一系列的阻力，如图

7-53 所示。其中最重要的部分是结晶器-渣膜界面热阻（$R_{Cu/sl}$）及受到渣膜厚度影响的晶格传热系数。

　　渣膜的特征很大程度上与温度和保护渣组分有关。图 7-54 为国外研究人员提取的中碳钢渣膜，其位置位于结晶器弯月面以下 8mm。左侧为保护渣 B（$w(CaO)/w(SiO_2)=1.5$），右侧为保护渣 C（$w(CaO)/w(SiO_2)=1.8$）。在保护渣 B 中，紧靠结晶器壁存在 $200\sim300\mu m$ 的细小结晶层，玻璃相分布在结晶层右侧；对保护渣 C，紧靠结晶器壁为细小的结晶相，而沿着渣膜厚度方向上为长的柱状晶。这说明保护渣成分对渣膜结构有重要的影响。

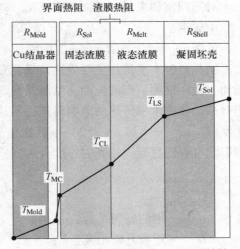

图 7-53　影响结晶器水平传热的热阻结构

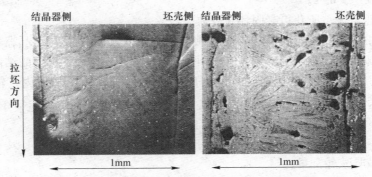

图 7-54　结晶器纵界面渣膜形貌（弯月面以下 8mm）

7.6.4.2　渣膜的传热与热阻

　　渣膜厚度很大程度上受凝固温度控制。渣膜与结晶器间的气隙降低了热传导效率，各种传热阻力的大小表示在图 7-55 中。研究证实，结晶器-渣膜界面热阻（$R_{Cu/sl}$）的值约为 5cm²·K/W。图 7-55 显示，$R_{Cu/sl}$ 随渣膜厚度的增大而增加。浇注中碳钢时的界面热阻比低碳钢要大，并随结晶度的增加而增加，占总热阻的 50% 左右。

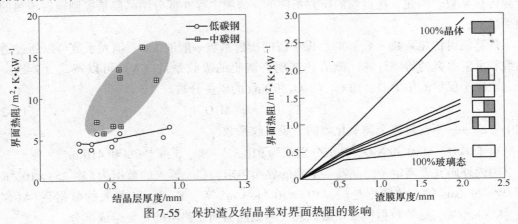

图 7-55　保护渣及结晶率对界面热阻的影响

对不同钢种来说，界面热阻（$R_{Cu/sl}$）按下式计算：

中碳钢：　　　　　$R_{Cu/sl} = 16.4d_{crys}$，$d_{crys} = 0.4 \sim 0.9mm$　　　　　　（7-19）

低碳钢：　　　　　$R_{Cu/sl} = 2.94d_{crys} + 3.5$，$d_{crys} = 0.3 \sim 1.0mm$　　　　（7-20）

结晶器内水平传热主要受连铸工艺参数的影响，主要包括：连铸拉速、过热度、电磁制动、浇注钢种、钢液流动、结晶器振动、振痕特征等，其中以拉速的影响最为显著。拉速对结晶器内水平传热的影响机理还不甚清楚，但提高拉速会导致如下结果：（1）热流速度（J/（$m^2 \cdot s$））加大；（2）钢液在结晶内停留时间短导致热通量（J/m^3）减小。拉速的影响可以通过凝固坯壳的厚度（d_s）来研究，如下式所示：

$$d_s = K\sqrt{\frac{D}{V_c}} \qquad\qquad (7-21)$$

式中　K——钢的凝固系数，mm/$min^{1/2}$；

　　　D——距弯月面距离，m；

　　　V_c——拉速，m/s。

可见，拉速增大，所获得凝固坯壳变薄。

在结晶器中下部，由于渣膜的凝固（或结晶）收缩，在渣膜与结晶器铜壁之间会产生气隙，由气隙产生的热阻会显著影响水平传热，等同于增大了渣膜的结晶率及渣膜厚度。结晶率高、结晶层厚的渣膜辐射传热系数会明显下降。在气隙内，辐射传热系数（k_R）可用下式表示：

$$k_R = \frac{16Kn^2T^3}{3E} \qquad\qquad (7-22)$$

式中　K——玻耳兹曼常量；

　　　n——折射系数（一般取 1.6）；

　　　T——温度，K；

　　　E——消光系数或液态渣膜及玻璃态渣膜的吸收系数，m^{-1}。

可见，消光系数对辐射传热是一个非常重要的参数，通常受渣膜结晶率大小的控制。一般来说，渣膜的结晶率越高，结晶层厚度越大，消光系数越大，辐射传热系数越小，甚至会降低至传导系数的 10% ~ 20%。即使渣膜全部为玻璃态，辐射传热系数还是会远小于传导传热系数。因此，在目前的研究条件下，渣膜中存在部分结晶层是控制辐射传热的有效手段。

计算辐射传热系数（k_R）时，保护渣的折射系数一般取 1.6，消光系数可以通过透射系数和反射系数的检测计算。液渣和玻璃态渣膜的吸收系数（E）可以按式（7-23）计算，取决于保护渣中 FeO、MnO、Cr_2O_3 和 NiO 的质量分数。

$$E = E_0 + K \cdot w(M_xO_y) \qquad\qquad (7-23)$$

式中　E_0——不含过渡金属氧化物的渣膜吸收系数。

对于 FeO、MnO 和 NiO，K 值分别取为 910$m^{-1} \cdot$%、5 $m^{-1} \cdot$% 和 410 $m^{-1} \cdot$%。

国内外研究者测定了结晶器—渣膜的界面热阻，Cho 等人的数据为 $(5 \sim 25) \times 10^{-4}$K $\cdot$ m^2/W，Shibata 等人的数据是 $(5 \sim 10) \times 10^{-4}$K $\cdot$ m^2/W，Yamauchi 等人的数据是 $(4 \sim 8) \times 10^{-4}$K $\cdot$ m^2/W，这些数据构成了凝固坯壳与结晶器间总热阻的重要组成部分。

7.6.4.3　保护渣结晶率与传热的关系

由以上分析可知，连铸保护渣结晶性能是保护渣渣膜控制传热的重要参数。渣膜中的结晶物质的量取决于化学成分和冷却制度，可通过时间-温度转变曲线（Time Temperature Transformation，简称 TTT 曲线）来确定。TTT 曲线可由矿相法以及单、双热电偶法测得，保护渣典型的 TTT 曲线如图 7-56 所示。结晶组分的数量可以通过光学显微镜法测定，该技术的优点是试样量较少，升降温度快，可以更好地模拟结晶器中渣膜经历的冷却过程。

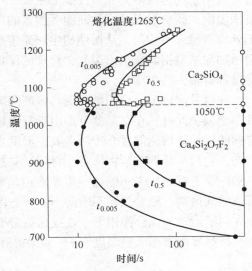

图 7-56　连铸保护渣的 TTT 曲线（热丝法）

关于结晶器保护渣对结晶器与铸坯之间传热的机理目前还不甚清楚，主要存在以下观点：

（1）较高的结晶温度能在结晶器与铸坯之间形成较厚的结晶层，该结晶层成为热流传递的屏障，从而实现缓冷过程；

（2）结晶特性通过消光系数作用来降低辐射热阻，因而降低了总热流；

（3）结晶相在坯壳与结晶器之间析出和长大时，会在凝固膜上产生"孔洞"（见图 7-54 所示），这些结晶相包括枪晶石（$3CaO \cdot 2SiO_2 \cdot CaF_2$）、钙铝黄长石（$2CaO \cdot Al_2O_3 \cdot SiO_2$）、霞石（$Na_2O \cdot Al_2O_3 \cdot 2SiO_2$）等。凝固渣膜中的孔洞会降低表面热流和均匀外部横向热梯度。

生产实践证实，结晶器漏钢与保护渣矿相结构有明显的对应关系，发生黏结漏钢时，漏钢的坯壳上往往会附着着枪晶石的树枝晶。过往的经验表明，不同的晶体类型具有不同的导热系数和热阻，从而影响着铸坯的凝固和传热。常见的矿物相的导热系数顺序为：硅灰石>钙铝黄长石>尖晶石>霞石。增大保护渣碱度使硅灰石消失，而尖晶石和霞石相区扩大，可以降低热导率，从而使结晶器内总热流减少，降低裂纹产生的概率，包晶钢用保护渣采用较高的碱度正是基于此理论而设计的。

结晶矿相的数量和形态很大程度上还与冷却速度有关，冷却速度越快，晶体析出比例越小。在实际生产中，结晶器内温度场分布复杂，温度梯度在不同时间和不同位置变化很大，因此，熔渣流入铸坯和结晶器壁之间，最终渣膜的形成特征都有很大差异。

7.6.5　保护渣的润滑功能

结晶器的润滑与传热是控制铸坯质量、提高连铸生产效率最为关键的两大因素。连铸保护渣在结晶器内的重要作用之一是在结晶器和凝固坯壳之间的缝隙内形成渣膜，控制铸坯向结晶器传热，保证连铸坯表面质量，同时渣膜也要尽可能地润滑铸坯，保证拉坯顺行。渣膜的厚度、分布均匀性及凝固结构对传热和润滑都有重要的影响。

7.6.5.1　保护渣消耗量计算

保护渣消耗量是评价保护渣润滑性能的指标，通常用 kg/t 或 kg/m² 来表示。由于摩擦力和渣膜厚度在实际生产过程中难以准确获得，因此与渣膜厚度有直接关系的保护渣消耗量常被用来作为检测其润滑性能的主要手段。保护渣消耗量受黏度、拉速、结晶器振动、凝固温度、碳含量以及浇注断面等因素的影响。保护渣消耗量过低和过高都容易造成弯月面处液渣流入不均匀，从而使初生坯壳传热不良，导致铸坯产生表面缺陷，消耗量过低还会增加黏结漏钢的概率。因此，合理的保护渣消耗量对防止漏钢事故以及提高连铸坯表面质量都有很大的作用。

在弯月面以下，位于结晶器与铸坯间隙的渣膜包括三层：玻璃态渣膜、结晶态渣膜和液态渣膜，此外，在结晶器下部由于凝固坯壳的收缩产生气隙。如果结晶器壁与凝固坯壳之间的保护渣熔化温度介于两者表面温度之间，渣膜靠近结晶器一侧在一定厚度内仍保持液态，它与结晶器壁紧密依附，将随结晶器一起上下振动，滞留在结晶器中基本上是非消耗的。靠近凝固坯壳一侧在一定厚度内呈液态，它与凝固坯壳之间是液-固摩擦，液渣是有效的润滑剂，随着拉坯不断向下，液态保护渣层在自身流动和结晶器壁的上下振动以及坯壳向下运动的综合作用下，连续地被带出结晶器，这就涉及保护渣消耗量的问题。

结晶器内液态渣膜厚度（d）和保护渣消耗量 Q 按式（7-24）和式（7-25）计算：

$$d = 79.1 \frac{S^{0.3} t_p^{0.12}}{v_c^{0.6} T_m^{0.9} t_f^{0.08}} \tag{7-24}$$

$$Q = \frac{\rho d}{2} + \frac{\rho g \Delta \rho d^3}{12 \eta v_c} \tag{7-25}$$

式中　d——液态渣膜厚度，mm；
　　　v_c——拉坯速度，m/min；
　　　T_m——保护渣熔化温度，℃；
　　　S——结晶器振幅，mm；
　　　t_f——结晶器振动周期，s；
　　　t_p——结晶器正滑脱时间，s；
　　　Q——保护渣消耗量，kg/m²；
　　　ρ——液态保护渣密度，g/cm³；
　　　g——重力加速度，m/s²；
　　　η——保护渣黏度（1300℃），Pa·s；
　　　$\Delta\rho$——钢液与保护渣密度差，g/cm³。

由此可知，保护渣消耗量与液态渣膜的厚度呈正比，而与黏度呈反比。渣膜厚度与所用保护渣黏度、密度、熔化温度等特征及工作拉速有关。一般来说，随着拉速的降低，保护渣消耗量增大，渣膜厚度变厚。对于一定熔化温度的保护渣，存在一个最佳拉速，低于此拉速，会使液态渣膜过早消失，不能发挥应有的润滑功能。结晶器内液态渣膜的厚度在结晶器高度方向上逐渐增大，随着保护渣熔化温度的降低，液态渣膜厚度增加。

结晶器保护渣吨钢消耗量一般为 0.3~0.7kg/t。由于保护渣消耗与铸坯断面尺寸有关，就评价保护渣润滑能力而言，铸坯单位面积的保护渣消耗量更为合理。有研究者给出了每平方米铸坯保护渣的消耗量（Q_s）计算式：

$$Q_s = \frac{7.6 f^* Q_t}{R} \tag{7-26}$$

式中　Q_s——单位面积保护渣消耗量，kg/m^2；

　　　　Q_t——吨钢保护渣消耗量，kg/t；

　　　　f^*——保护渣产生液渣的比例；

　　　　R——表面积体积分率，$R=2(w+t)/wt$，w 和 t 分别为结晶器的宽度与厚度。

　　保护渣消耗量同时又是结晶器几何尺寸的函数，对板坯、大方坯和小方坯而言，有较大的差异。表面积与体积比（R）对保护渣的消耗量影响较大，如图 7-57 所示。薄板坯的 R 值较大，因而保护渣的消耗量较低；大方坯和小方坯 R 值较小，理论计算的保护渣消耗量较大。但考虑到方坯连铸结晶器内液面波动较大以及侵入式水口侵蚀的问题，大方坯和小方坯一般采用高黏度保护渣，故实际消耗量低于理论消耗量。

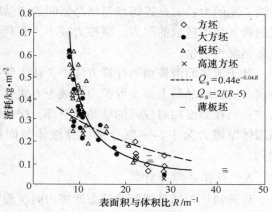

图 7-57　保护渣消耗量与表面积/体积比的关系

　　大量生产时间证明，结晶器振动参数对保护渣消耗量有明显影响，振动频率和振幅增加会导致保护渣消耗量的增加。影响保护渣消耗量有两个主要因素，一是结晶器向下运动时保护渣的填充，二是结晶器向上运动时将部分保护渣膜向上提拉（取决于正滑脱时间，即铸坯与结晶器的相对运动速度）。Tsutsumi 将结晶器振动因素考虑到保护渣消耗量计算过程，提出以下公式：

$$Q_s = \frac{k\beta}{T_s \eta^{0.8}} \frac{S}{v_c} \arccos\left(\frac{1000v_c}{2\pi Sf}\right) \tag{7-27}$$

式中　k，β——常数；

　　　　f——结晶器振动频率，Hz；

　　　　v_c——拉坯速度，m/min；

　　　　S——结晶器振幅，mm；

　　　　T_s——保护渣凝固温度，K。

　　由此可见，保护渣消耗量与结晶器振动特征具有显著的对应关系，随着结晶器振动参数的不断优化，必然会对保护渣消耗量产生影响。

　　此外，钢液过热度和钢种类型也对保护渣消耗量有一定影响。过热度增加，保护渣消耗量变大。Lee 研究了连铸工艺参数与保护渣消耗量的关系，得到不同碳含量的钢种保护渣消耗量的关系：

$$Q_s = \left(\frac{0.40}{S^{0.3}}\right)\left(\frac{60}{f}\right)\left(\frac{1}{\eta v_c^2}\right)^{0.5} + 0.22, \quad w[\mathrm{C}] < 0.08\% \tag{7-28}$$

$$Q_s = \left(\frac{0.74}{S^{0.3}}\right)\left(\frac{60}{f}\right)\left(\frac{1}{\eta v_c^2}\right)^{0.5} + 0.17, \quad 0.08\% < w[\mathrm{C}] < 0.16\% \tag{7-29}$$

式中　S——结晶器振幅，mm；

　　　　v_c——拉坯速度，m/min；

f——结晶器振动频率，Hz；

η——保护渣黏度，Pa·s。

7.6.5.2　铸坯与结晶器间摩擦力

连铸时结晶器内阻力主要是下列各力的综合：一是切断高温钢液及凝固坯壳与结晶器黏结必需的力；二是连铸坯与结晶器间的滑动摩擦力；三是弧形结晶器拉坯时对中不良引起的铸坯变形造成的阻力。摩擦力减小，有利于铸坯润滑，从而改善铸坯表面质量，并防止黏结漏钢发生。

基于流体润滑模型的计算方法中，认为保护渣的存在状态决定了铸坯与结晶器间的摩擦状态。在结晶器上部，保护渣以液态方式存在，铸坯与结晶器间的摩擦力以液体摩擦力为主；而在温度相对较低的结晶器下部，保护渣以固态方式存在，铸坯与结晶器间摩擦力以固体摩擦力为主。一般分别计算液体与固体摩擦力，总的结晶器摩擦力即为两部分之和。

A　液体摩擦力计算

计算铸坯与结晶器间的液态摩擦力时，假设在铸坯与结晶器间没有固渣层，而且即使有固渣层也是黏附在结晶器上与结晶器一起运动，其次假设液渣层横断面的速度呈线性分布，在这种模型中，认为液态渣膜靠结晶器一侧的流动速度与结晶器的振动速度相同，而紧挨铸坯的一面的速度为拉坯速度，由下式可计算铸坯与结晶器间的液体摩擦力：

$$F_i = \frac{\eta_i(v_m - v_c)}{d} \tag{7-30}$$

式中　F_i——单位面积液体摩擦力，Pa；

v_m——结晶器振动，m/s；

v_c——拉坯速度，m/s；

d——液态渣膜厚度，m；

η_i——液态渣膜黏度，Pa·s。

首先计算出渣膜厚度 d，然后通过积分的方法可计算得出液体摩擦力。渣膜厚度 d 的计算是液体摩擦力计算的关键。

低黏度、低熔化温度的保护渣可以降低液态摩擦力，高的浇注温度也有利于液态摩擦力的减小；液态渣膜厚度减小，液态摩擦力增大；增加结晶器倒锥度、振动幅度和振动频率可以使液态摩擦力增大。另外，结晶器选用适宜波形偏移率的非正弦振动方式是实现高拉速的重要措施。

实际操作中发现，渣膜在铸坯与结晶器间的速度分布并非线性的，且大多数情况下固态渣膜并没有黏结在结晶器上而是与结晶器有相对运动，液态渣膜两侧的速度也不一定等于结晶器振动速度和拉坯速度。因此，采用速度梯度反映液态摩擦力更有实际意义。

B　固体摩擦力计算

关于固体摩擦力，研究中一般采用摩擦学中的库仑定律来计算固体摩擦力。利用下式通过积分的方法可求得固体摩擦力：

$$F_s = \eta_s H_p \tag{7-31}$$

式中　F_s——固体摩擦力，N；

η_s——固体润滑摩擦系数；

H_p——钢液静压力，N。

通过库仑定律求固体摩擦力的难点在于摩擦系数的确定，尤其是在目前摩擦学对于特殊工况和边界润滑条件下还没有统一的理论和数学模型的情况下，摩擦系数更加难以确定。因此，人们在计算固体摩擦力时，η_s往往采用经验值，不同文献给出的η_s范围在0.1~0.5不等，摩擦系数越小，润滑效果越好。

7.6.5.3 影响保护渣润滑性能的判据

尽管理论计算能较为准确地解析结晶器与保护渣之间摩擦力，但在实际生成中可以借鉴某些特定的参数来判定结晶器润滑效果。

Wolf 研究发现，当保护渣黏度和拉速平方的乘积（ηv^2）处于（0.5±0.2）Pa·s·m²/min²，保护渣的润滑及填入处于最佳状态。Ogibayashi 等人指出，当ηv等于（0.25±0.15）Pa·s·m/min 时，保护渣宽面渣膜厚度变化值最小，结晶器热变化最小，结晶器内摩擦力最低，如图7-58 所示。

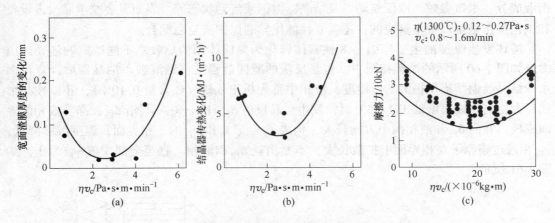

图 7-58 ηv 与保护渣填入、传热及摩擦力的关系

从摩擦力、保护渣消耗量和渣膜厚度之间的关系可知，保护渣消耗量下降会导致渣膜厚度变薄，从而引起摩擦力增大。此外，保护渣黏度（η）、熔化温度（T_s）、结晶温度（T_c）的升高均会增大摩擦力，使保护渣的润滑能力变差。因此，要确保良好的润滑性能，必须根据连铸工艺参数确定适宜的保护渣物理性能，并保证这些性能在连铸过程中的稳定性。

7.6.6 结晶器保护渣对铸坯质量的影响

连铸坯表面裂纹是生产无缺陷铸坯的重要阻碍。众所周知，结晶器保护渣对铸坯表面和皮下质量有重要的影响，在连铸机设备及工艺参数正常的情况下，铸坯表面和皮下质量主要取决于保护渣的性能。选择性能合适的保护渣，可以获得表面无缺陷的铸坯，如果选择不当，则会使铸坯表面产生大量缺陷，导致报废率显著增大。

如图7-59 所示，连铸坯表面缺陷可以分为纵裂纹、横裂纹、网状裂纹、皮下针孔和宏观裂纹。表面裂纹是在结晶器弯月面区域，由于钢液、坯壳、铜板、保护渣之间不均匀凝固产生的，取决于钢液在结晶器内的凝固过程。在二冷区，铸坯表面裂纹会继续扩展。

7.6.6.1　铸坯表面纵裂纹

随着拉速的提高，弯月面与结晶器之间热流增加，如果结晶器冷却条件不佳或保护渣流入不均匀，铸坯宽面很容易产生纵裂纹。纵裂纹平行于拉坯方向，其位置主要分布在中心附近或靠近角部，纵裂纹主要沿柱状晶一次晶间及奥氏体晶界扩张。纵向裂纹根本上是由铸坯在结晶器内冷却不均导致应力集中而产生的，在浇注中碳钢（碳含量 0.08%～0.16%）尤为严重。从连铸工艺参数看，影响铸坯表面纵裂纹的设备因素主要有：对弧和辊缝对中精度、结晶器状态等；工艺因素主要有：过热度、

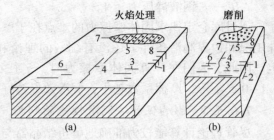

图 7-59　连铸坯表面裂纹示意图
（a）板坯；（b）方坯或小方坯
1，3—横向裂纹；2—纵向角部裂纹；
4—纵向裂纹；5—星状裂纹；6—振痕；
7—皮下针孔；8—宏观夹杂

钢液成分、水口参数、液面波动以及结晶器内钢液流动状态等。表面纵裂纹单靠改进设备和工艺操作是难以根本解决的，还需要性能优异的保护渣与之配合。

铸坯发生纵裂的主要原因是 δ 铁素体转化为奥氏体相的热收缩不同造成的坯壳热应力。如图 7-60 所示的铁碳相图中，包晶反应的凝固过程是：钢液进入结晶器后，弯月面水冷结晶器铜壁提供很大的过冷度，液相中首先析出 δ 铁（C 含量 0.10%），并以枝晶形式长大；当钢液温度低于 1495℃时，发生包晶反应 $\delta_{Fe}+L \rightarrow \gamma_{Fe}$，$\gamma_{Fe}$ 沿 δ_{Fe} 枝晶与液相的界面成核，并向 δ_{Fe} 和液相两个方向长大，构成了 δ_{Fe}、L 和 γ_{Fe} 的三相界面；温度继续降低，γ_{Fe} 相通过碳原子在相界面上扩散长大，不断消耗 δ_{Fe} 和液相，直至全部变成 γ_{Fe} 为止，如图 7-61 所示。

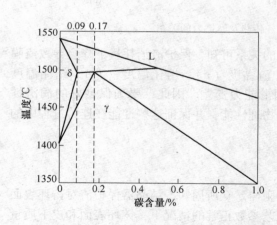

图 7-60　钢的包晶反应相图

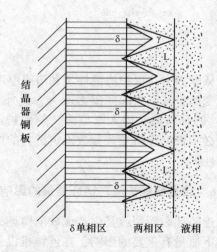

图 7-61　枝晶与枝晶间发生包晶反应示意图

图 7-62 为钢中碳含量与凝固收缩率和坯壳厚度均匀性之间的关系图。可见，当钢中碳含量在 0.08%～0.16% 范围时，钢的平均收缩系数最大，坯壳的不均匀指数也最高，这也是浇注中碳钢面临最大的难题。当发生 $\delta_{Fe}+L \rightarrow \gamma_{Fe}$ 转变时，最大线收缩系数可达 4.0×

$10^{-4}/℃$，而未发生包晶反应的 δ_{Fe} 线收缩系数仅为 $2.0×10^{-5}/℃$。由于包晶反应时线收缩量较大，坯壳与结晶器壁容易形成气隙，气隙的过早形成会导致坯壳的收缩不均，在薄弱处形成初始的微裂纹。气隙的增大使结晶器热流减小，同时结晶器热面温度波动增大，铸坯导出的热流量波动增大。此外，碳含量对铸坯初生坯壳的影响还表现在对钢的高温特征影响方面，碳含量在包晶反应范围内奥氏体晶粒粗大，铸坯塑性降低产生表面裂纹的倾向也增大。

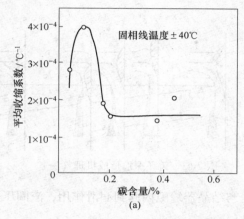 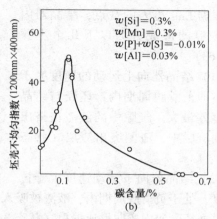

图 7-62 碳含量与凝固收缩率和坯壳厚度均匀性的关系

为了降低中碳钢连铸时导致的表面纵裂纹，对连铸保护渣提出以下要求：

（1）较高的熔化温度。对于中碳钢连铸保护渣，普遍采用较高熔化温度的结晶器保护渣。较高的熔化温度，使固相渣膜厚度增加，渣膜热阻提高，有利于实现铸坯的"弱冷"。一般情况下，结晶器保护渣的熔化温度控制在 1000~1100℃。

（2）适宜的黏度。为了保证足够的渣耗量，希望保护渣黏度低些，但由于黏度降低会引起渣膜厚度的不均匀，导致传热不均，故黏度不宜很低。1300℃下，保护渣黏度控制在 0.10~0.20Pa·s，ηv 值控制在 0.10~0.25Pa·s·m/min 之间较为合适。

（3）较强的黏度稳定性。具有较好黏度低温稳定性的保护渣，不会因钢液温度的变化或吸收钢中上浮的非金属夹杂物而导致黏度的较大波动，能维持较为稳定的熔渣黏度、熔渣消耗量、厚度分布稳定的渣膜结构，从而维持较为稳定的渣膜热阻，有利于发挥保护渣的传热和润滑作用。一般来说，避免纵裂纹产生的保护渣高温黏度稳定指数为 (7.5~8.0)×10^{-4}Pa·s/K，低温黏度稳定指数为 0.08~0.09Pa·s/K。

（4）较强的结晶倾向。具有较强结晶倾向的保护渣是中碳钢连铸的核心要求，是发挥保护渣良好传热和润滑能力的重要保证。较强的结晶倾向包括较高的结晶化率、合理的结晶温度以及较大的渣膜表面粗糙度等。结晶器保护渣的结晶温度低于 1100℃，结晶化率为 70%~90%。

7.6.6.2 振痕与表面横裂纹

振痕的形成主要是保护渣与结晶器相对运动产生的结果。铸坯表面的振痕是一种表面缺陷，通常深度在 0.5mm 左右，在铸坯表面呈规律性分布。较浅的振痕不会对铸坯表面质量产生严重的影响，但若保护渣选择不当，铸坯表面振痕既宽又深时，会导致振痕波谷处夹带炉渣，铸坯浇注时易使内弧沿振痕方向产生横裂。对某些特定的钢种，往往经轧制后难以完全消除振痕缺陷，而必须对铸坯进行表面修磨处理，才能得到合格的产品。关于铸坯表面振痕的形成机理有以下几种观点：

（1）初生坯壳断裂愈合；

（2）二次弯月面接触焊合；

（3）初生坯壳弯曲折叠；

（4）弯月面初生坯壳破裂溢流冷凝。

根据 Emi 等人的观点，结晶器内铸坯振痕的形成分为以下几个步骤（图7-63）：

（1）结晶器向上运动的速度大于拉速，即正滑脱周期内，坯壳与结晶器速度差最大，气隙中的液渣被挤出弯月面渣层中，渣圈突出渣层（状态1→2）；

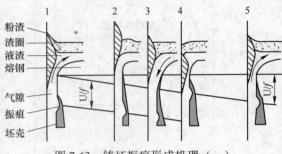

图7-63　铸坯振痕形成机理（一）

（2）结晶器向下运动速度大于拉坯速度，处于负滑脱周期内，液渣被吸入坯壳与结晶器缝隙内起到润滑作用，渣圈压力迫使弯月面坯壳向内弯曲形成振痕（状态3→4）；

（3）渣圈挤压力消失，钢液静压力又把弯月面初生坯壳边缘推向渣圈（状态5），这种相互运动一直持续到结晶器周期结束，从而形成铸坯表面振痕。

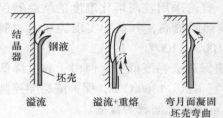

图7-64　铸坯振痕形成机理（二）

图7-64为铸坯振痕形成的另一种机理。振痕的形成有三种可能：（1）钢液周期性地向固态弯月面溢流，在结晶器振动条件下形成的初生坯壳本身带有明显的振痕；（2）在凝固前沿，钢液的对流作用使固态弯月面凸出的部分被熔化；（3）初生坯壳较薄或刚性不足的情况下，在正滑脱周期内液渣被挤出缝隙，固态弯月面被液渣压迫形成振痕。

综合国内外研究成果，降低连铸坯振痕深度的方法包括：（1）减小结晶器振动周期内的负滑脱时间；（2）增大结振动频率，减小振幅；（3）增大保护渣黏度，降低保护渣消耗量；（4）降低钢液过热度。

铸坯表面横裂多以振痕波谷为起点，在矫直之前形成微细裂纹，矫直时由于拉伸应力的作用进一步扩展。横裂纹在铸坯表面的分布如图7-65所示。

图7-65　铸坯表面振痕与横裂共生

板坯横裂纹具有以下特征：

（1）横裂纹可位于铸坯宽面、窄面和棱边的任何位置，裂纹深浅不一，长度为几毫米到几十毫米。

（2）横裂纹多发生在振痕或者凹坑底部，与振痕共生。

（3）裂纹沿晶界扩展，网状铁素体以及链状分布的第二相粒子集中分布于原始奥氏体晶界周围。

众所周知，结晶器振动的目的是防止初生坯壳与结晶器黏结而漏钢，但又不可避免地会在初生坯壳表面留下振动痕迹。铸坯横裂纹产生于振动痕迹的波谷处，振痕越深，横裂纹越严重。

振痕波谷处产生横裂纹的主要原因有以下几点：

（1）微合金钢碳含量普遍在 0.06%~0.20%，在凝固过程中发生包晶反应，收缩量大，坯壳与铜板形成气隙，若保护渣填充不及时，振痕波谷处传热速度慢，坯壳温度高，奥氏体晶粒粗大，降低了钢的高温塑性，如图 7-66 所示。

（2）低碳微合金钢在经历 $\gamma \rightarrow \alpha$ 相的转变过程中，第二相粒子（AlN、TiN、Nb（C，N）、VN 等）在奥氏体晶界析出，降低了晶界的结合力，应力作用下发生塑性变形时，微小的碳、氮化物成为应力集中源，与晶界脱开形成微孔（如图 7-67 所示）。同时，当铸坯受到弯曲矫直应力时，析出物形成的微孔和晶界两侧的无析出带就成为应力集中源而开裂形成横裂纹。

（3）沿振痕波谷处，S、P 呈正偏析，降低了钢的高温强度。

（4）向下拉坯过程中，铸坯受弯曲、矫直及鼓肚作用，铸坯恰好处于第Ⅲ脆性区（700~900℃），且应力集中在"缺口效应"的振痕，受到拉伸应力作用的变形量超过 1.3%，在振痕波谷处就会产生横裂纹。裂纹沿奥氏体晶界扩展直到具有良好塑性的温度为止。

（5）拉坯阻力或结晶器锥度过大导致铸坯拉裂，也是形成横裂纹的原因之一。

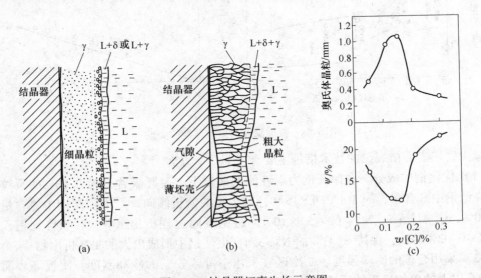

图 7-66　结晶器坯壳生长示意图
（a）低碳钢；（b）亚包晶钢；（c）碳含量与奥氏体晶粒尺寸和断面收缩率的关系

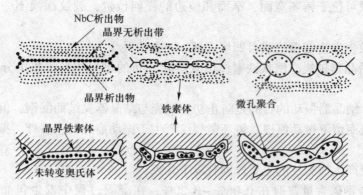

图 7-67　微合金钢的高温晶间断裂机理

　　既然横裂纹与振痕是共生的，要减少横裂纹就要减小振痕深度。振痕深度取决于振动参数：振动频率 f、振幅 S、负滑脱时间 t_N、振动波形。

　　负滑脱时间（t_N）与振动频率（f）、振幅（S）和拉速（v）之间存在如下关系：

$$t_N = \frac{60}{\pi f} \arccos\left(\frac{100v}{2\pi f S}\right) \qquad (7\text{-}32)$$

　　生产实践指出，振动频率增加，振痕深度较小；负滑脱时间增加，振痕深度增加；振痕深度增加，裂纹发生几率增大，如图 7-68 所示。

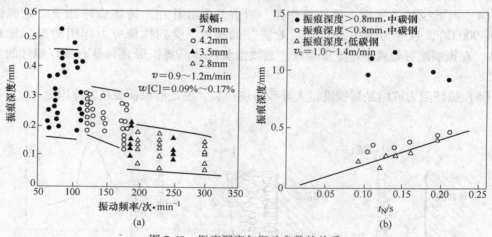

图 7-68　振痕深度与振动参数的关系

　　减少铸坯表面横裂纹的技术措施主要有以下几个方面：

　　（1）优化钢的成分。在保证钢力学性能的前提下，避开碳含量为 0.10% 的裂纹敏感区，降低钢中 S 含量，$w[\text{Mn}]/w[\text{S}] > 40$，减少硫的偏析倾向。严格控制钢中氮含量小于 0.0030%，$w[\text{Al}] \cdot w[\text{N}] = (3 \sim 5) \times 10^{-4}$，避免凝固过程析出 AlN。对于含铌钢，加入 0.01% ~ 0.02% 的钛，保持 $w[\text{Ti}]/w[\text{N}] > 3.4$，促使钢中形成出大的 TiN 析出物。

　　（2）采用合理的冷却强度。二冷区宜采用中等或较弱的冷却制度，使板坯表面温度在 900℃ 以上的单相奥氏体区矫直。采用板坯宽度喷水可调，保持铸坯横向温度均匀，防止铸坯局部过冷。

（3）结晶器振动控制。采用高频率、小振幅的振动曲线是减轻振痕、减少表面横裂的有效措施。采用非正弦振动增加正滑脱时间，有利于保护渣的流入和填充，保持合理的保护渣消耗量，减少结晶器内气隙的存在。

（4）控制结晶器操作。控制结晶器液面波动小于 3~5mm，避免浸入式水口堵塞和偏流，保持合理的结晶器锥度，保持结晶器铜板镀层的稳定性。

（5）设备维护。为减少铸坯所受应力，以使带液芯的高温铸坯在连铸机内运行过程不变形为原则，保持连铸机处于良好的热工作状态。

7.6.6.3 黏结漏钢

连铸过程中，结晶器内可能出现铸坯与结晶器相互黏结的现象，严重时会引起漏钢事故。生产实践证明，由保护渣润滑不良引起的黏结是连铸黏结漏钢的主要原因之一，其主要原因是保护渣熔化温度偏高或熔速偏低，导致液渣层过薄或厚度不均。合理的液渣层厚度应该控制在 10~15mm 左右，且液渣层厚度的波动范围应尽可能小。

高拉速条件下容易发生黏结漏钢，这是因为拉速提高改变了结晶器横向和纵向传热速度，从而引起液渣层和渣膜厚度的改变。高碳钢拉漏事故绝大多数是由黏结引起的，浇注这一类钢种务必要选用润滑性能良好的保护渣，并控制好渣耗量、振动参数和拉速。此外，低过热度浇注会引起熔渣黏度升高，吸收夹杂物后渣黏度和结晶温度增加都会造成润滑不足，导致黏结。研究证明，以下两种情况容易导致黏结漏钢：（1）半熔态保护渣在结晶器边部聚集，形成渣条或渣圈；（2）渣条堵塞结晶器与凝固坯壳之间的气隙通道，导致保护渣无法顺利流入。

良好的保护渣润滑和保持熔渣流入通道的畅通是减少黏结漏钢发生的前提。保护渣熔化性能不足、绝热不良、钢液面温度过低以及弯月面水平波动过大都会造成渣圈长大，液渣流入通道堵塞。降低保护渣黏度和玻璃转变温度可增大保护渣消耗量，增强液体润滑，减小结晶器与坯壳之间的摩擦力，从而降低黏结漏钢发生的频率。

还有研究证实，黏结漏钢发生的几率随钢中氢含量的增加而增大。可能的原因是氢气泡被凝固坯壳捕获后将降低水平传热速率，导致凝固坯壳厚度减薄。

7.6.6.4 表面与皮下夹渣

连铸坯除裂纹缺陷外，其他典型缺陷还包括：表面夹渣、皮下夹杂和皮下针孔。

在结晶器内，弯月面处的初生坯壳中容易卷入气泡、渣滴和夹杂物从而导致皮下气孔、结疤、分层、针孔等缺陷的产生。这些缺陷归根结底是由于结晶器内的湍流流动引起的，因此，连铸参数，如钢流速度、水口插入深度、吹氩流量等都会对钢液流动产生影响，其中以水口插入深度影响最大。选择合理的保护渣可以防止表面夹渣等缺陷。

铸坯表面夹渣是钢液面上悬浮的固态颗粒嵌入凝固坯壳而形成的缺陷（见图 7-69）。夹杂物的来源主要有以下 4 个方面：

（1）保护渣中未能充分溶解的组分；

（2）上浮到钢渣界面未被吸收的固态 Al_2O_3 夹杂物；

（3）水口材料被侵蚀部分和保护渣渣圈；

（4）钢液与保护渣之间的反应产物。

结晶器内钢液的流动状态取决于：（1）侵入式水口（SEN）的几何形状，如出口孔径、角度、出口形状、水口底部形状等；（2）流动控制装置，如塞棒和滑动水口开启程度；（3）工艺参数，如拉速、吹氩和水口堵塞等；（4）结晶器断面尺寸。

控制结晶器内钢液流动，就是要优化钢液流动参数，促进结晶器内钢液合理流动，保持液面稳定，防止非稳态卷渣，从而提高铸坯表面质量。

铸坯表面渣斑（或夹渣）缺陷是由结晶器湍流引起的卷渣。国外学者总结了不同作者提出的卷渣机理，如图 7-70 所示。分析卷渣的几种形式为：

（1）从浸入式水口流股的钢液撞击到结晶器窄面，上回流穿透渣层将保护渣拽入钢液中（发生在图中 A 处）。

（2）靠近浸入式水口周围的湍流把保护渣卷入钢液（发生在图中 B 处）。

（3）沿浸入式水口周围氩气泡上浮过程中搅动钢-渣界面使炉渣乳化造成卷渣。

（4）由于结晶器水口周围钢液温度降低，保护渣局部结壳被钢液卷入。

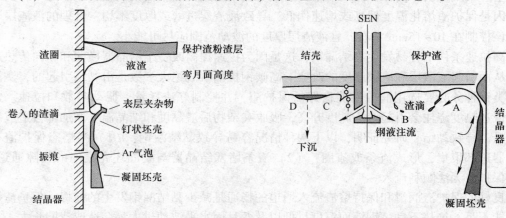

图 7-69　渣滴和气泡被卷入坯壳示意图　　　　图 7-70　结晶器卷渣示意图

结晶器卷渣的临界条件可以按下式计算：

$$\frac{1}{2}\rho_m v^2 > \frac{2\sigma}{R} + 2(\rho_m - \rho_s)gR \tag{7-33}$$

式中　v——流股撞击窄面后的反向流速，m/s；

ρ_m——钢液的密度，kg/m³；

σ——液渣的表面张力，N/m；

ρ_s——保护渣的密度，kg/m³；

R——液态渣滴半径，m；

g——重力加速度，m/s²。

可见，如果反向流股的动能能克服液滴形核功和液滴的上浮功，则保护渣就会被卷入钢液。液态渣滴半径 R 与保护渣黏度有关，随着保护渣黏度增大，形成的渣滴半径也大，相同条件下需要克服的液滴上浮功增加，保护渣不易被卷入。高黏度保护渣被证明是一种有效的防卷渣方法。

浸入式水口的几何形状、浸入深度对铸坯表面夹渣也有影响。水口插入深度太浅，铸坯卷渣严重；插入太深则保护渣熔化不良。不合理的水口出口倾角也会使出口流股将熔渣卷入凝固坯壳。

夹渣的形成主要是卷入钢液中或黏附在铸坯表面或皮下两种形式。液渣的卷入与钢渣界面湍流有关，中间包水口偏流使结晶器内钢液难以形成双辊运动，吹氩量过大造成液面波动都会加速卷渣的形成。液渣的黏附主要发生在弯月面处，黏附在"钩"状坯壳表面的液渣很容易在振痕形成过程中被压在皮下而形成永久性缺陷，提高保护渣黏度和降低钢渣润湿性都有助于解决这一问题。另外，黏度增大有助于振痕深度的降低，也有利于消除夹渣。

综上，防止铸坯夹渣的主要技术措施有：

（1）浸入式水口结构设计和插入深度应保证结晶器内得到对称的流场，并根据板坯宽度适时改变浸入式水口结构，降低窄面冲击动能，减少卷渣。

（2）控制结晶器液面波动在$\pm 3 \sim 5 mm$范围内，保持液面持续稳定。

（3）浇注过程中保持浸入式水口畅通，防止水口堵塞物落到结晶器的液相穴被凝固前沿捕捉。此外，对于钙处理铝镇静钢和含钛不锈钢，要保持合理的过热度防止保护渣结壳。

（4）浇注过程中防止二次氧化，以减少钢包下渣和中间包卷渣进入结晶器。

（5）使用性能良好的保护渣，以得到黏度适中、流动性好、厚度足够的液渣层。

7.6.6.5 表面增碳

在浇注过程中，如果保护渣熔化性能不佳，液渣层过薄，会造成钢液增碳。钢液增碳，往往将前面的精炼成果丧失殆尽。特别是在生产低碳钢和超低碳钢时，钢坯表面增碳的可能性更大，严重影响产品的成材率，为此要避免浇注过程中保护渣的增碳现象。

一般情况下，如果保护渣熔化速度控制合适，在结晶器上会形成稳定的三层结构，自上而下分别为粉渣层、烧结层和液渣层。当钢液液面波动小，钢渣界面比较平静时，不会造成铸坯的明显增碳。铸坯增碳的原因包括以下几个方面：

（1）保护渣熔化速度较慢，或开浇时熔池厚度薄，含碳粉渣或富碳层与熔池接触，对铸坯增碳（如图7-71（a）所示）。

（2）结晶器上下振动幅度较大时，结晶器内钢液在惯性作用下向上涌动，涌动的射流穿过液渣层与粉渣层或富碳层接触，导致增碳（如图7-71（b）所示）。

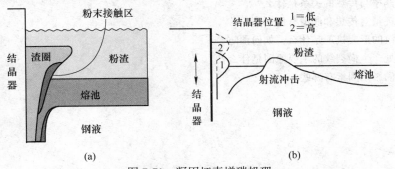

图7-71 凝固坯壳增碳机理

配入保护渣中的碳进入结晶器后有如下去向：

（1）大部分碳与空气中的氧反应生成CO_2，这部分碳对钢液增碳影响不大。

（2）未燃烧的碳被固液并存的半熔层带动下沉，由于碳与熔渣不润湿，从而从熔渣中分离出来，分布在液渣周边界面上，一部分在缺氧的情况下与渣中金属氧化物发生反应，这部分碳对钢液增碳也不明显。

（3）随半熔下沉的碳，由于难从液渣中分离出来，因其密度远比液渣小而不断上浮，聚集在熔渣层与半熔的界面上，这样在熔渣层上方形成了很薄但碳含量很高的富碳层。富碳层厚度约为 0.3~3mm，其中碳含量最高可达保护渣碳含量的 6 倍以上。一旦出现液面波动的情况，弯月面处的钢液就可能与富碳层接触，造成铸坯增碳。

Sardemann 指出，当浇注的流股速度高时会在浇注液面上形成一种波浪，高度可达5mm，在结晶器窄面上能够达到 10mm。如果此时渣层厚度不够厚，极可能造成富碳层卷入结晶器与铸坯间，或者富碳层直接与凝固坯壳接触，甚至钢液与保护渣粉末接触，这是造成超低碳钢浇注过程中增碳的主要原因。

为了避免或减少铸坯增碳，保护渣中的碳必须控制在较低水平，但过度降低保护渣中的碳含量，会导致保护渣熔化过快，液渣层和未熔层不稳定，易导致铸坯表面质量问题。为了避免铸坯增碳，熔渣层厚度一般不低于 10~15mm，以防止液面波动导致钢液增碳。此外，对超低碳钢连铸来说，采用无碳保护渣是最为适宜的方法。

思 考 题

7-1 结晶器钢液流动控制的目的是什么？

7-2 钢液在结晶器内最大穿透深度的影响因素有哪些？

7-3 什么是液面波动指数，如何定量化描述？

7-4 塞棒和滑板控流的优缺点是什么？

7-5 结晶器内钢液流场控制的目标是什么？

7-6 保护渣卷渣与钢液流动的关系是什么？

7-7 水口结瘤的机理有哪几种，分别有什么特征？

7-8 防止浸入式水口结瘤的具体措施有哪些，如何实现？

7-9 结晶器保护渣的基本功能有哪些？

7-10 结晶器渣膜的形成过程和影响因素有哪些？

7-11 保护渣结晶率与传热的关系是什么？

7-12 保护渣消耗量对传热和润滑有何影响？

7-13 连铸纵裂纹的形成机理是什么，如何预防？

7-14 振痕波谷处产生横裂纹的主要原因是什么？

7-15 黏结漏钢的影响因素有哪些？

8 洁净钢与清洁耐火材料

耐火材料是确保钢铁安全、优质、高效、低耗和环保所必需的耐高温基础材料。钢铁生产过程中，耐火材料被大量用于砌筑冶金反应器，用于盛放高温钢水和熔渣。随着洁净钢生产技术的发展与进步以及炉外精炼等手段的完善，盛钢桶的作用发生了显著的变化。当钢水采用特殊的合成渣精炼时，除要求保温外，耐火材料还必须能抵抗高温熔渣的物理冲刷和化学侵蚀作用。此外，由于对洁净度有特定要求，应减小耐火材料与钢水之间的反应性，以降低外来污染。这就要求冶金工作者研制具有独特功能的耐火材料类型，在满足洁净钢生产的同时，也促进了耐火材料生产与制造技术的不断完善和进步。

8.1　耐火材料对钢液洁净度的影响

8.1.1　耐火材料与钢中氧的关系

高温环境下，耐火材料中的氧化物与钢液接触，二者之间存在氧的平衡，氧化物的分解可能或导致钢液增氧或脱氧，反应如下：

$$\frac{1}{y}M_xO_y(s) \Longrightarrow \frac{x}{y}[M] + [O] \tag{8-1}$$

一般来说，钢液中 Al、Si、Cr、Zr 的溶解度较大，而 Mg、Ca 高温易挥发，其在铁液中的溶解度较低。当元素在钢液中的溶解量很小时，活度系数接近 1，此时该元素的活度可用质量浓度代替。基于此，可以讨论单一氧化物或复合氧化物在钢液中分解平衡时的情况。假设体系中只有铁及所讨论的氧化物，不存在其他元素。

8.1.1.1　单一氧化物体系

采用刚玉（Al_2O_3）作为耐火衬时，其与钢液接触，存在如下反应：

$$Al_2O_3(s) \Longrightarrow 2[Al]_\% + 3[O]_\% \qquad \Delta G^\ominus = 1205090 - 387.73T$$

当反应平衡时，

$$\Delta G^\ominus = -RT\ln\frac{1}{a_{[Al]}^2 \cdot a_{[O]}^3} \tag{8-2}$$

当 $T = 1873K$ 时，代入上式可得：

$$a_{[Al]}^2 \cdot a_{[O]}^3 = 4.41 \times 10^{-14} \tag{8-3}$$

采用 MgO 作耐火衬时：

$$MgO(s) \Longrightarrow [Mg]_\% + [O]_\% \qquad \Delta G^\ominus = 484720 - 147.41T$$

当反应平衡时，

$$\Delta G^\ominus = -RT\ln\frac{1}{a_{[Mg]} \cdot a_{[O]}} \tag{8-4}$$

当 $T = 1873\text{K}$ 时，代入上式可得：

$$a_{[\text{Mg}]} \cdot a_{[\text{O}]} = 1.52 \times 10^{-6} \tag{8-5}$$

采用 Cr_2O_3 作耐火衬：

$$Cr_2O_3(s) \Longrightarrow 2[Cr]_\% + 3[O]_\% \qquad \Delta G^\ominus = 807316 - 357.81T$$

当反应平衡时，

$$\Delta G^\ominus = -RT\ln \frac{1}{a_{[\text{Cr}]}^2 \cdot a_{[\text{O}]}^3} \tag{8-6}$$

当 $T = 1873\text{K}$ 时，代入上式可得：

$$a_{[\text{Cr}]}^2 \cdot a_{[\text{O}]}^3 = 1.50 \times 10^{-4} \tag{8-7}$$

采用 SiO_2 作耐火衬：

$$SiO_2(s) \Longrightarrow [Si]_\% + 2[O]_\% \qquad \Delta G^\ominus = 580550 - 220.66T$$

当反应平衡时，

$$\Delta G^\ominus = -RT\ln \frac{1}{a_{[\text{Si}]} \cdot a_{[\text{O}]}^2} \tag{8-8}$$

$T = 1873\text{K}$ 时，代入可得：

$$a_{[\text{Si}]} \cdot a_{[\text{O}]}^2 = 2.16 \times 10^{-5} \tag{8-9}$$

采用 CaO 作耐火衬：

$$CaO(s) \Longrightarrow [Ca]_\% + [O]_\% \qquad \Delta G^\ominus = 622240 - 138.42T$$

当反应平衡时，

$$\Delta G^\ominus = -RT\ln \frac{1}{a_{[\text{Ca}]} \cdot a_{[\text{O}]}} \tag{8-10}$$

$T = 1873\text{K}$ 时，代入可得：

$$a_{[\text{Ca}]} \cdot a_{[\text{O}]} = 7.53 \times 10^{-11} \tag{8-11}$$

采用 ZrO_2 作耐火衬：

$$ZrO_2(s) \Longrightarrow [Zr]_\% + 2[O]_\% \qquad \Delta G^\ominus = 793270 - 231.86T$$

当反应平衡时，

$$\Delta G^\ominus = -RT\ln \frac{1}{a_{[\text{Zr}]} \cdot a_{[\text{O}]}^2} \tag{8-12}$$

$T = 1873\text{K}$ 时，代入可得：

$$a_{[\text{Zr}]} \cdot a_{[\text{O}]}^2 = 9.74 \times 10^{-11} \tag{8-13}$$

根据式 (8-3)、式 (8-5)、式 (8-7)、式 (8-9)、式 (8-11) 和式 (8-13) 可绘制成图 8-1，用来讨论单一耐火材料的稳定性。

此外，钢中氧的溶解反应为：

$$\frac{1}{2}O_2 \longrightarrow [O] \qquad \Delta G^\ominus = -117150 - 2.89T$$

炼钢温度 (1873K) 下，氧活度和气氛中氧分压呈以下对应关系：

$$\lg a_{[\text{O}]} - \frac{1}{2}\lg(p_{\text{O}_2}/p^\ominus) = 3.42 \tag{8-14}$$

将 $a_{[\text{M}]} = 10^{-2}$ 时对应的氧活度和 $\lg(p_{\text{O}_2}/p^\ominus)$ 值列于表 8-1 中。不难发现，要想得到极

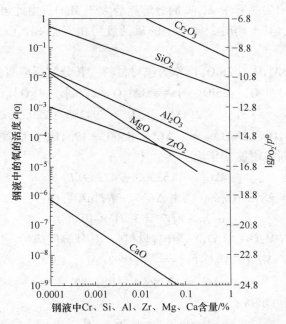

图 8-1 耐火材料氧化物与钢液平衡时金属元素含量与钢中平衡氧活度及氧分压的关系（1600℃）

低氧含量的洁净钢，采用 Cr_2O_3 或 SiO_2 耐火材料作为钢包或中间包内衬是不合适的，而采用钙质、锆质或镁质耐火材料可以得到氧含量更低的钢水。

表 8-1 1873K 下耐火材料氧化物与钢液平衡时对应的氧活度及 $\lg(p_{O_2}/p^{\ominus})$

$$（a_{[M]} = 10^{-2}）$$

单一氧化物	$\lg K$	$a_{[O]}$ 值	$a_{[O]}$ 值对应的 $\lg(p_{O_2}/p^{\ominus})$
$Cr_2O_3(s) \rightleftharpoons 2[Cr] + 3[O]$	$-36200/T + 16.1$	1.41	-6.69
$SiO_2(s) \rightleftharpoons [Si] + 2[O]$	$-30110/T + 11.4$	4.65×10^{-2}	-9.46
$Al_2O_3(s) \rightleftharpoons 2[Al] + 3[O]$	$-64000/T + 20.57$	7.61×10^{-4}	-13.24
$MgO(s) \rightleftharpoons [Mg] + [O]$	$-13670/T + 1.27$	1.52×10^{-4}	-14.89
$CaO(s) \rightleftharpoons [Ca] + [O]$	$-32497/T + 7.23$	7.53×10^{-9}	-23.08
$ZrO_2(s) \rightleftharpoons [Zr] + 2[O]$	$-41258/T + 11.86$	9.87×10^{-5}	-14.81

8.1.1.2 复合氧化物体系

实际上，大部分冶金用耐火材料都不是单一的氧化物体系，而是两种或两种以上的复合氧化物体系。陈肇友等人认为复合氧化物在铁液中的溶解主要是不稳定氧化物的分解，例如莫来石（$3Al_2O_3 \cdot 2SiO_2$）、锆石英（$ZrO_2 \cdot SiO_2$）、镁橄榄石（$2MgO \cdot SiO_2$）与铁液平衡主要是 SiO_2 的分解溶解，镁铬尖晶石（$MgO \cdot Cr_2O_3$）与铁液平衡则主要是 Cr_2O_3 的分解溶解。镁铝尖晶石（$MgO \cdot Al_2O_3$）的溶解比较特殊，从图 8-1 可知，MgO 和 Al_2O_3 分解曲线有交点，当钢液中 [Mg] 和 [Al] 含量较低时，MgO 和 Al_2O_3 的分解需同时考虑。Harkki 认为，1873K 时钢液与镁铝尖晶石耐火材料平衡，当平衡氧含量为 $16.2 \times 10^{-4}\%$，测得钢液中 [Al] 含量为 $13.7 \times 10^{-4}\%$，而 [Mg] 含量为 $6.17 \times 10^{-4}\%$，Al 的溶解量比镁大一倍，说明尖晶石中 Al_2O_3 的分解趋势大于 MgO。由此可见，对复合氧化物在铁液中的分解和溶解，其平衡时金属液中的氧活度可由元素 Si、Cr、Al 在铁液中的浓度的函数来表示。

当采用莫来石（$3Al_2O_3 \cdot 2SiO_2$）作为包衬材料，其分解反应写为：

$$3Al_2O_3 \cdot 2SiO_2(s) = 3Al_2O_3 + 2[Si]_\% + 4[O]_\%$$

上式可由反应：$SiO_2(s) = [Si]_\% + 2[O]_\%$（$\Delta G^\ominus = 594285 - 229.76T$）与反应式：$3Al_2O_3(s) + 2SiO_2(s) = 3Al_2O_3 \cdot 2SiO_2(s)$（$\Delta G^\ominus = 8600 - 17.41T$）叠加得到，因此，莫来石分解反应的标准吉布斯自由能变化为：

$$\Delta G^\ominus = 1152500 - 423.91T$$

当 $T = 1873K$ 时，$\Delta G^\ominus = 389376J/mol$，由 $\Delta G^\ominus = -RT\ln K$ 可得：

$$a_{[Si]} \cdot a_{[O]}^2 = 3.71 \times 10^{-6} \tag{8-15}$$

采用镁铝尖晶石（$MgO \cdot Al_2O_3$）为包衬材料，其分解反应为：

$$MgO \cdot Al_2O_3(s) = MgO + 2[Al]_\% + 3[O]_\%$$

$$\Delta G^\ominus = 1228694 - 381.8T$$

当 $T = 1873K$ 时，同样可求得：

$$a_{[Al]}^2 \cdot a_{[O]}^3 = 4.76 \times 10^{-15} \tag{8-16}$$

采用镁铬尖晶石（$MgO \cdot Cr_2O_3$）为包衬材料，其分解反应为：

$$MgO \cdot Cr_2O_3(s) = MgO + 2[Cr]_\% + 3[O]_\%$$

$$\Delta G^\ominus = 852478 - 363.2T$$

当 $T = 1873K$ 时，同样可求得：

$$a_{[Cr]}^2 \cdot a_{[O]}^3 = 1.57 \times 10^{-5} \tag{8-17}$$

采用锆石英（$ZrO_2 \cdot SiO_2$）为包衬材料，其分解反应为：

$$ZrO_2 \cdot SiO_2(s) = ZrO_2 + [Si]_\% + 2[O]_\%$$

$$\Delta G^\ominus = 606046 - 233.7T$$

当 $T = 1873K$ 时，同样可求得：

$$a_{[Si]} \cdot a_{[O]}^2 = 2.03 \times 10^{-5} \tag{8-18}$$

采用镁橄榄石（$2MgO \cdot SiO_2$）为包衬材料，其分解反应为：

$$2MgO \cdot SiO_2(s) = 2MgO + [Si]_\% + 2[O]_\%$$

$$\Delta G^\ominus = 647750 - 224.9T$$

当 $T = 1873K$ 时，同样可求得：

$$a_{[Si]} \cdot a_{[O]}^2 = 4.86 \times 10^{-3} \tag{8-19}$$

采用硅酸二钙（$2CaO \cdot SiO_2$）为包衬材料，其分解反应为：

$$2CaO \cdot SiO_2(s) = 2CaO + [Si]_\% + 2[O]_\%$$

$$\Delta G^\ominus = 699350 - 209.36T$$

当 $T = 1873K$ 时，同样可求得：

$$a_{[Si]} \cdot a_{[O]}^2 = 2.7 \times 10^{-9} \tag{8-20}$$

采用铝酸钙（$CaO \cdot Al_2O_3$）为包衬耐火材料，其分解反应为：

$$CaO \cdot Al_2O_3(s) = CaO + 2[Al]_\% + 3[O]_\%$$

$$\Delta G^{\ominus} = 1223090 - 368.9T$$

当 $T = 1873K$ 时，同样可求得：

$$a_{[Al]}^2 \cdot a_{[O]}^3 = 1.44 \times 10^{-15} \tag{8-21}$$

根据以上结果，绘制成图 8-2，并将 $a_{[M]} = 10^{-2}$ 时对应的氧活度和 $\lg(p_{O_2}/p^{\ominus})$ 值列于表 8-2 中。不难发现，若要选用复合氧化物耐火材料作为钢液精炼的反应器内衬，莫来石、镁铬尖晶石及锆石英材料均不合适，为了使得钢液获得更低的氧活度，最好选择镁铝尖晶石、硅酸钙或铝酸钙材质为最佳。

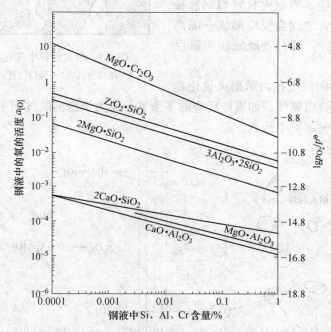

图 8-2　复杂氧化物与钢液平衡时钢中金属元素与平衡氧活度、氧分压的关系（1600℃）

表 8-2　1873K 下耐火材料氧化物与钢液平衡时对应的氧活度及 $\lg(p_{O_2}/p^{\ominus})$

$(a_{[M]} = 10^{-2})$

复合氧化物	$\lg K$	$a_{[O]}$ 值	$a_{[O]}$ 值对应的 $\lg(p_{O_2}/p^{\ominus})$
$3Al_2O_3 \cdot 2SiO_2(s) {=\!=\!=} 3Al_2O_3 + 2[Si]_\% + 4[O]_\%$	$-512362/T + 183.3$	3.2×10^{-2}	-9.80
$MgO \cdot Al_2O_3(s) {=\!=\!=} MgO + 2[Al]_\% + 3[O]_\%$	$-533518/T + 165.8$	3.6×10^{-4}	-13.68
$MgO \cdot Cr_2O_3(s) {=\!=\!=} MgO + 2[Cr]_\% + 3[O]_\%$	$-370159/T + 157.7$	0.54	-7.33
$ZrO_2 \cdot SiO_2(s) {=\!=\!=} ZrO_2 + [Si]_\% + 2[O]_\%$	$-263155/T + 101.5$	4.5×10^{-2}	-9.49
$2MgO \cdot SiO_2(s) {=\!=\!=} 2MgO + [Si]_\% + 2[O]_\%$	$-281263/T + 97.7$	6.97×10^{-3}	-11.11
$2CaO \cdot SiO_2(s) {=\!=\!=} 2CaO + [Si]_\% + 2[O]_\%$	$-303669/T + 90.9$	5.2×10^{-4}	-13.37
$CaO \cdot Al_2O_3(s) {=\!=\!=} CaO + 2[Al]_\% + 3[O]_\%$	$-531085/T + 160.2$	2.4×10^{-4}	-14.03

8.1.1.3 耐火材料向钢液传氧机理

耐火材料内部一般都含有较多的气孔，这些气孔大体能够分成三种：开口气孔、闭口气孔和贯通气孔，如图 8-3 所示。

图 8-4 示出了耐火材料向钢液中传氧的方式，具体可归纳两种：

（1）耐火材料与钢液接触部分的耐火氧化物的直接溶解反应。当耐火材料与钢液接触一段时间后，两者之间会反应形成一隔离层（也称为反应层），可有效地减缓溶解反应的继续进行。

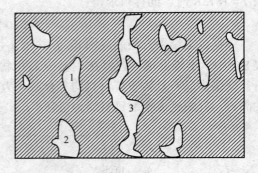

图 8-3 耐火材料中气孔类型示意图
1—闭口气孔；2—开口气孔；3—贯通气孔

（2）耐火材料闭口气孔内的耐火氧化物也可发生分解反应放出氧气。如果此反应的平衡氧分压大于钢液的气相平衡氧分压，该反应便可大量进行并向钢液中传氧。

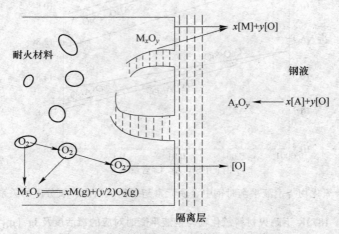

图 8-4 耐火材料向钢液中传氧的反应模型

由前文分析可知，耐火材料向钢液中传氧是由于耐火材料组分分解产生的氧势与钢液中的氧势差所引起的。因此，在钢液脱氧条件一定的情况下，耐火材料的种类和组分构成对其向钢液中传氧具有重要影响。

耐火材料向钢液中的传氧能力可用式（8-22）表示：

$$IOP = \frac{\sum (M_i \alpha_i / \rho_i)^{2/3} \Delta G_i^{\ominus}}{\sum (M_i \alpha_i / \rho_i)^{2/3}} \tag{8-22}$$

式中   IOP——耐火材料的氧势指数；

$\Delta G_i^{\ominus}$——耐火材料中氧化物 i 的标准吉布斯生成自由能；

M_i——氧化物 i 的相对分子质量；

ρ_i——氧化物 i 的密度；

α_i——氧化物 i 在耐火材料中的摩尔分数。

　　根据（8-22）式可以计算出各种常用耐火材料的氧势指数。图 8-5 示出了几种常用耐火材料的氧势指数和温度的变化关系。可见，耐火材料的氧势指数按其化学性质由酸性、中性和碱性的顺序逐渐减小。对于某一耐火材料组分来说，其氧势指数则随着温度的升高而增大，即在温度一定的条件下，具有酸性组分的耐火材料容易向钢中传氧，而且各种耐火材料组分向钢液中传氧的能力随着温度的升高而增大。

　　图 8-6 给出了 Yuasa 和 Kishida 等人的研究结果，在不同试验条件下耐火材料种类均对深脱氧钢中氧含量有明显的影响。图中纵坐标为钢液中实测氧含量，纵坐标为耐火材料的氧势指数（IOP），可见耐火材料的氧势指数增大，钢中氧含量增加越显著。按氧势指数从低向高排列依次为 CaO、$MgO\text{-}CaO$、高 Al_2O_3 质、$ZrO_2 \cdot SiO_2$、$MgO \cdot Cr_2O_3$。

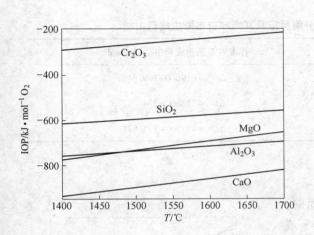

图 8-5　不同温度下耐火材料的氧势指数

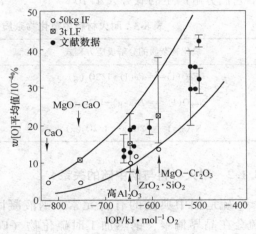

图 8-6　耐火材料种类对钢中氧含量的影响

　　对于具有相同构成组分的耐火材料，若其原料组成配比不同，则氧势指数也将不同。图 8-7 示出了 $Al_2O_3\text{-}MgO$ 系耐火材料在 1400℃、1500℃、1600℃ 及 1700℃ 下的 IOP 随着 Al_2O_3/MgO 摩尔比的变化关系。可见，在物质组成含量一定的情况下，耐火材料的氧势指数随着温度的升高而增大，并且温度越高增幅也越大。在相同温度下，IOP 随着耐火材料组分含量的改变而变化。当温度在 1500℃ 以下时，$Al_2O_3\text{-}MgO$ 系耐火材料的 IOP 随着 MgO 组分的增加而降低，说明低于 1500℃ 时，MgO 的热分解稳定性比 Al_2O_3 要好。当温度在 1500℃ 以上时，其 IOP 随着 MgO 组分的增加而增大，而

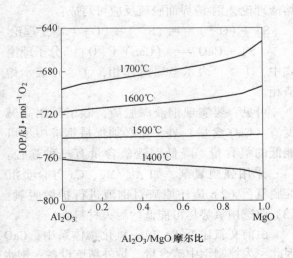

图 8-7　$Al_2O_3\text{-}MgO$ 系耐火材料

在不同温度下的氧势指数

且温度越高 IOP 增加越快，这说明当温度高于 1500℃以上时，Al_2O_3 的热分解稳定性要好于 MgO。综上可知，随着温度的升高，MgO 的热分解稳定性比 Al_2O_3 下降显著。

耐火材料的原料绝大多数是天然矿物，因此会含有一定量的杂质。这些杂质的熔点都比较低，有些虽然具有较高的熔点，但与主成分共存时，却可产生易熔物，因而往往会对耐火材料的高温性能产生不良的影响。表 8-3 示出的是几种常见的氧化物杂质的分解反应方程式和其反应的标准吉布斯生成自由能。

根据表 8-3 可以计算出一些主要氧化物杂质在耐火材料闭口气孔中分解产生的平衡氧分压与温度的关系，如图 8-8 所示。由图中可以看出，由这些杂质分解所产生的平衡氧分压明显高于耐火材料主成分分解所产生的平衡氧分压。特别是 Na_2O 和 K_2O，在炼钢温度下它们分解产生的氧势大于 10^{-1}。

表 8-3　耐火材料中氧化物杂质分解反应及其标准吉布斯生成自由能

氧化物杂质的分解反应方程式	标准吉布斯生成自由能/J·mol^{-1}
$FeO(l) \Longrightarrow Fe(l) + 1/2O_2(g)$	$\Delta G^{\ominus} = 619660 - 169.91T$
$Na_2O(l) \Longrightarrow 2Na(g) + 1/2O_2(g)$	$\Delta G^{\ominus} = 518800 - 234.70T$
$K_2O(s) \Longrightarrow 2K(g) + 1/2O_2(g)$	$\Delta G^{\ominus} = 487700 - 252.97T$

8.1.2　耐火材料与钢中硫的关系

硫是钢中典型的有害元素，钢液凝固时，硫会在晶界偏聚，钢热加工时硫化物（FeS 或 MnS）在晶界熔化，造成钢的"热脆"，因此，洁净钢生产中钢液脱硫是一项重要任务。根据熔渣理论，钢-渣界面脱硫反应可写成：

$$[S] + (O^{2-}) \Longrightarrow (S^{2-}) + [O] \quad 离子理论$$
$$[S] + CaO \Longrightarrow (CaS) + [O] \quad 分子理论$$

式中，[ ] 表示金属熔体相，( ) 表示熔渣相。

可见，要实现钢液深脱硫，除了采用高碱度渣（CaO 含量）外，还必须保持钢液中尽可能低的氧含量。降低钢液氧含量有三种途径：（1）采用强脱氧剂，如 Al、Mg、Ca 等合金沉淀脱氧；（2）造还原渣对钢液进行扩散脱氧；（3）应选用氧势尽可能低的耐火材料。

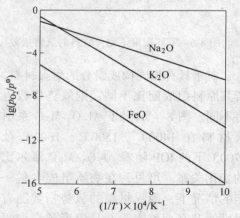

图 8-8　耐火材料中氧化物杂质
分解产生的平衡氧分压

由前文叙述可知，单一氧化物体系中，CaO、ZrO_2、MgO 与钢液平衡的氧活度较低。因此，为控制钢中硫含量，炉外精炼设备、钢水包、中间包及连铸系统应优先选用钙质、锆质、镁质、镁钙质、锆钙质或镁铝尖晶石材料。上述材料不仅可控制耐火材料向钢液增氧，也有利于抗高温熔渣的化学侵蚀。

图 8-9 示出了喷吹 SiCa 粉进行钢包脱硫时包衬耐火材料对钢水脱硫率的影响，可见

包衬耐火材料的材质对钢水脱硫有重要影响。在相同条件下，使用硅砖包衬时的脱硫率为50%~60%，使用黏土砖时脱硫率为60%~70%，而使用碱性白云石砖包衬时脱硫率则可以超过80%。

Bannenberg研究了不同耐火材料（见表8-4）对钢液脱硫的影响，结果见图8-10所示。可见，脱硫效果最好的是镁钙质、钙质和镁铝质耐火材料，而镁铬质、锆石英质与铝硅质耐火材料脱硫效果较差。这些实验表明，钢中硫含量的高低与耐火材料类型有关，即钢液中硫含量及氧含量同耐火氧化物的氧势大小具有相同的规律。

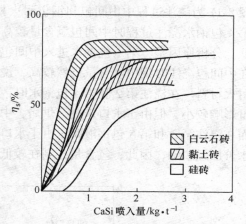

图 8-9　喷吹 SiCa 粉钢包脱硫时包衬耐火材料材质对钢水脱硫率的影响

表 8-4　钢液脱硫用耐火材料化学成分（质量分数）　　　　　　　（%）

编号	1	2	3	4	5	6	7	8	9	10
CaO	99.9		2.5	2.5		53.2				
MgO		0.1	31.0	94.0	84.5	38.2			63.2	
Al_2O_3		99.5	65.2		3.3	0.3	86.7	81.0	5.1	6.7
ZrO_2										49.5
SiO_2	0.4	0.2	0.8	1.8	3.7	1.8	8.8	12.0	2.3	38.6
Cr_2O_3			1.7		1.2				17.3	
Fe_2O_3			0.5	0.5	0.3		1.4	1.5	9.3	1.5
TiO_2						2.4	2.4	3.5		3.5
C					8.0	3.9	3.0			
备注	钙质	铝质	镁铝质	镁质	镁碳质	镁钙质	铝硅质	铝硅质	镁铬质	锆石英

8.1.3　耐火材料与钢中氢的关系

氢会导致钢中出现"白点"，引起氢脆现象。由于氢在钢中溶解度较低，经真空精炼后钢液中的氢含量可以降低至（1.0~1.5）×10⁻⁴%。

钢的冶炼过程中，增氢的主要来源有三种：一是液面裸露从空气中吸收的水分（不属于耐火材料范围），二是盛钢桶或中间容器耐火材料残存的水分，三是耐火材料砌筑过程中使用的有机结合剂。因此，对冶炼用原料和耐材进行充分干燥和烘烤是降低钢中氢含量的重要手段。

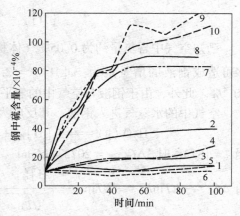

图 8-10　不同耐火材料类型对钢液脱硫效果的影响

图 8-11 为浇注过程中中间包和钢包耐火材料对钢中氢含量的影响。可见，在第 1、第 2、第 4 包钢水浇注过程时中间包氢含量较高，而在第 3、第 5 包钢水浇注时中间包氢含量较低。分析原因是，第 1 包钢水进入中间包前进行了真空处理，水口也进行了烘烤处理，但在中间包浇注时钢中氢含量仍然较高，说明在第 1 包钢水浇注过程中氢主要来源于中间包耐火材料。在浇注第 2 和第 4 包钢水时，中间包耐火材料的水分基本已脱除干净，对氢含量影响较小，但由于水口未进行烘烤，中间包浇注时钢中氢含量仍然有很大程度的增加。而在浇注第 3 和第 5 包钢液时，由于水口已经进行了充分烘烤，加之中间包耐火材料中的水分已经脱除，因此，氢含量控制在较低水平。

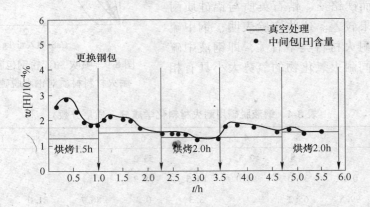

图 8-11   钢液浇注过程中中间包和钢包耐火材料对钢中氢含量的影响

下面分析钢液由空气吸收 H_2 和水蒸气以及耐火材料有机结合剂造成增氢的情况。

当钢液裸露时，空气中的氢溶解进入钢液，其反应式为：

$$1/2H_2(g) \rightleftharpoons [H]_\% \qquad \Delta G^\ominus = 36460 + 30.46T$$

当 $T = 1873K$ 时，$\Delta G^\ominus_{1873K} = 93511 J/mol$

由 $\Delta G^\ominus = -RT\ln K^\ominus = -RT\ln \dfrac{f_H \cdot [H]_\%}{\sqrt{p_{H_2}/p^\ominus}}$，取 $f_H \approx 1$，可得：

$$[H]_\% = 2.46 \times 10^{-3} \sqrt{\frac{p_{H_2}}{p^\ominus}} \tag{8-23}$$

已知空气中含氢量约为 0.05%（体积分数），则 $p_{H_2}/p^\ominus = 0.0005$，因此空气中的氢最多可造成钢液的增氢量为：$w[H]_\% = 2.46 \times 10^{-3} \sqrt{0.0005} = 5.5 \times 10^{-5}$，仅为 $0.55 \times 10^{-4}\%$。此外，由于钢液与空气中的氢平衡需要很长时间，故不会导致钢液大量增氢。

空气中的水蒸气进入钢液，其反应为：

$$H_2O(g) \rightleftharpoons 2[H]_\% + [O]_\% \qquad \Delta G^\ominus = 203310 + 2.17T$$

当 $T = 1873K$ 时，$\Delta G^\ominus_{1873K} = 207374 J/mol$

由 $\Delta G^\ominus = -RT\ln K^\ominus = -RT\ln \dfrac{f_H^2 \cdot [H]_\%^2 \cdot f_O \cdot [O]_\%}{\sqrt{p_{H_2O}/p^\ominus}}$，取 $f_H \approx 1$，$f_O \approx 1$ 可得：

$$[H]_\% = 1.28 \times 10^{-3} \sqrt{\frac{p_{H_2O}}{p^\ominus} \cdot \frac{1}{w[O]_\%}} \tag{8-24}$$

可见，气氛中水蒸气分压越大，钢中氧含量越低，则钢中平衡氢含量越高。由于钢液经精炼脱氧后钢中氧含量很低。若钢中氧含量为 0.001%，则式（8-24）为：

$$[H]_\% = 4.03 \times 10^{-2} \sqrt{\frac{p_{H_2O}}{p^\ominus}} \tag{8-25}$$

假定体系 $p^\ominus = 101325Pa$，20℃时，水的饱和蒸气压为 2.33kPa，相对湿度为 50%，则水蒸气压力 $p_{H_2O} = 1165Pa$ 代入上式得：

$$[H]_\% = 4.03 \times 10^{-2} \times 0.11 = 0.0044$$

利用上式计算得到与气氛中水蒸气平衡的钢液氢含量为 $44 \times 10^{-4}\%$。可见，钢液精炼脱氧后，水蒸气可能会成为增氢的主要来源。生产实践证明，即使盛钢桶加热至 1100℃，也不能完全将水分排除，尤其是开始浇注的前两炉钢。为了降低钢液增氢，精炼结束后，不允许钢液有裸露，对使用的钢包包衬、塞棒、水口等耐火材料应在高于 1200℃ 温度下长期烘烤，若精炼结束需要喂入钙线等改质剂，也要确保其水分尽可能低。

当盛钢桶、中间包、水口及塞棒材料含有有机物树脂或沥青等做结合剂时，由于这些有机物约含有 6%~8% 的氢，即使经过烘烤处理，也会在使用过程中释放 H_2O、H_2、CH_4 等气体。

有机结合剂在耐火材料的加入量通常为 4%~5%，1t 耐火材料要加入 45kg 的结合剂。若有机结合剂中氢含量按 6% 计，1t 耐火材料中含有 2.7kg 氢。若耐火材料经烘烤处理能去除 80% 以上的氢，则 1t 耐火材料中还残留 0.54kg 氢。

炼钢过程中，每吨钢液容量的钢包需要砌筑 0.16t 的耐火材料，容量为 100t 的盛钢桶则需要 16t 耐火材料，烘烤后残存的氢为 8.6kg。若残存的氢全部进入前 2 桶 200t 钢液中，其增氢为 $43 \times 10^{-4}\%$。可见，耐火材料中有机结合剂也是钢液增氢的重要来源。

8.1.4 耐火材料与钢中磷的关系

通常情况下，磷是钢中有害元素，会增加钢的低温脆性。对于一般的钢种，要求磷含量低于 0.035%，对低温高韧性要求特别高的钢种，磷含量要求低于 0.005%，甚至 0.003% 以下。

由第二章脱磷热力学可知，钢液氧化脱磷可以写成：

$$2[P] + 5(FeO) + 4(CaO) \Longrightarrow (4CaO \cdot P_2O_5) + 5[Fe]$$

平衡常数可以写成：

$$\lg K = \lg \frac{a_{4CaO \cdot P_2O_5}}{a_{[P]}^2 \cdot a_{(FeO)}^5 \cdot a_{CaO}^4} = \frac{40067}{T} - 15.06 \tag{8-26}$$

铁液中磷的活度选择 1% 极稀溶液为活度标准态，则 $a_{[P]} = f_P \cdot w[P]_\%$。渣中 $4CaO \cdot P_2O_5$ 的浓度极低，故可以近似代之以 $x(P_2O_5)$。因此，由式（8-26）可计算得到磷在渣、铁间的分配比：

$$L_P' = \frac{w(P_2O_5)_\%}{w[P]_\%} = K \cdot f_P \cdot a_{(FeO)}^5 \cdot a_{CaO}^4 \tag{8-27}$$

钢液精炼后期，钢中氧含量较低，钢液温度较高（1550~1600℃），从热力学角度看是不适合氧化脱磷的，相反会导致钢液回磷。从式（8-27）可知，精炼钢包使用 CaO 含量高的高碱度炉渣对脱磷有利。由于技术原因等因素，使用 CaO 材料作为盛钢桶包衬还存在诸多问题，故无法通过包衬耐火材料实现钢液脱磷。耐火材料一般含磷量较低，但若采用磷酸或磷酸盐做结合剂来生产钢包或中间包用耐火材料，根据以上分析，耐火材料中含有的磷是极易进入钢液导致钢液增磷的。

目前，连铸中间包涂料，无论是镁铬质、镁质或镁钙质，一般都使用磷酸盐做结合剂，磷酸盐加入量为涂料质量的 2%~4%。根据三聚磷酸钠（$Na_5P_3O_{11}$）或六偏磷酸钠（$Na_6P_6O_{18}$）的分子式计算，其磷含量为 25.3% 或 30.6%。若中间包容量为 30 吨，耐火材料总重为 4800kg，则每吨钢能吸收磷量为 0.01~0.03%kg，这样钢液中磷的增加量约为 0.001%~0.003%。因此，浇注磷含量极低的钢种应采用非磷酸盐结合的耐火制品。

8.1.5 耐火材料与钢液增碳

碳极易溶解于铁液中，1600℃碳在铁液中的溶解度约为 5.41%，因此，使用含碳耐火材料冶炼低碳或超低碳钢时，耐火材料对钢中碳含量会产生影响。但是，通过对耐火材料表层的氧化脱碳处理以及避免使用新筑炉窑冶炼低碳或超低碳钢，可以减少耐火材料对钢中碳含量的影响。图 8-12 为使用表 8-5 中不同碳含量的镁碳材料在 1200℃经真空处理 10min，和 1000℃于空气中保温 2h 使其表面脱碳后，钢液从含碳耐火材料中吸收的碳量随时间的变化。可见，镁碳材料经过表面脱碳处理可以减少钢液从材料中吸收的碳量。此外，采用含碳的浸入式水口也会使钢液增碳。

表 8-5　不同碳含量的镁碳砖材料的化学组成（质量分数）　　　　　（%）

编号	CaO	MgO	Al_2O_3	SiO_2	Fe_2O_3	C
1	1.83	94.26	2.55	1.08	0.25	4.95
2	1.87	94.08	2.31	1.27	0.42	9.60
3	1.75	96.63	0.52	0.82	0.22	13.75

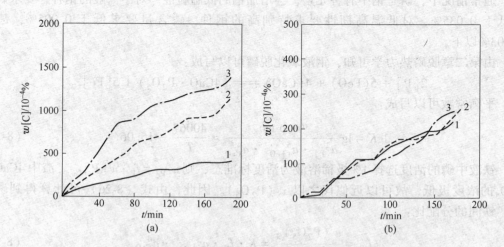

图 8-12　不同条件下镁碳质耐火材料对钢液增碳量的影响

（a）1200℃真空处理 10min 的吸碳量；（b）1000℃空气中处理 2h 的吸碳量

尽管如此，对冶炼碳含量低于 0.002% 以下的超低碳钢仍然面临钢液增碳的问题。从 RH-OB 真空精炼后的钢液，在后续的处理工序中，纯净的超低碳钢液在接触耐火材料时，耐火材料可对钢液发生增碳反应和再氧化污染，严重时超过钢种要求上限。根据生产和时间估算，铝镁碳砖钢包内衬，可使钢液增碳 $(6\sim7)\times10^{-4}\%$；渣线镁碳砖能使钢液增碳 $(1\sim2)\times10^{-4}\%$；铝碳质长水口，增碳 $(1\sim2)\times10^{-4}\%$；铝碳质浸入式水口，钢液增碳 $3\times10^{-4}\%$；中间包覆盖剂和连铸保护渣，增碳 $(3\sim6)\times10^{-4}\%$。

为了减少含碳钢包内衬材料对钢液的增碳作用，研究人员设法降低含碳钢包衬砖的含碳量或采用无碳耐火材料内衬。冶炼超低碳钢的无碳钢包耐火材料有三种类型：铝镁浇注料整体钢包内衬、浇注料预制块和机压成型砖内衬。整体浇注料钢包内衬的施工受季节、现场条件和烘烤设备等因素影响较大，而浇注料预制块和机压成型砖的生产工艺简单，适用范围广，在冶金行业得到普遍应用。表 8-6 示出了无碳钢包耐火材料内衬的性能和应用情况。铝镁浇注料预制块和机压成型砖钢包内衬的使用效果较好，不会对钢液产生增碳作用，使用寿命也较长。

表 8-6　国内无碳钢包砖衬的性能和使用情况

生产厂/使用厂	东瑞/武钢		鞍钢		首钢	耕升公司
名称	包壁预制块	包底浇注料	高档机压砖	中档机压砖	机压砖	
$w(Al_2O_3)/\%$	≥80.0	≥70.0	≥80.0	≥65.0	89.57	95.8（含MgO）
$w(MgO)/\%$	+Al_2O_3≥90	+Al_2O_3≥80	≥5	≥5	4.43	
体积密度/g·cm⁻³ 110℃，24h	≥2.95	≥2.80	≥3.30	≥3.00	3.35	3.22
显气孔率/%			≤15	≤15	5.8	
常温抗压强度/MPa						
110℃，24h，冷后	≥30	≥30	≥30	≥30	112	45.6
1600℃，3h，冷后	≥50	≥50				98.7
常温抗折强度/MPa						
110℃，24h，冷后	≥5	≥5				5.2
1600℃，3h，冷后	≥10	≥10				15
线变化率/% 1600℃，3h	±1.0	±1.0	±1.0	±1.0	±1.13	±0.96
钢包容量/t	250				210	210
寿命/炉	250		80~100	40~45	122	122
增碳量/%					<1×10^{-4}	

铝镁质无碳钢包用浇注料预制块和机压成型砖以电熔刚玉、电熔镁砂、电熔镁铝尖晶石为主要原料，加入氧化镁微粉和铝酸钙水泥等添加剂，经混练成型后，采用浇注成型制成预制块，或以高吨位摩擦压砖机压制成型，经养护和 200℃ 烘烤。为了提高无碳钢包衬砖的抗渣性和热稳定性，可添加脱硅氧化锆粉（$w(ZrO_2)>98\%$）、工业氧化铬粉（$w(Cr_2O_3)>98\%$）等添加物。

8.2   洁净钢生产中耐火材料的损毁机理

冶金过程中，耐火材料最常接触的是高温金属和熔渣，渣蚀损毁是耐火材料破坏的重要原因，对耐火材料的使用寿命有很大的影响。本节我们将讨论熔渣对耐火材料的侵蚀机理，然后再讨论耐火材料的抗渣性以及实施方法。

8.2.1   熔渣对耐火材料的侵蚀特征

炉渣对耐火材料的侵蚀如图 8-13 所示。渣侵蚀耐火材料试样可以划分为几个不同的特征层。从热面到冷面，依次为原渣层、变渣层、蚀损层、渗透层。原渣层也称为外渣层，这一层中渣与耐火材料未发生任何反应，渣维持与熔渣内部组成的一致性。变渣层也称为内渣层，此层中存在一些被溶蚀脱落下来的耐火材料颗粒。由于耐火材料组分熔入渣中，渣的成分与性质已发生变化，这些变化可能有利于渣对耐火材料的侵蚀，也可能抑制渣对耐火材料的侵蚀。第三层为蚀损层。这一层中，耐火材料的基质已被大量蚀损掉，耐火材料的显微结构已被严重破坏，但大量粗颗粒仍未进入渣中，可基本保留原有的形状和尺寸。第四层为渗透层，它是沿耐火材料中的气孔、裂纹、缺陷等向耐火材料内部渗透而形成的。由于从熔渣向耐火材料内部延伸存在温度梯度，当熔渣渗透到温度低于其凝固温度时，渣凝固并停止向耐火材料内部渗透。因此，渗透层与原砖层之间的界面称为渣固面。渗透层中耐火材料的基本

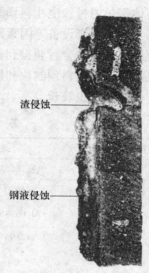

渣侵蚀 ——

钢液侵蚀 ——

图 8-13   钢液、炉渣对
耐火材料的侵蚀形貌

结构并未受到严重破坏，但由于渣的渗透和侵入其化学成分、矿物组成和致密程度发生了改变，因此也称为变质层。由于变质层的性质，如膨胀系数等与未变质层之间存在差异，温度的变化在变质层与未变质层之间产生热应力从而诱发裂纹，并不断扩展而脱落，进入熔渣，称之为"结构剥落"，它与熔渣对耐火材料的化学熔损是耐火材料被渣损坏的两大机理。

实际生产中，各层之间的界限并不明显，有时候很难划分清楚，各层的厚度也因渣与耐火材料的组成与性质以及砖内温度梯度的差异而不同。

8.2.2   耐火材料化学侵蚀速率

高温下耐火材料向渣中溶解是耐火材料蚀损的重要原因之一。由于溶解反应发生在熔渣与耐火材料界面，故溶解过程也称为化学侵蚀。

如图 8-14 所示，耐火材料化学侵蚀包括两个过程：（1）在耐火材料与渣的界面上的化学反应；（2）反应产物向渣本体的扩散。这两个过程反应速率最慢的步骤是整个过程的限制环节，对耐火材料的化学侵蚀产生决定性的影响。

当化学反应速率远低于扩散速率的情况下，渣-耐火材料边界层溶质浓度等于渣中溶

质浓度（$C_b = C_0$），此时，侵蚀过程速率 J 等于最大化学反应速率，即：

$$J = kC_b^n \qquad (8\text{-}28)$$

式中　k——化学反应速率常数；

　　　n——反应级数；

　　　C_b——溶质在渣中的浓度。

相反，当扩散速率远低于化学反应速率时，侵蚀过程受扩散控制。溶质会在边界层不断积累，此时，侵蚀速率等于最大可能的扩散速率，即：

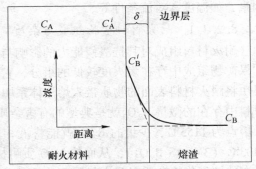

图 8-14　耐火材料的化学侵蚀过程

$$J = \frac{D}{\delta}(C_b' - C_b) \qquad (8\text{-}29)$$

式中　D——溶质的扩散系数；

　　　δ——扩散层厚度；

　　　C_b'——边界层溶质的浓度。

以上扩散速率方程的应用具有一定的局限性，也是理想状态下的扩散速率。由于实际生产过程中，炉渣受各种外力的影响很大，渣的流动状态会改变传质速度，进而影响边界层厚度（δ）。为此，也有学者总结了不同条件下耐火材料化学侵蚀速率的经验式。Levich 将一块平板耐火材料浸入液态炉渣中，推导了在自然对流条件下耐火材料溶解速率的计算公式：

$$J = 0.5D\left(\frac{g\Delta\rho}{D\eta}\right)^{1/4} x^{-1/4}(C_b' - C_b) \qquad (8\text{-}30)$$

式中　J——溶解速率；

　　　D——耐火材料主材质的扩散系数；

　　　g——重力加速度；

　　　$\Delta\rho$——饱和熔渣与初始熔渣的密度差；

　　　η——熔渣黏度；

　　　x——距离平板前缘的距离；

　　　C_b'——边界层溶质的浓度；

　　　C_b——溶质在渣中的浓度。

另有学者提出耐火材料化学侵蚀量的计算方法：

$$\Delta d = A\left(\frac{T}{\eta}\right)^{1/2} t^{1/2} \qquad (8\text{-}31)$$

式中　Δd——耐火材料的熔化损失速率；

　　　η——熔渣黏度；

　　　T——熔渣温度；

　　　A——熔损常数；

　　　t——反应时间。

8.2.3　影响耐火材料化学侵蚀的因素

影响耐火材料向渣中溶解的因素很多，主要有耐火材料自身组成与性质以及外部环境因素，如温度、对流条件等。

8.2.3.1　耐火材料矿物组成与杂质

耐火材料组成对其抗渣侵能力的影响与耐火材料自身矿物组成和杂质含量密切相关。如果矿物组成中存在耐火度较低的组分，它们和炉渣能形成低熔点化合物，生成的液相将很快将耐火材料表面的物质带入熔渣体系中，造成耐火材料严重的冲刷和损毁。例如耐火材料中存在的微量 B_2O_3 就是典型的有害杂质，在 MgO-B_2O_3 相图中，形成复合化合物的最低熔点为 1155℃，少量的 B_2O_3 就能将液相出现的温度从 MgO 的熔点（2800℃）降低至 1403℃（$3MgO \cdot B_2O_3$），从而使 MgO 质耐材的抗渣侵能力急剧下降。其次，耐火材料中存在的铁氧化物杂质对耐火材料耐火度也有显著影响，MgO 熔点与铁氧化物含量呈线性降低的关系。其他不利的杂质元素还包括 SiO_2、MnO、Na_2O、K_2O 等。金属铝作为 MgO-C 砖的抗氧化添加剂被广泛使用，研究表明它对 MgO-C 砖抗渣侵能力的影响与炉渣碱度有关，添加金属铝有利于提高 MgO-C 砖抗碱性渣的侵蚀能力，但其抗酸性渣侵蚀的能力反而因为铝的添加而降低。

8.2.3.2　熔渣化学成分与性质

熔渣的化学成分对耐火材料的化学侵蚀有重要的影响。从耐火材料分类中将耐火材料分为酸性耐火材料和碱性耐火材料，同样也要求冶炼炉渣分别为酸性渣和碱性渣。炉渣碱度的表示方法有多种，通常为渣中碱性氧化物质量与酸性氧化物质量之比来表示，最常用的炉渣碱度表示方法为 $w(CaO)/w(SiO_2)$。一般来说，对碱性耐火材料，应尽可能采用高碱度炉渣，以防止耐火材料的高温熔损。复吹转炉采用 MgO-C 为包衬材料，要求冶炼炉渣的碱度控制在 2.0~3.0 之间，就是为了降低包衬材料的损耗。

由式（8-29）和式（8-30）可知，渣中某耐火材料组分的饱和浓度 C_b' 与熔渣本体浓度差与侵蚀速度成正比，C_b' 越大，C_b 越小，耐火材料在渣中的溶解速率越快。相反，如果渣中某耐火材料组分达到饱和，$C_b' - C_b = 0$，渣对耐火材料不会产生侵蚀。

陈肇友曾研究了 MgO-CaO 耐火材料在组成为 42%SiO_2-42%CaO-16%MgO 渣中的溶解度。他首先根据相图计算得到 MgO、Cr_2O_3、Al_2O_3、$MgO \cdot Cr_2O_3$ 与 $MgO \cdot Al_2O_3$ 在 CaO-SiO_2 渣中的溶解度，见图 8-15。连接渣的组成点 S 与耐火材料组成点 $M8$ 得到一条直线，将该直线与 MgO 饱和线的交点即为 MgO-CaO 耐火材料与熔渣边界处的饱和浓度，即 $w(MgO) = 23\%$、$w(CaO) = 42\%$、$w(SiO_2) = 35\%$。此时，对于 MgO 组元来说，$C_b' - C_b = 23\% - 16\% = 7\%$，对于 CaO 来说，$C_b' - C_b = 42\% - 42\% = 0$，说明此情况下，$MgO$ 可向渣中溶解，而 CaO 不会溶解。

炼钢过程中，CaO-Al_2O_3-SiO_2 体系是最常用的炉渣成分，而 MgO-C 砖是目前炼钢过程中最常用的砖衬材料，测定不同渣系中 MgO 的饱和溶解度对降低 MgO-C 砖化学侵蚀具有重要意义。图 8-16 为陈肇友等人计算得到的 CaO-Al_2O_3-SiO_2 体系中 MgO 饱和溶解线，从中可以读出不同熔渣组分下 MgO 饱和溶解度的数值。举例来说，假定炉外精炼用炉渣的成分为 $w(CaO) = 50\%$、$w(Al_2O_3) = 35\%$ 和 $w(SiO_2) = 15\%$，查图 8-16 中对应的 MgO 饱和溶解度为 10%~13%。因此，为了不让耐火材料中的 MgO 溶解，可以在 CaO-Al_2O_3-SiO_2 体系中添加 10%MgO，使其达到饱和。同样，在复吹转炉中为了降低炉渣对 MgO-C 砖的侵蚀速率，渣系中也会添加 8%~10% 的 MgO。

除熔渣组成之外，炉渣黏度对耐火材料化学侵蚀也有很大影响。炼钢炉渣的黏度范围

为 $0.1 \sim 10 Pa \cdot s$，比液态金属的黏度高两个数量级。而均匀熔渣与非均匀熔渣的黏度有很大不同。对于均匀性熔渣，其黏度服从牛顿黏滞液体的规律。黏度取决于移动质点的活化能：

$$\eta = \eta_0 \exp[E_\eta / (RT)] \tag{8-32}$$

式中　η_0——与炉渣组成有关的常数；

E_η——黏流活化能；

R——玻尔兹曼常数；

T——绝对温度。

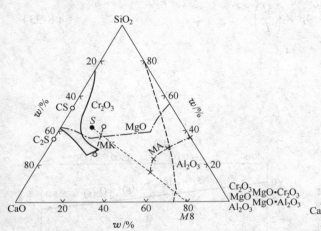

图 8-15　MgO、Cr_2O_3、Al_2O_3、$MgO \cdot Cr_2O_3$ 与
$MgO \cdot Al_2O_3$ 在 CaO-SiO_2 渣中的溶解度（1700℃）

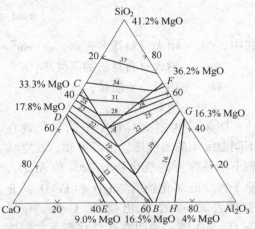

图 8-16　1600℃时 MgO 在 CaO-Al_2O_3-SiO_2
的饱和溶解度

在硅酸盐渣系中，硅氧络合离子的尺寸远比阳离子的尺寸大，移动需要的黏流活化能也最大，因此，$Si_xO_y^{z-}$ 成为熔渣中主要的黏滞流动单元。当熔渣的组成改变引起 $Si_xO_y^{z-}$ 解体或聚合，从而结构改变时，熔渣的黏度就会相应降低或提高。

在调整低碱度熔渣黏度时，CaO、MgO、Na_2O、FeO 等碱性氧化物有较大的作用，其中 2 价金属氧化物比 1 价金属氧化物的作用大，因为在离子物质的量相同基础上，1 价金属（如 K^+、Na^+）带入的 O^{2-} 比 2 价金属（如 Ca^{2+}）带入的 O^{2-} 的作用小。此外，CaF_2 在调整熔渣黏度也有显著的作用，因为它引入 F^- 和 O^{2-} 同样能起到使硅氧络合离子解体的作用。实践证明，CaF_2 调整低碱度熔渣黏度的作用比 CaO、Na_2O 等碱性氧化物的作用效果更好。一方面，CaF_2 比 CaO 能引入静电势较小而数量较多的使 $Si_xO_y^{z-}$ 解体的 F^- 离子；另一方面，CaF_2 又能与高熔点氧化物 CaO、Al_2O_3、MgO 等形成低熔点共晶体。提高熔渣过热度及均匀性，也能使黏度降低。

8.2.3.3　温度和气氛

温度除对熔渣黏度有重要影响之外，还会对耐火材料在渣中溶解度以及能否形成高温固相隔离层都有影响，温度是考虑耐火材料组分向熔渣中溶解时需注意的重要因素。当温度低于产生液相温度 20℃ 时，不会产生显著的侵蚀，相反，渣对耐火材料的侵蚀会加速进行。

在实际生产过程中，耐火材料工作面与其靠近金属炉壳的冷面之间存在温度梯度，温度梯度斜率的大小主要取决于炉壁的厚度与温差。当炉壁较薄时，壁内温度下降较快，蚀损层与渗透层的厚度也减小。而炉壁较厚则正好相反，由于温度梯度小，渗透层的厚度较大。在一个炉役期间，由于炉衬受侵蚀由厚变薄，因而渗透层与蚀损层的厚度也由厚变薄。

常压条件下，大多数耐火材料的蒸气压很低，但是在高温真空条件下，这些耐火材料将会有一定的挥发性，因挥发而导致耐火材料的侵蚀速率加快。耐火材料的真空挥发速率与耐火材料的蒸气压成正比，其气相的相对分子质量越大，挥发量也越大。耐火材料的挥发速率可以表示为：

$$f = 44.4p \times \left(\frac{M}{T}\right)^{1/2} \tag{8-33}$$

式中　f——耐火材料挥发速率，$g/(cm^2 \cdot s)$；

　　　p——耐火材料材质的蒸气压；

　　　M——相对分子质量；

　　　T——绝对温度。

图 8-17 为耐火材料中不同氧化物在不同温度下的蒸气压。由图可知，真空状态下不易挥发的氧化物有 ZrO_2 和 Al_2O_3，易于挥发的氧化物有 Na_2O 和 Fe_2O_3，介于两者之间的氧化物有 CaO、MgO、Cr_2O_3、SiO_2 等。说明在真空状态下，碱性氧化物比酸性氧化物更加稳定。有研究表明，镁钙质耐火材料制品中，当 MgO 材料中含有 10%~20% 的 CaO（摩尔分数），就能使 MgO 相对挥发量大大降低。

RH 是洁净钢冶炼最常用的真空精炼装置。当前，国内外钢铁企业 RH 真空室内的砌砖所用耐火材料主要是镁铬砖（$MgO \cdot Cr_2O_3$），其工作环境的特征是高温、高真空度、钢液剧烈冲刷。以下将讨论镁铬砖的真空稳定性和损毁机理。

图 8-18 示出了 1600℃ 时氧分压对 MgO、Cr_2O_3、$MgO \cdot Cr_2O_3$ 蒸发速率的影响。这表明在 1600℃ 时氧分压对镁铬砖材质蒸发速率有很大的影响。RH 冶炼超

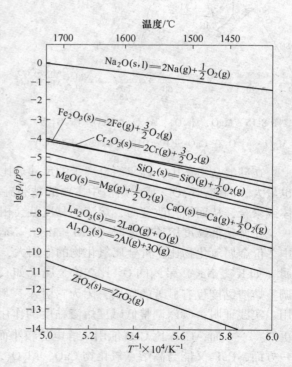

图 8-17　氧化物在不同温度下的蒸气压

低碳钢真空度一般控制在 100Pa 以下，即 $lg(p_{O_2}/p^{\ominus}) = -3.0$，此时，$MgO \cdot Cr_2O_3$ 的蒸发速率约为 $1 \times 10^{-8} g/(cm^2 \cdot s)$。

图 8-19 给出了 Anderson 的研究结果，图中数据点为不同温度是测定的 $MgO \cdot Cr_2O_3$ 的蒸发速率，实线为纯 Cr_2O_3 的蒸发速率。可见，随着真空度提高，$MgO \cdot Cr_2O_3$ 的蒸发速

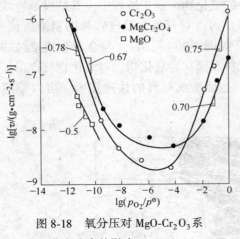

图 8-18 氧分压对 MgO-Cr_2O_3 系
蒸发速率的影响（1600℃）

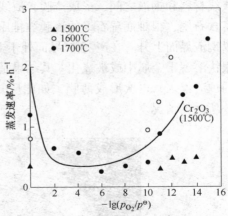

图 8-19 氧分压和温度对 $MgO \cdot Cr_2O_3$ 的
蒸发速率的影响

率逐渐加大，且温度升高，蒸发速率明显加快。从图 8-18 和 8-19 可知，只有当 $\lg(p_{O_2}/p^\ominus) = -5 \sim -4$ 时，Cr_2O_3 的蒸发速率最低，也最适宜于铬质或 $MgO \cdot Cr_2O_3$ 质材料的烧结致密化。这也是高铬砖在烧成时，炉气气氛中的氧分压要控制在 $1 \sim 10Pa$ 的原因。

图 8-18 和图 9-19 也说明 Cr_2O_3 和 $MgO \cdot Cr_2O_3$ 在低氧压与高氧压下高温蒸发反应是不同的。在高温、低氧压或真空条件下：

$$MgO(s) \Longrightarrow Mg(g) + \frac{1}{2}O_2(g)$$

$$Cr_2O_3(s) \Longrightarrow 2Cr(g) + \frac{3}{2}O_2(g)$$

$$MgO \cdot Cr_2O_3(s) \Longrightarrow Mg(g) + 2Cr(g) + 2O_2(g)$$

在高温、高氧压（吹氧）条件下：

$$MgO(s) \Longrightarrow MgO(g)$$

$$Cr_2O_3(s) + \frac{3}{2}O_2(g) \Longrightarrow 2CrO_3(g)$$

$$MgO \cdot Cr_2O_3(s) + \frac{3}{2}O_2(g) \Longrightarrow Mg(g) + 2CrO_3(g)$$

在 RH 精炼过程中，既有吹氧，又有抽真空。在真空时，氧压很低，镁铬砖中的 MgO、Cr_2O_3、$MgO \cdot Cr_2O_3$ 会按照高温、低氧压的反应以气体产物的形式从砖中逃逸；而在吹氧时，氧压较高，镁铬砖中的 MgO、Cr_2O_3、$MgO \cdot Cr_2O_3$ 会按照高温、高氧压的反应以气体形式逸出。在真空与吹氧条件下，镁铬砖中的一些成分气化逸出，会导致镁铬砖中的颗粒之间的结合减弱、松弛，导致结构恶化，在高速钢流的冲击下，很容易被蚀损掉。

8.2.3.4 马兰戈尼效应（Marangoni effect）

马兰戈尼效应是指由于表面张力不同的两种液体界面存在表面张力梯度而产生质量传送的现象，这种现象对耐火材料侵蚀也具有重要的影响。

日本九州大学的向井楠宏在研究炉渣-钢液界面局部侵蚀时发现，由于界面张力的作用造成渣-钢液界面发生波动，当渣-钢液界面处于下降期时（如图 8-20（a）所示），渣进入渣线材料和钢液之间，形成渣膜，渣线材质中的氧化物溶解于渣膜中。其结果是渣线材料富含石墨，很难润湿石墨的渣膜被排斥而后退，而由对石墨润湿较容易的钢液所代替，所以钢渣界面上升。在渣-金属界面处于上升期（如图 8-20b 所示），与金属直接接触的石墨很快溶解于金属中或被氧化。其结果是渣线材料表面富含氧化物，对氧化物具有很好润湿的炉渣侵入，再次形成薄膜，如此反复进行，造成渣线材料的快速损毁。可以参照图8-13 所示的情况。

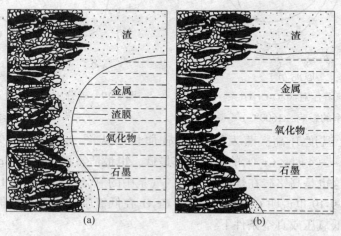

图 8-20   钢包渣线镁碳砖侵蚀过程中的马兰戈尼效应（Marangoni effect）
（a）耐火材料与渣接触；（b）耐火材料与钢液接触

熔渣在渣线材料和钢液界面之间的这种往复运动，使渣-钢界面处的耐火材料不断溶解，这不仅使渣-钢界面上的渣相产生了浓度梯度，而且使金属相中产生了氧浓度梯度。因此可以认为，沿着渣-钢界面较大的界面张力梯度是由耐火材料的溶解而产生的，由此造成的耐火材料侵蚀被称为马兰戈尼侵蚀，最常发生的位置在渣-钢界面处。

渣-钢界面处的上层耐火材料与渣反应生成渣蚀层，而与钢液接触的部位形成脱碳层，两个反应层在渣-金界面处相互接触，由于各自物相不同，其性质也有差异。在高温条件下，在渣-钢界面处产生剪切应力，造成耐火材料的损毁。剪切应力 τ 可以表示为：

$$\tau = \frac{d\sigma}{dx} = \frac{\partial \sigma}{\partial T} \cdot \frac{dT}{dx} + \frac{\partial \sigma}{\partial c} \cdot \frac{dc}{dx} + \frac{\partial \sigma}{\partial \psi} \cdot \frac{d\psi}{dx} \qquad (8-34)$$

式中 T——绝对温度；

σ——表面张力；

x——液体移动距离；

c——液体中表面活性物质浓度；

ψ——钢-渣界面处的电势。

可见，表面张力梯度是由于温度变化、钢液中活性元素含量变化以及钢-渣界面处电势差共同引起的。故在流体力学中，表面张力梯度又被称为马兰戈尼效应。

除马兰戈尼效应外，由于温度差异也会引起局部对流而加速耐火材料侵蚀的现象，如图 8-21 所示。在钢包中，为了避免钢液与空气接触，防止二次氧化产生，在钢液表面放置保护渣或覆盖剂。虽然熔渣对金属熔池能起到很好的保温作用，但当金属熔池在耐火材料容器中放置时，会产生温度梯度，金属熔池在容器内的整体对流会造成渣-金界面处金属熔池的微域循环，加剧金属熔体对耐火材料的冲刷。

8.2.3.5 电化学反应

众所周知，有电能和化学能转化的体系称为电化学体系。金属液体是金属键结构，当金属液与熔渣接触时，就有带电质点（离子、电子）在两相间持续迁移。通常两相之间是不平衡的，因此在两相界面上会形成带相反符号电荷的双电层。双电层的电势取决于经过相界面质点的化学势之差，即：

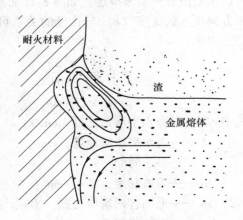

$$[M] \Longrightarrow (M^{2+})$$

$$\mu_{[M]} + 2FE_m = \mu_{M^{2+}} + 2FE_s \quad (8\text{-}35)$$

$$E = E_m - E_s = \frac{1}{2F}[\mu_{M^{2+}} - \mu_{[M]}] \quad (8\text{-}36)$$

式中 μ——电化学势；

F——法拉第常数；

E——液相的静电势；

M——金属。

图 8-21 渣—耐火材料—金属
界面处的微域循环

由于渣线材料中的石墨是良好的导体，陈肇友等人根据碳-熔渣-金属的腐蚀电池反应对渣线材料在熔渣-钢液界面被局部侵蚀的原因进行了解释，即电化学侵蚀机理。其电极反应为：

阳极反应：$\qquad C+O^{2-} \longrightarrow CO+2e$

阴极反应：$\qquad 2M^+ + 2e \longrightarrow 2M$

总电化学反应为：$\qquad C+2M^+ + O^{2-} \longrightarrow CO+2M$

根据渣系不同，M 的元素种类也不相同，在氧气转炉渣中 M（M^+）为 Fe（Fe^{2+}）；在铁水预处理和连铸保护渣中 M（M^+）为 Na（Na^+）；而在炉外精炼渣中，M 为 SiO_2，总化学反应为 $C+SiO_2 \rightarrow SiO+CO$。

在实际生产中，三相交界处不只是一个碳-熔渣-金属的腐蚀电池反应，而是许多个腐蚀微电池，共同构成了熔渣电化学腐蚀体系。

8.2.4 炉渣、钢液向耐火材料渗透行为

耐火材料在使用过程中，熔渣可以通过微气孔与裂缝渗透到耐火材料内部，并与之反应形成与原来耐火材料结构、矿物组成和性质不同的变质层。当温度发生波动或剧烈改变时，变质层与原耐火材料之间发生开裂、剥落。熔渣渗入越深，变质层越厚，结构剥落越大，造成的蚀损越严重。渣向耐火材料内部渗透的途径有以下三种：

（1）通过开口气孔与裂纹向耐火材料内部渗透；

（2）通过晶界向耐火材料内部渗透；

（3）熔渣中离子进入构成耐火材料的氧化物中，通过晶格扩散进入耐火材料。

上述三种形式中通过气孔与裂纹的渗透是最大的，其他两种形式，特别是通过晶格扩

散的渗透是很小的。为此，本节主要讨论熔渣通过气孔与裂纹的渗透。

8.2.4.1　熔渣向耐火材料渗透原理

熔渣通过气孔和裂纹进入耐火材料内部的过程，可以用毛细管模型来描述，如图 8-22 所示。液体沿水平方向渗入的速度（v）与孔径的关系可用 Washburn 公式表示：

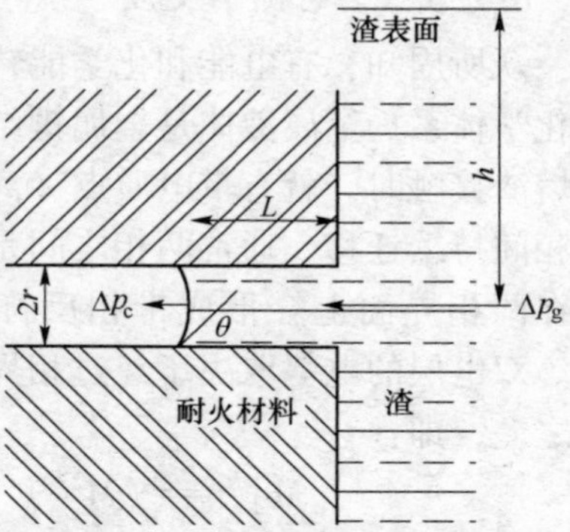

图 8-22　熔渣向耐火材料渗透模型

$$v = \frac{\mathrm{d}L}{\mathrm{d}t} = \frac{r^2 \Delta p}{8\eta L} \tag{8-37}$$

$$\Delta p = \Delta p_c + \Delta p_g \tag{8-38}$$

式中　v——渣水平渗透速度，cm/s；

　　　L——渣水平渗透深度，cm；

　　　t——渗透时间，s；

　　　η——熔渣黏度，N·s/cm²；

　　　Δp——毛细管两端压力差，N/cm²；

　　　Δp_c——毛细管张力，N/cm²；

　　　Δp_g——熔渣产生的静压力，N/cm²。

将式（8-38）代入式（8-37）得到：

$$v = \frac{r^2(\rho g h + \Delta p_c)}{8\eta L} \tag{8-39}$$

式中　ρ——熔渣的密度，g/cm³；

　　　g——重力加速度，cm/s²；

　　　h——孔中心线到熔渣上表面的距离，cm。

由于

$$\Delta p_c = \frac{2\sigma \cos\theta}{r} \tag{8-40}$$

式中　σ——熔渣的表面张力，N/cm²；

　　　θ——熔渣与耐火材料的润湿角，(°)。

将式（8-40）代入式（8-39），可得：

$$v = \frac{r^2}{8\eta L}\left(\frac{2\sigma \cos\theta}{r} + \rho g h\right) \tag{8-41}$$

假定忽略熔渣静压力的影响，熔渣的物理化学性质，如 η、σ、θ 和 ρ 在初始阶段设为常数。通过对式（8-37）积分，得到渗透深度 L 与时间 t 的关系式，即可推导出在 t 时刻熔渣向耐火材料水平渗透深度与耐火材料孔径 r 的关系：

$$L^2 = \frac{r\sigma \cos\theta}{2\eta} \cdot t \tag{8-42}$$

而由式（8-41）可以得到水平渗透速度与孔径的关系：

$$v = \frac{r\sigma \cos\theta}{4\eta L} \tag{8-43}$$

8.2.4.2　影响熔渣向耐火材料渗透的因素

从式（8-42）和式（8-43）可知，影响熔渣向耐火材料渗透的主要因素包括：耐火材料中微气孔尺寸、熔渣黏度以及渣与耐火材料的润湿角。

熔渣渗透深度（L）与 $r^{1/2}$ 成正比，而渗透速度与 r 成正比。可见，随着耐火材料中孔径尺寸的增大，渣向耐火材料的渗透速度和深度都增大，这也证明耐火材料孔径越小，其抗渣侵能力越强。此外，气孔孔径分布也对熔渣渗透有很大影响。当气孔孔径分布均匀时，熔渣先沿着大气孔渗入耐火材料，然后沿着小气孔向四周渗透扩散，熔渣更容易进入耐火材料内部；反之，如果耐火材料气孔分布均匀，那么渣沿气孔渗透也是均匀的，渗透面积也会明显降低。

渣向耐火材料的渗透深度（L）和渗透速度（v）与熔渣黏度成反比，渣的黏度越大，其渗透能力越差。耐火材料自身组成、耐火材料与渣的反应对渣的组成和性质有很大影响，也会影响渣的渗透。如 $CaO\text{-}SiO_2\text{-}Al_2O_3\text{-}Fe_tO$ 渣系，随着 Al_2O_3 含量的增加，渣向氧化镁耐火材料中的渗透深度明显降低，这是因为渣中 Al_2O_3 与氧化镁生成了尖晶石，降低了耐火材料中的气孔孔径；反之，当渣中 CaO 组分与含 Al_2O_3 为主导的浇注料发生反应，会生成低熔点铝酸钙，从而降低了渗入耐火材料内部渣的黏度，促进了渣的渗透。

渣对耐火材料的润湿性取决于它们的润湿角，即渣的表面张力及渣与耐火材料的界面张力。液体在固体表面附着的现象统称为润湿，如图 8-23 所示。

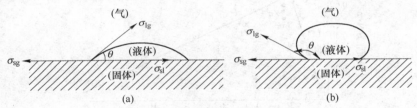

图 8-23 固体的润湿性与接触角
（a）润湿；（b）不润湿

物质表面的润湿程度常用接触角（θ）来衡量。接触角是在润湿平衡时三相接触点上，沿液-气表面的切线与固—液界面的夹角。习惯上把 $\theta>90°$ 的物质叫做不润湿，$\theta<90°$ 叫做润湿。自然界中不存在绝对不润湿的物质，因此 $\theta=180°$ 的情况是没有的。

根据力的平衡关系，三相界面张力服从以下关系：

$$\sigma_{sg} = \sigma_{sl} + \sigma_{lg}\cos\theta$$

$$\cos\theta = \frac{\sigma_{sg} - \sigma_{sl}}{\sigma_{lg}} \tag{8-44}$$

上式称为杨氏（Young）方程，它表明接触角的大小与三相界面张力的定量关系。因此，凡是能引起任何界面张力变化的因素都能影响固体表面的接触角和润湿性。

从式（8-44）可以看出：

（1）若 $\sigma_{sg}>\sigma_{sl}$，则 $\cos\theta>0$，此时 $\theta<90°$，耐火材料与渣润湿性差；

（2）若 $\sigma_{sg}<\sigma_{sl}$，则 $\cos\theta<0$，此时 $\theta>90°$，耐火材料与渣润湿性好。

冶金过程中，大部分熔渣由氧化物体系构成，它们对耐火材料具有很好的润湿性（第（2）种情况）。从式（8-42）和式（8-43）可知，渣对耐火材料的润湿性越好（θ 越小），渣越容易渗透到耐火材料内部；反之，渣对耐火材料的润湿性越差（θ 越大），渣越不容易渗透进耐火材料。为了降低渣向耐火材料内部的渗透，可以向耐火材料中加入与渣不润湿的石墨或其他非氧化物材料，来提高耐火材料的抗渣侵能力。

渣对耐火材料的润湿性取决于其表面张力和界面张力。实际工作中要测定熔渣的表面张力和界面张力是很困难的，所得数据也常因实验条件的差异而不同。熔渣的表面张力与其组成密切相关，可以根据熔渣组成的变化来判断界面张力的变化。氧化物表面张力主要取决于表面的 O^{2-} 与附近阳离子的作用力，也就是说取决于阳离子的电荷数与其离子半径之比（静电势）。氧化物的静电势与它们表面张力的关系如图 8-24 所示。图中两条直线相交的顶端处的 MnO、MgO、CaO、FeO 与 Al_2O_3 等阳离子的静电势相差不大，在熔渣中它们相互取代时对渣的表面张力影响不大。在顶端左边直线上的阳离子，如 Li^+、Na^+、Ba^{2+}、K^+ 等，由于它们的静电势比较小，相应的氧化物引入渣中会降低渣的表面张力。而在顶端右边的直线上的阳离子，如 Si^{4+}、B^{3+}、Ti^{4+} 等，它们的静电势很高，容易与 O^{2-} 形成复合阴离子，这些复合阴离子被排斥到表面而降低渣的表面张力。此外，简单阳离子 F^- 的静电势比 O^{2-} 小，它可以从表面排走 O^{2-} 降低表面张力。因而，在熔渣中加入含氟物质可降低表面张力。所有能降低熔渣表面张力的物质统称为熔渣的表面活性剂。

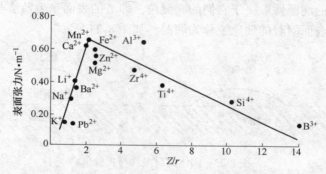

图 8-24　氧化物体系表面张力与阳离子静电势的关系

8.3　洁净钢用耐火材料分类与特征

洁净钢冶炼过程中，全流程都要接触耐火材料，不同工序使用的耐火材料类型不同，对钢的洁净度影响也不同，因此，了解耐火材料的分类和特征对冶炼洁净钢至关重要。耐火材料的分类方法很多，按不同标准有不同的划分方法。

8.3.1　耐火材料的分类方法

8.3.1.1　按化学性质分类
耐火材料按化学性质可分为酸性耐火材料、碱性耐火材料和中性耐火材料。

（1）酸性耐火材料。通常是指以二氧化硅为主要成分的耐火材料，在高温下易与碱性耐火材料、碱性渣、高铝质耐火材料或含碱化合物起化学反应。

（2）碱性耐火材料。通常是指氧化镁、氧化钙或两者共同作为主要成分，在高温下易与酸性耐火材料、酸性渣、酸性熔剂或氧化铝起化学反应。

（3）中性耐火材料。在高温下不与酸性耐火材料、碱性耐火材料、酸性渣或碱性渣或熔剂发生明显化学反应的耐火材料，如刚玉及碳化硅制品等。不发生明显的化学反应不等于完全不发生反应, 在特定条件下, 反应也是可以进行的。

8.3.1.2 按化学成分分类

按化学成分分类是耐火材料最常见的分类方法。分类如下:

(1) 硅石耐火材料。以二氧化硅为主要成分的耐火材料, 通常二氧化硅的含量不低于90%。

(2) 铝硅酸盐耐火材料。简称为铝硅系耐火材料, 是指以氧化铝和二氧化硅为主要成分的耐火材料。按氧化铝含量不同可分为黏土质耐火材料 ($30\% \leqslant w(Al_2O_3) \leqslant 40\%$)、高铝质耐火材料 ($w(Al_2O_3) > 45\%$)。

(3) 镁质耐火材料。含氧化镁大于80%的耐火材料。

(4) 镁尖晶石耐火材料。主要成分是镁砂或氧化镁含量大于20%的尖晶石耐火材料。

(5) 镁铬质耐火材料。由镁砂和铬铁矿制成且以镁砂为主要成分的耐火材料。

(6) 镁白云石耐火材料。由镁砂与白云石熟料制成且以镁砂为主要成分的耐火材料。

(7) 白云石耐火材料。以白云石熟料为主要成分的耐火材料。

(8) 碳复合耐火材料, 也称含碳耐火材料。是由氧化物、非氧化物以及石墨等碳素材料构成的复合材料, 如氧化物为氧化镁的镁碳耐火材料, 氧化物为氧化铝的铝碳耐火材料, 氧化物、碳化硅与石墨构成的铝-碳化硅-碳耐火材料等。

8.3.1.3 按形态分类

按形态分类, 耐火材料可以分为定形耐火材料和不定形耐火材料。

(1) 定形耐火材料。指具有固定形状的耐火材料或保温材料制品, 分为致密定形制品与保温定形制品, 前者总气孔率小于45%, 后者总气孔率大于45%。按形状的复杂程度, 定形耐火材料制品又分为标形砖与异形砖等, 前者指形状比较简单的耐火制品, 如直形砖与楔形砖, 后者是指形状更为复杂的耐火制品, 我国对异形状的构造没有具体标准和规定。

(2) 不定形耐火材料。由骨料 (颗粒)、细粉与结合剂及添加物组成的混合料, 以散状形态直接使用。在某些不定形耐火材料中还可以加入少量金属、有机物或无机纤维材料。不定形耐火材料的品种很多, 主要有浇注料、捣打料、喷射料、接缝料、挤压料、涂料、可塑料、炮泥、泥浆等。

8.3.1.4 按结合形式分类

按耐火材料中各组分之间的结合形式可分为陶瓷结合、化学结合、水化结合、有机结合与树脂结合等多种。

(1) 陶瓷结合。在一定温度下, 由于烧结或液相形成而产生的结合称为陶瓷结合。这类结合存在于烧成制品中, 烧成砖大多属于陶瓷结合的类型。

(2) 化学结合。在室温或更高温度下通过化学反应产生硬化形成的结合, 包括无机或无机-有机复合结合。这种结合方式常见于各种不烧制品中。

(3) 水化结合。在常温下, 通过某种细粉与水发生化学反应产生凝固硬化而形成的结合。这种结合常见于浇注料中, 如水泥结合浇注料。

(4) 有机结合。在室温或稍高温度下靠有机物质产生硬化形成的结合。这种结合常见于不烧制品中。

(5) 树脂结合。含有树脂的耐火材料在较低温度下加热, 由于树脂固化、碳化而产生的结合。主要存在于含碳耐火材料中。

（6）沥青（焦油）结合。压制的不烧耐火材料中由沥青（焦油）产生的结合。

以上分类并不是绝对的。水化结合、有机结合、树脂结合与沥青（焦油）结合等几种形式，在结合形成过程中都在一定程度上发生了化学反应。树脂结合与沥青（焦油）结合也可以并入有机结合中。

鉴于耐火材料的分类方法众多，为了方便讨论，并与洁净钢生产建立内在联系，本文按照洁净钢冶炼工序对耐火材料进行分类讨论。

8.3.2　铁水预处理用耐火材料

为了实现钢的清洁化生产，目前钢铁企业采用较多的铁水预处理方法，如铁水沟预脱硅、鱼雷罐喷粉脱硫、铁水包 KR 法脱硫、专用炉脱磷、铁水包同时脱硫脱磷技术等。常用的铁水预处理方式见表 8-7。

表 8-7　铁水预处理的几种常用方式

	高炉出铁沟	鱼雷式混铁车	装入铁水包	转　炉	
A	脱　硅	脱磷 脱　硫			脱碳
B	脱　硅	脱磷	脱硫	脱磷	脱碳
C	脱硅			脱硅 脱磷 脱硫	脱碳

8.3.2.1　铁水预处理对耐火材料的要求

铁水预处理主要使用铁水包、混铁炉（鱼雷罐）或专用包等作为铁水"三脱"的冶炼容器，这些容器所用耐火材料在冶炼洁净钢时肩负着重要的任务。本章以鱼雷罐车为例说明铁水预处理对耐火材料的要求，如图 8-25 所示。

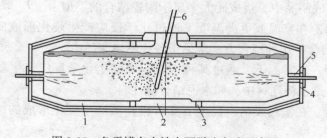

图 8-25　鱼雷罐车内铁水预脱硫方法示意图

1—白云石质耐火材料；2—高铝耐火材料；3—镁质耐火材料；4—密封砖；5—透气砖；6—喷枪

由图可知，鱼雷罐车内采用 Ca_2C、石灰粉或钝化镁粒进行预脱硫，载气为氮气或空气，采用专用喷枪将粉剂喷入铁水熔池内。为了提高处理效率，通过喷嘴向铁水中喷入搅拌气体，使预处理粉剂与铁水充分混合，加速反应进行。鱼雷罐车内耐火材料受到铁水的物理冲刷和脱硫粉剂严重的化学侵蚀，对耐火材料有特殊的要求。

铁水预处理剂根据不同的工艺选取。在进行脱硅处理时，一般采用固态氧化剂，如轧钢氧化铁皮、铁矿石、赤泥球等，采用石灰调整炉渣碱度。在进行脱磷处理时，一般采用石灰系（$CaO-CaF_2-FeO$）或苏打系（Na_2CO_3）预处理剂。在进行脱硫处理时，使用石灰系（$CaO-CaF_2$）或钝化镁颗粒作为预处理剂。上述预处理剂对耐火材料都有很强的侵蚀作用，尤其是苏打系预处理剂，虽然具有很好的脱硫、脱磷效果，但其熔点很低，对耐火材料的侵蚀作用也很剧烈。此外，萤石和氧化铁对耐火材料也有强烈的侵蚀作用。因此，处理过程中必须添加一定量的石灰，促进炉渣碱度提高，减少耐火材料的化学侵蚀。

铁水预处理过程中，耐火材料遭受的侵蚀破坏作用主要为：

（1）高温铁水和炉渣的强烈冲刷和磨损作用；

（2）各种预处理剂对耐火材料的化学侵蚀；

（3）炉渣的渗透和侵蚀作用；

（4）间歇操作带来的温度骤变作用。

因此，对铁水预处理耐火材料的要求是：高温强度大，耐磨损；耐各种预处理剂、炉渣的化学侵蚀；耐热震性好，不发生开裂、剥落掉片；便于现场应用和施工；对环境污染小。

8.3.2.2 Al_2O_3-SiC-C 系耐火材料

目前，获得国内外普遍认可和大规模使用的铁水预处理主体耐火材料为 Al_2O_3-SiC-C 质（后文简称 ASC）耐火材料，它包括定形耐火材料和不定形耐火材料两类，可用在高炉出铁沟砌筑、鱼雷罐车内衬材料和铁水包内衬材料。选用 ASC 质耐火材料的主要原因有以下几点：（1）经长时间反复加热冷却产生的脆化程度，以 Al_2O_3 系原料作为骨料使用比其他体系更轻；（2）由于 Al_2O_3 系耐火材料的膨胀率比 MgO 小，所以使用时在工作面一侧产生的热应力小，砖缝隙损伤程度较轻；（3）在 1500℃ 左右的工作条件下，Al_2O_3 和 MgO 在耐侵蚀性方面基本相当。

ASC 砖的基本配比（质量分数(%)）为：电熔刚玉 80、碳化硅 5、石墨 5，外加氧化镁 2~5 份（每 100 份砖重量比），于 1400℃ 还原气氛下烧成。经 X 射线扫描电镜物相分析显示，1200℃ 尖晶石开始形成，1400℃ 较大，产生残余膨胀。在 ASC 砖中，原料的选择对耐火材料性能影响较大。

对 Al_2O_3 骨料，可以选用烧结刚玉、电熔刚玉、棕刚玉、矾土、红柱石等。研究表明：含 SiO_2 量大的原料，砖的熔损速度快，SiO_2 含量小于 6% 的 ASC 砖内部不易产生裂纹。熔损由骨料晶界控制，电熔骨料晶粒受损少，烧结刚玉晶界多，渣易渗入，造成晶粒流失，两者熔损速度分别为 8% 和 35%。石墨应尽量选择含杂质（如 SiO_2、CaO、Fe_2O_3）低的品种，采用粒度小于 150 目的石墨，砖中小气孔多，对高温强度有利，其均匀分布也抑制了 ASC 砖基体部分的氧化剂渣的渗透。

ASC 砖中添加 SiC 主要出于以下考虑：(1) SiC 可以抑制 C 的氧化（$SiC + O_2 \rightarrow SiO_2 +$

C），生成 SiO_2 保护膜，提高耐火材料的抗氧化性（如图 8-26 所示）；（2）SiC 膨胀系数低，仅为 Al_2O_3 的一半，可以防止耐火材料使用过程中因反复加热、冷却引起的脆化；（3）SiC 导热系数高，可以提高耐火材料的抗热震性。但 SiC 易与 $NaCO_3$ 反应形成低熔点物质，$Na_2O+SiC \rightarrow 4Na+C+SiO_2$，且 SiC 氧化物与 CaO、$CaF_2$ 也易生成低熔点黄长石或

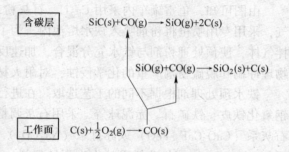

图 8-26　SiC 在 ASC 砖中的抗氧化过程

玻璃相，故 SiC 含量要视不同部分适当选择。粒径小于 $60\mu m$ 的 SiC 微粉引入 ASC 砖中，处理温度在 1300℃时可抑制砖的氧化。

　　ASC 砖广泛应用于鱼雷罐车内衬材料，图 8-27 为日本神户制钢 350t 鱼雷罐车耐火材料内衬结构，各部位使用的耐火材料性能列于表 8-8 中，铁水罐车耐火材料寿命为 1453 次，罐车内衬的渣线和铁水流出侧位置，耐火材料的局部蚀损最为严重。为此，日本研究开发了添加 β-Al_2O_3 和 β-Si_3N_4 的抗侵蚀的 ASC 砖。

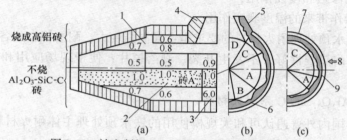

图 8-27　神户制钢 350t 鱼雷罐车耐火材料构成
（a）图中数字表示相对侵蚀指数；（b）铁水罐中心截面；（c）铁水罐尾端截面
1—烧成高铝砖；2—不烧 Al_2O_3-SiC-C 砖 A；3—不烧 Al_2O_3-SiC-C 砖 B；
4—高铝浇注料；5—罐口；6—铁水冲击垫；7—残余内衬；8—渣线；9—渣线下部

表 8-8　神户制钢 350t 鱼雷罐车用耐火材料与性能

使用部位		罐口	罐顶	渣线以下	铁水冲击垫
耐火材料		高铝浇注（D）	高铝砖（C）	ASC 砖（A）	ASC 砖（B）
化学组成 $w/\%$	Al_2O_3	85	85	65	68
	SiO_2	11	13		8
	SiC			15	6
	C			13	10
	CaO	0.8			
	钢纤维	2			
显气孔率/%		15.4	17.2	4.9	6.3
体积密度/g·cm^{-3}		2.83	2.83	3.12	2.99
常温耐压强度/MPa		115	115	64	78
抗折强度/MPa 常温		12.4	10.8	18.5	19.3
1400℃				22.1	12.9

向 ASC 砖中添加 β-Al_2O_3 是为了增强耐火材料的抗渣侵能力。其原理是，一方面，β-Al_2O_3 作为 Al_2O_3 源，使侵入砖中的炉渣黏度升高，在热面上形成保护层；另一方面，由于 β-Al_2O_3（$Na_2O \cdot 11 Al_2O_3$）分子中含有 Na_2O，在还原气氛下与碳和 SiC 反应，使砖内压力升高，可以阻止液态渣的渗入。神户制钢鱼雷罐车试用含 β-Al_2O_3 的 ASC 砖，其抗渣侵能力提高约 20%，内衬寿命提高约 30%。

ASC 砖中引入 β-Si_3N_4 的目的在于在脱磷条件下改善其化学稳定性，提高耐冲击性、热态强度以及耐磨损性，β-Si_3N_4 含 Si 58.9%、N 37.8%、Fe 0.5%。在加古川制铁所 350t 鱼雷罐上进行试验，常用的 ASC 砖 A 含 Al_2O_3 65%、SiC 15%、石墨 13%，其余牌号的 Ei 砖分别以不同含量的 β-Si_3N_4 取代 Al_2O_3 粉，组成性能测定如表 8-9 所示。从使用效果上看，含 13% β-Si_3N_4 的 ASC 砖使用性能最好，蚀损速度为 0.82mm/次，使用寿命 280 炉。从常规性能比较，E 砖并不优于 A 砖，加入 β-Si_3N_4 性能参数并无多大提高，甚至下降。

表 8-9 含 β-Si_3N_4 的 ASC 砖组成与性能

ASC 砖型号	A	E1	E2	E3	E4
w(β-Si_3N_4)/%	0	3	8	13	18
气孔率/%	5.4	4.6	7.5	9.8	10.7
体积密度/g · cm^{-3}	3.03	3.03	2.97	2.88	2.87
冷压强度/MPa	85	86	76	59	59
抗折强度/MPa 室温	23	22	19	17	18
1400℃	16	15	13	11	12

高炉出铁沟用 ASC 质浇注料由 Al_2O_3 骨质料、SiC、碳、水泥、Si 粉、Al 粉、SiO_2 微粉等添加剂配合而成，主辅原料多达 10 余种。其中，电熔刚玉或烧结刚玉是浇注料主成分，其主要作用是提高耐火材料的抗渣侵能力并保持体积稳定性；SiC 能提高耐火材料的抗氧化性和热震性；碳主要起阻止炉渣渗透的作用，将炉渣限定在耐火材料内衬的表面，同时，碳还是浇注料的热传导率提高，降低弹性模量，提高浇注料的抗热震性，减轻出铁沟内衬的结构剥落和开裂；采用超细 SiO_2 和 Al_2O_3 微粉取代部分硅酸钙水泥，使浇注料的使用性能和施工性能大大提高；在出铁沟浇注料中加入金属 Si 细粉，在一定温度下，Si 粉能与 C 发生反应生成直径 0.1~0.5μm 的纤维状 SiC，均匀分布在基质的颗粒之间，提高浇注料的烧后强度；出铁沟浇注料中加入金属 Al 粉之后，Al 粉遇水会发生如下反应：

$$Al + 3H_2O \longrightarrow Al(OH)_3 + \frac{3}{2}H_2 \uparrow \qquad (8-45)$$

生成的 H_2 在浇注料内形成贯通的均匀气孔，有利于内部水分的排出，防止烘烤过程中产生爆裂，反应过程中放出的热量也可以加快脱水速度，加快浇注料的凝结硬化过程，提高出铁沟浇注料的强度，尽管如此，金属铝粉的加入量不宜太多，否则会形成大量贯通气孔，使浇注料结构疏松而导致强度下降，抗渣侵能力变差。

表 8-10 列出了日本钢铁企业出铁沟 ASC 浇注料的成分和基础性能。

表 8-10　日本高炉出铁沟用 ASC 浇注料成分和性能

材料种类	无搅拌浇注料		浇注料			自流浇注料	喷补料	浇注料
	ML-Z	ML-F	LC-Z	LC-F	AC-Z	FC-F	GA	AM
化学成分 w/%								
Al_2O_3	53	68	46	73.5	75 (73)	73	79	94
SiO_2				2.5	4 (3)	5	6	1
SiC	43	26	47	16.5	15 (19) 15	8		
C	2.5	2.5	2.0	3.0	1			
MgO					3		1~4	3
体积密度/g·cm^{-3}								
110℃ 干燥					2.84	2.87		
1000℃,3h					2.75	2.85	3.25	3.26
1450℃,3h					2.84	2.84	2.31	
常温耐压强度/MPa								78.5
1000℃,3h,冷后	95	90	68	40	20	35		(1500℃,3h,
1450℃,3h,冷后	105	100	53	53	40	45	24	冷后)
常温抗折强度/MPa								4.02
1000℃,3h,冷后	14	13	10.7	4.5	4	8		(1500℃,3h,
1450℃,3h,冷后	12	15	9	7.5	10	12	4.5	冷后)
高温抗折强度/MPa								
1100℃,3h					1.0	1.2		
1450℃,3h					2.3	0.6		
线变化率/%								
1000℃,3h	+0.06	±0.01	+0.01	-0.04	±0.0	±0.0		-0.02
1450℃,3h	+0.09	+0.06	+0.10	+0.02	+0.2	+0.02		(1500℃,3h)
显气孔率/%								
110℃ 干燥					15	16		13.9
1000℃,3h	16.6	16.2	16.5	14.5	20	17		(1500℃,3h)
1450℃,3h	15.0	16.1	16.8	17.0	18	18		
使用部位	主出铁沟渣线	主出铁沟铁线	主出铁沟渣线	主出铁沟铁线	主出铁沟	主出铁沟	主出铁沟喷补	主出铁沟脱硅

　　出铁沟内衬使用过程中受到高速含渣铁水的严重冲刷磨损作用,耐火材料的耐磨性能与材料的强度(高温抗折强度)密切相关,随着材料抗折降低的增加,侵蚀速度显著下降。因此,浇注料的高温抗折强度被用来衡量浇注料耐用性的一项基本指标。出铁沟 ASC 浇注料的损毁方式分为以下两种:

　　(1)化学侵蚀。出铁沟内衬使用过程中,在渣线附近,空气、炉渣、铁水与耐火材料发生一系列化学反应,会造成上、下渣线局部严重损毁。如本章8.2.3.4节所述,在铁水和耐火材料界面,由于相界面存在表面张力梯度而产生马兰戈尼流动,钢渣界面上下波动,导致耐火材料损毁加剧。为了控制化学侵蚀,需要阻断空气向耐火材料内部的渗透并提高 ASC 的抗氧化性能。

　　(2)热震损毁。热震损毁是出铁沟 ASC 内衬材料的主要损毁方式之一。出铁沟内衬在干燥和烘烤时会形成裂纹。使用过程中,由于要经受 500~1500℃ 的温度往复变化,结果产生横向和纵向裂纹,加剧内衬的渗透和侵蚀。

8.3.2.3　KR 法脱硫搅拌器耐火材料

KR 法是日本 1965 年开发的机械搅拌脱硫工艺,我国武钢 20 世纪 70 年代从日本引进,近年来得到迅速推广和应用。在铁水预处理时,将十字形耐火材料搅拌器浸入铁水包熔池一定深度,以 100~140r/min 的转速旋转搅拌铁水。铁水在搅拌作用下产生漩涡,使氧化钙或碳化钙脱硫粉剂与铁水充分接触,达到快速脱硫的目的。其优点是动力学条件优越、金属损失少、可以采用廉价的脱硫剂(如石灰等)、脱硫剂消耗少,但缺点是设备复杂、脱硫铁水温降较大。

KR 搅拌器耐火材料受到激烈的铁水和炉渣的冲刷磨损、脱硫剂的化学侵蚀作用,以及由于间歇式操作遭受温度急变作用,使用条件比较恶劣。图 8-28 为日本住友金属鹿岛制铁所的 KR 搅拌器的形状和尺寸,搅拌器用耐火材料的性能如表 8-11 所示。由于 KR 搅拌器的形状复杂且外形尺寸大,用一般的耐火材料生产工艺难以制作,故采用耐火浇注料制作,相对简单容易。

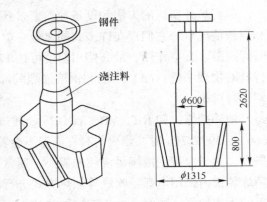

图 8-28　KR 搅拌器的结构与尺寸

表 8-11　住友金属鹿岛厂 KR 搅拌器耐火浇注料的性能

材料种类			1	2
化学组成 w/%	Al_2O_3		58	56
	SiO_2		29	29
	SiC		10	13.5
物理性能	线变化率/%	1500℃,3h	+0.13	+0.30
	体积密度/g·cm⁻³	110℃,24h	2.63	2.56
		1000℃,3h	2.58	
		1500℃,3h	2.59	2.56
	抗折强度/MPa	105℃,24h	6.1	13.2
		1000℃,3h	5.9	5.13
		1500℃,3h	10.0	14.5
	耐压强度/MPa	105℃,24h	38.2	
		1000℃,3h	56.8	
		1500℃,3h	76.4	

日本企业的 KR 搅拌器的使用寿命一般在 220~300 次,最高达 500 次。使用损毁的主要原因为热震造成龟裂和开裂、炉渣渗透、侵蚀和磨损。改进和延长搅拌器使用寿命的主要措施为:

(1) 配料中添加 5% 的高膨胀性硅石颗粒骨料。在受热时,于硅石颗粒周围形成微裂纹,在受到热震作用时,能起到减缓热应力的作用,从而提高浇注料的抗热震性。

（2）添加 2% 左右的氧化铝微粉，水泥用量减少至 2%，以提高浇注料的抗侵蚀性和耐磨性。

（3）添加 SiC 以改善耐火材料的耐侵蚀性和抗热震性。当碳化硅加入量达到 5% ~ 10% 以上时，耐侵蚀性和耐热震性明显提高。

8.3.3　炉外精炼用耐火材料

尽管炉外精炼的方法和设备种类繁多且彼此间存在很大差异，但从耐火材料工作环境和损毁情况看，它们存在许多共同之处。炉外精炼用耐火材料遭受的作用包括：（1）长时间高温、真空作用，最高使用温度可达 1700℃；（2）炉渣严重的化学侵蚀；（3）炉渣持续的物理渗透；（4）炉渣和钢液强烈的冲刷和磨损；（5）温度骤变热震作用。以下分别进行讨论。

炉外精炼，如 RH、VD、VOD 等处理过程通常都是在真空下进行的，当真空度达到 666.6 ~ 3999.7Pa 时，耐火材料在高温下会蒸发损失。由于炉外精炼时间长，钢液热量损失大，为了保持钢液满足浇注的需要，通常要求精炼炉的出钢温度提高 50 ~ 150℃，或在精炼装置内采用电弧、吹氧等加热方式进行温度补偿。随着钢液温度升高，炉渣对耐火材料的渗透加剧，同时，由于钢液加热的作用，使耐火材料内衬局部温度过高，导致严重的局部损毁。

由于炉外精炼都是间歇式操作，两次操作之间温差极大（500 ~ 1000℃）。从本质上说，所有耐火材料均属于脆性材料，在受到剧烈的热冲击作用后，工作面会出现裂纹，导致热面剥落损毁。图 8-29 为 RH 真空室下部镁铬砖（$w(MgO) = 58.7\%$、$w(Cr_2O_3) = 18.8\%$、$w(Al_2O_3) = 13.0\%$）的蚀损速度与日处理次数的关系。随着日处理次数的增加，真空室内的温度下降减小，耐火材料遭受的急冷急热作用程度减轻，耐火材料内衬寿命延长。

炉外精炼过程中炉渣的成分和性质因所用精炼方法和精炼目的的不同存在较大差异。炉外精炼炉渣的主要成分为 CaO、SiO_2、Al_2O_3 和 MgO，此外，还有氧化铁和氧化锰等。图 8-30 为不同初炼炉出渣和炉外精炼炉渣的化学成分组成范围。在各项精炼工艺中，当炉渣二元碱度在 1.0 ~ 1.8 之间时，耐火材料受到中等碱度炉渣的侵蚀作用。但当钢液需要进行脱硫脱磷处理时，炉渣的碱度要大于 2.0，甚至高达 4.0 ~ 4.5 以上，在这种情况下，耐火材料还要遭受高碱度炉渣的侵蚀作用。

由式（8-42）可知，炉渣对耐火材料的渗透深度取决于炉渣和耐火材料的性质，主要为炉渣黏度（η）、耐火材料气孔尺寸（r）。降低炉渣黏度，可以增加炉渣向耐火材料基体的渗透深度，加速耐火材料的高温侵蚀。绝大多数耐火材料可被钢液和炉渣润湿，当耐火材料与钢液和炉渣接触时，炉渣可以通过耐火砖内的气孔渗透到内部。在炉外精炼时，通常选择优质高纯耐火材料，如特级高铝砖、高纯镁碳砖和镁铬砖等。当液态渗入耐火材料微气孔后，渗入的炉渣与周围材质发生反应，在砖的工作层后面会形成厚的反应变质层。这种变质层的热膨胀系数与原砖层有很大差异，当受到热震作用时，在耐火材料内衬的工作面上常常发生剥落掉片，若这些剥落产物进入钢液，将会对钢的质量产生巨大影响。

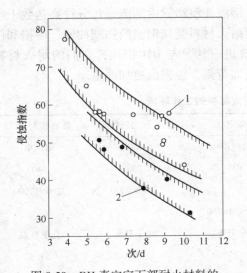

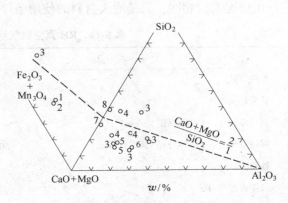

图 8-29 RH 真空室下部耐火材料的
蚀损速度与日处理次数的关系
1—镁铬砖, 工作面积为 1; 2—镁铬砖, 工作面积为 1/3

图 8-30 炼钢炉渣和炉外精炼炉渣的组成范围
1—BOF (氧气转炉); 2—EAF (电弧炉);
3—LF (钢包精炼炉); 4—ASEA 法; 5—VAD 法;
6—VOD 法; 7—AOD 法; 8—CLU 法

在多数炉外精炼过程中, 钢液和炉渣对耐火材料的冲刷作用非常严重。在 RH 循环脱气中, 钢液的循环流速为 80~100t/min, 在浸渍管内的流速为 1.0~1.5m/s。在 VOD 炉中, 气体 (Ar, O_2) 的喷吹速度高达 1.8m³/(min·t)。

基于以上分析, 对炉外精炼用耐火材料的要求如下:

(1) 耐火度高, 稳定性好, 能抵抗炉外精炼条件下的高温和真空作用。

(2) 耐火材料制品的气孔率低, 体积密度大, 组织结构致密, 以降低炉渣对耐材的渗透。

(3) 强度大, 耐磨损, 抵抗钢液和高温气流的冲刷和磨损作用。

(4) 耐侵蚀性能好, 能抵抗酸性—碱性炉渣的化学侵蚀作用。

(5) 抗热震性好, 不发生热震崩裂和剥落。

(6) 不污染钢液, 有利于钢液的净化, 对环境污染小。

当前, 炉外精炼常用的耐火材料种类有: 镁铬砖、MgO-CaO 系耐火材料、镁碳砖、Al_2O_3-MgO-C 系耐火材料。

8.3.3.1 RH 真空精炼用耐火材料

RH 真空脱气精炼法是由德国鲁尔钢公司 (Ruhrstahl) 和海拉斯公司 (Heraous) 1956 年首创的真空循环脱气法 (RH Vacuum Degassing) 和在此基础上开发的一系列改进型装置。1972 年, 日本新日铁室兰制铁所根据 VOD 炉生产超低碳钢原理开发了侧吹氧 RH-OB 法 (Oxygen Blowing), 1988 年, 川崎制铁公司开发了顶吹氧 RH-KTB 法 (Kawasaki Top Oxygen Blowing) 和喷吹脱硫粉剂的 RH-PB 法 (RH Powder Blowing) 等多种改进型精炼方法, 除对钢液进行真空循环脱气处理外, 还增添了许多精炼系功能, 如吹氧脱碳、喷粉精炼、钢液升温和成分调整。RH 在洁净钢生产流程中被广泛应用, 具有极为重要的地位。

有关 RH 真空脱气装置的介绍请参照本书第 5 章, 此处不再赘述。表 8-12 为 RH 真空循环脱气法的工艺参数和耐火材料的使用环境。钢液在浸渍管内的流速每分钟高达数十吨甚至上百吨，浸渍管、真空室底部及侧墙下部的耐火材料受到钢液的强烈冲刷、磨损和侵蚀作用。RH-OB 法、RH-KTB 法、RH-PB 法等改进方法，与 RH 相比，它们的耐火材料使用情况大致相同，只是耐火材料的使用条件更加苛刻，蚀损也更加严重。

表 8-12 RH 真空脱气用耐火材料的工作环境

工　　厂	宝钢	JFE 福山制铁所	新日铁大分厂
处理方式	RH-OB	RH	RH-OB
处理能力/t	300	250	340
真空室尺寸（内径×高度）/mm		3000×9900	3200×11000
浸渍管尺寸（内径×外径×长度）/mm	500×920×750		
加热方式	化学升温	化学升温	化学升温
极限真空度/Pa	1	13.3	13.3
钢液循环速度/t·min^{-1}	30~80	60~90	100
循环氩气速度/L·min^{-1}	1600	800	500~700
吹氧流量/m^3·h^{-1}			800~1600
钢液温度/℃	1580~1650 1700（局部）		1580~1600 1750（局部）
炉渣碱度（$w(CaO)/w(SiO_2)$）	3.5		
日处理炉数	20		35

由于 RH 真空脱气装置的操作是间歇式的，在两次处理间隙，为保持真空室内的温度，通过装在真空室上部的石墨棒电加热系统加热，使真空室内温度保持在 1300~1400℃ 之间。但由于 RH 真空室尺寸较大，电加热很难加热到真空室底部，尤其是浸渍管位置。当开始进行真空处理时，浸渍管和真空室底部立刻受到高温钢液的热冲击，耐火材料受到严重的热震损毁。

本节以日本新日铁公司真空脱气装置为例论述 RH 耐火材料的使用情况，如图 8-31 所示，各部分使用的耐火材料和种类见表 8-13 所示。该真空脱气装置用耐火材料主要类型为高温烧成直接结合镁铬砖和半结合镁铬砖。真空室下部、中部和上部的耐火材料使用寿命分别为 200~600 次、600~1500 次和 1300~4500 次，耐火材料消耗约为 0.13~1.8kg/t。

采用 RH 装置处理钢液时，从真空室侧墙下部（或采用顶枪）向钢液内吹入氧气或喷入粉

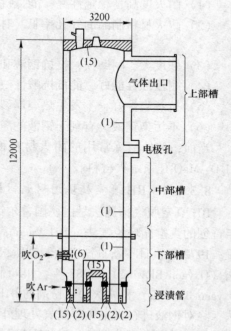

图 8-31 日本 RH 真空脱气装置用耐火材料内衬结构

剂，对钢液进行脱碳、脱气、调整成分和加热。真空室下部侧墙和浸渍管的工作条件十分恶劣，局部蚀损严重，寿命从一般的 RH 法的 435 次下降到不到 160 次，最低仅为 100 次左右。为了提高耐火材料使用寿命，采取以下改进方法：

（1）吹氧嘴砖改为半再结合镁铬砖，易磨损部位的尺寸加大和改进内衬设计，寿命可提高到 200 次以上。

（2）改进镁铬砖的性能。镁铬砖的弹性模量与原料铬矿的粒度有关，调整铬矿的粒度可提高镁铬砖的抗热震性能。在保持镁铬砖抗渣侵的前提下，适当增加 Cr_2O_3 含量，镁铬砖体积密度和高温抗折强度具有提高。

（3）开发和使用镁碳砖。在 RH 真空脱气条件下使用时，要求镁碳砖结构更致密，抗氧化性能更好并防止 MgO 和碳的反应。采用高纯石墨并经表面钝化处理，可以有效提高镁碳砖的物理性能，1700℃下抗钢液、炉渣的侵蚀指数降低，而抗氧化能力明显提高。

表 8-13 日本 RH 真空脱气装置用耐火材料成分与性能

使用部位		真空室、喉部浸渍管	喉部浸渍管	吹氧嘴	真空室、喉部浸渍管	真空室、喉部浸渍管	真空室顶浸渍管
耐火材料类型		高温烧成直接结合镁铬砖 (1)	特殊高铝砖 (2)	半再结合镁铬砖 (6)	超高温烧成直接结合镁铬砖 (7)	半再结合镁铬砖 (8)	高铝浇注料 (15)
化学组成 w/%	MgO	74.0	0.3	78.9	75.8	71.8	0.1
	Al_2O_3	8.6	80.6	7.2	8.0	7.7	96.1
	Cr_2O_3	10.5	5.6	8.2	11.0	13.4	2.8（CaO）
	Fe_2O_3	4.6		3.7	4.6	5.2	0.2
	SiO_2	1.8	10.3	1.4	1.1	1.7	0.2
物理性能	体积密度/ g·cm^{-3}	3.60	3.05	3.10	3.05	3.09	2.63
	显气孔率/%	16.0	17.6	19.1	16.7	15.4	28.1
	常温耐压强度/MPa	55.0	120.0	50.0	60.0	55.0	6.3
	抗折强度/MPa 室温	7.5	25.2	7.8	7.0	7.0	4.0
	1200℃	12.5	16.2	13.5	11.9	11.5	3.0(1400℃)
	1500℃	4.0	6.7	6.8	8.5	4.5	
	磨损率/% 1750℃，5h（钢+转炉渣）	100	150	85	95	85	300~400
	热膨胀率（1500℃）/%	1.77	1.20	1.98	1.77	1.70	0.92

RH 真空脱气用耐火材料在使用时将同时受到多种侵蚀因素的作用，图 8-32 为 RH 真空脱气装置用镁铬质耐火材料的损毁机理。损毁方式分为以下几种。

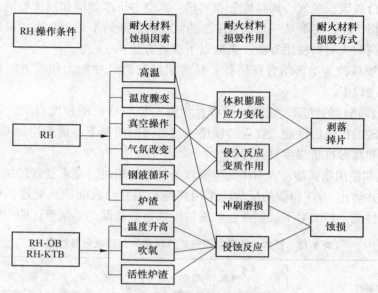

图 8-32　RH 真空脱气用镁铬砖的损毁机理

A　炉渣的侵蚀作用

一般来说，由于进入 RH 真空室内的钢液不含炉渣，耐火材料内衬受炉渣的侵蚀作用较小。但在 RH-OB 和其他改进型 RH 脱气装置中，吹氧和喷吹粉剂在真空室内形成活性炉渣，且化学升温导致钢液温度升高，炉渣的侵蚀作用变得比较严重。图 8-33 为 RH-KTB 精炼过程中真空室下部耐火材料受到钢液强烈搅动和活性炉渣的侵蚀情况。当顶部吹氧时，钢液中 Fe、Si、Mn、Al 等元素发生氧化，在真空室下部形成由铁的氧化物（FeO、Fe_2O_3）、Al_2O_3 和 CaO 组成的低碱度炉渣，炉渣碱度随所处位置的不同而有较大变化。生产

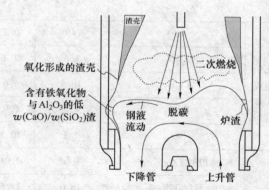

图 8-33　RH-KTB 吹氧形成的活性炉渣
对下部耐火材料的侵蚀情况

实践证明，对 RH-KTB 顶吹氧装置，在距离真空室底部往上约 500mm 处炉壁的侵蚀最为严重。

B　热震损毁作用

真空脱气用镁铬砖内衬的主要损毁形式为热震引起的结构剥落损毁。其原因在于镁铬砖容易被炉渣浸透，尤其在 RH-OB 或 RH-KTB 吹氧操作条件下，吹氧导致钢液温度升高，且形成了黏度极低的活性炉渣，液态炉渣沿着砖内的气孔通道进入砖的内部，入侵的炉渣与砖的基质发生反应，形成很厚的变质层。由于变质层的热膨胀系数与原砖层存在差异，在受到热震作用时，热应力导致变质层崩裂损毁。

C 气氛交替改变作用

RH 真空脱气装置用镁铬砖损毁的另一个原因是气氛变化的作用。在 RH 真空室工作时，氧分压很低，镁铬砖工作面的氧化铁主要以 FeO 的形式存在。当 RH 真空室完成钢液处理后，在停歇期间，空气进入真空室，真空室内氧分压增高，耐火砖工作面上的 FeO 被氧化成 Fe_2O_3，上述反应反复进行，引起镁铬砖的体积反复膨胀和收缩，从而加剧了镁铬砖的热震破坏作用。在对 RH 真空室进行吹氧处理操作时，这种破坏作用更为严重。

与上述情况相似，在 RH 真空室内衬中的镁铬砖也可以在高温吹氧和间歇操作期间发生分解反应和氧化-还原反应：

$$Cr_2O_3(s) \Longrightarrow 2Cr(g) + \frac{3}{2}O_2(g)$$

$$Cr_2O_3(s) + \frac{3}{2}O_2(g) \Longrightarrow 2CrO_3(g)$$

上述反应会随着 RH 真空精炼装置内氧分压的改变而反复进行，从而引起镁铬砖组织结构的改变，加剧镁铬砖的热震破坏作用。

8.3.3.2 AOD 精炼用耐火材料

AOD 精炼法是氩氧脱碳法（Argon Oxygen Decarburization）的简称。精炼时，在标准大气压下向钢液中吹氧的同时，吹入惰性气体（Ar 或 N_2），通过降低 CO 分压，达到假真空的效果，从而在抑制钢中铬氧化的同时去除钢液中的有害气体和杂质，并使 S、P 等有害元素含量降低到很低的水平。由于采用氩、氧的混合气体或纯氩气进行吹炼，气体搅拌钢液产生涡流现象，造成钢液和熔渣的剧烈搅动，熔池砖衬受到严重的冲刷和侵蚀，并受到高温、强碱性熔渣的影响。AOD 炉的冶炼经历了氧化脱碳和还原精炼的过程，炉内气氛发生从氧化到还原的改变，使用条件十分苛刻，炉衬损毁严重。

AOD 炉的精炼特点和对耐火材料的作用总结如下：

（1）为了将钢中碳含量降到很低（<0.01%），精炼温度须达到 1700~1720℃以上。

（2）开始吹炼时，钢中 Si 迅速氧化，炉渣为碱度很低的酸性渣（$w(CaO)/w(SiO_2)$ < 0.5），而在脱碳期，需要高碱度炉渣（$w(CaO)/w(SiO_2)$ > 3.0）。在精炼过程中，耐火材料受到碱度变化范围很大的酸性和碱性炉渣的侵蚀作用。

（3）从脱碳期到还原期，气氛由强氧化性气氛变为强还原性气氛，可导致耐火材料工作面发生氧化-还原反应。

（4）由于大量喷吹氩气和氧气，钢液和炉渣激烈搅动，对喷嘴区耐火材料的侵蚀尤为严重。

（5）AOD 炉为间歇式操作，炉衬工作面温度波动大，要求炉衬材料具有良好的抗热震性。

从使用的耐火材料品种看，AOD 炉耐火材料内衬主要有两种类型，镁铬质耐火材料内衬和白云石质耐火材料内衬。AOD 炉内衬耐火材料的选用取决于冶炼钢种、操作条件、炉渣组成和成本等因素。镁铬质耐火材料具有高温强度大、对中低碱度炉渣的抗侵蚀能力好等优点，但 AOD 炉使用镁铬砖内衬时存在如下缺点：（1）与高碱度脱硫渣不相容，侵蚀严重；（2）耐热震性差，剥落掉片现象严重；（3）在冶炼无铬钢种时，会污染钢液；（4）含铬废砖的环境污染性较大；（5）价格较高。由于白云石砖能克服以上缺点，随着冶炼操作过程造渣制度的改进，AOD 炉已趋于采用白云石质耐火材料内衬。

中国早期的 AOD 炉内衬使用优质镁铬砖、预反应镁铬砖和再结合镁铬砖，使用寿命约 30 次。后来改为以镁白云石砖为主体材料，风嘴区部位使用再结合镁铬砖组合炉衬，寿命可提高至 60 炉以上。表 8-14 为我国精炼炉用白云石质耐火材料的组成和性能。

表 8-14　我国镁白云石质耐火材料性能

材料种类		No. 1	No. 2	No. 3	No. 4
		烧成油浸镁白云石砖	烧成油浸镁白云石砖	电熔镁白云石砖	烧成油浸 MgO-CaO 砖
化学组成 $w/\%$	MgO	80. 2	73~76	66. 55	
	CaO	14. 86		27. 32	13~42
	Al_2O_3	0. 45			
	Fe_2O_3	1. 98	<4		3~4
	SiO_2	1. 62			
物理性能	体积密度/$g \cdot cm^{-3}$	3. 02	3. 10~3. 20	3. 13	
	显气孔率/%	13		4. 2	
	耐压强度/MPa	71. 4	60~80	102. 8	

图 8-34 为日本 AOD 炉典型耐火材料内衬结构。AOD 风嘴砖和风嘴区耐火材料位于炉衬高温区，由于炉渣渗透，镁铬砖极易形成反应变质层。在出钢后吹氮气时，耐火材料受到急冷作用，砖的工作面上易产生裂纹，加剧炉渣渗透，造成严重的热震剥落。此外，风嘴砖及邻近的耐火材料受到钢液和炉渣及气流的激烈冲刷，局部磨损严重。为了提高风嘴砖寿命，主要措施是选用优质原料、降低杂质含量、提高抗侵蚀性，工艺上一般采用高压成形和高温烧成耐火材料，提高砖的密度和降低气孔率，以控制炉渣的渗透作用。适当提高 Cr_2O_3 含量，调整粒度组成，可以改善砖的微结构，提高耐热震性。

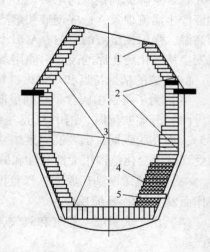

图 8-34　AOD 炉耐火材料内衬结构
1—高铝浇注料；2—干镁质填充料；
3—镁白云石砖；4—镁钙砖或半结合镁铬砖；
5—风嘴砖

AOD 炉耐火材料内衬的侵蚀损毁与精炼过程和造渣制度密切相关。AOD 炉的造渣制度有普通造渣、加石灰造渣和加白云石造渣等方式。在常规造渣方式中，吹炼开始不加造渣剂，石灰在还原期加入，从脱碳期至还原期炉渣的碱度变化范围大，从酸性渣变为碱性渣。在加石灰造渣制度中，开吹即加入石灰，炉渣的碱度迅速提高，并且从脱碳期至还原期的整个精炼过程中都保持高碱度水平。在加白云石造渣制度中，开吹后即加入白云石，炉渣的碱度变化比较缓慢，处于两种制度之间。AOD 炉衬耐火材料受炉渣化学侵蚀分为两种情况，即脱碳渣的侵蚀和还原渣的侵蚀，以下分别进行讨论。

A 脱碳渣的侵蚀

图 8-35 为 AOD 炉脱碳渣的组成变化规律。可见，在不同造渣制度下，从脱碳前期到脱碳后期，炉渣处于完全液相区内，炉渣的所有组成全为液相，MgO 和 CaO 都不饱和。由于吹氧作用，钢液中 Si 几乎全部氧化成 SiO_2，渣的碱度降低（$w(CaO)/w(SiO_2) < 1.0$），而炉渣的黏度随 SiO_2 含量的增加而降低。于是，炉渣将熔损耐火材料中的 MgO，进而渗透到耐火材料深处，造成对炉衬的严重损毁并形成较厚的反应变质层。

在加白云石造渣制度中，脱碳末期的炉渣组成位于 $C_2S+MgO+L$ 的区域内，固相硅酸二钙、MgO 组成一定的液相平衡。由于炉渣中存在大量固相颗粒，炉渣变得非常黏稠，同时，由于 MgO 在炉渣中的溶解度随着炉渣碱度升高而降低（如图 8-36 所示），因而炉渣溶解炉衬中 MgO 的速度很低，对炉衬的侵蚀作用较小。当炉渣的组成在 MgO+L 区域时，固相 MgO 与液相平衡，即炉渣中氧化镁达到饱和，再加上固体 MgO 的存在使炉渣黏稠，此时炉渣对耐火材料的侵蚀作用是比较小的。

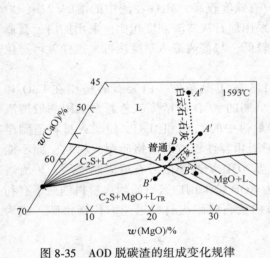

图 8-35 AOD 脱碳渣的组成变化规律

（CaO-MgO-SiO$_2$ 等温截面图）

AB—普通造渣制度；A′B′—加石灰造渣制度；

A″B″—加白云石造渣制度；L—液相；

C$_2$S—硅酸二钙；TR—微量

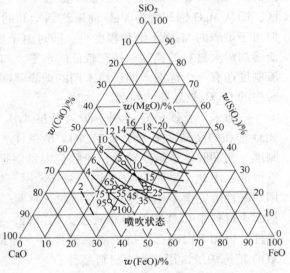

图 8-36 MgO 在 CaO-SiO$_2$-FeO

系中的溶解度

B 还原渣的侵蚀

图 8-37 为 AOD 炉还原期渣的组成变化规律。在普通造渣制度下，炉渣在整个还原期仍处于全液相区，MgO 不饱和，炉衬的蚀损仍然是炉渣从耐火材料中熔损 MgO。但由于还原期的炉渣碱度较高，炉渣的侵蚀作用不如脱碳期那样严重。

在加石灰造渣制度中，还原期炉渣组成从 MgO+L 过渡到 C_2S+L 区域，炉渣基本上处于 MgO 饱和状态，耐火材料的内衬不会因炉渣熔损 MgO 而蚀损。同时，由于渣中存在大量固相颗粒，炉渣黏稠，炉渣对耐火材料的渗透能力很弱。但是，在还原期为了从脱碳渣中回收金属铬，往炉中加入硅铁，发生如下反应：

$$3Si + 2Cr_2O_3 \longrightarrow 3SiO_2 + 4Cr$$

由于炉渣碱度较高，反应向右进行的驱动力较大，氧化铬被还原。因此，当使用镁铬砖作为炉衬耐火材料时，耐火材料中的 Cr_2O_3 在高碱度炉渣条件下也可能被还原剂还原。导致的结果是，镁铬砖耐火材料的尖晶石结合基质遭到破坏，临近的 MgO 颗粒在钢渣涡流作用下很容易被冲刷进入渣中，导致耐火材料损毁。

在加白云石造渣制度下，炉渣的组成从 MgO+L 区域逐步过渡到液相

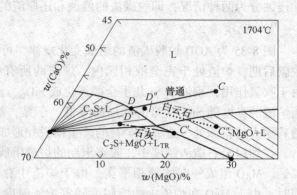

图 8-37　AOD 还原渣的组成变化规律
（CaO-MgO-SiO$_2$ 等温截面图）

DC—普通造渣制度；$D'C'$—加石灰造渣制度；
$D''C''$—加白云石造渣制度；L—液相；C_2S—硅酸二钙

区，即从 MgO 饱和变为 MgO 尚未达到饱和的炉渣，此时炉渣会熔损耐火材料中的 MgO。但由于炉渣的 MgO 不饱和程度小，同时由于炉渣碱度较高，MgO 在渣中的溶解较小，炉渣熔损耐火材料的速度保持在较低的水平。与采用加石灰造渣制度相比，采用加白云石造渣制度还有一个优点，即还原末期的炉渣碱度较低，与普通造渣制度接近，这样就可避免砖中的 Cr_2O_3 被还原的问题。

一般来说，镁铬砖适用于炉渣碱度小于 1.5 的工况条件，白云石砖适用在 CaO 和 MgO 饱和的高碱度（大于 1.5）的炉渣条件。早期的 AOD 炉精炼工艺通常采用一般造渣制度，初期脱碳渣碱度较低，势必会大量熔损炉衬中的 CaO 和 MgO，使耐火材料遭到严重侵蚀。因此，早期的 AOD 炉一般都采用与炉渣相容性较宽的镁铬砖耐火材料，而不能用与酸性渣完全不相容的白云石质耐火材料。当 AOD 炉改用白云石造渣制度后，炉渣熔损耐火材料中 CaO 和 MgO 的速度大大降低，为 AOD 炉采用白云石质耐火材料创造了有利条件。再加上白云石砖抗炉渣渗透性好，导致白云石砖耐火材料迅速取代镁铬砖，成为 AOD 精炼炉最常用的耐火材料品种。

8.3.3.3　VOD 精炼用耐火材料

VOD 炉（Vacuum Oxygen Decarburization），即真空氩氧脱碳炉，是在真空或减压下生产不锈钢和特殊钢的精炼装置。VOD 精炼时，钢包被吊入真空罐内，抽真空，向钢液中吹氧、吹氩，进行脱碳、脱硫、脱气、脱氧、调整成分和还原回收渣中铬等精炼过程。

表 8-15 和图 8-38 示出了 VOD 炉精炼的技术参数和耐火材料的工作环境。VOD 炉精炼过程中耐火材料的工作条件总结为：（1）高温。真空处理下温度在 1640~1750℃。（2）炉渣碱度变化较大，从酸性渣到碱性渣波动范围大（$w(CaO)/w(SiO_2) = 0.5 \sim 20$）。含 Cr_2O_3 的酸性渣，黏度大，精炼温度高；含 CaF_2 的碱性渣，流动性好，渣线处于高蚀区，炉渣对耐火材料的侵蚀性强。（3）吹氧快速脱碳。吹氧脱碳时间占吹炼周期的 4/5，在还原期耐火材料还要经受还原剂的侵蚀作用。（4）真空条件下强烈搅拌。在真空条件下，砖基体内某些化学组分更容易挥发。吹氧引起的碳氧反应，产生大量气体，钢液翻腾激烈，钢液与熔渣向砖内渗透，致使砖内组织恶化，加上严重的机械冲刷，工作层砖承受巨大的

表 8-15　国内外 VOD 炉工况与耐火材料工作环境

工厂	抚顺特钢	上钢三厂	日本 JFE 京滨制铁所
容量/t	13	30	50
内径×高度/mm	(1370~1530)×1800		
真空度/Pa	133.3~666.7	66.7	66.7
吹氩流量/L·min^{-1}	5~12 m^3·h^{-1}	20~80	200
氧气吹速/m^3·h^{-1}	15~250		2000
处理时间/min	45~70	30~40	300（总装钢时间）
精炼温度/℃	1640~1750	1550~1750	1750
出钢温度/℃	1600	1540~1590	
日处理次数			2~3

破坏力。（5）精炼时间长。一般情况下钢液在钢包内的停留时间为 3~4h，有的甚至更长。（6）采用间歇式操作，热震作用频繁。

由上可知，VOD 精炼钢包用耐火材料的使用条件非常苛刻，要求所用耐火材料能够满足以下要求：（1）高温真空条件下稳定性好；（2）高温操作条件下抗钢液、熔渣渗透能力强，即使渗入也不至于降低耐火材料强度；（3）抗熔渣的侵蚀能力好，具有良好的抗热震性能。渣线部位耐火材料的损毁严重，必须采用强度较高、抗侵蚀性好、耐剥落的优质耐火材料。当前，主要采用镁铬质耐火材料，但由于铬的污染，又陆续开发了镁钙质、

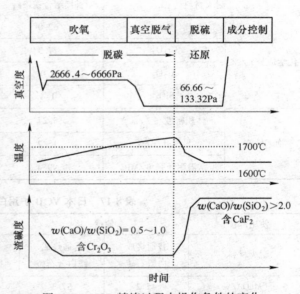

图 8-38　VOD 精炼过程中操作条件的变化

白云石质耐火材料。侧壁一般使用镁铬砖、镁钙砖等，包底使用镁钙砖、镁铬砖和高铝砖，近年来也有采用锆质砖包底。

抚顺特钢 30tVOD 炉耐火材料渣线部位使用优质镁铬砖和再结合镁铬砖，其余部分使用高铝砖。渣线部位镁铬砖的使用寿命为 12 次，耐火材料损毁的主要原因是：

（1）炉渣渗入镁铬砖的深处，形成较厚的变质层，在温度急变作用下发生掉片剥落损毁，说明镁铬砖的抗热震性较差。

（2）镁铬砖在高温真空环境下蒸发损失。在还原精炼期，耐火材料中的 Cr_2O_3 被还原，耐火材料失去镁铬尖晶石结合基质，耐火材料骨料间结合强度丧失，易遭受磨损和侵蚀。

上钢三厂的 30tVOD 炉，采用白云石砌筑包底、下渣线和上渣线工作层内衬，迎钢面用加厚砖，其余部位使用高铝砖。白云石砖内衬用干法砌筑，用自流砂填缝处理。VOD

炉渣碱度在 2.5 以上，对白云石砖的侵蚀作用不严重，使用后的白云石砖熔损较均匀，表面无严重开裂。

日本 VOD 炉内衬一般使用优质镁铬砖，有部分 VOD 炉使用镁白云石砖或镁铝浇注料内衬。表 8-16 为日本 VOD 炉用镁铬砖的性能，渣线部位使用再结合镁铬砖，其余部位使用直接结合镁铬砖。在精炼含铬钢种时，耐火材料内衬的寿命（含中修次数）约为 75 次。

日本钢企冶炼无铬钢的 VOD 炉采用白云石砖内衬，表 8-17 为日本 VOD 炉用白云石砖的性能。渣线部位使用镁质白云石砖，用合成镁质白云石原料制造，其余部位使用的白云石砖用天然白云石原料制成。

表 8-16　日本 VOD 炉用镁铬砖的性能

使用部位		包底	渣线以下	渣线
耐火材料		直接结合镁铬砖	直接结合镁铬砖	半再结合镁铬砖
化学成分 $w/\%$	MgO	62.0	58.4	70.9
	Cr_2O_3	27.3	28.6	16.6
	Al_2O_3	4.0	4.8	6.3
	SiO_2	1.4	1.4	1.3
物理性能	体积密度/$g \cdot cm^{-3}$	3.27	3.26	3.16
	显气孔率/%	15.2	15.1	15.4
	常温耐压强度/MPa	99.4	96.9	123.7

表 8-17　日本 VOD 炉用白云石砖性能

使用部位	侧壁		渣线		
耐火材料	普通烧成白云石砖	普通烧成镁白云石砖	高温烧成镁白云石砖	高温烧成镁白云石砖	高温烧成镁白云石砖
$w(MgO)/\%$	45.2	57.3	59.1	64.2	85.0
$w(CaO)/\%$	51.5	38.4	38.8	34.6	14.3
$w(SiO_2)/\%$	0.8	1.6	0.6	0.2	0.3
$w(Fe_2O_3)/\%$	1.9	1.5	1.2	0.2	0.1
体积密度/$g \cdot cm^{-3}$	3.00	3.07	3.05	3.17	3.50
显气孔率/%	10.5	11.5	10.5	11.0	12.5
常温耐压强度/MPa	102	62	88	80	63
常温耐折强度/MPa	29	20	26	27	17

8.3.3.4　钢包精炼用耐火材料

随着炉外精炼功能的多样化，钢包从单纯的钢液运输容器演变成具有下列多种冶金功能的设备，主要包括：（1）加热、调温；（2）真空脱气和去除夹杂物；（3）搅拌钢液，均匀成分和温度；（4）吹氧脱碳；（5）造渣精炼，用于脱硫、脱磷等。

炉外精炼钢包耐火材料的使用条件如表 8-18 所示。钢包功能的改变使耐火材料的使用条件大大恶化，主要表现在以下几个方面：

（1）钢液温度明显升高。比普通钢包的出钢温度提高约 50~100℃，精炼过程中温度则要高出 150℃ 以上，耐火材料的侵蚀速度会明显加快。

（2）炉渣的腐蚀性增加。由于炉渣碱度提高，渣量增大，因此对耐火材料的侵蚀加剧。

（3）钢液循环流动加快。由于喷吹氩气、电磁搅拌和真空处理等技术的运用，钢流对耐火材料的物理冲刷和磨损作用严重。

（4）处理时间延长。由于新技术的运用，加上精炼功能的复杂化，钢包盛钢时间延长，比普通钢包延长，钢包的使用寿命缩短。

（5）高温真空作用，可使耐火材料的品质下降。

表 8-18　炉外精炼钢包耐火材料内衬的使用条件

生产条件	普通钢包	真空脱气钢包 脱氢、脱氧 ($w[S]<0.05\%$) RH, DH, VD	喷射冶金钢包 特殊低硫钢 ($w[S]<0.01\%$) SL, KIP	精炼钢包,特殊 低磷、低硫钢 ($w[S]<0.003\%$) LF-VD	精炼钢包, 特殊低碳不锈钢 ($w[C]<0.03\%$) VAD
盛钢时间/h	1~2	1.5~2.5	2~3	4~6	4~6
钢液温度/℃	1580~1640	1600~1660	1600~1680	1600~1700	1600~1750
炉渣碱度 ($w(CaO)/(SiO_2)$)	1~1.5	1~2	2~4.5	1~3	1~3
渣量	小	小	大	大	中
耐火材料损毁	轻	较重	重	很重	很重

传统上，钢包作为炼钢炉和浇注单元之间的钢液运输容器，钢包内衬材料一般使用廉价的 Al_2O_3-SiO_2 系耐火材料。随着炉外精炼功能的发展，钢包耐火材料内衬的使用条件大大恶化，寿命急剧下降。如宝钢 300t 钢包，在采用包底吹氩，CAS、KST、KIP 和 RH 炉外精炼处理工艺后，钢包内衬材料的寿命从 60 炉下降至 20 炉。为了提高炉外精炼钢包的使用寿命，普遍采用高氧化铝含量的耐火材料($w(Al_2O_3)>80\%$)。但氧化铝含量高的高铝砖，抗炉渣渗透能力较差，在受到热震作用时容易发生开裂或结构破坏，且高铝砖内衬存在挂渣严重的缺点，清理挂渣非常困难，为冶炼的连续作业和钢液洁净度带来影响。由此可见，高铝砖很难满足炉外精炼钢包内衬的使用要求，已被开发的各种优质耐火材料取代。

当前，炉外精炼钢包内衬用耐火材料的品种和类型以及内衬耐火材料结构，随不同区域、不同钢厂生产工艺呈多样化的发展趋势，大致分为以下几种类型：（1）以铝镁碳砖为主要耐火材料的铝镁碳砖钢包内衬；（2）以白云石砖为主要耐火材料的白云石砖钢包内衬；（3）以镁铝尖晶石浇注料为主要耐火材料的镁铝尖晶石浇注料钢包内衬；（4）MgO-CaO-C 砖钢包内衬；（5）全 MgO-C 砖钢包内衬；（6）镁铬砖钢包内衬。

A　铝镁碳砖钢包内衬

铝镁碳砖广泛应用于钢包内衬非渣线部位，同时兼有铝镁材料和碳素材料的优良性能，耐侵蚀性好，抗热震及抗结构剥落性能好。1990 年宝钢 300t 钢包试用铝镁碳砖获得成功后，铝镁碳砖被迅速推广，成为我国大中型钢包内衬的主要耐火材料。表 8-19 为国内外铝镁碳砖钢包耐火材料的主要性能指标。

表 8-19　国内外铝镁碳钢包内衬砖的性能与使用情况

国家	中国	韩国	美国	印度
$w(Al_2O_3)/\%$	64.26	62.32	81.2	58.8
$w(MgO)/\%$	13.54	5.29	4.8	27.4
$w(C)/\%$	9.35	7.46	5.0	9.5
体积密度/g·cm^{-3}	2.95	3.15	2.95	3.0
显气孔率/%	3~8	5.5	10.7	3.9
耐压强度/MPa	59.7~63.3	56.7	80.0	
抗折强度/MPa			9.0（1400℃）	23.0
应用情况	80t 转炉钢包，寿命大于 50 次，侵蚀 1.2mm/次	100t ASEA-SKF 钢包非渣线处，侵蚀 3.43mm/次	90t 电炉、DH 脱气、LF 钢包，寿命 38 次	300t 转炉、LF、连铸钢包非渣线处，寿命 30~40 次

宝钢 300t 钢包内衬耐火材料中，钢包包壁内衬非渣线部位采用铝镁碳砖，渣线使用镁碳砖，包底使用蜡石-SiC 砖。转炉出钢温度为 1660~1670℃，在钢包内对钢液进行 RH 真空脱气、KIP 和 CAS 法炉外精炼处理，钢包内衬的平均使用寿命达 80 次，最高 126 次。铝镁碳砖钢包内衬使用时，表面仅黏附很薄的熔渣层，砖的抗侵蚀能力好，无炉渣渗透和热震损毁的现象，完全消除了高铝钢包内衬的使用问题。

铝镁碳钢包内衬能被广泛采用并取得良好效果的原因是，Al_2O_3-MgO 混合料中加入石墨以酚醛树脂为结合剂形成了碳结合。石墨的导热性好、热膨胀系数小、弹性模量小且对炉渣不润湿，可提高材料热稳定性，阻止炉衬渗透和防止结构剥落。此外，Al_2O_3-MgO 混合料的组成在高熔点耐侵蚀的 MA-M$_2$S-M 组成的三角形内（见图 8-39 中点 A 位置）。高温使用时，砖中的 Al_2O_3 和 MgO 反应生成具有优良耐高温性能的镁铝尖晶石，并伴随体积膨胀，结果使砖缝缩小、内衬更为致密，有利于提高砖的抗侵蚀性能。

铝镁碳砖钢包内衬使用时，砖的蚀损始于工作面表层碳的氧化。碳被氧化损失后，炉渣随之侵入，与脱碳后的 Al_2O_3、MgO 发生反应，生成低熔物而熔损。若砖中的 Al_2O_3 和 MgO 生成尖晶石的反应过分激烈，产生过大的体积膨胀可使砖的表层内形成裂纹，加速熔渣的侵入和渗透。因此，提高 Al_2O_3-MgO 混合料中的 MgO 含量有利于提高铝镁碳砖的抗侵蚀性能，而在配料中加入合成尖晶石原料，则可以抑制原位 Al_2O_3-MgO 反应生成尖晶石的体积膨胀效应，避免裂纹的形成。

B　白云石砖钢包内衬

白云石质耐火材料是指以白云石熟料为主要成分的碱性耐火材料。白云石熟料是指以天然或人工合成镁和钙的碳酸盐或氢氧化物经煅烧后形成致密均匀的氧化钙与氧化镁的混合物。随着炼钢技术的进步与钢液洁净度的不断提高，热力学稳定和抗碱性渣侵蚀强的含游离 CaO 的钙镁质耐火材料逐渐引起国内外的普遍重视。

白云石质耐火材料具有热力学稳定性好、有利于钢液的净化、环境污染少、价格便宜

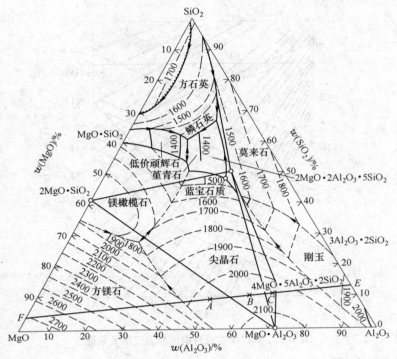

图 8-39　Al_2O_3-MgO-SiO_2 系三元相图

等优点，被广泛用作钢包内衬材料。

a　耐火度高

白云石质耐火材料的主要成分是 MgO 和 CaO，其中氧化镁熔点为 2800℃，氧化钙熔点为 2600℃，二者共熔温度也在 2370℃。因此，白云石质耐火材料具有良好的耐高温性。

b　热力学稳定性好

图 8-40 为一些氧化物的生成自由能及氧分压的关系。图中 CaO 的生成自由能负值最大，也最稳定，MgO 次之，因此与钢液接触后分解的倾向最低，向钢液传氧的可能性也最小。MgO-CaO 质耐火材料的这一热力学性质适用于具有高温真空工作环境的炉外精炼中。

c　良好的净化钢液能力

白云石质耐火材料中游离的 CaO 能对钢中 Al_2O_3、SiO_2 夹杂物进行改质，避免脆性夹杂物的产生，同时 CaO 还有良好的脱硫、脱磷能力，可有效降低钢中 S、P 等有害元素含量。前文图 8-9 示出了喷吹 SiCa 粉进行钢包脱硫时包衬耐火材料对钢水脱硫率的影响。可见，包衬耐火材料的材质对钢水脱硫有重要影响。在相同条件下，使用硅砖包衬时的脱硫率为 50%～60%，使用黏土砖时脱硫率为 60%～70%，而使用碱性白云石砖包衬时脱硫率则可以超过 80%。这证明了白云石砖衬对钢液的净化能力要显著高于其他材质的耐火材料。

d　抗渣性

白云石质耐火材料中游离的 CaO 对炉渣有广泛的适应性，它对高碱度渣有较强的耐侵蚀性。随着炉渣碱度的提高，炉渣侵蚀量迅速下降。此外，在炉外精炼初期炉渣碱度较

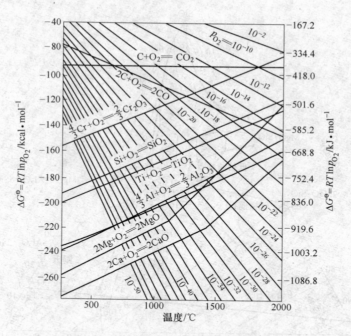

图 8-40　氧化物生成自由能与温度的关系图

低时，游离 CaO 也能优先与炉渣中 SiO₂ 反应，生成高熔点、高黏度的硅酸二钙保护层附着在砖衬工作面上，堵塞气孔，抑制炉渣向基体内渗透并减轻炉渣的侵蚀。

　　基于以上分析，随着炉外精炼钢液温度的提高，钢包内衬材料从黏土质、锆石英、高铝质向白云石质发展。德国精炼钢包内衬结构中，包壁渣线部位使用镁碳砖，其余部位使用白云石砖。内衬使用寿命随冶炼条件不同波动较大，一般为 10～60 次。图 8-41 为德国精炼钢包内衬耐火材料随连铸和炉外精炼的发展变化情况，表 8-20 为钢包用白云石砖和镁碳砖的性能。

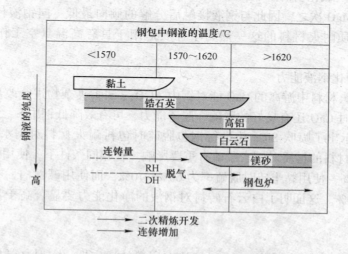

图 8-41　德国精炼钢包内衬使用条件与耐火材料的变化

表 8-20 镁钙白云石制品的理化性质

指标	镁白云石砖	白云石砖	烧成白云石砖	油浸白云石砖	烧成镁白云石砖	油浸镁白云石砖
$w(MgO)/\%$	64.2~92.0	57	41.1	40.6	80.20	75~80
$w(CaO)/\%$	7.2~34.8	40	56.5	58.0	14.86	15~20
$w(SiO_2)/\%$	0.4~0.9	0.9	0.9	1.1	1.62	≤4
$w(Al_2O_3)/\%$	0.1~0.3	0.8	0.3	0.4	0.45	
$w(Fe_2O_3)/\%$	0.4~1.4	1.1	1.0	1.8	1.98	
显气孔率/%	10~15	10	16.8	5	13	约2
体积密度/g·cm^{-3}	2.96~3.19	2.94	2.86	2.90	3.02	>3.10
耐压强度/MPa	63~119	49		26~46	73	82
抗折强度/MPa (1400℃)	4.5~6.7		20.8 (1200℃)	5.7 (1200℃)	2.0	8.3 (1200℃)
荷重软化温度/℃	1650~1720				>1700	

MgO-CaO 质耐火材料使用中最大的难题是抗水化性能。CaO 和 MgO 都属于立方晶系，面心立方点阵，阴离子和阳离子都呈面心配位，粒子配位数均为 6，Ca^{2+}、Mg^{2+} 处于 O^{2-} 的八面体间隙中，它们的晶格常数分别为 CaO $4.8×10^{-4}$ μm、MgO $4.20×10^{-4}$ μm。Mg^{2+} 半径小，可以完全被包围在 O^{2-} 之间，而 Ca^{2+} 半径比 Mg^{2+} 大，不能被 O^{2-} 完全包围，因此，CaO 的晶格较为疏松，密度低，比 MgO 更容易水化。计算表明，CaO 水化时体积增加 96.5%，导致含游离 CaO 耐火材料完全粉化成粉末，从而限制了耐火材料的推广应用。

提高镁钙质耐火材料抗水化的途径包括降低材料的气孔率与增大 MgO 及 CaO 的晶粒尺寸以减少水蒸气通过气孔向晶界的渗透；控制 MgO 与 CaO 的比例以形成 CaO 被 MgO 包围的显微结构以及在 MgO 与 CaO 颗粒表面形成抗水化保护层，此处不再赘述。

C 镁碳砖钢包内衬

镁碳（MgO-C）质耐火材料是由高熔点的 MgO 与难以被炉渣润湿的高熔点石墨为主要原料，添加不同添加剂，用碳质结合剂结合而成的不烧碳复合耐火材料。添加有金属抗氧化剂，如 Al 粉、Si 粉或 B_4C 等。镁碳质耐火材料主要用于转炉、电炉内衬以及钢包的渣线部位。表 8-21 为国内外一些牌号镁碳制品的性质。

表 8-21 MgO-C 质耐火材料理化指标

耐火材料牌号		MT10 A	MT10 B	MT10 C	MT14 A	MT14 B	MT14 C	MT18 A	MT18 B	MT18 C
$w(MgO)/\%$	≥	80	78	76	76	74	74	72	70	70
$w(C)/\%$	≥	10	10	10	14	14	14	18	18	18
显气孔率/%	≥	4	5	5	4	5	6	3	4	5
体积密度/g·cm^{-3}	≥	2.90	2.85	2.80	2.90	2.82	2.77	2.90	2.80	2.77
耐压强度/MPa	≥	40	35	30	40	35	25	40	35	25
抗折强度/MPa	≥	8	6	5	10	8	5	9	7	4

MgO-C 质耐火材料是在镁质耐火材料中引入了高导热性、低膨胀性及对渣不润湿的

石墨，补偿了镁砖耐剥落性差的缺点，使其具有如下优异性能。

　a　耐高温性

氧化镁的熔点为2800℃，石墨熔点超过3000℃，且MgO与C在高温下无共熔关系，因而镁碳质耐火材料具有很好的高温性能。

　b　抗渣能力强

镁砂对碱性渣及高铁氧化渣具有很强的抗侵蚀能力，加上石墨对渣的润湿性较差，因而镁碳质耐火材料具有优良的抗渣性。

　c　抗热震性好

耐火材料的抗热震性指数可以表示为：

$$R \propto \frac{P_m \lambda}{E \alpha} \tag{8-46}$$

式中　P_m——材料的机械强度；

　　　λ——材料的热导率；

　　　E——材料的弹性模量；

　　　α——材料的线膨胀系数。

石墨具有高的热导率（1000℃时，石墨的热导率为229W/(m·K)，MgO的热导率为24.08 W/(m·K)），低的线膨胀系数（0~1000℃时，石墨的线膨胀系数为$1.4×10^{-6}$/℃，MgO的线膨胀系数为$14×10^{-6}$/℃），小的弹性模量（$E=8.82×10^3$MPa），且石墨的机械强度随着温度的升高而提高，因此镁碳质耐火材料具有良好的抗热震性。

　d　高温蠕变低

MgO-C质耐火材料中的C和MgO无共熔关系，与其他陶瓷结合耐火材料相比，具有好的抗蠕变特征。这是因为MgO-C质耐火材料的基质是由高熔点的石墨和镁砂细粉组成，产生的液相少，不易产生滑移。

但镁碳质耐火材料与所有含碳材料一样，其抗氧化性较差。MgO-C自身分解反应为：

$$MgO(s) + C \longrightarrow Mg(g) + CO(g) \qquad \Delta G^{\ominus} = 596.47 - 0.2782T$$

令$\Delta G^{\ominus} = 0$，可得反应开始温度为2133K（1860℃）。此温度为纯固态MgO与石墨反应生成镁蒸气与CO（标准分压）的开始反应温度。

对非标准态时，反应的开始反应温度可由MgO与CO的生成反应求得：

$$2Mg(p'_{Mg}) + O_2(p^{\ominus}) \longrightarrow 2MgO(s)$$

$$\Delta G^{\ominus} = -1426.54 + 0.394 - 2RT\ln\left(\frac{p'_{Mg}}{p^{\ominus}}\right) \tag{8-47}$$

$$2C(s) + O_2(p^{\ominus}) \longrightarrow 2CO(p'_{CO})$$

$$\Delta G^{\ominus} = -239.61 - 0.1624 + 2RT\ln\left(\frac{p'_{CO}}{p^{\ominus}}\right) \tag{8-48}$$

由上面各式结果可绘制出在不同p'_{Mg}和p'_{CO}条件下，其$\Delta G^{\ominus}$与温度T的关系直线，如图8-42所示。由二直线的交点即可读出在某一$p_{CO}/p^{\ominus}$值与$p_{Mg}/p^{\ominus}$值时MgO与C反应的开始温度，如当$p_{CO}/p^{\ominus} = 0.1$、$p_{Mg}/p^{\ominus} = 0.1$时，MgO与C发生反应的开始温度为1878K（1605℃）。

由图8-42可知，在系统压力不断降低时，MgO与C的开始反应温度也不断下降。由于 MgO 与 C 反应的产物都是气体，降低压力或抽真空都会使 MgO 与碳反应的开始温度大大降低。因此，在真空冶炼容器中，用 MgO-C 质耐火材料做内衬是不合适的。由于转炉或炉外精炼钢液温度都在 1600℃ 以上，可以推断其所用 MgO-C 质耐火材料的工作衬附近，镁质耐火材料中的 MgO 会与碳发生自耗反应。但是，若 MgO-C 质耐火材料脱碳层工作面被一层致密的黏性炉渣所覆盖形成保护层，则 MgO-C 质耐火材料自耗反应生成的 Mg 蒸气与 CO 气体的逸出受阻，因而 p'_{Mg} 和 p'_{CO} 会增大，导致 MgO 与 C 反应发生的开始

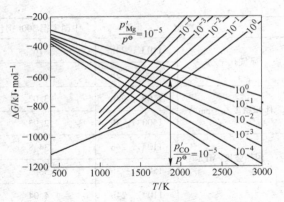

图 8-42　标准生成自由能与温度的
关系及 MgO 与碳开始反应温度

温度升高，从而减缓或阻止 MgO-C 质耐火材料内自耗反应的进行。

通过对炉外精炼使用后的镁碳砖残砖进行显微结构分析，发现在脱碳层与原砖层之间存在一层致密的 MgO 薄层，这种致密的 MgO 层同样能减缓或阻止 MgO-C 质耐火材料的自耗反应。MgO 致密层形成的原因是 MgO 与碳的反应形成金属镁蒸气，镁蒸气在向工作面扩散时，在氧分压相对较高的区域又被氧化成方镁石（MgO），这也是镁碳砖自我保护的一种内在机制。

为了提高镁碳质耐火材料的抗氧化能力，一般采用添加金属抗氧化剂的方法。抗氧化剂包括单一抗氧化剂和复合抗氧化剂。单一抗氧化剂包括 Al、Si、SiC、B_4C、ZrB_2、LaB_6、$AlSiC_4$、TiC、TiN、Ti（C，N）等，复合抗氧化剂为以上单一抗氧化剂的两种或两种以上的混合物。抗氧化剂的加入量一般不超过原砖质量的 3%。

D　镁铝尖晶石浇注料钢包内衬

镁铝尖晶石浇注料是为适应洁净钢生产需要、减轻内衬施工劳动强度和提高施工效率而开发的钢包内衬用新型不定形耐火材料。从使用的主要原料看，镁铝尖晶石浇注料有两种类型：高纯刚玉-镁铝尖晶石浇注料和天然矾土基镁铝尖晶石浇注料。前者起源于日本，为国内大型钢包内衬材料的主流方向，后者为我国立足本国资源开发的适应中小型钢包内衬的耐火材料。

高纯刚玉-尖晶石浇注料采用高纯原料配制，以纯铝酸钙水泥做结合剂，其化学成分如表 8-22 所示。配料的组成落在 Al_2O_3-MgO-CaO 三元相图 1600℃ 等温截面全固相 Al_2O_3-MA-CA_6 或 MA-CA_6-CA_2 区域内（见图 8-43），无变量点温度分别为 1800℃ 和 1700℃。因此，高纯刚玉-尖晶石浇注料具有优良的耐火性能、抗熔损性能和抗渣渗透性能。

表 8-22　钢包用刚玉-尖晶石浇注料的理化性质

企　业	中国宝钢 300t 钢包	日本 JFE 福山制铁所 250t 钢包	
$w(Al_2O_3)/\%$	>90	91	91
$w(MgO)/\%$	约 4.0	6	6

续表 8-22

企　业		中国宝钢 300t 钢包	日本 JFE 福山制铁所 250t 钢包	
显气孔率/%	110℃，24h	16	13.5	13.2
	1500℃，3h	21		
体积密度/g·cm⁻³	110℃，24h	3.02	3.1	3.1
	1500℃，3h	2.93		
耐压强度/MPa	110℃，24h	34.8	39.2	37.8
	1500℃，3h	53.3		
抗折强度/MPa	110℃，24h	4.04		
	1500℃，3h	10.33		
线变化率/%	1500℃，3h	0.05		

表 8-22 为中国宝钢和日本 JFE 福山制铁所使用的高纯刚玉-尖晶石浇注料的理化性质。图 8-44 为刚玉—尖晶石浇注料钢包内衬结构，包壁渣线部位使用耐侵蚀性能更好的镁碳砖。高纯刚玉-尖晶石浇注料钢包内衬的工作寿命长，大型钢包内衬可以提高至 250 次。

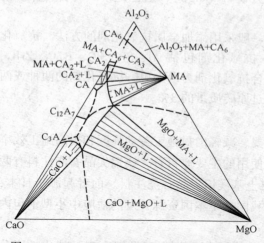

图 8-43　Al_2O_3-MgO-CaO 系 1600℃等温截面图

（中间虚线为 1600℃全液相区）

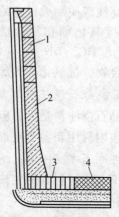

图 8-44　刚玉-尖晶石浇注料钢包内衬结构

1—MgO-C 砖；2—刚玉-尖晶石浇注料；

3—高铝砖；4—刚玉-尖晶石浇注料预制块

　　矾土基镁铝尖晶石浇注料中，矾土-尖晶石原料本身含有 SiO_2 为 5%～10%，故不宜采用铝酸钙水泥做结合剂，因为引入 CaO 将使无变量点温度大大降低。矾土基镁铝尖晶石浇注料采用 SiO_2 微粉做结合剂，它能与 MgO 和 H_2O 作用产生 M-S-H 凝聚结合，随着温度升高，SiO_2 与 MgO 反应生成高熔点相 M_2S，有利于提高浇注料高温性能和抗渣性。矾土-尖晶石浇注料的组成点一般要位于 MgO-Al_2O_3-SiO_2 系相图的 MgO-MgO·Al_2O_3-2MgO·SiO_2 高熔点相区内（见图 8-45）。在中小型钢包使用矾土基镁铝尖晶石浇注料时，钢包内衬的寿命为 70~140 次。

在方镁石-尖晶石、刚玉-尖晶石、矾土-尖晶石耐火材料中，镁铝尖晶石是最重要的组分。无论是以原料的形式加入配料中的预合成尖晶石，还是在烧结与使用过程中原位生成的尖晶石，都对镁铝尖晶石耐火材料的结构与性能有很大影响。MgO 与 Al_2O_3 按理论组成形成尖晶石会产生约 8% 的体积膨胀；为获得体积稳定的镁铝尖晶石耐火制品，可添加预先合成的镁铝尖晶石原料。按化学纯度尖晶石可分为矾土类尖晶石（中档尖晶石）、氧化铝类尖晶石（高纯尖晶石），按合成工艺分为轻烧尖晶石、烧结尖晶石、电熔尖晶石。

根据原料的特征不同，MgO 与 Al_2O_3 在 900~1100℃ 即开始形成尖晶石。根据 Wagner 与 Cater 等人的研究认为，MgO 与 Al_2O_3 之间的反应为 Mg^{2+} 与 Al^{3+} 之间的互扩散反应，如图 8-46 所示。为了保持电中性，$3Mg^{2+}$ 扩散到 Al_2O_3 侧在 Al_2O_3-尖晶石界面与 Al_2O_3 反应生成了 $MgAl_2O_4$。与此同时，$2Al^{3+}$ 扩散到 MgO-尖晶石界面与 MgO 反应生成 $MgAl_2O_4$。因此，Wagner 认为在 Al_2O_3 侧尖晶石的厚度与在 MgO 侧尖晶石层的厚度比为 3:1。实际上由于 Al_2O_3 在尖晶石中的固溶以及 MgO 挥发等因素产生的影响，上述比值并非完全准确。

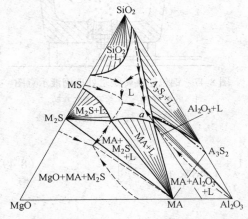

图 8-45　Al_2O_3-MgO-SiO_2 系 1600℃ 等温截面图

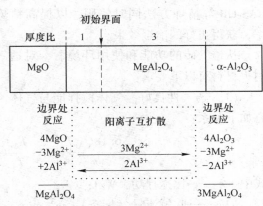

图 8-46　$MgAl_2O_4$ 形成机理示意图

影响尖晶石合成的主要因素包括以下几个方面：

（1）合成用原料类型。合成尖晶石用 MgO 原料包括菱镁矿、轻烧镁砂、镁砂、碳酸镁、氢氧化镁等，Al_2O_3 原料有工业氧化铝、氢氧化铝、铝矾土生料、铝矾土轻烧料、铝矾土熟料等。为了促进尖晶石的反应和烧结，可选择添加一定数量的添加剂，如 B_2O_3、$MgCl_2$、MgF_2、AlF_2、TiO_2、BC_4、BaO、$BaCO_3$ 等。除原料的化学成分外，Al_2O_3 的晶形也对尖晶石的合成有一定影响。由于 γ-Al_2O_3 的晶体结构较 α-Al_2O_3 更接近尖晶石，且 γ-Al_2O_3 的密度更低，生成尖晶石产生的体积膨胀小，因此，用 γ-Al_2O_3 代替 α-Al_2O_3 可制得尖晶石含量高、气孔率低及晶粒尺寸大的尖晶石耐火材料。

（2）成分配比。当 $n(MgO)/n(Al_2O_3)>1$ 时，随着 $n(MgO)$ 与 $n(Al_2O_3)$ 比值的增大，尖晶石砂的颗粒体积密度逐渐增大；当 $n(MgO)/n(Al_2O_3)<1$ 时，随着 $n(MgO)$ 与 $n(Al_2O_3)$ 比值的降低，尖晶石砂颗粒体积密度也逐渐增加；当 $n(MgO)$ 与 $n(Al_2O_3)$ 比值为 1 左右时，体积密度最小。通常，称 $n(MgO)/n(Al_2O_3)>1$ 的尖晶石为富镁尖晶石，而 $n(MgO)/n(Al_2O_3)<1$ 的尖晶石为富铝尖晶石。富镁尖晶石通常用于代替铬铁矿或镁铬

尖晶石，与镁质原料配合制造碱性耐火砖；富铝尖晶石则通常与 Al_2O_3 原料配合制造大中型钢包浇注料或预制件和钢包透气砖；而天然原料合成的矾土尖晶石则主要用于小型钢包浇注料和中间包挡渣墙等。

（3）合成工艺。影响镁铝尖晶石反应烧结的工艺因素有原料的粒度、混合的均匀性、成型压力、烧成温度及保温时间等。原料共同混磨及其粒度是较为关键的工艺参数，原料越细，反应越快，反应温度也越低。以煅烧氧化铝和轻烧氧化镁为原料合成镁铝尖晶石时，若在1680℃烧成，则原料需细磨至小于0.04mm。

8.3.3.5　钢包透气砖用耐火材料

钢包吹氩透气砖如图8-47所示。透气砖为安装在钢包底部向高温钢液提供搅拌用气的耐火原件。氩气通过透气砖吹入钢包中形成均匀稳定的气泡流，气泡流上升时搅拌钢液，使钢液的温度和成分均化，并促进钢中夹杂物上浮净化钢液。钢包透气砖吹氩通常与 LF、VOD、CAS-OB 等精炼方法同时使用，以提高精炼效率，获得更好的冶金效果。

从透气砖的功能和使用环境看，对透气砖耐火材料有以下要求：

（1）透气性良好。气体搅拌能与气体流量有如下关系：

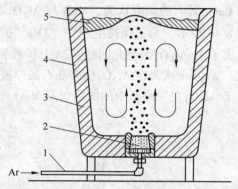

图 8-47　钢包透气砖吹氩处理钢液示意图
1—吹氩气管；2—多孔透气塞砖；
3—耐火材料内衬；4—钢包；5—炉渣

$$\varepsilon = \frac{6.18 Q_{Ar} T_s}{w_s} \left[1 - \frac{T_{Ar}}{T_s} + \ln \left(1 + \frac{H_0}{1.46 \times 10^{-5} p_2} \right) \right] \tag{8-49}$$

式中　ε——比搅拌功，W/t；

Q_{Ar}——吹氩流量（标态），m^3/min；

w_s——钢液质量，t；

T_s——钢液温度，K；

T_{Ar}——氩气温度，K；

H_0——钢液深度，m；

p_2——渣层氩气溢出压力，Pa。

因此，气体流量越大，搅拌能就越大。如果在真空或减压下喷吹氩气，搅拌能变得更大。

（2）防止钢液渗透。在钢液静压力作用下，钢液可渗入耐火材料的气孔中，堵塞气体通道并侵蚀耐火材料。钢液渗入耐火材料的深度与耐火材料气孔孔径、钢液的高度和表面张力、钢液与耐火材料的接触角有关，如图8-48所示。其关系式如下：

$$\rho g h r = 2 \sigma \cos \theta \tag{8-50}$$

式中　ρ——钢液的密度，g/cm^3；

g——重力加速度，cm/s^2；

h——钢液高度，cm；

r ——耐火材料气孔孔径，cm；

σ ——钢液表面张力，Pa；

θ ——钢液-耐火材料接触角。

根据以上关系，防止钢液渗透的主要措施是降低耐火材料孔径，采用难被钢液润湿的耐火材料。当钢液的密度、表面张力及与耐火材料的接触角为常数时，耐火材料的孔径越大，钢液越容易渗入。设钢液的密度为 $6.8g/cm^3$，钢液的表面张力为180Pa，耐火材料与钢液的接触角为124°，图8-49给出了耐火材料孔径与钢液高度对钢液渗透的关系。因此，当钢包中钢液高度大于2m时，为了防止钢液渗入耐火材料的气孔，要求气孔孔径必须小于 $15\mu m$。

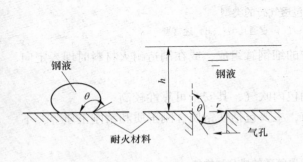

图 8-48　钢液渗入耐火材料气孔的图解　　图 8-49　耐火材料孔径与钢液渗入深度的关系

（3）耐热震性好。透气砖工作端的温度随精炼过程变化很大。钢包受钢时，工作端受到高温钢液的冲击，温度陡然上升，喷吹氩气时受到冷气流的冷却，产生很大的热应力作用。因此，要求透气砖耐火材料具有优良的耐热震性，以免引起裂纹造成灌钢。

（4）耐渣侵蚀。含氧量高的钢液和炉渣侵入透气砖后，与耐火材料发生反应，形成低熔点液相，导致耐火砖的熔损和堵塞气孔。因此，要求透气砖具有高的耐火度和优良的抗炉渣侵蚀能力。

（5）强度高耐冲刷。为清除使用过程中侵入透气砖中的钢渣，恢复透气砖的供气能力，通常对透气砖表面进行吹氧处理，使表面黏附的钢渣熔化。与此同时，向透气砖送入喷吹气体，吹走熔渣。在吹氧清理过程中，透气砖在高温下受到高速气流的冲刷作用，要求透气砖应具有足够的高温强度和耐冲刷性能。

按透气砖的内部结构，透气砖分为弥散型、狭缝型、直通孔型和迷宫型等类型，如图8-50所示。

弥散型透气砖为多孔质耐火砖，高一般为 $250\sim300mm$，上端直径为 $90\sim100mm$，下端直径为150mm。透气砖密封于钢套内，氩气通过砖本身气孔形成的连通气孔通道吹入钢包。这种透气砖结构上多孔，强度低，易被磨损侵蚀，喷吹气流分布不佳，搅拌效果较差。

狭缝型透气砖由数片致密耐火砖层叠起来，在片和片之间放入隔片，再用钢套紧固密封，这样在片与片之间形成气体通道；或在制造耐火材料时，埋入片状有机物，烧成后形成直通狭缝或气孔通道。这种透气砖的强度高，耐侵蚀性能好，透气性能好。

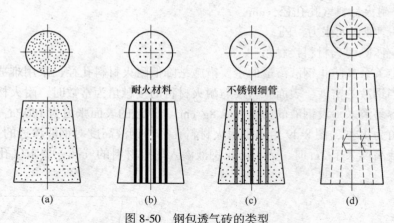

图 8-50　钢包透气砖的类型

（a）弥散型；（b）狭缝型；（c）直通孔型；（d）迷宫型

直通孔型透气砖由耐火材料与埋入其中的细钢管组成，或在制造耐火材料时埋入定向有机纤维，烧成后形成直通气孔通道。

迷宫型透气砖通过狭缝和网络圆孔向钢包内吹气，其安全可靠性较高。

钢包吹氩透气砖耐火材料有不同的材质，主要包括镁铬质、刚玉质和铬刚玉质等，不同国家吹氩透气砖的性能如表 8-23 所示。

表 8-23　各国吹氩透气砖的成分和性能

国别	中国		奥地利		日本
材料种类	刚玉质	铬刚玉质	镁铬质	高铝质	高铝质
$w(Al_2O_3)/\%$	≥97.0	≥90.0	5.5	89	96
$w(Cr_2O_3)/\%$		3.0~6.0	20.0		1.0
$w(MgO)/\%$			60.8		
$w(CaO)/\%$			1.2	0.3	
$w(SiO_2)/\%$			1.5		2.0
体积密度/g·cm^{-3}	≥3.15	≥3.15	3.23	2.2	2.97
显气孔率/%			17.4	25~35	23.4
常温耐压强度/MPa	≥50	≥90	91.4	30	120.0
高温抗折强度/MPa，1400℃					2.5
平均孔径/μm					19

透气砖的安装方式有两种：内装式和外装式，如图 8-51 所示。内装式是将透气砖与砖座在钢包外预先组装在一起，在砌筑钢包时，清理好包底透气砖的位置，砌筑好垫砖，将带砖座的透气砖吊装至该位置，然后依次砌筑包底和包衬。外装式透气砖的装配由座砖、套砖和透气砖三件组成，在砌筑钢包时，在包底安装好透气砖座砖后即可砌筑包底及包壁，最后将套砖和透气砖外侧均匀地涂上火泥，依次用力装入座砖中，再在套砖和透气砖底部封上垫砖，盖上法兰，烘烤。内装式透气砖适用于钢包底衬砖与透气砖的寿命同步的情况，外装式特别适合用于经常更换透气砖的情况。

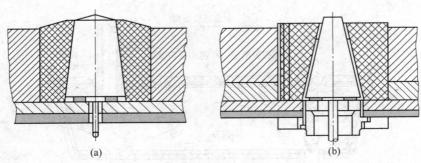

图 8-51　透气砖的安装方式
（a）内装式；（b）外装式

8.3.4　连铸用耐火材料

连铸是钢水凝固的最后环节，连铸用耐火材料是连铸机组的重要组成部分，除具有一般耐火材料的特征外，还要有净化钢液、改善钢的质量、稳定钢水成分和温度、控制和调节钢水流量等功能，因此也被称为功能耐火材料。

连铸系统用耐火材料的品种包括：（1）钢包衬材料、透气砖组件；（2）中间包耐火材料，包括永久衬、涂料、绝热板、包盖等；（3）连铸机功能耐火材料，主要包括无氧化浇注水口、浸入式水口、塞棒和滑动水口；（4）钢液净化用陶瓷过滤器、挡渣堰、碱性涂料等。

连铸用耐火材料要反复经受钢液的热冲击和钢液的物理冲刷、钢渣的化学侵蚀，因此耐火材料应具有足够高的强度、较高的热震稳定性、良好的抗渣侵蚀性以及一些特殊的功能，如透气性、钢液净化功能、调节流量、保护浇注等。

8.3.4.1　中间包对耐火材料的要求

中间包是连铸系统的重要组成部分。尽管中间包的容量和结构随冶炼钢厂和连铸机的不同而有较大差异，但耐火材料的工作环境基本相同。中间包内，耐火材料要经受高温钢液的长期物理冲刷，在一个中间包浇注周期内（5~8h），耐火材料要长时间在钢流内浸泡和磨损，并经受中间包覆盖渣的化学侵蚀。为了提高中间包覆盖渣吸收钢中非金属夹杂物的能力，在现代洁净钢生产中，中间包覆盖渣趋向于使用高碱度保护渣，高碱度覆盖渣对中间耐火材料的侵蚀作用较为严重。

图 8-52 为中间包内钢液流动与夹杂物的运动轨迹。高温钢液从钢包经长水口注入中间包，钢液在中间包内停留一定时间，完成均匀温度和去除夹杂物的任务，然后经由浸入式水口流入结晶器。对该过程做如下描述：

（1）钢液流动的过程中遇到外部空气可使钢中的合金元素发生二次氧化，形成新的夹杂物。

（2）由于钢液流动产生的切向力在钢渣界面会发生卷渣现象，导致中间包渣卷入钢液；此外，钢液中的 Al、Mn、Ti 等可与耐火材料或覆盖渣中的 SiO_2 发生反应，产生新的夹杂物。

（3）耐火材料遭受高温钢液的冲刷和磨损，熔损产物被卷入钢中形成新的夹杂物。

（4）夹杂物在钢液流动的驱动下上浮至钢渣界面被炉渣吸收。

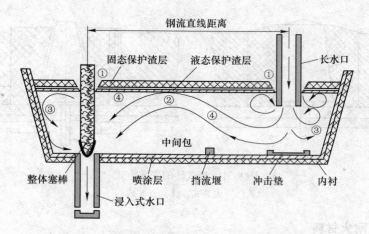

图 8-52   中间包内钢液流动与夹杂物运动轨迹的变化
①—空气渗入发生二次氧化；②—钢流冲击加速耐火材料侵蚀；
③—钢流磨损耐火材料内衬；④—钢中夹杂物的运动路线

可见，从钢包流入中间包的钢液不但可被渗入的空气二次氧化，耐火材料也能成为钢水发生再氧化的氧源，且中间包耐火材料的熔损产物进入钢包成为大尺寸夹杂物的重要来源，使得钢液遭受二次污染。尽管中间包能使钢液中部分夹杂物被炉渣吸收而得到净化，但作为浇注末期的冶金反应器，如有新的夹杂物产生，就很难再有去除的机会。因此，对洁净钢生产来说，中间包耐火材料应具备如下条件：（1）能承受高温钢液和熔渣长时间浸泡和化学侵蚀；（2）对钢液的污染应尽可能小，同时有利于钢液的净化。

8.3.4.2 中间包内衬材料

中间包内衬材料一般由保温层、永久层和工作层构成，中间包内衬耐火材料随着连铸技术的发展和洁净钢生产要求的不断提高而得到不断改进，演变过程为：黏土砖/高铝砖衬→镁铬涂料→绝热板内衬→浇注料永久内衬→镁质涂料→钙质涂料→碱性干式振动料。由于砌砖内衬缝隙多，黏渣现象严重，为翻包清理带来较大困难，中间包砌筑已经被其他内衬取代。由于钙质浇注料有利于减少钢中夹杂物，在洁净钢生产中具有重要意义。碱式干式振动料具有施工快捷，性能优良，不污染钢液等特征，得到快速推广和应用。限于篇幅所限，本书只讨论与钢液直接接触的耐火材料工作层。

A 镁钙质涂料

随着钢液洁净度的提高，对中间包工作层耐火材料提出了更为严格的要求。通常的做法是在中间包浇注料永久层上涂抹或喷涂对钢液污染小或可以净化钢液的镁质、镁钙质或镁橄榄石质涂料。中间包涂料也起保护浇注料永久层内衬的作用，延长其使用寿命。

图 8-53 为镁质与镁橄榄石质中间包涂料的防钢液二次氧化的作用机理。过程解释如下：

（1）当中间包采用橄榄石（$2(Mg，Fe)O \cdot SiO_2$）作为涂料时，铝镇静钢中的脱氧产物 Al_2O_3 与橄榄石组成反应生成固态或液态 $MgO\text{-}SiO_2\text{-}FeO\text{-}Al_2O_3$ 化合物。液相可沿着耐火材料涂层的气孔通道侵入内部或被钢液冲刷带走造成钢液再污染。尽管如此，这种有害作用比硅质和铝硅系耐火材料要弱得多，因为耐火材料对钢液二次氧化的根本原因为耐火

料中的 SiO_2。

（2）当中间包采用镁橄榄石（$2MgO \cdot SiO_2$）作为涂料时，因为镁橄榄石熔点为 1898℃，为碱性高耐火物相。镁橄榄石也能与 Al_2O_3 形成固态或液态 $MgO\text{-}SiO_2\text{-}FeO\text{-}Al_2O_3$ 化合物，情况与上述相似，但有害作用明显降低。

（3）当中间包采用方镁石（MgO）作为涂料时，方镁石能与脱氧产物 Al_2O_3 形成尖晶石（$MgO \cdot Al_2O_3$），并黏附在内衬表面。尖晶石是一种化学成分稳定的高耐火矿物，在内衬表面可有效防止炉渣对钢液的二次氧化作用，同时还有一定程度的钢液净化作用。

（4）Al_2O_3 产物沉积在方镁石或镁橄榄石耐火材料表面，也可以直接减弱钢液遭受耐火材料的再氧化污染作用。

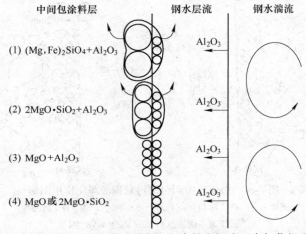

图 8-53　镁质和镁橄榄石质中间包涂料防钢液二次氧化机理

表 8-24 为国内外中间包内衬采用的镁质和镁橄榄石质涂料的理化性能。中间包内衬涂料可用人工涂抹或机器喷涂施工，涂层厚度约为 30mm。为防止涂层在烘干过程中产生裂纹，涂料中一般添加纸纤维、防爆纤维等，烘烤时形成微气孔，引导水蒸气排出。微气孔结构也有利于提高涂层的隔热作用。为避免钢液增氢，中间包使用前必须经过充分烘烤。

表 8-24　镁质和镁橄榄石质中间包涂料的理化性质

使用厂家		新日铁	欧洲		中国	
			镁质	镁橄榄石质	鞍钢	宝钢
$w(MgO)/\%$		84	87.1	75.8	85.6	84.5
$w(CaO)/\%$		4	1.5	1.5	1.5	
$w(Al_2O_3)/\%$		2	1.8	1.2		
$w(SiO_2)/\%$			5.2	15.6		
结合剂		磷酸盐				
最大粒度/mm		2	2	2		
细粉尺寸/μm		<75	<63	<63		
体积密度 /g·cm⁻³	110℃，24h	2.00			1.92	
	1450℃，3h	2.04			2.10	2.29

在炼钢生产中，氧化钙或石灰既能作为炉渣中的重要组成参与钢液脱硫、脱磷等要务，同时作为耐火材料，氧化钙高温稳定性好，是钙质或镁钙质碱性耐火材料的重要组成部分。随着中间包冶金技术的发展和洁净钢生产水平的不断提高，研究利用 CaO 对钢液进行净化处理，开发具有冶金功能的耐火材料受到国内外研究者的高度关注。

含游离 CaO 的中间包涂料是一种新产品，包括 CaO 质、高钙质和镁钙质等不同品种，CaO 含量为 12%~55%，MgO 含量为 40%~70%。这些中间包内衬涂料中含有游离 CaO，它不但能防止钢液的二次氧化，还能吸收钢液中的非金属夹杂物，达到净化钢液的作用。图 8-54 为 CaO 质中间包涂料对钢液净化作用的机理图解。

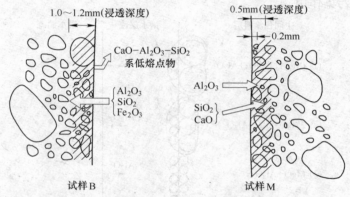

图 8-54 CaO 质中间包涂料对钢液净化作用图解

试样 B—CaO 质涂料：$w(CaO) = 55.9\%$，$w(MgO) = 41.5\%$；

试样 M—镁质涂料：$w(MgO) = 98.3\%$

在中间包内，钢液温度约为 1550℃，CaO 质中间包涂料中游离的 CaO 与钢液中主要脱氧产物 Al_2O_3 能直接发生反应，同时渣中 SiO_2 和氧化铁参与反应，生成主要成分为 $CaO\text{-}Al_2O_3\text{-}SiO_2$ 系低熔点液相。低熔点液相沿着涂层中气孔侵蚀内部，涂层中的 CaO 会继续溶解进入侵入涂层的液相，入侵液相组成中 CaO 含量会逐渐增加，直至形成的液相到达凝固点而发生凝固。这样，入侵液相可以侵入涂层中较深的部位，继而形成涂层热面的烧结层，由此达到 CaO 质涂料吸收钢液中 Al_2O_3 夹杂物的效果。当然，涂层表面发生上述反应生成的低熔点液相也可能被流动的钢液带走，上浮到中间包上部被保护渣吸收，或残留在钢液中呈球形液滴。在后一种情况下，与钙处理类似，液相夹杂物可顺畅地通过水口且不危害钢的质量。

作为对照，图 8-54 右方为镁质中间包涂料（试样 M），在镁质涂料的热面上，镁砂颗粒与钢液中的 Al_2O_3 反应生成尖晶石。尖晶石熔点高达 2135℃，尽管还有 FeO 和 SiO_2 存在，也难以形成液相。其表现为涂层热面上的渣反应带很薄，仅有约 0.5mm。在这种情况下，继续黏附在涂层热面上的 Al_2O_3 将在涂层热面上形成富 Al_2O_3 表层，此后，涂层耐火材料组分与钢液中夹杂物之间不再继续发生反应。所以，尽管镁质涂料能防止钢液被耐火材料内衬的二次氧化污染，但对钢液的净化作用有限。

但是，CaO 极易水化，在常温环境下，接触空气就能发生水化作用，体积膨胀或粉化，这给含游离 CaO 的耐火材料生产、贮存和应用带来困难。日本黑崎窑业在开发 CaO 质中间包涂料时，使用方解石作为涂料中 CaO 的主要来源，有效解决了耐火材料水化问题。其原理是：方解石在常温下不会发生水化现象，当中间包在 1100℃ 下烘烤时，方解石分解为 CaO，且生成的 CO_2 气体可使涂层形成多孔透气结构。该方法不足之处是需要长时间高温烘烤，能源消耗较大。

表 8-25 列出了含游离 CaO 中间包涂料的性能。按 CaO 含量的高低，可以分为 CaO 质钙镁涂料（简称 CaO 质涂料）、高钙镁钙质涂料和镁钙质涂料等品种，含 CaO 为 12%~55%。

表 8-25 含游离 CaO 的中间包涂料性能

使用厂	日本黑崎窑业	中国宝钢		中国鞍钢
		CA12	CA32	
化学组成 w/%				
CaO	38.8 (55.9)[1]	12.3	32.7	12.1 (29.4)
MgO	28.8 (41.5)	72.4	51.2	62.1 (62.5)
SiO_2	1.13 (1.63)	6.2	6.4	(1.03)
灼减	30.7			
最大粒度/mm	3			
>1000μm/%	33			
74~1000μm/%	32			
<74μm/%	36			
加热线变化率/%				
110℃，24h	-0.80			
900℃，3h	-0.46	-1.67		
1500℃，3h	-0.94			-4.15 (1550℃，3h)
体积密度/ g·cm⁻³				
110℃，24h	2.16	2.0	1.65	1.92
900℃，3h	1.66			
1500℃，3h	1.52	1.95	1.68	2.10 (1550℃，3h)
耐压强度（抗折强度）/MPa				
110℃，24h 冷后	8.8 (1.5)	6.3		6.2
900℃，3h 冷后	1.5 (0.5)			
1500℃，3h 冷后	4.0 (1.1)	13.6		7.8 (1550℃，3h)

①括号内数字为方解石分解后的量。

日本黑崎窑业生产中间包涂料时，为了避免水化反应，采用方解石代替石灰作为主要原料。使用过程中，在中间包内衬涂抹涂层，加热到 1100℃ 进行充分烘烤，方解石分解后形成富含 CaO 的涂层。该涂层的优点除了解决了氧化钙的水解问题，生成的 CaO 具有较高的活性，对钢液的净化作用较好。图 8-55 为钙质涂料和镁质涂料吸收钢液中氧化铝夹杂物的对比试验结果，钙质中间包涂料吸收钢液中氧化铝的效率为镁质涂料的 3 倍以上。

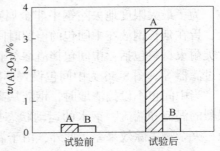

图 8-55 中间包涂料吸收氧化铝夹杂物的能力对比

A—钙质涂料；B—镁质涂料

B 碱式干式振动料

镁质、镁钙质和改质中间包涂料，因抗炉渣侵蚀，使用寿命长，且具有一定的钢液净化能力，在许多钢厂的洁净钢连铸生产中得到应用。但在实际使用过程中存在不少问题，主要包括：（1）涂料中含水分高，易导致钢液增氢，此外对施工环境条件要求高，秋冬季节气温低，水分排出慢，寒冷地区还要求防冻；（2）在使用方解石配料时，烘烤温度高，时间长，燃料消耗大；（3）要求施工现场配备搅拌机、喷涂设备和高温烘烤设备，成本较高。

1991 年，美国首次将碱式干式振动料技术引入到中间包工作层内衬的筑造上。由于碱式干式振动料在生产和施工时不加水，给中间包内衬施工技术带来一次重大变革。我国从 2001 年开始在中间包上试用干式振动料，由于该技术具有施工准备期短，现场不需搅拌，效率高，内衬使用寿命长等优点，现已得到推广应用。对碱式干式振动料的特点和配料原料，说明如下：

（1）碱性干式振动料为全干型颗粒粉料的混合物，最显著的特点是施工时不加水，直接倒入模型内振捣成型。

（2）为了使碱性干式振动料具有适当的低温强度，以便在振动捣实后能顺利脱模，配料中加入粉状热固性酚醛树脂等有机结合剂。成型后连同钢模在 200℃ 烘烤，酚醛树脂溶化后包覆颗粒骨料，由于热固性产生结合强度，使振捣型物料成型，便于脱模。

（3）在高温烘烤时，随着树脂的分解、氧化和碳化，酚醛树脂失去黏结功能，成型物料的强度逐渐丧失，为弥补强度损失，碱性干式振动料中加入有机结合剂（三聚磷酸钠）和烧结助剂（硼玻璃、硅微粉等）。当中间包工作层衬的温度进入中温阶段，三聚磷酸钠（熔点为 622℃）熔化，并与配料中的 MgO 和 CaO 发生反应，生成镁和钙的磷酸盐结合相，使碱性干式振动料具有中温强度。当工作层衬的温度继续升高至 1000℃ 以上时，配料中的烧结助剂硼玻璃与 MgO 细粉反应，生成低熔点硼酸盐（$3MgO \cdot B_2O_3$，熔点 1358℃），可促进干式振动料成型内衬的液相烧结。在更高温度下，配料中的硅微粉可以 MgO 和 CaO 反应生成钙镁黄长石（$2CaO \cdot MgO \cdot 2SiO_2$，熔点 1390℃），起到强化液相烧结的作用，从而赋予中间包碱性干式振动料成型内衬的高温强度。

（4）可用作中间包干式振动料的结合剂和烧结助剂的物料还包括水玻璃、硼酸、石英粉、镁钙铁砂、软质黏土、铁鳞等。

8.3.4.3 中间包挡墙材料

为了最大限度地去除钢中非金属夹杂物，中间包内设置许多控制钢液流动状态的装置，旨在延长钢液在中间包的停留时间，减少开浇时钢液的二次氧化，提高钢液洁净度。此类耐火材料包括：中间包挡渣堰/挡坝、中间包长水口注流区的钢液缓冲器、中间包钢液过滤器等。图 8-56 为中间包设置不同控流装置的类型。

当中间包不设挡渣堰时，钢液从高速垂直方向运动突然改变为水平方向流动，会引起强烈的涡流和湍流，钢水的运动状态极其紊乱。钢液沿包底运动，在中间包的停留时间短，夹杂物去除效果差。此外，由于涡流和湍流的存在，炉渣极易被卷入钢液，严重影响钢液的洁净度。当中间包设置上挡墙后，钢液受到上挡墙的阻碍导致流动方向改变，上升流增加，钢液运动的路线更加曲折，流动更接近自由液面，夹杂物被炉渣捕获的概率增加，对钢液的净化十分有利。特别是使用带有开孔的导流墙时，钢流会沿着导流墙预设的

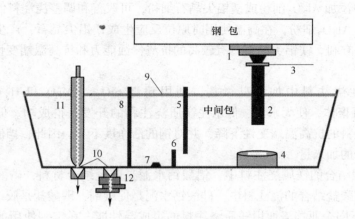

图 8-56　中间包内设置不同控流装置类型
1—长水口滑板；2—长水口；3—长水口氩封；4—冲击垫；5—挡渣堰；6—导流坝；7—透气梁；
8—导流隔墙；9—中包覆盖剂；10—中间包出口；11—整体塞棒；12—浸入式水口滑板

开孔方向流动，钢液运动的方向被显著约束在一定的范围内，中间包的冶金效果十分明显。

中间包挡渣堰的冶金作用可归纳如下：（1）改变钢液的运动轨迹，延长钢液在中间包的停留时间，使钢液中的夹杂物有充分的时间碰撞、长大、上浮；（2）改变中间包内钢液流态分布，使钢液流场达到最佳状态；（3）减少死区体积分率，扩大稳流区；（4）使钢液到达中间包出水口的时间基本相同，以均匀各流温度和成分，减少漏钢和塞棒黏结的情况。

由于挡渣堰尺寸较大，为方便生产和安装，通常都由耐火材料厂制成预制件。挡渣堰材质一般用中高档高铝浇注料，但高铝耐火材料与炉渣具有较好的反应性，使用过程可造成钢液的二次污染。为适应洁净钢生产要求，挡渣堰趋向于使用高性能镁质浇注料制成预制块。

镁质中间包浇注料挡渣堰使用过程中发生损毁的主要原因是：

（1）挡渣堰在使用时持续受到钢液的水平推力和自身浮力作用，连铸开浇时钢流对挡渣堰的冲击力较大，当固定挡渣堰的固定力不够大时，可导致挡渣堰的严重垮塌损毁。

（2）与钢包相比，中间包内钢液温度较低，钢渣对耐火材料的侵蚀较轻。但采用等离子加热的中间包内，挡渣堰的使用条件恶化。由于等离子枪周围温度高达 2000℃，耐火材料局部受钢渣的侵蚀作用加剧。

因此，设计挡渣堰浇注料组成和性能时应重点考虑以下因素：

（1）方镁石具有优良的抗炉渣侵蚀性能，能大量固溶 FeO，同时又不污染钢液。因此，镁质材料为生产洁净钢用中间包挡渣堰材料的首选。

（2）固定挡渣堰的力取决于浇注料的热膨胀性和高温蠕变性能。提高材料的热膨胀率，挡渣堰受热体积膨胀大，产生挤压作用，可增加挡渣堰的稳定性，但增大浇注料的热膨胀率易引发裂纹的产生。与之相反，浇注料的高温蠕变率高时，挡渣堰的高温收缩变形大，挡渣堰的固定力和稳定性下降。因此，应科学调整浇注料组成，使其具有适宜的热膨胀性能和优良的抗高温蠕变性能。

（3）配料中添加 Al_2O_3 细粉或镁铝尖晶石细粉，可改善和调整浇注料使用性能。向镁质浇注料中加入 Al_2O_3 细粉，在高温使用时原位反应生成镁铝尖晶石，产生的体积膨胀对挡渣堰的稳定性有利。镁铝尖晶石具有较高的抗渣侵蚀能力和抗高温蠕变性能，且不会对钢液产生污染。

（4）在碱性浇注料中加入硅微粉，利用超细 SiO_2 与 MgO 和 H_2O 的反应生成 MgO-SiO_2-H_2O 凝聚体，使无水泥、低水泥镁质浇注料的开发获得成功。但是，硅微粉的引入会导致浇注料的抗高温蠕变性下降，并对钢的洁净度不利。因此，挡渣堰用镁质浇注料应减少硅微粉的加入量。

（5）在水泥结合的镁质浇注料中，铝酸钙水泥是胶凝结合材料，磷酸盐是分散剂和缓凝剂；而在磷酸盐结合的浇注料中，硅酸钙水泥是促凝剂，磷酸盐是胶结剂。

表 8-26 为不同企业挡渣堰用镁质浇注料的组成与性能。在宝钢使用的挡渣堰浇注料中，添加了 Cr_2O_3 微粉，在高温下使用时与 MgO 反应生成具有高耐火性能的尖晶石，大大减轻了在等离子加热条件下使用的局部熔损。在韩国浦项制铁使用的浇注料中，添加了少量 $CaCO_3$，其作用是 $CaCO_3$ 在烘烤或使用时分解变成活性氧化钙，有助于形成磷酸钙高温结合体，同时活性氧化钙也有利于钢液的净化和除杂。

表 8-26 中间包挡渣堰镁质浇注料的组成与性能

使用厂家	宝钢	武钢	沙钢	日本黑崎	韩国浦项
配料组成 w/%					
MgO（镁砂）	（电熔）（镁砂粉）	>85	84.8	77	78
Al_2O_3（微粉）				17（√）	（7）
镁铝尖晶石（Cr_2O_3）	（√）			（√）	√
SiO_2（硅微粉）	√	√	（3）	4（√）	√
铝酸钙水泥	√		0.6		5
$CaCO_3$					5
六偏磷酸钠	√	√	5		5
用水量/%		6	2（钢纤维）		7.5
体积密度/g·cm⁻³（气孔率/%）					
110℃，24h			2.92	2.88（13.0）	2.66（14.4）
900℃，3h			2.80		2.62（21.8）
1500℃，3h			2.80		2.72（19.4）
抗折（耐压）强度/MPa					
110℃，24h 冷后	（85）	7.6（87.5）	12（143）	13.0	15.2
900℃，3h 冷后		3.2（38.5）	3.3（39）		7.8
1500℃，3h 冷后		4.1（55）	8.5（66）	3.2	6.0
中间包	等离子加热				等离子加热

8.3.4.4　中间包吹氩用耐火材料

中间包冶金过程中，为了实现最大限度地去除夹杂物，可以在中间包底部安装透气砖（梁）向钢液中吹入氩气。由于透气砖沿着中间包底部宽度方向安装，吹入的氩气泡形成一定宽度的气幕，起到类似于挡墙的作用，故又称为中间包气幕挡墙。

中间包吹氩的目的不是为增强搅拌，而是通过惰性气泡清洗钢液，从而达到去除夹杂甚至脱气的目的。中间包采用多孔砖吹氩试验表明：合理布置多孔砖还有控制沿包底钢流的作用。当气流形成气幕后可产生以下作用：（1）改变中间包流场，阻碍大颗粒夹杂物由中间包的注流区向塞棒区移动；（2）氩气泡在上浮过程中带动夹杂物上浮，并起到真空泵作用，进行脱气；（3）增加钢中夹杂物相互接触和碰撞的机会，促使夹杂物长大、上浮，从而使夹杂物被中间包渣吸收；（4）可改变中间包塞棒区的流场，减小塞棒区上部钢液向下的流速，从而减少夹杂物被卷入结晶器的概率。

图8-57为奥地利林茨（Linz Gm-bH）钢厂的V型中间包吹氩装置图。为了试验气幕挡墙的钢液净化效果，在其右流道内安装一道透气梁（Purging beam），左流道未安装透气梁作为对比。通过透气梁向钢液内吹入氩气（吹气量为80L/min，压力为0.2MPa），当氩气泡上升时，在钢流中形成氩气气幕墙。对双流道铸坯的取样分析显示，钢液经气幕挡墙清洗后，钢中小于$10\mu m$的小颗粒夹杂物显著减少，平均粒径为$6\mu m$的夹杂物去除效率为60%，平均粒度为$3\mu m$的夹杂物去除效率为30%，钢液洁净度显著改善。

中间包透气梁为一块整体多孔型耐火材料预制件，其尺寸取决于对气幕墙的冶金要求，与中间包的形状和尺寸匹配。在砌筑中间包永久层时嵌入永久层中，图8-58为本溪钢铁公司的透气梁结构示意图。中间包透气梁耐火材料应具有以下性能：（1）良好的透气性能，吹入的气泡均匀分布，孔径为$200\sim500\mu m$；（2）良好的抗热震性，能承受开浇时高温钢液的热冲击；（3）不易被钢液渗透，抗侵蚀能力好，寿命与中间包使用周期同步。

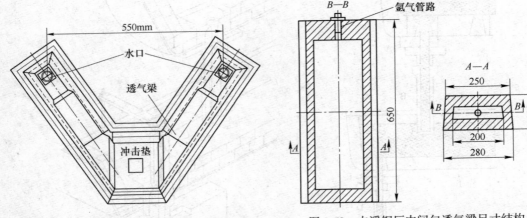

图8-57　安装透气梁的V型中间包结构图　　　图8-58　本溪钢厂中间包透气梁尺寸结构

奥地利林茨钢厂使用的透气梁为镁质耐火材料，其性能列于表8-27。在实际操作过程中，吹气流量不能过大，以不吹开上层覆盖的保护渣为标准，防止液面裸露，造成钢液的二次氧化。

表 8-27　中间包透气梁耐火材料组成与性能

化学成分 w/%		物理性质	
MgO	97	体积密度/g·cm⁻³	2.72
Al_2O_3	0.1	气孔率/%	21
Fe_2O_3	0.2	耐压强度/MPa	>35
CaO	1.9	吹气量/m³·s⁻¹·m⁻²	$8.3×10^{-3}$
SiO_2	0.5		

8.3.4.5　保护浇注对耐火材料的要求

高温钢液从钢包流入结晶器，需要经过多道环节和较长的距离，最终才能到达结晶器凝固成钢坯。在没有保护浇注的情况下，高温钢液敞露在空气中，易被空气氧化造成钢液的二次污染。为了满足洁净钢生产的要求，在整个连铸过程中，必须对钢液实施严格的控制，即全程保护浇注系统。保护浇注需要采用具有特定功能的多种耐火材料和保护渣，图 8-59 给出了钢包至结晶器典型耐火材料构成。在无氧化保护浇注体系中，形成四个相对

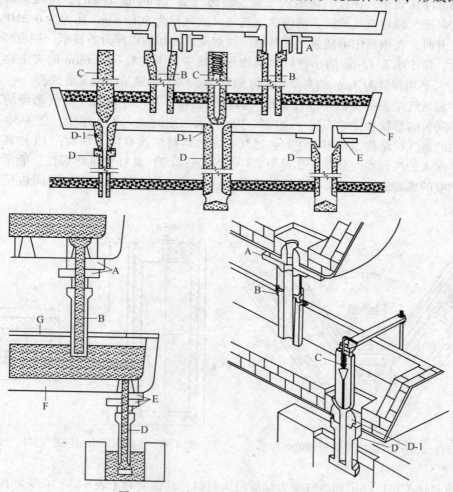

图 8-59　钢包至结晶器典型耐火材料构成

A—钢包长水口滑板；B—钢包-中间包长水口；C—中间包塞棒；D—中间包-结晶器浸入式水口；
E—浸入式水口滑板；F—中间包包衬；G—中间包包盖

独立但又彼此关联的封闭区域：（1）钢液从钢包注入中间包，用长水口系统封闭的保护区；（2）中间包内的钢液，用中间包覆盖剂隔离的保护区；（3）钢液从中间包注入结晶器，用浸入式水口密闭的保护区；（4）结晶器内的钢液，用结晶器保护渣隔离的保护区。

在无氧化保护浇注体系中，使用多种具有特定冶金工程的耐火材料器件，其中，长水口、整体塞棒和浸入式水口三种耐火材料最为关键，被称为"连铸三大件功能耐火材料"。

连铸三大件功能耐火材料的研制开发成功为连铸技术和洁净钢的发展提供了至关重要的前提。1997年，我国首次研制成功了熔融石英质浸入式水口，由此结束了我国敞开式连铸的历史。为了解决连铸高锰钢时熔融石英水口侵蚀严重的问题，1980年我国成功开发了等静压成型的铝碳质浸入式水口，随后一系列铝碳质连铸功能耐火材料投入大规模生产应用。主要包括：铝碳质长水口、中间包整体塞棒、吹氩型浸入式水口、铝锆碳（Al_2O_3-ZrO_2-C）复合型浸入式水口以及防堵型浸入式水口等，称为无氧化保护浇注系统中最重要的关键耐火材料。

连铸三大件耐火材料处于紧密相连的连铸系统中，虽然它们所处位置、功能及对它们的要求各不相同，但它们的使用状况和遭受的损毁方式存在共同之处，主要表现为三个方面：（1）热震破坏作用；（2）保护渣的侵蚀作用；（3）钢液的侵蚀和污染。

图8-60为长水口使用时易发生严重蚀损和事故的部位。其侵蚀特征可归纳为：（1）长水口与滑动水口下水口的连接部位，由于空气的渗入发生碳的氧化，耐材结构疏松剥落；（2）机械热应力集中导致断颈等恶性事故；（3）当水口内部存在结瘤物时，钢液发生偏流，造成水口内部的局部冲刷严重；（4）在渣线部位，耐火材料受到中间包渣的持续侵蚀；（5）在长水口出口处，钢液快速流动导致耐火材料磨损严重。

下文将分别介绍连铸三大件耐火材料的几种损毁机理。

A　热震损毁

连铸开浇时，随着钢包引流砂被冲开，高温钢液迅速涌入长水口使得长水口内表面温度达到1550~1580℃。此时，长水口表面温度较低，钢液的骤然涌入，使得长水口管壁内外层之间产生巨大的温差。长水口管壁内层在高温作用下产生高温热膨胀，管壁外层处于原始状态。在热膨胀力的作用下，长水口外层受到很大的张应力作用，内层则受到压应力的作用（见图8-61）。耐火材料的抗折强度一般都小于耐压强度，因此在开浇瞬间长水口遭受严重的热震损毁作用，外表面极易产生纵向裂纹。长水口外层受到的最大张应力（σ_{max}）的大小取决于长水口内外层温差和材料的基础性能，有如下关系：

$$\sigma_{max} = k \cdot \alpha \cdot E \cdot \Delta T \tag{8-51}$$

式中　k——形状系数；

　　　α——材料的膨胀系数；

　　　E——材料的弹性模量；

　　　ΔT——长水口管壁内外表面温差。

随着钢流不断注入中间包，中间包内钢液面上升，深入中间包的长水口下段浸泡在高温钢液中。在长水口的长度方向也会产生很大的温差，在热膨胀力的作用下，长水口的横向也可能产生横向开裂，造成水口断裂损毁。浸入式水口受到的热冲击作用与长水口类似，但由于浸入式水口的尺寸较小，故其所受到的热冲击作用程度不如长水口严重。

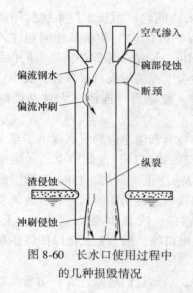

图 8-60   长水口使用过程中
的几种损毁情况

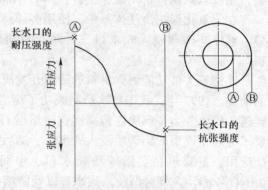

图 8-61   中间包长水口管壁内的热应力状态

对于中间包塞棒，连铸开浇时，随着钢流进入中间包，整体塞棒的外表面温度骤升至 1550℃以上，而塞棒的内表面温度较低，这与上述长水口的热应力作用情况正好相反。此时，整体塞棒外表层受到的是压应力作用。耐火材料的耐压强度一般都较高，因而高温钢液对整体塞棒的热冲击破坏作用较轻。鉴于中间包使用前都要进行充分烘烤，在这种情况下，高温钢液对整体塞棒的热冲击作用大大减轻。

由式（8-51）可知，为了提高连铸三大件功能耐火材料的抗热震性能，应选用热膨胀系数和弹性模量尽可能低的原料制造。由于石墨的线膨胀系数（碳石墨常温下热膨胀系数 $4×10^{-6}$/℃）和弹性模量（8~15GPa）均较低，且具有导热性好、耐火度高、抗侵蚀能力强、不被钢液润湿等特点，因此被广泛用作生产长水口、整体塞棒和浸入式水口的原材料。

B   炉渣侵蚀

连铸过程中，为了实现无氧化浇注，要求长水口下段淹没在中间包钢液中，而浸入式水口淹没在结晶器钢液中。中间包覆盖剂的主要功能是绝热保温，防止钢液与空气接触，并最大限度地吸收钢液中上浮的非金属夹杂物，以达到净化钢液的目的。为此，中间包覆盖剂一般由 CaO-SiO_2-Al_2O_3 系基料和助溶剂组成。中间包覆盖剂的碱度较高（$w(CaO)$/$w(SiO_2)>2.5$），对 SiO_2 和 Al_2O_3 具有很强的溶解和吸收能力。由于长水口及整体塞棒材质均为 Al_2O_3-C，覆盖剂对长水口和塞棒也同样具有显著的侵蚀作用。随着连铸的进行，中间包渣不断吸收 SiO_2 和 Al_2O_3，其成分组成从富含 CaO 的区域转向组成三角形的中心区域，而长水口及整体塞棒的渣线部位侵蚀最为严重。

结晶器保护渣为低碱度炉渣（$w(CaO)$/$w(SiO_2)$ = 0.8~1.2），熔化温度约为900~1100℃，基料组成范围位于 CaO-SiO_2-Al_2O_3 系相图的假硅灰石初晶区内。结晶器保护渣的主要作用为绝热保温，吸收钢液上浮的非金属夹杂物，还要为结晶器与坯壳之间提供润滑和传热作用，以降低拉坯阻力并控制结晶器导热。为此，要求结晶器保护渣具有良好的流动性。结晶器保护渣的黏度较低，1300℃时表观黏度约为 0.1~0.5Pa·s，为使结晶器保护渣具有好的流动特征，一般要向基料中加入一定量的萤石、Na_2CO_3、K_2CO_3 等作为助溶剂，这使得熔渣更容易渗入耐火材料基体内，造成严重的化学侵蚀。结晶器保护渣中不同组分对浸入式水口的侵蚀程度如图 8-62 所示。

由图 8-62 可知，保护渣组成中，F^- 和 Na^+ 对耐火材料的侵蚀最为严重，而保护渣碱度的影响较低。当保护渣黏度较大时，各组分对耐火材料的侵蚀行为显著降低。此外，由于连铸过程中，结晶器保护渣是不断消耗的过程，溶解部分水口材料的保护渣流入铸坯和结晶器坯壳而消耗，新的保护渣熔化又会再次侵蚀水口，这种作用导致浸入式水口渣线位置的损毁极为严重。

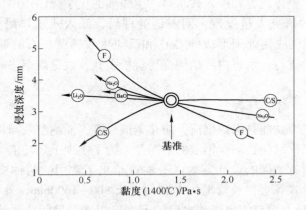

图 8-62 结晶器保护渣组分及黏度
对耐火材料侵蚀深度的影响

C 钢液的侵蚀与污染

连铸三大件耐火材料使用时不仅受到保护渣的严重侵蚀，还受到钢液的侵蚀作用，特别是长水口和浸入式水口的内表面。与钢液反应或侵蚀的产物进入钢液，由此导致了钢液的二次污染。铝碳质长水口和浸入式水口中的碳（C）不仅可与钢液中的游离氧发生氧化反应而损失，还可与钢中的脱氧产物发生反应：

$$[O] + C \longrightarrow CO$$

$$[FeO], [MnO] + C \longrightarrow [Fe], [Mn] + CO$$

不难发现，减少铝碳质水口中的 SiO_2 和 C 的含量可有效提高水口的抗钢液侵蚀作用。从洁净钢生产的角度理解，减少耐火材料 C 含量也有助于抑制钢液的增碳效应，这对冶炼超低碳钢具有重要意义。

此外，近年来，研究者发现钙处理后的钢液对水口的侵蚀比较严重，应引起关注。铝脱氧钢形成的脱氧产物 Al_2O_3 通常以串状或簇群不规则形状存在，严重影响钢的质量和连铸稳态作业，主要表现为：（1）簇群状分布的 Al_2O_3 夹杂物不易变形，热轧时延伸成链状分布，影响钢的力学性能；（2）集中在连铸坯表皮下的 Al_2O_3 夹杂物在薄板坯上形成白色线缺陷，严重影响钢的深冲性能和制品的表面质量；（3）Al_2O_3 夹杂易在水口内壁沉积、烧结，造成水口结瘤，更换水口带来的结晶器液面波动会严重影响钢的质量。

为了消除和减轻 Al_2O_3 夹杂物的不利影响，最常用的方法就是钙处理。在精炼末期，向钢包内喷吹铁合金或用金属包芯线喂入钙处理剂，对钢液进行钙处理。钢液钙处理的实质是对 Al_2O_3 夹杂物进行变质处理，其反应方程式如下：

$$x[\text{Ca}] + (y + \frac{x}{3})\text{Al}_2\text{O}_3 \Longrightarrow x\text{CaO} \cdot y\text{Al}_2\text{O}_3 + \frac{2}{3}x[\text{Al}]$$

进入钢中的金属钙快速气化，形成钙蒸气。钙蒸气遇到 Al_2O_3 颗粒与之发生化学反应，生成不同类型的钙铝酸盐。随着钙加入量的增加，氧化铝的熔点逐渐降低，当夹杂物中 CaO 含量达到45%~55%（$12\text{CaO} \cdot 7\text{Al}_2\text{O}_3$），夹杂物的熔点降低至1400℃以下。钢液经钙处理后，固态 Al_2O_3 夹杂物变成液态球形液滴，可顺畅地通过水口，大大降低了水口结瘤的发生概率。显而易见的是，钢中残余的钙也会与连铸耐火材料发生反应，特别是对滑动水口、长水口、整体塞棒和浸入式水口产生强烈的化学侵蚀作用。

宝山钢铁公司的研究人员发现，钢液钙处理后，浸入式水口耐火材料中的 Al_2O_3、SiO_2 能与钢中或溶解钙或钙处理形成的 CaO 和反应生成钙黄长石的低熔点相，造成水口的侵蚀。随着侵蚀的进行，水口内部结构变得疏松多孔，大量熔钢渗入，加剧了耐火材料的侵蚀效应。

8.3.4.6　长水口耐火材料

钢包长水口的主要功能是保护钢流，防止钢液飞溅，隔绝空气与钢液的接触，防止空气卷入造成钢液的二次氧化，确保钢液的洁净度。为了实现上述功能，长水口的形状、结构和所选用耐火材料有不同的设计方案。图8-63给出了常用的两种长水口结构和耐火材料类型，它们为开放式等直径长管型耐火制品，长 800~1600mm，外径 150~250mm，壁厚 15~25mm。长水口上端与钢包滑动水口的下水口相连，呈漏斗形结构，称为碗部，外部加装钢质护套，以避免操作是产生机械碰撞损坏，并在安装时起支撑固定作用，同时也为喷吹氩气提供密封保护。

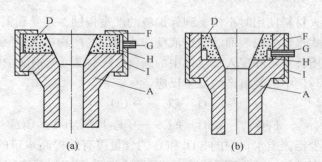

图8-63　长水口吹氩透气环的不同组装方法
（a）整体组装；（b）镶嵌式组装
A—水口本体；D—耐火材料透气环；F—钢护套；
G—氩气入口；H—环缝；I—火泥密封

长水口一般采用 Al_2O_3-C 质耐火材料制造。但在某些特殊场合，如用于多炉连浇时，因连铸时间长，为了提高长水口的使用寿命，在长水口渣线以下部位采用更加抗钢液和炉渣侵蚀的低硅或无硅 Al_2O_3-C 质或 ZrO_2-C 质耐火材料。

长水口在使用时上端口部与钢包滑动水口的下水口相连接。浇注时，钢液的快速流动会导致接缝处产生一定负压（抽力），外部空气会源源不断地被吸入长水口内，造成钢液的二次氧化。防止空气吸入的措施有两种：一种是充氩保护，使吸入的气体为惰性气体而不是空气；另一种是采用密封垫圈密封，严防空气进入。常用的吹氩保护有两种方式：整体组装透气环吹氩保护和镶嵌式透气环吹氩保护。

整体组装透气环如图 8-63（a）所示。在长水口碗部，有一个厚度为 40～50mm 的透气环（D），其材质为刚玉或高铝矾土质，Al_2O_3 含量为 70%～80%。长水口为铝碳质，其石墨含量不小于 27%，Al_2O_3 含量不小于 40%。透气环的外径比长水口碗部直径略小，在透气环与钢套（F）之间形成一个间隙为 3～5mm 的环缝（H）。钢套、透气环和长水口碗部相接触的地方用火泥（I）密封。该密封装置的工作原理为：保护气体（Ar）从吹气管（G）进入环缝，通过透气环在长水口碗部内表面形成气膜，阻隔空气进入，对钢流实施防氧化保护。透气环为弥散型结构，其透气量由自身贯通的气孔率决定。由于透气环采用高级耐火材料制成，在多炉连浇时，用氧气清洗其工作面，不易损坏，工作寿命较长。

镶嵌式透气环吹氩保护如图 8-63（b）所示。透气环（D）为高铝质，其 Al_2O_3 含量为 75%～85%。属于弥散型透气环，其高为 30～55mm，厚 8～12mm。环缝（H）宽为 3～5mm，高 20～30mm。透气环与长水口碗部内表面采用胶泥黏结，吹气管与钢套焊死。此类透气环密封性好，吹气量大，便于控制，不易漏气。国内一些钢厂已通过数千次使用，使用时长达 7～9h，钢中 [N] 含量减少 50%。

8.3.4.7 塞棒及滑板材料

中间包整体塞棒，是控制中间包和结晶器间钢液流量，保证连铸生产高效顺行及铸坯质量的关键部件。相比于滑动水口的控流方式，塞棒控流更为有效，钢流从塞棒的四周流入浸入式水口，很少发生"偏流"现象，避免了浸入式水口内局部受到严重的冲刷侵蚀。

整体塞棒的形状、结构和所用耐火材料大体相同，但也因使用条件和工艺要求的差异，有着不同的设计，主要包括普通型、透气型、复合型三类，如图 8-64 所示。透气性整体塞棒的头部安装一块透气砖，氩气从中心导管经透气砖吹入钢液，可对水口进行吹扫，并兼具防止水口堵塞，减少铸坯中夹杂物含量和总氧含量，改善铸坯质量的功能。

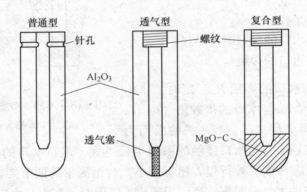

图 8-64　中间包塞棒的类型与耐火材料

生产实践用中间包整体塞棒的材质主要为 Al_2O_3-C 质。为保证塞棒使用过程中的可靠性及长时间控流效果，棒头一般采用低碳材质，碳的质量分数一般不高于 15%，以保证材料具有优良的抗钢液冲蚀性能。棒身一般采用高碳材质，碳的质量分数一般不低于 26%，渣线处采用复合 MgO-C 或 ZrO_2-C 材质，以增强塞棒的整体抗侵蚀性能。针对 [Ca] 含量在 15×10^{-4}% 以上的钙处理钢，需要采用 MgO-C 或 ZrO_2-C 材质的棒头材料；针对铝碳钢和高锰钢，需采用 Al_2O_3-MgO-C（刚玉-尖晶石）材质的棒头材料。表 8-28 为中间包整体塞棒不同位置耐火材料的组成和性能。

表 8-28　中间包整体塞棒不同位置耐火材料的组成与性能

项目		本体	棒头和渣线	棒头和渣线	棒头和渣线
化学组成 $w/\%$	C	31.2	15.6	13.3	14.8
	B_2O_3	1.6		2.0	0.6
	ZrO_2	0.9		4.6	73.5
	CaO				3.1
	Al_2O_3	52.0	1.1	82.5	0.7
	MgO	—	71.3		1.0
	SiO_2	15.7	15.5	0.8	4.6
体积密度/g·cm⁻³		2.35	2.53	2.87	3.61
显气孔率/%		17.9	16.8	16.3	15.6
抗折强度/MPa		7.4	4.9	9.4	8.1
浇注钢种		普通钢	Ca 处理钢	高氧钢	高 Mn 钢

图 8-65 给出了整体塞棒与水口的配合图。利用几何关系，可得到塞棒的行程与塞头和水口形状、尺寸存在如下关系：

$$L = \frac{R_n^2}{2r\cos\theta} \qquad (8-52)$$

式中　L——塞棒的有效行程；

R_n——水口的半径；

r——塞棒与水口的接触圆周半径；

θ——塞棒与水口的接触角。

由上式可知，当水口的半径 R_n 一定时，塞棒的有效行程 L 取决于塞头与水口的接触角（θ）以及塞头水口接触圆周半径（r）。当塞头的断面为

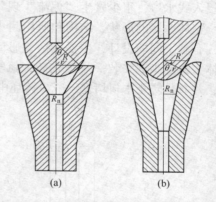

图 8-65　不同类型塞棒与水口的配合图
（a）半球形塞头；（b）锥形塞头

半圆形时，其曲率半径大，与水口接触的圆周半径也大，但与水口的接触角（θ）较小，$\cos\theta$ 值较大。因此，塞棒的有效行程 L 相对较小，对钢流量的调节能力小，钢流不稳定，中间包钢液内钢液波动大，溢漏率较高。当塞头为锥形时，塞头与水口的接触面由线接触改为面接触，同时水口的半径以及塞头和水口的接触圆半径变小，塞头与水口的接触角增大，因而塞棒的有效行程增大。因此，圆锥形塞棒有利于提高对钢水流量的控制能力，减少液面波动和降低溢漏率。

8.3.4.8　浸入式水口耐火材料

浸入式水口耐火材料是连铸三大件中最为重要的功能耐火材料，它对连铸机的稳定运行和连铸坯质量起着至关重要的作用。浸入式水口上部与中间包连接，下部浸入结晶器内

钢液面一定深度,如图 8-66 所示。浸入式水口的作用是将中间包钢液均匀导入结晶器,以保持结晶器液面稳定,并为钢液提供防氧化保护。此外,浸入式水口的出口形状、结构以及插入深度等参数对控制结晶器内钢液的流动以及增加非金属夹杂物的去除效果都有着重要的影响。浸入式水口必须满足以下基本条件:(1)水口直径大小能提供足够的通钢量;(2)耐火材料要有足够高的强度,具有耐冲刷、耐侵蚀、对钢液污染少、抗热震性好等特点;(3)水口必须有足够的壁厚(最小 10mm),以确保其具有较长的使用寿命。

由于不同企业在生产钢种、生产工艺方面存在很大差异,为满足不同的工艺要求,浸入式水口的形状、结构和所采用的耐火材料有多种类型可供选择。

从钢液流入结晶器的方向来看,浸入式水口有端部敞开的直流型和端部封闭的侧流型两类,如图 8-67 所示。采用直流型水口浇注时,钢流直接冲向结晶器下方,易产生涡流,卷入结晶器保护渣,钢液中原有的固态夹杂物颗粒较难排出。敞开式直流型浸入式水口适用于方坯连铸。采用侧流型浸入式水口时,钢液从两个侧方向流入结晶器,钢流撞击到结晶器窄面,会产生上下两个流股,上回流对夹杂物去除和促进保护渣熔化有利,可以显著改善结晶器内钢液的流动状态。当前,板坯连铸主要采用侧流型浸入式水口。

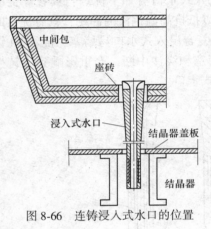

图 8-66 连铸浸入式水口的位置

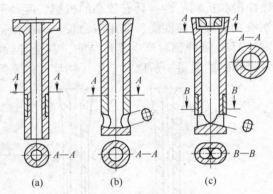

图 8-67 浸入式的钢液的流动方式
(a)敞开式直流型;(b)侧流型(开口朝上);
(c)侧流型(开口朝下)

最早的浸入式水口采用石英质耐火材料制作,但随着洁净钢生产技术的发展,石英质水口因与钢液具有较好的反应性被逐步淘汰。当前,浸入式水口的主要材质为铝碳质和铝碳-锆碳质复合材料。为了防止 Al_2O_3 在水口壁附着沉积,一些企业开发使用了无 SiO_2 的铝碳质浸入式水口、阶梯式浸入式水口和添加各种难堵塞材料的浸入式水口,显著提高了使用寿命和安全性。以下将分别介绍不同材质的浸入式水口特征。

A 石英质浸入式水口

采用熔融石英质浸入式水口有以下优点:石英线膨胀系数小、抗热震性好、耐冲刷、高温黏度大、材料强度高、导热性低,能够满足浇注开始时温度的急剧变化,满足普通碳钢多炉连浇的操作要求。其缺点是:在 1100℃以上长期使用时,会发生向方石英的转变(即高温析晶,α-石英向 α-方石英转变),促进制品产生裂纹和剥落;不能浇注含锰量较高的特殊钢种,这是因为石英与钢液中的锰发生反应生成低熔点产物,从而导致水口侵蚀加剧,使用寿命急剧下降。

B　铝碳质浸入式水口

从 20 世纪 70 年代末到 80 年代初,基本上是以等静压成型的铝碳质浸入式水口,主要以石墨、刚玉、熔融石英、酚醛树脂等有机物为结合剂制成的。1988 年,我国建成第一条铝碳质水口生产线,从此 Al_2O_3-C 浸入式水口开始大规模使用。

普通铝碳质浸入式水口(如图 8-68(a)所示)有以下优点:解决了锰含量高钢种的浇注问题;耐火材料抗热震性好,耐钢液的高温冲刷能力强,长时间使用引起的温度变化较小。但其缺点也很明显:耐热冲击性较低,耐保护渣侵蚀能力差,导热性差,易产生挂渣和氧化铝附着而引起水口堵塞。此外,由于连铸新技术的应用,拉速提高,保护渣流动性好,加剧了铝碳质水口的侵蚀速度,随后有了复合浸入式水口(铝碳-锆碳质)的产生。

C　铝碳-锆碳质浸入式水口

从 20 世纪 80 年代中期到现在,浸入式水口向材质复合化和水口结构优化方向发展。水口的复合化主要是指铝锆碳质浸入式水口,即水口本体采用 Al_2O_3-C 质,渣线部位采用 ZrO_2-C 质,如图 8-68(b)所示。采用铝锆-碳质浸入式水口有如下优点:具有优良的抗热冲击和抗剥落性;具有较高的机械强度及耐磨性以抵抗高温钢液的冲刷;具有优良的抗钢液及炉渣侵蚀性能,使用寿命长。但由于铝锆-碳复合浸入式水口易堵塞,浇注 Al 镇静钢、Al-Si 镇静钢时产生水口结瘤,甚至导致水口堵塞和浇注中断,严重影响到连铸生产效率和钢的质量,所以又催生了防堵塞的系列浸入式水口。

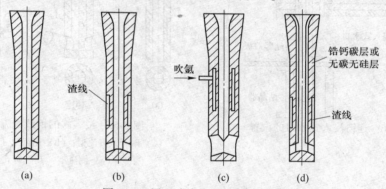

图 8-68　浸入式水口的结构与材质
(a)普通铝碳质浸入式水口;(b)铝碳-锆碳质浸入式水口;
(c)狭缝吹氩型浸入式水口;(d)铝碳-锆碳-锆钙碳复合浸入式水口

D　防堵塞浸入式水口

现阶段防堵塞水口一般从两个方面来改进:一方面通过改进材质获得防堵塞水口,另一方面通过优化浸入式水口的结构来防止水口堵塞。

通过改变材质来防止水口堵塞,主要分为两类,加入添加物改进水口材质和开发新的水口材质。加入添加物的目的是使其与 Al_2O_3 反应生成低熔点物质或生成高黏度玻璃相,从而抑制氧化铝附着。添加物一般为含 Ca 的化合物、氟化物、硼化物、BN、B_4C 等。日本为了防止 Al_2O_3 附着沉积造成水口结瘤,开发出了添加 BN、ZrB_2、Si_3N_4、ZrO_2-CaO-C、CaO-ZrO_2、CaO-TiO_2、CaO-TiO_2-C、CaO-TiO_2-ZrO_2、ZrO_2-莫来石等难堵塞材料的浸入式水口，如新日铁公司大分厂在水口内孔部分和流出孔周围使用添加了 40%ZrO_2-莫来石的铝碳质浸入式水口，抗氧化铝附着性比普通铝碳质水口提高了 1.3~1.5 倍。为了解决铝碳质浸入式水口渣线侵蚀问题，日本研制出了耐蚀性、耐剥落性好的 ZrB_2-石墨质保护环，在 350t 炼钢车间浸入式水口使用这种浸入式水口，抑制了石墨氧化，耐蚀性是 ZrO_2-石墨质保护环的两倍以上。表 8-29 为日本浸入式水口的组成与性能。

表 8-29　日本浸入式水口的组成与性能

项目		铝碳质		铝碳-锆碳质			
	C	A 型	B 型	本体		保护渣线	
化学组成 w/%	Al_2O_3	47	61.3	47	60		
	SiO_2	24		24	8		
	ZrO_2					69	78
	C+SiC	28	37.7	28	30	26	19
显气孔率/%		14.5	15.3	15.0	15.0	15.0	14.5
体积密度/g·cm^{-3}		2.35	2.52	2.35	2.50	3.35	3.70
抗折强度/MPa		9.32	10.60	8.8	8.8	7.4	6.9
弹性模量（×10³)/MPa		9.8		11.3	10.8	8.8	8.3
热膨胀率（1000℃）/%			0.31	0.29	0.39	0.44	0.44

美国一般使用铝碳质水口，但由于受到保护渣的侵蚀，因此开发使用了 Al_2O_3-C 和 ZrO_2-C 质复合浸入式水口。美国维苏威公司为了防止 Al_2O_3 在水口壁沉积，研制出了以 O'-ZrO_2-石墨复合材料内衬的铝碳-锆碳质复合浸入式水口。这种 O'-ZrO_2-石墨复合材料的制造方法是在加入氧化铝和氧化钇助烧结剂的情况下，按照 $Si_3N_4+ZrSiO_4=2Si_2N_2O+ZrO_2$ 的反应式，使锆石英与氮化硅反应，形成在 O'-Sialon 内均匀分散的稳定相 ZrO_2，称为 O'-Sialon-ZrO_2，简称为 O'-ZrO_2，然后加入石墨，制成 O'-ZrO_2-石墨复合材料。这种复合材料制成的浸入式水口，连浇 6 炉以上未发现水口堵塞和 Al_2O_3 沉积的现象。

8.4　洁净钢耐火材料发展方向

钢铁生产离不开耐火材料，这是因为钢铁行业的高温生产需要耐火材料作为冶炼炉、高温金属容器、加热和热处理设备的高温内衬等，作为控制高温液体金属转移、流动的载体，耐火材料承担保障钢铁生产安全的任务，日益成为钢铁生产优化发展的先导和制约因素。

2016 年，随着供给侧改革任务的落实，"中国钢铁工艺技术'十三五'发展已经确定了以流程优化为主的清洁生产技术研发应用，以实现钢铁工业高效、优质、低耗、减排的绿色发展"。因此，耐火材料也应适应这些发展要求，进一步实现耐火材料生产与使用"长寿化、清洁化、功能化"的目标，并同时注重开发耐火材料的技术与产品，实现结构优化和转型升级。

8.4.1　耐火材料长寿化

不断提高耐火材料的服役寿命是钢铁生产的基本任务。随着钢铁生产，尤其是炼钢技术的快速发展与完善，对耐火材料使用寿命的要求应该有更高的标准。耐火材料的使用寿命反映在连续使用、重复使用及可修复性这三个方面。对于中间包、连续测温、轧钢加热炉用耐火材料，主要考核其连续使用的寿命；而铁水包、冶炼炉、钢包、精炼炉用耐火材料则主要考核重复使用的寿命；对钢铁用各种耐火材料则都希望具有良好的修复、再生功能。

首先，耐火材料寿命指标发生了显著变化。例如钢包寿命，从过去使用十次发展到现在的百次以上。连铸、精炼的普及和发展，钢包内盛装钢液的总时间延长，而且还要适应各种不同的冶金处理要求，实际的寿命更长。中间包寿命，从提高作业率、稳定连铸全过程的工艺与质量要求出发，希望单个中间包连续使用的寿命以小时计算。目前，欧洲很多钢厂中间包的寿命达到 30~50h，美国先进的钢厂已近 100h。转炉炉衬寿命因溅渣护炉技术的成熟应用已提高到了一个全新的档次，达到了万炉以上的水平。AOD 精炼炉炉衬寿命也已超过 100 炉以上。

其次，耐火材料长寿化有了新的内涵。主要是围绕以下几个方面的要求：（1）寿命已有大幅度提高的耐火材料，要求配套耐火材料寿命要与其保持同步；（2）在结构设计上要适应连续使用的生产条件要求；（3）在保证母体耐火材料基本寿命条件下，提高修补材料的高温性能，维持母体耐火材料更加长寿；（4）在材质设计上要有利于一些高档耐火材料的修复再生，延长服役寿命。例如连铸中间包水口座砖寿命要与包衬寿命同步，而长水口、浸入式水口则要改进结构，实现快速更换；对于连铸硅、铝含量高的钢种，为防止 Al_2O_3 沉积造成水口堵塞而断浇事故，要从材质和结构上设计具有防堵塞功能的浸入式水口；转炉炉衬耐火材料仅需满足最基本的耐火性能和高温强度的要求，长寿的关键已转变为具有良好的溅渣层粘附性及研究开发在存有溅渣层的条件下，能有效地修补炉帽、大面、耳轴等炉衬薄弱环节的喷补料；对于滑动水口则应开发修复再生的技术等。

8.4.2　耐火材料清洁化

无污染是炼钢生产的更高要求，尤其是生产高品质钢更是如此。耐火材料清洁化主要包含三个关键的要求：首先，耐火材料应具有更好的高温特性（即长寿性），这意味着耐火材料消耗的减少，也就是减小对钢水的污染；其次，耐火材料及其结合剂要适应炼钢品种、生产工艺的要求，尽可能不产生有害的气体、成分和杂质而污染钢液；最后，要求耐火材料在炼钢生产应用的全过程中，避免因加工和残余物（废弃物）对炼钢厂环境的污染。例如在生产取向和无取向硅钢、IF 钢等超低碳钢种时要尽可能采用极低碳的优质耐火材料，尽快淘汰挥发分高的树脂结合的耐火材料；提高耐火材料再生、再加工等重复使用功能，大大减少废弃物；不断开发替代含铬耐火材料的新型耐火材料。

8.4.3　耐火材料功能化

耐火材料的功能化是炼钢生产优化的高层次新要求。功能化的概念主要表现为满足进一步净化钢液的新要求及适应炼钢生产特殊功能要求两个方面。首先，为了保证炼钢生产连铸坯洁净度日益提高的要求，不但要避免耐火材料在高温钢水冲刷作用或化学侵蚀作用下污染钢液，还要实现能进一步净化钢液的功能。如采用氧化钙质陶瓷过滤器可以去除 $50\mu m$ 以上的大尺寸夹杂物；采用高钙镁质、镁锆质中间包耐火材料可以最大限度地降低钢液与耐火材料的反应性。其次，炼钢生产越来越要求对生产全过程实行动态监测和控制

（如连续测温，炉气连续分析，钢液成分连续测定及信号传输），在电磁冶金条件下控制连铸稳定生产、钢水精炼及快速脱氧、产生无害脱氧产物的浸入式装置都对所使用的耐火材料提出了超过耐火材料常规性能要求的新功能（如对钢水的不浸润性，电磁穿透性，抗钢水和水侵蚀的复合功能等）。目前，已有研究尝试用 Mo-MgO 替代昂贵的铂-铑合金进行测温，薄带连铸侧封材料，电磁约束钢流的钢包水口等。这方面的功能性要求才刚刚开始，随炼钢生产的发展将会不断提出新的功能性要求。

思 考 题

8-1 单一氧化物和复合氧化物体系对钢液中氧活度的影响差异是什么？

8-2 耐火材料向钢液传氧能力的表征方法是什么？

8-3 耐火材料对钢中硫、磷、氢的影响因素有哪些？

8-4 影响耐火材料化学侵蚀的因素有哪些？

8-5 什么是马兰戈尼效应？

8-6 炉渣向耐火材料的渗透原理是什么，影响因素有哪些？

8-7 炉外精炼对耐火材料有哪些要求？

8-8 如何防止钢包透气砖高温渗钢？

8-9 连铸用耐火材料的种类有哪些？

8-10 CaO 质中间包涂料对钢液净化作用机理是什么？

参 考 文 献

[1] 黄希祜. 钢铁冶金原理 [M]. 4版. 北京：冶金工业出版社，2013.

[2] Fruehan R J. The Making, Shaping and Treating of Steel [M]. Pittsburgh：AISE，1998.

[3] Seetharman S. Fundamental of Metallurgy [M]. NW：CRC Press LLC，2005.

[4] Turkdogan E T. Fundamentals of Steelmaking [M]. Leeds UK：ManeyPublishing，2010.

[5] 张家驹. 铁冶金学 [M]. 沈阳：东北大学出版社，1987.

[6] 王筱留. 钢铁冶金学 [M]. 北京：冶金工业出版社，2004.

[7] 德国钢铁学会. 钢铁生产概览 [M]. 中国金属学会译. 北京：冶金工业出版社，2011.

[8] ［苏］格里古良. 炼钢过程的物理化学计算 [M]. 曲英等译. 北京：冶金工业出版社，1993.

[9] 魏寿昆. 冶金过程热力学 [M]. 北京：科学出版社，2010.

[10] 张家芸. 冶金物理化学 [M]. 北京：冶金工业出版社，2004.

[11] 奥斯特 F. 钢冶金学 [M]. 北京：冶金工业出版社，1996.

[12] 朱苗勇. 现代冶金工艺学：钢铁冶金卷 [M]. 北京：冶金工业出版社，2011.

[13] 陈家祥. 钢铁冶金学：炼钢部分 [M]. 北京：冶金工业出版社，2009.

[14] 王新华. 钢铁冶金——炼钢学 [M]. 北京：高等教育出版社，2005.

[15] 赵沛. 炉外精炼剂铁水预处理实用技术手册 [M]. 北京：冶金工业出版社，2004.

[16] 冯聚和，艾立群，刘建华. 铁水预处理与钢水炉外精炼 [M]. 北京：冶金工业出版社，2010.

[17] 黄青云. 转炉高效提钒相关技术基础研究 [D]. 重庆：重庆大学，2013.

[18] 俞海明. 转炉钢水的炉外精炼技术 [M]. 北京：冶金工业出版社，2011.

[19] 苏天森. 转炉溅渣护炉技术 [M]. 北京：冶金工业出版社，2002.

[20] 高泽平. 炼钢工艺学 [M]. 北京：冶金工业出版社，2010.

[21] 赵玉祥，沈颐身. 现代冶金原理 [M]. 北京：冶金工业出版社，1993.

[22] 徐曾启. 炉外精炼 [M]. 北京：冶金工业出版社，2008.

[23] 吴勉华，冯聚和. 转炉炼钢500问 [M]. 北京：中国计量出版社，1992.

[24] 戴云阁，李文秀，龙腾春. 现代转炉炼钢 [M]. 沈阳：东北大学出版社，1998.

[25] 付兵. 钢中残余元素的影响及其控制研究 [D]. 武汉：武汉科技大学，2010.

[26] 张荣生. 钢铁生产中的脱硫 [M]. 北京：冶金工业出版社，1986.

[27] 汪大洲. 钢铁生产中的脱磷 [M]. 北京：冶金工业出版社，1986.

[28] 傅杰. 现代电炉炼钢理论与应用 [M]. 北京：冶金工业出版社.

[29] 张信昭. 喷粉冶金基本原理 [M]. 北京：冶金工业出版社，1988.

[30] 张鉴. 炉外精炼的理论与实践 [M]. 北京：冶金工业出版社，1993.

[31] 尾岗博幸. 炉外精炼 [M]. 北京：冶金工业出版社，2002.

[32] 梁英教，车荫昌. 无机物热力学手册 [M]. 沈阳：东北大学出版社，1993.

[33] 陈家祥. 炼钢常用图表数据手册 [M]. 2版. 北京：冶金工业出版社，2010.

[34] Hino M，Ito K. Thermodynamic Data for Steelmaking [M]. Sandai：Tohoku University Press，2010.

[35] Sakao H. Fundamentals of Steelmaking Reaction-Oxidation Reaction in Handbook of Iron and Steel 3rd Ed：Vol. 1 [M]. Tokyo：ISIJ，1981.

[36] 崔忠圻，覃耀春. 金属学与热处理 [M]. 北京：机械工业出版社，2007.

[37] 万谷志郎. 鉄鋼製練 [M]. 日本金属学会，2000.

[38] 万谷志郎. 金属物理化学 [M]. 日本金属学会，1996.

[39] 黄道鑫. 提钒炼钢 [M]. 北京：冶金工业出版社，2000.

[40] 中国冶金百科全书：钢铁冶金 [M]. 北京：冶金工业出版社，2001.

[41] 储满生. 钢铁冶金原燃料及辅助材料 [M]. 北京：冶金工业出版社，2010.

[42] 初建民，高士林. 冶金石灰生产技术手册 [M]. 北京：冶金工业出版社，2009.

[43] 国际钢铁协会. 洁净钢生产工艺技术 [M]. 中国金属学会译. 北京：冶金工业出版社，2006.

[44] Dekkers R. Non-Metallic Inclusions in Liquid Steel [D]. Brussels：Katholieke University Leuven，2001.

[45] 日本学術振興会製鋼第 19 委員会. 鋼中非金属介在物研究の最近の展開 [C]. 1994.

[46] 第 182・183 回西山纪念技術講座. 介在物制御と高清净度鋼製造技術 [C]. 东京：日本鉄鋼協会，2004.

[47] 日本鉄鋼協会. 固体内で非金属介在物の挙動に関する基礎と応用 [C]. 2011.

[48] Kiessling R，Lange N. Non-Metallic Inclusions in Steel：Parts Ⅰ-Ⅳ. London：The Metals Society，1978.

[49] 姜锡山. 特殊钢缺陷分析与对策 [M]. 北京：化学工业出版社，2006.

[50] 李静媛，等. 钢中夹杂物与钢的性能及断裂 [M]. 北京：冶金工业出版社，2012.

[51] 董履仁，王新华. 钢中大型非金属夹杂物 [M]. 北京：冶金工业出版社，1991.

[52] 李为谬. 钢中非金属夹杂物 [M]. 北京：冶金工业出版社，1988.

[53] 张德堂. 钢中非金属夹杂物鉴别 [M]. 北京：冶金工业出版社，1994.

[54] 张娜. 精炼渣对不锈钢夹杂物的影响研究 [D]. 沈阳：东北大学，2008.

[55] 赵烁. 精炼渣对帘线钢中非金属夹杂物形态的影响 [D]. 昆明：昆明理工大学，2009..

[56] 李伟. 超纯铁素体不锈钢 VOD 精炼渣的性能优化 [D]. 武汉：武汉科技大学，2012.

[57] 李守新，翁宇庆，惠卫军，等. 高强度超高周疲劳性能——非金属夹杂物的影响 [M]. 北京：冶金工业出版社，2010.

[58] 姜茂发. 高品质钢制备理论与技术 [M]. 沈阳：东北大学出版社，2008.

[59] 余景生，余宗森，章复中. 稀土处理钢手册 [M]. 北京：冶金工业出版社，1993.

[60] 余宗森，等. 钢的成分、残留元素与性能的定量关系 [M]. 北京：冶金工业出版社，2001.

[61] 雍岐龙. 钢铁材料中的第二相 [M]. 北京：冶金工业出版社，2006.

[62] Sahai Y. 洁净钢生产的中间包技术 [M]. 朱苗勇译. 北京：冶金工业出版社，2009.

[63] 音谷登平. 钙洁净钢 [M]. 刘新华，韩郁文译. 北京：冶金工业出版社，1994.

[64] Kurz W，Fisher D J. 凝固原理 [M]. 李建国，胡侨丹译. 北京：高等教育出版社.

[65] 雷洪，张红伟. 结晶器冶金过程模拟 [M]. 北京：冶金工业出版社，2014.

[66] 靳星. 板坯连铸结晶器内钢液流动行为与模拟方法研究 [D]. 重庆：重庆大学，2011.

[67] 蔡开科. 连铸结晶器 [M]. 北京：冶金工业出版社，2008.

[68] 蔡开科. 连铸坯质量控制 [M]. 北京：冶金工业出版社，2010.

[69] 蔡开科，程士富. 连续铸钢原理与工艺 [M]. 北京：冶金工业出版社，2009.

[70] 蔡开科. 连铸坯表面纵裂纹控制 [M]. 北京：冶金工业出版社，2003.

[71] 史宸兴. 实用连铸冶金技术 [M]. 北京：冶金工业出版社，1998.

[72] 王维. 连续铸钢 500 问 [M]. 北京：化学工业出版社，2009.

[73] 干勇，倪满森，余志祥. 现代连续铸钢使用手册 [M]. 北京：冶金工业出版社，2010.

[74] 卢盛意. 连铸坯质量 [M]. 2 版. 北京：冶金工业出版社，2000.

[75] 闫小林. 连铸过程原理及数值模拟 [M]. 石家庄：河北科学技术出版社，2001.

[76] 迟景灏，甘永年. 连铸保护渣 [M]. 沈阳：东北大学出版社，1992.

[77] 臧欣阳. 板坯连铸结晶器内传热与摩擦行为研究 [D]. 大连：大连理工大学，2009.

[78] 李殿明，等. 连铸结晶器保护渣应用技术 [M]. 北京：冶金工业出版社，2008.

[79] 唐萍. 连铸结晶器内渣膜结晶动力学及渣膜结构研究 [D]. 重庆：重庆大学，2010.

[80] 谢兵. 连铸结晶器保护渣相关基础理论的研究及其应用实践 [D]. 重庆：重庆大学，2004.

[81] 李奎宪，张德明. 连铸结晶器振动技术 [M]. 北京：冶金工业出版社，2000.

[82] 林育炼. 耐火材料与洁净钢生产技术 [M]. 北京：冶金工业出版社，2012.

[83] 钟香崇. 新型高效耐火材料研究 [M]. 郑州：河南科学技术出版社，2007.

[84] 陈肇友. 化学热力学与耐火材料 [M]. 北京：冶金工业出版社，2005.

[85] 李庭寿. 钢铁工业用节能降耗耐火材料 [M]. 北京：冶金工业出版社，2000.

[86] 胡世平. 短流程炼钢用耐火材料 [M]. 北京：冶金工业出版社，2000.

[87] 李红霞. 耐火材料手册 [M]. 北京：冶金工业出版社，2007.

[88] 李楠，顾华志，赵惠忠. 耐火材料学 [M]. 北京：冶金工业出版社，2010.

[89] 李楠. 耐火材料与钢的反应性及钢质量的影响 [M]. 北京：冶金工业出版社，2005.

[90] 杉田清. 钢铁用耐火材料：向高温挑战的记录 [M]. 北京：冶金工业出版社，2003.

[91] 王诚训，张义先. 炉外精炼用耐火材料 [M]. 2 版. 北京：冶金工业出版社，2007.

[92] 王诚训. MgO-C 质耐火材料 [M]. 北京：冶金工业出版社，1995.

[93] 王诚训. 耐火材料的损毁及其抑制技术 [M]. 北京：冶金工业出版社，2009.

[94] 陈树江. 镁钙系耐火材料 [M]. 北京：冶金工业出版社，2012.

[95] 陶绍平. 钢包内衬用 MgO 基和 Al_2O_3 基耐火材料对钢质量的影响研究 [D]. 郑州：郑州大学，2007.

[96] 向井楠宏. 高温熔体的界面物理化学 [M]. 袁章福译. 北京：科学出版社，2009.

[97] 洪彦若，孙加林，王玺堂. 非氧化物复合耐火材料 [M]. 北京：冶金工业出版社，2003.

[98] 钱之荣，范广举. 耐火材料实用手册 [M]. 北京：冶金工业出版社，1996.

[99] 游杰刚. 钢铁冶金用耐火材料 [M]. 北京：冶金工业出版社，2014.

[100] 李广田，陈敏，杜成武. 钢铁冶金辅助材料 [M]. 北京：化学工业出版社，2010.

冶金工业出版社部分图书推荐

书　名	作　者	定价(元)
现代冶金工艺学——钢铁冶金卷（第2版）（本科国规教材）	朱苗勇	75.00
物理化学（第4版）（本科国规教材）	王淑兰	45.00
冶金物理化学研究方法（第4版）（本科教材）	王常珍	69.00
冶金与材料热力学（本科教材）	李文超	65.00
热工测量仪表（第2版）（本科国规教材）	张　华	46.00
冶金物理化学（本科教材）	张家芸	39.00
钢冶金学（本科教材）	高泽平	49.00
冶金宏观动力学基础（本科教材）	孟繁明	36.00
冶金原理（本科教材）	韩明荣	40.00
冶金传输原理（本科教材）	刘　坤	46.00
冶金传输原理习题集（本科教材）	刘忠锁	10.00
钢铁冶金原理（第4版）（本科教材）	黄希祜	82.00
耐火材料（第2版）（本科教材）	薛群虎	35.00
钢铁冶金原燃料及辅助材料（本科教材）	储满生	59.00
钢铁冶金学（炼铁部分）（第3版）（本科教材）	王筱留	60.00
炼铁工艺学（本科教材）	那树人	45.00
炼铁学（本科教材）	梁中渝	45.00
炼钢学（本科教材）	雷　亚	42.00
炼铁厂设计原理（本科教材）	万　新	38.00
炼钢厂设计原理（本科教材）	王令福	29.00
轧钢厂设计原理（本科教材）	阳　辉	46.00
热工实验原理和技术（本科教材）	邢桂菊	25.00
炉外精炼教程（本科教材）	高泽平	40.00
连续铸钢（第2版）（本科教材）	贺道中	30.00
冶金设备（第2版）（本科教材）	朱　云	56.00
冶金设备课程设计（本科教材）	朱　云	19.00
硬质合金生产原理和质量控制	周书助	39.00
金属压力加工概论（第3版）	李生智	32.00
轧钢加热炉课程设计实例	陈伟鹏	25.00
物理化学（第2版）（高职高专教材）	邓基芹	36.00
特色冶金资源非焦冶炼技术	储满生	70.00
冶金原理（高职高专教材）	卢宇飞	36.00
冶金技术概论（高职高专教材）	王庆义	28.00
炼铁技术（高职高专教材）	卢宇飞	29.00
高炉炼铁设备（高职高专教材）	王宏启	36.00
炼铁工艺及设备（高职高专教材）	郑金星	49.00
炼钢工艺及设备（高职高专教材）	郑金星	49.00
转炉炼钢操作与控制（高职高专教材）	李　荣	39.00
连续铸钢操作与控制（高职高专教材）	冯　捷	39.00
矿热炉控制与操作（第2版）（高职高专国规教材）	石　富	39.00
非高炉炼铁	张建良	90.00